U0952987

航天科技图书出版基金资助出版

DE G DE GRUYTER

基于哈密顿摄动理论的航天器轨道预报

Hamiltonian Perturbation Solutions for Spacecraft Orbit Prediction

[西班牙]　马丁·劳拉（Martín Lara）著
孙守明　马　宏　杨正磊
许　可　董　毅　高　翔　译

中国宇航出版社
·北京·

Lara, Martín. Hamiltonian Perturbation Solutions for Spacecraft Orbit Prediction: The Method of Lie Transforms © *Walter de Gruyter GmbH Berlin Boston. All rights reserved.*
This work may not be translated or copied in whole or part without the written permission of the publisher (*Walter De Gruyter GmbH, Genthiner Straße* 13, 10785 *Berlin, Germany*).

本书中文简体字版由著作权人授权中国宇航出版社独家出版发行，未经出版者书面许可，不得以任何方式抄袭、复制或节录本书中的任何部分。

著作权合同登记号：图字：01－2023－5683 号

版权所有　侵权必究

图书在版编目（CIP）数据

基于哈密顿摄动理论的航天器轨道预报 /（西）马丁·劳拉著；孙守明等译. -- 北京：中国宇航出版社，2024.3

书名原文：Hamiltonian Perturbation Solutions for Spacecraft Orbit Prediction

ISBN 978-7-5159-2355-0

Ⅰ. ①基… Ⅱ. ①马… ②孙… Ⅲ. ①航天器轨道－预报理论－摄动理论 Ⅳ. ①V412.4

中国国家版本馆 CIP 数据核字(2024)第 056171 号

责任编辑　侯丽平　　**封面设计**　王晓武

出版发行	中国宇航出版社	**版　次**	2024 年 3 月第 1 版 2024 年 3 月第 1 次印刷
社　址	北京市阜成路 8 号　**邮　编**　100830 (010)68768548	**规　格**	787×1092
网　址	www.caphbook.com	**开　本**	1/16
经　销	新华书店	**印　张**	20.5　**彩　插**　4 面
发行部	(010)68767386　(010)68371900 (010)68767382　(010)88100613（传真）	**字　数**	505 千字
零售店	读者服务部　(010)68371105	**书　号**	ISBN 978-7-5159-2355-0
承　印	天津画中画印刷有限公司	**定　价**	148.00 元

本书如有印装质量问题，可与发行部联系调换

航天科技图书出版基金简介

航天科技图书出版基金是由中国航天科技集团公司于2007年设立的，旨在鼓励航天科技人员著书立说，不断积累和传承航天科技知识，为航天事业提供知识储备和技术支持，繁荣航天科技图书出版工作，促进航天事业又好又快地发展。基金资助项目由航天科技图书出版基金评审委员会审定，由中国宇航出版社出版。

申请出版基金资助的项目包括航天基础理论著作，航天工程技术著作，航天科技工具书，航天型号管理经验与管理思想集萃，世界航天各学科前沿技术发展译著以及有代表性的科研生产、经营管理译著，向社会公众普及航天知识、宣传航天文化的优秀读物等。出版基金每年评审1～2次，资助20～30项。

欢迎广大作者积极申请航天科技图书出版基金。可以登录中国航天科技国际交流中心网站，点击“通知公告”专栏查询详情并下载基金申请表；也可以通过电话、信函索取申报指南和基金申请表。

网址：http：//www.ccastic.spacechina.com

电话：(010) 68767205，68767805

前 言

20世纪90年代初，我进入萨拉戈萨大学进行深造，在那里，我学习了费雷尔（S. Ferrer）讲授的天体力学课程，该课程使用的教材是一本手稿，这本手稿是在德普里特（A. Deprit）教授精心指导下完成的。非常遗憾，手稿一直没有正式出版发行，只以讲义形式向上课的学生提供了部分章节内容，那是我第一次接触摄动方法。

那时，德普里特教授定期访问萨拉戈萨大学，我有幸参加了他举办的各种讲座和研讨会。值得称赞的是，他讲授的代数系统符号运算课程是非常有特色的，课程的核心是运用一致性简化规则，通过对开普勒根数各符号变量数学属性的精确定义，改变了天体力学的常用表达形式。最后的环节是构建偏导数表，这是计算摄动解集合的必要过程，从而可避免对偏心率的级数展开计算。

直到几年后，我才真正开始关注摄动方法。通过定期参加AAS（美国天文学会）会议，我很快意识到，天体力学家已经巧妙地得到了近似平根解，并且基于标准摄动方法将平根解进行了很好的拓展和改进。此外，基于李变换的德普里特摄动算法很容易通过专用计算软件实现，这为摄动方法实现更高阶次的计算铺平了道路。从那以后，我的工作主要集中在天体动力学领域摄动方法的应用研究，本书主要是对该项研究工作进行总结。

导论部分简单介绍了摄动方法的相关背景。从人类进入太空时代起，学者们就开始了关于摄动方法在天体动力学领域的应用研究，该部分内容可以简单略过。书中第一部分以德普里特最新给出的开普勒根数描述形式介绍了李变换方法的基本原理。根据我个人经验，对于刚刚学习摄动方法的新人来说，将李变换方法应用于可积问题是一个很好的练习，有助于快速了解摄动方法的本质，这也正是我为什么在这一章给出两个经典可积问题应用案例的原因。

第二部分主要介绍人造地球卫星问题，通常，可以将其当做摄动二体问题考虑。在第4章，根据常规的哈密顿准则将开普勒积分问题转化为作用-角度变量形式，在后续章节讨论摄动开普勒运动问题中，将选取作用-角度变量作为自然变量。第6章详细介绍了二阶带谐项对近地轨道动力学的影响。其余章节将讨论如何利用摄动方法处理地球轨道卫星的引力和非引力效应。

针对天体动力学中有趣的限制性三体问题，第三部分讨论了摄动方法的具体应用。在第10章回顾了限制性三体问题不可约模型的基本情况后，给出了摄动方法的三个典型应用案例。首先，对行星自然卫星的动力学研究与在旋转坐标系下研究摄动开普勒问题相类似。由于不稳定的作用力通常会影响行星卫星科学探测轨道的演化，应用结果表明，除了基于平均轨道根数的设计考虑外，平根-瞬根转换问题在任务设计过程中起了非常重要的作用。接下来的一章通过对晕轨道进行分析计算，清晰阐述了李变换方法是适用于自动计算摄动解高阶项的。针对计算过程中出现椭圆函数时的情况，最后一章介绍了使用摄动方法可能会出现的难点，这不是方法本身的缺陷，对于解决摄动微积分关于特殊函数的自动计算问题，此方法展现出良好的高效性和便利性。

多年来，在工作中接触的不同人和境遇，使我对摄动方法一直保持着浓厚的研究兴趣。2008 年至 2010 年，J. F. Palacián 在夏季对皇家海军天文台进行短期访问期间，我与他进行了多次交流，使我对李变换方法有了更深入的认识，我们的讨论通常开始于壮美海滩的清新沐浴，结束于沙滩酒吧的小酌。后来，我开始对 P. Gurfil 关于有限资源下星上轨道预报研究感兴趣，他的工作也再次点燃了我对人造卫星轨道中间解的兴趣，2011 年至 2014 年期间，我对位于海法的以色列理工学院亚瑟空间研究所进行了三次访问，收获颇丰，同 S. Ferrer 就哈密顿简化等问题进行了多次深入讨论，针对解析形式下人造卫星轨道的高阶项计算等相关技术与 J. F. San－Juan 进行了充分交流，这些都是激励我继续前行的重要因素。J. F. San－Juan 在我查找一些历史珍贵文献方面提供了无私帮助，这些文献特别稀有而且难于查询，即使在权威的 SAO/NASA 等天体物理数据系统中都无法查到。

新一代天体动力学家对半解析预报发展方向的关注，给了我撰写本书所需的动力，开展这项工作的初衷可以追溯到与 R. P. Russell 关于这个话题的早期交流。特别值得一提的是，在为欧空局（EAS）和欧洲空间研究中心（CNES）分别研发有效的大椭圆轨道半解析预报软件时，我与 R. Armellin 和 D. Hauteserres 进行了深入的交流和讨论。此外，在 KePASSA 会议期间与年轻同事的接触也是我工作灵感的源泉。

最后，在 C. Colombo 的盛情邀请和 *De Gruyter Studies in Mathematical Physics* 主编 M. Efroimsky 的鼓励和支持下，2018 年和 2020 年我在米兰理工大学宇航科学与技术系讲授了两门博士课程（最后一门课程受疫情影响采取了网课形式），这两门课程对我最终完成本书是非常重要的，我希望本书能满足你们的期望。

目　录

第一部分　基于李变换的哈密顿摄动方法

第二部分　摄动椭圆运动：人造卫星理论

第三部分 相对运动和摄动非开普勒运动

第1章　导　论

在电子计算机出现之前，天体轨道运动的解析求解是计算星历数据的主要手段，而星历数据是制定天文观测计划的必需数据。这些近似解通常是通过计算相对于开普勒椭圆或其他更复杂的“中间”轨道的变化或摄动来获得的。随着太空时代的到来，类似方法被引入到天体动力学领域，用于预测人造卫星的轨道运动。然而，随着对自然天体和人造天体的观测精度越来越高，解析方法很快变得不太实用。事实上，为了满足更高的观测精度需求，通常在理论模型中引入越来越多的摄动效应，这一方面显著增加了解的计算难度，另一方面也使用于描述轨道的分析级数变得特别复杂、难以处理，随着计算量的增加，需要我们重新评估解析解。

随着电子计算机的出现，数值的“特殊摄动”方法明显优于分析法的“一般摄动”方法。尽管如此，分析法仍然幸存下来，这要归功于符号自动运算软件的快速发展。近些年，相对于计算机软件发展而言，硬件的发展速度更快，这使得常规摄动方法逐渐偏离了用于精确预测这一初衷，但分析法绝不会过时。近地空间日益饱和，导致出现了新的问题，例如，为了避免碰撞，需要维护数万甚至数百万个空间目标的编目问题，该问题可以通过解析摄动方法有效地解决。解析摄动方法虽然精度较低，但计算速度快，能够对高保真数值积分计算起到补充作用，当基于解析方法检测到碰撞风险时，必须利用高精度数值方法进一步确认结果。此外，解析法通过消去非必要的短期效应，有助于进一步简化动力学模型，从而在符合当前空间法的前提下，将航天器离轨处置的设计和优化问题进一步有效简化。而且，在有效的相对运动制导和控制算法研究问题中，采用平根进行设计是一大优势，这受益于平根和瞬根之间能够进行高精度的解析转换，且该转换可以基于常规摄动方法实现。

在计算解析解的各种常规摄动方法中，李变换方法的优点使其成为当今的行业标准。它是系统化的，专为机器自动计算而设计，而且应用广泛，能够处理各种简化程序。另外，该方法避免了其他摄动方法依赖序列反演过程的缺点。李变换方法通常适用于矢量流摄动问题，而且在处理哈密顿摄动问题时也特别有效，哈密顿摄动问题在轨道预报中是一个常见问题。非保守力，如大气阻力，可以在简化过程的最后一步像广义力一样将其列进哈密顿方程。

基于上述原因，本书基于李变换方法介绍了影响人造卫星任务的常见轨道摄动因素，尤其是针对地球质量非均匀分布、日月三体引力等因素，深入讨论了对这些因素的摄动处理过程。此外，本书还详细介绍了圆形限制性三体希尔问题的近似解问题，基于摄动方法给出了其在三种典型情况下的应用案例，结果清晰地表明了李变换方法的有效性，指出了其在广泛应用中存在的难点。空间探测器围绕行星卫星的运动还会受到大质量母星引力的摄动影响，平动点运动、轨道器和小质量主星围绕大质量主星的共轨运动等问题，均可以通过摄动方法进行解析求解。

1.1 摄动可积问题

只有少数一些动力学模型可以采用解析法求解。实际问题受各种因素影响，通常会使得到解析解的过程更加复杂。然而，在大多情况下，这些因素对可积性的影响很小，通常人们可以有效地进行预测，因此解析解的求解过程与随时间扭曲的可积问题相类似。尽管对于不可积问题的时间演化是不可预测的、混沌的，但在摄动问题中，混沌表现的时间尺度是非常大的，至少在相空间（phase space）的某些区域如此，因此，计算近似解析解是非常有意义的。

对于行星运动的摄动解计算问题，最初是采用拉格朗日变分法（参见文献[42]）实现的，其中牛顿运动方程是基于毕卡（Picard）迭代来求解的。然而，在迭代过程中，级数展开计算时通常会使时间因子成为显性，因此随着时间的增加会导致解的精度降低。在变分方程展开过程中，采用林德斯泰特级数[459]，可以避免出现长期项或长周期项，在这种情况下，可以使用待定系数法，将变分方程拆分为一系列微分方程，然后依次求解[516,526]。

后来，在求解摄动问题时，人们借鉴哈密顿思想，即通过对变量进行正则变换来求解微分系统积分，提出了正则摄动方法[55,144]。与变分方程相比，摄动方法应用于标量形式的哈密顿函数，通过逐步构建正则变换来求解，当摄动解级数截至某高阶项时，可以将哈密顿方程简化为某一函数，且该函数仅与正则坐标的动量共轭相关[30]。在新的变量形式下，求解运动方程（哈密顿方程）是比较简单的，当将程序中构造的变换应用于这个解时，原变量形式下的问题就被求解了。

后续提出的庞加莱方法[558]，促进了摄动方法的进一步发展，从而使摄动方法实现了新的突破。在哈密顿-雅可比类型问题中，生成函数采用混合变量形式，庞加莱推导了求解摄动问题的正则变换。庞加莱方法不能直接应用于退化摄动哈密顿问题，在这种情况下，庞加莱建议在生成函数中引入采用角度变量的任意函数[198,407,558]。后一种情况下，冯·泽佩尔[698]在研究小行星运动时对庞加莱摄动法进行了改进，后来布鲁沃[75]成功将庞加莱求解退化摄动哈密顿问题的方法应用于人造卫星轨道计算问题，也就是现在被人们熟知的布鲁沃-冯·泽佩尔[667]或冯·泽佩尔-布鲁沃方法[198]。

由于庞加莱在生成函数中采用的是混合变量形式，因此采用级数回归处理是非常有必要的，这使求解高阶摄动解的过程变得更为复杂。另一方面，对于李级数[254,458]定义的无穷小切变换，可以基于生成器以明确的方式推导获得，这为李变换方法的最终问世铺平了道路。在后一种情况下，通过采用非混合变量形式，利用生成器可以直接实现正则变换，这样就避免了级数反演处理。除了霍里[303]在其一篇原创论文中提出的基本思想之外，德普里特[151]进一步发展了李变换方法，最终使李变换成为一种特别适于计算机实现的专用方法。在德普里特的概念中，李变换方法具有很大的通用性，能够适用于各种情况[490]。需要强调的是，基于德普里特的摄动算法[14,133,154,169,402,602]设计了不同的哈密顿简化过程[166,167]，该算法通过引入形式积分[238]，相比传统的哈密顿归一化方法，使李变换方法的适用范围更广。另外，李变换方法被应用到哈密顿摄动问题后，很快成为矢量流摄动问题[282,304,333]或混合摄动问题[39]的常规处理方法。

后来，随着斜级数构建和斜级数反演两种新的幂级数算法提出后，庞加莱摄动方法的功能性得到了进一步扩展，适用范围与李变换法相当[174]。由于斜级数反演算法具有很好的通用性：基于基本的递归算法定义，经简单推导就能实现[491]，目前已被认为是领域内的标准摄动方法。本书中的摄动解涉及李变换方法，目前，在各种研究报告和教科书中都有该方法的详细数学模型[54,93,94,491,510,627]，因此这里我们仅讨论该方法的具体应用，这是本书的第一部分内容。第 2 章介绍了基本算法描述及其在保守哈密顿摄动问题中的应用。在摄动哈密顿函数与时间相关的情况下，可以通过变换，将问题转换至扩展相空间[15,558,621]再进行处理，第 8 章介绍的对于三体摄动问题的相关处理，就是该种情况的一个很好阐释。该方法处理形式级数的意义不在于讨论问题的收敛性[239,595]，而是针对摄动级数中出现小因子时的特殊情况，这将在第 7 章田谐项的相关内容中进行详细介绍。

第 3 章介绍了李变换方法的基本原理，并用其求解数学钟摆和三轴刚体运动这两个典型可积问题。这些可积问题被转换为形式更为简单的可积摄动问题：钟摆的球转子（3.1.2 节）、单自由度刚体（3.2.6 节）或自由刚体的谐振运动（3.2.7 节）。在自由刚体中的应用表明，可积部分采用作用-角度变量形式，可以将哈密顿摄动问题很自然地转换为长期项形式，即哈密顿摄动问题的零阶项，但在某些情况下，采用其他类型的范数变量，能够使该转换过程更为高效。事实上，虽然哈密顿摄动方法是在作用-角度变量框架下实现的，通常采用平根进行运算[594]，但对于由某些特殊代数构成的摄动哈密顿问题，如采用其他类型的范数变量，对求解摄动问题是非常有帮助的。尤其在解决受摄谐振运动问题时，采用复合变量的方法是非常有效的[373,399]。最后，由于哈密顿函数的简化处理是唯一的[30]，如果有需要，可以随时将其转换为作用-角度变量的描述形式。

在第一部分内容中，没有介绍基于李变换的哈密顿简化算法。现在的观点认为，它们是对所谓同调方程常规求解过程的简单特例。实际上，在李变换方法的每个阶项上，用户都能够自由选择新的哈密顿函数和任意积分“常量”，但“常量”的选择是一个十分重要的问题，选择不当会影响生成函数项的不确定性[402,408,438,440-442,511,593]。关于各种典型简化算法的具体实现细节，将在后续章节的相关应用案例中介绍，尤其是在第 6 章讨论了视差消除和近地点消去转化问题，在第 7 章将介绍关于降阶算法的相关内容。

另一方面，值得回顾的是，物理现象是可以用能观测变量度量的（如球坐标），这些变量与作用-角度变量是不同的。因此，在作用-角度变量形式下，将一般性的能观问题转化为零阶哈密顿函数的求解问题是较为抽象的，给出其详细转换过程十分必要。正因如此，通过哈密顿-雅可比方程[199,243]，基于可积哈密顿函数定义了摄动哈密顿函数零阶项，在本书的不同章节中，将详细讨论可积哈密顿函数的简化问题。

1.2 人造卫星理论

近地卫星轨道运动偏离开普勒运动的主要原因是由地球引力势的非中心性导致的，而地球引力势的非中心性主要是由地球扁率引起的。二阶带谐项（其无量纲系数通常称为 J_2）产生的摄动会造成轨道升交点赤经的进动，并导致近地点运动存在长期效应，在轨道平面内近地点的进退取决于轨道倾角，当倾角为 63.4°时近地点固定不动，该倾角也称为临界倾角。因此，开普勒运动解析解仅适用于低精度的卫星短弧轨道预报使用。即使弹道导弹在自由段的飞行时间很短，其动力学模型也需要考虑地球扁率的影响[678]。因此，考虑人造地球卫星运动的主要摄动因素，早期人们的工作主要致力于寻找高精度轨道预报的解析解，这也被称为 J_2 问题。尽管 J_2 问题是不可积的[102,312]，但只有 J_2 项为较大数值时才会出现时标混沌问题[70,138]。考虑到地球的 J_2 项很小，其数值大约在千分之一量级，因此，求解人造地球卫星运动主要摄动项的可积解析解是非常有意义的。

自太空时代以来，针对主要摄动因素下的轨道动力学模型，人们提出了大量的解析近似方法。这些解被统称为中间轨道，对于一些修订的主要哈密顿问题[6,111,154,216,217,219,225,532,620]，通常是基于哈密顿-雅可比方程的可分性得到中间轨道的，但中间轨道也存在非正则解[33,326,606]。虽然大多数中间轨道，能够模拟主要摄动项 J_2 的一阶效应影响，但也有一些学者成功处理了 J_2 项的整体效应，以及引力势函数的二阶项影响[5,37,38,315,466,662-666]。然而，对于平动点运动模型，当为临界倾角轨道时，在近地点附近基于解析解的轨道预报是无效的[218,261,301, 316, 555,625]，这种情况有时也被归咎于是其可分性造成的[119,168,406]。因此，随着计算机运算能力的快速提高，经典解析解很快被抛弃，取而代之的是基于摄动理论得到的高精度数值解[299]。另一方面，近期人们又燃起了对中间轨道的兴趣，因为在有限的计算资源下，可以将其应用于星上短弧轨道预报[51, 259, 268, 269, 393, 475, 603]。基于精细的数学模型来计算中间轨道摄动，这是学者们开展相关研究的终极目标 [7, 633, 689]，而且这比计算开普勒问题更有意义。从这个意义上说，在作用-角度变量形式下，文蒂（Vinti）计算得到的扁球中间轨道，其结果令学者们再次看到了希望[681,688]，然而，相对于形式更为简洁的开普勒轨道，因其在解析解中采用了较为复杂的函数，在某种程度上影响了算法的改进效果。

用轨道根数处理摄动开普勒运动问题是十分方便的，轨道根数可以很好地描述轨道运动的短周期、长周期以及长期摄动效应（案例参见文献［341］）。然后，在常规摄动方法框架下[526]，人造卫星轨道运动问题的解析解，通常被处理成平根形式下的数学方程，基于这些方程可以进行轨道演化分析，以及进行星历短周期项修正。利用解析法进行短周期项修正后，可以实现平根向瞬根的精确转换，而平根下的数学模型仍然是简化微分系统的形式。因为后者仅与运动模型的低频项相关，因此可以进行大步长数值积分计算[354, 453]。半解析积分模型不但可以解决不同摄动下的开普勒运动问题，而且能够应用于各种轨道积分[81,123,355,435,478,674,692]。此外，如果通过变量变换（即解析计算），能够从平根模型中消去长周期效应，则可以获得运动模型的长期频率项。后者是个积分小量，因此能够得到长期项效应的解析解[58,75,171,360,461,599]。或者通过一次变换，同步消去短周期项和长周期项，推导出一组新的解析修正模型，有利于进一步优化代码[407]。利用上述解析解模型进行轨道预报速度快、效果好，而且易于评估[114,121,298,380,590,641]。在轨道运动模型中，当倾角相关谐振项效应不能忽略时，上述分析方法是不适用的，此时需要进行特殊处理[120, 222, 316, 330, 394]。

如果需要考虑高阶效应，对于人造卫星，通用摄动解析解是没有意义的。相反，特定的摄动解析解，一般与轨道类型相关，不同的轨道类型其主要摄动影响因素不同。事实上，在地球同步轨道高度以下，引力势的非中心性是最重要的影响因素之一，其中 J_2 项影响效应较为显著。相反，在地球同步轨道高度以上，月球引力是最主要的摄动因素，其次是太阳引力摄动。对于常规地球卫星，太阳光压影响表现为高阶摄动，在高轨道区域其摄动效应与 J_2 项效应相当。

除了通过归一化方法对微分系统进行简化处理之外，有时也采用毕卡迭代方法来求解摄动开普勒运动问题，通常被称为数值-解析方法[4]。即通常假设轨道根数在变分方程右侧保持恒定不变，然后对该变分方程进行解析求解。该解析解的有效性被限制在一个不规则的周期内，而且严重依赖于其所使用的函数，因此计算步长必须与该不规则周期相当或更短。与采用开普勒根数变量不同，当中间轨道采用欧拉根数时，求解摄动方程的方法得以改进[244]。

在德劳内作用-角度变量形式下，可以很好地求解摄动开普勒运动问题。因此，本书从第二部分即从第 4 章开始，在仅限于有界椭圆运动情况下，采用作用-角度变量，通过将哈密顿-雅可比函数化简来求解开普勒问题。此外，在第 5 章详细介绍了动力学的主要摄动因素，这不仅有助于读者对解析解形成初步认知，也为读者提供了一些常用哈密顿简化方法，在本部分后续章节中将详细介绍这些方法。

1.2.1 李雅普诺夫不稳定性的意义

摄动方法的应用范围十分广泛，如航天器寿命末期离轨策略设计与分析[27,28,124]、编队飞行构型设计与重构，以及航天器位保控制策略设计[16,211]等典型问题，均是适用的，因此利用平根解决上述问题是十分方便的。上述问题都需要利用高精度的瞬平转换模型来实现，反之亦然[256]。计算摄动解析解初值的传统方法主要有级数反演和求根计算两种方法[90,675]。另外，对于正变换和逆变换两种情况下的评估问题，李变换方法给出了确切表达式，这样就可以实现从瞬根到平根的高精度实时转换[212,213]。

由于开普勒运动固有的李雅普诺夫不稳定性，对瞬平转换最敏感的要素恰恰是瞬根半长轴，这一情况在利用数值法评估布鲁沃新解[75]精度时才被发现[469]。事实上，在瞬平转换过程中的半长轴误差，成为平根下描述平运动不可忽略的误差，从而影响轨道运动的长期项[63,181,393]。这使人们迫切希望实现高精度的瞬平转换，至少解决半长轴的瞬平转换问题，达到与长期项精度相当的截断阶次。相反，在星历计算中，平根向瞬根的反向转换误差只具有周期性影响。因此，对于最后一次变换的截断阶数，可以将其取至比长期项阶数更低，通常能够满足大多应用需求，也可以更为高效地评估解析解[269]。

对于主要摄动的更高阶解析解，在本书 6.5 节，阐述了瞬平转换方法对解析摄动解精度的影响。

1.2.2 解析形式下的重力势长周期效应

在早期研究中，学者们力图将摄动解扩展到更高阶项，研究思路通常采用椭圆运动偏心率的幂级数来实现[78,171,346,374]。这种类型的级数展开计算，促进了第一代计算机程序的发展[172,173,289]，也为后来所谓的泊松级数处理器问世奠定了基础[69,83,140,236,286,323,570]。通过幂级数展开的方法，可以将解析解转换为较长的多元傅里叶级数形式，但这显著增加了对解析解的评估难度，对其应用造成了很大影响。相对而言，采用解析形式计算摄动解，可以显著减小需评估级数的规模，同时也提高了解析解对大偏心率轨道的适用性。然而，为了超越布鲁沃，在解析解中实现更高的阶数[75]，学者们在中心方程不定积分计算中又遇到了困难[8,156,363,487,536]，因为中心方程是一个周期性但非三角相关的函数。

在布鲁沃的研究（方法）中，常规处理方法是先消去短周期项，再运用视差消除简化技术对原始哈密顿函数进行特殊预处理，之后在计算更高阶项时才会遇到这些问题[154]。实际上，通过视差消除方法，已将非本质效应的带谐势条带化，并在解析式的高阶归一化过程中得到了喜人结果[118,119,155]。在 6.2.1 节将介绍在视差消除中进行标准简化处理的主要过程。

或者，按照相反的顺序进行归一化处理，首先对总角动量进行标准的归一化处理，从而消除长周期项，随后消去短周期项，实现对结果的进一步简化处理[408]。在后一种方法中，也采用了视差消除方法进行了初步简化，然后消去近地点项，实现哈密顿函数的进一步简化，使其成为只依赖于短周期项的单自由度系统[14,440]。因此，可以将两种消去处理过程合并为一个李变换[593]，有时也被称为纬度消除[133,166]。紧接着，用标准的德劳内归一化方法[156]消去剩余的短周期项，将平近点角的共轭动量转化为卫星运动问题的第三积分，从而实现对哈密顿函数的彻底简化。后面将在 6.4 节介绍关于反归一化的详细内容。

然而，当倾角正弦的平方约等于 4/5 时，此时除数因子约为零，导致消除近地点的正则变换方程存在奇异。由于倾角为 63.4°（或者为 116.6°）的临界倾角时正则变换存在奇异性，因此在临界倾角附近摄动解难以收敛。由于轨道[216,394]的近地点和交点频率之间存在共振，因此，这种奇异性是航天器运动固有的[120,135]，无法通过变量的选取来规避该问题。

值得一提的是，在仅处理轨道平根时，在解析形式下，消去短周期项后，通常会使平根历元方程失去部分长周期项，但这些长周期项在平运动变换方程中仍然存在。这种情况会导致轨道平根与真实轨道的平均演化结果不一致。虽然在经典的解析平均计算过程中已发现了该问题[363]，但视差消除后进行短周期效应均化处理时，该情况仍然隐性存在。针对上述情况，通过在变换后的生成函数[197,437,442,488,618]对应项上，增加合适的积分“常数”，能够适当修正误差。在计算长期项效应时这种情况不会发生，因为此时已消去了所有周期性效应。在本书的6.7节中，将进一步讨论如何用平根数来拟合瞬根数的平均效应等问题。我们注意到这类问题只与平根下的轨道预报相关，在半解析积分问题中，可以通过对周期项进行解析恢复，从而将轨道根数转换为瞬根形式，因此在半解析积分问题中没有影响。

1.2.3 田谐项摄动

与经度相关的引力势展开项、田谐项和扇谐项，一般只对人造地球卫星轨道运动产生小幅短周期影响，其中，起主要作用的是田谐项，且该项不受纬度相关参数的影响。这些摄动项有时被表示为“m 次/天”项，由于其三角函数只依赖于交点地理经度，因此以每天 m 次进行重复变化[335]。

带谐项和田谐项之间的相互作用除了产生短周期效应，对摄动解的高阶项也有影响[687]。相反地，不同田谐项之间的相互作用除了产生短周期变化外，还可能产生长期和长周期变化。尽管如此，由于其振幅很小，因此只需对解析解进行小幅修正[489,686]。

考虑到田谐项效应使解析摄动解的计算过程变得非常复杂，通常将引力势以偏心率的幂级数形式展开后，再计算田谐项效应[82,341,348,563,638,685]。尽管如此，通过视差消除进行预处理，对于田谐项中的部分子项，可以提前对其进行解析简化处理[117]。由于轨道平均角速度和地球自转角速度不在同一数量级，对于近地轨道是个特例，因此在计算解析解过程中，可以不考虑与平近点角有关的田谐项影响[220,221,439,539,541]，此部分内容将在7.2节详细介绍。

针对常规情况下田谐项效应的解析消去算法，学者们对此开展了大量研究，最终促进了降阶算法的问世[169, 538]。针对人造地球卫星运动问题，该算法可以解析消去田谐项的影响，即所谓的“节点降级”，且已成功应用于超地球同步轨道[97, 591, 602]。然而，在亚同步轨道高度以下，降阶算法的计算效率存在一些问题。实际上，由于对亚同步轨道进行降阶处理时，计算与偏心率间接相关[602]，与基于偏心率幂级数展开的经典方法相比，此时对田谐项效应的消去效果不够理想[438]。尽管如此，仍有人提出，在亚同步轨道降阶处理过程中，可以对经典降阶算法进行改进，以解决算法对偏心率的依赖问题。对于小偏心率轨道情况，可以通过消去田谐共振项[441]，从而进一步提高算法的有效性。在7.4节，介绍了解析形式下消去田谐效应的经典降阶算法，针对小偏心率轨道这一特殊情况，给出了具体计算过程，并通过典型应用案例验证了其效率。

另一方面，在解析形式下，田谐项短周期效应的消去问题可以简化为求积问题[471,540]。然而，积分问题涉及真近点和平近点的非整数组合，其解析解是未知的。因此，为解析求解这些积分，必须采用偏心率级数或地球自转角速率与卫星平运动角速率之比的级数表示，这个过程与降阶算法类似。另外，这些求积函数也可以用数值方法求解，但它们与所采用的级数形式有关，在生成函数中，该级数是用于计算积分常数的，当采用数值积分时，积分常数不能随意取值。7.3节概述了如何将田谐项短周期效应的消去问题简化为求积问题。

田谐项的短周期摄动效应振幅较小，除了对基于摄动解析解的精密星历计算精度有一些影响外，轨道特性对田谐项效应有一定影响，某些特殊轨道类型会导致田谐项对半长轴产生显著的长周期效应。当卫星运行 Q 个周期、地球自转 P 圈的情况下（P 和 Q 互为质数），此时田谐摄动引起的共振效应非常显著。也就是说，当近地点角与平近点角的组合变化率，同交点经度与地球自转速率的组合变化率量级相当时，就会发生田谐共振现象。因此，对于特定类型轨道，如果要考虑引力势的田谐项摄动影响，可以采用平近点角形式，此时对常规的椭圆运动问题进行级数展开处理是不可避免的。

在不考虑深度共振情况下，对于有趣的任务规划而言，在时间尺度上田谐项会产生显著的摄动效应[180]。采用摄动方法，将田谐哈密顿函数消去短周期项后，共振组合将被单变量替代，即所谓的交点地理经度，交点地理经度定义了在地球赤道与卫星轨道相交时卫星星下点的地理位置[4]。采用平交点地理经度和半长轴[183,228,334]的组合模式，进一步发展了位置保持控制策略，而田谐项摄动是影响轨道半长轴的主要因素。

该分析方法已经成功应用于地球同步轨道卫星的相关运动问题[18, 52, 53, 341, 509]，这种情况下，动力学的共振效应主要由 $J_{2,2}$ 项引起，$J_{2,2}$ 与椭球地球模型的赤道经度相关。隔离共振效应与钟摆动力学类似，是一种理想情况，是可以进行解析积分求解的[18,19,222,228,331,381]。然而，当不同共振效应叠加时，除了特殊类型轨道[434,443,612]外，通常仍然存在两个自由度的问题，一般通过长期方程的数值积分来研究，但有可能会出现混沌情况[142, 145, 149, 186-188]。尽管如此，仍有人试图用博林理论[551,98]来解析求解非隔离共振问题[507,508,572,573]。

在本书 7.5 节，介绍了将摄动方法应用于典型共振轨道时的特点。因文献［45，509，522，531，613］已对地球同步卫星应用情况进行了深入分析，即航天器受到 1∶1 田谐项共振时的具体影响，因此，本书主要讨论的是可提供全球导航服务的典型星座轨道，田谐项摄动对这类轨道的共振影响也是十分显著的[108,146,580]。伽利略导航系统的卫星轨道重访周期为 17 圈，大约为 10 天左右。由于伽利略卫星的轨道较高，10 天 17 圈的田谐项共振效应不显著，但受到 3 至 5 次轻微田谐项共振的影响，对于伽利略导航系统的离轨处置，摄动项的共振影响效果是较为显著的。此外，GLONASS 卫星导航系统轨道存在 8 至 17 次的浅共振影响，GPS 导航卫星轨道存在 1 至 2 次的深共振影响。GPS 卫星的轨道周期约为 0.5 天，由于存在强共振效应，所有 GPS 卫星的轨道半长轴[601]存在显著的长周期变化，而且不能忽略引力势的各个摄动项的影响[309]，尤其是三阶和二阶谐波系数对 GPS 轨道产生了很大影响。此外，由于田谐项共振引起的摄动效应不是孤立的，必须考虑其他田谐项效应的共振叠加。另一方面，由于全球导航卫星系统的轨道高度较高，将引力势截断至低阶项已能满足大多应用需求[204]。因此，在 7.5 节给出的典型应用案例中，引力势仅截断至五阶。

1.2.4 日月摄动

月球和太阳引力引起的日月摄动，会对地球不同类型轨道的卫星运动产生显著的长期影响。在解析计算遥远天体的引力摄动时，通常以卫星轨道半径与第三天体半径之比为变量，将三体摄动函数展开为勒让德无穷级数形式。对于近地轨道，与地球非球形摄动相比，日月摄动效应非常小，此时在动力学建模过程中，可以仅考虑二阶 J_2 项摄动的影响，在动力学模型中忽略三体摄动的视差效应影响，通常也能够满足应用精度需求[128,359,450,519]。然而，对于高轨卫星，由于月球引力引起的视差效应较为显著，导致早期的一些研究在建立月球摄动势函数时，一并考虑了日月摄动的影响[521]。

在早期的研究中，一般以月球相对于地球赤道的夹角为变量，将月球摄动函数建模为与该变量相关的某种形式[340]，此时，月球轨道倾角和轨道交点经度变化较大。如果取黄道面为参考平面，月球轨道倾角基本为5°左右的常量，此时，可以将月球轨道面升交点经度近似建模为与时间相关的线性函数[80,481]。因此，在某些情况下，基于黄道系描述月球轨道根数是十分方便的[366,367,581]。

在地球同步轨道高度以下[121, 640]，将月球摄动函数取至视差比的4次项，一般能够满足应用需求，当需要更高精度的动力学模型时，也可以取至5次项[437, 488]。尽管如此，在地球高轨卫星建模时可能会取至更高阶项[337,338,436]。通过递归关系，可以将三体摄动函数的级数展开到任意高阶项[98, 230, 233, 348]。对于文献［382］中的一些别字和公式错误问题，目前已进行了修订更正[101]，8.1节没有采用传统方法[425]，而是在拱点坐标系下，基于矢量运算给出了类似的通用推导过程。

对于存在第三天体摄动的情况，通过摄动方法消去与卫星平近点角相关的短周期效应，为半解析求解问题提供了一种有效处理方法。在本书8.2节中，讨论了三体摄动函数的截断问题，给出了平根形式下的哈密顿函数公式，以及用于推导短周期修正项的生成函数公式。人造卫星和月球之间的平运动共振效应，只在地月空间有一定影响，对于近地卫星轨道影响很小，通常情况下可以不予考虑。因此，消去与月球平近点角相关的月周期效应影响，在某些情况下，消去与太阳相关的年周期效应影响，以及与卫星平近点角相关的短周期效应影响，在动力学模型长期效应研究中，都是用于改进数值预报精度的常用方法[122,382,437,443,617,683]。根据伽利略星座轨道的特殊性，在8.3节讨论了消去三体平近点角的双平均处理过程。

相反，太阳或月球的平均运动，与人造卫星轨道角度根数变化率之间存在共振现象，在地球同步轨道高度以下区域，该现象十分常见[128,305,307,308]。尤其当拱线长期运动与三体平均运动大小相近时，会发生拱点共振现象，当选用升交点赤经作为描述参数时，会发生交点共振[64-66]。这些共振，可能会导致卫星轨道的偏心率发生显著变化，目前，针对卫星寿命末期的离轨问题，一些学者致力于研究利用轨道共振使卫星快速离开工作轨道，从而实现自然离轨[12,108,240,580]。另一方面，目前已找到了特殊的卫星轨道，其中偏心率和倾角的长期摄动影响可以相互抵消，即所谓的地球卫星平衡轨道[371,372]。在8.5节将在黄道坐标系下，对地球卫星平衡轨道进行深入讨论。

1.2.5 非保守力摄动

摄动二体问题中涉及的速度相关摄动项与太阳系动力学模型密切相关[556,561,568,690]。非保守力摄动可能对地球卫星轨道运动[43,344,445,496,659,677]产生显著影响，对其他类型轨道[49,86,262,383,493,596,597]也有一定影响。特别地，太阳光照对大面质比物体的动力学演化有重要影响，如从卫星或其他类似物体上脱落的防热层碎片等[25,95,107,210,460,576,639]。但也为太阳系内的航天器提供了取之不尽、用之不竭的动力来源，可以通过太阳帆有效利用太阳光压摄动[226,463,470,479,634,648]，另外还可以发展采用“智能尘埃”装置作为推进系统的新概念卫星[32,126,484,528,699]。

目前学者们已清晰认识了太阳光压（SRP）的摄动影响，比如在第一代人造卫星中，发现轨道的实际近地点高度与基于保守力场模型预报结果之间存在差异[523,545]。这一现象促使学者们开展了大量理论研究，以研究和评估光压对人造卫星动力学产生的长周期和短周期影响[128,520]，在一般假设下，可以像势函数一样对光压进行建模[306, 340]，从而将光压摄动转换为便于求解的哈密顿函数形式。在研究初期，就考虑到了因地影导致的光压摄动模型突变情况[10, 85, 195, 361, 375, 605]，但由于卫星轨道运动是周期性的，因此在长期演化研究中，往往忽略地影的影响，长周期项对轨道动力学起主要作用。进出半影和反射效应等因素对光压摄动效应有显著影响，一些文献针对这些问题进行了深入研究[59, 584, 668-671]。

对于光压摄动的长期效应，虽然可以对其进行均化考虑，但对于某些类型轨道，可能存在光压与拱线运动共振的情况，或者拱线与交点之间发生共振的情况[76,128,306,520]。这些共振会导致轨道偏心率出现长周期、大幅度振荡，与三体共振情况类似。近期，针对近地轨道卫星寿命末期离轨问题，一些学者致力于探索利用轨道共振，使卫星加速离轨的可能性[13]。

考虑光压影响的摄动开普勒动力学模型，可以建模为一个与时间相关的三自由度哈密顿函数。在旋转坐标系中进行建模是十分方便的，可以消除哈密顿函数的时间依赖性。除了特殊可积情况下该问题难以求解，其他时候摄动方法有利于学者更好地认知轨道长期演化过程。通常，在哈密顿函数消去短周期项后，简化后的二自由度问题已转化为可积问题[105,158,159,493,495]，这一结论，为将主要摄动项转换为简化模型提供了参考思路[224]。另一方面，除了光压外，考虑非球形摄动效应的简单解[494,520]表明，在地球人造卫星运动问题中，初始条件和动力学参数的微小变化，也可能对轨道演化造成显著影响[125,369,370]。后面将在 9.1 节介绍针对光压效应的摄动处理方法。

大气阻力是另一重要的非保守摄动，它对近地轨道运动影响显著。事实上，由于大气与卫星的相互作用导致轨道能量耗散，从而使半长轴减小，并使轨道逐渐圆化。这些耗散效应在 2000 km 以下较为显著，同时也是再入返回轨道的主要摄动力。虽然大气阻力摄动不是由摄动函数推导的，但其影响仍然可以像广义力一样在哈密顿方程中对其进行建模。前面提到的李变换方法，能够用于解决矢量流问题，因此，用摄动方法解决这些问题也是可行的[282,304,333]。

阻力通常被建模为一个数学函数，具体模型为大气密度、卫星相对于大气速度的平方、卫星的面质比和阻力系数 C_D 的乘积。阻力系数与气体同卫星表面的相互作用有关，涉及大气温度、成分及卫星形状等多方面因素[501]。虽然精确地确定阻力系数对于高精度轨道预报很重要[483]，但在标准近地卫星长期轨道预报中，一般阻力系数采用恒定值 $C_D=2.2$[129]。事实上，由于难以准确地对高层大气进行建模，且大气密度是预测阻力的主要误差来源，因此，致力于提高阻力系数精度的研究工作意义不大[513]。

仅在大气阻力摄动作用下，一些学者开创性地提出了摄动解析解，能够用于描述近圆轨道的收缩演化过程[131]，随后，有些学者很快提出了新的方法，可以解决阻力和非球形摄动之间的耦合问题[79,378]，并消除小偏心率情况下对摄动解的限制[379]。此后，在考虑大气阻力效应下，学者们陆续提出了各种摄动开普勒运动解析解[40,148,285,475,476]。

另一方面，通常情况下只对阻力效应进行平均处理就够了，可以从阻力方程中消去平近点角运动后得到[462]。这是轨道预报的常见情况，其中，动力学模型是复杂的半解析形式。此外，鉴于大气模型日益复杂，采用数值积分进行平均处理是非常有效的手段，也是本书解决的唯一一种情况，将在 9.2 节进行讨论。

1.2.6 作用-角度变量和非奇异变量

对摄动开普勒运动的简化处理，通常采用德劳内正则变量形式进行，这就是开普勒问题的作用-角度变量[144,243,395]。然而，众所周知，德劳内变量与非正则变量开普勒轨道根数存在类似的缺陷。事实上，德劳内变量对于圆形轨道问题是奇异的，在这种情况下，近地点幅角没有意义，对于倾角为 0°或 180°的赤道轨道，交点经度也没有意义。然而，如果采用非奇异变量形式，重新构建摄动解的长期项和周期项修正模型，可以很好地解决庞加莱变量的缺陷和不足。庞加莱正则变量[468]或赤道轨道根数集[31,72]，是摄动理论中常用的非奇异变量集，但文献［294，296，647］中提出了不同的解决思路。

当不考虑小倾角轨道情况时，在传统开普勒根数集下，对于描述零偏心率轨道问题，主要有两种非奇异变量集：一种是平近点角距，另一种是在交点系下，描述偏心率矢量的半赤道轨道根数[130]。另外，通常还需要交点经度、倾角和半长轴等参数来对上述非奇异变量集进行补充[132,181]。在哈密顿函数设置中，最后两个分量通常分别由角动量矢量的第三分量和德劳内变量替代。然而，最后一组变量集结构不满足正则要求[171]。

对于圆轨道情况，另一组无奇异的变量集是极点-交点正则变量集，但在赤道轨道下，该种奇异仍然存在。然而，只有摄动模型中考虑奇数带谐摄动时，分母才会出现小值情况，最终导致出现奇异问题。目前，提出了基于极点-节点变量的非奇异变量，无论形式是否满足正则要求[9,121]，对于赤道轨道的短周期项修正问题，都能解决其收敛性较差的缺陷。此外，采用极点-交点变量形式，进一步减小了分析方法所需的摄动序列规模，从而降低了解析解的评估难度[317,363]。因此学者建议，应鼓励使用极点-交点变量形式，并且对赤道轨道问题进行单独考虑和处理。最近的研究提出，通过采用极点-交点变量的非奇异变量形式，能够进一步简化摄动问题[392,395,444]。

值得一提的是，极点-交点变量形式并不适用于平根方程积分问题，当解析或半解析处理摄动开普勒问题时，困难在于对周期项修正效应的有效评估，因此它们的适用性经常受限。但采用极点-交点变量形式有助于将受摄开普勒运动简化为准开普勒问题[154]。这种方法为常规的轨道预报[259,269,393]提供了一种有效的备用方案，也可用于相对运动问题[416]。

尽管解析解的公式紧凑，适用范围更广，但对于特定类型轨道，其摄动解形式可以更为简洁。特别是在小偏心率轨道情况下，将椭圆运动展开至偏心率低阶项时，可以用更为精简的摄动解较好地替代解析解，这使摄动解的评估问题变得非常简单[181,389,637]。

另一方面，在轨道运动问题中使用矢量根数，可以追溯到斯特伦格伦[623]和米兰科维奇[497]的早期工作中。采用矢量根数，不但使运动方程显得更为简洁和美观，也使它们摆脱了对所使用参考系的依赖。在求解近圆轨道问题时，采用米兰科维奇提出的偏心率和角动量矢量的优点很快得到了认可[291]，之后一些学者[21]将这组轨道根数命名为米兰科维奇根数，并在研究中广泛使用和推广。虽然矢量下的运动方程增加了积分运算时的微分系统维数，但这对于评估数值积分质量是有利的，此外，也使对三角函数的评估降到最低限度[290,291]，加上运动方程描述形式更为对称，使得微分系统易于编程实现，且计算速度更快，采用矢量模型求解某些特殊摄动问题效率更高，因此其被广泛使用[152,397,518,583,636]。

在解析摄动建模方面，矢量方法也显示出固有优势。事实上，在缪森[520]的开创性应用和艾伦[17,20]的后续应用之后，最近又兴起了基于矢量方法的平根预报研究[112,577,676]。尤其对于三体摄动下的大偏心率轨道，在进行平矢量根数积分运算时，基于矢量模型的计算效率很高[425]。

采用矢量根数也有助于证明某些结论，例如，开普勒哈密顿量对于四维欧氏空间中的旋转群是不变的[512]。当偏心率矢量、角动量矢量被其和矢量、差矢量替换时（见文献[621]中的§45)，这一结论变得十分明显，这就是我们所熟知的莫泽根数或嘉当坐标[92,202]。由于这两个矢量的常数模是一样的，且该常数模与轨道的半长轴成正比，因此，轨道可以由球体表面上的一对坐标点表示，详见8.2.3节。开普勒运动的这一特征，为矢量根数提供了另一种用途，如通过点云形式可以对海量目标轨道进行可视化显示，这种方式也使空间碎片轨道的演化问题变得更加直观、清晰[629]。

1.3 非地球轨道和摄动非开普勒轨道

在第一次人造卫星任务之后不久，无人月球探测器以及其他行星际任务相继执行。虽然近地轨道可以由摄动开普勒动力学精确描述，但深空探测轨道超出了地球引力占主导地位的影响域范围。与中心引力体下的摄动开普勒椭圆运动不同，深空探测轨道需要将轨道看作是不同问题的特定解来计算。具体说，就是针对不同情况下在更为通用的三体问题框架下，更好地描述人造卫星轨道动力学问题。在三体问题中，三个质点的轨道仅在相互引力作用下进行演化[646]。

1.3.1 受限三体问题

与开普勒运动问题不同，三体问题不能用积分手段进行化简[558]，因此无法得到解析解。反之，可以采用幂级数形式来计算三体问题的解析解[626]，但幂级数的收敛性较差，对于数值计算用处不大[44]，因此，一般通过寻找系统的特定解来分析三体问题的动力学特性，如奇点、周期轨道和其他不变流形等。尤其是，当参考运动为质心运动时，由于存在能量积分，且动量和角动量矢量保持不变，基于雅可比消去交点因素后[157,321,684]，可以将三体问题的自由度由九个减少到三个。

另一方面，在处理航天器轨道运动问题时，基于三体问题的数学模型可以进行大幅度简化。这种情况下，与大多自然天体质量相比，航天器质量的影响通常可以忽略，即航天器不会对两个大质量天体的运动产生影响，此时，两个大质量天体在相互引力作用下，分别绕其组合体质量中心做二体运动。当自然天体运动的初始轨道为圆形时，此时称之为圆形限制性三体问题，简称 CRTBP，在旋转坐标系下，采用大质量天体的运动角速度作为变量来描述圆形受限三体问题是十分方便的。

尽管圆形受限三体问题已经进行了大量近似和简化，但仍然无法获得其通用形式的解析解。众所周知，圆形受限三体问题动力学模型，可以进行雅可比积分求解，并有五个平动解或平动点，其中三个解与两个自然天体共线，另两个对称于自然天体连线的两边，且与两天体连线呈等边三角形。此外，通过数值积分计算还获得了许多周期解[84, 176, 278, 628]。特别是，在对流形进行线性化后，结果清晰表明，出发于平动点的周期轨道是存在的。对于与两天体共线的三个平动点，这类解会形成平面的且垂直的李雅普诺夫轨道。通过改变雅可比常数，可以将这些无穷小轨道，解析延拓为圆形受限三体问题的周期轨道族，从而发现能够分岔出新的周期轨道族。在空间任务设计中，涉及的轨道类型主要有晕轨道[62,191]，在两个自然天体运行轨道平面内，晕轨道是从平面李雅普诺夫轨道族中分岔出来的。

尽管本书中讨论的摄动理论应用不涉及圆形受限三体问题，但涉及较为简单的希尔问题，我们认为，后者为前者的一种极限情况。因此，在 10.1 节，首先给出了圆形受限三体问题的标准推导过程。

1.3.2　希尔问题的简化

当无质量物体与自然天体之间的距离小于两个自然天体之间的距离时，即两个距离之比小于 1，采用勒让德多项式形式，对第三体引力势进行级数展开，可以将级数截断至某阶项，用其来代替第三体引力势。只要这个距离比足够小，就可以用展开级数的一阶项来替代动力学模型。此外，如果一个中心天体的质量比另一个中心天体的质量小很多，就可以将动力学模型进一步简化，这就是所谓的希尔问题[292]。

在本书 10.2 节，将介绍如何把圆形受限三体问题简化为希尔问题。然而，必须指出的是，希尔方程比改进后的受限三体问题通用性更好。事实上，在三体问题中，当其中两个物体质量远小于另一个物体质量时，可以从常规的三体问题模型推导出希尔方程[281, 616]。这种情况下，只要两个较轻物体之间的距离不是特别近，就各自独立地绕较重物体进行二体运动，那么两个较轻物体之间的相互引力，与较重物体产生的引力相比是微分小量。

希尔问题的显著特征是它与物理参数无关，因此，运动方程可以选用合适的计算步长和时间单位[628]。正是由于这一特性，希尔问题被广泛应用，在太阳系不同天体组合引力作用下，可以用其对某一小天体的动力学进行建模。当恢复为物理单位时，典型双星系统的特征细节就会重新显现出来。因此，希尔问题非常适于研究各种天文学和天体动力学问题，例如，卫星碰撞分析[554]（见参考文献［534，642，643，645］）、共轨运动动力学[47,524]和航天器相对运动动力学[71,113,336,446]等。对于航天器绕行星卫星的运动[419,430]，以及航天器绕小行星的运动[597]等情形，希尔问题都是非常有用的。另一方面，当一些特殊问题需要更精确的动力学模型时，除了中心天体的引力外，还需要在动力学模型中补充其他摄动因素的影响。因此，在研究近行星卫星的轨道动力学问题时[432，585]，通常会考虑较小天体引力势的非中心性影响，尤其是与椭球形状有关的引力势，而在航天器绕小行星运动的动力学中，太阳光压可能是主要影响因素之一[215]。此外，空间大型结构产生的动力学耦合效应，如空间系绳，可能会对希尔问题动力学产生一定影响[550,551]。

对于希尔问题，研究其动力学全局特性只能采用数值方法。特别地，一些学者已经对周期轨道和准周期轨道进行了深入计算和分析[275-277,279,492]。此外，在空间任务设计中，希尔问题也有特殊优势，对于低能转移轨道问题，学者们开展了大量研究[127]，在共线平动点的中心流形研究中［250，477］，对平动点轨道的稳定流形和不稳定流形问题开展了深入研究。此外，对于逃逸和轨迹捕获问题，构建近点庞加莱图，已被证明是一种十分有效的方法[579,660]。一些学者[611]，对希尔问题动力学模型的其他相关内容进行了研究，其中涉及的主要是平面问题，以进一步探索航天器轨道在一定能量下的可达域问题。

另外，在相空间的某些区域，纯分析方法对研究希尔问题动力学也是有用的。本书给出了利用摄动方法求解希尔问题的三种典型案例，即绕行星卫星的开普勒摄动运动（第 11 章），关于平动点的摄动谐振运动（第 12 章），以及较小质量天体和航天器的共轨道运动（第 13 章）。

1.3.3 行星卫星的运动

大多数自然卫星的质量显著小于其母行星的质量，因此，这很好地满足了希尔问题的小质量假设，参见文献［598］的表 1，太阳-水星组成的系统自然也属于该类问题。另一方面，在针对行星卫星的未来测绘任务中，需要使用飞行高度较低的轨道器，其运行轨道半长轴，通常比自然卫星绕母行星运行的轨道半长轴小很多，这也满足了希尔问题中可忽略视差的假设。此时，采用希尔问题动力学模型，可以很好地对行星卫星运动问题进行建模。此外，当轨道器运行在希尔球内时（并非总是如此[694,695]），可以将希尔问题哈密顿函数很自然地整理为摄动开普勒运动的形式，这是分析方法的一个很好的备份[182,343]。

对于行星卫星轨道长期演化过程的主要特征，采用低阶摄动方法可以对其进行很好的描述。在 11.1.1 节中，首先消去轨道运动的平近点角，然后在 11.1.2 节中，基于旋转坐标系消去轨道交点参数，可以将简化后的模型转换为可积形式。在 11.1.3 节中，介绍了简化后的动力学模型，指明了大倾角圆轨道的不稳定特性，揭示了 Lidov - Kozai 共振[48,71,364,450]，即在稳定偏心率轨道下，偏心矢量存在平动运动现象。除了对行星卫星动力学的定性分析外，为了提高解的计算精度，一般需要将摄动解截断至更高阶项[357,418,419,535,652,656]，后面将在11.2节中给出具体实现过程。

另一方面，由于测绘轨道器通常距离行星卫星很近，在轨道运动长期演化中，行星卫星引力势的非中心性可能会造成显著影响。因此，在建模过程中，必须考虑这些摄动因素的影响[365,432,452,457,592,598,650]。尤其在摄动模型中，需要考虑行星卫星扁率和轨道运动偏心率的影响，但由于行星卫星通常同时存在自转和公转运动，可以对其运动模型进行一些适当简化。尽管如此，由于高阶引力项可能对轨道长期演化造成显著的影响[3]，在摄动模型中，有时会考虑中心天体的纬向不对称性影响[389,421,547]。11.3节将介绍自然卫星的动力学模型椭圆形修正问题。

解析解可以用于分析和计算长寿命科学探测轨道问题，书中11.4节对此进行了探讨。事实上，由于行星摄动引起的大倾角圆轨道的不稳定性，航天器轨道的偏心率呈指数级增长，直到轨道器在相对较短的时间内撞击到行星卫星表面（无控情况下）。基于时间-撞击分析预测方法[598]或使用平均问题的稳定/不稳定流形动力学理论[547]，可为实现科学探测轨道寿命最大化提供希望。此外，除了常用的线性化处理方法[548]，使用基于李变换摄动方法的高阶平瞬根转换模型有助于提高任务的设计寿命[410,411]。另外，如11.4.2节所述，对于科学探测轨道常用的小偏心率大倾角轨道，用一组简化的非奇异变换方程替代了原有的整个平瞬转换[389]。

1.3.4 平动点轨道

在平动点附近区域，希尔问题是易于摄动求解的，正是由于该特性，在各种空间任务中广泛使用了希尔问题[11,190,249]，通常利用归一化方法消去双曲线与平动点鞍×中心×中心的平衡特征相关的不稳定性[246]。通过该步骤，可以将受限三体问题动力学模型简化为其中心流形形式，此时模型只有两个自由度，因此可以利用非线性动力学的常用工具对其进行探索研究，如庞加莱截面的计算或不变流形的数值计算[250]。另一方面，如果已知在线性或非线性动力学[515]模型中存在特定的解析解，基于林德斯泰特级数或类似级数进行展开后[191,566,693]，可以得到关于平动点主要周期轨道的解析近似解。

当航天器运动速度接近平动点速度时，可以采用摄动方法替代庞加莱截面方法，对中心流形动力学模型进行解析求解，但此时的动力学模型不再是摄动开普勒运动形式。实际上，化简后的中心流形哈密顿函数，是一个平面摄动谐振问题，处于准共振状态。之后通过引入失谐参数[283]，将该问题转化为摄动椭圆谐振问题。也就是说，我们将1-1共振条件下的振荡作为非摄动项，将失谐项转移至摄动函数中。众所周知，此时采用摄动理论，可以有效地求解该类共振问题[198,472]，尤其是当采用德普里特提出的李萨如变量重新建模时，可以清晰地发现希尔问题哈密顿函数中心流形的短周期项[160]。然后，通过对椭圆近点角进行平均计算，构造共振范式哈密顿函数。

将简化过程分解为两种不同的正则变换，即中心流形的简化和短周期项的消去。此时，在摄动运动中需重点关注的是，如何将长周期和短周期效应进行剥离，这为天体力学学家开展相关研究提供了思路[396]。然而，当需要摄动方法截断至更高阶项时，可以仅通过李变换方法，将问题简化为单自由度哈密顿函数形式，计算效率更高[103, 238, 564]。此外，相比于多项式代数计算，在复变量形式下，进行李变换的归一化计算非常简单。归一化处理后的模型仅涉及算术运算，有利于对解析摄动解进行高效评估[424]。这种方法清晰地体现了李变换方法的通用性，也是书中 12.1 节我们用来构造简化哈密顿函数所用的方法。

归一化后的哈密顿函数，在消去短周期效应后只有一个自由度。简化后的相空间是球形空间[134,373]，在霍普夫坐标系下对其建模是十分方便的[300]。令人称奇的是，简化后的动力学模型，被证明是自由陀螺运动的一种特例[8]，自朱可夫斯基[700]和沃尔特拉[672]所做的开创性工作以来，一些学者对其分析积分进行了深入研究（参见文献［41］）。这为文献［345］反复提及的轨道运动和姿态运动之间的相似性提供了又一例证。

另一方面，虽然基于霍普夫变量建立了完整的球空间简化动力学模型[163, 498]，但采用德普里特的李萨如变量，可以立即判明特定解的性质。此外，当椭圆轨道近地点角为 0 和 2π 之间任意值时，对这些变量形式下的平衡解进行简单估算后，可以直接重建它们的伴随周期轨道，其周期很容易由用于描述椭圆近地点角变化的哈密顿方程计算出来[396]。简化后的动力学模型相关问题将在 12.2 节介绍。

考虑计算的效率和复杂度，当使用更高阶的摄动方法时通常采用浮点算法进行计算[171]。尽管如此，由于计算机中的 0－1 数字描述方式，计算过程中可能会导致数值累积误差的增加，且该项误差是不可忽略的。此时，可以利用区间算法，研究截断误差的传播问题[100, 328]。另外，复变量法是一种评估摄动截断累积误差的简捷有效方法，在哈密顿函数恢复为实变量形式后，通过计算规一化哈密顿函数的复杂截断项，可以评估每一阶摄动项的截断误差[424]。

另外，在使用浮点算法时，为了抑制截断误差的增加，可以使用整数算法精确求解摄动解。然而，需要处理的有理系数规模，随着使用摄动阶数的增加而增大，在相对合适的阶数下，有理系数规模可能会非常巨大[162]，因此，如果需要截取至较高阶，采用整数算法是不可行的。尽管如此，整数算法解仍然可以作为评估低阶浮点算法解精度的基准，用其评估浮点算法最高阶解的精度可能更有意义[424]。12.3 节中的高阶李变换方法，主要用于改进解析解的计算精度，为了提高对摄动解的评估速度，在浮点算法中采用了高阶李变换方法。

1.3.5 小偏心率共轨道运动

在描述两个小质量天体绕一个大质量天体运行的相互作用问题时，采用希尔问题模型是十分有用的。两个小质量天体，以几乎相同的半长轴进行圆轨道运动，在这种特殊情况下提出了所谓的准卫星轨道，也被称为远距离逆行轨道。此时，无质量物体似乎在绕较小天体进行轨道运动。一旦轨道运动明显超出了希尔球体范围，就不能把这种运动看作是绕较小天体的摄动开普勒运动。

从20世纪初开始，学者们就开始了关于太阳系中是否存在这种相对运动的研究[319]。从那时起，一些学者采用数值方法对逆行周期轨道族进行了大量研究，主要针对的是哥本哈根问题（两主要中心天体质量相同）[87,273,274,624]、地-月系统问题[68]和纯希尔问题[275]。这些研究的简要回顾可参见文献［560，608，673］，在太阳系中，已确定的运行于准卫星轨道上的自然天体可参见文献［205］及其引用文献。

准卫星轨道具有极强的稳定特性，因此被广泛应用于天体动力学研究的各个领域，如隔离轨道[50,376]，与保护地球有关的监视任务轨道[622]，或者绕尺寸不可忽略且质量非常小的天体运行的“轨道”，如绕火卫一运行的轨道[35，352，530]。

通常利用数值法研究准卫星轨道问题，类似于受限三体问题的周期解[46,235,429,456,499]。共轨运动的近似解析解已经被公布，对于定性描述准卫星轨道动力学的主要特征是很有用的[47,524]。当用哈密顿摄动方法求解问题时，能够改进这些粗略解析解的精度[454]，但由于求解过程严重依赖于其所使用的特殊函数，导致其在实际应用中遇到了困难，此时只能限制摄动解取至较低阶次。因此，可以得出结论，即摄动方法不是万能的[455]，可以用其对运动方程进行数值积分来分析轨道的长期演化过程，但应用十分有限[456]。或许，正是利多夫的英年早逝，最近学者们才放弃使用摄动方法。然而，摄动方法的应用仍受限于轨道运动演化问题，其数学模型是通过对轨道运动高频项进行数值平均建立的[608]。数值平均技术[184,467,635]为有效解决特殊函数解析积分中的复杂问题提供了一种备选手段，但也导致摄动计算无法选取更高阶项。

在13.1节中，针对仅限于平面情况下的准卫星轨道的摄动求解问题，讨论了希尔问题哈密顿函数的排列问题，以得到有利于其求解的排列形式。哈密顿函数可以分解为可积的二次项，以及包含轨道器和中心天体相互引力的非线性项。通过采用本轮运动变量，二次项被重新表述为一个完全简化的哈密顿函数形式，然后对该哈密顿函数进行积分。结果表明：轨道器在进行椭圆运动的同时，椭圆中心沿与主星连线正交方向做线性运动。通过选取合适的初值，可以消去这种线性运动，从而将问题转换为纯周期运动形式。当较小天体与轨道器之间的引力不能忽略时，椭圆中心的线性运动可能会变为缓慢的振荡运动，从而将问题转换为准卫星轨道情形。

摄动方法的计算过程，主要是通过消去轨道器本轮运动相位来实现的，该运算可以通过李变换方法完成，而且非常高效。计算过程的具体细节，包括短周期项的修正计算，将在13.2节介绍。这样，平面希尔问题可以简化为一个可积的单自由度哈密顿函数，用它来描述参考椭圆中心的运动（与本轮运动的“差异”）。关于该解的性质将在13.3节中讨论，其中，摄动方法中的低阶项表明运动模型是由谐振运动构成的，且可以采用理想的解析形式对其进行描述[401]。然而，解析解的有效性，仍然局限于不同运动的小幅振动情况。当单平均哈密顿函数取至高阶项时，无法获得解析解，而对轨道运动的长期演化分析，可以通过半解析大步长积分实现。另外，基于林德斯泰特级数形式的解析解，进一步扩展了纯解析方法的有效性[398,403]。

作为林德斯泰特级数的一种可选方法，本书13.4节采用了一种新型李变换方法以消除相位差。这样，平面希尔问题的哈密顿函数已被完全简化，直至摄动方法的截断阶，从而得到一个常规可积的哈密顿函数。双平均解长期项的评估计算要求不高，它为研究准卫星轨道演化问题提供了一种快速方法。此外，当有需要时，只需简单地将周期修正叠加至长期解中，即可直接计算星历。修正内容包括长周期效应和短周期效应，其可以基于摄动方法的解析计算得到。此外，可以将长期解的规范积分结果作为设计参数，从而构建具有某些特性的准卫星轨道[404]。特别地，在本书 13.5 节，给出了轨道周期和平动运动之间的可通约性导致平面希尔准卫星轨道问题形成的原因，这些准卫星轨道平均演化是周期性的，在非平均动力学中，演化是近周期性的。按照任务早期设计流程惯例[386,387,390]，可以使用微分修正方法对解析解提供的初值进行细微修正，以获得具有所需特征的、非平均问题的精确周期轨道。

第一部分

基于李变换的哈密顿摄动方法

第 2 章　李变换方法

当找到一组合适的变量，能够将某些问题的数学模型进一步简化时，求解各种力学问题会变得非常容易。哈密顿力学是一种特例，我们通过正则变量变换，在新变量形式下，哈密顿函数被化简为标准形式，且仅是动量的相关函数。由于所有坐标都是循环变换的，所以，这是一个简单的积分问题。在新变量形式下，动量是运动的积分，而它们的共轭坐标随频率线性变化，而频率又与动量相关。这种变换，一般是通过采用包含混合变量、旧坐标和新动量的生成函数，基于哈密顿-雅可比方法实现的。这与哈密顿摄动方法的本质是一样的：找到一个无穷小的切变换，这样，在新变量形式下，将摄动可积哈密顿函数转化为更简单的描述形式，从而使哈密顿流的积分更容易。

对于特定问题，除了传统的摄动方法外，庞加莱还提出了一种通用算法，该算法参考了哈密顿-雅可比方法的思路，生成函数采用了混合变量形式[558]。庞加莱方法摄动解的构造非常简单，即直接取至摄动方法的一阶项。但变换会间接导致计算过程中出现高阶项的情况，为了解决高阶计算面临的困难，必须进行复杂的幂级数运算[174]。另外，基于李变换的摄动方法[151, 303]为摄动解扩展至更高阶数提供了一种通用算法，通过符号运算相关软件，该算法很容易实现。在这里我们只讨论后者实现的具体细节，其目前已被公认为当今的标准摄动方法。下面介绍的内容仅限于保守变换和函数情况，对于时间问题可以采用类似方法，将其转换至扩展相空间来计算。

2.1　函数的李变换

设 $\boldsymbol{q}$ 是正则坐标 $\boldsymbol{q}=(q_1,\ q_2,\ \cdots,\ q_l)$ 矢量，$\boldsymbol{Q}=(Q_1,\ Q_2,\ \cdots,\ Q_l)$ 是它们的共轭动量。设 $\mathcal{W}\equiv\mathcal{W}(\varepsilon;\ \boldsymbol{q},\ \boldsymbol{Q})$ 是基于 ε 泰勒级数展开的解析函数

$$\mathcal{W}=\sum_{n\geqslant 0}\frac{\varepsilon^n}{n!}\mathcal{W}_{n+1}(\boldsymbol{q},\boldsymbol{Q}) \tag{2-1}$$

因此，该微分系统的解为

$$\frac{\mathrm{d}q_k}{\mathrm{d}\varepsilon}=\frac{\partial\mathcal{W}}{\partial Q_k},\frac{\mathrm{d}Q_k}{\mathrm{d}\varepsilon}=-\frac{\partial\mathcal{W}}{\partial q_k},k=1,2,\cdots,l \tag{2-2}$$

其初值为

$$\boldsymbol{q}(\boldsymbol{p},\boldsymbol{P},0)=\boldsymbol{p},\quad \boldsymbol{Q}(\boldsymbol{p},\boldsymbol{P},0)=\boldsymbol{P} \tag{2-3}$$

定义无穷小映射 φ：$(\boldsymbol{p},\ \boldsymbol{P},\ \varepsilon)\longmapsto(\boldsymbol{p},\ \boldsymbol{Q})$，有

$$\boldsymbol{q}=\boldsymbol{q}(\boldsymbol{p},\boldsymbol{P},\varepsilon),\quad \boldsymbol{Q}=\boldsymbol{Q}(\boldsymbol{p},\boldsymbol{P},\varepsilon) \tag{2-4}$$

其中，$\boldsymbol{p}=(p_1,\ p_2,\ \cdots,\ p_l)$ 是正则坐标，$\boldsymbol{P}=(P_1,\ P_2,\ \cdots,\ P_l)$ 是它的共轭动量，这被称为生成函数 $\mathcal{W}$ 的李变换。李变换是完全的正则变换[151,491]，它存在于 $\varepsilon=0$ 的一个邻域

中，这是由微分方程的基本理论保证的。

设 $F \equiv F(\boldsymbol{q}, \boldsymbol{Q}, \varepsilon)$ 是一个由正则集（$\boldsymbol{q}$，$\boldsymbol{Q}$）确定的解析函数，其中，ε 为标量小数。F 可以展开为如下泰勒级数形式

$$F = \sum_{n \geqslant 0} \frac{\varepsilon^n}{n!} F_{n,0}(\boldsymbol{q}, \boldsymbol{Q}), \quad F_{n,0} = \left. \frac{\mathrm{d}^n F}{\mathrm{d}\varepsilon^n} \right|_{\varepsilon=0} \tag{2-5}$$

在这种情况下，当描述 F 对小参数的全导数时，使用双角标符号 $F_{n,0}$ 的便利性就凸显出来了。

将式（2-4）代入式（2-5），可以将函数 F 重新描述为变量（$\boldsymbol{p}$，$\boldsymbol{P}$）的相关函数。通过直接替换，我们可以得到 $G = G(\boldsymbol{p}, \boldsymbol{P}, \varepsilon) \equiv \varphi F$ 替换后的形式如下

$$G = F(\boldsymbol{q}(\boldsymbol{p}, \boldsymbol{P}, \varepsilon), \boldsymbol{Q}(\boldsymbol{p}, \boldsymbol{P}, \varepsilon), \varepsilon) = \sum_{n \geqslant 0} \frac{\varepsilon^n}{n!} F_{n,0}(\boldsymbol{q}(\boldsymbol{p}, \boldsymbol{P}, \varepsilon), \boldsymbol{Q}(\boldsymbol{p}, \boldsymbol{P}, \varepsilon)) \tag{2-6}$$

该方程不是泰勒级数形式，为了获得泰勒级数形式的函数 G，我们需要将式（2-6）的右侧展开并进行重新排列。

此处不需要通过求解式（2-2）来得到式（2-4），而是将其代入式（2-6）中，并将结果重新排序，我们可以基于幂级数运算直接得到 G，例如，采用泰勒级数

$$G = \sum_{n \geqslant 0} \frac{\varepsilon^n}{n!} G_n(\boldsymbol{p}, \boldsymbol{P}), \quad G_n = \left. \frac{\mathrm{d}^n G}{\mathrm{d}\varepsilon^n} \right|_{\varepsilon=0} \tag{2-7}$$

认为 $G = \varphi F \equiv F(\boldsymbol{q}(\boldsymbol{p}, \boldsymbol{P}, \boldsymbol{\varepsilon}), \boldsymbol{Q}(\boldsymbol{p}, \boldsymbol{P}, \boldsymbol{\varepsilon}), \boldsymbol{\varepsilon})$ 是一个复合函数，基于链式法则，可以计算得到式（2-7）中的系数 G_n。因此，将其表述为变量（$\boldsymbol{q}$，$\boldsymbol{Q}$）的形式，有

$$G_1 = \left. \frac{\mathrm{d}G}{\mathrm{d}\varepsilon} \right|_{\varepsilon=0}, \text{其中} \frac{\mathrm{d}G}{\mathrm{d}\varepsilon} = \frac{\partial F}{\partial \varepsilon} + \sum_{k=1}^{l} \left(\frac{\partial F}{\partial q_k} \frac{\mathrm{d}q_k}{\mathrm{d}\varepsilon} + \frac{\partial F}{\partial Q_k} \frac{\mathrm{d}Q_k}{\mathrm{d}\varepsilon} \right)$$

此处，由于我们使用了李变换方法，所以将 q_k 和 Q_k 对小量 ε 的全导数用式（2-2）代替。因此有

$$\frac{\mathrm{d}G}{\mathrm{d}\varepsilon} = \frac{\partial F}{\partial \varepsilon} + \{F; \mathcal{W}\} \tag{2-8}$$

其中

$$\{F; \mathcal{W}\} = \sum_{k=1}^{l} \left(\frac{\partial F}{\partial q_k} \frac{\partial \mathcal{W}}{\partial Q_k} - \frac{\partial F}{\partial Q_k} \frac{\partial \mathcal{W}}{\partial q_k} \right) \tag{2-9}$$

代表 F 和 $\mathcal{W}$ 的泊松括号运算。

2.1.1 基本递归

式（2-8）中，F 对小量 ε 的偏导数，可以由式（2-5）推导出来

$$\frac{\partial F}{\partial \varepsilon} = \sum_{n \geqslant 0} \frac{\varepsilon^n}{n!} F_{n+1,0} \tag{2-10}$$

不同的是，对 F 和 $\mathcal{W}$ 的泊松括号运算稍微复杂一些。首先，我们将式（2-1）和式（2-5）代入式（2-9），可以得到

$$\{F; \mathcal{W}\} = \sum_{k=1}^{l} \left(\sum_{j \geqslant 0} \frac{\varepsilon^j}{j!} \frac{\partial F_{j,0}}{\partial q_k} \sum_{i \geqslant 0} \frac{\varepsilon^i}{i!} \frac{\partial \mathcal{W}_{i+1}}{\partial Q_k} - \sum_{j \geqslant 0} \frac{\varepsilon^j}{j!} \frac{\partial F_{j,0}}{\partial Q_k} \sum_{i \geqslant 0} \frac{\varepsilon^i}{i!} \frac{\partial \mathcal{W}_{i+1}}{\partial q_k} \right) \tag{2-11}$$

此时，我们回忆一下，幂级数 $s_1=\sum_{j\geqslant 0}a_j\varepsilon^j$ 和 $s_2=\sum_{i\geqslant 0}b_i\varepsilon^i$ 的乘积构成一个新的幂级数 $p=s_1s_2=\sum_{n\geqslant 0}c_n\varepsilon^n$，它的系数由柯西积 $c_n=\sum_{m=0}^{n}a_{n-m}b_m$ 给出。由于我们采用的是泰勒级数形式，可以将级数 s_1，s_2 和 p 的系数改写为 $a_j=A_j/j!$，$b_i=B_i/i!$，$c_n=C_n/n!$ 形式。因此，柯西积系数 $C_n=n!\,c_n$ 为

$$C_n=n!\sum_{m=0}^{n}\frac{A_{n-m}}{(n-m)!}\frac{B_m}{m!}=\sum_{m=0}^{n}\binom{n}{m}A_{n-m}B_m$$

用这种方法计算式（2－11）的级数积，可以得到

$$\{F;\mathcal{W}\}=\sum_{k=1}^{l}\sum_{n\geqslant 0}\frac{\varepsilon^n}{n!}\sum_{m=0}^{n}\binom{n}{m}\left(\frac{\partial F_{n-m,0}}{\partial q_k}\frac{\partial\mathcal{W}_{m+1}}{\partial Q_k}-\frac{\partial F_{n-m,0}}{\partial Q_k}\frac{\partial\mathcal{W}_{m+1}}{\partial q_k}\right)$$

在交换求和顺序后，括号内的项很容易用泊松括号确定。也就是说

$$\{F;\mathcal{W}\}=\sum_{n\geqslant 0}\frac{\varepsilon^n}{n!}\sum_{m=0}^{n}\binom{n}{m}\{F_{n-m,0};\mathcal{W}_{m+1}\}\tag{2-12}$$

接下来，将式（2－10）和式（2－12）代入式（2－8），可得

$$\frac{\mathrm{d}G}{\mathrm{d}\varepsilon}=\sum_{n\geqslant 0}\frac{\varepsilon^n}{n!}F_{n,1}\tag{2-13}$$

其中

$$F_{n,1}=F_{n+1,0}+\sum_{m=0}^{n}\binom{n}{m}\{F_{n-m,0};\mathcal{W}_{m+1}\}\tag{2-14}$$

到目前为止，所有的计算都是在变量（$\boldsymbol{q}$，$\boldsymbol{Q}$）形式下完成的。为了计算 $G_1\equiv G_1(\boldsymbol{p},\boldsymbol{P})$，当 $\varepsilon=0$ 时，只需基于式（2－3）来计算式（2－13）。也就是说

$$G_1=\left.\frac{\mathrm{d}G}{\mathrm{d}\varepsilon}\right|_{\varepsilon=0}=\sum_{n\geqslant 0}\frac{\varepsilon^n}{n!}F_{n,1}(\boldsymbol{q},\boldsymbol{Q})\,|_{\varepsilon=0}=F_{0,1}(\boldsymbol{q}\,|_{\varepsilon=0},\boldsymbol{Q}\,|_{\varepsilon=0})=F_{0,1}(\boldsymbol{p},\boldsymbol{P})$$

此处，由式（2－14）可以得到 $F_{0,1}=F_{1,0}+\{F_{0,0};\mathcal{W}_1\}$。

综上所述：式（2－5）和式（2－13）除了系数不同外，在形式上是相同的。也就是说

$$\frac{\mathrm{d}G}{\mathrm{d}\varepsilon}=\frac{\mathrm{d}}{\mathrm{d}\varepsilon}\sum_{n\geqslant 0}\frac{\varepsilon^n}{n!}F_{n,0}(\boldsymbol{q},\boldsymbol{Q})=\sum_{n\geqslant 0}\frac{\varepsilon^n}{n!}F_{n,1}(\boldsymbol{q},\boldsymbol{Q})$$

对 $\mathrm{d}G/\mathrm{d}\varepsilon$ 进行类似处理，将其依然视为一个复合函数直接运算，可以得到 G 对 ε 的二阶导数为

$$\frac{\mathrm{d}^2G}{\mathrm{d}\varepsilon^2}=\frac{\mathrm{d}}{\mathrm{d}\varepsilon}\sum_{n\geqslant 0}\frac{\varepsilon^n}{n!}F_{n,1}(\boldsymbol{q},\boldsymbol{Q})=\sum_{n\geqslant 0}\frac{\varepsilon^n}{n!}F_{n,2}(\boldsymbol{q},\boldsymbol{Q})$$

其中

$$F_{n,2}=F_{n+1,1}+\sum_{m=0}^{n}\binom{n}{m}\{F_{n-m,1};\mathcal{W}_{m+1}\}$$

然后，通过归纳法计算任意阶导数 $\mathrm{d}^nG/\mathrm{d}\varepsilon^n$，$G$ 的第 q 阶导数为

$$\frac{\mathrm{d}^qG}{\mathrm{d}\varepsilon^q}=\sum_{n\geqslant 0}\frac{\varepsilon^n}{n!}F_{n,q}(\boldsymbol{q},\boldsymbol{Q})$$

我们可以得到 $(q+1)$ 阶导数为

$$\frac{\mathrm{d}^{q+1}G}{\mathrm{d}\varepsilon^{q+1}}=\sum_{n\geqslant 0}\frac{\varepsilon^n}{n!}F_{n,q+1}(\boldsymbol{q},\boldsymbol{Q})$$

其中

$$F_{n,q+1}=F_{n+1,q}+\sum_{m=0}^{n}\binom{n}{m}\{F_{n-m,q};\mathcal{W}_{m+1}\} \tag{2-15}$$

一旦全导数计算至所需的阶数，此时，只需评估 $\varepsilon=0$ 时的情况，即

$$\left.\frac{\mathrm{d}^q G}{\mathrm{d}\varepsilon^q}\right|_{\varepsilon=0}=\sum_{n\geqslant 0}\frac{\varepsilon^n}{n!}F_{n,q}(\boldsymbol{q},\boldsymbol{Q})\mid_{\varepsilon=0}=F_{0,q}(\boldsymbol{q}\mid_{\varepsilon=0},\boldsymbol{Q}\mid_{\varepsilon=0})=F_{0,q}(\boldsymbol{p},\boldsymbol{P})$$

可以得到式（2-5）的李变换，即为式（2-7）中的泰勒级数形式。

2.1.2 德普里特三角

德普里特的基本递归式（2-15），可以形象地描述为以下三角表格形式

$$\begin{matrix}F_{0,0} & F_{0,1} & F_{0,2} & F_{0,3} & F_{0,4} & \cdots\\ F_{1,0} & F_{1,1} & F_{1,2} & F_{1,3} & \cdots & \\ F_{2,0} & F_{2,1} & F_{2,2} & \cdots & & \\ F_{3,0} & F_{3,1} & \cdots & & & \\ F_{4,0} & \cdots & & & & \\ \cdots & & & & & \end{matrix} \tag{2-16}$$

表中，对于指定项的计算，只涉及通过它的对角线项，以及该对角线上方的列项。

例如，计算 $F_{0,2}$ 只包括对角线项 $F_{1,1}$ 和 $F_{2,0}$，$F_{1,1}$ 上面的项 $F_{0,1}$，$F_{2,0}$ 上面的项 $F_{1,0}$ 和 $F_{0,0}$。事实上，在式（2-15）中，令 $n=0$、$q=1$，可以得到 $F_{0,2}=F_{1,1}+\{F_{0,1};\mathcal{W}_1\}$，其中，$\mathcal{W}_1$ 是已知的，再次利用式（2-15）计算 $F_{1,1}$（令 $n=1$，$q=0$）和 $F_{0,1}$（令 $n=q=0$）。即有

$$F_{1,1}=F_{2,0}+\binom{1}{0}\{F_{1,0};\mathcal{W}_1\}+\binom{1}{1}\{F_{0,0};\mathcal{W}_2\}$$

$$F_{0,1}=F_{1,0}+\{F_{0,0};\mathcal{W}_1\}$$

最后要说的是，无需求解用于定义李变换的微分系统（2-2），也可以将式（2-5）给出的解析函数 F 转换为新变量的形式，很显然，它在式（2-7）进行泰勒级数展开时起着重要的作用，因为在构造德普里特递归式（2-15）时必须使用式（2-2）。

2.1.3 直接变换

需要注意的是，对于给定的生成函数 $\mathcal{W}$，进行式（2-4）中的变换，不需要求解微分系统（2-2）。事实上，矢量函数的分量是标量函数，因此可以将基本递归式（2-15）单独应用于每一个标量函数。

因此，由正则坐标 $\boldsymbol{q}$ 的一个元素 $x=q_1$ 表示。此处假定，它是由泰勒级数给出的如下标准形式

$$x = \sum_{n \geqslant 0} \frac{\varepsilon^n}{n!} x_{n,0}(\boldsymbol{q}, \boldsymbol{Q})$$

其中，$x_{0,0} = x$，且当 $n > 0$ 时，$x_{n,0}$ 项不存在，用坐标 x 替换 F，反复应用式（2-15）计算以下各项

$$\begin{aligned}
&x_{0,1} = \{x ; \mathcal{W}_1\} \\
&x_{1,1} = \{x ; \mathcal{W}_2\} \\
&x_{0,2} = x_{1,1} + \{x_{0,1} ; \mathcal{W}_1\} \\
&x_{2,1} = \{x ; \mathcal{W}_3\} \\
&x_{1,2} = x_{2,1} + \{x_{1,1} ; \mathcal{W}_1\} + \{x_{0,1} ; \mathcal{W}_2\} \\
&x_{0,3} = x_{1,2} + \{x_{0,2} ; \mathcal{W}_1\} \\
&\cdots
\end{aligned} \tag{2-17}$$

回想一下，这个序列是基于变量（$\boldsymbol{q}$，$\boldsymbol{Q}$）完成计算的，但最后，必须在 $\varepsilon = 0$ 时计算 $x_{0,n}$，在这种情况下，$\boldsymbol{q}(\boldsymbol{p}, \boldsymbol{P}, 0) = \boldsymbol{p}$，$\boldsymbol{Q}(\boldsymbol{p}, \boldsymbol{P}, 0) = \boldsymbol{P}$。也就是说，最后简单地用 $\boldsymbol{p}$ 替代 $\boldsymbol{q}$，用 $\boldsymbol{P}$ 替代 $\boldsymbol{Q}$，可以得到变换后的方程如下

$$x = \sum_{n \geqslant 0} \frac{\varepsilon^n}{n!} x_{0,n}(\boldsymbol{p}, \boldsymbol{P})$$

其中，$x_{0,0}(\boldsymbol{p}, \boldsymbol{P}) = p_1$，为新变量形式下 $x = q_1$ 的对应坐标变换。

显然，同样的变换过程，可以应用于其他类似坐标及其共轭动量，这样，可以得到泰勒级数形式下的直接李变换（2-4）

$$\boldsymbol{q} = \sum_{n \geqslant 0} \frac{\varepsilon^n}{n!} \boldsymbol{q}_{0,n}(\boldsymbol{p}, \boldsymbol{P}), \quad \boldsymbol{Q} = \sum_{n \geqslant 0} \frac{\varepsilon^n}{n!} \boldsymbol{Q}_{0,n}(\boldsymbol{p}, \boldsymbol{P}) \tag{2-18}$$

其中，$\boldsymbol{q}_{0,0} = \boldsymbol{p}$，$\boldsymbol{Q}_{0,0} = \boldsymbol{P}$。

2.1.4　李变换的构成

设 ψ：$(\boldsymbol{s}, \boldsymbol{S}, \varepsilon) \longmapsto (\boldsymbol{p}, \boldsymbol{P})$，是将变量（$\boldsymbol{p}$，$\boldsymbol{P}$）替换为（$\boldsymbol{s}$，$\boldsymbol{S}$）后新的李变换。如果

$$\mathcal{V} = \sum_{n \geqslant 0} \frac{\varepsilon^n}{n!} \mathcal{V}_{n+1}(\boldsymbol{p}, \boldsymbol{P}) \tag{2-19}$$

是生成函数 ψ，则可以由以下新微分系统的解得到变换方程 $\boldsymbol{p} = \boldsymbol{p}(\boldsymbol{s}, \boldsymbol{S}, \varepsilon)$，$\boldsymbol{P} = \boldsymbol{P}(\boldsymbol{s}, \boldsymbol{S}, \varepsilon)$

$$\frac{\mathrm{d}p_k}{\mathrm{d}\varepsilon} = \frac{\partial \mathcal{V}}{\partial P_k}, \frac{\mathrm{d}P_k}{\mathrm{d}\varepsilon} = -\frac{\partial \mathcal{V}}{\partial P_k}, k = 1, 2, \cdots, l \tag{2-20}$$

初值为：$\boldsymbol{p}(\boldsymbol{s}, \boldsymbol{S}, 0) = \boldsymbol{s}$，$\boldsymbol{S}(\boldsymbol{s}, \boldsymbol{S}, 0) = \boldsymbol{S}$。

我们可以看出

$$\begin{aligned}
\boldsymbol{q} &= \boldsymbol{q}(\boldsymbol{p}(\boldsymbol{s}, \boldsymbol{S}, \varepsilon), \boldsymbol{P}(\boldsymbol{s}, \boldsymbol{S}, \varepsilon), \varepsilon) = \boldsymbol{q}(\boldsymbol{s}, \boldsymbol{S}, \varepsilon) \\
\boldsymbol{Q} &= \boldsymbol{Q}(\boldsymbol{p}(\boldsymbol{s}, \boldsymbol{S}, \varepsilon), \boldsymbol{P}(\boldsymbol{s}, \boldsymbol{S}, \varepsilon), \varepsilon) = \boldsymbol{Q}(\boldsymbol{s}, \boldsymbol{S}, \varepsilon)
\end{aligned}$$

由李变换 φ 和 ψ 构成了一个新的李变换。

因此，我们需要计算 $q_k = \varphi q_k \equiv q_k(\boldsymbol{p}, \boldsymbol{P}, \varepsilon)$ 和 $Q_k = \varphi Q_k \equiv Q_k(\boldsymbol{p}, \boldsymbol{P}, \varepsilon)$ 相对 ε 的

全导数。通过应用链式法则，可以得到

$$\frac{\mathrm{d}q_k}{\mathrm{d}\varepsilon}=\sum_{j=1}^{l}\left(\frac{\partial\varphi q_k}{\partial p_j}\frac{\mathrm{d}p_j}{\mathrm{d}\varepsilon}+\frac{\partial\varphi q_k}{\partial P_j}\frac{\mathrm{d}P_j}{\mathrm{d}\varepsilon}\right)+\frac{\partial\varphi q_k}{\partial\varepsilon} \tag{2-21}$$

其中，变量（$\boldsymbol{p}$，$\boldsymbol{P}$）的全导数可以由式（2－20）得到。此外，由于变换 $q_k=\varphi q_k$ 是式（2－2）、式（2－3）的解，将其代入式（2－2），此时二者相等。也就是说

$$\frac{\mathrm{d}\varphi q_k}{\mathrm{d}\varepsilon}=\frac{\partial\varphi q_k}{\partial\varepsilon}\equiv\varphi\frac{\partial\mathcal{W}}{\partial Q_k}$$

因此，式（2－21）可以改写为

$$\frac{\mathrm{d}q_k}{\mathrm{d}\varepsilon}=\sum_{j=1}^{l}\left(\frac{\partial\varphi q_k}{\partial p_j}\frac{\partial\mathcal{V}}{\partial Q_j}-\frac{\partial\varphi q_k}{\partial P_j}\frac{\partial\mathcal{V}}{\partial q_j}\right)+\varphi\frac{\partial\mathcal{W}}{\partial Q_k}=\{\varphi q_k,\mathcal{V}\}+\varphi\frac{\partial\mathcal{W}}{\partial Q_k} \tag{2-22}$$

其中，方程右侧是关于变量（$\boldsymbol{p}$，$\boldsymbol{P}$）的函数。

此外，由于泊松括号相对于完全正则变换具有的不变性，在变量（$\boldsymbol{p}$，$\boldsymbol{P}$）或（$\boldsymbol{q}$，$\boldsymbol{Q}$）形式下，我们可以对式（2－22）进行泊松括号运算，即 $\{\varphi q_k,\mathcal{V}\}=\{q_k,\varphi^{-1}\mathcal{V}\}$ 。

也就是说，我们可以把式（2－22）右侧改写为变量（$\boldsymbol{q}$，$\boldsymbol{Q}$）的形式。即

$$\frac{\mathrm{d}q_k}{\mathrm{d}\varepsilon}=\{q_k,\varphi^{-1}\mathcal{V}\}+\frac{\partial\mathcal{W}}{\partial Q_k}=\frac{\partial\varphi^{-1}\mathcal{V}}{\partial Q_k}+\frac{\partial\mathcal{W}}{\partial Q_k}=\frac{\partial\mathcal{U}}{\partial Q_k} \tag{2-23}$$

此处

$$\mathcal{U}=\mathcal{U}(\boldsymbol{q},\boldsymbol{Q},\varepsilon)\equiv\mathcal{W}+\varphi^{-1}\mathcal{V} \tag{2-24}$$

对动量 Q_k 进行类似处理，可以得到

$$\frac{\mathrm{d}Q_k}{\mathrm{d}\varepsilon}=-\frac{\partial\mathcal{U}}{\partial q_k} \tag{2-25}$$

因此，定义李变换 ϕ：（$\boldsymbol{s}$，$\boldsymbol{S}$，0）$\longmapsto$（$\boldsymbol{q}$，$\boldsymbol{Q}$），在初始条件 $\boldsymbol{q}(\boldsymbol{s},\boldsymbol{S},0)=\boldsymbol{s}$，$\boldsymbol{Q}(\boldsymbol{s},\boldsymbol{S},0)=\boldsymbol{S}$ 下，式（2－23）～式（2－25）的解由 φ 和 ψ 构成，其中 φ 和 ψ 可由式（2－24）定义的生成函数 $\mathcal{U}$ 获得。

在采用变量（$\boldsymbol{q}$，$\boldsymbol{Q}$）形式下，再次通过李变换运算可以得到生成函数 $\mathcal{V}=\mathcal{V}(\boldsymbol{p},\boldsymbol{P},\varepsilon)$ 的描述方程 $\varphi^{-1}\mathcal{V}=\mathcal{V}(\boldsymbol{p}(\boldsymbol{q},\boldsymbol{Q},\varepsilon),\boldsymbol{P}(\boldsymbol{q},\boldsymbol{Q},\varepsilon),\varepsilon)$，其计算过程与下节所示步骤类似。

2.1.5 逆变换

将直接变换 φ：（$\boldsymbol{p}$，$\boldsymbol{P}$，ε）$\longmapsto$（$\boldsymbol{q}$，$\boldsymbol{Q}$）和逆变换 φ^{-1}：（$\boldsymbol{q}$，$\boldsymbol{Q}$，ε）$\longmapsto$（$\boldsymbol{p}$，$\boldsymbol{P}$）进行组合，可以得到恒等式。在这种特殊情况下，可以将式（2－24）改写为 $\mathcal{W}+\varphi^{-1}\mathcal{V}=0$，此时，可以由生成函数 $\mathcal{V}=-\varphi\mathcal{W}$ 得到其逆变换。即

$$\mathcal{V}=-\mathcal{W}(\boldsymbol{q}(\boldsymbol{p},\boldsymbol{P},\varepsilon),\boldsymbol{Q}(\boldsymbol{p},\boldsymbol{P},\varepsilon),\varepsilon) \tag{2-26}$$

因此，要计算式（2－18）的逆变换，首先，要将式（2－26）描述为泰勒级数形式下关于（$\boldsymbol{p}$，$\boldsymbol{P}$）的显式函数。此时，可以通过对函数 $R=-\mathcal{W}(\boldsymbol{q},\boldsymbol{Q},\varepsilon)$ 进行标准的基本递归运算（2－15）来实现。也就是说，运算从下式开始

$$R(\boldsymbol{q},\boldsymbol{Q},\varepsilon)=\sum_{n\geqslant0}\frac{\varepsilon^n}{n!}R_{n,0}$$

其中，参照式（2 - 1），$R_{n,0}=-\mathcal{W}_{n+1}(\boldsymbol{q},\boldsymbol{Q})$，构建

$$R(\boldsymbol{p},\boldsymbol{P},\varepsilon)=\sum_{n\geqslant 0}\frac{\varepsilon^n}{n!}R_{0,n}$$

直接运算，可以得到

$$\begin{aligned}
R_{0,0}&=-\mathcal{W}_1\\
R_{0,1}&=-\mathcal{W}_2\\
R_{0,2}&=-\mathcal{W}_3-\{\mathcal{W}_2;\mathcal{W}_1\}\\
R_{0,3}&=-\mathcal{W}_4-2\{\mathcal{W}_3;\mathcal{W}_1\}-\{\{\mathcal{W}_2;\mathcal{W}_1\};\mathcal{W}_1\}\\
R_{0,4}&=\cdots
\end{aligned}\tag{2-27}$$

最后，令 $\mathcal{V}_{n+1}=R_{0,n}(\boldsymbol{p},\boldsymbol{P})$，可以得到泰勒级数形式下逆变换的生成函数

$$\mathcal{V}=\sum_{n\geqslant 0}\frac{\varepsilon^n}{n!}\mathcal{V}_{n+1}(\boldsymbol{p},\boldsymbol{P})$$

一旦得到 $\mathcal{V}\equiv\mathcal{V}(\boldsymbol{p},\boldsymbol{P})$，就可以进行以下逆变换运算

$$\boldsymbol{p}\equiv\sum_{n\geqslant 0}\frac{\varepsilon^n}{n!}\boldsymbol{p}_{0,n}(\boldsymbol{q},\boldsymbol{Q}),\quad \boldsymbol{P}\equiv\sum_{n\geqslant 0}\frac{\varepsilon^n}{n!}\boldsymbol{P}_{0,n}(\boldsymbol{q},\boldsymbol{Q})\tag{2-28}$$

参照 2.1.3 节相同处理步骤，直接用 V 替换 $\mathcal{W}$。

2.2　德普里特摄动法

对于哈密顿摄动问题，通常用以下方程进行描述

$$\mathcal{H}=\mathcal{H}_0+\mathcal{D}\tag{2-29}$$

此处，$\mathcal{H}_0$ 是一个可积哈密顿函数，$\mathcal{D}$ 是一个摄动函数，其在任何时刻只对哈密顿函数有轻微影响，即 $|\mathcal{D}|\ll|\mathcal{H}_0|$ 。摄动方法的常规思路是寻找一个正则变换，在新变量形式下，使得变换后的哈密顿函数比原函数形式更简单。简化过程与所求解的具体问题有关，但更常见的情况是，将新哈密顿函数所依赖的某一变量转换为循环变量。

2.2.1　基于李变换的哈密顿简化

李变换方法，为计算哈密顿摄动解提供了一个通用框架。事实上，式（2 - 29）可以写成如下形式

$$\mathcal{H}=\sum_{m\geqslant 0}\frac{\varepsilon^m}{m!}\mathcal{H}_{m,0}(\boldsymbol{q},\boldsymbol{Q})\tag{2-30}$$

其中，$\mathcal{H}_{0,0}\equiv\mathcal{H}_0$，$\varepsilon$ 是一个小参量，用于描述摄动函数存在的某种微小因素。为便于建模和求解，通常情况下 ε 是一个物理参数，但一般来说，它是一个正规小参量（$\varepsilon\equiv 1$），可以用来想定一些动力学条件，从而用其求解某些感兴趣的问题。

尤其是德普里特摄动方法，为完全正则李变换计算提供了可用手段

$$\mathcal{T}:(\boldsymbol{q},\boldsymbol{Q})\longmapsto(\boldsymbol{p},\boldsymbol{P};\varepsilon)\tag{2-31}$$

根据需求，将式（2 - 30）中的哈密顿函数进行简化。即

$$\mathcal{T}:\mathcal{H}=\mathcal{H}(\boldsymbol{q}(\boldsymbol{p},\boldsymbol{P},\varepsilon),\boldsymbol{Q}(\boldsymbol{p},\boldsymbol{P},\varepsilon),\varepsilon)\equiv\sum_{m\geqslant 0}\frac{\varepsilon^m}{m!}\mathcal{H}_{0,m}(\boldsymbol{p},\boldsymbol{P}) \tag{2-32}$$

也就是说，当截断至 $\mathcal{O}(\varepsilon^k)$ 项时，在形式上，式（2-32）比式（2-30）更简洁。

式（2-31）中的李变换，是由形式为式（2-1）的生成函数推导而来的，而且无需先验条件。相反，当求解特定问题时，生成函数的系数 $\mathcal{W}_{n+1}$ 必须基于简化准则逐步确定。

因此，在德普里特递归式（2-15）中，用 $\mathcal{H}$ 替换通用函数 F，其中，我们令 $n=q=0$，可以得到 $\mathcal{H}_{0,1}=\{\mathcal{H}_{0,0};\mathcal{W}_1\}+\mathcal{H}_{1,0}$。因此，可以将方程重新排列为下列形式

$$\{\mathcal{W}_1;\mathcal{H}_{0,0}\}=\widetilde{\mathcal{H}}_{0,1}-\mathcal{H}_{0,1} \tag{2-33}$$

其中，$\mathcal{H}_{0,0}$ 和 $\widetilde{\mathcal{H}}_{0,1}=\mathcal{H}_{1,0}$ 是关于变量（$\boldsymbol{q}$，$\boldsymbol{Q}$）的已知函数，如式（2-30）所示，但目前还不能确定 $\mathcal{H}_{0,1}$ 和 $\mathcal{W}_1$。在摄动计算中，可以根据简化准则来选取 $\mathcal{H}_{0,1}$。最后，对式（2-33）左侧进行泊松括号运算，得到偏微分方程后，基于偏微分方程求解 $\mathcal{W}_1$。

在计算得到 $\mathcal{W}_1$ 后，再利用德普里特递归式（2-15），进行二阶项运算，可以得到

$$\mathcal{H}_{0,2}=\{\mathcal{H}_{0,1};\mathcal{W}_1\}+\mathcal{H}_{1,1} \tag{2-34}$$

式中，同样基于式（2-15），可以得到

$$\mathcal{H}_{1,1}=\{\mathcal{H}_{0,0};\mathcal{W}_2\}+\{\mathcal{H}_{1,0};\mathcal{W}_1\}+\mathcal{H}_{2,0} \tag{2-35}$$

计算过程如前所述，在将式（2-35）代入式（2-34）后，可以将后者重新排列为下列形式

$$\{\mathcal{W}_2;\mathcal{H}_{0,0}\}=\widetilde{\mathcal{H}}_{0,2}-\mathcal{H}_{0,2} \tag{2-36}$$

其中，$\widetilde{\mathcal{H}}_{0,2}$ 包括迄今为止已知的所有项。即

$$\widetilde{\mathcal{H}}_{0,2}=\mathcal{H}_{2,0}+\{\mathcal{H}_{1,0};\mathcal{W}_1\}+\{\mathcal{H}_{0,1};\mathcal{W}_1\} \tag{2-37}$$

同样，新的哈密顿项 $\mathcal{H}_{0,2}$ 是根据简化准则选择的，$\mathcal{W}_2$ 可以基于式（2-36）得到的偏微分方程求解。

当计算过程涉及摄动方法所需的高阶截断项时，在 $\mathcal{H}_{0,m}$ 中，通过简单地用 $\boldsymbol{p}$ 替换 $\boldsymbol{q}$，用 $\boldsymbol{P}$ 替换 $\boldsymbol{Q}$，即可得到式（2-32）在新变量下的描述形式。

2.2.2　示例：单摆振荡问题

关于单摆问题的详细介绍将在 3.1 节给出，此处，我们取单摆的如下哈密顿函数

$$\mathcal{H}=\frac{1}{2}\Theta^2+2\omega^2\sin^2\frac{1}{2}\theta \tag{2-38}$$

其中，Θ 是角度 θ 的共轭动量，ω 是一个非必要参数。在小振荡情况下，钟摆偏离垂线的角度 $\theta\ll 1$，将 $\sin^2\frac{1}{2}\theta=\frac{1}{4}\theta^2-\frac{1}{48}\theta^4+\frac{1}{1440}\theta^6+\cdots$ 代入式（2-38）。重新排列后，式（2-38）可以写成下列形式

$$\mathcal{H}=\frac{1}{2}(\Theta^2+\omega^2\theta^2)-\frac{1}{4!}\omega^2\theta^4+\frac{1}{6!}\omega^2\theta^6+\cdots \tag{2-39}$$

对于典型的摄动哈密顿函数（2-30），小参数 ε 只是个形式参数（$\varepsilon\equiv 1$），零阶项 $\mathcal{H}_{0,0}=\frac{1}{2}(\Theta^2+\omega^2\theta^2)$ 是笛卡儿系中由频率 ω、角度 θ 和共轭动量 Θ 构成的谐振，并且摄

动项为 $\mathcal{H}_{1,0}=\frac{-1}{4!}\omega^2\theta^4$，$\mathcal{H}_{2,0}=\frac{1}{6!}\omega^2\theta^6$，…。

首先，我们进行如下的谐波转换 $(\phi,\ \Phi;\ \omega)\longmapsto(\theta,\ \Theta)$

$$\Theta=\sqrt{2\omega\Phi}\cos\phi,\quad \theta=\sqrt{2\Phi/\omega}\sin\phi \tag{2-40}$$

上式是将笛卡儿变量向谐波变量转换的标准模型。可以得到

$$\mathcal{H}_{0,0}=\omega\Phi,\mathcal{H}_{1,0}=-\frac{\Phi^2}{6}\sin^4\phi,\mathcal{H}_{2,0}=\frac{\Phi^3}{45\omega}\sin^5\phi,\cdots \tag{2-41}$$

也就是说，Φ 是无摄动问题的一个积分。如果我们把这个积分推广到摄动问题，那么它就很容易求解。

为此，我们应用 2.2.1 节中的方法，可以通过正则变换 $(\phi',\ \Phi';\ \varepsilon)\longmapsto(\phi,\ \Phi)$，将谐波变量 $(\phi,\ \Phi)$ 下的哈密顿函数转换为如下形式

$$\mathcal{H}(\phi(\phi',\Phi';\varepsilon),\Phi(\phi',\Phi';\varepsilon);\varepsilon)=\sum_{m=0}^{n}\frac{\varepsilon^m}{m!}\mathcal{H}_{0,m}(-,\Phi')+\sum_{j>n}\frac{\varepsilon^j}{j!}\mathcal{H}_{0,j}(\phi',\Phi')$$

上述模型是关于新变量 $(\phi',\ \Phi')$ 的函数。也就是说，经过 n 阶截断后，新哈密顿函数将只依赖于动量 Φ'，此时，其转换为一个摄动问题的常规积分问题。

第一步是求解式（2-33），其中 $\widetilde{\mathcal{H}}_{0,1}=\mathcal{H}_{1,0}$，$\{\mathcal{W}_1;\ \mathcal{H}_{0,0}\}=\{\mathcal{W}_1;\ \omega\Phi\}=\omega\frac{\partial\mathcal{W}_1}{\partial\phi}$。

因此，通过对式（2-33）进行不定积分可以求解 $\mathcal{W}_1$。也就是说

$$\mathcal{W}_1=\frac{1}{\omega}\int\left[-\frac{1}{6}\Phi^2\sin^4\phi-\mathcal{H}_{0,1}(\phi,\Phi)\right]\mathrm{d}\phi \tag{2-42}$$

其中，$\sin^4\phi\equiv\frac{1}{8}(3-4\cos2\phi+\cos4\phi)$。

取 $\mathcal{H}_{0,1}(\phi,\ \Phi)=-\frac{1}{16}\Phi^2$，将新哈密顿函数的一阶项消去角度 ϕ，这样，可以将式（2-42）的被积函数转换为纯三角周期函数 ϕ 的形式，因此便于求解

$$\mathcal{W}_1=\frac{1}{192}\frac{\Phi^2}{\omega}(8\sin2\phi-\sin4\phi)+C_1(\Phi)$$

关于函数 C_1 的作用在这里不做讨论，此处，只是简单地令 $C_1=0$。

需要注意的是，$\mathcal{H}_{0,1}$ 是 $\widetilde{\mathcal{H}}_{0,1}=-\frac{1}{6}\Phi^2\sin^4\phi$ 的平均值，计算均值的时间长度为角度 ϕ 变化的一个整周期。也就是说，新的哈密顿项 $\mathcal{H}_{0,1}=\langle\widetilde{\mathcal{H}}_{0,1}\rangle_\phi$ 是通过“平均”计算选择的。

计算得到 $\mathcal{W}_1$ 后，就可以继续进行二阶摄动计算，在摄动计算过程中，完成泊松括号计算后，可以通过不定积分来求解式（2-36）。即

$$\mathcal{W}_2=\frac{1}{\omega}\int[\widetilde{\mathcal{H}}_{0,2}(\phi,\Phi)-\mathcal{H}_{0,2}]\,\mathrm{d}\phi \tag{2-43}$$

其中，在式（2-37）中计算 $\widetilde{\mathcal{H}}_{0,2}$ 只涉及泊松括号运算，经运算，可得

$$\widetilde{\mathcal{H}}_{0,2}=-\frac{\Phi^3}{1920\omega}(15-35\cos2\phi+2\cos4\phi+3\cos6\phi)$$

然后选择

$$\mathcal{H}_{0,2}=\langle\mathcal{H}_{0,2}\rangle_{\phi}\equiv-\frac{\Phi^{3}}{128\omega}$$

如所期望的，将新的哈密顿函数消除角度后，式（2-43）的被积函数，将变为一个与纯周期函数 ϕ 相关的函数，对其进行简单积分，可得

$$\mathcal{W}_{2}=\frac{1}{3840}\frac{\Phi^{3}}{\omega^{2}}(35\sin2\phi-\sin4\phi-\sin6\phi)+C_{2}(\Phi)$$

此处，我们设置参数 $C_2=0$，其不是必需项。

由于我们忽略了式（2-41）中的高阶摄动项，在此，先暂停计算。在 $\mathcal{H}_{0,m}(m=0,1,2)$ 中，用合适的新变量对老变量进行直接替换，即可得到变换后的哈密顿函数，即

$$\mathcal{H}'=\omega\Phi'\left[1-\frac{1}{16}(\Phi'/\omega)-\frac{1}{256}(\Phi'/\omega)^{2}+\mathcal{O}(\Phi'/\omega)^{3}\right]$$

其哈密顿方程易于求解，从而可以得到解的长期项

$$\Phi'=\Phi'_{0}-\frac{\partial\mathcal{H}'}{\partial\phi'}\tau=\Phi'_{0}\tag{2-44}$$

$$\phi'=\phi'_{0}+\frac{\partial\mathcal{H}'}{\partial\Phi'}\tau=\phi'_{0}+\omega\left(1-\frac{1}{8}\frac{\Phi'_{0}}{\omega}-\frac{3}{256}\frac{\Phi'^{2}_{0}}{\omega^{2}}\right)\tau\tag{2-45}$$

其中，τ 表示时间。也就是说，在小幅振荡情况下，平均来看，单摆的运动像一个谐振问题，以恒定的摄动频率运动

$$\tilde{\omega}=\omega\left[1-\frac{1}{8}(\Phi'_{0}/\omega)-\frac{3}{256}(\Phi'_{0}/\omega)^{2}\right]$$

为了得到原变量形式下的解，我们需要进行直接变换运算，利用式（2-17）很容易实现。通过以下序列计算可以得到角度 ϕ，具体如下

$$\phi_{0,1}=\{\phi;\mathcal{W}_{1}\}=\frac{\partial\mathcal{W}_{1}}{\partial\Phi}=\frac{1}{96}\frac{\Phi}{\omega}(8\sin2\phi-\sin4\phi)$$

$$\phi_{1,1}=\{\phi;\mathcal{W}_{2}\}=\frac{\partial\mathcal{W}_{2}}{\partial\Phi}=\frac{1}{1280}\frac{\Phi^{2}}{\omega^{2}}(35\sin2\phi-\sin4\phi-\sin6\phi)$$

$$\begin{aligned}\phi_{0,2}&=\phi_{1,1}+\{\phi_{0,1};\mathcal{W}_{1}\}=\phi_{1,1}+\frac{\partial\phi_{0,1}}{\partial\phi}\frac{\partial\mathcal{W}_{1}}{\partial\Phi}-\frac{\partial\phi_{0,1}}{\partial\Phi}\frac{\partial\mathcal{W}_{1}}{\partial\phi}\\&=\frac{1}{46080}\frac{\Phi^{2}}{\omega^{2}}(1280\sin2\phi+124\sin4\phi-96\sin6\phi+5\sin8\phi)\end{aligned}$$

用主变量替换原变量后，直至摄动计算所需的截断项，可以得到角度 ϕ 的直接变换

$$\begin{aligned}\phi=&\phi'+\frac{1}{96}\frac{\Phi'}{\omega}(8\sin2\phi'-\sin4\phi')+\\&\frac{1}{2!}\frac{1}{46080}\frac{\Phi'^{2}}{\omega^{2}}\times(1280\sin2\phi'+124\sin4\phi'-96\sin6\phi'+5\sin8\phi')\end{aligned}\tag{2-46}$$

类似地，有

$$\Phi_{0,1}=\{\Phi;\mathcal{W}_1\}=-\frac{\Phi^2}{\omega}\frac{4\cos2\phi-\cos4\phi}{48}$$

$$\Phi_{1,1}=\{\Phi;\mathcal{W}_2\}=-\frac{\Phi^3}{\omega^2}\frac{35\cos2\phi-2\cos4\phi-3\cos6\phi}{1920}$$

$$\Phi_{0,2}=\Phi_{1,1}+\{\Phi_{0,1};\mathcal{W}_1\}=\frac{\Phi^3}{\omega^2}\frac{85-150\cos2\phi+6\cos4\phi+14\cos6\phi}{5760}$$

其中，在用主变量替换原变量后，可以得到 Φ 的直接变换

$$\begin{aligned}\Phi=\Phi'\Big[&1-\frac{1}{48}\frac{\Phi'}{\omega}(4\cos2\phi'-\cos4\phi')+\\&\frac{1}{2!}\frac{1}{5760}\frac{\Phi'^2}{\omega^2}\times(85-150\cos2\phi'+6\cos4\phi'+14\cos6\phi')\Big]\end{aligned}\tag{2-47}$$

对于式（2－46）、式（2－47）右侧的 Φ' 和 ϕ'，用式（2－44）、式（2－45）中的相应表达式替换，然后分别得到二者的摄动解，该解是与时间和初始条件相关的函数。此外，为了对常量 $\phi'=\phi'(\phi_0,\Phi_0)$ 和 $\Phi'=\Phi'(\phi_0,\Phi_0)$ 进行初始化，还需要进行逆变换，在计算摄动长期解时需要这些常量。我们回想一下，逆变换生成函数的一阶项、二阶项，正好与直接变换生成函数的对应项相反。如果基于主变量对其进行重新描述，且在计算中采用更高阶项时，上述结论不成立，正如式（2－27）所示。经直接计算，可以得到以下逆变换

$$\phi'=\phi-\frac{1}{96}\frac{\Phi}{\omega}(8\sin2\phi-\sin4\phi)-\frac{1}{2!}\frac{1}{46080}\frac{\Phi^2}{\omega^2}(1240\sin2\phi-196\sin4\phi+24\sin6\phi-5\sin8\phi)$$

$$\Phi'=\Phi\left[1+\frac{1}{48}\frac{\Phi}{\omega}(4\cos2\phi-\cos4\phi)+\frac{1}{2!}\frac{1}{5760}\frac{\Phi^2}{\omega^2}(85+60\cos2\phi-6\cos4\phi-4\cos6\phi)\right]$$

其中，为了获得主变量形式下对应的初始条件，用初始条件 ϕ_0、Φ_0 代替 ϕ、Φ，以满足式（2－44）、式（2－45）在计算长期解时使用。

2.2.3　同调方程

该过程可以使式（2－33）、式（2－36）实现可重复计算，因此，能够将摄动方法推广应用至任意高阶，将其概括为所谓的同调方程，如下所示

$$\mathcal{L}_0(\mathcal{W}_m)=\widetilde{\mathcal{H}}_{0,m}-\mathcal{H}_{0,m}\tag{2-48}$$

其中

$$\mathcal{L}_0\equiv\{\quad;\mathcal{H}_{0,0}\}\tag{2-49}$$

在哈密顿流 $\mathcal{H}_{0,0}$ 中，上述运算通常被称为李导数。需要注意的是，李导数提供了一个函数沿源于 $\mathcal{H}_{0,0}$ 哈密顿流的时间变分。这是唯一的情形，坐标和它们的共轭动量对时间的导数，可以用对应的哈密顿方程可积部分 $\mathcal{H}_{0,0}$ 替代。

式（2－48）中的 $\widetilde{\mathcal{H}}_{0,m}$，可以通过连续的德普里特递归计算（2－15）得到，而如何选取 $\mathcal{H}_{0,m}$ 与摄动方法的具体应用情况有关。最后，相对于通用解或完全解而言，$\mathcal{W}_m$ 是偏微分式（2－48）的一个特解。

在某种程度上来说，$\mathcal{H}_{0,m}$ 的选取可以是任意的。显然，为了使摄动方法更为有效，同

调方程对 $\mathcal{W}_m$ 必须是可解的。式（2－48）的可解条件，取决于函数 $\mathcal{H}_{m,0}$ 的代数结构，该函数是由原始哈密顿函数（2－30）构成的。例如，由于 2.2.2 节中用例的 $\mathcal{H}_{m,0}$ 是一个关于变量 ϕ 的三角函数多项式，在式（2－42）、式（2－43）中，新哈密顿项 $\mathcal{H}_{0,m}=\langle\widetilde{\mathcal{H}}_{0,m}\rangle_{\phi}$，$m=1$，2 的选取，不仅需要确保得到的新哈密顿函数仅与作用量有关，还需保证生成函数的 $\mathcal{W}_m$ 项是可解的，且只依赖于三角函数项。这样，在三角函数代数范畴，可以得到同调方程的任意阶解。

更抽象地说，在哈密顿流 $\mathcal{H}_{0,0}=\omega\Phi$ 中的李导数，对应的傅里叶级数的形式如下

$$F=\sum_{j\geqslant 0}[A_j(\Phi)\cos j\phi+B_j(\Phi)\sin j\phi] \tag{2-50}$$

对上式进行如下变换

$$\mathcal{L}_0:F(\phi,\Phi)\longmapsto\{F;\omega\Phi\}=\omega\frac{\partial F}{\partial\phi}$$

或者属于李导数的核，李导数一般主要由形式为 $F=A_0(\Phi)$，$\mathcal{L}_0(F)=0$ 这样的函数组成；或者属于李导数的像，它由 $F=\sum_{j\geqslant 1}[A_j(\Phi)\cos j\phi+B_j(\Phi)\sin j\phi]$，$\mathcal{L}_0(F)=\sum_{j\geqslant 1}[A'_j(\Phi)\cos j\phi+B'_j(\Phi)\sin j\phi]$ 这样的函数组成。

对进入同调方程右侧的 $\widetilde{\mathcal{H}}_{0,m}$ 项进行分解处理，然后选择合适的 $\mathcal{H}_{0,m}$，将 $\widetilde{\mathcal{H}}_{0,m}$ 中所有与内核有关的项消去，这就是导致 $\mathcal{W}_m$ 属于李导数像的原因，因此是可解的——这正是我们在 2.2.2 节中所做的。

总体来说，通过确定特定问题扰动函数所涉及的函数代数，并选择新的哈密顿项，以消去式（2－48）右侧属于给定问题李导数核的所有项，是一个很好的策略。在可行情况下，该策略可以确保同调方程右侧项属于李导数的像，因此，在摄动计算时，生成函数可以计算到任意所需高阶项。

最后，需要注意的是，通常情况下同调方程的解不是唯一的。事实上，如果函数 C_0 属于李导数核，则在式（2－48）中用 $\mathcal{W}_m+C_0$ 替换 $\mathcal{W}_m$，替换后仍然满足该同调方程。这一结论已经在 2.2.2 节的示例中通过引入任意积分常数 C_1 和 C_2 加以说明。

第 3 章　可积问题的求解

通过求解哈密顿-雅可比方程[30,199,243]，可积问题存在多种作用-角度变量解法。由于这种方法需要确定混合变量形式的生成函数，解一般采用混合变换的形式来获得。当解用初等函数描述时，例如在谐波振荡器的情形中，此时可以获得解析形式的作用-角度变量显式变换。然而，当解依赖一些不仅与自变量相关，还与一个或更多参数有关的特殊函数时，作用-角度变量方法此时只能获得隐式的解析解。尽管通过解方程的根对解进行评估并不麻烦，隐式形式、依赖特殊函数都使解析解的物理意义不够直观。另一方面，当求解摄动可积运动时，摄动函数通常描述为可积问题的作用-角度变量形式。这个过程使得将到作用-角度变量的隐式变换展开为某特殊函数自变量的傅里叶级数形式是十分必要的。这些展开式都是有价值的，并且获得这些展开式是一件十分重要的工作，近些年来有人发现其在计算机代数系统里有巨大用处。

当解析解包含椭圆函数时，通常的做法是根据其定义采用雅可比 θ 函数进行替换，然后用椭圆变量三角函数形式的傅里叶变换来替换雅可比函数，其系数是椭圆模的幂次[89,175,447,465]。当椭圆函数的模保持为作用-角度变量的隐式函数时，上述过程变得更加复杂。这种情形需要额外进行展开并且需要对级数求逆，正如单摆问题中所发生的那样[413]。更不必说展开式仅当解析解取决于一些小量才有意义，即要么是物理参数，要么是一些变量能取得最大值，此时能使得幂次序列收敛。不过可以直接通过摄动求解可积问题来完全避免级数展开和随后的求逆这样的烦琐操作。

本章我们给出两个例子来说明如何使用李导数变换方法直接计算可积问题的显式展开解。这些可积问题的作用-角度变量解析形式解依赖特殊函数并且保持隐式形式。第一个例子是和基本物理参数无关的单自由度数学摆。因为 2.2.2 节中已经简述了求解摆动的传统方法，我们接着文献［413，414］的描述来继续讨论如何求解旋转。第二个例子是自由刚体，它是一个二自由度系统，并且本质上依赖物理参数。这个例子有助于说明小参数符合物理规律的摄动方法[200]，并且讨论了当摄动解依赖动力学（形式上）小参数时的一些局限。

3.1　简单重力摆问题

简单重力摆由一端固定，另一端带有质量为 m 摆锤，长度为 l 的轻质杆组成。它仅在当地重力加速度 g 作用下运动，不考虑摩擦力，这是最简单的积分模型。这个动力学系统仅包含一个自由度，但非线性运动可能会演化出不同的状态，因此必须使用特殊函数来将其通解描述为解析形式[533]。特别是，其解需要使用雅可比椭圆函数，并且作用-角度变量可以通过完全的哈密顿化简或者直接对传统解进行正则变换获得[67]。文献［198］的附录B中给出了哈密顿力学视角的一些描述。

无论以作用-角度变量形式给出的解析解有多好，它在一般应用中并不实用。原因在于它不仅依赖特殊函数，而且以隐式形式表达。解的展开式虽然能描述为作用-角度变量形式，但这并不简单[413]。相反，当通过摄动来求解时，计算重力摆作用-角度变量形式的显式解的展开式的过程直接并且比较系统[414]。

关于稳定平衡位置的小振荡情形通常采用线性化动力学模型来研究。文献［209，449，552］充分地描述了如何在线性项基础上通过摄动法来进一步对解拓展。类似内容也在2.2.2节中进行了讨论。

3.1.1　哈密顿化简

重力摆的哈密顿算子代表总能量 $\mathcal{H}=T+V$ 。势能为 $V=mgh$ ，其中高度 $h=l(1-\cos\theta)$，由重力摆到达垂直方向的参考水平面量起，θ 为从那个垂直方向量起的角度。动能为 $T=\frac{1}{2}\Theta^2/I$ ，其中 $I=ml^2$ 代表惯量，角动量 Θ 为广义坐标 θ 的共轭动量。

做时间变量替换：$\tau=It$ ，得到

$$\mathcal{K}=I\,\mathcal{H}\equiv\frac{1}{2}\Theta^2+\omega^2(1-\cos\theta) \tag{3-1}$$

其中，$\omega=I\sqrt{g/l}$ 。现在，根据哈密顿方程

$$\frac{\mathrm{d}\theta}{\mathrm{d}\tau}=\frac{\partial\mathcal{K}}{\partial\Theta}=\Theta,\quad \frac{\mathrm{d}\Theta}{\mathrm{d}\tau}=-\frac{\partial\mathcal{K}}{\partial\theta}=-\omega^2\sin\theta$$

可立即推得简单重力摆的一般方程

$$\frac{\mathrm{d}^2\theta}{\mathrm{d}\tau^2}+\omega^2\sin\theta=0 \tag{3-2}$$

通过合理选取量纲能进一步消去参数 ω 。

另外，对于给定的能量值 $\mathcal{K}(\theta_0,\Theta_0)=E$ ，相空间的轨迹能直接从式（3－1）得到

$$\Theta=\pm\omega\sqrt{2}\sqrt{\cos\theta-1+E/\omega^2} \tag{3-3}$$

上式中相空间圆柱体（θ，Θ）不需要积分就能很容易获得。如图3－1所示，当柱体上的纵坐标为正值（$\Theta>0$）时，轨迹由左边跑到右边；当纵坐标为负值（$\Theta<0$）时，轨迹由右边跑到左边。该图揭示了两种不同状态的存在取决于能量值。也即，对于旋转状态 $E>2\omega^2$，在这种情形下式（3－3）总是取实数值；对于振荡状态 $0\leqslant E<2\omega^2$，θ 的运动被限制到式（3－3）取实数的区间内。在最后一个区域，图3－1揭示了在 $E=0$ 处存在椭圆形式的固定点，该固定点对应重力摆处于向下位置（$\Theta=0$，$\theta=0$）时的稳定平衡点。

振荡和旋转状态由对应能量 $E=2\omega^2$ 的轨迹 $\Theta=\pm2\omega\cos\frac{1}{2}\theta$ 区分；图3－1中的虚线渐进趋向于 $\Theta=0,\theta=\pm\pi$ ，这是一个双曲线类型的在柱体表面的固定点，对应重力摆在向上位置时的不稳定平衡点。从双曲线固定点出发（或到达）的轨迹的分支被称为它们的

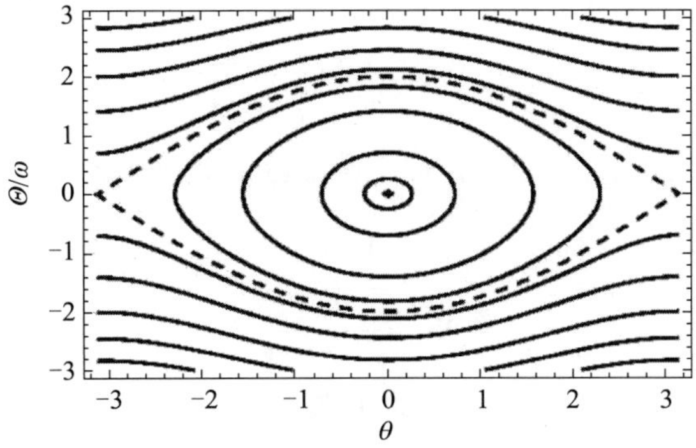

图 3-1　简单重力摆的相空间

不稳定（或稳定）流形。

除了经典积分法，式（3-2）中简单重力摆的解能使用哈密顿-雅可比方程进行哈密顿化简得到[413]。因此，我们寻找从 $(\theta,\ \Theta) \rightarrow (\theta',\ \Theta')$ 的正则变换，该变换能将重力摆哈密顿算子（3-1）转换为以新坐标 θ' 为循环变量的新哈密顿算子 $\mathcal{K}(\theta(\theta',\ \Theta'),\ \Theta(\theta',\ \Theta')) \equiv \Psi(-,\ \Theta')$。该新坐标 θ' 的积分并不特殊：$\Theta' = \Theta'_0,\ \theta' = \theta'_0 + (\partial\Psi/\partial\Theta')\tau$。

所需的变换能从混合变量 $S \equiv S(\theta,\ \Theta')$ 的生成函数中推得

$$\theta' = \frac{\partial S}{\partial \Theta'},\quad \Theta = \frac{\partial S}{\partial \theta} \tag{3-4}$$

将上式中第二个方程代入式（3-1）来对哈密顿-雅可比方程 $\mathcal{K}(\theta,\ \partial S/\partial\theta) = \Psi(\Theta')$ 进行整理，该方程中的 S 必须进行求解[30]。特别是，在式（3-1）中作变量替换 $\Theta = \partial S/\partial\theta$，$S$ 可以通过不定积分求解得到

$$S = \sqrt{2}\int [\Psi(\Theta') - 2\omega^2 \sin^2(\theta/2)]^{1/2}\mathrm{d}\theta \tag{3-5}$$

将式（3-5）代入（3-4）可得

$$\theta' = \sqrt{2}\ \frac{\partial\Psi}{\partial\Theta'}\int \frac{\mathrm{d}(\theta/2)}{\sqrt{\Psi(\Theta') - 2\omega^2 \sin^2(\theta/2)}} \tag{3-6}$$

$$\Theta = \sqrt{2}\ [\Psi(\Theta') - 2\omega^2 \sin^2(\theta/2)]^{1/2} \tag{3-7}$$

其中，新哈密顿算子 $\Psi(\Theta')$ 的形式仍为不确定的，因此会产生一族由 Ψ 参数化的变换方程。

3.1.2　旋转状态的作用-角度变量解

式（3-9）解的形式取决于重力摆演化的动力学状态。在旋转状态 $\Psi(-,\ \Theta') = E > 2\omega^2$ 中，由式（3-7）和式（3-6）给出的变换族为如下形式

$$\Theta = 2\ \frac{\omega}{k}\sqrt{1 - k^2 \sin^2\psi} \tag{3-8}$$

$$\theta' = \frac{k}{\omega}\ \frac{\partial\Psi}{\partial\Theta'}F(\psi, k^2) \tag{3-9}$$

其中

$$\psi = \frac{1}{2}\theta, \quad k = \omega\sqrt{2/\Psi(\Theta')} < 1 \tag{3-10}$$

$F(\psi, k^2) \equiv \int_0^{\psi}(1 - k^2\sin^2\alpha)^{-1/2}\mathrm{d}\alpha$ 为第一类振幅 ψ 和椭圆模数 k 的不完全椭圆积分。

根据式（3-10）中 k 的定义，单摆简化的哈密顿算子可写为标准形式

$$\Psi = \frac{2\omega^2}{k(\Theta')^2} \tag{3-11}$$

上式使得可以用变量 k 而非 Ψ 来参数化变换族。根据式（3-11）我们能计算得到 $\partial\Psi/\partial\Theta' = -4(\omega^2/k^3)\mathrm{d}k/\mathrm{d}\Theta'$，将之代入式（3-9）进一步得到

$$\theta' = -4\frac{\omega}{k^2}\frac{\mathrm{d}k}{\mathrm{d}\Theta'}F(\psi, k^2) \tag{3-12}$$

尽管任何满足 $k = k(\Theta')$ 的值都能得到想要的哈密顿化简，但通常选择变量 k 使得新的素数变量和原始变量具有相同的特性。特别是积分条件 $\oint \mathrm{d}\theta' = 2\pi$ 中，积分沿着 θ 的封闭曲线计算，使得 $\theta' = \theta'(\theta, \Theta)$ 变为一个角[30]。也即，式（3-12）必须满足 $\theta'(2\pi, \Theta') - \theta'(0, \Theta') = 2\pi$。因此

$$-4\frac{\omega}{k^2}\frac{\mathrm{d}k}{\mathrm{d}\Theta'}[F(\pi, k^2) - F(0, k^2)] = 2\pi$$

根据椭圆函数的特性能得出 $F(0, k^2) = 0$ 和 $F(\pi, k^2) = 2K(k^2)$，其中 $K(k^2)$ 代表第一类完全椭圆积分。因此

$$\frac{\mathrm{d}k}{\mathrm{d}\Theta'} = -\frac{\pi}{4\omega}\frac{k^2}{K(k^2)} \tag{3-13}$$

将上式代入式（3-12）可得

$$\theta' = \frac{\pi}{K(k^2)}F(\psi, k^2) \tag{3-14}$$

另一方面，因为式（3-13）采用独立的变量表示，我们很容易求解得到

$$\Theta' = \frac{4\omega}{\pi k}E(k^2) \tag{3-15}$$

其中，$E(k^2)$ 为第二类完全椭圆积分。

对于给定的 (θ, Θ)，k 从式（3-10）获得，其中 $\Psi = \mathcal{H}(\theta, \Theta) = E$。因此，式（3-14）～式（3-15）提供了到作用-角度变量的显式变换，在此变换中重力摆的哈密顿算子得到完全化简。

为了得到从作用-角度变量到原始变量的变换，我们必须从式（3-14）求解 $\theta = 2\psi$，其联立式（3-8）能得到

$$\theta = 2\mathrm{am}(u, k^2), \quad \Theta = 2(\omega/k)\mathrm{dn}(u, k^2) \tag{3-16}$$

其中，$u = K(k^2)\theta'/\pi$，am 为雅可比幅值函数，dn 代表雅可比德尔塔幅值。计算式（3-16）需要预先从式（3-15）计算 $k = k(\Theta')$。对于数值计算来说，采用通常的求根算法很容易实现。相反，式（3-15）中 k 的隐式特性会阻碍完整化简的哈密顿算子（3-

11）表达为新动量 Θ' 函数的显式解析形式。

在求解受摄单摆运动中，需要从式（3－15）的反函数求得 k 为 Θ' 的显式函数。在将式（3－15）的右边扩展为 $k<1$ 的幂级数后，可得

$$2\frac{\omega}{\Theta'}=k\left(1+\frac{1}{4}k^2+\frac{7}{64}k^4+\frac{15}{256}k^6+\cdots\right)$$

令 $\varepsilon=(\omega/\Theta)^2<1$，并将上式进行多次反解操作，可获得

$$k=2\sqrt{\varepsilon}\left(1-\varepsilon+\frac{5}{4}\varepsilon^2-\frac{7}{4}\varepsilon^3+\frac{161}{64}\varepsilon^4+\cdots\right) \tag{3-17}$$

现在，能将展开式 $k=k(\Theta')$ 代入标准的哈密顿算子（3－11）和变换式（3－16）。后者已经采用了雅可比椭圆方程的标准展开式进行了预处理。

3.1.3　由李变换给出的展开解

通过应用标准的李变换方法可以完全避免上述这样棘手的过程。因此，在忽略常数项 ω^2 后，将哈密顿算子（3－1）重新整理为如下形式

$$\mathcal{K}=\frac{1}{2}\Theta^2\left[1-2(\omega/\Theta)^2\cos\theta\right] \tag{3-18}$$

上式对于 $(\omega/\Theta)^2\ll\frac{1}{2}$ 呈现为受摄哈密顿算子的形式。也即，旋转状态下的单摆可以被视为在当地引力摄动下的球形转子 $\mathcal{K}_0=\frac{1}{2}\Theta^2$ [627]。在这种情况下，我们可以采用李变换直接计算得到显式的正则变换 $(\theta,\Theta)\to(\theta',\Theta';\varepsilon)$。该变换截断至阶次 ε^m，并能将式（3－18）转换为仅依赖 Θ' 的新哈密顿算子。

为此，我们将式（3－18）重新整理为用 $\mathcal{K}$ 替换 $\mathcal{H}$ 的受摄哈密顿算子形式（2－30）。也即，对于 $m\geqslant 2$ 时，$\mathcal{K}_{0,0}=\frac{1}{2}\Theta^2$，$\mathcal{K}_{1,0}=-\cos\theta$ 和 $\mathcal{K}_{m,0}=0$，小参数 $\varepsilon=\omega^2$ 和角动量的维数一致。

李导数（2－49）为 $\mathcal{L}_0=\Theta\partial/\partial\theta$。显然它的核由不依赖 θ 的函数构成，然而李导数的像由 θ 的三角函数构成，θ 的系数为该核的函数。那么同调方程（2－48）可以通过如下的不定积分求解

$$\mathcal{W}_m=\frac{1}{\Theta}\int(\widetilde{\mathcal{K}}_{0,m}-\mathcal{K}_{0,m})\,\mathrm{d}\theta \tag{3-19}$$

对于一阶情形，$\widetilde{\mathcal{K}}_{0,1}=\mathcal{K}_{1,0}=-\cos\theta$，并且为纯周期性的。因此，我们选择 $\mathcal{K}_{0,1}=0$，积分式（3－19）并忽略积分常数，可得 $\mathcal{W}_1=-\Theta^{-1}\sin\theta$。对于二阶情形，由式（2－37）能得到 $\widetilde{\mathcal{K}}_{0,2}=\{\mathcal{K}_{1,0};\mathcal{W}_1\}=\Theta^{-2}\sin^2\theta$，结合 $\sin^2\theta=\frac{1}{2}-\frac{1}{2}\cos2\theta$ 能很容易找出其中的内核项。选择 $\mathcal{K}_{0,2}=\frac{1}{2}\Theta^{-2}$ 可以消去式（3－19）的被积函数中的核项，得到像的函数。那么求解式（3－19）便可获得 $\mathcal{W}_2=-\frac{1}{4}\Theta^{-3}\sin2\theta$。最后，我们采用德普里特递归式（2－15）

计算中间项 $\mathcal{K}_{1,1}=\frac{1}{2}\Theta^{-2}$ ，来填充德普里特三角（2－16）。

对于三阶情形，在接着应用式（2－15）后，我们能获得

$$\widetilde{\mathcal{K}}_{0,3}=-\frac{1}{4}\Theta^{-4}(5\cos\theta+3\cos3\theta)$$

上式属于李导数的像。结果是，我们选择 $\mathcal{K}_{0,3}=0$，根据式（3－19）计算 $\mathcal{W}_3=-\frac{1}{4}\Theta^{-5}(5\sin\theta+3\sin3\theta)$，并且采用 $\mathcal{K}_{2,1}=2\Theta^{-4}\cos\theta$ 和 $\mathcal{K}_{1,2}=\Theta^{-4}\cos\theta$ 来填充德普里特三角。计算后续阶次时也会用到这些项。

类似的计算会得到

$$\mathcal{K}_{0,4}=\frac{15}{8}\Theta^{-6},\quad \mathcal{W}_4=-\frac{3}{32}\Theta^{-7}(72\sin2\theta+5\sin4\theta)$$

等等。在达到想要的阶次后，这个过程结束了用新变量计算 $\mathcal{K}_{0,m}$ 。这样我们便能获得新的完全化简的哈密顿算子 $\Psi=\sum_{m\geqslant0}(\varepsilon^m/m!)\mathcal{K}_{0,m}(\Theta')$，由下式具体给出

$$\Psi=\frac{1}{2}\Theta'^2\left[1+\frac{1}{2}\varepsilon^2+\frac{5}{32}\varepsilon^4+\frac{9}{64}\varepsilon^6+\mathcal{O}(\varepsilon^8)\right] \tag{3-20}$$

为了简洁，上式使用了无量纲的小参数 $\varepsilon=(\omega/\Theta')^2<1$，从而避免使用受摄方法中有量纲的参数 $\varepsilon=\omega^2$。比较式（3－20）和在式（3－17）右边替换 k 后从标准哈密顿算子（3－11）直接展开获得的公式，就能看出这两种展开式逐项都是匹配的。

从素数变量到原始变量的直接变换能应用标准的德普里特递归方法（2－15）计算得到。确实，既然生成函数已知，在式（2－17）中用 θ 替代 x 并计算产生的泊松括号，我们发现

$$\theta_{0,1}=\Theta^{-2}\sin\theta$$

$$\theta_{1,1}=\frac{3}{4}\Theta^{-4}\sin2\theta$$

$$\theta_{0,2}=-\frac{1}{2}\Theta^{-4}\sin2\theta$$

$$\theta_{1,2}=\frac{3}{8}\Theta^{-6}(13\sin\theta+\sin3\theta)$$

$$\theta_{2,1}=\frac{5}{4}\Theta^{-6}(5\sin\theta+\sin3\theta)$$

等等。那么，在用素数变量替换原始变量后，变换是由泰勒级数 $\theta=\sum_{m\geqslant0}(\varepsilon^m/m!)\theta_{0,m}(\theta',\Theta')$ 的形式给出的。

我们对 Θ 采用类似的计算，并将两个变换重新整理为系数为小参数截断序列的傅里叶级数的形式。再一次用无量纲缩略形式 ε 来替换小参数 $\varepsilon=\omega^2$ ，可得

$$\theta=\theta'+\sum_{j\geqslant1}z_j(\varepsilon)\varepsilon^j\sin j\theta',\quad \Theta=\Theta'\sum_{j\geqslant0}Z_j(\varepsilon)\varepsilon^j\cos j\theta' \tag{3-21}$$

其中，系数 z_j 和 Z_j 由表 3－1 给出。和之前一样，可以检查，传统展开式（3－16）和式

(3－21) 逐项匹配。

表 3－1　式 (3－21) 中的系数，截断至 $\mathcal{O}(\varepsilon^6)$； $Z_0 = 1 - \frac{1}{2}\varepsilon^2 - \frac{15}{32}\varepsilon^4 - \frac{45}{64}\varepsilon^6$

j	1	2	3	4	5	6
z_j	$1+\frac{11}{16}\varepsilon^2+\frac{247}{256}\varepsilon^4$	$\frac{1}{8}+\frac{3}{16}\varepsilon^2+\frac{707}{2048}\varepsilon^4$	$\frac{1}{48}+\frac{9}{192}\varepsilon^2$	$\frac{1}{256}+\frac{3}{256}\varepsilon^2$	$\frac{1}{1280}$	$\frac{1}{6144}$
Z_j	$1+\frac{3}{16}\varepsilon^2+\frac{39}{256}\varepsilon^4$	$\frac{1}{4}+\frac{1}{4}\varepsilon^2+\frac{395}{1024}\varepsilon^4$	$\frac{1}{16}+\frac{7}{64}\varepsilon^2$	$\frac{1}{64}+\frac{5}{128}\varepsilon^2$	$\frac{1}{256}$	$\frac{1}{1024}$

用李变换计算式 (3－14) 和式 (3－15) 的展开式需要预先计算逆变换 $\mathcal{V} = -\mathcal{W}(\theta(\theta', \Theta'), \Theta(\theta', \Theta'))$ 的生成函数，该生成函数也由李变换以泰勒级数形式给出，如 2.1.3 节描述的那样。

3.2　自由刚体问题

另一个说明李变换适合求解可积问题的例子是刚体围绕固定点的自由旋转运动。没有外力的情形下动量守恒，运动能通过自由刚体绕着质心 O 的旋转来描述。按照传统习惯，运动被分解为相对于体坐标系 (O，$\boldsymbol{b}_1$，$\boldsymbol{b}_2$，$\boldsymbol{b}_3$) 的旋转，该坐标系固连在刚体质心上，由刚体的主轴定义。之后刚体在空间 (惯性) 坐标系 (O，$\boldsymbol{s}_1$，$\boldsymbol{s}_2$，$\boldsymbol{s}_3$) 中的姿态便由欧拉角来表征[243]。

由于不受任何外力和外力矩，自由刚体的角动量和能量均守恒。角动量矢量 $\boldsymbol{G} = \boldsymbol{I}\boldsymbol{\omega}$，其中 $\boldsymbol{\omega}$ 为角速度，$\boldsymbol{I}$ 为转动惯量。能量主要指动能

$$T = \frac{1}{2}\boldsymbol{\omega} \cdot \boldsymbol{I}\boldsymbol{\omega} = \frac{1}{2}\boldsymbol{G} \cdot \boldsymbol{I}^{-1}\boldsymbol{G} \tag{3-22}$$

因为角动量和能量之间互相独立，自由刚体运动具有比自由度数目多一个积分，因此将可能的轨迹约束在圆环面上并且使得问题变为超可积的[192]。

3.2.1　体坐标系中的旋转

在体坐标系里惯量 $\mathbb{I}$ 为常数。如果体坐标系的轴选择为和惯量主轴一致，此时惯量的乘积项消失

$$\mathbb{I} = \begin{pmatrix} A & 0 & 0 \\ 0 & B & 0 \\ 0 & 0 & C \end{pmatrix}$$

其中，$0 < A \leqslant B \leqslant C$ 为主轴惯量，并且根据惯性张量的定义 $A + B \geqslant C$。

对于给定的常数能量值 $T = E > 0$，式 (3－22) 将可能的解约束到如下的表面上

$$\frac{1}{2}A\omega_1^2 + \frac{1}{2}B\omega_2^2 + \frac{1}{2}C\omega_3^2 = \frac{1}{2A}g_1^2 + \frac{1}{2B}g_2^2 + \frac{1}{2C}g_3^2 = E$$

其中，(ω_1，ω_2，ω_3) 和 (g_1，g_2，g_3) 分别为 $\boldsymbol{\omega}$ 和 $\boldsymbol{G}$ 在体坐标系的分量。这个约束实际上

是轴分别为 $2AE$，$2BE$ 和 $2CE$ 的椭球体。因为 $\|\boldsymbol{G}\|=G$ 也是常量，运动也被约束在半径为 G 的球体 $g_1^2+g_2^2+g_3^2=G^2$ 上。因此，体坐标系内角动量矢量可能的轨迹变为两个面的交集[474]，如图 3-2 所示的月球形刚体。

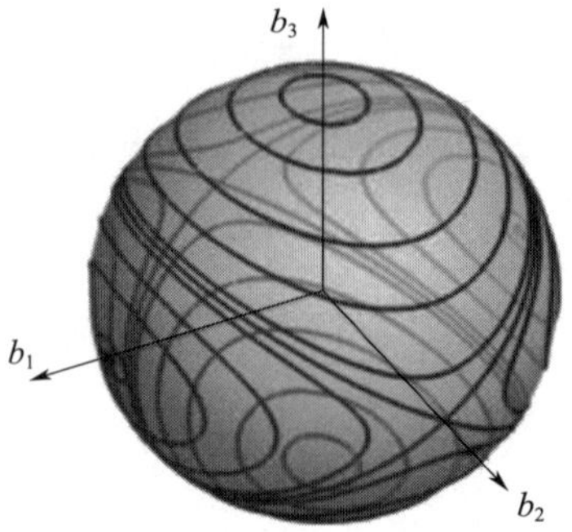

图 3-2 类月球形的自由刚体在体坐标系下的角动量矢量轨迹（$A/C=0.9994$，$B/C=0.9996$[208]）（见彩插）

对于角动量的变化，体坐标系里的瞬时旋转可以由欧拉方程获得 $(\mathrm{d}\,\mathbb{I}\,\omega/\mathrm{d}t)_s=(\mathrm{d}\,\mathbb{I}\,\omega/\mathrm{d}t)_b+\omega\times\mathbb{I}\omega$。对于自由刚体，我们可得

$$\dot{\omega}_1=-\frac{C-B}{A}\omega_2\omega_3,\quad \dot{\omega}_2=\frac{C-A}{B}\omega_3\omega_1,\quad \dot{\omega}_3=-\frac{B-A}{C}\omega_1\omega_2 \tag{3-23}$$

在质量分布为球对称 $A=B=C$ 的特殊情形下，所有的解都是等价的。在关于最大惯量（短轴）轴对称的情形 $A=B\neq C$ 下，ω_3 为常数，ω_1 和 ω_2 随着谐波运动变化。在关于最小惯量（长轴）轴对称的情形 $A\neq B=C$ 下，情况与前述情形类似。

当 $A<B<C$ 时，简单观察式（3-23）就能发现，关于主轴的自由旋转对应动态平衡点，其稳定特性可以从图 3-2 猜到。因此，在具有如下最小能量时

$$E_3=\frac{1}{2}C\omega^2=\frac{1}{2C}G^2 \tag{3-24}$$

绕着最大惯量轴 $\boldsymbol{b}_3(\omega_1=\omega_2=0)$ 的稳定旋转发生。在具有如下中间能量时

$$E_2=\frac{1}{2}B\omega^2=\frac{1}{2B}G^2 \tag{3-25}$$

绕着中间惯量轴 $\boldsymbol{b}_2(\omega_1=\omega_3=0)$ 的不稳定旋转发生。处在 $E_3\leqslant E<E_2$ 的能量区域里，角动量矢量绕着最大惯量旋转。最后，绕着最小惯量轴 $\boldsymbol{b}_1(\omega_2=\omega_3=0)$ 的稳定旋转对应着最大能量

$$E_1=\frac{1}{2}A\omega^2=\frac{1}{2A}G^2 \tag{3-26}$$

对于在上述值和 E_2 之间的能量值，角动量矢量绕着最小惯量轴旋转。不同的能量状态被连接不稳定平衡点的 $E=E_2$ 的轨迹分隔开。

对于不同的能量状态，式（3-23）的通解可以是采用雅可比椭圆函数的解析形式，也可以是分界面情形下的采用双曲线函数的解析形式[377,473]。

3.2.2 空间坐标系里的姿态

一旦旋转在体坐标系求解，体坐标系和空间坐标系通过欧拉角（ψ，θ，φ）联系起来，

三个角分别对应偏航、俯仰和滚动。如图 3－3 所示，单位矢量 $\boldsymbol{n}=\boldsymbol{s}_3\times\boldsymbol{b}_3/\|\boldsymbol{s}_3\times\boldsymbol{b}_3\|$ 定义了赤道平面（$\boldsymbol{b}_1$，$\boldsymbol{b}_2$）和空间平面（$\boldsymbol{s}_1$，$\boldsymbol{s}_2$）的交点，$\boldsymbol{m}=\boldsymbol{s}_3\times\boldsymbol{n}$。

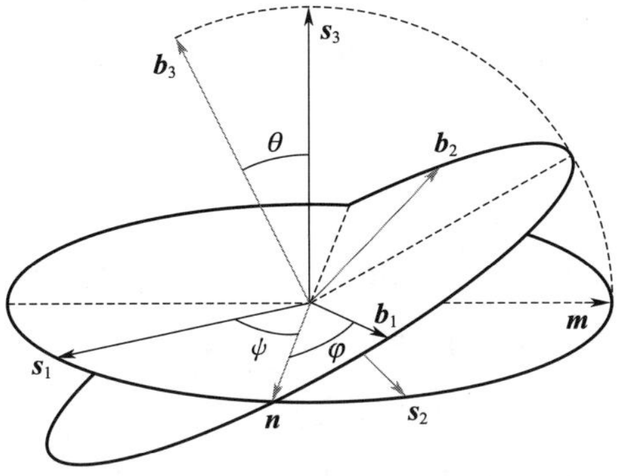

图 3－3　体坐标系和空间坐标系之间的欧拉角（见彩插）

旋转的体坐标系中 $\boldsymbol{\omega}$ 的分量和欧拉角导数之间的关系能通过文献［682］中的推导获得（也可参见文献［544］）。因此，对于 $\boldsymbol{v}$ 矢量，其在空间（惯性）坐标系的分量 $\boldsymbol{v}_s=(\xi, \eta, \zeta)$ 能通过其在体坐标系的分量 $\boldsymbol{v}_b=(x, y, z)$ 旋转得到。用矩阵形式描述为 $(\xi, \eta, \zeta)^{\mathrm{T}}=\boldsymbol{R}(x, y, z)^{\mathrm{T}}$，T 代表转置符号，$\boldsymbol{R}\equiv\boldsymbol{R}_3(-\psi)\boldsymbol{R}_1(-\theta)\boldsymbol{R}_3(-\varphi)$，其中

$$\boldsymbol{R}_3=\begin{pmatrix}\cos & \sin & 0\\ -\sin & \cos & 0\\ 0 & 0 & 1\end{pmatrix},\quad \boldsymbol{R}_1=\begin{pmatrix}1 & 0 & 0\\ 0 & \cos & \sin\\ 0 & -\sin & \cos\end{pmatrix} \tag{3-27}$$

为基本旋转矩阵。对旋转进行微分能得到 $(\dot{\xi}, \dot{\eta}, \dot{\zeta})^{\mathrm{T}}=\boldsymbol{R}(\dot{x}, \dot{y}, \dot{z})^{\mathrm{T}}+\dot{\boldsymbol{R}}(x, y, z)^{\mathrm{T}}$，其中 $(\dot{\xi}, \dot{\eta}, \dot{\zeta})$ 为空间坐标系的速度矢量分量，$(\dot{x}, \dot{y}, \dot{z})$ 为其在体坐标系的分量。因此，考虑到 $\boldsymbol{R}$ 是正交矩阵，有

$$\begin{pmatrix}\dot{\xi}\\ \dot{\eta}\\ \dot{\zeta}\end{pmatrix}=\boldsymbol{R}\left[\begin{pmatrix}\dot{x}\\ \dot{y}\\ \dot{z}\end{pmatrix}+\boldsymbol{R}^{\mathrm{T}}\dot{\boldsymbol{R}}\begin{pmatrix}x\\ y\\ z\end{pmatrix}\right] \tag{3-28}$$

或者，根据动坐标系矢量的微分准则

$$\frac{\mathrm{d}\boldsymbol{x}}{\mathrm{d}t}=\dot{\boldsymbol{x}}+\boldsymbol{\omega}\times\boldsymbol{x} \tag{3-29}$$

上式中矢量上的点代表矢量在旋转坐标系的导数，我们能得到空间坐标系的分量

$$\begin{pmatrix}\dot{\xi}\\ \dot{\eta}\\ \dot{\zeta}\end{pmatrix}=\boldsymbol{R}\left[\begin{pmatrix}\dot{x}\\ \dot{y}\\ \dot{z}\end{pmatrix}+\boldsymbol{\Omega}\begin{pmatrix}x\\ y\\ z\end{pmatrix}\right],\quad \boldsymbol{\Omega}=\begin{pmatrix}0 & -\omega_3 & \omega_2\\ \omega_3 & 0 & -\omega_1\\ -\omega_2 & \omega_1 & 0\end{pmatrix} \tag{3-30}$$

从式（3－28）和式（3－30）我们能得到 $\boldsymbol{\Omega}=\boldsymbol{R}^{\mathrm{T}}\dot{\boldsymbol{R}}$，进而可得①

$$\omega_1(t)=\dot{\psi}\sin\theta\sin\varphi+\dot{\theta}\cos\varphi$$
$$\omega_2(t)=\dot{\psi}\sin\theta\cos\varphi-\dot{\theta}\sin\varphi \tag{3-31}$$
$$\omega_3(t)=\dot{\psi}\cos\theta+\dot{\varphi}$$

根据上式容易获得欧拉角的导数值为

$$\dot{\psi}=[\omega_1(t)\sin\varphi+\omega_2(t)\cos\varphi]\csc\theta$$
$$\dot{\theta}=\omega_1(t)\cos\varphi-\omega_2(t)\sin\varphi \tag{3-32}$$
$$\dot{\varphi}=\omega_3(t)-\dot{\psi}\cos\theta$$

式（3－32）的时间解需要使用雅可比 θ 函数[322,571]。

注意到当取垂直于角动量矢量的平面作为惯性平面时，问题会得到有趣的简化。这时 $\boldsymbol{G}=G\boldsymbol{s}_3$，并且体坐标系中的角动量矢量的分量简化为

$$(g_1,g_2,g_3)^{\mathrm{T}}=(A\omega_1,B\omega_2,C\omega_3)^{\mathrm{T}}=\boldsymbol{R}_3(\varphi)\boldsymbol{R}_1(\theta)(0,0,G)^{\mathrm{T}}$$

从上式中可以不用积分直接求得 φ 和 θ。然而，根据式（3－32）积分 $\dot{\psi}$ 获得 ψ，其解析形式却为一类和三类椭圆积分的函数[245]。之后，将解描述在不同固定平面内仅需绕固定欧拉角再旋转，比如（ψ_1，θ_1，φ_1）。

3.2.3　不变平面

虽然垂直于角动量矢量的平面在力矩作用下不会保持不变，但通常被称之为不变平面。该不变平面自然地连接了体坐标系和任意固定平面。

实际上，令 $\boldsymbol{m}$ 为沿着角动量矢量方向的单位矢量，$\boldsymbol{G}=G\boldsymbol{m}$，并记 $\boldsymbol{l}$ 为沿空间平面和不变平面交线方向的单位矢量。那么，如图 3－4 所示，$\boldsymbol{s}_3\cdot\boldsymbol{m}=\cos I$，$0\leqslant I\leqslant\pi$，其中 I 为 $\boldsymbol{s}_3$ 和 $\boldsymbol{m}$ 围起来的角，从 $\boldsymbol{s}_3$ 逆时针起算，也是不变平面和空间平面之间的倾角。此外，还能得到 $\boldsymbol{s}_3\times\boldsymbol{m}=\boldsymbol{l}\sin I$，其中 $\boldsymbol{l}=\boldsymbol{s}_1\cos\lambda+\boldsymbol{s}_2\sin\lambda$，$0\leqslant\lambda\leqslant2\pi$。$\lambda$ 为 $\boldsymbol{s}_1$ 和 $\boldsymbol{l}$ 围成的角，从 $\boldsymbol{s}_1$ 逆时针计算，也即不变平面在空间平面上进动的角度。

类似地，令 $\tilde{\boldsymbol{n}}$ 为沿不变平面和赤道平面交线方向的单位矢量。那么 $\boldsymbol{m}\cdot\boldsymbol{b}_3=\cos J$，$0\leqslant J\leqslant\pi$，其中 J 为 $\boldsymbol{m}$ 和 $\boldsymbol{b}_3$ 围起来的角，从 $\boldsymbol{m}$ 逆时针起算，也即不变平面和赤道平面之间的倾角。此外，$\boldsymbol{m}\times\boldsymbol{b}_3=\tilde{\boldsymbol{n}}\sin J$，其中 $\tilde{\boldsymbol{n}}=\boldsymbol{b}_1\cos v+\boldsymbol{b}_2\sin v$，$0\leqslant v\leqslant2\pi$，$v$ 为 $\tilde{\boldsymbol{n}}$ 和 $\boldsymbol{b}_1$ 围起来的角，从 $\tilde{\boldsymbol{n}}$ 逆时针起算，也是体坐标系的滚动角。最后，赤道平面在不变平面上的进动角 μ 的定义为 $\boldsymbol{l}\cdot\tilde{\boldsymbol{n}}=\cos\mu$，$(\boldsymbol{m}\times\boldsymbol{l})\cdot\tilde{\boldsymbol{n}}=\sin\mu$，$0\leqslant\mu\leqslant2\pi$，其中 μ 为 $\boldsymbol{l}$ 和 $\tilde{\boldsymbol{n}}$ 围起来的角，从 $\boldsymbol{l}$ 逆时针起算。

矢量 $\boldsymbol{v}$ 在体坐标系的分量 $\boldsymbol{v}_b$ 和空间坐标系的分量 $\boldsymbol{v}_s$ 通过一系列旋转联系起来：$\boldsymbol{v}_b=\boldsymbol{R}_3(v)\boldsymbol{R}_1(J)\boldsymbol{R}_3(\mu)\boldsymbol{R}_1(I)\boldsymbol{R}_3(\lambda)\boldsymbol{v}_s$，或者 $\boldsymbol{v}_s=\boldsymbol{R}_3(-\lambda)\boldsymbol{R}_2(-I)\boldsymbol{R}_3(-\mu)\boldsymbol{R}_2(-J)\boldsymbol{R}_3$

① 文献［448］里指出，通常来证明矢量分解 $\boldsymbol{\omega}=\dot{\psi}\boldsymbol{s}_3+\dot{\theta}\boldsymbol{n}+\dot{\varphi}\boldsymbol{b}_3$ 的观点是错误的。

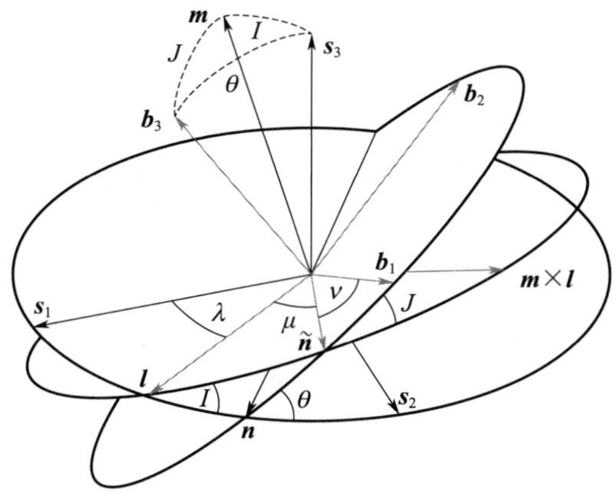

图 3-4　不变平面 $\boldsymbol{m}$ 作为中间参考（见彩插）

$(-v)\boldsymbol{v}_b$。也即，体坐标系和空间坐标系能通过五次旋转、两组欧拉角联系起来，也即 $(\psi_1, \theta_1, \phi_1, \psi_2, \theta_2, \phi_2)$，这样存在关系 $\lambda=\psi_1$，$I=\theta_1$，$\mu=\phi_1+\psi_2$，$J=\theta_2$，$v=\phi_2$。可以明显看出上述的关系式是基于纯几何推导得出的，并没有对 $\boldsymbol{G}$ 的保守性作任何假设。

3.2.4　哈密顿解法

如同在单摆情形中的一样，除了经典积分方法，对自由刚体哈密顿算子进行完全哈密顿化简也是一种可行的方法。

第一步是计算拉格朗日算子 $\mathfrak{L}\equiv\mathfrak{L}(\varphi, \theta, \psi, \dot{\varphi}, \dot{\theta}, \dot{\psi})$。考虑到无外力矩旋转的情形不存在势能，在式（3-22）中总能量便只有动能。因此，$\mathfrak{L}=\frac{1}{2}(A\omega_1^2+B\omega_2^2+C\omega_3^2)$，其中体坐标系中的角速度分量与式（3-31）中的一致。因为拉格朗日算子仅包含广义速度里的第二级的同类项，此时拉格朗日函数就是总能量[243]。因此存在关系式 $\mathcal{H}=T=\mathfrak{L}$。

使用式（3-32）我们发现欧拉角的共轭动量具有下面的形式

$$\Phi=\frac{\partial\mathfrak{L}}{\partial\dot{\varphi}}=\boldsymbol{G}\cdot\boldsymbol{b}_3,\quad \Theta=\frac{\partial\mathfrak{L}}{\partial\dot{\theta}}=\boldsymbol{G}\cdot\boldsymbol{n},\quad \Psi=\frac{\partial\mathfrak{L}}{\partial\dot{\psi}}=\boldsymbol{G}\cdot\boldsymbol{s}_3 \tag{3-33}$$

然而，比起用欧拉变量，更合适的做法是用安多耶变量 $(\lambda, \mu, v, \Lambda, M, N)$ 的正则集建立哈密顿算子。其中角 λ，μ 和 v 来用于描述不变平面，作用变量 $\Lambda=G\cos I$，$M=G$ 和 $N=G\cos J$ [24]。由欧拉变量至安多耶变量的正则变换公式能在文献［56］中找到。当 I 或者 J 消失时，安多耶变量出现奇异，此时能通过使用文献［206，207，287］提出的另外的变量集来避免奇异性。

根据式（3-22），并考虑到对于自由刚体 $\mathcal{H}=T$，我们能得到

$$\mathcal{H}=\frac{1}{2}\left(\frac{1}{A}g_1^2+\frac{1}{B}g_2^2+\frac{1}{C}g_3^2\right) \tag{3-34}$$

其中

$$\begin{pmatrix} g_1 \\ g_2 \\ g_3 \end{pmatrix} = \boldsymbol{R}_3(v)\boldsymbol{R}_1(J)\begin{pmatrix} 0 \\ 0 \\ G \end{pmatrix} = G\begin{pmatrix} \sin J \sin v \\ \sin J \cos v \\ \cos J \end{pmatrix}$$

那么，做替换 $G=M$ 和 $J=\arccos(N/M)$，采用安多耶变量描述的自由刚体哈密顿算子为

$$\mathcal{H}=\frac{1}{2}\left(\frac{1}{A}\sin^2 v+\frac{1}{B}\cos^2 v\right)(M^2-N^2)+\frac{1}{2C}N^2 \tag{3-35}$$

其中，Λ，λ 和 μ 为可忽略的变量。因此，M，Λ 和 λ 为无外力矩运动的积分[150]。这些积分能解耦自由刚体的流。自由刚体的简化动力学能通过积分哈密顿方程获得，即

$$\frac{\mathrm{d}v}{\mathrm{d}t}=\frac{\partial \mathcal{H}}{\partial N}=-\left(\frac{1}{A}\sin^2 v+\frac{1}{B}\cos^2 v-\frac{1}{C}\right)N \tag{3-36}$$

$$\frac{\mathrm{d}N}{\mathrm{d}t}=-\frac{\partial \mathcal{H}}{\partial v}=\left(\frac{1}{A}-\frac{1}{B}\right)(M^2-N^2)\sin v\cos v \tag{3-37}$$

μ 随时间的变化可通过不定积分获得。

哈密顿算子（3－35）提供了图 3－2 中流的几何表达的另一种简洁的描述。因此，对于给定的能量流形，比如 $\mathcal{H}(v, N; M)=E$，从式（3－35）可以求得 N 为

$$N=\pm\sqrt{Q}M \tag{3-38}$$

其中

$$Q=\frac{(1/A)\sin^2 v+(1/B)\cos^2 v-2E/M^2}{(1/A)\sin^2 v+(1/A)\cos^2 v-1/C} \tag{3-39}$$

图 3－5 给出了对应图 3－2 的同样月球形体的相空间，通过对式（3－38）取不同的 E 值可以计算得到相曲线（ν，N）。图 3－5 中的曲线对应缩小到能量水平 $\varepsilon=2CE/G^2$，并且当 $N>0$ 时从右边横穿至左边，当 $N<0$ 时从左边横穿至右边。

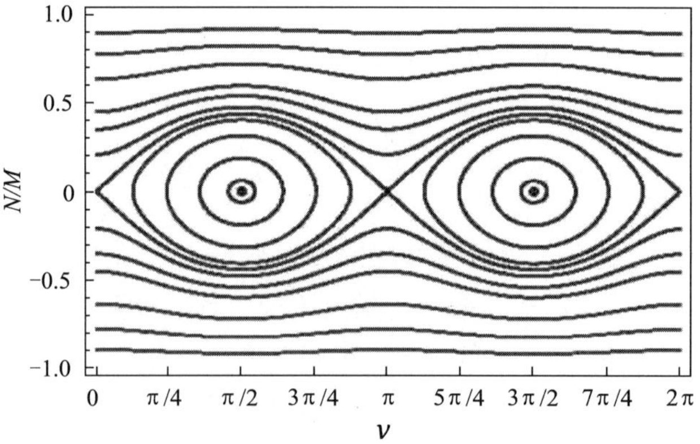

图 3－5 类月体自由旋转的相空间图[150]

当 $N=\pm M$ 时，式（3－37）中 N 的变化消失，图 3－2 的相位线 $N/M=\pm 1$ 对应绕最大惯量轴的永久旋转。此外，$v=0$，$N=0$ 和 $v=\frac{\pi}{2}$，$N=0$ 的情形与式（3－36）和式（3－37）是等价的。前者对应图 3－2 中产生绕着中间惯量轴固定旋转的双曲线固定点，

后者对应产生绕最小惯量轴固定旋转的椭圆固定点。

3.2.5　完全化简给出的解析解

正如在单摆情形中那样，求解无外力矩运动的积分可以通过寻找一个正则变换（λ，μ，v，Λ，M，N）→（ℓ，g，h，L，G，H）来实现。该正则变换能将哈密顿算子（3－35）完全化简为使用新变量的并且仅依赖动量的函数。在后文中，我们主要参考文献[412] 的描述。

因为在式（3－35）中共轭对（λ，Λ）可以忽略，我们取 $h=\lambda$，$H=\Lambda$，寻找从生成函数推导出的且采用混合变量 $S=S(\mu, v, L, G)$ 描述的变换

$$\ell=\frac{\partial S}{\partial L},\quad g=\frac{\partial S}{\partial G},\quad M=\frac{\partial S}{\partial \mu},\quad N=\frac{\partial S}{\partial v} \tag{3-40}$$

该变换使得 $\mathcal{H}(-, v, M, N)=\Upsilon(-, -, L, G)$。

由于 μ 为循环变量，我们选择采用单独变量 $S=G\mu+W(v, L, G)$ 的生成函数，可得方程（3－40）中 $M=G$。那么哈密顿-雅可比方程为

$$\frac{1}{2}\left(\frac{\sin^2 v}{A}+\frac{\cos^2 v}{B}\right)\left[G^2-\left(\frac{\partial W}{\partial v}\right)^2\right]+\frac{1}{2C}\left(\frac{\partial W}{\partial v}\right)^2=\Upsilon(L, G) \tag{3-41}$$

上式用来求解 W，即

$$W=G\int\sqrt{Q(v, L, G)}\,\mathrm{d}v \tag{3-42}$$

其中，Q 与式（3－39）中的一样，但总能量 E 用正式的哈密顿算子 $\Upsilon(L, G)$ 代替，也即

$$Q=\frac{(1/A)\sin^2 v+(1/B)\cos^2 v-1/\Delta}{(1/A)\sin^2 v+(1/B)\cos^2 v-1/C} \tag{3-43}$$

上式中我们引入转动惯量类型的辅助变量

$$\frac{1}{\Delta}=\frac{2}{G^2}\Upsilon(L, G) \tag{3-44}$$

注意根据式（3－24）和式（3－26）能得出 $A<\Delta<C$。

那么，根据链式求导法则，式（3－40）中的变换为

$$\ell=\frac{1}{G}\frac{\partial\Upsilon}{\partial L}\mathcal{I},\quad g=\mu+\frac{1}{G}W+\left(\frac{1}{G}\frac{\partial\Upsilon}{\partial G}-\frac{1}{\Delta}\right)\mathcal{I},\quad M=G,\quad N=G\sqrt{Q} \tag{3-45}$$

其中

$$\mathcal{I}=C\int\frac{R(v)}{\sqrt{Q(v, L, G)}}\mathrm{d}v \tag{3-46}$$

$R(v)$ 为

$$R=\frac{1}{C}\frac{\partial Q}{\partial(1/\Delta)}=\frac{1}{1-(C/A)\sin^2 v-(C/B)\cos^2 v} \tag{3-47}$$

式（3－42）和式（3－46）的解取决于自由刚体运动变化的能量状态。我们主要关注 v 能取到任何值的绕最大惯量轴的旋转运动情形。那么，根据式（3－25）和式（3－44）中 Δ 的定义，条件 $0<Q<1$ 变换为 $B<\Delta<C$。类似地，要求解绕最小惯量轴旋转的情形，

除了安多耶变量法，也能通过福岛方法来求解[164,206,207]。

引入如下无量纲辅助变量

$$f=\frac{1/A-1/B}{1/A-1/C}>0 \tag{3-48}$$

式（3-42）和式（3-46）的积分会变得更为简单一些。新动量的无量纲函数为

$$m=pf,\quad p=\frac{1/\Delta-1/C}{1/A-1/\Delta}>0,\quad 0<m<1 \tag{3-49}$$

角 ψ 由下面的公式清晰地给出

$$\cos v=\frac{\sqrt{1+f}\sin\psi}{\sqrt{1+f\sin^2\psi}},\quad \sin v=\frac{\cos\psi}{\sqrt{1+f\sin^2\psi}} \tag{3-50}$$

进而可得

$$\mathrm{d}v=-\frac{\sqrt{1+f}}{1+f\sin^2\psi}\mathrm{d}\psi \tag{3-51}$$

那么，将式（3-50）代入式（3-43）和式（3-47），并重新整理后可得

$$Q=\frac{1}{1+p}(1-m\sin^2\psi),\quad R=-\frac{1}{C}\frac{1}{(1/A-1/C)}(1+f\sin^2\psi)$$

上式和式（3-51）一起代入式（3-46）可得

$$\mathcal{I}=\frac{AC}{C-A}\sqrt{(1+f)(1+m/f)}F(\psi|m) \tag{3-52}$$

W 的积分稍微有点棘手。在式（3-42）中替换掉辅助变量后，我们得到

$$W=G\sqrt{(1+f)(1+m/f)}\int\frac{-f+mf\sin^2\psi}{(f+m)\sqrt{1-m\sin^2\psi}(1+f\sin^2\psi)}\mathrm{d}\psi$$

上式被积函数的分子在加上和减去 m 后，重新整理为

$$W=G\sqrt{(1+f)(1+m/f)}\left[\frac{m}{f+m}F(\psi|m)-\Pi(-f,\psi|m)\right] \tag{3-53}$$

其中 $\Pi(-f,\psi|m)$ 为参数 m、振幅 ψ 和特征 $-f$ 的第三类椭圆积分。

式（3-45）给出的混合正则变换的计算至此完成。事实上，考虑到 $\mathcal{I}$ 和 W 取决于 m，m 又取决于 $\Delta=\Delta(\Upsilon)$，这是一个由 Υ 参数化的变换族。

另一方面，从式（3-44）求得的 Υ 用 Δ 的函数描述。而又能从式（3-49）求得 Δ，用 m 的函数描述。这样，我们便得到标准的哈密顿算子[587]

$$\Upsilon=\frac{G^2}{2A}\left(1-\frac{C-A}{C}\frac{f}{f+m}\right) \tag{3-54}$$

上式说明了能将哈密顿算子完全化简为用安多耶变量描述的正则变换族，实际上是由 m 参数化的。

此外，为了体现 $m=m(L,G)$ 为无量纲的，我们令 $m=m(\rho)$，其中 $\rho=L/G$。利用链式求导法则

$$\frac{\partial\Upsilon}{\partial L}=\frac{\partial\Upsilon}{\partial m}\frac{\partial m}{\partial\rho}\frac{\partial\rho}{\partial L}=\frac{G}{2A}\frac{C-A}{C}\frac{f}{(f+m)^2}\frac{\partial m}{\partial\rho} \tag{3-55}$$

$$\frac{\partial \Upsilon}{\partial G}=\frac{G}{A}\left(1-\frac{C-A}{C}\frac{f}{f+m}\right)+\frac{\partial \Upsilon}{\partial m}\frac{\partial m}{\partial \rho}\frac{\partial \rho}{\partial G}=\frac{2\Upsilon}{G}-\rho\frac{\partial \Upsilon}{\partial L} \tag{3-56}$$

上式被代入式（3-45）来获得由 $m=m(\rho)$ 参数化的变换族[199]。也即

$$\ell=\frac{f}{2(f+m)^2}\sqrt{(1+f)(1+m/f)}F(\psi|m)\frac{\partial m}{\partial \rho} \tag{3-57}$$

$$g=\mu+\sqrt{(1+f)(1+m/f)}\times\left[\left(m-\frac{\rho}{2}\frac{f}{f+m}\frac{\partial m}{\partial \rho}\right)\frac{F(\psi|m)}{f+m}-\Pi(-f,\psi|m)\right] \tag{3-58}$$

$$M=G \tag{3-59}$$

$$N=G\frac{1}{\sqrt{1+m/f}}\sqrt{1-m\sin^2\psi} \tag{3-60}$$

现在，通过要求 $\ell=\ell(v,\ m)$ 和 $g=g(\mu,\ v,\ m)$ 为角度，我们来详细说明这个变换。也即，当 v 提前 2π 或者等价地 ψ 滞后 2π 时，$\oint \mathrm{d}\ell=2\pi$。因此，$\ell(\psi=0)-\ell(\psi=2\pi)=2\pi$，进一步可得

$$\frac{\partial m}{\partial \rho}=-\frac{(f+m)^{3/2}\pi}{K(m)\sqrt{f(1+f)}} \tag{3-61}$$

另一方面，g 的角条件要求当 μ 提前 2π 时，g 增加 2π，当 v 增加 2π 时，g 不受影响[30]。当这个条件应用到式（3-58）时，我们得到

$$\left(m-\frac{\rho}{2}\frac{f}{f+m}\frac{\partial m}{\partial \rho}\right)\frac{K(m)}{f+m}-\Pi(-f|m)=0 \tag{3-62}$$

在消去式（3-61）和式（3-62）之间的 $\partial m/\partial \rho$ 后，可以求得辅助变量 $\rho=L/G$。进而可得

$$\rho=\frac{2}{\pi}\sqrt{(1+f)(1+m/f)}\left[\Pi(-f|m)-\frac{m}{f+m}K(m)\right] \tag{3-63}$$

上式可以视作 m 是 ρ 的隐式函数①。

安多耶变量（μ，v，M，N）和动作-角度变量（ℓ，g，G，L）之间的变换至此完成。然而，只要 m 是 L 和 G 的隐式函数，化简的哈密顿算子 Υ 一定是隐式并具有式（3-54）这样的标准形式。尽管如此，通过将式（3-61）代入式（3-55）和式（3-56）得到了哈密顿方程，一旦计算得到 m，该方程就能提供常值的、长期频率的数值。

总之，给定安多耶变量，作用-角度变量就能按照如下的顺序显式地求得。首先，在式（3-59）中令 $G=M$，从式（3-35）计算得到 $\Upsilon=\mathcal{H}(v,\ N,\ M)$，从式（3-44）得到 Δ，从式（3-49）中得到 m。然后我们反求式（3-50）获得 ψ，即

$$\cos\psi=\frac{\sqrt{1+f}\sin v}{\sqrt{1+f\sin^2 v}},\quad \sin\psi=\frac{\cos v}{\sqrt{1+f\sin^2 v}} \tag{3-64}$$

---

① 可以核对 ρ 是式（3-61）和式（3-62）的解，所以用这种方式我们获得了 ρ 为积分的反导数，对它仍没有办法去求解。

下一步，将式（3－61）代入式（3－57）计算得到

$$\ell = -\frac{\pi}{2K(m)}F(\psi \mid m) \tag{3-65}$$

将式（3－61）和式（3－63）代入式（3－58）计算得到

$$g = \mu + \sqrt{(1+f)(1+m/f)}\left[\frac{\Pi(-f \mid m)}{K(m)}F(\psi \mid m) - \Pi(-f, \psi \mid m)\right] \tag{3-66}$$

将 $\rho = L/G$ 代入式（3－63）可得

$$L = \frac{2M}{\pi}\sqrt{(1+f)(1+m/f)}\left[\Pi(-f \mid m) - \frac{m}{f+m}K(m)\right] \tag{3-67}$$

映射（ℓ，g，G，L）→（μ，v，M，N）由类似的求解顺序给出，该求解顺序从式（3－59）推导出的 $M = G$ 开始。之后 m 可用求根算法从式（3－67）获得。接下来，将反解式（3－65）可获得

$$\psi = \mathrm{am}\left[-(2/\pi)K(m)\ell \mid m\right] \tag{3-68}$$

最后，可从式（3－50）求得 v，从式（3－66）求得 μ，从式（3－60）求得 N。

为了将自由刚体的解应用到受摄刚体旋转运动中，必须要显式地获得以作用-角度变量形式描述的安多耶变量。这需要首先第一步从式（3－67）中求解 m。正如在单摆情形中那样，显式求解 m 需要利用级数展开和反解流程。我们必须注意到，尽管在单摆情形中式（3－15）的级数是收敛的，如式（3－17）所示，当正式求解式（3－67）时必须要仔细一点。

确实，考虑到 $p = m/f$［根据式（3－49）］，由式（3－67）中椭圆积分的标准展开式能得到

$$\frac{L}{G} = 1 - \frac{1}{2}\sqrt{1+f}\,p\left[1 - \frac{1}{8}(6-f)p + \frac{1}{64}(40-8f+3f^2)p^2 - \frac{1}{1024}(560-120f+54f^2-25f^3)p^3 + O(p^4)\right]$$

对于小的 f 上式的收敛特性可能受影响。收敛条件 $p < 1$ 意味着

$$\frac{A}{C} < \frac{\Delta/C}{1-\Delta/C} \tag{3-69}$$

上式建立了无力矩运动中物理特性和动力学特性之间的关系。特别是，展开式仅在图 3－6 中由式（3－69）定义的灰色区域会收敛，然而在灰色区域边界和 $\Delta = A$ 给出的对角虚线之间的区域会使得级数不收敛。

基于解析解的展开式来得到显式变换虽然可行但并不方便[345,347,614]。我们将在 3.2.6 节和 3.2.6 节说明李变换怎么以一种系统的方式提供展开的哈密顿算子和显式变换[200,391,399]。

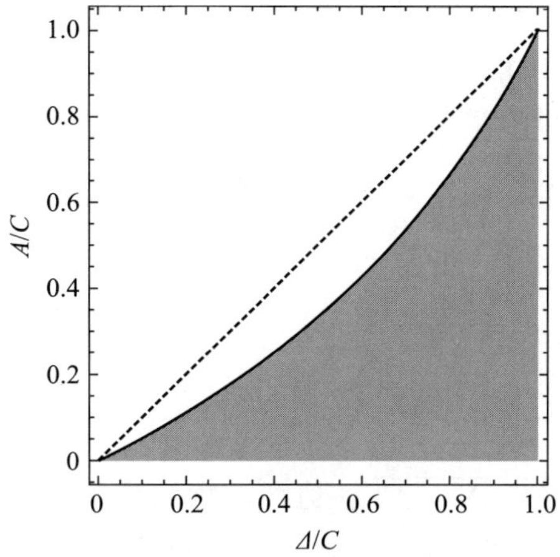

图 3－6　式（3－67）的展开式的收敛区域（灰色区域）

3.2.6　低三轴度情形

对式（3－35）进行简单的重新整理可得到下面的形式

$$\mathcal{H}=\frac{M^2}{2C}[1+\alpha\ \sin^2 J(1-\beta\cos 2v)] \tag{3-70}$$

其中，$J=J(N,\ M)\equiv\arccos(N/M)$，从 $\alpha(1+\beta)=C/A-1$，$\alpha(1-\beta)=C/B-1$ 求解得到的新惯量参数 α 和 β 满足 $0\leqslant\alpha$ 和 $0\leqslant\beta\leqslant1$，这两个参数具有清晰的物理含义。$\alpha=0$ 的限制情形对应具有球形质量分布（$A=B=C$）的刚体，然而 $\beta=0$ 和 $\beta=1$ 的极端情形分别对应轴对称扁平型（$B=A$）和轴对称扁长型（$B=C$）质量分布。因此，如下的三轴性系数提供了刚体与轴对称质量分布差异多少的一种度量

$$\beta=\frac{1}{\alpha}\left(\frac{C}{A}-\frac{C}{B}\right)=\frac{B-A}{B-A+2A(1-B/C)} \tag{3-71}$$

在 β 比较小的那些情形中，式（3－70）可以视为摄动哈密顿算子 $\mathcal{H}=\mathcal{H}_0+\beta\,\mathcal{H}_1$，其中

$$\mathcal{H}_0=\frac{M^2}{2C}\left[1+\alpha\left(1-\frac{N^2}{M^2}\right)\right]=\frac{1}{2B^*}M^2-\frac{1}{2}\left(\frac{1}{B^*}-\frac{1}{C}\right)N^2 \tag{3-72}$$

其与具有中间转动惯量 $B^*=C/(1+\alpha)$ 的轴对称扁平体形式上一样。

$$\mathcal{H}_1=-\frac{M^2}{2C}\alpha\left(1-\frac{N^2}{M^2}\right)\cos 2v \tag{3-73}$$

为摄动量。因此，源于式（3－70）的哈密顿流的展开解能直接通过基于李变换的摄动法求得。

我们从一般的受摄哈密顿算子（2－30）开始，其中 $\varepsilon=\beta$ 为小物理参数，$\mathcal{H}_{0,0}$ 由式（3－72）给出，$\mathcal{H}_{1,0}$ 由式（3－73）给出，对于 $m\geqslant2$，$\mathcal{H}_{m,0}=0$，α 为物理参数，M 为积分。之后我们寻找从生成函数 $\mathcal{W}=\sum_{m\geqslant k}(\beta^m/m!)\mathcal{W}_{m+1}(v,\ N)$ 导出的李变换（v，N；

$\beta)\to(v',N')$。该变换直到截断阶次 β^m，能将哈密顿算子转换为新动量 N' 的函数。

由于第零阶哈密顿算子（3 - 72）的特殊形式，李导数（2 - 49）为 $\mathcal{L}_0=-(\alpha/C)N\partial/\partial v$。因此，同调方程（2 - 48）可通过如下的不定积分求解

$$\mathcal{W}_m=-\frac{1}{(\alpha/C)N}\int(\widetilde{\mathcal{H}}_{0,m}-\mathcal{H}_{0,m})\mathrm{d}v \tag{3-74}$$

在一阶情形中 $\widetilde{\mathcal{H}}_{0,1}=\mathcal{H}_{1,0}$，其关于 v 是纯周期性的，因此与李导数的像有关。因此，我们选择 $\mathcal{H}_{0,1}=0$ 并且计算得到

$$\mathcal{W}_1=-\frac{1}{4}Nt^2\sin 2v$$

其中，我们记 $t\equiv\tan J=\sqrt{M^2/N^2-1}$。值得注意的是，由于 t 能无限制增长，在旋转运动显著偏离最大惯量轴的动态情形下，摄动方法将会失效。

在二阶情形中，由式（2 - 37）给出的已知项能得出

$$\widetilde{\mathcal{H}}_{0,2}=\{\mathcal{H}_{0,2},\mathcal{W}_1\}=(\alpha/C)\frac{1}{8}N^2t^2(4+t^2-t^2\cos 4v)$$

为了消去式（3 - 74）被积函数中与李导数核有关的项，我们选择

$$\mathcal{H}_{0,2}=\langle\widetilde{\mathcal{H}}_{0,2}\rangle_v=(\alpha/C)\frac{1}{8}N^2t^2(4+t^2)$$

同时我们求解同调方程（3 - 74）得到

$$\mathcal{W}_2=-\frac{1}{32}Nt^4\sin 4v$$

在计算三阶之前，我们用 $\mathcal{H}_{1,1}$ 项来填充德普里特三角（2 - 16）的第一对角线元素。$\mathcal{H}_{1,1}$ 从式（2 - 34）求得并且恰好和 $\mathcal{H}_{0,2}$ 相同。然后三阶的同调方程能从德普里特递归式（2 - 15）计算 $\mathcal{H}_{0,3}$ 后得到。在这步中评估了可计算的泊松括号后，已知项变为

$$\widetilde{\mathcal{H}}_{0,3}=-(\alpha/C)\frac{1}{32}N^2t^2[(32+8t^2+5t^4)\cos 2v+3t^4\cos 6v]$$

因为 $\widetilde{\mathcal{H}}_{0,3}$ 关于 v 是纯周期性的，我们选择 $\mathcal{H}_{0,3}=0$ 并从式（3 - 74）计算得到

$$\mathcal{W}_3=-\frac{1}{64}Nt^2[(32+8t^2+5t^4)\sin 2v+t^4\sin 6v]$$

一旦 $\mathcal{W}_3$ 已知，为了得到德普里特三角（2 - 16）的第二对角线元素，需要根据德普里特递归式（2 - 15）计算得到 $\mathcal{H}_{1,2}$ 和 $\mathcal{H}_{2,1}$ 项。

采用摄动法进一步迭代能得到

$$\begin{aligned}\widetilde{\mathcal{H}}_{0,4}=(\alpha/C)\frac{3}{128}N^2t^2[&64+16t^2+8t^4+5t^6\\&-4(16+16t^2+9t^4)t^2\cos 4v-5t^6\cos 8v]\end{aligned}$$

从上式我们选择

$$\mathcal{H}_{0,4}=(\alpha/C)\frac{3}{128}N^2t^2(64+16t^2+8t^4+5t^6)$$

并根据式（3 - 74）计算得到

$$\mathcal{W}_4 = -\frac{3}{128}Nt^4\left[(16+16t^2+9t^4)\sin 4v + \frac{5}{8}t^4\sin 8v\right]$$

至此我们完成了四阶情形的计算，其与木下的原创性论文给出的阶次一致[345]，但是该推导过程易于推广到更高阶次的情形[200]。

在截断到 $\mathcal{O}(\beta^4)$ 后，新的完全化简的哈密顿算子为

$$\mathcal{K} = \mathcal{H}(v(v', N'), N(v', N')) \equiv \sum_{m=0}^{4}\frac{\beta^m}{m!}\mathcal{H}_{0,m}$$

在计算得到的 $\mathcal{H}_{0,m}$ 项中用素数变量替换原始变量，可得

$$\mathcal{K} = \frac{M^2}{2B^*} - \frac{N'^2}{2C}\alpha\left[1 - \frac{\beta^2}{2!}\frac{1}{4}t^2(1+t^2) - \frac{\beta^2}{4!}\frac{3}{64}t^2(64+16t^2+8t^4+5t^6)\right]$$

其中，$t=\sqrt{(N'/M)^2-1}$ 。

直接变换式可根据式（2-17）计算：用 v 或 N 替换 x 并使用生成函数得到的计算项。最后，在 $v_{0,m}$ 和 $N_{0,m}$ 项中用原始变量代替素数变量后，直接变换式为

$$v = v' + \sum_{m=1}^{4}\frac{\beta^m}{m!}v_{0,m}(v', N'),\quad N = N' + N'\sum_{m=1}^{4}\frac{\beta^m}{m!}N_{0,m}(v', N') \tag{3-75}$$

上式的系数由表 3-2 给出。类似地，逆变换可使用生成函数 $\mathcal{V}=-\mathcal{W}(v(v', N'), N(v', N'))$ 计算得到。式（2-27）的前四个系数在表 3-3 中列出。

当额外的摄动项加入原始的哈密顿算子（3-70）时，该方法显然也有效。额外的项只需要加到对应其扰动效果量级的位置处。

3.2.7　短轴模式旋转

当自由刚体恰好绕着短轴（最大惯量主轴）旋转时，$N\approx M$，进而 $\sin^2 J\ll 1$。然而，必须注意到物理参数 α 和动力学量 $\sin^2 J$ 依比例决定式（3-70）。确实，因为 M 为常数，源于式（3-70）的哈密顿流和源于 $\mathcal{H}^*=\sin^2 J(1-\beta\cos 2v)$ 的哈密顿流相同，但是对应不同能量水平以及具有不同的时间尺度。因此，α 和 $\sin^2 J$ 在提供自由刚体哈密顿算子的扰动排列方面都没有用。尽管如此，在简单地将 $\sin J$ 用半角来描述，并考虑到 $\sin^2\frac{1}{2}J=\frac{1}{2}(1-\cos J)=\frac{1}{2}(1-N/M)$，我们能将自由刚体哈密顿算子（3-70）写为扰动哈密顿算子 $\mathcal{H}=\mathcal{H}_0(N)+\varepsilon\mathcal{H}_1(v, N)$，其中小参数 ε 现在是形式参数（$\varepsilon\equiv 1$），零阶项为

$$\mathcal{H}_0 = \frac{M^2}{2C}\left[1+(4\alpha)\sin^2\left(\frac{1}{2}J\right)(1-\beta\cos 2v)\right] \tag{3-76}$$

摄动项为

$$\mathcal{H}_1 = -\frac{M^2}{2C}(4\alpha)\sin^4\left(\frac{1}{2}J\right)(1-\beta\cos 2v) \tag{3-77}$$

式（3-77）中 $\sin\frac{1}{2}J$ 的四次方说明了相比 $\mathcal{H}_0$，$\mathcal{H}_1$ 比较小。

尽管短轴模式（SAM）旋转的主要问题是 $\mathcal{H}_0$ 保持可积，这与 3.2.6 节里讨论的小三

轴情形不一致，中间哈密顿算子 $\mathcal{H}_0$ 没有得到化简。因此，在通过摄动求解时，按惯例要事先进行零阶项的完全化简。

表 3-2　式（3-75）中系数 $v_{0,m}$（上）和 $N_{0,m}$（下）

0,1	$\frac{1}{4}(2+t^2)\sin 2v$
0,2	$\frac{1}{32}(8+8t^2+t^4)\sin 4v$
0,3	$\frac{3}{128}(32+16t^2+14t^4+11t^6)\sin 2v+\frac{1}{128}(2+t^2)(16+16t^2+t^4)\sin 6v$
0,4	$\frac{3}{64}(32+32t^2+16t^4+14t^6+3t^8)\sin 4v+\frac{3}{1024}(128+256t^2+160t^4+32t^6+t^8)\sin 8v$
0,1	$\frac{1}{2}t^2\cos 2v$
0,2	$-\frac{1}{8}t^2(4+2t^2-t^2\cos 4v)$
0,3	$\frac{3}{64}t^2\left[(32+8t^2+3t^4)\cos 2v+t^4\cos 6v\right]$
0,4	$-\frac{3}{128}t^2\left[6(32+24t^2+12t^4+5t^6)-16t^2(4+2t^2+t^4)\cos 4v-t^6\cos 8v\right]$

表 3-3　逆变换的生成函数的系数

$\mathcal{V}_1=\frac{1}{4}N't^2\sin 2v'$
$\mathcal{V}_2=\frac{1}{32}N't^4\sin 4v'$
$\mathcal{V}_3=\frac{1}{128}N't^2\left[(64+24t^2+15t^4)\sin 2v'+3t^4\sin 6v'\right]$
$\mathcal{V}_4=\frac{1}{1024}N't^4\left[8(64+96t^2+55t^4)\sin 4v'+31t^4\sin 8v'\right]$

注意到式（3-76）形式上和式（3-70）类似，其中 J 由 $J^*=\frac{1}{2}J$ 代替，α 由 $\alpha^*=4\alpha$ 代替。但是从 J 到 $\frac{1}{2}J$ 的微小变化从变量 N 中移除了指数 2，如此可以避免哈密顿-雅可比方程解平方根和后续出现椭圆函数。尽管现在哈密顿-雅可比方程解的计算比起全问题要简单得多[391]，一种更直接的方法如下所示。

首先，考虑到当 $J=0$ 时，安多耶变量会奇异，这种情形比较接近短轴旋转。因此，按惯例需要用非奇异变量重新描述问题[287]。因此，我们从正则变换（μ，v，M，N）→（g，θ，G，Θ）开始，其中

$$g=\mu+v,\quad G=M,\quad \theta=-\sqrt{2(M-N)}\sin v,\quad \Theta=\sqrt{2(M-N)}\cos v \tag{3-78}$$

上式形式上将式（3-76）转换为频率为 $\omega=\sqrt{(1+\beta)/(1-\beta)}$ 的谐振子的哈密顿算子

$$\mathcal{H}_0=\frac{G^2}{2C}\left[1+\frac{1-\beta}{G}\alpha\ \frac{1}{2}(\Theta^2+\omega^2\theta^2)\right] \tag{3-79}$$

下一步，到谐变量（2－40）的标准变换，现在可以写作

$$\Theta=\sqrt{2\omega L}\cos \ell,\quad \theta=\sqrt{2L/\omega}\sin \ell \tag{3-80}$$

将该变换应用到式（3－79）可得

$$\mathcal{H}_0=\frac{G}{2C}+\alpha(1-\beta)\frac{G}{C}\omega L \tag{3-81}$$

上式完全化简了以作用-角度变量（ℓ，g，L，G）描述的绕短轴旋转主要问题的哈密顿算子[391]。

进一步将式（3－78）和式（3－80）应用到式（3－77）的摄动 $\mathcal{H}_1$ 项，可得

$$\mathcal{H}_1=-\left[\alpha(1-\beta)\frac{G}{C}\omega L\right]\omega\frac{L}{G}\left(\frac{1}{2}-\frac{\beta}{1+\beta}\sin^2\ell\right)$$

上式中系数 L/G 表明 $\mathcal{H}_1$ 小于 $\mathcal{H}_0$。哈密顿算子 $\mathcal{H}=\mathcal{H}_0(L)+\varepsilon\mathcal{H}_1(\ell,L)$ 具有受摄谐振子的形式，其可以通过 2.2.2 节中的类似步骤采用李变换求解。

然而，为了进一步说明李变换方法而不是扰动函数被展开为傅里叶级数的标准做法。我们回到式（3－79），我们用实变量（g，G）和复变量（u，U）将其重写[399]，而不是用谐变换（3－80）。为此，我们用正则变换

$$\theta=(u-\mathrm{i}U)\sqrt{2\omega},\quad \Theta=(U-\mathrm{i}u)\sqrt{\omega/2} \tag{3-82}$$

其中，$\mathrm{i}\equiv\sqrt{-1}$ 代表虚数单位。进一步可得

$$\mathcal{H}_0=\frac{G^2}{2C}\left(1-\frac{2\kappa}{G}\mathrm{i}uU\right) \tag{3-83}$$

其中，$\kappa=\alpha(1+\beta)/\omega=\alpha\sqrt{1-\beta^2}$。

另一方面，将式（3－78）和式（3－82）先后应用到摄动项（3－77）得到

$$\mathcal{H}_1=\frac{\alpha}{4C}[2u^2U^2-\mathrm{i}\beta(u^3U-uU^3)] \tag{3-84}$$

上式是关于 u^jU^k 的 4 阶同调多项式。因为 $\mathcal{H}_1$ 与 g 和 G 无关，积分 G 是动态参数，哈密顿流（3－83）的李导数（2－49）具有下面的形式

$$\mathcal{L}_0=G\frac{\kappa}{C}\mathrm{i}\left(U\frac{\partial}{\partial U}-u\frac{\partial}{\partial u}\right) \tag{3-85}$$

对于一般的单项式 u^jU^k，$\mathcal{L}_0(u^jU^k)=G(\kappa/C)(k-j)\mathrm{i}u^jU^k$。当 $j=k$ 时，此项消失。因此，李导数（3－85）核的元素为 $j=k$ 时的单项式 u^jU^k，而李导数的像由 $k\neq j$ 时的单项式 u^jU^k 组成。

那么，复变量同调方程的解变得不是很重要，注意到该像的每一项 $q_{j,k}u^jU^k$（$q_{j,k}$ 代表一些数值系数）都对生成函数贡献一项 $p_{j,k}q_{j,k}u^jU^k$，其中

$$p_{j,k}=\frac{C}{G\kappa}\frac{\mathrm{i}}{j-k} \tag{3-86}$$

结果就是，求绕短轴旋转的自由刚体的摄动解变成了简单的多项式代数计算。让我们来验证这一点。

扰动哈密顿算子为 $\mathcal{H}=\sum_{m\geqslant 0}(\varepsilon^m/m!)\mathcal{H}_{m,0}(u,U)$，其中小参数 $\varepsilon\equiv1$，从式（3－83）

得到 $\mathcal{H}_{0,0}=\mathcal{H}_0$，从式（3－84）得到 $\mathcal{H}_{1,0}=\mathcal{H}_1$，并且当 $m\geqslant 2$ 时 $\mathcal{H}_{m,0}=0$。在一阶情形下有

$$\widetilde{\mathcal{H}}_{0,1}=\mathcal{H}_{1,0}=\frac{\alpha}{2C}u^2U^2-\frac{\alpha\beta}{4C}\mathrm{i}u^3U+\frac{\alpha\beta}{4C}\mathrm{i}uU^3 \tag{3-87}$$

上式右边第一个被加数属于李导数（3－85）的核，其余两个被加数为像的元素。然后我们选择

$$\mathcal{H}_{0,1}=\frac{\alpha}{2C}u^2U^2$$

下一步，式（3－87）右边第二个被加数（单项式 u^jU^k 的指数 $j=3$ 和 $k=1$）和 $p_{3,1}=\mathrm{i}C/(2G\kappa)$ 相乘，而最后一个被加数和 $p_{1,3}=-\mathrm{i}C/(2G\kappa)$ 相乘，得到

$$\mathcal{W}_1=\frac{\alpha\beta}{8G\kappa}(u^3U+uU^3)$$

在二阶情形，我们发现

$$\widetilde{\mathcal{H}}_{0,2}=\frac{\alpha^2\beta}{2GC\kappa}u^2U^4-\frac{\alpha^2\beta}{2GC\kappa}u^4U^2-\frac{\alpha^2\beta^2}{2GC\kappa}\mathrm{i}u^3U^3$$

其中最后一个被加数与核相关，其余两项为像的元素。那么我们选择

$$\mathcal{H}_{0,2}=-\frac{\alpha^2\beta^2}{2GC\kappa}\mathrm{i}u^3U^3$$

加上 $\widetilde{\mathcal{H}}_{0,2}$ 的第一个被加数和 $p_{2,4}$ 的乘积和第二个被加数和 $p_{4,2}$ 的乘积，进而来求解同调方程。使用式（3－86）得到

$$\mathcal{W}_2=-\mathrm{i}\,\frac{\alpha^2\beta}{4G^2\kappa^2}(u^4U^2+u^2U^4)$$

在计算下一阶次之前，接下来要计算 $\mathcal{H}_{1,1}$ 来完成相应的德普里特三角（2－16）。

通过直接的计算和最终用新变量将原始变量替换，能得到完全化简的哈密顿算子

$$\mathcal{K}=\frac{G^2}{2C}\left[1+\kappa\mathrm{i}\,\frac{u'U'}{G}\sum_{m\geqslant 0}b_m(\beta)\left(-\frac{\alpha}{\kappa}\mathrm{i}\,\frac{u'U'}{G}\right)^m\right] \tag{3-88}$$

其中，$b_0=-2$，$b_1=1$，剩余的 b_m 代表三轴性系数 β 里的多项式，具体由表 3－4 给出。

表 3－4　式（3－88）中的三轴性多项式[399]

$b_2=\beta^2$	$b_6=\frac{1}{128}\beta^2(45\beta^4+354\beta^2+128)$
$b_3=\frac{5}{8}\beta^2$	$b_7=\frac{9}{1024}\beta^2(256\beta^4+650\beta^2+128)$
$b_4=\frac{3}{32}\beta^2(3\beta^2+8)$	$b_8=\frac{5}{8192}\beta^2(953\beta^6+14888\beta^4+17120\beta^2+2048)$
$b_5=\frac{7}{32}\beta^2(5\beta^2+4)$	$b_9=\frac{11}{8192}\beta^2(4075\beta^6+20212\beta^4+13104\beta^2+1024)$

至此已经通过李变换有效地实现了期望的哈密顿化简。确实，除了积分 G 之外，新的哈密顿算子（3－88）还依赖两个复变量，必须注意到 $\mathcal{K}=\mathcal{K}(G,\ -\mathrm{i}u'U')$。其中 $-\mathrm{i}uU=L$，这通过将式（3－82）的逆变换应用到复变量很容易得到验证，即

$$u=(\mathrm{i}\Theta+\omega\theta)/\sqrt{2\omega}, \quad U=(\Theta+\mathrm{i}\omega\theta)/\sqrt{2\omega}$$

要注意式（3-88）中的系数 $\alpha/\kappa=(1-\beta^2)^{-1/2}$，它会使得采用新变量的哈密顿算子在近乎扁长体（$\beta\approx 1$）的情形下收敛变慢。在这个临界的情形下，采用基于物理参数 $\tilde{\beta}(\beta)\ll 1$ 的摄动方法是一个较好的选择。选择 $\tilde{\beta}=(1-\beta)/(1+3\beta)$ 可能适用，其在关于最小惯量主轴旋转的情形中作为 β 的轴对称角色。

生成函数为如下的形式

$$\mathcal{W}=\beta(u^2+U^2)uU\sum_{m\geqslant 0}\frac{1}{m!}\frac{\alpha^m}{\kappa^m G^m}(uU)^{\lfloor m/2\rfloor}w_m \tag{3-89}$$

其中，$\lfloor m/n\rfloor$ 代表整数 m 和 n 的整除，$w_1=\frac{1}{8}$，$w_2=-\frac{1}{4}\mathrm{i}$，表 3-5 给出了 w_m 的前几项（参考文献［399］）。关系式 $U^2+u^2=2\mathrm{i}L\sin 2\ell$，$U^2-u^2=2L\cos 2\ell$，$U^4+u^4=2L^2\cos 4\ell$ 以及 $U^6-u^6=2L^3\cos 6\ell$ 在把生成函数从复变量转换为作用-角度变量时十分有用。

表 3-5　方程（3-89）中系数 w_m [399]

$w_3=-\frac{3}{8}(\beta^2+2)uU+\frac{5}{64}\beta\mathrm{i}(U^2-u^2)$
$w_4=\frac{3}{32}(57\beta^2+32)\mathrm{i}uU+\frac{3}{64}\beta(9\beta^2+20)(U^2-u^2)$
$w_5=\frac{1}{32}(343\beta^4+2024\beta^2+480)u^2U^2-\frac{11}{64}\beta^2(\beta^2+2)(u^4+U^4)$ $-\frac{3}{32}\beta(147\beta^2+100)\mathrm{i}uU(U^2-u^2)$
$w_6=-\frac{15}{32}(909\beta^4+1588\beta^2+192)\mathrm{i}u^2U^2+\frac{15}{64}\beta^2(63\beta^2+44)\mathrm{i}(u^4+U^4)$ $-\frac{15}{32}\beta(91\beta^4+653\beta^2+200)uU(U^2-u^2)$
$w_7=-\frac{45}{2048}\beta^3(283\beta^2+186)\mathrm{i}(U^6-u^6)+\frac{45}{64}\beta^2(116\beta^4+917\beta^2+308)uU(u^4+U^4)$ $+\frac{45}{2048}\beta(124067\beta^4+272282\beta^2+44800)\mathrm{i}u^2U^2(U^2-u^2)$ $-\frac{45}{32}(720\beta^6+8345\beta^4+6496\beta^2+448)u^3U^3$

如 2.1.3 节所述，直接变换方程和逆变换方程的计算是标准操作，只需要计算泊松括号。

最后，在 β 和 $\sigma=2\sin^2\frac{1}{2}J$ 都很小的情形下，自然产生了哪一个摄动方法最方便的疑问。答案取决于三轴性参数取的特殊值以及天体的赤道平面相对于不变平面的倾角。然而，在通常情形下，绕短轴摄动方法比基于小三轴性的方法要有效得多。如表 3-6 所示，其中物理参数根据式（3-71）计算，J_0 是 J 的上界[347]。

表 3-6　不同太阳系天体的惯量参数和倾角（经 Springer[391] 许可改编）

天体	A/C	B/C	β	J_0	σ
火星[143,614]	0.994292	0.994981	0.0646	$0.1''$	$\mathcal{O}(10^{-13})$
地球[208]	0.996720	0.996722	0.0003	$1''$	$\mathcal{O}(10^{-11})$
月球[208,527]	0.999368	0.999601	0.2261	$6.2''$	$\mathcal{O}(10^{-10})$
爱神星[615]	0.229427	0.963754	0.9779	$55''$	$\mathcal{O}(10^{-8})$

第二部分

摄动椭圆运动：人造卫星理论

第 4 章　开普勒问题

开普勒问题描述受相互间万有引力作用的两个质点的相对运动。角动量守恒定义了轨道面，使得开普勒问题可积，其积分可以化简开普勒问题的三自由度运动。此外，由于偏心率矢量积分的存在，开普勒问题为超可积的哈密顿系统[192]。由此，开普勒问题可以化简为 5 个描述轨道特性的常数和 1 个描述质点从初始时刻开始相对另一质点的运动的变量。显然，无论何种形式的轨道根数，均与开普勒问题的角动量矢量和偏心率矢量密切相关。另外，这两个矢量是建立拱点坐标系的基础，而拱点坐标系是描述矢量形式的摄动开普勒运动的基本坐标系。

开普勒运动的椭圆情形是有界轨道运动的基本积分模型。当采用哈密顿-雅可比方法将开普勒问题化简为轨道根数，从而生成作用-角度变量，这样受摄开普勒运动可以自然地根据摄动法解决[61,358]。因此，本章详细探讨了开普勒哈密顿函数的哈密顿-雅可比方程的解以及到作用-角度变量变换的详细推导过程。大部分内容参考文献［395］的论述，以及文献［154，171］。这些变量另外的推导方法包括拉格朗日括号方法[1,78]和纯几何方法[189]。

4.1　轨道坐标系

记 $(O, \boldsymbol{i}, \boldsymbol{j}, \boldsymbol{k})$ 为正交的惯性坐标系，$\boldsymbol{x}$ 为该坐标系下质点的位置矢量，$\dot{\boldsymbol{x}} = \mathrm{d}\boldsymbol{x}/\mathrm{d}t$ 为速度矢量。$\boldsymbol{G} = \boldsymbol{x} \times \dot{\boldsymbol{x}}$ 为单位质量的角动量，定义了轨道面，垂直于 $\boldsymbol{G}$ 的瞬时平面为开普勒运动所在的平面。

记 $G = \|\boldsymbol{G}\|$，定义垂直于轨道面的单位矢量 $\boldsymbol{n} = \boldsymbol{G}/G$。轨道面相对于惯性平面 $(\boldsymbol{i}, \boldsymbol{j})$ 的倾角 $I(0 \leqslant I \leqslant \pi)$ 满足 $\boldsymbol{n} \cdot \boldsymbol{k} = \cos I$。指向升交点的单位矢量 $\boldsymbol{\ell}$ 满足 $\boldsymbol{k} \times \boldsymbol{n} = \boldsymbol{\ell} \sin I$。$\boldsymbol{\ell}$ 位于惯性坐标系 $(\boldsymbol{i}, \boldsymbol{j})$ 平面内，可表示为 $\boldsymbol{\ell} = \boldsymbol{i}\cos v + \boldsymbol{j}\sin v$，其中 v 为升交点赤经，$0 \leqslant v \leqslant 2\pi$。正交坐标系 $(O, \boldsymbol{\ell}, \boldsymbol{n} \times \boldsymbol{\ell}, \boldsymbol{n})$ 也称为交点坐标系。

最后，令 $r = \|\boldsymbol{x}\|$，$\boldsymbol{u} = \boldsymbol{x}/r$ 为径向的单位矢量，轨道坐标系由径向、横向和法向三个正交的矢量组成 $(O, \boldsymbol{u}, \boldsymbol{n} \times \boldsymbol{u}, \boldsymbol{u})$。径向单位矢量 $\boldsymbol{u}$ 可在交点坐标系中分解为 $\boldsymbol{u} = \boldsymbol{\ell}\cos\theta + (\boldsymbol{n} \times \boldsymbol{\ell})\sin\theta$，$\theta$ 为轨道面内的极角，称为纬度幅角。

轨道坐标系下位置和速度矢量的三维分量

$$\boldsymbol{x} = (r, 0, 0), \quad \dot{\boldsymbol{x}} = (\dot{r}, r\dot{\theta}, 0) \tag{4-1}$$

因此

$$\boldsymbol{G} = r^2 \dot{\theta} \boldsymbol{n} \tag{4-2}$$

将 $\boldsymbol{G} = G\boldsymbol{n}$ 代入上式，可得以下基本关系式

$$r^2\mathrm{d}\theta = G\mathrm{d}t \tag{4-3}$$

另一方面，令（x，y，z）和（$\dot{x}$，$\dot{y}$，$\dot{z}$）分别为惯性系下的位置和速度矢量，其和轨道系下的位置和速度矢量存在下面的关系

$$\begin{pmatrix} x & \dot{x} \\ y & \dot{y} \\ z & \dot{z} \end{pmatrix} = \boldsymbol{R}_3(-v)\boldsymbol{R}_1(-I)\boldsymbol{R}_3(-\theta)\begin{pmatrix} r & \dot{r} \\ 0 & r\dot{\theta} \\ 0 & 0 \end{pmatrix} \tag{4-4}$$

4.2 开普勒–哈密顿算子

质量分别为 m_1 和 m_2 的两个质点，只考虑相互间的万有引力，构成了一个二体系统。由于动量守恒，二体系统的质心无加速度，保持静止或匀速直线运动。令 $\boldsymbol{\xi} = \boldsymbol{\xi}_0 + \boldsymbol{c}t$ 为惯性系下质心的位置，$\boldsymbol{\xi}_0$ 和 $\boldsymbol{c}$ 为常量；$\boldsymbol{\xi}_j = \boldsymbol{\xi} + \boldsymbol{x}_j$，$j=1$，2，为质点 m_j 的位置。根据牛顿万有引力定律

$$m_j\frac{\mathrm{d}^2\boldsymbol{\xi}_j}{\mathrm{d}t^2} = m_j\frac{\mathrm{d}^2\boldsymbol{x}_j}{\mathrm{d}t^2} = (-1)^j\frac{\mathcal{G}m_1m_2}{\|\boldsymbol{x}_1-\boldsymbol{x}_2\|^3}(\boldsymbol{x}_1-\boldsymbol{x}_2),\quad j=1,2$$

其中，$\mathcal{G}$ 为引力常数。两个质点的相对位置 $\boldsymbol{x} = \boldsymbol{x}_1 - \boldsymbol{x}_2$ 满足下面的方程

$$\frac{\mathrm{d}^2\boldsymbol{x}}{\mathrm{d}t^2} = -\frac{\mu}{\|\boldsymbol{x}\|^3}\boldsymbol{x} \tag{4-5}$$

其中，$\mu = \mathcal{G}(m_1+m_2)$ 为引力参数。注意上式在 $\|\boldsymbol{x}\|=0$ 时存在奇异。

式（4–5）的右边恰好是势能 $V=-\mu/(\boldsymbol{x}\cdot\boldsymbol{x})^{1/2}$ 梯度的相反数，势能和单位质量的动能 $T=\frac{1}{2}(\dot{\boldsymbol{x}}\cdot\dot{\boldsymbol{x}})$ 定义了开普勒问题的拉格朗日算子

$$\mathfrak{L} = T - V = \frac{1}{2}(\dot{\boldsymbol{x}}\cdot\dot{\boldsymbol{x}}) + \frac{\mu}{\sqrt{(\boldsymbol{x}\cdot\boldsymbol{x})}} \tag{4-6}$$

对位置矢量的单位质量的共轭动量为

$$\boldsymbol{X} = \frac{\partial\mathfrak{L}}{\partial\dot{\boldsymbol{x}}} = \dot{\boldsymbol{x}} \tag{4-7}$$

由此可得

$$\mathcal{H} = \frac{1}{2}\boldsymbol{X}\cdot\boldsymbol{X} - \frac{\mu}{\sqrt{(\boldsymbol{x}\cdot\boldsymbol{x})}} \tag{4-8}$$

上式即为用笛卡儿坐标 $\boldsymbol{x}=(x, y, z)$ 和 $\boldsymbol{X}=(X, Y, Z)$ 描述的三自由度的哈密顿算子。采用式（4–1）将拉格朗日算子（4–6）重写为极坐标形式，可得 $\mathfrak{L}=\frac{1}{2}(\dot{r}^2+r^2\dot{\theta}^2)+\mu/r$，进而可分别获得对 r 和 θ 的共轭动量为

$$R = \frac{\partial\mathfrak{L}}{\partial\dot{r}} = \dot{r},\quad \Theta = \frac{\partial\mathfrak{L}}{\partial\dot{\theta}} = r^2\dot{\theta} \tag{4-9}$$

可见，对于开普勒问题，r 的共轭动量为径向速度，θ 的共轭动量为总角动量。因此，

$$\mathcal{H}=\frac{1}{2}\left(R^{2}+\frac{\Theta^{2}}{r^{2}}\right)-\frac{\mu}{r} \tag{4-10}$$

θ 为循环变量，因此，Θ 为开普勒问题的一个积分。通过将直角坐标转换为极坐标，开普勒哈密顿算子得到了双重化简。在极坐标下为一自由度的哈密顿算子，$\mathcal{H}=\mathcal{H}(r, R)$，如此说明了开普勒问题的可积性。

用式（4－7）和式（4－9）替换式（4－4）的速度矢量，可得

$$\begin{pmatrix} x & X \\ y & Y \\ z & Z \end{pmatrix}=\boldsymbol{R}_3(-v)\boldsymbol{R}_1(-I)\boldsymbol{R}_3(-\theta)\begin{pmatrix} r & R \\ 0 & \Theta/r \\ 0 & 0 \end{pmatrix} \tag{4-11}$$

从上式易得 $\boldsymbol{X}\cdot \mathrm{d}\boldsymbol{x}=R\mathrm{d}r+\Theta \mathrm{d}\theta+\Theta\cos I\mathrm{d}v$，其中

$$N=\Theta\cos I \tag{4-12}$$

为角动量 $\boldsymbol{G}\cdot\boldsymbol{k}$ 在开普勒运动特殊情形下的第三个分量。因此，由直角坐标至极点-交点坐标的映射：$(x, \boldsymbol{X})\rightarrow(r, \theta, v, R, \Theta, N)$ 定义了马蒂厄类型[680]的正则变换。该映射有时也叫 Hill[293]或者 Whittaker[679]变量。

注意到由式（4－11）和式（4－12）给出的从直角坐标到极坐标的正则变换定义不牵扯开普勒问题，是单纯的几何定义。相反，式（4－9）是开普勒问题的一个特例。因此，R 和 Θ 确切的物理含义取决于这些变量应用的具体问题。

4.3　哈密顿-雅可比化简

极坐标形式的开普勒-哈密顿算子具有简单的形式，揭示了开普勒问题的三种积分：总角动量 $\Theta=G$，惯性系下的角动量矢量的第三个分量 $N=\Theta\cos I$，以及升交点赤经 v。由于

$$(\boldsymbol{G}\cdot\boldsymbol{i},\boldsymbol{G}\cdot\boldsymbol{j},\boldsymbol{G}\cdot\boldsymbol{k})^{\mathrm{T}}=\boldsymbol{R}_3(-v)\boldsymbol{R}_1(-I)(0,0,\Theta)^{\mathrm{T}} \tag{4-13}$$

上述三个积分代表角动量矢量 $\boldsymbol{G}$ 守恒，在这里式（4－3）便简化为开普勒面积定律。剩余的积分将在后续对式（4－10）的积分过程中揭示。

正如在第 3 章的例子里那样，开普勒问题能通过采用哈密顿-雅可比方程对式（4－10）进行完整的哈密顿化简来求解。也就是说，通过寻找正则变换 $(r, \theta, v, R, \Theta, N)\rightarrow(\ell, g, h, L, G, H)$ 来将式（4－10）变换为仅是新动量的函数。由于式（4－10）中 N、v 和 θ 为可忽略的变量，我们选择变换的生成函数为独立的变量形式：$S=vH+\theta G+W(r, L, G)$。

将变换方程

$$N=\frac{\partial S}{\partial v}=H,\quad \Theta=\frac{\partial S}{\partial\theta}=G,\quad h=\frac{\partial S}{\partial H}=v \tag{4-14}$$

和

$$\ell=\frac{\partial W}{\partial L},\quad g=\theta+\frac{\partial W}{\partial G},\quad R=\frac{\partial W}{\partial r} \tag{4-15}$$

代入式（4－10）来构造哈密顿-雅可比方程

$$\frac{1}{2}\left[\left(\frac{\partial W}{\partial r}\right)^2+\frac{G^2}{r^2}\right]-\frac{u}{r}=\Phi(L,G)$$

可求得 $W=G\int\sqrt{Q(r;\ \Phi(L,\ G),\ G)}\,\mathrm{d}r$，被开方数 $Q\geqslant 0$ 且形式上为二次型

$$Q=-\frac{1}{r^2}+2\frac{\mu}{G^2}\frac{1}{r}+2\frac{\Phi}{G^2} \tag{4-16}$$

变换的关键部分在于将 W 的表达式代入式（4－15）。可得

$$R=G\sqrt{Q} \tag{4-17}$$

之后经过一些简单的计算可得

$$\ell=\frac{\partial\Phi}{\partial L}\mathcal{I}_1,\quad g=\theta+\frac{\partial\Phi}{\partial G}\mathcal{I}_1+G\mathcal{I}_2 \tag{4-18}$$

这里积分项 $\mathcal{I}_1$ 和 $\mathcal{I}_2$ 分别为

$$\mathcal{I}_1=\int_{r_0}^{r}\frac{1}{R(r)}\mathrm{d}r,\quad \mathcal{I}_2=\int_{s_0}^{s}\frac{1}{R(s)}\mathrm{d}s,\quad s=\frac{1}{r} \tag{4-19}$$

上述积分在有界运动 $0<r_P\leqslant r_A\leqslant\infty$ 条件下可求解，这里选择积分下界为 $r_0=1/s_0=r_P$。

首先，我们将式（4－16）重新整理为

$$Q=\left(\frac{1}{r}-\frac{1}{r_A}\right)\left(\frac{1}{r_P}-\frac{1}{r}\right) \tag{4-20}$$

这里，考虑到

$$p=G^2/\mu,\quad a=\mu/(-2\Phi) \tag{4-21}$$

根据一元二次方程解的特性可得

$$\frac{1}{r_A}+\frac{1}{r_P}=\frac{2}{p},\quad \frac{1}{r_A}\frac{1}{r_P}=\frac{1}{ap} \tag{4-22}$$

也就是 $r_A=a(1+\sqrt{1-p/a})\geqslant r_P=a(1-\sqrt{1-p/a})$，进而可得 $0<p\leqslant a$。此外，式（4－21）揭示了有界的开普勒运动受负能量（$\Phi<0$）的约束。

进一步，令

$$e=\sqrt{1-p/a},\quad 0\leqslant e<1 \tag{4-23}$$

可得 $p/a=1-e^2$，式（4－20）的根还可表示为

$$r_A=a(1+e),\quad r_P=a(1-e) \tag{4-24}$$

或者

$$\frac{1}{r_A}=\frac{1-e}{p},\quad \frac{1}{r_P}=\frac{1+e}{p} \tag{4-25}$$

为求解 $\mathcal{I}_1$，做如下变量替换

$$r=a(1-e\cos u) \tag{4-26}$$

将其代入式（4－19）才能获得 $R(r)$ 和 $\mathrm{d}r$ 关于变量 u 的表达式。比对式（4－26）和式（4－24）可得，$r(u=0)=r_P$ 和 $r(u=\pi)=r_A$。之后将式（4－26）和式（4－24）代入式（4－20），然后将得到的结果代入式（4－17）可得

$$\frac{1}{R}=\sqrt{\frac{a}{u}}\frac{1-e\cos u}{e\sin u} \tag{4-27}$$

将 $\mathrm{d}r=ae\sin u\,\mathrm{d}u$ 和式（4－27）代入式（4－19）中的 $\mathcal{I}_1$，并令积分下限 $u=0$，易得

$$\mathcal{I}_1=\sqrt{\frac{a^3}{u}}(u-e\sin u) \tag{4-28}$$

类似地，做如下变量替换

$$\frac{1}{r}=\frac{1+e\cos f}{p} \tag{4-29}$$

并且利用式（4－25），也即 $r(f=0)=r_P$ 和 $r(f=\pi)=r_A$ ，可得

$$R=\frac{G}{p}e\sin f \tag{4-30}$$

根据式（4－29）可计算得到 $\mathrm{d}s=\mathrm{d}(1/r)=-(e/p)\sin f\,\mathrm{d}f$ ，并和式（4－30）一起代入式（4－19）可得

$$\mathcal{I}_2=-\frac{1}{G}f\Rightarrow g=\theta-f+\frac{\partial\Phi}{\partial G}\sqrt{\frac{a^3}{u}}(u-e\sin u) \tag{4-31}$$

式（4－18）变成了

$$\ell=\frac{\partial\Phi}{\partial L}\sqrt{\frac{a^3}{u}}(u-e\sin u),\quad g=\theta-f+\frac{\partial\Phi}{\partial G}\sqrt{\frac{a^3}{u}}(u-e\sin u) \tag{4-32}$$

根据式（4－21）和式（4－23）的定义，$a=a(\Phi)$ 和 $e=e(G,\Phi)$。因此，式（4－14）、式（4－17）和式（4－32）定义了由 $\Phi=\Phi(L,G)$ 参数化的正则变换族。

另一方面，根据式（4－14）～式（4－23）中 a 、p 和 e 的定义，完全化简后的哈密顿算子可以写为如下的标准形式

$$\Phi=-\frac{\mu^2}{2G^2}(1-e^2) \tag{4-33}$$

其中，由于 $e=e(L,G)$ 无量纲，我们令 $e=e(\eta)$ 并考虑到

$$\eta=G/L \tag{4-34}$$

根据链式求导法则可得

$$\frac{\partial\Phi}{\partial L}=\frac{\partial\Phi}{\partial e}\frac{\partial e}{\partial\eta}\frac{\partial\eta}{\partial L}=-\frac{\mu^2}{G^3}e\eta^2\frac{\mathrm{d}e}{\mathrm{d}\eta}$$

$$\frac{\partial\Phi}{\partial G}=\frac{\mu^2}{G^3}(1-e^2)+\frac{\partial\Phi}{\partial e}\frac{\partial e}{\partial\eta}\frac{\partial\eta}{\partial G}=\frac{\mu^2}{G^3}\left(1-e^2+e\eta\frac{\mathrm{d}e}{\mathrm{d}\eta}\right)$$

将上式依次代入式（4－32），可得

$$\ell=-\frac{e}{(1-e^2)^{3/2}}\eta^2\frac{\mathrm{d}e}{\mathrm{d}\eta}(u-e\sin u) \tag{4-35}$$

$$g=\theta-f+\frac{1}{(1-e^2)^{3/2}}\left(1-e^2+e\eta\frac{\mathrm{d}e}{\mathrm{d}\eta}\right)(u-e\sin u) \tag{4-36}$$

上式同式（4－14）和式（4－30）一起经过 $e=e(\eta)$ 参数化后，将开普勒-哈密顿算子转换为了式（4－33）的标准形式。

4.4 德劳内变量解

考虑到 $\ell=\ell(r)$ 为角度，并且 $r=r(u)$，辅助变量 u 也为角度。角条件 $\oint \mathrm{d}\ell=2\pi$ 隐含当 r 从 $r(u=0)$ 变化为 $r(u=2\pi)$ 时，ℓ 只能以 2π 为增量增加。当角条件应用于式（4-35）时，可得

$$\frac{\mathrm{d}e}{\mathrm{d}\eta}=-\frac{(1-e^2)^{3/2}}{e\eta^2} \tag{4-37}$$

上述公式采用独立变量描述，其可通过不定积分求解得到

$$e=\sqrt{1-\eta^2}=\sqrt{1-(G/L)^2} \tag{4-38}$$

另外，就像我们计算式（3-63）一样，将角条件应用于式（4-36），并用式（4-37）替换导数 $\mathrm{d}e/\mathrm{d}\eta$，不用积分就能获得解（4-38）。

将式（4-38）代入式（4-35）和式（4-36）后，可得

$$\ell=u-e\sin u \tag{4-39}$$

$$g=\theta-f \tag{4-40}$$

上面第一个公式就是著名的开普勒方程。

因此，由式（4-39）、式（4-40）、式（4-14）和式（4-30）给出的到作用-角度变量的变换，将由式（4-10）给出的极点-交点变量形式的开普勒哈密顿算子完全化简为

$$\Phi=\Phi(-,-,-,L,-,-)\equiv-\frac{1}{2}\mu^2/L^2 \tag{4-41}$$

其哈密顿方程说明了开普勒问题的唯一非零频率是

$$\frac{\mathrm{d}\ell}{\mathrm{d}t}=\frac{\partial\Phi}{\partial L}=\frac{\mu^2}{L^3} \tag{4-42}$$

那么开普勒问题的作用-角度变量形式的解可以简写为

$$\ell=\ell_0+nt,\quad g=g_0,\quad h=h_0,\quad L=L_0,\quad G=G_0,\quad H=H_0 \tag{4-43}$$

其中

$$n=\mu^2/L^3 \tag{4-44}$$

代表了开普勒平均运动。根据式（4-21）和式（4-41）中 a 的定义，可得 $a=L^2/\mu$。那么，根据式（4-44），可得

$$L=na^2 \tag{4-45}$$

解（4-43）说明除了先前计算的 G、H 和 h 之外，g 和 L 也是开普勒问题的积分。

作用-角度正则变量集（ℓ，g，h，L，G，H）也称为德劳内变量。注意存在动力学约束 $|H|\leqslant G\leqslant L$。尽管能通过对开普勒问题进行哈密顿化简这样经典的方式推导获得德劳内变量（例如，参见文献［631］的第 VII 章），基于拉格朗日括号特性（参见文献［78］的第 XI 章）或者直接从生成函数也能推导获得[154]。特别是，后一种推导清晰地说明从极变量到德劳内正则变量的变换为纯几何变换。因此，例如，虽然在开普勒运动情形

下满足 $d\ell/dt = n = \mu^2/L^3$，对于受摄开普勒运动则不再成立。在受摄开普勒运动情形中，ℓ 的变化必须从相应的受摄开普勒-哈密顿算子的哈密顿方程中获得。

在开普勒运动情形中，德劳内变量和辅助变量的含义比较清晰。因此，除了常见的一些关系式，比如对于总角动量有 $G = \Theta$，关于角动量矢量的第三个分量存在 $H = N$，对于升交点存在 $h = v$，由已知的椭圆关系式知识可知 ℓ、u 和 f 分别代表平近点角、偏近点角和真近点角，g 为近拱点变量[42,582]。因此，n 为平均运动，式（4－26）和式（4－29）中 a 为椭圆的半长轴，e 为偏心率，p 为圆锥曲线参数。最后，L 是德劳内作用变量。

德劳内变量为经典开普勒轨道要素的正则形式

$$a = \frac{L^2}{\mu},\quad e = \sqrt{1 - \frac{G^2}{L^2}},\quad I = \arccos\frac{H}{G},\quad \Omega = h,\quad \omega = g,\quad M = \ell \tag{4-46}$$

上式中 Ω 代表升交点赤经，ω 为近地点幅角，M 为平近点角。同样，它们都存在奇异性问题。因此，当 $G = L$ 时，偏心率消失，在这种情形下不存在近拱点。除此之外，当 $H = \pm G$ 时，$I = 0$ 或者 $I = \pi$（赤道轨道），此时不存在升交点。

完全哈密顿化简过程显然提供了同经典牛顿方程（4－5）积分相同的结果[42,139]。当然，根据牛顿运动定律，经典结果证明了角动量矢量、偏心率矢量和能量的守恒，即

$$\boldsymbol{G} = \boldsymbol{x} \times \dot{\boldsymbol{x}} \tag{4-47}$$

$$\boldsymbol{e} = \frac{1}{\mu}\dot{\boldsymbol{x}} \times \boldsymbol{G} - \frac{\boldsymbol{x}}{r} \tag{4-48}$$

$$E = -\frac{\mu}{2a} \tag{4-49}$$

上面第一式提供了三个积分 Ω，I 和 Θ，等价于 4.3 节推导的由直角坐标转化为极坐标的第一个哈密顿化简提供的相应积分（Θ，$v = \Omega$，$H = \Theta\cos I$），其显式形式由式（4－13）给出。另一方面，考虑 $\boldsymbol{G} \cdot \boldsymbol{e} = 0$，经典方法中的偏心率矢量积分仅提供了两个新的独立积分，由其在交点坐标系下的分量（$e\cos\omega$，$e\sin\omega$，0）给出。也即，e 和 ω 为常量。从极点-交点到德劳内变量的第二个哈密顿化简，也说明 $g = \omega$ 是一个积分，但是该过程引入了积分 L，而不是 e。该积分从本质上揭示了能量守恒，正如式（4－41）所示。相反地，牛顿方法 $E = E(\boldsymbol{e},\ \boldsymbol{G}) \equiv \frac{1}{2}\mu(1 - e^2)/G^2$ 中推导出的积分为能量，然而哈密顿化简过程中推导出的积分为偏心率 $e = e(G,\ L) \equiv \sqrt{1 - G^2/L^2}$。

最后，值得注意的是，在哈密顿-雅可比化简过程中很容易得出开普勒定律。式（4－29）中变量的变化为圆锥曲线方程，可验证开普勒第一定律。根据微分方程式（4－3）和开普勒问题中 G 的常数特性，可得到面积定律。在式（4－21）和式（4－41）之间消去 Φ，在式（4－44）中将 L 用 $\sqrt{\mu a}$ 代替，计算轨道周期 $T = 2\pi/n$，可得到开普勒第三定律 $T^2 \propto a^3$。

4.5　受摄开普勒运动中几个有用的关系式

根据开普勒运动的可积情形易于推导出可应用于受摄开普勒运动的一系列通用公式。

特别是，在三体摄动中感兴趣的是受摄开普勒运动另外的矢量化描述，无论是否来自于引力的摄动，如 8.2 节和 9.1 节所示。除此之外，因为李导数能将给定函数的变分约束为一些可积流，我们将说明开普勒运动不同类型的近点角之间标准的微分关系式是如何去辅助求解得到受摄开普勒运动同调方程的解析形式。

4.5.1 拱点坐标系和基本矢量

角动量矢量和偏心率矢量为开普勒运动的基本矢量，其可以用来定义拱点坐标系（O，$\hat{\boldsymbol{e}}$，$\hat{\boldsymbol{b}}$，$\boldsymbol{n}$）。单位矢量 $\hat{\boldsymbol{e}}=\boldsymbol{e}/e$ 与偏心率矢量（4-48）朝向一致，单位矢量 $\boldsymbol{n}=\boldsymbol{G}/G$ 朝向角动量矢量（4-47）的方向，单位矢量 $\hat{\boldsymbol{b}}$ 与其余两个矢量构成正交坐标系，$\hat{\boldsymbol{b}}=\boldsymbol{n}\times\hat{\boldsymbol{e}}$ 。与 4.1 节引入的轨道坐标系不同，拱点坐标系是不动的，因此在分离短周期项的影响时特别有用。特别是

$$\boldsymbol{r}=(\hat{\boldsymbol{e}}\cdot\boldsymbol{r})\hat{\boldsymbol{e}}+(\hat{\boldsymbol{b}}\cdot\boldsymbol{r})\hat{\boldsymbol{b}}=(r\cos f)\hat{\boldsymbol{e}}+(r\sin f)\hat{\boldsymbol{b}} \tag{4-50}$$

拱点坐标系在描述受摄开普勒运动时也十分有用，此时拱点坐标系不再是固定的坐标系，而是在缓慢变化。因此，有必要复习一下基本矢量 $\boldsymbol{G}$ 的泊松括号基本特性以及 $\boldsymbol{A}=L\boldsymbol{e}$ ，这二者均和角动量的维数一致，拱点坐标系也是基于角动量建立的。也即，对于 $1\leqslant i\ ,j\leqslant 3$

$$\{G_i;G_j\}=\{A_i;A_j\}=\sum_{k=1}^{3}\varepsilon_{i,j,k}G_k,\quad \{G_i;A_j\}=\{A_i;G_j\}=\sum_{k=1}^{3}\varepsilon_{i,j,k}A_k \tag{4-51}$$

上式中列维-奇维塔符号 $\varepsilon_{i,j,k}$ 为集合（1，2，3）排列的符号。也即，如果排列是偶数，$\varepsilon_{i,j,k}=1$，如果排列是奇数，$\varepsilon_{i,j,k}=-1$，对于其他情形 $\varepsilon_{i,j,k}=0$。

使用式（4-13）直接计算德劳内变量形式的泊松括号，很容易证实上述这些特性。也即

$$(G_1,G_2,G_3)^{\mathrm{T}}=\boldsymbol{R}_3(-h)\boldsymbol{R}_1(-I)\,(0,0,G)^{\mathrm{T}} \tag{4-52}$$

类似地，偏心率矢量的分量为

$$(A_1,A_2,A_3)^{\mathrm{T}}=\boldsymbol{R}_3(-h)\boldsymbol{R}_1(-I)\boldsymbol{R}_3(-g)\,(Le,0,0)^{\mathrm{T}} \tag{4-53}$$

这些矢量的线性组合在描述受摄开普勒运动时也十分有用。具体来说，令

$$\boldsymbol{S}=\frac{1}{2}(\boldsymbol{G}+\boldsymbol{A}),\quad \boldsymbol{D}=\frac{1}{2}(\boldsymbol{G}-\boldsymbol{A}) \tag{4-54}$$

其和角动量维数一致。从式（4-51）很容易得到

$$\{S_i;S_j\}=\sum_{k=1}^{3}\varepsilon_{i,j,k}S_k,\quad \{D_i;D_j\}=\sum_{k=1}^{3}\varepsilon_{i,j,k}D_k,\quad \{S_i;D_j\}=0 \tag{4-55}$$

矢量 $\boldsymbol{S}$ 和 $\boldsymbol{D}$ ，或者它们的缩放量，有时也被称为 *Moser* 根数，并存在关系式 $\boldsymbol{S}\cdot\boldsymbol{S}=\boldsymbol{D}\cdot\boldsymbol{D}=L^2$，这个关系式允许采用半径 L 的两个球表面上的点来表示一个开普勒轨道。

4.5.2 矢量根数的变分方程

假定受摄开普勒运动的扰动函数采用基本矢量描述

$$\mathcal{H}=-\frac{\mu}{2a(L)}+\mathcal{P}(\boldsymbol{G},\boldsymbol{A},\ell,L)$$

根据式（4－52）和式（4－53），$\boldsymbol{G}=\boldsymbol{G}(g, h, G, H)$，$\boldsymbol{A}=\boldsymbol{A}(g, h, L, G, H)$。那么根据链式求导法则

$$\frac{\partial\mathcal{H}}{\partial\xi}=\frac{\partial\mathcal{P}}{\partial\xi}=\sum_{j=1}^{3}\left(\frac{\partial\mathcal{P}}{\partial G_j}\frac{\partial G_j}{\partial\xi}+\frac{\partial\mathcal{P}}{\partial A_j}\frac{\partial A_j}{\partial\xi}\right),\quad \xi=(g,h,G,H)$$

从上式易得（$i=1, 2, 3$）：

$$\frac{\mathrm{d}A_i}{\mathrm{d}t}=\{A_i;\mathcal{P}\}=\sum_{j=1}^{3}\left(\{A_i,G_j\}\frac{\partial\mathcal{P}}{\partial G_j}+\{A_i,A_j\}\frac{\partial\mathcal{P}}{\partial A_j}\right)-\frac{\partial A_i}{\partial L}\frac{\partial\mathcal{P}}{\partial\ell}$$

$$\frac{\mathrm{d}G_i}{\mathrm{d}t}=\{G_i;\mathcal{P}\}=\sum_{j=1}^{3}\left(\{G_i,G_j\}\frac{\partial\mathcal{P}}{\partial G_j}+\{G_i,A_j\}\frac{\partial\mathcal{P}}{\partial A_j}\right)$$

$$\frac{\mathrm{d}\ell}{\mathrm{d}t}=\frac{\partial\mathcal{H}}{\partial L}+\sum_{j=1}^{3}\frac{\partial\mathcal{P}}{\partial A_i}\frac{\partial A_i}{\partial L}=n+\frac{\partial\mathcal{P}}{\partial L}+\frac{1}{Le^2}\sum_{j=1}^{3}A_i\frac{\partial\mathcal{P}}{\partial A_i}$$

由于 $L^2=\boldsymbol{A}\cdot\boldsymbol{A}+\boldsymbol{G}\cdot\boldsymbol{G}$，$L$ 的变分不需要积分。使用式（4－51），可得

$$\frac{\mathrm{d}A_i}{\mathrm{d}t}=\sum_{k=1}^{3}G_k\sum_{j=1}^{3}\varepsilon_{i,j,k}\frac{\partial\mathcal{P}}{\partial A_j}-\sum_{k=1}^{3}A_k\sum_{j=1}^{3}\varepsilon_{i,j,k}\frac{\partial\mathcal{P}}{\partial G_j}-\frac{A_i}{Le^2}\frac{\partial\mathcal{P}}{\partial\ell}$$

$$\frac{\mathrm{d}G_i}{\mathrm{d}t}=\sum_{k=1}^{3}G_k\sum_{j=1}^{3}\varepsilon_{i,j,k}\frac{\partial\mathcal{P}}{\partial G_j}+\sum_{k=1}^{3}A_k\sum_{j=1}^{3}\varepsilon_{i,j,k}\frac{\partial\mathcal{P}}{\partial A_j}$$

因此变分方程可写为矢量形式

$$\frac{\mathrm{d}\boldsymbol{G}}{\mathrm{d}t}=-\boldsymbol{G}\times\nabla_{\boldsymbol{G}}\mathcal{P}-\boldsymbol{A}\times\nabla_{\boldsymbol{A}}\mathcal{P}\tag{4-56}$$

$$\frac{\mathrm{d}\boldsymbol{A}}{\mathrm{d}t}=-\boldsymbol{G}\times\nabla_{\boldsymbol{A}}\mathcal{P}-\boldsymbol{A}\times\nabla_{\boldsymbol{G}}\mathcal{P}-\frac{1}{Le^2}\frac{\partial\mathcal{P}}{\partial\ell}\boldsymbol{A}\tag{4-57}$$

$$\frac{\mathrm{d}\ell}{\mathrm{d}t}=n+\frac{\partial\mathcal{P}}{\partial\ell}+\frac{1}{Le^2}\boldsymbol{A}\cdot\nabla_{\boldsymbol{A}}\mathcal{P}\tag{4-58}$$

文献［21］提供了另一种推导方法。

当从扰动函数 $\mathcal{P}^*=\mathcal{P}^*(\boldsymbol{G}, \boldsymbol{A}, -, L)$ 移除短周期项来研究长周期动力学特性时，L 变为解析积分。通常的做法是将卷积方程写为无量纲角动量形式

$$\boldsymbol{\eta}=\eta\boldsymbol{\eta}=\boldsymbol{G}/L\tag{4-59}$$

偏心率矢量（无量纲的）$\boldsymbol{e}=\boldsymbol{A}/L$。因此

$$\frac{\mathrm{d}\boldsymbol{\eta}}{\mathrm{d}t}=\boldsymbol{\eta}\times\nabla_{\boldsymbol{\eta}}\mathcal{Q}+\boldsymbol{e}\times\nabla_{\boldsymbol{e}}\mathcal{Q}\tag{4-60}$$

$$\frac{\mathrm{d}\boldsymbol{e}}{\mathrm{d}t}=\boldsymbol{e}\times\nabla_{\boldsymbol{\eta}}\mathcal{Q}+\boldsymbol{\eta}\times\nabla_{\boldsymbol{e}}\mathcal{Q}\tag{4-61}$$

上式中 $\mathcal{Q}=-(1/L)\mathcal{P}^*(\boldsymbol{\eta}, \boldsymbol{e}, -, L)$。

4.5.3　微分关系式和解析积分

对式（4－39）两边同时微分，并采用式（4－26）能得到平近点角和偏近点角的微分

关系式

$$d\ell=(1-\cos u)du=(r/a)du \tag{4-62}$$

类似地，根据式（4－40）计算得到 $d\theta=df$，根据式（4－43）的第一式计算得到 $dt=(1/n)d\ell$，将这些结果代入式（4－3），并考虑到式（4－34）和式（4－45）可得

$$G=na^2\eta \tag{4-63}$$

进而能获得平近点角和真近点角的微分关系式

$$d\ell=\frac{n}{G}r^2df=\frac{r^2}{a^2\eta}df \tag{4-64}$$

微分关系式（4－62）和式（4－64）在后续章节要讨论的受摄开普勒问题的解析形式积分中非常关键。除此之外，真近点角和平近点角之间的差异

$$\phi=f-\ell \tag{4-65}$$

按照惯例被称为中心方程。上式为平近点角的纯周期性函数，在受摄开普勒运动的解析积分中发挥基础性作用，后续章节即将揭晓。

最后，考虑式（2－49），当处理受摄开普勒运动时的李导数，也即受摄哈密顿算子（2－30），其中 $\mathcal{H}_{0,0}=\Phi(L)$ 为方程（4－41）中的开普勒形式，可简写为

$$\mathcal{L}_0=\frac{\partial\mathcal{H}_{0,0}}{\partial L}\frac{\partial}{\partial\ell}=\frac{\mu^2}{L^3}\frac{\partial}{\partial\ell}=n\frac{\partial}{\partial\ell} \tag{4-66}$$

因此，同调方程（2－48）变为了

$$n\frac{\partial\mathcal{W}_m}{\partial\ell}=\widetilde{\mathcal{H}}_{0,m}-\mathcal{H}_{0,m} \tag{4-67}$$

上式可通过不定积分求解

$$\mathcal{W}_m=\frac{1}{n}\int(\widetilde{\mathcal{H}}_{0,m}-\mathcal{H}_{0,m})d\ell \tag{4-68}$$

对于受摄开普勒运动，扰动函数通常采用真近点角而非平近点角描述。平近点角总是能通过椭圆运动的一般展开式获得其显式形式[78]。然而，基于微分关系式（4－62）和式（4－64），式（4－68）的解析积分在摄动方法中常常是可行的。

当摄动方法基于从新哈密顿算子中移除平近点角这样的标准化过程，推导出的同调方程的另一种形式也可能比较有用。也即，$\partial\mathcal{H}_{0,m}/\partial\ell=0$。因此，当扰动函数由真近点角给出，如第 6 章带谐摄动情形中那样，采用式（4－64）重写（4－68）为如下形式

$$\mathcal{W}_m=\frac{1}{n}\left[-\mathcal{H}_{0,m}\ell+\int\widetilde{\mathcal{H}}_{0,m}\frac{n}{G}r^2df\right]$$

上式在将被积函数加上和减去 $\mathcal{H}_{0,m}$ 项后，重新整理为

$$\mathcal{W}_m=\frac{1}{n}\mathcal{H}_{0,m}\phi+\frac{1}{n}\int(\widetilde{\mathcal{H}}_{0,m}\frac{n}{G}r^2-\mathcal{H}_{0,m})df \tag{4-69}$$

上式中被积函数关于 f 为纯周期性的。相反，如果摄动自然地采用偏近点角描述，如第 8 章三体摄动中那样，或者 9.1 节中的径向效应，则式（4－62）被用来将式（4－68）重写为

$$\mathcal{W}_m=\frac{1}{n}\left[-\mathcal{H}_{0,m}\,\ell+\int\widetilde{\mathcal{H}}_{0,m}\,\frac{r}{a}\mathrm{d}u\right]$$

上式在将被积函数加上和减去 $\mathcal{H}_{0,m}$ 项，并将开普勒方程（4－39）替换 $u-\ell=e\sin u$ 后，重新整理为

$$\mathcal{W}_m=\frac{1}{n}\mathcal{H}_{0,m}e\sin u+\frac{1}{n}\int\left(\widetilde{\mathcal{H}}_{0,m}\,\frac{r}{a}-\mathcal{H}_{0,m}\right)\mathrm{d}u \tag{4-70}$$

上式中被积函数是 u 的纯周期性函数。注意到当用李变换来处理受摄开普勒运动时，使用开普勒运动的微分关系式或者其他关系式绝不是近似。这是因为，与总导数不同，李导数被约束到可积流，而可积流在受摄开普勒运动情形就是开普勒问题。

4.5.4　椭圆基本关系式

真近点角 f 和偏近点角 u 之间几个有用的关系式来源于教材（例如，可参见文献［582］中 4.5.4 节或者文献［42］中 4.3 节）推导的椭圆的基本关系式。特别是，我们根据文献［227］中高斯基本原理直接给出如下公式

$$r\sin f=a\eta\sin u,\quad r\cos f=a\cos u-ae \tag{4-71}$$

计算 f 时 r 取自式（4－26），在计算 u 时取自式（4－29）。此外还有

$$\sqrt{1+e}\sin\frac{1}{2}u=\sqrt{\frac{r}{a}}\sin\frac{1}{2}f,\quad \sqrt{1-e}\cos\frac{1}{2}u=\sqrt{\frac{r}{a}}\cos\frac{1}{2}f \tag{4-72}$$

根据上式能容易推导出偏近点角和真近点角的有用关系式

$$\sqrt{1-e}\tan\frac{1}{2}f=\sqrt{1+e}\tan\frac{1}{2}u \tag{4-73}$$

上述方程在两边的正切函数值接近 ∞时会出现数值问题，此时应避免使用，例如

$$\sin\frac{1}{2}(f-u)=\sqrt{\frac{1}{2}(1-\eta)}\,\sqrt{(r/p)}\sin f=\sqrt{\frac{1}{2}(1-\eta)}\,\sqrt{(a/r)}\sin u \tag{4-74}$$

上式也是将式（4－72）中令 $\sqrt{2(1-\eta)}=\sqrt{1+e}-\sqrt{1-e}$ 得到的。

上述公式在描述用偏近点角（或真近点角）表示的中心方程的解析形式时也很有用。使用开普勒方程（4－39），可得

$$\phi=f-\ell=e\sin u+2\arcsin\sqrt{\frac{\frac{1}{2}(1-\eta)}{1-e\cos u}}\sin u \tag{4-75}$$

上式，尽管没有被列在高斯基本关系式中，但事实上高斯用了它来计算中心最大方程，避免了对偏心率惯用的展开操作。

如果式（4－75）以真近点角的形式描述，那么

$$\phi=\frac{\sigma\eta}{1+\kappa}+2\arcsin\frac{\sigma}{\sqrt{2(1+\eta)(1+\kappa)}} \tag{4-76}$$

其中，σ 和 κ 为轨道坐标系下偏心率矢量的投影，由式（5－21）给出。那么，如果 σ 和 κ 采用极坐标描述，像式（5－42）那样，中心方程此时自然描述为极坐标的形式。

式（4－74）的另一个关系式

$$\tan\frac{1}{2}(f-u)=\frac{e\sin f}{1+\eta+e\cos f}=\frac{e\sin u}{1+\eta-e\cos u} \tag{4-77}$$

能直接从式（4－74）计算得到，或者在 $\tan\frac{1}{2}(f-u)$ 的直接三角展开和式（4－73）在按项展开的辅助下[73]计算得到。那么式（4－75）的另一个等价的公式为

$$\phi=e\sin u+2\tan^{-1}\frac{e\sin u}{\eta+1-e\cos\mu} \tag{4-78}$$

式（4－76）的另一个等价的公式为

$$\phi=\frac{\sigma\eta}{1+\kappa}+2\tan^{-1}\frac{\sigma}{1+\eta+\kappa} \tag{4-79}$$

第5章　人造卫星问题

尽管开普勒定律描述行星运动非常有用，质点假设在后续章节变得不再适用。早在拉普拉斯的工作中[260]，就将一些对月球运动可观测的效应归因为地球扁平形状的影响。由牛顿定律推导出的势能此时需要应用于有质量分布的天体，并通过积分拉普拉斯方程获得，这使得引力势能展开为球谐级数的形式。对于地球，展开式主要为二阶的带谐项。因此，引力势能截断为二阶带谐项通常称之为人造卫星理论（AST）的主要摄动项。

对于常见低轨动力学的主要效应，比如升交点的进动和拱线的旋转来说，主要摄动项是比较合适的模型。在太空时代开始的时候，对于引力势能的了解不多，简化的模型对于轨道预测十分有用。正是如此，以前大部分研究都在根据哈密顿-雅可比方程的可分离性寻找主要摄动项动力学的可积近似解，这些近似解也被称为中间轨道[620]。现在，在关心降低计算时间和内存开销的应用中，中间轨道仍是有限计算资源条件下在轨短期轨道预报的比较有用的近似解。

另一方面，主要摄动项所有可积近似解，即使是如文献［664］描述的最复杂的解，也不能描述临界倾斜轨道的实际动力学特性。另外，临界倾斜共振的内在特性包含近地点的平运动动力学特性，在使用摄动理论移除短期项后会清晰地展现出来。

5.1　引力位的哈密顿算子

取原点在地球质心，x 轴朝向格林尼治子午线，z 轴与地球自转轴重合，y 轴与其余两轴成直角正交坐标系。引力位的球谐级数展开式通常采用极坐标系下的半径 r 、经度 λ 和纬度 φ 描述。因此

$$V=-\frac{\mu}{r}+\mathcal{P}(r,\varphi,\lambda) \tag{5-1}$$

上式中 μ 为地球的引力参数并且

$$\mathcal{P}=-\frac{\mu}{r}\sum_{n\geqslant 2}\frac{R_{\oplus}^{n}}{r^{n}}\sum_{m=0}^{n}(C_{n,m}\cos m\lambda+S_{n,m}\sin m\lambda)P_{n,m}(\sin\varphi) \tag{5-2}$$

其中，$R_{\oplus}$ 为地球平均赤道半径，$P_{n,m}$ 为关联的勒让德多项式，$C_{n,m}$ 和 $S_{n,m}$ 为球谐系数[341]。

回顾式（3-29）中旋转坐标系中矢量的微分准则，假设地球自转角速度 $\boldsymbol{\omega}_{\oplus}$ 矢量沿 z 轴方向，那么动能为

$$T=\frac{1}{2}\frac{\mathrm{d}\boldsymbol{x}}{\mathrm{d}t}\cdot\frac{\mathrm{d}\boldsymbol{x}}{\mathrm{d}t}=\frac{1}{2}(\dot{x}^{2}+\dot{y}^{2}+\dot{z}^{2})+\omega_{\oplus}(x\dot{y}-y\dot{x})+\frac{1}{2}\omega^{2}(x^{2}+y^{2})$$

则笛卡儿坐标系下的共轭动量可根据拉格朗日算子 $\mathfrak{L}=T-V$ 计算得到

$$X=\frac{\partial \mathfrak{L}}{\partial \dot{x}}=\dot{x}-\omega_{\oplus} y,\quad Y=\frac{\partial \mathfrak{L}}{\partial \dot{y}}=\dot{y}+\omega_{\oplus} x,\quad Z=\frac{\partial \mathfrak{L}}{\partial \dot{z}}=\dot{z}$$

由式（3-29）可知，上式即为惯性系下的速度分量。则哈密顿函数 $\mathcal{H}=\boldsymbol{X}\cdot\dot{\boldsymbol{x}}-\mathfrak{L}$ 的通常表达式为

$$\mathcal{H}=\frac{1}{2}(x^2+y^2+z^2)-\omega_{\oplus}(xY-yX)+V \tag{5-3}$$

对于地球，$C_{2,0}=\mathcal{O}(10^{-3})$，其余的球谐系数是 $C_{2,0}^2$ 甚至更高阶次的高阶无穷小。因此，在地球封闭空间内影响人造卫星开普勒运动的主要扰动项为式（5-2）的第一个求和项。那么简化引力位中的运动可描述为

$$V=-\frac{\mu}{r}-\frac{\mu}{r}C_{2,0}\frac{R_{\oplus}^2}{r^2}P_{2,0}(\sin\varphi)=-\frac{\mu}{r}\left[1+J_2\frac{R_{\oplus}^2}{r^2}\frac{1}{2}(1-3\sin^2\varphi)\right] \tag{5-4}$$

其中 $J_2=-C_{2,0}>0$ 称为人造卫星理论的主要摄动项，或者 J_2 项。与开普勒问题不同，这个运动不再可积[102,312]，即使这样，我们也能获得这个简化模型动力学的很多信息。我们可以选择长度和时间的单位使得 $R_{\oplus}=1$ 和 $\mu=1$。因此，主要摄动项的唯一基础物理参数为地球扁率系数 J_2。但是，在后续的推导中显式地保留所有参数。一方面，这些参数比较简单直观，另一方面，这些参数有助于通过检查维数来验证理论推导的正确性。

主要摄动项与地心经度无关，因此不需要地固坐标系下的推导。科里奥里力项 $\omega_{\oplus}(xY-yX)$ 从式（5-3）中移除，其中动能为 $T=\frac{1}{2}\boldsymbol{X}\cdot\boldsymbol{X}$，升交点赤经 $v=\Omega=\lambda-\omega_{\oplus}t$ 变为了循环变量。因此，角动量矢量 N 的第三个分量是主要摄动项的一个积分，其哈密顿算子因此只有两个自由度。

5.2 特解

当主要摄动项哈密顿算子描述为直角坐标系变量时

$$\mathcal{M}=\frac{1}{2}(X^2+Y^2+Z^2)-\frac{\mu}{r}-J_2\frac{\mu}{r}\frac{R_{\oplus}^2}{r^2}\left(\frac{1}{2}-\frac{3}{2}\frac{z^2}{r^2}\right) \tag{5-5}$$

其中，$r=\sqrt{x^2+y^2+z^2}$，相应的哈密顿方程提供了哈密顿流的一个简单而有效的数值积分描述。因此

$$\begin{aligned}\frac{\mathrm{d}^2x}{\mathrm{d}t^2}&=-x\frac{\mu}{r^3}\left[1+J_2\frac{R_{\oplus}^2}{r^3}\frac{3}{2}\left(1-5\frac{z^2}{r^2}\right)\right]\\\frac{\mathrm{d}^2y}{\mathrm{d}t^2}&=-y\frac{\mu}{r^3}\left[1+J_2\frac{R_{\oplus}^2}{r^3}\frac{3}{2}\left(1-5\frac{z^2}{r^2}\right)\right]\\\frac{\mathrm{d}^2z}{\mathrm{d}t^2}&=-z\frac{\mu}{r^3}\left[1+J_2\frac{R_{\oplus}^2}{r^3}\frac{3}{2}\left(3-5\frac{z^2}{r^2}\right)\right]\end{aligned} \tag{5-6}$$

上式又佐证了赤道轨道和沿着 x、y 和 z 轴直线解的存在。

特别地，在式（5-5）中令 $z=0$ 和 $Z=0$，可从简化的哈密顿算子中研究赤道轨道的流形，其可写为极坐标变量的形式来说明它的径向、可积特性

$$\mathcal{M}_{\text{equatorial}}=\frac{1}{2}(R^2+\frac{\Theta^2}{r^2})-\frac{\mu}{r}-\frac{1}{2}J_2\frac{\mu}{r}\frac{R_\oplus^2}{r^2} \tag{5-7}$$

并且相应的解析解包含椭圆积分和函数[141,327]。在这个特殊流形下，$dr/dt=\partial\mathcal{M}_{\text{equatorial}}/\partial R=R$ 和 $d\theta/dt=\partial\mathcal{M}_{\text{equatorial}}/\partial\Theta=\Theta/r^2$。后者说明了在赤道平面存在直线解 $\Theta=0$，前者说明了圆赤道轨道的存在。

另一方面，将由式（4-11）得出的 $z/r=\sin I\sin\theta$ 代入式（5-5），主要摄动项哈密顿算子写为极坐标变量形式，不限于赤道情形。即

$$\mathcal{M}=\frac{1}{2}\left(R^2+\frac{\Theta^2}{r^2}\right)-\frac{\mu}{r}-J_2\frac{\mu}{r}\frac{R_\oplus^2}{r^2}\left(\frac{1}{2}-\frac{3}{2}\sin^2 I\ \sin^2\theta\right) \tag{5-8}$$

其中，$\sin^2 I=1-N^2/\Theta^2$。式（5-8）中循环变量 v 表明其共轭动量 N 为主要摄动项的一个积分。

积分 N 将哈密顿算子流解耦为轨道平面的运动

$$\frac{dr}{dt}=R \tag{5-9}$$

$$\frac{d\theta}{dt}=\frac{\Theta}{r^2}+J_2\frac{3\mu}{r\Theta}\frac{R_\oplus^2}{r^2}c^2\ \sin^2\theta \tag{5-10}$$

$$\frac{dR}{dt}=\frac{\Theta^2}{R^3}-\frac{\mu}{r^2}\left[1+J_2\frac{3}{2}\frac{R_\oplus^2}{r^2}(1-3s^2\ \sin^2\theta)\right] \tag{5-11}$$

$$\frac{d\Theta}{dt}=-J_2\frac{3}{2}\frac{\mu}{r}\frac{R_\oplus^2}{r^2}s^2\sin 2\theta \tag{5-12}$$

这里我们记 $c=c(\Theta,N)\equiv\cos I$ 和 $s=s(\Theta,N)\equiv\sin I$，根据轨道平面的运动可得

$$\frac{dv}{dt}=-\frac{3}{\Theta}\frac{\mu}{r}\frac{R_\oplus^2}{r^2}J_2 c\ \sin^2\theta$$

一旦求解出轨道平面内的运动，上式可通过不定积分获得。也即

$$v=v_0-3\mu R_\oplus^2\ J_2 N\int\frac{\sin^2\theta(t)}{\Theta(t)^2 r(t)^3}dt \tag{5-13}$$

上式说明了当 $N=0$ 时，交点保持不变。即子午圈平面为主要摄动项的不变流形。因此，从简化的哈密顿算子中可以研究极轨道

$$\mathcal{M}_{\text{meridian}}=\frac{1}{2}(R^2+\frac{\Theta^2}{r^2})-\frac{\mu}{r}-J_2\frac{\mu}{r}\frac{R_\oplus^2}{r^2}(\frac{1}{2}-\frac{3}{2}\sin^2\theta) \tag{5-14}$$

5.3　长期效应

5.2 节讨论的 AST 主要摄动项的可积情形和不变流形对于 J_2 的任何值均存在。另一方面，地球 J_2 的系数非常小，这使得主要摄动项可以自然被视为受摄开普勒问题，在这种情形下轨道根数不是常数，存在缓慢的变化。当使用德劳内变量时这种特性呈现的更为清晰。

式（5-8）右边的前两个被加数对应开普勒问题，然而最后一个被加数是扁率扰动函

数。在德劳内变量里，前者采用式（4-41）的简单形式，后者通过用式（4-40）替代 θ 获得，r 从式（4-29）获得，p 在式（4-21）里给出，e 在式（4-38）里给出，并考虑 $c=H/G$。然而，除非我们使用椭圆运动的已知展开式，真近点角 f 仍是 l 的隐式函数。此外，将偏心率表述为德劳内变量会在方程中引入平方根。另一方面，德劳内变量缺乏经典轨道根数及其一般函数给出的直观视角。

因为上述原因，本书后续的表达式一般采用经典轨道根数和常见变量如 r 和 p 描述，代价是它们自身不能作为变量，而是作为一些正则变量集合的函数。这些函数对正则变量的偏导数表在摄动方法所需的不同计算中作用有限。它们很容易通过总导数和对数导数得出，正如高斯的第一本书 *Theoria Motus* 中的那样[227]。可以在文献［272，435，436，538］中找到偏导数表。比较常见的偏导数在表 5-1 中列出。

表 5-1　一些轨道变量的偏导数

	$\partial/\partial l$	$\partial/\partial L$	$\partial/\partial G$
a	0	$2/(an)$	0
n	0	$-3/a^2$	0
p	0	0	$2\eta/(na)$
e	0	$\eta^2/(na^2e)$	$-\eta/(na^2e)$
η	0	$-\eta/(na^2)$	$1/(na^2)$
c	0	0	$-c/(na^2\eta)$
s	0	0	$(c/s)c/(na^2\eta)$
u	a/r	$\eta\sigma/(na^2e^2)$	$-\sigma/(na^2e^2)$
f	$(a/r)^2\eta$	$(k+2)\sigma/(na^2e^2)$	$-(k+2)\sigma/(na^2e^2\eta)$
r	$a\sigma/\eta$	$\eta^2[2e^2(r/p)-k]\sigma/(nae^2)$	$k\eta/(nae^2)$
R	$(a/r)^2kan$	$[(p/r)^2-e^2]\sigma/(ae^2\eta)$	$-\eta^3(a/r)^2\sigma/(ae^2\eta)$
k	$-(a/r)^2\sigma\eta$	$[k\eta^2-(k+2)\sigma^2]/(na^2e^2)$	$-[k\eta^2-(k+2)\sigma^2]/(na^2e^2\eta)$
σ	$(a/r)^2k\eta$	$\sigma[\eta^2+(k+2)k]/(na^2e^2)$	$-\sigma[\eta^2+(k+2)k]/(na^2e^2\eta)$

之后我们便可以把式（5-8）重写为紧凑的、意义明确的形式

$$\mathcal{M}=-\frac{\mu}{2a}-\frac{1}{4}J_2\frac{\mu}{r}\frac{R_\oplus^2}{r^2}(2-3s^2+3s^2\cos2\theta) \tag{5-15}$$

上式中，当使用德劳内变量时，$a\equiv a(L)$，$r\equiv r(\ell,L,G)$，$s\equiv s(G,H)$，$\theta\equiv\theta(\ell,g,L,G)$。相应的哈密顿方程为

$$\frac{\mathrm{d}\ell}{\mathrm{d}t}=n+nJ_2\frac{3}{4}\frac{R_\oplus^2}{r^2}\frac{p}{r}\frac{1}{\eta^2e^2}[2(2+k)\sigma s^2\sin2\theta-(k-k^2-2\sigma^2)(2-3s^2+3s^2\cos2\theta)] \tag{5-16}$$

$$\frac{\mathrm{d}L}{\mathrm{d}t}=-LnJ_2\frac{a^2}{r^2}\frac{R_\oplus^2}{r^2}\frac{3}{4\eta}\left[2\frac{p}{r}s^2\sin2\theta+(2-3s^2+3s^2\cos2\theta)\sigma\right] \tag{5-17}$$

$$\frac{\mathrm{d}g}{\mathrm{d}t}=nJ_2\frac{3}{4}\frac{R_{\oplus}^2}{r^2}\frac{p}{r}\frac{1}{\eta^3e^2}\left\{2k\frac{p}{r}-2(2+k)\sigma s^2\sin 2\theta-\left[3s^2k+(3-5c^2)k^2-2c^2\sigma^2\right](1-2\cos 2\theta)\right\} \tag{5-18}$$

$$\frac{\mathrm{d}G}{\mathrm{d}t}=-GnJ_2\frac{a}{r}\frac{R_{\oplus}^2}{r^2}\frac{3}{2\eta}s^2\sin 2\theta \tag{5-19}$$

$$\frac{\mathrm{d}h}{\mathrm{d}t}=-nJ_2\frac{3}{2}\frac{R_{\oplus}^2}{r^2}\frac{p}{r}\frac{c}{\eta^3}(1-\cos 2\theta) \tag{5-20}$$

上式中 $\mathcal{K}$ 和 σ 为偏心率矢量在轨道系的投影，具体为

$$\mathcal{K}=e\cos f,\quad \sigma=e\sin f \tag{5-21}$$

很明显，在式（5-16）中平近点角 l 的变化不再是平均运动 n 。相反地，根据式（4-44）的定义 $n=\mu^2/L(t)^3$ 。另一方面，我们必须意识到，由式（5-16）和式（5-18）给出的 l 和 g 的变分中分母出现偏心率。结果是，在用这些方程积分近圆轨道时会出现奇异现象。然而，式（5-16）和式（5-18）的和，即纬度幅角 $F=\ell+g$ ，其平均参数的变化能消除奇异性。因此，在这种情形下会使用到另外的非奇异变量比如 5.7.2 节的半春分变量。其变分方程易于从链式法则中得到，正如我们将在 6.1.1 节和 8.5 节中所做的那样。

再者，主要摄动项的积分 H 可将升交点的运动解耦，一旦由式（5-16）～式（5-19）给出的简化的微分系统得到求解，该积分可以通过不定积分求解。

5.3.1　毕卡迭代

因为微分系统（5-16）～式（5-19）为一阶的，能通过毕卡（Picard）迭代对其进行求解[565]。我们从开普勒解开始迭代并限制迭代一次。因此，在小的时间间隔 $\Delta t=t_1-t_0$ 内解才有效。

例如，当该方法应用于 h 的变分方程时，即 $\mathrm{d}h/\mathrm{d}t=\partial\mathcal{M}/\partial H$ ，我们得到

$$h(t_1)-h(t_0)=\int_{t_0}^{t_1}\frac{\partial\mathcal{M}}{\partial H}\mathrm{d}t=\frac{1}{n}\frac{\partial}{\partial H}\int_{\ell(t_0)}^{\ell(t_1)}\mathcal{M}\,\mathrm{d}\ell$$

我们限制时间间隔 Δt 为 ℓ 提前 2π 的情形，在开普勒近似中为 $\Delta t=2\pi/n$ 。那么

$$\frac{\Delta h}{\Delta t}=\frac{\partial}{\partial H}\left(\frac{1}{2\pi}\int_{\ell_0}^{\ell_0+2\pi}\mathcal{M}\,\mathrm{d}\ell\right)=\frac{\partial\langle\mathcal{M}\rangle_\ell}{\partial H} \tag{5-22}$$

在毕卡方法第一次迭代使用的开普勒运动假设中，从式（5-15）我们能得到

$$\langle\mathcal{M}\rangle_\ell=-\frac{\mu}{2a}-\frac{1}{2\pi}\int_0^{2\pi}J_2\frac{\mu}{2p}\frac{R_{\oplus}^2}{r^2}(1+e\cos f)\left[1-3s^2\sin^2(f+\omega)\right]\mathrm{d}\ell$$

在微分关系式（4-64）的帮助下，上式可以积分为解析形式。我们得到

$$\langle\mathcal{M}\rangle_\ell=-\frac{\mu}{2a}+J_2\frac{\mu}{p}\frac{R_{\oplus}^2}{p^2}\eta^3\left(\frac{1}{4}-\frac{3}{4}c^2\right) \tag{5-23}$$

将这个表达式代入式（5-22）中后，并考虑到 $c=H/G$ 是唯一依赖 H 的函数，我们容易发现在平近点角提前 2π 的时间里，升交点受扁率摄动影响，以下面的平均速率进行进动

$$\overline{\frac{\mathrm{d}h}{\mathrm{d}t}}=\frac{\Delta h}{\Delta t}=-\frac{3}{2}nJ_2\frac{R_{\oplus}^2}{p^2}c \tag{5-24}$$

式（5-24）所示的趋势会产生顺行倾斜轨道（$c>0$）升交点向西进动，以及逆行倾斜轨道（$c<0$）升交点向东进动。注意到，除了式（5-24）的近似特性，$c=0$ 的极地轨道情形，升交点不进动，与从式（5-13）推出的结论一致。

将类似的推导应用于其他的哈密顿方程，我们发现 L 的平均变分消失了。从式（4-46）的第一式可看出，平均意义上，轨道半长轴为常数。此外，G 的平均变分也消失了，这说明平均意义上，轨道的倾角为常数（因为 H 为主要摄动项的一个积分），偏心率也为常数（因为 L 平均意义上为常数）。

另一方面，平近点角的平均变分为

$$\overline{\frac{\mathrm{d}\ell}{\mathrm{d}t}}=\frac{\partial\langle\mathcal{M}\rangle_{\ell}}{\partial L}=n-\frac{3}{4}nJ_2\frac{R_{\oplus}^2}{p^2}\eta(1-3c^2) \tag{5-25}$$

上式说明主要摄动项具有倾角 $c=\pm\sqrt{1/3}$（对于顺行轨道 $I\approx 54.7°$）的这些轨道在随着开普勒平均运动变化①。最后

$$\overline{\frac{\mathrm{d}g}{\mathrm{d}t}}=\frac{\partial\langle\mathcal{M}\rangle_{\ell}}{\partial G}=-\frac{3}{4}nJ_2\frac{R_{\oplus}^2}{p^2}(1-5c^2) \tag{5-26}$$

这种变化当 $c=\pm\sqrt{1/5}$ 时会消失，进而产生一种能“冻结”近地点的“临界”倾角。也即，当倾角 $I\approx 63.4°$（或 $I\approx 116.6°$）时，顺行（逆行）轨道的近地点从平均意义上说保持不动。比临界情形更靠近赤道平面的轨道拱线转动方向与卫星运动方向相同，然而倾角更接近两极的轨道拱线转动方向与卫星运动方向相反。

5.3.2 倾角谐振

平均意义上具有常值偏心率和固定近地点的轨道称为“冻结轨道”，其在人造卫星任务中有很多不同应用[60,137,543]。由于带谐项引力位平均起来具有轴对称特性，当星下点位于相同的纬度时，冻结轨道上的卫星总是能到达同样的距离地表的高度。结果是，卫星周期性地受到来自带谐项引力的作用，这是物理上谐振的精确描述。

从动力学的角度讲，这种现象很容易通过交点周期和近地点周期的一对一度量来识别。交点周期为卫星先后两次经过升交点的时间差，近地点周期为卫星先后两次经过近地点的时间差。

确实，考虑到 $g=\theta-f$，平均起来近地点以相同的速率提前，求解式（5-26）可以获得倾角，即

$$\cos^2 I=\frac{1}{5}\left[1+\frac{4}{3}\frac{p^2}{R_{\oplus}^2}\frac{1}{J_2}\left(\frac{n_\theta}{n_f}-1\right)\right] \tag{5-27}$$

其中，$n_\theta=\Delta\theta/(2\pi)$，$n_f=\Delta f/(2\pi)$，说明在临界倾角下一对一的谐振肯定会发生。其余的谐振条件 $\Delta\theta/\Delta f=j/k$ 将会产生不同的“临界”倾角，其中 j 和 k 为整数。然而，式

① 很明显，常用的 GPS 轨道与这种类型轨道非常接近。

(5-27) 右边必须要在 0 和 1 之间，则需满足下面的条件

$$1+3J_2\frac{R_\oplus^2}{p^2}\geqslant\frac{\Delta f}{\Delta\theta}\geqslant 1-\frac{3}{4}J_2\frac{R_\oplus^2}{p^2} \tag{5-28}$$

因此，对于地球 J_2 项系数的小值，除了发生在临界倾角的一对一谐振，其余的谐振将非常弱，正如图 5-1 给出的当 $J_2(R_\oplus/p)^2=10^{-3}$ 时顺行轨道的情形，参见文献 [216，394]。

由于我们把变分方程的积分限制为开普勒近似成立的第一次毕卡迭代，5.3.1 节结果的精度被限制在 J_2 项的一阶效应。在 5.5 节中我们将给出，高阶效应在主要摄动项的长周期动力学中会产生重要的、质的变化。然而，所采用的一阶近似其本身揭示了人造卫星理论中受摄开普勒动力学的重要相关效应。此外，在主要摄动项截断项中忽略的其余地球重力势的球谐项，大致和第二带谐项引入的二阶效应相当。第 6 章将会讨论它们的叠加效应。

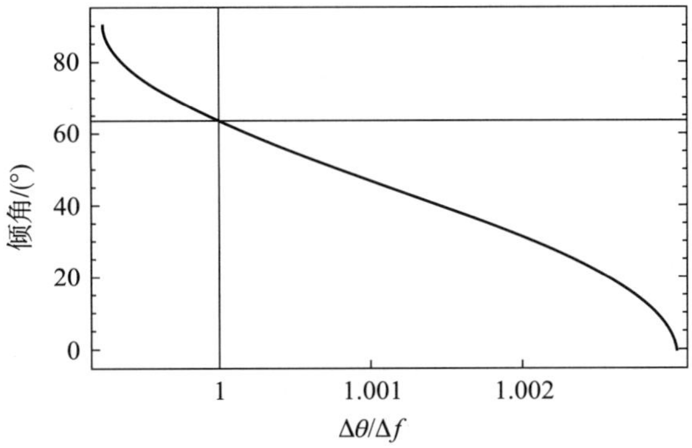

图 5-1　式 (5-27) 和式 (5-28) 给出的地球倾角共振

5.4　中间轨道

除了 5.3 节讨论的平均动力学外，对于主要摄动项动力学存在大量的能保留其长期动力学特性的可积近似式。这些被称为主要摄动项的中间轨道[154,225,532,620]。通过将式 (5-8) 展开为如下的形式很容易说明这个问题

$$\mathcal{M}=\mathcal{K}+\mathcal{P}_Q+\mathcal{P}_r+\mathcal{P}_\theta$$

其中，$\mathcal{K}$ 为极坐标变量的开普勒公式 (4-10)

$$\mathcal{P}_Q=-J_2\frac{\mu}{r}\frac{R_\oplus^2}{r^2}\frac{1}{2},\quad \mathcal{P}_r=J_2\frac{\mu}{r}\frac{R_\oplus^2}{r^2}\frac{3}{4}s^2,\quad \mathcal{P}_\theta=-J_2\frac{\mu}{r}\frac{R_\oplus^2}{r^2}\frac{3}{4}s^2\cos2\theta$$

除了开普勒问题，主要摄动项的第一近似式为赤道主要摄动项 $\mathcal{Q}=\mathcal{K}+\mathcal{P}_Q$，其可积性在关于哈密顿算子(5-7)时已经讨论过了。然而，简单的计算就能发现 $\langle\mathcal{M}\rangle_\ell\neq\langle\mathcal{Q}\rangle_\ell$。也就是赤道主要摄动项在长周期项上与全模型有所不同，因此不是一个可接受的中间轨道。尽管如此，在一些研究中还是成功将赤道圆轨道当作变分轨道使用。

另一方面，截断项 $\mathcal{C}=\mathcal{K}+\mathcal{P}_Q+\mathcal{P}_r$ 同样与 θ 无关，然而现在却与倾角相关。由于 Θ 为常

数，一自由度的哈密顿算子 $\mathcal{C}$ 为可积的。与赤道主要摄动项不同的是，此时可以验证 $\langle\mathcal{M}-\mathcal{C}\rangle_{\ell}=\langle\mathcal{P}_{\theta}\rangle_{\ell}=0$。因此

$$\mathcal{C}=\frac{1}{2}\left(R^{2}+\frac{\Theta^{2}}{r^{2}}\right)-\frac{\mu}{r}-J_{2}\frac{\mu}{r}\frac{R_{\oplus}^{2}}{r^{2}}\left(\frac{1}{2}-\frac{3}{4}s^{2}\right) \tag{5-29}$$

上式为主要摄动项哈密顿算子的一个好的中间轨道，其存在椭圆函数描述的解析解[193,416]。这被称为希德径向中间轨道[111,165]。

5.4.1 常见中间轨道

因此，主要摄动项的“常见”中间轨道解可通过忽略特殊轨道的小效应来获得，额外的条件为忽略的这些效应为纯周期性的。为了保证中间轨道为可积的并且依然保留全模型的长期动力学特性，必须要巧妙地对主要摄动项进行化简[194]。

例如，如果我们给式（5-29）的最后一个被加数乘以由式（4-29）获得的单位函数

$$\frac{r}{p}(1+e\cos f)=1 \tag{5-30}$$

那么希德径向中间轨道便具有下面的形式

$$\mathcal{C}=\frac{1}{2}\left(R^{2}+\frac{\Theta^{2}}{r^{2}}\right)-\frac{\mu}{r}-J_{2}\frac{\mu}{p}\frac{R_{\oplus}^{2}}{r^{2}}\left(\frac{1}{2}-\frac{3}{4}s^{2}\right)-J_{2}\frac{\mu}{p}\frac{R_{\oplus}^{2}}{r^{2}}e\cos f\left(\frac{1}{2}-\frac{3}{4}s^{2}\right)$$

容易验证上式中最后一个被加数在平近点角上平均为零。因此，稍简单的径向哈密顿算子为

$$\mathcal{D}=\frac{1}{2}\left(R^{2}+\frac{\Theta^{2}}{r^{2}}\right)-\frac{\mu}{r}-J_{2}\frac{\mu}{p}\frac{R_{\oplus}^{2}}{r^{2}}\left(\frac{1}{2}-\frac{3}{4}s^{2}\right) \tag{5-31}$$

其也是一个好的中间轨道，即德普里特径向中间轨道的“常见”版本。该中间轨道在保留主要摄动项所有的长期项的同时，能使用初等函数形式的解析积分。确实，根据式（4-21）中轨道参数的定义，我们在式（5-31）最后的被加数里替换 $\mu=\Theta^{2}/p$，进一步整理为如下的形式

$$\mathcal{D}=\frac{1}{2}\left(R^{2}+\frac{\widetilde{\Theta}^{2}}{r^{2}}\right)-\frac{\mu}{r} \tag{5-32}$$

上式为具有“变角动量”（Varied angular momentum）的准开普勒系统

$$\widetilde{\Theta}=\Theta\sqrt{1+\frac{1}{2}J_{2}\left(R_{\oplus}/p\right)^{2}\left(1-3c^{2}\right)} \tag{5-33}$$

由于 N 和 Θ 为 D 的积分，上式为常数。德普里特的径向中间轨道像开普勒问题一样积分，因此包含开普勒方程的解。

由于 θ 的循环特性，径向哈密顿算子为一自由度。因此，径向中间轨道为主要摄动项的最简单的中间轨道。然而，采用和径向情形下类似的化简过程，二自由度的中间轨道能从完整主要摄动项的哈密顿算子中推导获得。例如，如果我们给主要摄动项哈密顿算子（5-8）的整个扰动函数乘以单位函数（5-30），我们容易发现 $-\frac{1}{2}J_{2}(\mu/p)(R_{\oplus}/r)^{2}(1-3s^{2}\sin^{2}\theta)e\cos f$ 项在平近点角里是纯周期性的。忽略此项我们能得到 Aksne 的带状中

间轨道[6]。

$$\mathcal{A}=\frac{1}{2}\left(R^2+\frac{\Theta^2}{r^2}\right)-\frac{\mu}{r}+J_2\frac{\mu}{p}\frac{R_\oplus^2}{r^2}\left(\frac{3}{2}s^2\sin^2\theta-\frac{1}{2}\right) \tag{5-34}$$

上式，考虑到 $\langle\mathcal{M}\rangle_\ell=\langle\mathcal{A}\rangle_\ell$，也是主要摄动项的一个在椭圆函数中可积的好的中间轨道[6,170]。

最后，值得注意的是，存在带谐重力势能的中间轨道解，其不用限制在主要摄动项上，还能保留一些包含所有 J_2 项贡献的二阶效应。Vinti 推导出的扁球面坐标形式的拉普拉斯方程的解能保证哈密顿-雅可比方程的解对于确定值 J_2 和 J_3，以及对于接近引力位实际 J_4 项的 $J_4=-J_2^2$ 值可分离性[662-666]。正如文献［78］中表明的那样，Vinti 的问题等价于具有两个固定中心的广义问题[5,466]，后者在成功的轨道预报程序的核心算法中依旧充当可积核的角色[244]。

5.4.2　自然中间轨道

将主要摄动项哈密顿算子替换为忽略一些效应后的不同系统的正确性仅能由结果证明。相反地，我们继续解析求解并寻找一个无穷小切变换（r，θ，v，R，Θ，N，ε）→（r'，θ'，v'，R'，Θ'，N'），使得当该变换应用到主要摄动项时能在新变量截至 J_2 项一阶效应时产生一个好的中间轨道。因为这种方式考虑了截至 J_2 项一阶的所有主要摄动项效应，长期和周期的，此中间轨道解比常见中间轨道要更为有效。德普里特称这种中间轨道为自然的中间轨道，并表明极坐标的常见中间轨道能被重置为自然中间轨道。

常见中间轨道的自然化可应用标准的李变换来实现。在李变换方法里，主要摄动项是原始摄动哈密顿算子 $\mathcal{M}=\mathcal{H}_{0,0}+\varepsilon\mathcal{H}_{1,0}$，中间轨道为新的简化的哈密顿算子 $\mathcal{M}'=\mathcal{H}_{0,0}+\varepsilon\mathcal{H}_{0,1}$，其中 $\varepsilon=J_2$ 为小物理参数。之后我们只需要求解同调方程（2－48）的第一阶。

很容易得到德劳内变量形式的解，其中李导数为式（4－66），同调方程为式（4－67）并有 $m=1$，式中 $\widetilde{\mathcal{H}}_{0,1}\equiv\mathcal{H}_{1,0}$，$\mathcal{H}_{0,1}$ 为已知。

这里我们用德普里特的径向中间轨道来说明自然化过程。在忽略 $J_2{}^2$ 阶项效应后，我们希望计算得到无穷小切变换，能将主要摄动项哈密顿算子（5－8）转换为径向哈密顿算子（5－31）。在德劳内变量里，主要摄动项为式（5－15）的形式。因此

$$\mathcal{H}_{0,0}=-\frac{\mu}{2a} \tag{5-35}$$

$$\mathcal{H}_{1,0}=-\frac{\mu}{r}\frac{R_\oplus^2}{r^2}\frac{1}{2}\left[1-3s^2\sin^2(f+\omega)\right] \tag{5-36}$$

其中，a，r，s，f 和 ω 为德劳内变量的函数。新哈密顿算子为 $\mathcal{K}=\mathcal{H}_{0,0}+J_2\mathcal{H}_{0,1}+\mathcal{O}(J_2{}^2)$。根据式（5－31）可得

$$\mathcal{H}_{0,1}=-\frac{\mu}{p}\frac{R_\oplus^2}{r^2}\left(\frac{1}{2}-\frac{3}{4}s^2\right) \tag{5-37}$$

式（5－36）和式（5－37）的形式说明式（4－68）右边的差异 $\mathcal{H}_{1,0}-\mathcal{H}_{0,1}$ 项仅由真近点角的周期项构成。因此，我们根据微分关系式（4－64），用 f 将李导数（4－66）重

新表达为

$$\mathcal{L}_0 = \frac{G}{r^2}\frac{\partial}{\partial f} \tag{5-38}$$

此后，同调方程（4－68）变为了

$$\mathcal{W}_m = \int (\widetilde{\mathcal{H}}_{0,m} - \mathcal{H}_{0,m})\frac{r^2}{G}\mathrm{d}f \tag{5-39}$$

那么，根据式（4－21），我们在式（5－36）和式（5－37）里替换 $\mu = G^2/p$，接着代入式（5－39）中得到极坐标形式

$$\mathcal{W}_1 = -\frac{1}{8}G\frac{R_\oplus^2}{p^2}\{(4-6s^2)e\sin f + s^2[3e\sin(f+2\omega) + 3\sin(2f+2\omega) + e\sin(3f+2\omega)]\} \tag{5-40}$$

或者

$$\mathcal{W}_1 = -\frac{\Theta}{8}\frac{R_\oplus^2}{p^2}[2\sigma(2-3s^2-s^2\cos 2\theta) + (3+4\kappa)s^2\sin 2\theta] \tag{5-41}$$

其中，$s^2 = 1 - N^2/\Theta^2$，$p = \Theta^2/\mu$。之前式（5－21）定义的偏心率矢量在轨道系的投影现在为

$$\sigma = \frac{Rp}{\Theta},\quad \kappa = -1 + \frac{r}{p} \tag{5-42}$$

对于当前情形，变换方程被限制在式（2－17）的第一个关系式。那么直接变换

$$\xi = \xi' - \frac{1}{2}J_2(R_\oplus/p)^2\Delta\xi + O(J_2^2)$$

$\xi \in (r, \theta, v, R, \Theta, N)$，将会由如下的一阶校正给出

$$\Delta r = p\left(1 - \frac{3}{2}s^2 - \frac{1}{2}s^2\cos 2\theta\right) \tag{5-43}$$

$$\Delta\theta = \left[\frac{3}{2} - \frac{7}{4}s^2 + (2-3s^2)\kappa\right]\sin 2\theta - \sigma[5 - 6s^2 + (1-2s^2)\cos 2\theta] \tag{5-44}$$

$$\Delta v = c\left[\sigma(3+\cos 2\theta) - \left(\frac{3}{2} + 2\kappa\right)\sin 2\theta\right] \tag{5-45}$$

$$\Delta R = \frac{p\Theta}{r^2}s^2\sin 2\theta \tag{5-46}$$

$$\Delta\Theta = -\Theta s^2\left[\left(\frac{3}{2} + 2\kappa\right)\cos 2\theta + \sigma\sin 2\theta\right] \tag{5-47}$$

$$\Delta N = 0 \tag{5-48}$$

上式中所有的变量为极点-交点素数变量的函数。因为变换被限制到一阶效应，相同的校正 $\Delta\xi$ 被应用到逆变换里

$$\xi' = \xi + \frac{1}{2}J_2(R_\oplus/p)^2\Delta\xi + O(J_2^2)$$

但现在式（5－43）～式（5－48）的右边必须要采用原始极坐标进行计算。

细心的读者会发现在这种特殊情形下

$$\mathcal{H}_{0,1} \neq \langle \mathcal{H}_{1,0} \rangle_{\ell} \equiv \frac{\mu}{p} \frac{R_{\oplus}^{2}}{p^{2}} \eta^{3} \frac{1}{4}(3s^{2}-2)$$

因此，$\mathcal{H}_{0,1}$ 不再限定于属于李导数的核。尽管如此，$\mathcal{H}_{0,1}$ 保留了属于李导数核的 $\mathcal{H}_{1,0}$ 的所有项，因此 $\langle \mathcal{H}_{0,1} \rangle_{\ell} = \langle \mathcal{H}_{1,0} \rangle_{\ell}$。正是由于式（5－39）的被积函数仅由属于李导数像的项组成，因此同调方程才得以简单地求解。

现在用素数变量描述的准开普勒哈密顿算子（5－32）～（5－33）的解能通过完全哈密顿化简过程得到，只需按 4.3 节和 4.4 节求解开普勒问题的步骤进行即可[259]。此外，这个准开普勒哈密顿算子能通过扭转变换化简为纯开普勒系统[154,155]。

5.4.3　准开普勒系统的扭转

扭转变换 $(r', \theta', v', R', \Theta', N') \rightarrow (r^{*}, \theta^{*}, v^{*}, R^{*}, \Theta^{*}, N^{*})$ 为一个正则变换

$$(r',\theta',v') = \frac{\partial T}{\partial(R',\Theta',N')}, \quad (R^{*},\Theta^{*},N^{*}) = \frac{\partial T}{\partial(r^{*},\theta^{*},v^{*})} \tag{5-49}$$

从发电机模型推导来，并采用混合变量描述

$$T = T(r^{*},\theta^{*},v^{*},R',\Theta',N') \equiv r^{*}R' + W(\theta^{*},v^{*},\Theta',N')$$

上式改变了角变量同时保持径向变量不变。

因为交点在德普里特的径向中间轨道中为可忽略的，我们选择 $W = v^{*}N' + \widetilde{W}(\theta^{*}, \Theta', N')$。同时，因为我们想将式（5－32）中的函数 $\widetilde{\Theta} = \widetilde{\Theta}(\Theta', N')$ 转换为单一变量（真角动量 $\Theta^{*} = \widetilde{\Theta}$），我们选择 $\widetilde{W} = \theta^{*}\widetilde{\Theta}(\Theta', N')$。因此

$$T = r^{*}R' + v^{*}N' + \theta^{*}\widetilde{\Theta}(\Theta',N') \tag{5-50}$$

上式中 $\widetilde{\Theta}(\Theta', N')$ 必须用采用素数变量描述的式（5－33）来替代。那么扭转变换式（5－49）为

$$r' = r^{*} \tag{5-51}$$

$$\theta' = \theta^{*} \frac{\partial\widetilde{\Theta}}{\partial\Theta'} = \theta^{*}\left[\frac{\widetilde{\Theta}}{\Theta'} - \widetilde{J}_{2}\frac{\Theta'}{\widetilde{\Theta}}(2-9c^{2})\right] \tag{5-52}$$

$$v' = v^{*} + \theta^{*}\frac{\partial\widetilde{\Theta}}{\partial N'} = v^{*} - 3c\widetilde{J}_{2}\frac{\Theta'}{\widetilde{\Theta}}\theta^{*} \tag{5-53}$$

$$R^{*} = R' \tag{5-54}$$

$$\Theta^{*} = \widetilde{\Theta} = \Theta'\sqrt{1+\widetilde{J}_{2}(1-3c^{2})} \tag{5-55}$$

$$N^{*} = N' \tag{5-56}$$

上式中简记 $\widetilde{J}_{2} = \widetilde{J}_{2}(\Theta') \equiv \frac{1}{2}J_{2}(R_{\oplus}/p)^{2}$。

注意新的单撇号变量很容易通过式（5－52）和式（5－53）求解为老的素数变量的显式函数。相反，逆变换则需要从式（5－55）中解方程获得 Θ'，因此仍是隐式的。另外，由于这个变换只需要有 J_2 的一阶精度，J_2 幂次级数展开可以使得两种变换都是显式的。

也即，忽略 $\mathcal{O}(J_2^2)$ 和更高阶项，我们能得到

$$\Theta' = \Theta^* \left[1 - \frac{1}{4} J_2 \frac{R_\oplus^2}{p^2}(1 - 3c^2)\right]$$

式中，$p = (\Theta^*)^2/\mu$，$c = N^*/\Theta^*$。

最终的哈密顿算子

$$T:\mathcal{D} = \frac{1}{2}\left(R^{*2} + \frac{\Theta^{*2}}{r^{*2}}\right) - \frac{\mu}{r^{*2}} \tag{5-57}$$

为（r^*，θ^*，v^*，R^*，Θ^*，N^*）的纯开普勒量，因此可以像 4.4 节中那样求解。

总之，校正式（5-43）～式（5-48）通过移除主要摄动项的非基本周期项来寻找一个可积的近似——德普里特径向中间轨道——其保留了截断至 J_2 一阶项的所有主要摄动项动力学特性，并不仅限定是长期项。特别是，与中心方程相关的基本周期项，在中间轨道问题中得以保留。

5.5 流的离散化

除了由 5.3 节中的长期项或者 5.4 节的中间轨道预测的一般特性，主要摄动项动力学的其他方面必须要通过数值方法来研究，但只能保证局部有效。尽管如此，因为角动量矢量的第三分量提供的积分能将运动解耦，瞬时轨道平面的简化动力学的全局特性能通过非线性动力学的常见工具分析得到，比如庞加莱截面或者周期轨道的延拓[449]。

确实，式（5-9）～式（5-12）定义了一个具有二自由度的保守流，并且在其中积分 N 扮演简单参数的角色。那么参数平面（N，J_2）内的动力学特性可以通过给定不同初始条件集合（r_0，θ_0，R_0，Θ_0）进行外推来分析。特别是，对于参数的给定值，对应哈密顿算子（5-8）特殊能量流型 $\mathcal{M}(r_0, \theta_0, R_0, \Theta_0) = E$ 的轨道平面内的轨迹隐含在下式中

$$F_1(r,\theta,R,\Theta;E) \equiv \mathcal{M} - E = 0 \tag{5-58}$$

如果我们仅考虑有界运动情形，每次在 θ 提前 2π 时此三维曲线在给定点（r_k，R_k）贯穿平面 $\theta(\mathrm{mod}2\pi)=0$。相应地 $\Theta = \Theta(r_k, 0, R_k; E)$ 的值由式（5-58）确定。

一般来说，$k=1, 2, \cdots$ 轨迹的多次贯穿截面能发生在（r，R）平面上的任意地方，但是对于 2π 周期的轨道来说贯穿总是精确地发生在同样的点——或者如果轨道为 $2n\pi$ 周期的，贯穿发生在 n 个离散的固定点。另一方面，如果轨道平面内的运动是可积的，那么除了哈密顿算子之外，将会存在与其独立的另一个积分，比如 $\mathcal{J} = \mathcal{J}(r, \theta, R, \Theta)$。那么，对于与决定能量流型 E 相同的初始条件，我们将得到 $\mathcal{J}(r_0, \theta_0, R_0, \Theta_0) = J$。因此，轨道平面的轨迹也会同样被确定为 J 的隐式函数，即

$$F_2(r,\theta,R,\Theta;J) \equiv \mathcal{J} - J = 0 \tag{5-59}$$

在式（5-59）和式（5-58）间消除 Θ 将会得到 $F_3(r, \theta, R; E, J) = 0$，这说明截面上的点（$r_k$，$R_k$）将会属于由 $F_3(r_k, 0, R_k; E, J) = 0$ 隐式决定的曲线。相反地，在区域表面上识别这些曲线能提供关于可积性的线索[280]。另一方面，即使主要摄动项不接受第三个积分 $\mathcal{J}$，至少对于天体动力学中感兴趣的 J_2 项，这些不变曲线看起来在相空间

的一些区域会存在[70,138]。

值的提到的是，当轨道向上穿过赤道平面时，与截面 $\theta=0$ 的贯穿点发生在轨道的升交点处。类似地，与区域 $\theta=\pi$ 的贯穿点发生在轨道的降交点。也即，在两种情形下 $z=0$ 并且

$$r_k=\rho_k=\sqrt{x_k^2+y_k^2},\quad R_k=P_k=\frac{x_k\dot{x}_k+y_k\dot{y}_k}{\rho_k}$$

因此，极坐标描述的截面 $\theta=0$ 和圆柱坐标（ρ，z，λ，P，Z，Λ）描述的截面 $z=0$（$Z>0$）相同。其中 λ 为经度，并且其共轭动量为 $\Lambda=N$，因为 Hénon 和 Heiles 的开创性工作[280]就是用经典变量来描述具有轴对称特性的问题的截面[70,138,201,310,385]。因此，轨道平面内主要摄动项的周期轨道被映射到了卫星旋转子午线平面内的周期轨道。

另一方面，尽管轨道平面内的周期轨道在三维空间一般不是周期性的，它们的子集肯定是周期性的。具体一点，当交点的变化速率和轨道平面内周期轨道的频率一致时，此轨道在三维空间变为真周期性的。尤其是，在具有地球自转角速率的旋转坐标系中描述运动时这种匹配更容易发生，这时三维周期轨道的地面星下点会重复[137,386-388,428,604]。

源于主要摄动项哈密顿算子的四维流的离散化可以通过数值积分式（5-9）～式（5-12）进行，对于不同的能量流型，在每次 θ 提前 2π 的时候进行采样。轨道平面内的简化流可以通过一系列相位图来进行可视化，每个相位图对应参数空间（N，J_2）的一个不同点。图 5-2 给出了一个例子，图中给出了角动量矢量第三个分量取不同值时对应的一系列相位图。为了缩短可视化所要计算表面里的不变曲线的长轨迹所需积分时间，我们固定 $J_2=0.1$。然而，由于主要摄动项的缩放不变性[70]，不同的 J_2 值也能获得等价的图。选择长度和时间的单位使得 $R_{\oplus}=1$ 和 $\mu=1$，这意味着长度用赤道半径来度量，一个轨道周期大概为 2π 单位时间。在所有情形下能量固定在 $E=-0.5$，其对应半长轴比扁球体赤道半径稍长的轨道。为了便于说明，上述做法增强了无质量物体的摄动效应。然而由于会撞击到扁球体表面，大部分对应此情形的椭圆轨道都是不存在的。

图 5-2 的上部分对应 $N=0.45$，并且给出了一个椭圆类型（$r\approx1.03$，$R=0$）的固定点，其对应在（瞬时）轨道平面内具有周期性的一个稳定圆轨道。与截面 $\theta=0$ 相交的其他轨道的半径随时间变化，并且说明了拱线的提前特点，这与式（5-26）预测的长期运动保持一致。具有旋转近地点的轨道半径 r 的最大（最小）值发生在当 $R=0$ 时，也即当轨道从远地点（近地点）贯穿区域。

图 5-2 中间部分的截面对应 $N=0.44$，并且揭开了动力学中的重要变化。因此，现在的圆轨道由坐标 $r\approx1.03$，$R=0$ 的双曲线类型的固定点代表，并且比之前情形具有稍大的倾角。此外，当 $r\approx1.85$，$R=0$ 和 $r\approx0.97$，$R=0$ 时，存在椭圆类型的两个固定点。也即，出现了分岔现象。圆轨道的稳定性变为了不稳定的，以及在轨道平面内具有周期性的两个稳定轨道起源于这个分岔。当 $R=0$ 时，这些偏心周期轨道贯穿区域表面 $\theta=0$，因此它们的拱线位于赤道平面上。此外，由不稳定平衡点所产生的同宿轨迹将椭圆稳定平衡点附近的摆动近地点的两个区域同摆动区域外的近地点的一般提前区域分开。

最后，相应于 $N=0.43$ 的区域表面由图 5-2 的下部分给出，其中的圆轨道倾角也很

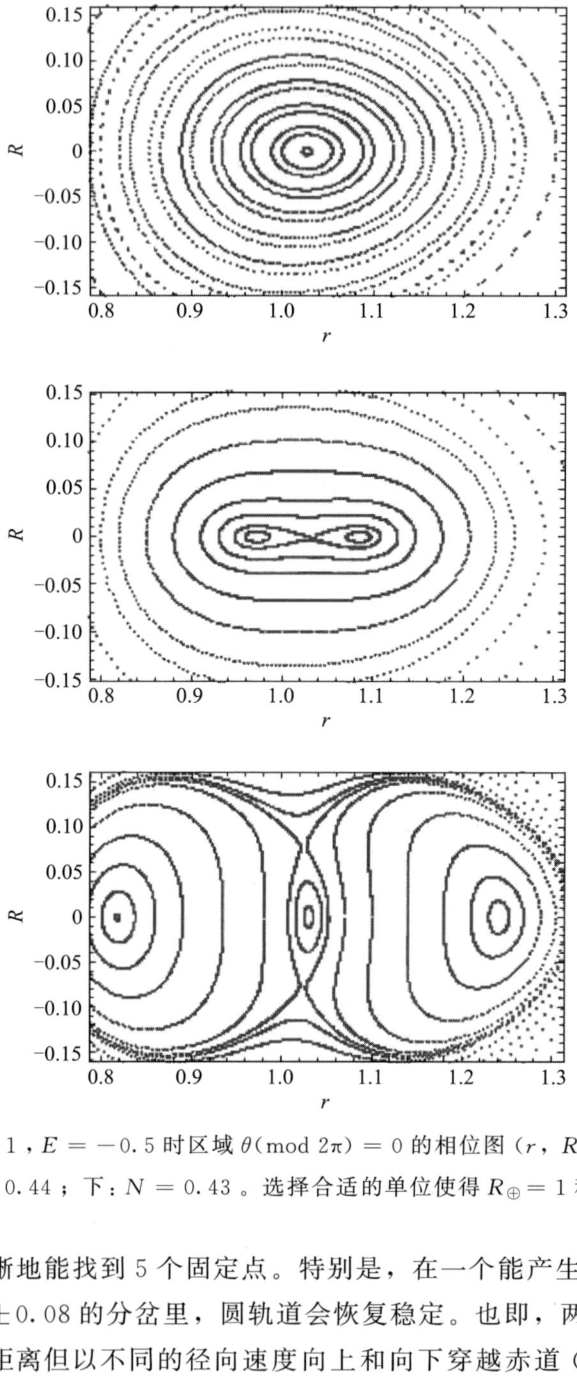

图 5-2　当 $J_2=0.1$，$E=-0.5$ 时区域 $\theta(\mathrm{mod}\ 2\pi)=0$ 的相位图（r，R）。上：$N=0.45$；中：$N=0.44$；下：$N=0.43$。选择合适的单位使得 $R_{\oplus}=1$ 和 $\mu=1$

大。现在，图中很清晰地能找到 5 个固定点。特别是，在一个能产生两个不稳定椭圆周期轨道 $r\approx1.02$，$R\approx\pm0.08$ 的分岔里，圆轨道会恢复稳定。也即，两个不稳定椭圆周期轨道中的每个在相同的距离但以不同的径向速度向上和向下穿越赤道（$\theta=0$），意味着这些不稳定周期轨道的拱线位于 $\theta=\pm\frac{\pi}{2}$ 方向上。现在，椭圆轨道的近地点随着较低偏心率区域内的逆行运动而变化，近地点摆动的两个区域仍然存在，并且具有较大偏心率的轨道近地点会提前。

当 J_2 项为千分之一量级时，定性的动力学特性保持不变，但是双分岔序列发生在临

界倾角附近内 N 的极小变化范围内。这种情形下摆动区域很薄，摆动近地点轨道的偏心率随着 N 的减小增加得很快。

总之，主要摄动项数值传播的动力学特性揭露了与中间轨道近似预测的特性之间的定性差异，但是这个差异被约束在相空间内的一个狭窄的区域。确实，尽管单独的哈密顿算子得到的可积近似能够发现接近临界倾角存在的具有常值偏心率和固定近地点轨道，它们预测不论偏心率如何，这些轨道的近地点均是冻结的。然而事实并非如此，因为问题的直接积分已经在图 5－2 中通过构造庞加莱截面来实现。确实，中间轨道遗漏的二阶项从根本上限制了具有冻结近地点动力学特性的轨道数量。在第 6 章，我们将学习引力位的其他二阶效应如何进一步改变这一情况。

5.6　临界倾角

5.3 节中理论计算的 J_2 长期效应的一阶项忽略了真实主要动力学的很多重要特性，除此之外，我们能利用第 2 章给出的技巧并采用基于李导数的摄动理论来获得主要摄动项动力学的高阶近似。考虑到由式（4－66）和式（4－67）分别给出的李导数和同调方程比较简单，摄动解将会由德劳内变量给出。

首先，我们将式（5－8）写为通常的摄动哈密顿算子（2－30）形式，其中 $\mathcal{H}_{0,0}$ 和 $\mathcal{H}_{1,0}$ 分别由式（5－35）和式（5－36）给出，当 $m\geqslant 2$ 时 $\mathcal{H}_{m,0}=0$，以及 $\varepsilon=J_2$。再一次，我们考虑到 a，r，s，ω 和 f 不是它们自身的变量，而是一些正则变量集合的函数，而在现在的情形下是德劳内变量的函数。

5.6.1　一阶情形

首先从 $m=1$ 开始，求解式（4－68）。$\widetilde{\mathcal{H}}_{0,1}$ 项和 $\mathcal{H}_{1,0}$ 项相同，选择合适的 $\mathcal{H}_{0,1}$ 使其可以消除属于李导数（4－66）核的 $H_{1,0}$ 项。在将式（5－36）展开为平近点角的傅里叶级数后[18,171]，很容易辨别出这些项。然而，为了避免与得到的级数大小有关的限制，或者将解限制为小的还是中等的偏心率值，$\mathcal{H}_{0,1}$ 比较适合采用直接平均来计算获得偏心率的解析解。

也即，$\mathcal{H}_{0,1}\equiv\langle\mathcal{H}_{1,0}\rangle_\ell$，其中，由于李导数受到开普勒流定义的限制，像积分变量一样，我们可以自由使用微分关系式（4－64）将平近点角替换为真近点角。这样，平均值很容易求解为偏心率的解析解。也即

$$\mathcal{H}_{0,1}=\frac{1}{2\pi}\int_0^{2\pi}H_{1,0}\,\frac{r^2}{a^2\eta}\mathrm{d}f=\frac{1}{4}\,\frac{\mu}{a}\,\frac{R_\oplus^2}{p^2}\eta(3s^2-2)\tag{5－60}$$

上式如同所料，除了 J_2 项系数被看做李变换方法的小参数外，和长期哈密顿算子（5－23）的摄动项相同。

出于同样的原因，同调方程变成了式（4－69）。用式（5－36）替换 $\widetilde{\mathcal{H}}_{0,m}=\mathcal{H}_{1,0}$，用式（5－60）替换 $\mathcal{H}_{0,m}=\mathcal{H}_{0,1}$，生成函数的一阶项很容易求解，进而得到偏心率的解析

形式

$$\mathcal{W}_1 = -\frac{1}{8}G\frac{R_\oplus^2}{p^2}[(4-6s^2)(\phi + e\sin f) + 3es^2\sin(f+2\omega) + 3s^2\sin(2f+2\omega) + es^2\sin(3f+2\omega)] + A_1 \tag{5-61}$$

式中，A_1 为任意的积分“常数”，只需满足的唯一条件是与平近点角无关。也即，$\mathrm{d}A_1/\mathrm{d}\ell = 0$，并且当用德劳内变量表达时 A_1 是 g 、G 和 L 的函数。虽然由式（4－65）给出的中心方程 ϕ 为平近点角的纯周期函数，但它不是三角函数，在计算高阶摄动解时的解析形式会复杂化，随后我们会立即看到这个事实。

为了后续计算方便，我们这里选择 $A_1=0$，这样使得生成函数项的个数最小。然而，这样选择的任意常数会使得 $\mathcal{W}_1$ 由长期项和短期项组成。实际上[342,362,631]

$$\langle \sin mf \rangle_\ell = 0, \quad \langle \cos mf \rangle_\ell = (-\beta)^m(1+m\eta) \tag{5-62}$$

其中我们使用通常的 β 定义

$$\beta = \frac{e}{1+\eta} = \sqrt{\frac{1-\eta}{1+\eta}} \tag{5-63}$$

那么方程（5－61）很容易在平近点角上求得平均值，即[363]

$$\langle \mathcal{W}_1 \rangle_\ell = A_1 - \frac{1}{8}G\frac{R_\oplus^2}{p^2}(1+2\eta)\beta^2 s^2 \sin 2\omega \tag{5-64}$$

因此，除非可以选择合适的 A_1 使得式（5－64）的右边消失。$\mathcal{W}_1$ 将会依赖由近地点动力学特性驱动的 e^2 阶隐藏长周期项。这个问题是解析积分的结果，并且当平近点角显式出现在哈密顿算子中时不会发生，6.7 节将会详细讨论如何处理这个问题。

5.6.2 二阶情形

在二阶情形下，同调方程的已知项 $\widetilde{\mathcal{H}}_{0,2}$ 是式（2－37），其中在当前情形下 $\mathcal{H}_{2,0}\equiv 0$。因此

$$\widetilde{\mathcal{H}}_{0,2} = \{\mathcal{H}_{1,0};\mathcal{W}_1\} + \{\mathcal{H}_{0,1};\mathcal{W}_1\} \tag{5-65}$$

上式同时包括李导数（4－66）的核和像。选择 $\mathcal{H}_{0,2} = \langle \widetilde{\mathcal{H}}_{0,2} \rangle_\ell$ 时能从同调方程（4－68）中消去前者。

在计算等式（5－65）中的泊松括号后，我们辨识出了三类不同性质的项。因此，$\widetilde{\mathcal{H}}_{0,2} = \widetilde{\mathcal{H}}_{0,2,1} + \widetilde{\mathcal{H}}_{0,2,2} + \widetilde{\mathcal{H}}_{0,2,3}$，其中

$$\widetilde{\mathcal{H}}_{0,2,1} = -\frac{9}{8}\frac{\mu}{r}\frac{R_\oplus^4}{p^4}\frac{p^2}{r^2}s^2(5s^2-4)\phi\sin(2f+2\omega) \tag{5-66}$$

$$\widetilde{\mathcal{H}}_{0,2,2} = \frac{3}{16}\frac{\mu}{p}\frac{R_\oplus^4}{p^4}\eta^3\{-\eta(2-3s^2)^2 + s^2(4-5s^2)[3e\cos(f+2\omega) + 3\cos(2f+2\omega) + e\cos(3f+2\omega)]\} \tag{5-67}$$

$$\widetilde{\mathcal{H}}_{0,2,3} = \frac{3}{128}\frac{\mu}{p}\frac{R_\oplus^4}{p^4}\frac{p^2}{r^2}\sum_{j=0}^{2}\sum_{i=-3}^{3} q_{2j,i}s^{2j}\cos[(2j+i)f+2jg] \tag{5-68}$$

上式中系数 $q_{2j,i}$ 可从表 5－2 中查得。

表 5-2　式（5-68）中系数 $q_{2j,i}$ 的表达式；$q_{4,-3}=q_{4,3}=0$

j	i	$q_{2j,i}$
0	0	$-16(4-9s^2+5s^4)-2(8-8s^2-5s^4)e^2$
	± 1	$-\beta[60-124s^2+57s^4+(48-88s^2+30s^4)\eta+(2-3s^2)\eta^2]$
	± 2	$-e\beta[24-56s^2+31s^4+(8-8s^2-5s^4)\eta]$
	± 3	$-e^2(2-3s^2)^2\beta$
1	-3	$e^2(-2+3s^2)\beta$
	-2	$4e^2(14-15s^2)$
	-1	$\beta[3(38-37s^2)+12(8-7s^2)\eta-5(2-3s^2)\eta^2]$
	0	$-8[4-9s^2-(2-s^2)e^2]$
	1	$-\beta[150-221s^2+4(24-35s^2)\eta+(2-3s^2)\eta^2]$
	2	$-4e\beta[22-31s^2+(10-13s^2)\eta]$
	3	$-5e^2(2-3s^2)\beta$
2	-2	$-5e^2$
	-1	$-6e^2$
	0	$8-2e^2$
	1	$10e$
	2	$3e^2$

在使用式（4-29）替换了式（5-66）中半径的倒数后，我们发现通过形如 $\phi\sin mf$，和 $\phi\cos mf$，$m=0$，1，…，5 这些项，$\widetilde{\mathcal{H}}_{0,2,1}$ 依赖平近点角，从其中我们必须要辨别出属于李导数（4-66）核的项。文献［487］给出了这类项的定积分公式。特别是

$$\langle\phi\cos mf\rangle_\ell=0,\quad \langle\phi\sin mf\rangle_\ell=\frac{\eta}{e^m}Q_m(\eta),\quad m\geqslant 0 \tag{5-69}$$

其中和源于式（5-66）的项有关的系数 Q_m 的具体表达式由表 5-3 给出。注意，当 Q_m 按偏心率的幂展开时，圆形轨道的明显奇异性只是“虚拟的”。当前情形不需要进行展开，因为当不同的积分组合在一起时消去了分母项。

表 5-3　从上到下为式（5-69）中的 Q_1，…，Q_5[437]

$\frac{3}{2}-\eta-\frac{1}{2}\eta^2$
$-3+2\eta+3\eta^2-2\eta^3-4\eta^2\log\frac{2\eta}{1+\eta}$
$\frac{9}{2}-3\eta-4\eta^2+7\eta^3-\frac{9}{2}\eta^4+16\eta^2\log\frac{2\eta}{1+\eta}$
$-6+4\eta-2\eta^2-16\eta^3+28\eta^4-8\eta^5-8\eta^2(\eta^2+5)\log\frac{2\eta}{1+\eta}$
$\frac{15}{2}-5\eta+\frac{131}{6}\eta^2+30\eta^3-\frac{183}{2}\eta^4+\frac{149}{3}\eta^5-\frac{25}{2}\eta^6+16\eta^2(3\eta^2+5)\log\frac{2\eta}{1+\eta}$

$\widetilde{\mathcal{H}}_{0,2,2}$ 项与半径无关。它们只涉及 $\cos(mf\pm 2\omega)$ 形式的三角因子，m 为整数，其在

平近点角上的平均值使用式（5－62）进行求解。

最后，借助式（4－64）中给出的真近点角和平近点角的微分关系，$\widetilde{\mathcal{H}}_{0,2,3}$ 里的系数 $1/r^2$ 使得它的平均值变得比较简单。

在执行完所需操作后，我们得到

$$\mathcal{H}_{0,2}=-\frac{\mu}{a}\frac{R_{\oplus}^4}{p^4}\frac{3}{64}\eta\left[5(8-16s^2+7s^4)+4(2-3s^2)^2\eta+(5s^4+8s^2-8)\eta^2+2(15s^2-14)s^2e^2\cos2\omega\right] \tag{5-70}$$

上式揭示了主要摄动项的长期动力学由近地点参数中 J_2 项的二阶项驱动。这个重要的定性效应在一阶长期哈密顿算子中被忽略。

因为我们只关注 J_2 的二阶效应对长期动力学特性的贡献，这里我们不处理二阶周期校正项的计算。尽管推导过程不易，其解析形式是可行的[363,407]。另一方面，借助于将在6.2.1节中详细讨论的哈密顿简化技术，可以轻松克服这一难点。

5.6.3 简化的相空间：冻结轨道

一旦新哈密顿算子的 $\mathcal{H}_{0,m}$ 项已用新的素数变量描述，在忽略 $\mathcal{O}(J_2^3)$ 项和更高阶项后，我们得到新的哈密顿算子

$$\widetilde{\mathcal{M}}=\widetilde{\mathcal{M}}(-,g',-,L',G',H')\equiv\mathcal{H}_{0,0}+J_2\mathcal{H}_{0,1}+\frac{1}{2}J_2^2\mathcal{H}_{0,2} \tag{5-71}$$

$\mathcal{H}_{0,1}$ 和 $\mathcal{H}_{0,2}$ 分别由式（5－60）和式（5－70）给出，其在（g'，G'）中仅有一维自由度。那么简化相空间的轨道能通过在式（5－71）中根据 $\widetilde{\mathcal{M}}=E$ 使得 g' 为显式来表示，或者将简化的哈密顿算子用简单的云图表达[559,600]。此外，对于参数空间中的给定点（L'，H'），当用无量纲哈密顿算子讨论时简化流的描述会相对简单一点，即

$$\mathcal{M}^*=\frac{\widetilde{\mathcal{M}}-\mathcal{H}_{0,0}}{J_2\mathcal{H}_{0,0}}=\frac{\mathcal{H}_{0,1}}{\mathcal{H}_{0,0}}+\frac{1}{2}J_2\frac{\mathcal{H}_{0,2}}{\mathcal{H}_{0,0}} \tag{5-72}$$

其中，能量已被常量代替，时间变化隐含在慢尺度 $\tau=J_2\mathcal{H}_{0,0}t$ 中，其和角动量单位一致。

图5－3给出了简化相空间的一个例子。此外，为了便于说明，选择合适的 L' 使得 $a=R_{\oplus}$，此种情形放大了摄动效应的影响。这样的选择除了圆轨道情形，轨道会碰到地球表面。此外，我们更为深入地将偏心率 $e=e(G';L')$ 描述为如下动力学参数的函数，而不是只描述总角动量 $G'=G'(g';H';L')$

$$\gamma=H'/L',\quad 0\leqslant\gamma\leqslant\eta\leqslant1 \tag{5-73}$$

注意到 $\gamma=\eta\cos I$。因此，γ 与圆轨道倾角的余弦值一致，此种情形下 $G'=L'$。

因此，图5－3左上角说明对于足够大的 γ 值，椭圆轨道的近地点会旋转。当 γ 减小到特定值，横坐标 $\omega=0$ 和 $180°$ 的两个椭圆类型的固定点会消失（对应图5－3右上和左下的子图）。γ 额外较小的减小会导致横坐标为 $\omega=90°$ 和 $270°$ 的两个双曲线类型的新固定点产生（图5－3的右下子图）。在后一个图中，水平的虚线为 $e=(1-5\gamma^2)^{1/2}$，其对应具有临界倾角 $I=\arccos(5^{-1/2})$ 的偏心轨道的（平均）偏心率。在这条线以下的轨道比临界情形具有更大的倾角，然而这条线以上的轨道具有较小的倾角。

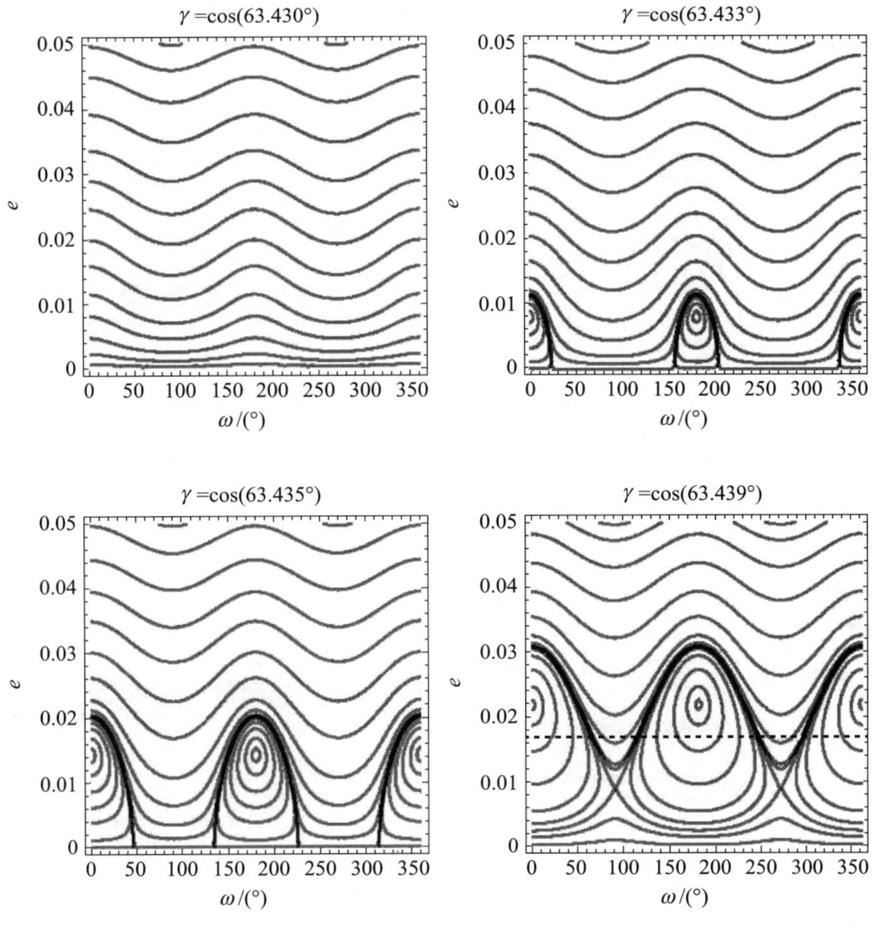

图 5 - 3　$L' = \sqrt{\mu R_{\oplus}}$ 和不同 $H' = L'\gamma$ 下的长周期主要摄动项哈密顿算子（5 - 72）的云图。固定点对应冻结轨道

尽管图 5 - 3 中描绘的特性总体上与图 5 - 2 中给出的流的离散化得到的真实结果一致，对于圆轨道，近地点参数没有定义，因此圆柱映射（$g'G'$）并不合适用来正确地描述流。因此，当角动量矢量的第三分量变化时发生的分岔过程在图 5 - 3 中没有得到体现。通过将小偏心率轨道的流用所谓的半春分点变量描述，可以改进这个缺陷[354]，半春分点变量由如下偏心率矢量在交点坐标系的投影提供

$$C = e\cos\omega,\quad S = e\sin\omega \tag{5-74}$$

上式能避免圆轨道情形下奇异性[130,171,355]。通过在式（5 - 72）中替换 $e^2\cos 2\omega = C^2 - S^2$，$\eta = (1 - C^2 - S^2)^{1/2}$ 以及 $c = \gamma/\eta$，简化的哈密顿算子（5 - 71）很容易用上面这些变量来描述。图 5 - 4 给出了相应的云图。现在，原点处的点代表圆轨道的两个连续的分岔点，很清晰地在图中呈现出来。此外，图 5 - 4 中的云图与图 5 - 2 中给出的（J_2 缩放的）相位轨迹比较相似，尽管与离散化过程不同，这里它们几乎可以立即生成，因为不需要任何的数值积分过程。图 5 - 4 右下角的子图展示了一个虚线圆，其对应图 5 - 3 中之前重点关注

的倾角值 $e=(1-5\gamma^2)^{1/2}$。这个圆之内的轨道比临界情形具有更高的倾角，圆之外的轨道具有更低的倾角。

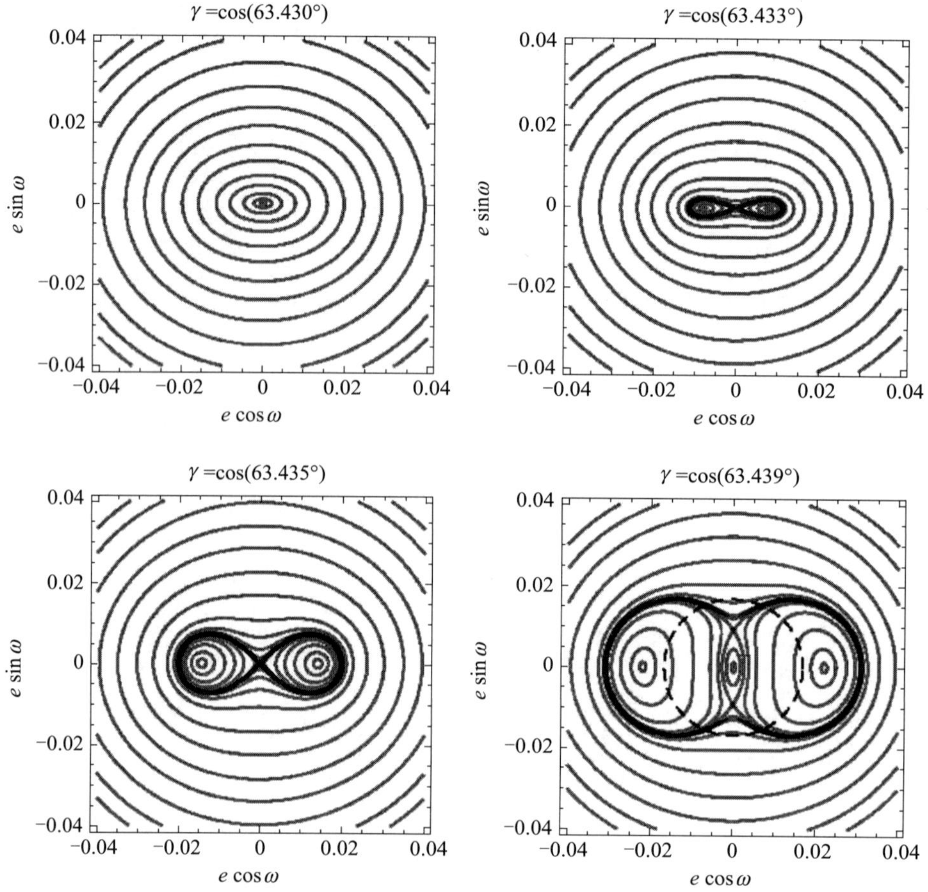

图 5 - 4　与图 5 - 3 相同的偏心率矢量描述

比图 5 - 4 中更小的 γ 值使得冻结轨道的偏心率几乎以常数倾角很快地在增长。尽管如此，近地点摆动的区域集中在偏心率的一个薄带内，在其中近地点以在临界倾角时 J_2 的二阶项的影响下的较慢速率进行变化，参考随后的式（5 - 83）。在这种情形下，偏心率矢量描述并不能提供一个清晰的图形，相反比较适合用圆柱映射描述，如图 5 - 5 所示。

5.6.4　球面上的简化动力学

事实上，简化的相空间既不是圆柱面（g'，G'）也不是平面（C，S），是一个二维的紧密流形[120,135]。对于人造卫星应用，无需考虑直线轨道的情形，流比较适合采用在半径为 $\rho=\rho(H/L')\equiv\sqrt{\chi_1^2+\chi_2^2+\chi_3^2}=\frac{1}{2}(1-\gamma^2)$ 的球上的无量纲坐标①来表达[119,411,433]

① 这些变量的有量纲的版本早些年已经提出过[120,592]。

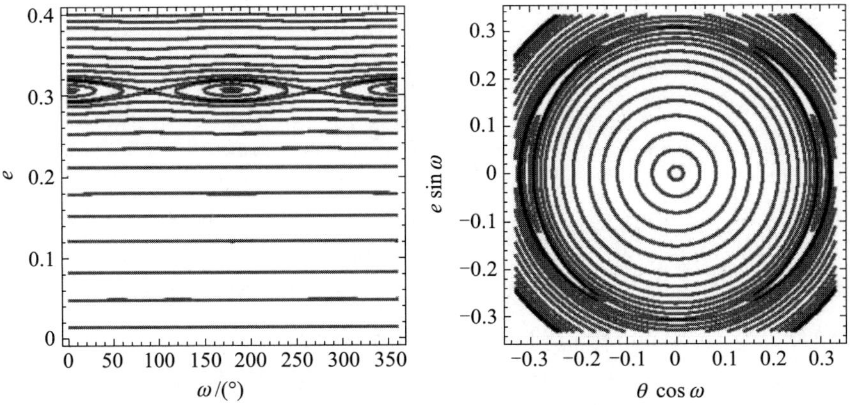

图 5－5　$\gamma = \cos 64.8°$ 时主要摄动项的简化相空间

$$
\begin{aligned}
\chi_1 &= e\eta\cos g = \sqrt{1-\eta^2}\sqrt{\eta^2-\gamma^2}\cos g \\
\chi_2 &= e\eta\sin g = \sqrt{1-\eta^2}\sqrt{\eta^2-\gamma^2}\sin g \\
\chi_3 &= \eta^2 - \frac{1}{2}(1+\gamma^2)
\end{aligned} \tag{5-75}
$$

球的北极点 $\chi_1=\chi_2=0$，$\chi_3=\rho$ 意味着 $\eta=1$，这时代表一个圆轨道。相反，南极点 $\chi_1=\chi_2=0$，$\chi_3=-\rho$ 会产生 $\eta^2=\gamma^2$，或者 $G'=|H|$，此时对应一个赤道椭圆轨道。球面上的其他点代表具有不同升交点的椭圆轨道族，其偏心率和近地点变化由一个封闭曲线来描述。

注意到 $\chi_2^2=\frac{1}{2}\eta^2 s^2 e^2(1-\cos 2\omega)$，并作替换 $s=\sqrt{1-(\gamma/\eta)^2}$，我们能将哈密顿算子(5－72)很方便地写为 $\mathcal{M}^*=\mathcal{M}^*(\chi_2,\eta,\gamma)$ 这样的形式，也即

$$
\mathcal{M}^* = \frac{1}{4\eta^5}(\eta^2-3\gamma^2) + J_2\frac{3R_\oplus^2}{32a^2}\left[\chi_2^2(\eta^2-15\gamma^2)+(\frac{3}{4}-\eta-\frac{3}{4}\eta^2)\eta^4 + \gamma^2\left(\frac{11}{2}+6\eta-\frac{7}{2}\eta^2\right)\eta^2-\gamma^4\left(\frac{65}{4}+9\eta-\frac{25}{4}\eta^2\right)\right]\frac{1}{\eta^{11}}
$$

那么球面上流的微分方程为

$$
\frac{\mathrm{d}\chi_i}{\mathrm{d}\tau} = \{\chi_i;\mathcal{M}^*\} = \{\chi_i;\eta\}\frac{\partial\mathcal{M}^*}{\partial\eta} + \{\chi_i;\chi_2\}\frac{\partial\mathcal{M}^*}{\partial\chi_2},\quad i=1,2,3 \tag{5-76}
$$

其中，$\{\chi_1;\eta\}=-\chi_2/L'$，$\{\chi_2;\eta\}=-\chi_2/L'$，$\{\chi_3;\eta\}=0$，$\{\chi_1;\chi_2\}=2\eta\chi_3/L'$，$\{\chi_3;\chi_2\}=2\eta\chi_1/L'$，以及

$$
\frac{\partial\mathcal{M}^*}{\partial\chi_2} = J_2\frac{3R_\oplus^2}{16a^2}(\eta^2-15\gamma^2)\chi_2\frac{1}{\eta^{11}} \tag{5-77}
$$

$$
\frac{\partial\mathcal{M}^*}{\partial\eta} = \frac{3}{4\eta^6}(5\gamma^2-\eta^2) - J_2\frac{9R_\oplus^2}{32a^2\eta^{12}}\left[(3\eta^2-55\gamma^2)\chi_2^2+\frac{7}{4}\eta^4-2\eta^5-\frac{5}{4}\eta^6 + \gamma^2\left(\frac{33}{2}\eta^2+16\eta^3-\frac{49}{6}\eta^4\right)-\gamma^4\left(\frac{715}{12}+30\eta-\frac{75}{4}\eta^2\right)\right] \tag{5-78}
$$

对这些值式（5-76）的特例为

$$L'\frac{d\chi_1}{d\tau}=-\chi_2\left[\frac{\partial\mathcal{M}^*}{\partial\eta}-\chi_3J_2\frac{R_\oplus^2}{a^2}\frac{3}{8\eta^{10}}(\eta^2-15\gamma^2)\right] \tag{5-79}$$

$$L'\frac{d\chi_2}{d\tau}=\chi_1\frac{\partial\mathcal{M}^*}{\partial\eta} \tag{5-80}$$

$$L'\frac{d\chi_3}{d\tau}=-\chi_1\chi_2J_2\frac{R_\oplus^2}{a^2}\frac{3}{8\eta^{10}}(\eta^2-15\gamma^2) \tag{5-81}$$

由于半径为常量，因此 $p\,d\rho=0$，容易验证 $\chi_1 d\chi_1/d\tau+\chi_2 d\chi_2/d\tau=-\chi_3 d\chi_3/d\tau$。因此，如果前两个微分方程都满足，剩余的一个自然得到满足。

在式（5-79）～式（5-81）中替换 $\chi_1=\chi_2=0$ 说明圆轨道总是处于平衡态。此外，对于 η 的值同时满足由式（5-80）推导的 $\partial\mathcal{M}^*/\partial\eta=0$ 条件，$\chi_2=0$，$\chi_1\neq0$ 的情形对应 $g'=0$，π 的平衡态。因此，根据式（5-78）得

$$\begin{aligned}32\eta^6(\eta^2-5\gamma^2)=J_2(R_\oplus/a)^2[&15\eta^6+24\eta^5+7(14\gamma^2-3)\eta^4\\&-192\gamma^2\eta^3-9\gamma^2(25\gamma^2+22)\eta^2+360\gamma^4\eta+715\gamma^4]\end{aligned}$$

上式可通过牛顿-拉夫森（Newton-Raphson）方法从临界倾角 $\eta^2=5\gamma^2$ 开始求解得到。该方法第一次的迭代结果为

$$\eta=\sqrt{5}\gamma\left(1-J_2\frac{R_\oplus^2}{a^2}\frac{1-4\gamma^2}{50\gamma^4}\right)$$

根据上式可得 $G'<\sqrt{5}H$，说明 $g'=0$，π 的平衡态的分岔发生于比临界倾角稍微接近赤道的圆轨道。

类似地，对于 η 值满足式（5-79）推出的条件

$$\frac{\partial\mathcal{M}^*}{\partial\eta}=\left[\eta^2-\frac{1}{2}(1+\gamma^2)\right]J_2\frac{R_\oplus^2}{a^2}\frac{3}{8\eta^{10}}(\eta^2-15\gamma^2)$$

$\chi_1=0$，$\chi_2\neq0$ 的情形对应 $g'=\pm\frac{\pi}{2}$ 的平衡态。上式中 χ_3 已替换为式（5-75）中的定义，方程的左边必须要用式（5-78）在 $\chi_1=0$ 情形下替换。也即

$$\begin{aligned}32\eta^6(\eta^2-5\gamma^2)=J_2(R_\oplus/a)^2[&35\eta^6+24\eta^5-7(50\gamma^2+7)\eta^4\\&-192\gamma^2\eta^3+63\gamma^2(5\gamma^2+6)\eta^2+360\gamma^4\eta+55\gamma^4]\end{aligned}$$

上式可通过牛顿-拉夫森方法从临界倾角 $\eta^2=5\gamma^2$ 求解得到 η。该方法第一次迭代结果为

$$\eta=\sqrt{5}\gamma\left(1+J_2\frac{R_\oplus^2}{a^2}\frac{9-35\gamma^2}{500\gamma^4}\right)$$

根据上式可得 $G'>\sqrt{5}H$，说明 $g'=\pm\pi/2$ 平衡态的分岔发生于比临界倾角稍微接近两极的圆轨道。

从图 5-4 的云图推断的平衡态的稳定特性，能通过一般的流的线性化计算得到。然而，对摄动模型引入额外的效应会对稳定性引入急剧的变化，正如 6.1.3 节将要展示的那样。因此，这里不再讨论。感兴趣的读者可以在文献［120］中找到所需的细节。

通过给不同层次的哈密顿积分（简化的）指定颜色，球面上的简化流很容易采用标准

图形工具画出。尽管如此，进一步优化该技巧，比如自动选择颜色，从而保证在孤立和封闭的奇异特性附近有足够的对比度[116]。这种技巧有时被称为“上色”哈密顿算子[270,546]。图 5－6 给出了说明这种图形的一个例子。

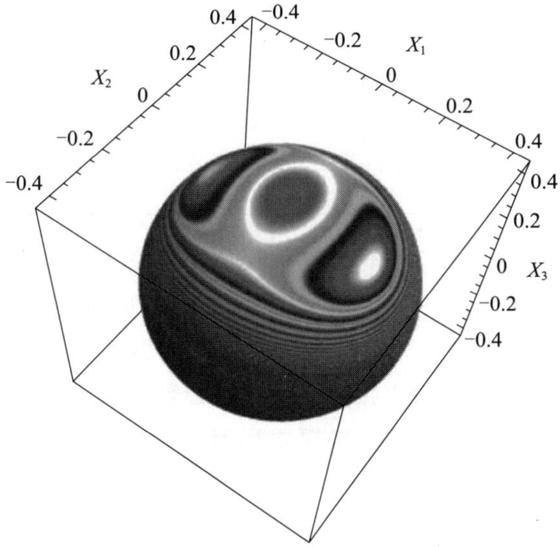

图 5－6　主要摄动项相空间的上色图（见彩插）

最后，值得注意的是，直到截断阶次，在平根数空间冻结的轨道对应原始空间内在轨道平面内呈周期性的轨道。确实，正如 5.7.1 节证实的那样，每次平近点角提前 2π 时，恢复原始变量需要的短周期校正项总是取相同的值。这意味着除升交点变量之外，冻结轨道的瞬根数存在周期性重复现象。

5.7　半解析积分

移除短周期项的便利性不仅在于对简化流的定性研究，而且允许采用非常有效的半解析方式来对主要摄动项进行积分。化简的哈密顿算子（5－71）的哈密顿方程为

$$\begin{aligned}\frac{\mathrm{d}\ell'}{\mathrm{d}t}=&n+nJ_2\frac{R_\oplus^2}{p^2}\frac{3}{4}\eta(2-3s^2)+nJ_2^2\frac{R_\oplus^4}{p^4}\frac{3}{128}\eta\,[15(8-16s^2+7s^4)\\&+16(2-3s^2)\eta-5(8-8s^2-5s^4)\eta^2\\&-(28-30s^2)(3-5\eta^2)s^2\cos2\omega]\end{aligned}\tag{5-82}$$

$$\begin{aligned}\frac{\mathrm{d}g'}{\mathrm{d}t}=&nJ_2\frac{R_\oplus^2}{p^2}\frac{3}{4}(4-5s^2)+nJ_2^2\frac{R_\oplus^4}{p^4}\frac{3}{128}\\&\times[\gamma_{0,0}+\gamma_{0,1}\eta+\gamma_{0,2}\eta^2+(\gamma_{1,0}+\gamma_{1,2}\eta^2)\cos2\omega]\end{aligned}\tag{5-83}$$

$$\begin{aligned}\frac{\mathrm{d}h'}{\mathrm{d}t}=&-nJ_2\frac{R_\oplus^2}{p^2}\frac{3}{2}c-nJ_2^2\frac{R_\oplus^4}{p^4}\frac{3}{32}c\,[5(8-7s^2)\\&+12(2-3s^2)\eta-(4+5s^2)\eta^2+2(7-15s^2)e^2\cos2\omega]\end{aligned}\tag{5-84}$$

$$\frac{\mathrm{d}G'}{\mathrm{d}t}=G'nJ_2^2\frac{R_\oplus^4}{p^4}\frac{3}{32}s^2(14-15s^2)e^2\sin 2\omega \tag{5-85}$$

式（5－83）中的倾角多项式 $\gamma_{i,j}$ 由表 5－4 给出，变量 n，p，s，η，e 和 ω 为素数变量的函数。

表 5－4　式（5－83）中的倾角多项式 $\gamma_{i,j}$

$\gamma_{0,0}=440-860s^2+385s^4$	
$\gamma_{0,1}=192-528s^2+360s^4$	$\gamma_{1,0}=56-372s^2+330s^4$
$\gamma_{0,2}=-56+36s^2+45s^4$	$\gamma_{1,2}=-56+316s^2-270s^4$

因为式（5－82）～式（5－85）不受与平近点角有关的短周期项影响，它们的数值积分以非常大的步长进行。在数值积分的每一步，短周期项可通过理论评估从式（2－17）计算得到的一阶校正量进行恢复。对于一阶情形，我们得到 $x=x'+J_2x_{0,1}$，其中 $x_{0,1}=\{x;\mathcal{W}_1\}$，$x$ 代表特殊变量。对于直接校正，$x_{0,1}$ 必须要写为素数变量的形式，然而对于逆变换 $x'=x-J_2x_{0,1}$，校正量 $x_{0,1}$ 必须要写为原始变量的形式。

5.7.1　德劳内变量形式的短周期校正量

在德劳内变量的情形中，$\mathcal{W}_1$ 被式（5－61）代替。当我们选择 $A_1=0$ 时，对德劳内变量的校正量为 $H_{0,1}=0$，并且

$$\begin{aligned}\ell_{0,1}=&-\frac{R_\oplus^2}{p^2}\frac{\eta}{32}\left[6\left(\frac{4}{e}-e\right)(2-3s^2)\sin f+12(2-3s^2)\sin 2f\right.\\&+2e(2-3s^2)\sin 3f-3es^2\sin(-f+2\omega)-18s^2\sin 2\omega\\&-3\left(5e+\frac{4}{e}\right)s^2\sin(f+2\omega)-\left(e-\frac{28}{e}\right)s^2\sin(3f+2\omega)\\&\left.+18s^2\sin(4f+2\omega)+3es^2\sin(5f+2\omega)\right]\end{aligned}\tag{5-86}$$

$$\begin{aligned}g_{0,1}=&\frac{R_\oplus^2}{p^2}\frac{1}{32}\left\{24(4-5s^2)\phi+6\left[\frac{4}{e}(2-3s^2)+e(14-17s^2)\right]\sin f\right.\\&+12(2-3s^2)\sin 2f+2e(2-3s^2)\sin 3f+3es^2\sin(f-2\omega)\\&-18s^2\sin 2\omega-3\left[\frac{4}{e}s^2+e(8-15s^2)\right]\sin(f+2\omega)\\&-12(2-5s^2)\sin(2f+2\omega)+\left[\frac{28}{e}s^2-e(8-19s^2)\right]\sin(3f+2\omega)\\&\left.+18s^2\sin(4f+2\omega)+3es^2\sin(5f+2\omega)\right\}\end{aligned}\tag{5-87}$$

$$h_{0,1}=-\frac{R_\oplus^2}{p^2}\frac{c}{4}\left[6(\phi+e\sin f)-3e\sin(f+2\omega)-3\sin(2f+2\omega)-e\sin(3f+2\omega)\right]\tag{5-88}$$

$$L_{0,1}=L\frac{1}{4}\frac{R_{\oplus}^{2}}{p^{2}}\frac{1}{8\eta^{2}}\{(4-6s^{2})[2(5-3\eta^{2}-2\eta^{3})+3(4+e^{2})e\cos f+6e^{2}\cos 2f+e^{3}\cos 3f]+3s^{2}[e^{3}\cos(-f+2\omega)+6e^{2}\cos 2\omega+3(4+e^{2})e\cos(f+2\omega)+4(2+3e^{2})\cos(2f+2\omega)+(4+e^{2})\times 3e\cos(3f+2\omega)+6e^{2}\cos(4f+2\omega)+e^{3}\cos(5f+2\omega)]\} \tag{5-89}$$

$$G_{0,1}=G\frac{R_{\oplus}^{2}}{p^{2}}\frac{s^{2}}{4}[3e\cos(f+2\omega)+3\cos(2f+2\omega)+e\cos(3f+2\omega)] \tag{5-90}$$

反校正量也由式（5－86）～式（5－90）给出，但方程中的变量是原始德劳内变量的函数。

有时通常轨道根数的周期性校正更好。因为这些根数是德劳内变量的特殊函数，如2.1 节描述的那样，它们的瞬根值可根据平德劳内变量采用德普里特递归（2－15）计算得到。因此，$\Phi_{0,1}=\Phi_{1,0}+J_2\{\Phi_{0,0};\mathcal{W}_1\}$，其中 $\Phi_{0,0}$ 由描述为德劳内变量函数形式的每个轨道根数替换，$\Phi_{1,0}=0$。根据式（4－46），容易得到

$$\{a;\mathcal{W}_1\}=2\frac{L_{0,1}}{L}a,\quad \{e;\mathcal{W}_1\}=\frac{\eta^{2}}{e}\left(\frac{L_{0,1}}{L}-\frac{G_{0,1}}{G}\right),\quad \{I;\mathcal{W}_1\}=\frac{G_{0,1}}{G}\frac{c}{s}$$

而 $\{\Omega;\mathcal{W}_1\}=h_{0,1}$，$\{\omega;\mathcal{W}_1\}=g_{0,1}$，$\{M;\mathcal{W}_1\}=\ell_{0,1}$。

5.7.2 非奇异变量的短周期校正

我们注意到偏心率出现在式（5－86）和式（5－87）的分母中，在圆轨道的情形下，周期项校正量 $\ell_{0,1}$ 和 $g_{0,1}$ 会奇异。然而，这种奇异性属于虚拟类型[284]，很容易通过简单的变量替换来避免。

另一方面，$\ell_{0,1}+g_{0,1}$ 不存在奇异现象，对于零偏心率的轨道使用（非正则）非奇异变量。零偏心率的轨道由 L，h，H，平经度 $F=\ell+g$，以及式（5－74）定义的半平分点变量给出。所需的一阶校正为

$$F_{0,1}=\frac{R_{\oplus}^{2}}{p^{2}}\frac{1}{32}\{24(4-5s^{2})\phi+6\beta[22-29s^{2}+4(4-5s^{2})+(2-3s^{2})\eta^{2}]\sin f+12e\beta(2-3s^{2})\sin 2f+2e^{2}\beta(2-3s^{2})\times\sin 3f+3e^{2}\beta s^{2}\sin(f-2\omega)-18e\beta s^{2}\sin 2\omega-3\beta[8-11s^{2}+4(2-5s^{2})-5s^{2}\eta^{2}]\sin(f+2\omega)-12(2-5s^{2})\sin(2f+2\omega)-\beta[8-47s^{2}+4(2-5s^{2})\eta-s^{2}\eta^{2}]\sin(3f+2\omega)+18s^{2}e\beta\sin(4f+2\omega)+3s^{2}e^{2}\beta\sin(5f+2\omega)\}$$

$$C_{0,1}=-\frac{R_{\oplus}^{2}}{p^{2}}\frac{1}{32}\{24(4-5s^{2})e\phi\sin\omega+9e^{2}(4-5s^{2})\cos(f-\omega)$$
$$-2\beta[(20-21s^{2})(1+\eta)+(8-12s^{2})\eta^{2}]\cos\omega$$
$$-6[8-10s^{2}+(10-11s^{2})e^{2}]\cos(f+\omega)-36c^{2}e^{2}\cos(2f+\omega)$$
$$-(8-7s^{2})e^{2}\cos(3f+\omega)+3(4-13s^{2})e^{2}\cos(f+3\omega)$$
$$+12(1-5s^{2})e\cos(2f+3\omega)-2[14s^{2}-(2-9s^{2})e^{2}]$$
$$\times\cos(3f+3\omega)-18s^{2}e\cos(4f+3\omega)-3s^{2}e^{2}\cos(5f+3\omega)\}$$

$$S_{0,1}=\frac{R_{\oplus}^{2}}{p^{2}}\frac{1}{32}\{24(4-5s^{2})e\phi\cos\omega+3e^{2}(12-13s^{2})\sin(f-\omega)$$
$$+2\beta[(20-39s^{2})(1+\eta)+4(2-3s^{2})\eta^{2}]\sin\omega+6[8-14s^{2}$$
$$+(6-9s^{2})e^{2}]\sin(f+\omega)+12(1-3s^{2})e\sin(2f+\omega)-5s^{2}e^{2}$$
$$\times\sin(3f+\omega)-3(4-13s^{2})e^{2}\sin(f+3\omega)-12(1-5s^{2})e$$
$$\times\sin(2f+3\omega)+2[14s^{2}-(2-9s^{2})e^{2}]\sin(3f+3\omega)$$
$$+18s^{2}e\sin(4f+3\omega)+3s^{2}e\sin(5f+3\omega)\}$$

注意，如果想将这些校正量的右边用非奇异变量 F，C 和 S 显式描述，必须要进行级数展开。

或者，在把生成函数（5－61）写为极坐标变量形式后[317]，能推得极坐标正则变量的非奇异一阶校正量。因此

$$\mathcal{W}_1=-\Theta\frac{1}{8}\frac{R_{\oplus}^{2}}{p^{2}}[(4-6s^{2})\phi+2\sigma(2-3s^{2}-s^{2}\cos2\theta)+(3+4\kappa)s^{2}\sin2\theta]$$

式中，偏心率矢量在轨道坐标系的投影 κ 与 σ 现在和式（5－42）中的一样。我们得到 $N_{0,1}=0$，并且

$$r_{0,1}=-\frac{r}{4}\frac{R_{\oplus}^{2}}{p^{2}}(1+\kappa)\left[(2-3s^{2})\left(1+\frac{2\eta}{1+\kappa}+\frac{\kappa}{1+\eta}\right)-s^{2}\cos2\theta\right]$$

$$\theta_{0,1}=\frac{1}{8}\frac{R_{\oplus}^{2}}{p^{2}}\left\{6(4-5s^{2})\phi-[6-7s^{2}+2(4-6s^{2})\kappa]\sin2\theta+\left[20-24s^{2}+(4-6s^{2})\frac{2+\kappa}{1+\eta}+(4-8s^{2})\cos2\theta\right]\sigma\right\}$$

$$v_{0,1}=-\frac{1}{4}\frac{R_{\oplus}^{2}}{p^{2}}c[6\phi+2\sigma(3+\cos2\theta)-(3+4\kappa)\sin2\theta]$$

$$R_{0,1}=\frac{1}{4}\frac{R_{\oplus}^{2}}{p^{2}}\frac{\Theta}{p}\left\{(2-3s^{2})\left[\eta+\frac{(1+\kappa)^{2}}{1+\eta}\right]\sigma-2(1+\kappa)^{2}s^{2}\sin2\theta\right\}$$

$$\Theta_{0,1}=\frac{1}{4}\frac{R_{\oplus}^{2}}{p^{2}}\Theta s^{2}[(3+4\kappa)\cos2\theta+2\sigma\sin2\theta]$$

第 6 章　带谐摄动

主要摄动揭示了人造卫星问题最相关的特征，并表明需要考虑 J_2 的二阶效应才能得到长期项动力学的定性描述。然而，重力势的其他二阶效应与包含 J_2^2 的因子项具有类似的重要性，因此在近地轨道的动力学描述中不可以被忽略。这就是带谐项的情况。更具体地说，偶带谐项会导致长期效应，而奇带谐项会引入长周期振荡[130,341]。这个事实是众所周知的，并且由 Garfinkel、Kozai 和 Brouwer 在 1959 年 11 月出版的《天文学杂志》上发表的三篇论文提供了独立的解决方案，其中考虑了前几项带谐项的影响。

在近地轨道的演变过程中，可以清楚地观察到高于二次的带谐项的影响，将其纳入传播模型可以提高长弧段轨道预报的精度。但除了这些量化的改进，一些主要摄动项还对动力学产生了特殊的影响。特别是相对于更简单的只考虑 J_2 的情况，它们改变了冻结轨道的几何结构，因此，在冻结轨道的初步设计中必须使用[119,137,400]。另一方面，与 J_2 耦合的高次带谐项影响非常小，在摄动建模中通常可以忽略。在这种情况下，可以避免大多数典型的基于直接的摄动解法的展开表达式。事实上，人们可以充分利用文献［229，431，589］中不同的递归方法来构造 J_2^2 阶以下的摄动解法，特别是具有重大意义的 Kaula 递推方法[341,351,417,691]。后一种方法从李变换方法的角度在 Brouwer 的完全简化哈密顿函数的重构中进行了讨论。

在计算 Brouwer 理论的二阶周期修正时，还讨论了哈密顿函数简化处理的应用，然而大多数情况下，这些修正是非必要的，当然，前提是 Brouwer 理论的常数可以用不同的方法[63]进行适当的初始化。本章还展示了当通过反向归一化计算解析解时，如何避免在计算 Brouwer 方法的高阶解析解时的固有困难。

6.1　平根数中的带谐项摄动

令式（5－2）中 $m=0$，可以得到带谐摄动势，即

$$\mathcal{P}=\frac{\mu}{r}\sum_{n\geqslant 2}\frac{R_{\oplus}^{n}}{r^{n}}J_{n}P_{n,0}(\sin\phi) \tag{6-1}$$

其中，$J_n=-C_{n,0}$。与主要摄动一样，带谐势不依赖于地心经度，因此将角动量矢量的第三分量作为一个积分。因此，通过将式（6－1）代入式（5－3），从中消掉 Coriolis 项，可以获得带谐摄动的哈密顿函数。

按照 Kaula 的方法[339,341]，采用轨道根数的方式描述摄动势（6－1），得到

$$\mathcal{P}=\frac{\mu}{a}\left(\frac{a^{2}}{r^{2}}\eta\right)\sum_{i\geqslant 2}J_{i}V_{i} \tag{6-2}$$

其中

$$V_i=\frac{R_{\oplus}^{i}}{p^{i}}\eta\sum_{j=0}^{i}\mathcal{F}_{i,j}(s)\sum_{k=0}^{i-1}\binom{i-1}{k}e^{k}\cos^{k}f\cos\left[(i-2j)(f+\omega)-i_{\pi}\right] \tag{6-3}$$

并且

$$\mathcal{F}_{i,j}=\sum_{l=0}^{\min(j,i_0)}\frac{(-1)^{j-l-i_0}}{2^{2i-2l}}\binom{2i-2l}{i}\binom{i}{l}\binom{i-2l}{j-l}s^{i-2l},i\geqslant 2l,\quad j\geqslant l \tag{6-4}$$

这是 Kaula 倾角函数的带谐摄动的具体化形式，其有效的递归计算已经引起了广泛研究和争议[232,251]。式（6－4）中的符号 i_0 和式（6－3）中的类似符号 i_π 遵守文献［400，417］中的索引符号表示法惯例。所以

$$i^{*}=i \bmod 2,\quad i_{\pi}=\frac{1}{2}\pi i^{*},\quad i_{m}=\left\lfloor\frac{1}{2}(i-m)\right\rfloor \tag{6-5}$$

其中，i，m 为整数，$\lfloor x\rfloor$ 是 $\leqslant x$ 的最大整数。

与文献［341，574］中的类似方程不同，在式（6－2）求和公式中保留系数 $(a/r)^2\eta$，为接下来的基于式（4－64）中真近点角和平近点角之间的微分关系的闭式积分做准备。

接下来，带谐摄动的哈密顿函数描述为摄动哈密顿函数（2－30）的通用形式。即

$$\mathcal{H}=\sum_{m\geqslant 0}\frac{\epsilon^{m}}{m!}\mathcal{H}_{m,0} \tag{6-6}$$

其中，小参数为 $\varepsilon=J_2$，且当 $m\geqslant 3$ 时，$\mathcal{H}_{m,0}=0$。

$$\mathcal{H}_{0,0}=-\frac{\mu}{2a} \tag{6-7}$$

$$\mathcal{H}_{1,0}=\frac{\mu}{a}\left(\frac{a^2}{r^2}\eta\right)V_2 \tag{6-8}$$

$$\mathcal{H}_{2,0}=2\frac{\mu}{a}\left(\frac{a^2}{r^2}\eta\right)\sum_{i\geqslant 3}\widetilde{J}_i V_i \tag{6-9}$$

V_i 在式（6－3）中给出，且 $\widetilde{J}_i=J_i/J_2^2$ 是一阶的数值系数。通常，轨道根数和相关的量是德劳内正则变量的函数。

就像我们在 5.6 节中对主要摄动所做的那样，通过将带谐摄动的哈密顿函数简化为一个单自由度哈密顿函数，其中短周期效应已被消除到某截断阶次，就可以得到带谐摄动的动力学效应。因为式（6－6）仍然是一个摄动开普勒问题，所以李导数和同调方程分别是式（4－66）和式（4－68）。此外，$\mathcal{H}_{1,0}$ 与主要摄动中式（5－36）相同。因此，$\mathcal{H}_{0,1}$ 由式（5－60）给出，$\mathcal{W}_1$ 由式（5－61）给出。

在二阶时，同调方程的已知项由式（2－37）计算得出，并且与式（5－65）中的不同，$\mathcal{H}_{2,0}$ 项由式（6－9）给出。因此，式（6－9）中与李导数（4－66）的核有关的项必须与前面式（5－70）中计算的项相加。使用微分关系式（4－64），以偏心率的闭合形式计算这些项。即

$$\langle\mathcal{H}_{2,0}\rangle_{\ell}=\frac{1}{2\pi}\int_{0}^{2\pi}\mathcal{H}_{2,0}\frac{r^2}{a^2\eta}\mathrm{d}f=2\frac{\mu}{a}\sum_{i\geqslant 3}\widetilde{J}_i\langle V_i\rangle_f \tag{6-10}$$

当式（6－3）展开为 f 的傅里叶级数时，最容易得到真近点角的平均 V_i。根据文献

[417]，我们首先进行展开

$$\cos^k f\cos(\iota f+\alpha)=\cos^k f\cos\iota f\cos\alpha-\cos^k f\sin\iota f\sin\alpha \tag{6-11}$$

其中，$\iota\equiv i-2j$ ，$\alpha\equiv n\omega-i_\pi$。然后，进行迭代

$$\cos^k f\cos\iota f=\frac{1}{2}[\cos(\iota+1)f+\cos(\iota-1)f]\cos^{k-1}f$$

$$\cos^k f\sin\iota f=\frac{1}{2}[\sin(\iota+1)f+\sin(\iota-1)f]\cos^{k-1}f$$

可以得到

$$\cos^k f\cos(i-2j)f=\frac{1}{2^k}\sum_{l=0}^{k}\binom{k}{k-l}\cos(i-2j-k+2l)f \tag{6-12}$$

$$\cos^k f\sin(i-2j)f=\frac{1}{2^k}\sum_{l=0}^{k}\binom{k}{k-l}\sin(i-2j-k+2l)f \tag{6-13}$$

从中我们注意到，仅当 $i-2j-k+2l=0$ 时，式（6-12）中的项是式（6-3）中唯一不包含真近点角的项。只有当 $k-i$ 或 $k+i$ 是偶数时，才会出现这种情况。

然后，将 $l=\frac{1}{2}(k-i)+j$ 代入式（6-12）中，然后插入式（6-3），我们得到

$$\langle V_i\rangle_f=\frac{R_\oplus^i}{p^i}\eta\sum_{j=1}^{i-1}\mathcal{F}_{i,j}(s)\,\mathcal{G}_{i,j}^*(e)\cos[(i-2j)\omega-i_\pi] \tag{6-14}$$

其中

$$\mathcal{G}_{i,j}^*=\sum_{k=0}^{i-1}\binom{i-1}{k}\binom{k}{\frac{k+i}{2}-j}\frac{e^k}{2^k} \tag{6-15}$$

这是带谐摄动的 Kaula 偏心率函数乘以 η^{2i-1} 的具体形式，这又是 Hansen 系数的具体情况[231,234,263,557,562,631]。因此，可以将式（6-15）改写为 Kaula 的有效形式

$$\mathcal{G}_{i,j}^*=\sum_{l=0}^{\tilde{j}-1}\binom{i-1}{q}\binom{q}{l}\frac{e^q}{2^q},\quad q=2l+i-2\tilde{j},\quad \begin{cases} i\geqslant 2j\Rightarrow\tilde{j}=j\\ i<2j\Rightarrow\tilde{j}=i-j\end{cases} \tag{6-16}$$

总之，直到 J_2 的二阶，去除短周期效应的平根数哈密顿函数，有

$$\mathcal{H}=\mathcal{H}_{0,0}+\epsilon\mathcal{H}_{0,1}+\frac{1}{2}\epsilon^2\mathcal{H}_{0,2} \tag{6-17}$$

其中 $\mathcal{H}_{0,0}$ 是开普勒式（6-7），$\mathcal{H}_{0,1}$ 与主要摄动中的式（5-60）相同。$\mathcal{H}_{0,2}$ 可以通过式（5-70）和式（6-10）相加获得，并且这些表达式中的所有量都是常见的德劳内变量函数。

哈密顿函数（6-17）是部分归一化的，因为直到截断阶，它是以平近点角 ℓ' 为周期的，因此，德劳内作用 L' 是平根数形式的带谐摄动的积分。值得注意的是，Kaula 递归的使用允许我们替换文献［119］的附录 A 中扩展的哈密顿函数 $\mathcal{H}=\mathcal{Q}_{1,0}+\frac{1}{2}\epsilon\mathcal{Q}_{2,0}$ 对其进行直接计算，并用紧凑的表达式填满了两个四开大小的页面，参见文献［400，417］。

$$\mathcal{H}=J_2\frac{\mu}{a}\sum_{i\geqslant 2}\widetilde{J}_i\langle V_i\rangle_f-J_2\frac{\mu}{a}\frac{R_{\oplus}^4}{p^4}\frac{3\eta}{128}[5(8-16s^2+7s^4)+4(2-3s^2)^2\eta$$
$$-(8-8s^2-5s^4)\eta^2-2(14-15s^2)s^2e^2\cos 2\omega]$$

(6-18)

其中，$\mu/a=(G'\eta/p)^2$，$\langle V_i\rangle_f$ 由式（6-14）给出，求和现在从 $i=2$ 开始。而且，对于任意数量的带谐项，使用 Kaula 递推，可以轻松得到平根数表示的带谐哈密顿函数［由式（6-17）或式（6-18）给出］，而不受文献［119］中计算的 J_2-J_9 模型的限制。

6.1.1　平均流

式（6-18）是一个单自由度可积哈密顿函数。因为 $H=H_0$ 且 $L'=L'_0$，由于带谐摄动的对称性，并且分别求出了平均值 h' 和 ℓ' 的运动与简化的（g'，G'）系统解耦。即 $\mathrm{d}G'/\mathrm{d}t=-\partial\mathcal{H}/\partial g'$，$\mathrm{d}g'/\mathrm{d}t=\partial\mathcal{H}/\partial G'$，其中

$$\frac{\mathrm{d}G'}{\mathrm{d}t}=G'J_2 n\frac{R_{\oplus}^4}{p^4}\frac{3}{32}(14-15s^2)s^2e^2\sin 2\omega-L'n\sum_{i\geqslant 3}\frac{J_i}{J_2}\frac{\partial\langle V_i\rangle_f}{\partial\omega} \tag{6-19}$$

$$\frac{\mathrm{d}g'}{\mathrm{d}t}=n\frac{R_{\oplus}^2}{p^2}\frac{3}{4}(4-5s^2)+n\sum_{i\geqslant 3}\frac{J_i}{J_2}\left(\frac{1-2i}{\eta}\langle V_i\rangle_f-\frac{\eta}{e}\frac{\partial\langle V_i\rangle_f}{\partial e}+\frac{c^2}{s\eta}\frac{\partial\langle V_i\rangle_f}{\partial s}\right)$$
$$+n\frac{R_{\oplus}^4}{p^4}\frac{3J_2}{128}[\gamma_{0,0}+\gamma_{0,1}\eta+\gamma_{0,2}\eta^2+(\gamma_{1,0}+\gamma_{1,2}\eta^2)\cos 2\omega]$$

(6-20)

其中，倾角多项式 $\gamma_{i,j}$ 在之前的表 5-4 中给出，并且

$$\frac{\partial\langle V_i\rangle_f}{\partial\omega}=-\frac{R_{\oplus}^i}{p^i}\eta\sum_{j=1}^{i-1}(i-2j)\mathcal{F}_{i,j}\mathcal{G}_{i,j}^{*}\sin[(i-2j)\omega-i_{\pi}] \tag{6-21}$$

$$\frac{\partial\langle V_i\rangle_f}{\partial e}=\frac{R_{\oplus}^i}{p^i}\eta\sum_{j=1}^{i-1}\mathcal{F}_{i,j}\frac{\partial\mathcal{G}_{i,j}^{*}}{\partial e}\cos[(i-2j)\omega-i_{\pi}] \tag{6-22}$$

$$\frac{\partial\langle V_i\rangle_f}{\partial s}=\frac{R_{\oplus}^i}{p^i}\eta\sum_{j=1}^{i-1}\frac{\partial\mathcal{F}_{i,j}}{\partial s}\mathcal{G}_{i,j}^{*}\cos[(i-2j)\omega-i_{\pi}] \tag{6-23}$$

可用的递归公式使得 Kaula 倾角[232,251]和偏心率函数[231,661]偏导数的计算快速收敛。对于较低的偏心率，文献［128，574，604］中的简化可以代替式（6-19）和式（6-20）。

将式（6-19）和式（6-20）与式（5-83）和式（5-85）作比较，可以发现引入更高次地球带谐项后对动力学的影响。这些高阶项让我们预见到简化的长期动力学的定性变化。确实，与单独的主要摄动不同，一般来说，当 $\omega=0$，π 时，条件 $\mathrm{d}G'/\mathrm{d}t=0$ 不再满足。相反，当 $\omega=\pm\frac{1}{2}\pi$ 时，一般 G' 的变分消失，如式（6-21）所验证，一种情况是对于 i 为偶数，$\sin[(i-2j)\omega-i_{\pi}]$ 变成 $\sin 2k\omega$ 并且 $k\in\mathbb{N}$，当 i 为奇数时则变成 $\cos(2k+1)\omega$。为了使近地点幅角保持不变，式（6-20）也必须消除。即

$$0=\frac{3}{4}(4-5s^2)+\frac{R_\oplus^2}{p^2}\frac{3J_2}{128}[\gamma_{0,0}-\gamma_{1,0}+\gamma_{0,1}\eta+(\gamma_{0,2}-\gamma_{1,2})\eta^2]$$
$$+\sum_{i\geqslant 3}\frac{J_i}{J_2}\frac{R_\oplus^{i-2}}{p^{i-2}}\sum_{j=0}^{i}\left[(1-2i)\mathcal{F}_{i,j}\mathcal{G}_{i,j}^*-\mathcal{F}_{i,j}\frac{\eta^2}{e}\frac{\partial\mathcal{G}_{i,j}^*}{\partial e}+\frac{c^2}{s}\frac{\partial\mathcal{F}_{i,j}}{\partial s}\mathcal{G}_{i,j}^*\right]$$
$$\times\cos\frac{\pi}{2}(i\mp i^*-2j) \tag{6-24}$$

其中，余弦项根据整数 $i\mp i^*-2j$ 的奇偶性等于±1，其中负号对应于 $\omega=+\frac{\pi}{2}$ 的情况，正号对应于相反的情况。

因此，通过式（6－24）可以采用寻根法得到 η，从而计算 $g'=\pm\pi/2$ 时带谐摄动的冻结轨道偏心率。之前，我们必须替换 $s=(1-c^2)^{1/2}$ 和 $c=\gamma/\eta$，其中动力学参数 $\gamma=H'/L'$ 同之前的式（5－73）。对于可能存在不同冻结近地点幅角的简化动力学的其他平衡条件在此不做讨论。

从式（6－15）我们可以看出式（6－22）中的 $\frac{\partial\mathcal{G}_{i,j}^*}{\partial e}$ 没有引入除数 e，从式（6－4）可以看出式（6－23）中的 $\frac{\partial\mathcal{F}_{i,j}}{\partial s}$ 没有引入除数 s。然而，对于 g' 的变分，这些不想要的除数确实出现在式（6－20）中。使用式（5－74）中定义的非奇异半分点变量可以避免与圆形轨道相关的奇异性。

$$\frac{\mathrm{d}C}{\mathrm{d}t}=-\frac{\eta}{L'}\left(\frac{1}{e}\frac{\mathrm{d}G'}{\mathrm{d}t}\right)\cos\omega-\left(e\frac{\mathrm{d}g'}{\mathrm{d}t}\right)\sin\omega$$
$$\frac{\mathrm{d}S}{\mathrm{d}t}=-\frac{\eta}{L'}\left(\frac{1}{e}\frac{\mathrm{d}G'}{\mathrm{d}t}\right)\sin\omega+\left(e\frac{\mathrm{d}g'}{\mathrm{d}t}\right)\cos\omega$$

考虑到 $\mathrm{d}G'/\mathrm{d}t=\mathcal{O}(e)$，上式中分母不包含偏心率 e。而且，当 $\omega=\pm\pi/2$ 时

$$\frac{\mathrm{d}C}{\mathrm{d}t}=\mp\left(e\frac{\mathrm{d}g}{\mathrm{d}t}\right)\bigg|_{\omega=\pm\frac{\pi}{2}},\quad \frac{\mathrm{d}S}{\mathrm{d}t}=\mp\frac{\eta}{L}\left(\frac{1}{e}\frac{\mathrm{d}G}{\mathrm{d}t}\right)\bigg|_{\omega=\pm\frac{\pi}{2}}\equiv 0$$

因此，冻结轨道的约束方程可以通过将式（6－24）右侧乘以偏心率 e 得到，这样就消除了不想要的除数 e。

另一方面，不同于主要摄动，对于赤道轨道奇带谐项引入了奇点。如果需要，可以使用 Poincaré 非奇异变量[468]去除这两种奇点。

$$\begin{aligned}
&x_1=L, && y_1=\ell+g+h,\\
&x_2=\sqrt{2}\sqrt{L-G}\cos(g+h), && y_2=-\sqrt{2}\sqrt{L-G}\sin(g+h),\\
&x_3=\sqrt{2}\sqrt{G-H}\cos h, && y_3=-\sqrt{2}\sqrt{G-H}\sin h
\end{aligned}\tag{6-25}$$

6.1.2　冻结轨道的倾角-偏心率图

对于给定的值 L'、H' 和 $g'=\pm\frac{\pi}{2}$，我们不必像 G' 中的多项式方程那样看待冻结轨

道约束，而可以像下面隐式方程给出的曲线 $e=e(I)$ 那样看待式（6-24）

$$\dot{\omega}\left(e,I;\omega=\pm\frac{1}{2}\pi,a\right)=0 \tag{6-26}$$

然后，对于给定的平均半长轴 a 和固定的近地点幅角 $\omega=\pm\frac{\pi}{2}$，冻结轨道的偏心率被确定为倾角的函数。因此，对于给定的 a 值，$\omega=\pm\frac{\pi}{2}$ 的冻结轨道的倾角-偏心率图被画成式（6-26）的等高线图。这些图表有助于定位冻结轨道，并揭示了不同类型冻结轨道的存在[119]。另一方面，它们提供了周期轨道类型的解析模拟，这些周期轨道类型通常在瞬时变量中使用数值连续方法计算，无论是在轨道平面上[385,409,423]，还是在重复地面轨迹的更严格条件下[387,390,428,586]。倾角-偏心率图也提供了一种快速的方法，可以探索动力学对重力势不同截断的敏感性[400]。

图 6-1 显示了重力势 J_2-J_9 截断的示例。逆倾角轨道的曲线是顺倾角轨道情况的映射，在此不呈现。为便于说明，半长轴选择与地球赤道半径相同，以增强摄动的影响，尽管在这种情况下，大多数轨道会撞击地球表面。带谐项系数数值取自 GRACE 重力模型[630]。

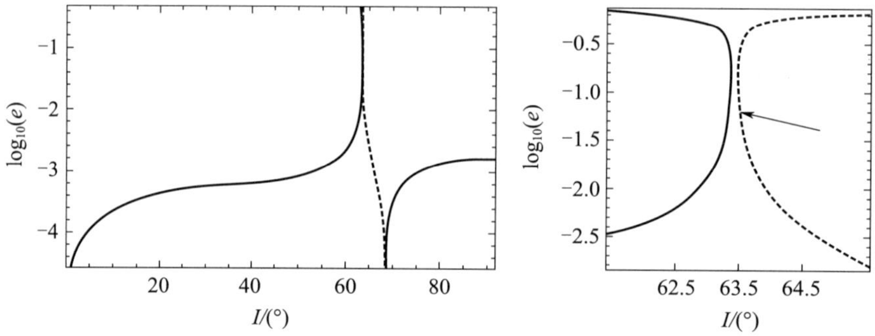

图 6-1　$a=R_{\oplus}$ 时，冻结轨道的倾角-偏心率图（J_2-J_9 截断）
实线表示 $\omega=90°$，虚线表示 $\omega=270°$。右图：临界倾角附近的放大

图 6-1 中的倾角-偏心率图说明了所有倾角范围都存在低偏心率地球冻结轨道，除了临界倾角附近的狭窄区域外。冻结轨道在这个小范围内也存在，只是它们的偏心率变大了。对给定半长轴（或 L'）冻结轨道被归到由角动量矢量 H 的第三个分量作参数的不同种类中。第一类从赤道平面（$H=G'$）内近地点幅角固定在 $\omega=90°$ 的极低偏心率轨道开始。减小 H 值会增加冻结轨道的倾角，而冻结轨道的偏心率变化很小。最终，在临界倾角附近，偏心率会增大而倾角几乎固定不变。稍后我们将看到这类的轨道是稳定的。如图 6-1 右图中箭头所指，在特定取值 $H/L'\approx\cos 63.5°$，近地点幅角固定在 $\omega=270°$ 时，出现两类新的冻结轨道。它们在 H 变小时存在，其影响是一类冻结轨道倾角几乎不变而偏心率变大，另一类冻结轨道偏心率变小时倾角逐渐变大。接近 $I\approx 68°$ 时，后一类轨道有非常低的偏心率，最终近地点幅角变成 $\omega=90°$。当 H 值减小时冻结轨道的倾角持续变大，而偏心率会略有增加，且近地点幅角固定在 $\omega=90°$。我们之后会发现低偏心率这类冻结轨

道是由稳定轨道组成的，而 $\omega=270°$ 的高偏心率轨道是不稳定的。我们注意到，我们有意避免谈论圆轨道，因为在这种情况下，近地点没有定义，因此，它们被排除在倾角-偏心率图构造中使用的条件方程之外。

另一方面，冻结轨道曲线的特征随重力势截断的程度而略有不同。特别是当近地点幅角在 180°翻转时，可能导致倾角发生几度的变化。由图 6-2 可以看到这一事实，其中在同一张图中叠加了带谐摄动不同截断时相对应的倾角-偏心率曲线。图中还显示了大倾角冻结轨道都具有类似的低偏心率，而与模型的截断深度无关，这证明在需要大倾角冻结轨道的典型任务的初步设计中，使用更简单的 J_2-J_3 截断是合理的[137,258]。因此，对于不同的带谐位势截断，可以方便地构造出倾角-偏心率图，这种方法已被建议作为一种选择标准来评估一类特定轨道传播模型的敏感度。

高偏心率无撞击的冻结轨道只在半长轴很大时才有意义。对于重力模型的任何截断，它们都集中在临界倾角附近，因为系数 $(R_{\oplus}/a)^m$ 可进一步减轻二阶影响，当 $m>2$ 且 $a\gg R_{\oplus}$ 时，其取值很小。

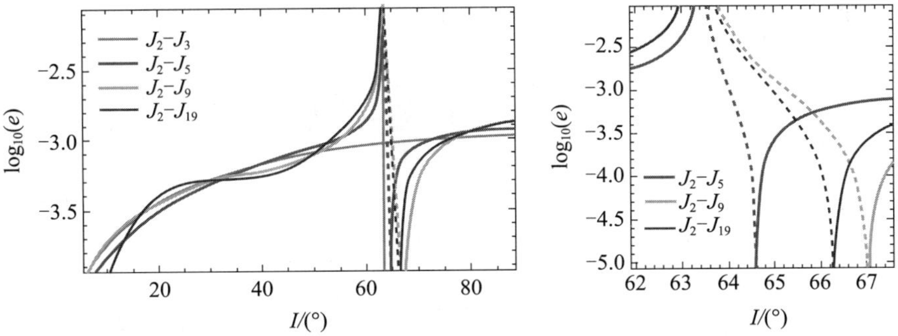

图 6-2　非撞击冻结轨道的倾角-偏心率图（$a=1.1R_{\oplus}$）

实线表示 $\omega=90°$，虚线表示 $\omega=270°$，参见文献［400］（见彩插）

6.1.3　局部动力学：偏心率矢量图

在 5.6.3 节中讨论的关于主要摄动的简化动力学方面的相关差异在偏心率矢量图中也明显可见。它们被绘制成平根数哈密顿函数（6-18）的等高线图，使用半春分点变量 C 和 S 通过下面关系式很容易重新表示

$$e^j\cos j\omega=\frac{1}{2}[(C-\mathrm{i}S)^j+(C+\mathrm{i}S)^j],\quad e^j\sin j\omega=\frac{1}{2}\mathrm{i}[(C-\mathrm{i}S)^j-(C+\mathrm{i}S)^j]$$

其中，$\mathrm{i}=\sqrt{-1}$ 且 j 为整数。

因此，如图 6-3 第一行所示，带谐位势的 J_2-J_3 截断破坏了主要摄动的赤道对称性。尽管如此，随着圆轨道的不稳定性变化，第一种类型再次在临界倾角附近出现，并且这类的稳定偏心率冻结轨道的近地点在 0 和 π 处。然而，第二种类型具有不同的性质，现在出现在一个低离心率、不稳定的轨道上，近地点固定在 90°。这一事实与图 5-4 中的 J_2 情况产生了细微的差异，相反，我们可以在不完成循环的情况下发现偏心率矢量的长偏移；虽然轨道可能会达到中等偏心率，但它们最终会接近圆形情况。如图 6-3 第二行中的图所示，加入 J_4 从根本上改变了各种类的几何结构。在这种情况下，所有的种类都发生在近地点固定在 270°的轨道上。然而，在 J_2-J_4 截断情况下的第二种类型的低偏心率不稳定轨道，会造成不稳定偏心率轨道的近地点幅角从 270°快速迁移到 0°和 180°，最终产生了一幅类似于主要摄动旋转了 90°的图形。

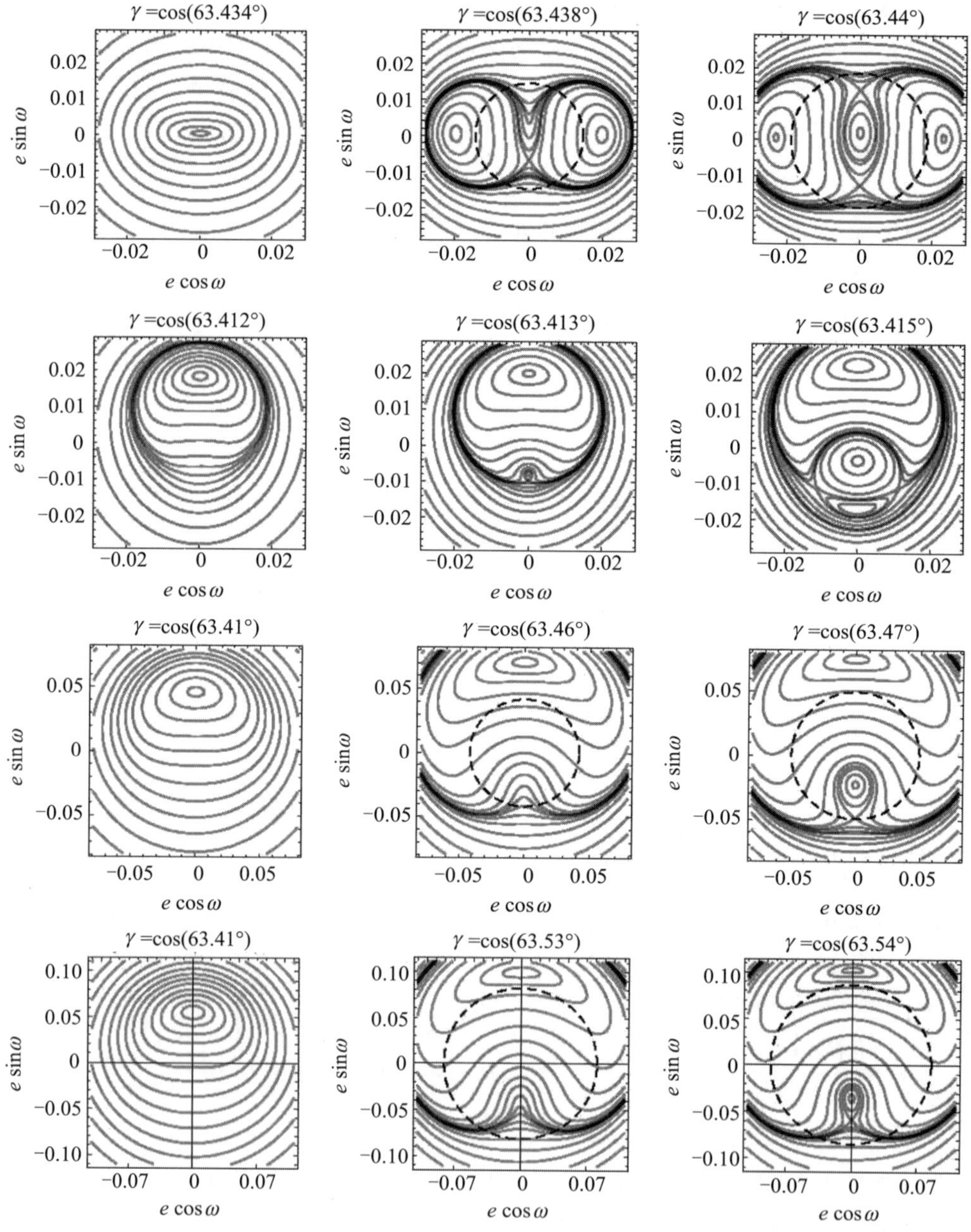

图 6-3　不同截断偏心率矢量图（$a=1.1R_{\oplus}$），从上至下分别为 J_2-J_3、J_2-J_4、J_2-J_5 和 J_2-J_7 截断。注意不同的刻度。虚线圆圈 $e=(1-5\gamma^2)^{1/2}$ 表示临界倾角

当考虑更多的带谐项时，低偏心率轨道的第二种类型不再存在，如图 6 - 3 中第三行和第四行所示，分别为 J_2-J_5 和 J_2-J_7 截断。增加更多的带谐项只会产生图 6 - 3 最后一行相图的定量变化。因此，冻结轨道种类的数量及其稳定性与 6.1.2 节中预期的一致。

6.2　哈密顿函数简化

二阶短周期修正的计算需要从二阶同调方程显式计算生成函数的二阶项。中心方程不接受三角函数代数[324]中的封闭原函数，这一事实产生了关于 $\mathcal{W}_2$ 解析解的一些争议。实际上，封闭形式的中心方程的不定积分依赖于椭圆运动方程的代数分解和双对数函数的使用[536,537]，这一过程使摄动方法复杂化。然而，困难是显而易见的，它源自参与天体力学计算自动化研究人员所使用的特殊编程策略[171]。事实上，研究人员依靠传统的手工计算很容易避开这个困难[8,363]。

事实上，涉及中心方程的已知二阶项是式（5 - 66）中的那些项。如果采用傅里叶级数的形式

$$\widetilde{\mathcal{H}}_{0,2,1}=-\frac{\mu}{2a}\frac{R_{\oplus}^4}{p^4}\frac{9}{8}(5s^2-4)s^2\phi\sum_{j=-1}^{5}q_{|j-2|}e^{|j-2|}\sin(jf+2g)$$

其中，$q_0=3e^2+2$，$q_1=\frac{3}{4}(e^2+4)$，$q_2=\frac{3}{2}$ 且 $q_3=\frac{1}{4}$，然后，仅当 $j=0$ 时显示 φ，这显示出了明显的难度。然而，另一种形式是

$$\widetilde{\mathcal{H}}_{0,2,1}=-\frac{\mu}{2a}\frac{R_{\oplus}^4}{p^4}\frac{9}{8}(5s^2-4)s^2\frac{p^2}{r^2}\frac{\phi}{\eta^2}\sum_{j=1}^{3}(2-j^*)e^{j^*}\sin(jf+2g)$$

其中，$j^*\equiv j\bmod 2$，为采用式（6 - 5）中的索引表示法惯例，结果表明，我们只需要处理 $(p/r)^2\phi\sin(jf+\alpha)$ 形式的平近点角函数的不定积分，这很容易被分部积分[407]。

从恒等式 $\mathcal{L}_0(\phi/G)+\eta^3/p^2=1/r^2$ 中可以清楚地看出，包含中心方程的项是由于生成函数消去因子 $1/r^2$ 而产生的[155,156,271]。这就是 5.4.2 节中德普里特径向中间轨道 (Deprit's radial intermediary) 的生成函数式（5 - 40）不含中心方程的原因。在将主要摄动哈密顿函数简化为准开普勒系统的过程中，$1/r^2$ 项没有被删除，因此在变换后的哈密顿函数中保留了与中心方程相关的基本短周期效应。通过比较式（5 - 61）和式（5 - 40）中的一阶生成函数可以发现这一事实。然后自然会出现这样一个摄动：将 5.4.2 节中的计算扩展到二阶是否有利于从带谐哈密顿函数中消除短期项。

6.2.1　德普里特视差消除法

在将带谐哈密顿函数转换为准开普勒系统的尝试中，将式（6 - 1）中的视差因子 $R_{\oplus}^m/r^m$ 的幂由 $m>2$ 减小为 $m=2$ 是至关重要。在消掉其他的短周期项后，理想的结果是在 $R_{\oplus}^2/r^2$ 的剩余项对开普勒运动的摄动效应中加入总的角动量，以获得不同的角动量，就像在德普里特径向中间轨道的式（5 - 32）和式（5 - 33）中做过的那样。虽然这是不可行的，但我们将看到，该过程为摄动方法提供了显著的简化。

通过式（6－2），已经实现了视差项的形式简化。事实上，一阶哈密顿函数（6－8）的视差因子中所涉及的短周期项已经被合并到 V_2 中，从式（6－3）得到 V_2 如下

$$V_2=(R_\oplus/p)^2\eta\,[\mathcal{F}_{2,1}+(\mathcal{F}_{2,0}+\mathcal{F}_{2,2})\cos(2f+2\omega)]\,(1+e\cos f)$$

其中，从式（6－4）可以得到，$\mathcal{F}_{2,0}=\mathcal{F}_{2,2}=-\dfrac{3}{8}s^2$，$\mathcal{F}_{2,1}=-\dfrac{1}{2}+\dfrac{3}{4}s^2$。在完成相关的三角函数简化后，我们得到

$$V_2=-\frac{1}{8}\frac{R_\oplus^2}{p^2}\eta\{(4-6s^2)(1+e\cos f)+3s^2\times[e\cos(f+2\omega)+2\cos(2f+2\omega)+e\cos(3f+2\omega)]\}\tag{6-27}$$

因此，式（6－8）转化为

$$\mathcal{H}_{1,0}=-\frac{1}{8}\frac{\mu}{p}\frac{R_\oplus^2}{r^2}\{(4-6s^2)(1+e\cos f)+3s^2[e\cos(f+2\omega)+2\cos(2f+2\omega)+e\cos(3f+2\omega)]\}$$

从中选择新的哈密顿项，只剩下与 $1/r^2$ 出现相关的短周期效应。也就是说，通过下式的选择可以使真近点角不再显示出现

$$\mathcal{H}_{0,1}=\frac{\mu}{a}\left(\frac{a^2}{r^2}\eta\right)\langle V_2\rangle_f\tag{6-28}$$

其中，从式（6－14）可得，$\langle V_2\rangle_f=(R_\oplus/p)^2\eta[\mathcal{F}_{2,0}\mathcal{G}_{2,0}^*\cos2\omega+\mathcal{F}_{2,1}\mathcal{G}_{2,1}^*]$，由式（6－16）可得，$\mathcal{G}_{2,0}^*=0$，$\mathcal{G}_{2,1}^*=1$。因此

$$\langle V_2\rangle_f=\frac{R_\oplus^2}{p^2}\eta\left(\frac{3}{4}s^2-\frac{1}{2}\right)\tag{6-29}$$

$$\mathcal{H}_{0,1}=\frac{\mu}{p}\frac{R_\oplus^2}{r^2}\left(\frac{3}{4}s^2-\frac{1}{2}\right)\tag{6-30}$$

这正好是式（5－37）中德普里特径向中间轨道的一阶项。因此，对于任意不依赖于 ℓ 的积分“常数”，式（5－40）可以很明显地给出生成函数的一阶项，式（5－40）被改写为更简洁的如下形式

$$\mathcal{W}_1=\frac{G}{8}\frac{R_\oplus^2}{p^2}\left[(6s^2-4)e\sin f-s^2\sum_{j=1}^{3}3^{\lfloor(4-j)/2\rfloor}e^{|j-2|}\sin(jf+2\omega)\right]\tag{6-31}$$

二阶时，同调方程右侧的已知项由式（2－37）计算得出。在对涉及的泊松括号进行计算后，我们得到

$$\widetilde{\mathcal{H}}_{0,2}=\frac{\mu}{a}\left(\frac{a}{r}\right)^2\eta\left[\frac{R_\oplus^4}{p^4}\eta\sum_{j=0}^{6}\sum_{l=j_1}^{2}q_{j,l}s^{|2l|}\cos(jf+2l\omega)+2\sum_{i\geqslant3}\widetilde{J}_iV_i\right]\tag{6-32}$$

其中所需系数 $q_{j,l}\equiv q_{j,l}(s,e)$ 如表 6－1 所示，参见文献［417］。回想一下，根据式（6－5）中的索引表示法惯例，$j_1=\left\lfloor\dfrac{1}{2}(j-1)\right\rfloor$。

和我们在一阶的做法一样，新的哈密顿项 $\mathcal{H}_{0,2}$ 选择由 $\widetilde{\mathcal{H}}_{0,2}$ 项组成，这些项不包含显示的 f，然而保留了在式（6－32）中的显示 $1/r^2$。也就是，除了与其像相关的附加项外，$\mathcal{H}_{0,2}$ 保留了 $\widetilde{\mathcal{H}}_{0,2}$ 中与李导数式（4－66）［它现在更好地设置为式（5－38）的形式］的核

有关的所有项。通过忽略式（6－32）中的除了 $j=0$ 外的所有系数 $q_{j,l}$，可以很容易地进行选择。即

$$\mathcal{H}_{0,2}=\frac{\mu}{a}\left(\frac{a^2}{r^2}\eta\right)\left[\frac{R_{\oplus}^4}{p^4}\eta(q_{0,0}+2q_{0,1}s^2\cos 2\omega)+2\sum_{i\geqslant 3}\widetilde{J}_i\langle V_i\rangle_f\right] \tag{6-33}$$

其中，$\langle V_i\rangle_f$ 项已经在式（6－14）中算出。

表 6－1　式（6－32）中的系数 $q_{j,l}=q_{j,-l}$

j	$l=0$	$l=1$	$l=2$
0	$q_{2,0}-\frac{1}{16}(21s^4-42s^2+20)$	$\frac{3}{64}e^2(14-15s^2)$	0
1	$-\frac{1}{32}e(27s^4-108s^2+64)$	$\frac{7}{16}e(11-12s^2)$	0
2	$\frac{3}{64}e^2(5s^4+8s^2-8)$	$\frac{3}{16}e^2(2-s^2)+\frac{1}{8}(20-21s^2)$	$-\frac{15}{128}e^2$
3		$\frac{3}{16}e(8s^2-5)$	$-\frac{9}{64}e$
4		$\frac{3}{32}e^2(13s^2-10)$	$\frac{3}{64}(4-e^2)$
5			$\frac{15}{64}e$
6			$\frac{9}{128}e^2$

对于 $m=2$，下一步求解同调方程（5－39）。考虑到式（6－32）和式（6－33），我们得到

$$\mathcal{W}_2=G\frac{R_{\oplus}^4}{p^4}\sum_{j=1}^{6}\frac{1}{j}\sum_{l=j_1}^{2}q_{j,l}s^{|2l|}\sin(jf+2l\omega)+2G\sum_{i\geqslant 3}\widetilde{J}_iW_{2,i} \tag{6-34}$$

其中，被积函数 $W_{2,i}$ 只由 f 的短周期项组成。

$$W_{2,i}=\frac{1}{\eta}\int(V_i-\langle V_i\rangle_f)\mathrm{d}f,\quad i\geqslant 3 \tag{6-35}$$

将式（6－3）和式（6－14）代入式（6－35），我们得到

$$W_{2,i}=\frac{R_{\oplus}^i}{p^i}\sum_{j=0}^{i}\mathcal{F}_{i,j}(s)\sum_{k=0}^{i-1}\binom{i-1}{k}e^k\,\mathcal{I}_{i,j,k}(f,\omega) \tag{6-36}$$

其中，积分 $\mathcal{I}_{i,j,k}$ 当 $\iota=i-2j$ 时，只是 f 的周期函数。

$$\mathcal{I}_{i,j,k}=\int\left\{\cos^k f\cos[\iota(f+\omega)-i_\pi]-\frac{1}{2^k}\binom{k}{\frac{k+\iota}{2}}\cos(\iota\omega-i_\pi)\right\}\mathrm{d}f \tag{6-37}$$

使用式（6－12）和式（6－13）对式（6－37）求积分可以得到

$$\mathcal{I}_{i,j,k}=\frac{1}{2^k}\sum_{\substack{l=0\\ l\neq l^*}}^{k}\binom{k}{l}\frac{1}{2(l-l^*)}\sin[2(l-l^*)f+(i-2j)\omega-i_\pi] \tag{6-38}$$

其中，$l=l^* \equiv j+\frac{1}{2}(k-i)$ 项不在求和项中，因为它正好消掉式（6－37）中的 $\langle V_i \rangle_f$ 项。

遗憾的是，我们最初将带谐摄动转化为准开普勒系统的计划在消除视差的二阶时失败了，因为式（6－33）中出现了 $\omega=g'$，使 G' 不能成为整数。然而，该程序仍然是成功的，因为它通过去除非必要的短周期项，从根本上简化了带谐摄动哈密顿函数。此外，可以在李变换过程的任意阶消除视差，而避免在生成函数中出现中心方程，因此，不需要放弃三角函数代数[154,442]。

6.2.2 德劳内归一化

直到二阶效应，我们得到了消除视差后的简化哈密顿量 $\mathcal{K}=\mathcal{K}_{0,0}+\varepsilon\mathcal{K}_{1,0}+\frac{1}{2}\varepsilon^2\mathcal{K}_{2,0}$，其中 $\mathcal{K}_{0,0}=\mathcal{H}_{0,0}$、$\mathcal{K}_{1,0}=\mathcal{H}_{0,1}$、$\mathcal{K}_{2,0}=\mathcal{H}_{0,2}$ 分别在式（6－7）、式（6－8）和式（6－33）中给出，其中所有与椭圆运动相关的量现在都假定为带撇号的德劳内变量 ℓ'、g'、L'、G' 和 $H'=H$。

现在，通过德劳内归一化，可以直接从哈密顿函数中消除剩余的短周期项[156]。在一阶，我们选择 $\mathcal{K}_{0,1}=\langle\mathcal{K}_{1,0}\rangle_{\ell'}$，即

$$\mathcal{K}_{0,1}=\frac{1}{2\pi}\int_0^{2\pi}\mathcal{K}_{1,0}\,\mathrm{d}\,\ell'=\frac{1}{2\pi}\int_0^{2\pi}\mathcal{K}_{1,0}\frac{r^2}{a^2\eta}\mathrm{d}f=\frac{\mu}{a}\langle V_2\rangle_f \tag{6-39}$$

其中，$\langle V_2\rangle_f$ 由式（6－29）给出。因为 $\widetilde{\mathcal{K}}_{0,1}=\mathcal{K}_{1,0}=\mathcal{K}_{0,1}(a/r)^2\eta$，同调方程（4－69）中的被积函数被消掉，而 $\mathcal{V}_1$ 项被轻松地求解。因此

$$\mathcal{V}_1=\frac{\phi}{n}\mathcal{K}_{0,1}=L\varphi\langle V_2\rangle_f \tag{6-40}$$

二阶已知项通过将式（2－37）中的 $\mathcal{H}$ 替换为 $\mathcal{K}$ 计算得出。我们得到

$$\begin{aligned}\widetilde{\mathcal{K}}_{0,2}=&-\frac{\mu}{a}\frac{R_\oplus^4}{p^4}\frac{1}{16}\eta^2(2-3s^2)^2\left[3+\frac{a^2}{r^2}(1+2\beta\cos f+e\beta\cos 2f)\right]\\&+\frac{\mu}{a}\frac{R_\oplus^4}{p^4}\times\left(\frac{a^2}{r^2}\eta\right)\eta(q_{0,0}+2q_{0,1}s^2\cos 2\omega)+2\frac{\mu}{a}\left(\frac{a^2}{r^2}\eta\right)\sum_{i\geqslant 3}\widetilde{J}_i\langle V_i\rangle_f\end{aligned} \tag{6-41}$$

然后，我们选择 $\mathcal{K}_{0,2}=\langle\widetilde{\mathcal{K}}_{0,2}\rangle_{\ell'}$，可以利用微分关系式（4－64）求平均得到

$$\mathcal{K}_{0,2}=\frac{\mu}{a}\frac{R_\oplus^4}{p^4}\eta\left[q_{0,0}-\frac{1+3\eta}{16}(3s^2-2)^2+2q_{0,1}s^2\cos 2\omega\right]+2\frac{\mu}{a}\sum_{i\geqslant 3}\widetilde{J}_i\langle V_i\rangle_f \tag{6-42}$$

也就是说，直到 J_2 的二阶，去除了短周期效应的平根数的新哈密顿函数是

$$\mathcal{Q}=\mathcal{Q}_{0,0}+J_2\mathcal{Q}_{1,0}+\frac{1}{2}J_2^2\mathcal{Q}_{2,0} \tag{6-43}$$

其中，$\mathcal{Q}_{0,0}$ 是开普勒系统式（6－7）的双撇号变量，$\mathcal{Q}_{1,0}=K_{0,1}(G'',L'';H)$ 由式（6－39）给出，$\mathcal{Q}_{2,0}=K_{0,2}(g'',G'',L'';H)$ 由式（6－42）给出。

正如预期的那样，部分归一化哈密顿函数（6－43）在形式上与之前在式（6－17）中

得到的带撇号变量中的平根数哈密顿函数相同。在初步消除视差时这种迂回方法的好处是从式（4-69）计算 $\mathcal{V}_2$ 变得直接，从而得到

$$\begin{aligned}\mathcal{V}_2 = \phi\left[G'\frac{R_{\oplus}^4}{p^4}(q_{0,0}+2q_{0,1}s^2\cos 2\omega)-\frac{L'}{\eta}\langle V_2\rangle_f^2+2L'\sum_{i\geqslant 3}\widetilde{J}_i\langle V_i\rangle_f\right]\\ -G'\frac{R_{\oplus}^4}{p^4}\frac{\beta}{32}(2-3s^2)^2(4\sin f+e\sin 2f)\end{aligned} \tag{6-44}$$

6.2.3　短期修正

消除视差的一阶修正与式（5-43）～式（5-48）中给出的德普里特径向中间轨道完全相同。正如我们之后将在 6.6 节中所讨论的，最相关的二阶项是与摄动理论常数初始化有关的项，特别是与平半长轴计算有关项[469]。然后，我们这里仅限于德劳内作用 $L=\sqrt{\mu a}$ 情况下直到二阶的逆变换的周期修正计算。

在消除视差的情况下，$L'=L+J_2L_{0,1}+\dfrac{1}{2}J_2^2L_{0,2}$，其中从式（2-17）和式（2-27）可得，$L_{0,1}=\partial\mathcal{W}_1/\partial\ell$，$L_{0,2}=\partial\mathcal{W}_2/\partial\ell-\{L_{0,1};\mathcal{W}_1\}$，且 $\mathcal{W}_1$ 和 $\mathcal{W}_2$ 由式（6-31）和式（6-34）分别给出。利用微分关系式（4-64），可以很容易地计算出平近点角的偏导数。因此

$$L_{0,1}=\frac{1}{8}L\frac{R_{\oplus}^2}{r^2}\frac{1}{\eta^2}\left[(4-6s^2)e\cos f+s^2\sum_{j=1}^{3}3^{\lfloor 2-j/2\rfloor}j\,e^{|j-2|}\cos(jf+2\omega)\right]$$

其中

$$\{L_{0,1};\mathcal{W}_1\}=L\frac{R_{\oplus}^4}{p^4}\frac{p^2}{r^2}\frac{1}{\eta^4}\sum_{i=0}^{2}\sum_{j=0}^{8}\sum_{k=0}^{2}q_{2i,j,k}s^{2i}e^{2k+j^*}\cos[(2i+j-4)f+2i\omega] \tag{6-45}$$

由式（6-5）可知，$j^*=j\bmod 2$，且 $q_{2i,j,k}$ 是表 6-2 中的倾角多项式。最终

$$\begin{aligned}\frac{\partial\mathcal{W}_2}{\partial\ell}=G\frac{a^2}{r^2}\eta\Bigg\{\frac{R_{\oplus}^4}{p^4}\sum_{j=1}^{6}\sum_{l=j_1}^{2}q_{j,l}s^{|2l|}\cos(jf+2l\omega)+2\sum_{i\geqslant 3}\sum_{j=0}^{i}\sum_{k=0}^{i-1}\widetilde{J}_i\frac{R_{\oplus}^i}{p^i}\mathcal{F}_{i,j}\\ \times\binom{i-1}{k}\frac{e^k}{2^k}\sum_{\substack{l=0\\ l\neq l^*}}^{k}\binom{k}{l}\cos[2(l-l^*)f+(i-2j)\omega-i_\pi]\Bigg\}\end{aligned}$$

其中，系数 $q_{j,l}$ 在表 6-1 中给出，且从式（6-38）可知 $l^*\equiv j+(k-i)/2$。

表 6-2　式（6-45）中的非零系数 $q_{2i,j,k}$

(j,k)	$i=0$	$i=1$	$i=2$
0,2	$q_{0,8,2}$	$q_{2,8,2}$	$q_{4,8,2}$
1,1	$q_{0,7,1}$	$q_{2,7,1}$	$q_{4,7,1}$
2,1	$q_{0,6,1}$	$\frac{3}{8}(1-3s^2)$	$\frac{177}{128}$
2,2	$q_{0,6,2}$	$\frac{3}{8}(5-6s^2)$	$\frac{3}{32}$

续表

(j,k)	$i=0$	$i=1$	$i=2$
3,0	$q_{0,5,0}$	$\frac{1}{16}(5-21s^2)$	$\frac{117}{64}$
3,1	$q_{0,5,1}$	$\frac{1}{64}(214-267s^2)$	$\frac{9}{8}$
4,0	$\frac{1}{32}(-3s^4+12s^2+8)$	$\frac{7}{8}(2-3s^2)$	$\frac{21}{32}$
4,1	$\frac{1}{64}(261s^4-120s^2+32)$	$\frac{1}{4}(5-9s^2)$	$\frac{177}{64}$
4,2	$\frac{3}{256}(101s^4-40s^2-8)$	$-\frac{3}{64}(31s^2-26)$	$\frac{69}{256}$
5,0	$\frac{1}{64}(63s^4-12s^2+32)$	$-\frac{3}{16}(27s^2-19)$	$\frac{93}{64}$
5,1	$\frac{1}{64}(207s^4-96s^2+4)$	$-\frac{3}{64}(9s^2-2)$	$\frac{3}{2}$
6,1	$\frac{3}{128}(67s^4-32s^2+16)$	$-\frac{3}{8}(10s^2-7)$	$\frac{153}{128}$
6,2	$\frac{3}{8}s^2(2s^2-1)$	$\frac{3}{8}(s^2-1)$	$\frac{9}{32}$
7,1	$\frac{3}{32}(9s^4-6s^2+2)$	$-\frac{27}{64}(3s^2-2)$	$\frac{27}{64}$
8,2	$\frac{3}{512}(27s^4-24s^2+8)$	$-\frac{9}{128}(3s^2-2)$	$\frac{27}{512}$

关于德劳内归一化，由式（6－40）和式（6－29）可得，一阶生成函数是 $\mathcal{V}_1=\frac{1}{4}G'(R_\oplus/p)^2(3s^2-2)\phi$，其中从式（2－17）得到极点变量的一阶修正。即 $\Theta_{0,1}=0$，$N_{0,1}=0$ 且

$$r_{0,1}=-\frac{1}{2}r(3s^2-2)[2\eta+\kappa(1+\kappa)/(1+\eta)]$$

$$\theta_{0,1}=\frac{1}{2}[3(5s^2-4)\phi+(3s^2-2)(2+\kappa)\sigma/(1+\eta)]$$

$$v_{0,1}=3c\phi$$

$$R_{0,1}=\frac{1}{2}(\Theta/p)\sigma(3s^2-2)[\eta+(1+\kappa)^2/(1+\eta)]$$

其中，右侧有双撇号变量表示直接修正，单撇号变量表示逆修正。回想一下，后者必须根据式（2－27）进行减去。

最终，我们使用式（6－40）和式（6－44）给出的生成函数来计算 $L''=L'+J_2L'_{0,1}+\frac{1}{2}J_2^2L'_{0,2}$，其中 $L'_{0,1}=\partial\mathcal{V}_1/\partial\ell'$，且 $L'_{0,2}=\partial\mathcal{V}_2/\partial\ell'-\{L'_{0,1};\mathcal{V}_1\}$。再次用微分关系式（4－64）计算关于平近点角的偏导数，得到

$$L'_{0,1}=\frac{1}{4}L'\frac{R_\oplus^2}{p^2}\eta(3s^2-2)(\frac{a^2}{r^2}\eta-1)$$

$$\{L'_{0,1};V_1\}=-L'\frac{R_\oplus^4}{p^4}(2-3s^2)^2\frac{1}{128\eta^4}\sum_{j=0}^{4}Q'_j(e)\cos jf$$

$$\frac{\partial\mathcal{V}_2}{\partial\ell'}=-L'\frac{R_\oplus^4}{p^4}\frac{a^2}{r^2}\frac{\beta\eta^2}{16}(2-3s^2)^2(2\cos f+e\cos 2f)+(\frac{a^2}{r^2}\eta-1)$$

$$\times L'\left[\eta\frac{R_\oplus^4}{p^4}(q_{0,0}+2q_{0,1}s^2\cos 2\omega)-\frac{1}{\eta}\langle V_2\rangle_f^2+2\sum_{i\geqslant 3}\widetilde{J}_i\langle V_i\rangle_f\right]$$

其中，Q'_j 项在表 6－3 中给出，$q_{0,j}$ 项在表 6－1 中给出。

表 6－3　L' 德劳内变换的系数 Q'

$Q'_0=105-60\eta^2-18\eta^3+3\eta^4+2\eta^5$	$Q'_3=12e(2-\eta^2-\eta^3)$
$Q'_1=4\beta(42+42\eta-5\eta^2-14\eta^3-5\eta^4)$	$Q'_4=(1-\eta)^2(3+6\eta+5\eta^2+2\eta^3)$
$Q'_2=4(21-16\eta^2-7\eta^3+\eta^4+\eta^5)$	

6.3　Brouwer 完全简化解

正如我们在 6.1.1 节中所讨论的，式（6－43）或式（6－17）中的长期项哈密顿函数是可积的。然而，它是不可分离的，按照 Brouwer 的方式[75]，我们计算另外一个李变换来消除长期项，从而得到一个完全简化的哈密顿函数。

6.3.1　长期项

通过一个新的李变换到三撇号变量，可以消掉式（6－43）中与近地点变化有关的长期项。由于该问题现在与 ℓ'' 无关，新的李变换的生成函数也选择与其无关的，定义 $\mathcal{U}=\sum_{m\geqslant 0}(J_2^m/m!)\mathcal{U}_{m+1}$ 且 $\mathcal{U}_{m+1}\equiv\mathcal{U}_{m+1}(-,g'',-,L'',G'',H'')$。因此，从式（4－66）可立即证明李导数 $\mathcal{L}_0(\mathcal{U}_m)$ 总是沿着开普勒流从 $\mathcal{Q}_{0,0}$ 中消失。因此，同调方程（4－67）变为

$$0=\widetilde{\mathcal{Q}}_{0,m}-\mathcal{Q}_{0,m}\qquad(6-46)$$

且 $\mathcal{U}_m$ 在第 m 步不能计算。

然而，$\mathcal{Q}_{1,0}$ 已经与 $\omega=g''$ 不相关，在一阶时很容易选择 $\mathcal{Q}_{0,1}=\mathcal{Q}_{1,0}$，进而在二阶时只有 $\mathcal{U}_1$ 未确定。在二阶时，从式（2－37）计算 $\widetilde{\mathcal{Q}}_{0,2}$ 后，我们以 $\{\mathcal{U}_1;\mathcal{Q}_{1,0}\}=\frac{1}{2}(\mathcal{Q}_{0,2}^*-\mathcal{Q}_{0,2})$ 且 $\mathcal{Q}_{2,0}^*=\mathcal{Q}_{2,0}$ 形式重写式（6－46）。类似地，在三阶，通过重复应用德普里特基本递归（2－15），我们得到 $\{\mathcal{U}_2;\mathcal{Q}_{1,0}\}=\frac{1}{2}(\mathcal{Q}_{0,3}^*-\mathcal{Q}_{0,3})$，其中 $\mathcal{Q}_{0,3}^*=\{\mathcal{Q}_{0,2};\mathcal{U}_1\}+\{\mathcal{Q}_{1,1};\mathcal{U}_1\}+\{\mathcal{Q}_{2,0};\mathcal{U}_1\}+\mathcal{Q}_{3,0}$。

通过这种方式，我们得到新的同调方程

$$\mathcal{L}_1(\mathcal{U}_{m-1})\equiv\{\mathcal{U}_{m-1};\mathcal{Q}_{1,0}\}=\frac{1}{m}(\mathcal{Q}_{0,m}^*-\mathcal{Q}_{0,m})\qquad(6-47)$$

其中，$\mathcal{Q}_{0,m}^{*}$ 表示程序直到第 m 步的可计算项，且

$$\mathcal{L}_1(\mathcal{U}_{m-1}) \equiv \frac{3}{4}n\frac{R_{\oplus}^2}{p^2}(4-5s^2)\frac{\partial \mathcal{U}_{m-1}}{\partial g''} \tag{6-48}$$

因此，相对于可以确定消除近拱点的生成函数的阶数，将摄动法的实际阶数改变了一阶。因为式（6-47）右侧是 g'' 的三角多项式，所以李算子 $\mathcal{L}_1$ 的核由不含 g'' 的项组成。

同样，同调方程可以通过不定积分方便地求解，但遗憾的是，除数 $\Delta=4-5s^2$ 破坏了消去长周期项的变换方程，并使解不能应用于临界倾角附近的轨道。当外推具有解析解这种类型的临界倾角轨道时，一种避免运行时计算溢出的方法是将临界除数 Δ 替换成下面两种形式：当 $\Delta=0$ 时，取 $1/\Delta=0$，其他情况时，$1/\Delta=[1-\exp(-100\Delta^2)]/\Delta$，这可以提供来自临界倾角的正确值，且不会变得奇异[121,299]。

因此，在二阶时，我们得到

$$\mathcal{U}_1=\frac{2}{3}\frac{p^2}{R_{\oplus}^2}\frac{1}{n(4-5s^2)}\int(\mathcal{Q}_{2,0}-\mathcal{Q}_{0,2})\mathrm{d}g'' \tag{6-49}$$

其中，新的哈密顿项 $\mathcal{Q}_{0,2}$ 由与 $\mathcal{L}_1$ 的核有关的项 $\mathcal{Q}_{0,2}$ 组成，也就是 $\mathcal{Q}_{0,2}=\langle\mathcal{Q}_{2,0}\rangle_{\omega}$。考虑式（6-42），我们得到

$$\mathcal{Q}_{0,2}=\frac{\mu}{a}\frac{R_{\oplus}^4}{p^4}\eta\left[q_{0,0}-\frac{1+3\eta}{16}(3s^2-2)^2\right]+2\frac{\mu}{a}\sum_{k\geqslant 2}\widetilde{J}_{2k}\langle\langle V_{2k}\rangle_f\rangle_{\omega} \tag{6-50}$$

其中，系数 $q_{0,0}$ 由表 6-1 给出，且从式（6-14），我们可得

$$\langle\langle V_{2k}\rangle_f\rangle_{\omega}=(R_{\oplus}/p)^{2k}\eta\,\mathcal{F}_{2k,k}(s)\,\mathcal{G}_{2k,k}^{*}(e) \tag{6-51}$$

根据式（6-5）中的索引转换规则 $i^*=i \bmod 2, i_0=\left\lfloor\frac{1}{2}i\right\rfloor$，这表明 $-i=2k$，$i_{\pi}=0$ 时只有式（6-14）中的偶带谐项才有属于李导数（6-48）的项。因此，它们是仅有的具有长期效应的势能项。

在以三撇号变量表示完 $\mathcal{Q}_{0,i}$，$i=0$，1，2 后，直到 $\mathcal{O}(J_2^2)$，我们得到了长期的完全简化的哈密顿函数

$$\mathcal{S}=\mathcal{S}(-,-,-,L''',G''',H''')\equiv\mathcal{Q}_{0,0}+J_2\mathcal{Q}_{0,1}+\frac{1}{2}J_2^2\mathcal{Q}_{0,2}$$

其哈密顿方程是平凡可积的。事实上，动量是常量，$L'''=L''_0$，$G'''=G'''_0$，$H'''=H_0$，而它们的共轭角随时间线性变化

$$\ell'''=\ell'''_0+\frac{\partial\mathcal{S}}{\partial L'''}t,\quad g'''=g'''_0+\frac{\partial S}{\partial G'''}t,\quad h'''=h'''_0+\frac{\partial S}{\partial H'''}t$$

具有不变的、长期的频率

$$\begin{aligned}\frac{\partial\mathcal{S}}{\partial L'''}=&\,n+nJ_2\frac{R_{\oplus}^2}{p^2}\frac{3}{4}\eta(2-3s^2)+nJ_2^2\frac{R_{\oplus}^4}{p^4}\frac{3}{8}\eta\\&\times\left[\frac{5}{16}\eta^2(5s^4+8s^2-8)+\eta(2-3s^2)^2+\frac{15}{16}(7s^4-16s^2+8)\right]\\&-nJ_2^2\sum_{i\geqslant 3}\widetilde{J}_i(1-i^*)\frac{R_{\oplus}^i}{p^i}\eta\,\mathcal{F}_{i,i_0}\left[3\,\mathcal{G}_{i,i_0}^{*}-\frac{\eta^2}{e}\frac{\partial\mathcal{G}_{i,i_0}^{*}}{\partial e}\right]\end{aligned}$$

$$\frac{\partial \mathcal{S}}{\partial G'''}=nJ_2\frac{R_\oplus^2}{p^2}\frac{3}{4}(4-5s^2)+\frac{3}{128}nJ_2^2\frac{R_\oplus^4}{p^4}[\eta^2(45s^4+36s^2-56)$$

$$+24\eta(3s^2-2)(5s^2-4)+5(77s^4-172s^2+88)]+nJ_2^2\sum_{i\geqslant 3}\widetilde{J}_i$$

$$\times(1-i^*)\frac{R_\oplus^i}{p^i}\left[(1-2i)\mathcal{F}_{i,i0}\mathcal{G}_{i,i0}^*+\frac{c^2}{s}\frac{\partial\mathcal{F}_{i,i0}}{\partial s}\mathcal{G}_{i,i0}^*-\mathcal{F}_{i,i0}\frac{\eta^2}{e}\frac{\partial\mathcal{G}_{i,i0}^*}{\partial e}\right]$$

$$\frac{\partial \mathcal{S}}{\partial H'''}=-nJ_2\frac{R_\oplus^2}{p^2}\frac{3}{2}c+nJ_2^2\frac{R_\oplus^4}{p^4}\frac{3c}{32}[\eta^2(5s^2+4)+12\eta(3s^2-2)$$

$$+5(7s^2-8)]-nJ_2^2\sum_{i\geqslant 3}\widetilde{J}_i(1-i^*)\frac{R_\oplus^i}{p^i}\frac{c}{s}\frac{\partial\mathcal{F}_{i,i0}}{\partial s}\mathcal{G}_{i,i0}^*$$

对长期项进行长周期修正后可以获得瞬根解，从而获得平根数，而这些平根数又必须用6.2.3节中计算的短周期修正进行调整。

6.3.2　长期修正

式（6-49）的被积函数由以下周期项组成

$$\mathcal{Q}_{2,0}-\langle\mathcal{Q}_{2,0}\rangle_\omega=2\frac{\mu}{a}\frac{R_\oplus^4}{p^4}\eta q_{0,1}s^2\cos 2\omega+2\frac{\mu}{a}\sum_{i\geqslant 3}\widetilde{J}_i(\langle V_i\rangle_f-\langle\langle V_i\rangle_f\rangle_\omega)$$

其中，系数 $q_{0,1}$ 在表 6-1 中给出，并且从式（6-14）和式（6-51）可得

$$\langle V_i\rangle_f-\langle\langle V_i\rangle_f\rangle_\omega=\frac{R_\oplus^i}{p^i}\eta\sum_{\substack{j=0\\ j\neq i/2}}^{i-1}\mathcal{F}_{i,j}\mathcal{G}_{i,j}^*\cos[(i-2j)\omega-i_\pi]$$

因此，

$$\mathcal{U}_1=\frac{(4/3)G}{4-5s^2}\left[\frac{R_\oplus^2}{p^2}\frac{q_{0,1}}{2}s^2\sin 2\omega+\sum_{i\geqslant 3}\widetilde{J}_i\frac{R_\oplus^{i-2}}{p^{i-2}}\sum_{\substack{j=0\\ j\neq i/2}}^{i-1}\mathcal{F}_{i,j}\mathcal{G}_{i,j}^*\frac{\sin[(i-2j)\omega-i_\pi]}{i-2j}\right]\tag{6-52}$$

由长期项到平根数 $x''=x'''+J_2x''_{0,1}+O(J_2^2)$，$x\in(\ell, g, h, L, G, H)$ 的转换通常通过计算式（2-17）第一行的长期修正 $x''_{0,1}$ 得到。特别是，$L''_{0,1}=0$，$H''_{0,1}=0$，且

$$\ell''_{0,1}=\frac{\partial U_1}{\partial L''}=\frac{1}{16}\frac{R_\oplus^2}{p^2}\eta^3\frac{14-15s^2}{4-5s^2}s^2\sin 2\omega$$

$$+\frac{4}{3(4-5s^2)}\sum_{i\geqslant 3}\widetilde{J}_i\frac{R_\oplus^{i-2}}{p^{i-2}}\sum_{\substack{j=0\\ j\neq i/2}}^{i}\mathcal{F}_{i,j}\frac{\eta^3}{e}\frac{\partial\mathcal{G}_{i,j}^*}{\partial e}\frac{\sin[(i-2j)\omega-i_\pi]}{i-2j}$$

$$g''_{0,1}=\frac{\partial U_1}{\partial G''}=\frac{1}{16}\frac{R_\oplus^2}{p^2}\left[\frac{112-408s^2+520s^4-225s^6}{2(4-5s^2)^2}e^2-\frac{14-15s^2}{4-5s^2}s^2\right]$$

$$\times\sin 2\omega+\frac{4}{3(4-5s^2)}\sum_{i\geqslant 3}\widetilde{J}_i\frac{R_\oplus^{i-2}}{p^{i-2}}\sum_{\substack{j=0\\ j\neq i/2}}^{i}\left[\frac{c^2}{s}\frac{\partial\mathcal{F}_{i,j}}{\partial s}\mathcal{G}_{i,j}^*-\mathcal{F}_{i,j}\frac{\eta^2}{e}\frac{\partial\mathcal{G}_{i,j}^*}{\partial e}\right.$$

$$\left.+\left(\frac{14-15s^2}{4-5s^2}+4-2i\right)\mathcal{F}_{i,j}\mathcal{G}_{i,j}^*\right]\frac{\sin[(i-2j)\omega-i_\pi]}{i-2j}$$

$$h''_{0,1}=\frac{\partial\mathcal{U}_1}{\partial H}=-\frac{1}{16}\frac{R_\oplus^2}{p^2}\frac{56-120s^2+75s^4}{(4-5s^2)^2}ce^2\sin 2\omega-\frac{4c}{3(4-5s^2)}$$
$$\times\sum_{i\geqslant 3}\tilde{J}_i\frac{R_\oplus^{i-2}}{p^{i-2}}\sum_{\substack{j=0\\ j\neq i/2}}^{i}\left(\frac{10\,\mathcal{F}_{i,j}}{4-5s^2}+\frac{1}{s}\frac{\partial\mathcal{F}_{i,j}}{\partial s}\right)\mathcal{G}_{i,j}^*\frac{\sin[(i-2j)\omega-i_\pi]}{i-2j}$$

$$G''_{0,1}=-\frac{\partial\mathcal{U}_1}{\partial g''}=-\frac{4G''}{3(4-5s^2)}\left[\frac{R_\oplus^2}{p^2}\frac{3}{64}e^2(14-15s^2)s^2\cos 2\omega\right.$$
$$\left.+\sum_{i\geqslant 3}\tilde{J}_i\frac{R_\oplus^{i-2}}{p^{i-2}}\sum_{\substack{j=0\\ j\neq i/2}}\mathcal{F}_{i,j}\,\mathcal{G}_{i,j}^*\cos[(i-2j)\omega-i_\pi]\right]$$

其中，右侧是长期（三撇号）德劳内变量。反向修正 $x'''=x''-J_2x''_{0,1}+\mathcal{O}(J_2^2)$ 可以类似地进行计算，将长周期修正 $x''_{0,1}$ 右侧的量表示为双撇号德劳内变量的函数。

6.4 反向正则变换：首先消除长期项

Brouwer 的方法计算完全简化的哈密顿函数是依次消除短周期项和长周期项，另一种方法是颠倒顺序，首先消除长周期项。这种方法可能看起来不自然，因为李导数（4-66）不依赖于近地点幅角。然而，由于带谐摄动（6-2）的扰动势仅通过 $\theta=f+g$ 取决于 g，正如式（6-3）中可以清楚看到的，一个新哈密顿项的明智选择，以及生成函数所依赖的任意积分常数的正确选择，使得反向方法不仅可行，而且当我们以偏心率的闭合形式追求带谐哈密顿函数的高阶归一化时，这是有利的[408]。

6.4.1 总角动量的归一化

我们从最初的带谐哈密顿函数（6-6）开始。新项 $\mathcal{H}_{0,m}$ 的选择方式是，它们不仅要消掉与李导数核有关的同调方程的项，这是强制性的，而且它们还要消掉不完全是 g 周期的附加项（如果有的话）。也就是是，$\partial\mathcal{H}_{0,m}/\partial g=0$。通过这种方式，$g$ 是周期性的，直到截断阶，因此，G 变成了新的部分归一化哈密顿函数的形式积分。

因此，在一阶，我们选择 $\mathcal{H}_{0,1}$ 由不含 g 的项 $\mathcal{H}_{1,0}$ 组成。即，由式（6-8）可得

$$\mathcal{H}_{0,1}=\frac{\mu}{a}\left(\frac{a^2}{r^2}\eta\right)\langle V_2\rangle_g \tag{6-53}$$

其中，根据式（6-27）

$$\langle V_2\rangle_g=\frac{R_\oplus^2}{p^2}\eta\frac{1}{4}(3s^2-2)+\frac{R_\oplus^2}{p^2}\eta\frac{1}{4}(3s^2-2)e\cos f \tag{6-54}$$

与式（6-30）的比较表明，新的哈密顿项（6-53）肯定包含与李导数核有关的所有项。特别是，它由与消除视差的一阶哈密顿函数相同的项组成，此外还有一个系数是 $\cos f$ 的像项。

然后使用式（5-39）求解同调方程，我们很容易从中得到

$$\mathcal{W}_1=-\frac{1}{8}G\frac{R_\oplus^2}{p^2}s^2\sum_{i=1}^{3}3^{\lfloor 2-i/2\rfloor}e^{|i-2|}\sin(if+2\omega)+C_1 \tag{6-55}$$

生成函数的一阶项现在比式（6－31）简单，尽管它带有一个额外的常数项 $C_1 \equiv C_1(g, L, G, H)$。顺便说一句，除了 C_1 项外，式（6－55）正是希德径向中间轨道式（5－29）的生成函数，参见文献［111，154］。

在二阶 $\mathcal{L}_0(\mathcal{W}_2)=\widetilde{\mathcal{H}}_{0,2}-\mathcal{H}_{0,2}$，其中可计算项 $\widetilde{\mathcal{H}}_{0,2}$ 在式（2－37）中给出。即

$$\widetilde{\mathcal{H}}_{0,2}=\mathcal{H}_{2,0}+\{\mathcal{H}_{1,0};\mathcal{W}_1\}+\{\mathcal{H}_{0,1};\mathcal{W}_1\} \tag{6-56}$$

其中，$\mathcal{H}_{2,0}$ 由式（6－9）给出，且泊松括号的计算现在涉及仍然未知的函数 C_1 的偏导数。

我们希望 $\mathcal{H}_{0,2}$ 消掉 $\widetilde{\mathcal{H}}_{0,2}$ 中不包含 g 的项。至于 $\mathcal{H}_{2,0}$，它们只是

$$\langle\mathcal{H}_{2,0}\rangle_g=2\frac{\mu}{a}\left(\frac{a^2}{r^2}\eta\right)\sum_{i\geqslant 3}\widetilde{J}_i\langle V_i\rangle_g$$

我们很容易从式（6－3）验证，奇数项 $\langle V_{2i-1}\rangle_g$ 总是消失，而偶数项 $\langle V_{2i}\rangle_g$ 源自求和项 $j=\dfrac{1}{2}i$ 时的值。因此

$$\langle\mathcal{H}_{2,0}\rangle_g=2\frac{\mu}{a}\left(\frac{a^2}{r^2}\eta\right)\sum_{i\geqslant 2}\widetilde{J}_{2i}\frac{R_\oplus^{2i}}{p^{2i}}\eta\,\mathcal{F}_{2i,i}\sum_{k=0}^{2i-1}\binom{2i-1}{k}e^k\cos^k f \tag{6-57}$$

$\langle\mathcal{H}_{2,0}\rangle_g$ 仍然不包含由 $\mathcal{H}_{2,0}$ 贡献的核的所有项。为了验证这一点，我们计算

$$\mathcal{H}_{2,0}-\langle\mathcal{H}_{2,0}\rangle_g=2nG\frac{a^2}{r^2}\sum_{i\geqslant 3}\widetilde{J}_i(V_i-\langle V_i\rangle_g) \tag{6-58}$$

其中通过避免取值 $j=\dfrac{1}{2}i$ 很容易得到 $V_i-\langle V_i\rangle_g$。然后，通过微分关系式（4－64），我们很容易得到

$$\langle\mathcal{H}_{2,0}-\langle\mathcal{H}_{2,0}\rangle_g\rangle_\ell=\sum_{i\geqslant 3}K_i,\quad K_i=2\frac{\mu}{a}\widetilde{J}_i\langle V_i-\langle V_i\rangle_g\rangle_f$$

其中，类似于式（6－14）

$$K_i=2\frac{\mu}{a}\widetilde{J}_i\frac{R_\oplus^i}{p^i}\eta\sum_{\substack{j=1\\ j\neq i/2}}^{i}\mathcal{F}_{i,j}\,\mathcal{G}_{i,j}^*\cos[(i-2j)\omega-i_\pi],\quad i\geqslant 3 \tag{6-59}$$

在同调方程中，这种类型的项 K_i 必须通过选择适当任意函数 C_1 而使之无效。

这些讨厌的项也源于对式（6－56）中泊松括号的计算。确实，在确定了不包含 g 的项 $\{\mathcal{H}_{1,0};\mathcal{W}_1\}+\{\mathcal{H}_{0,1};\mathcal{W}_1\}$ 后，这将在新的哈密顿函数中保留，剩余的依赖于 g 的项，具有系数为 $1/r^2$ 的关于 f 的三角多项式形式。该三角多项式的零次项采用特定形式 $K_2=n\dfrac{a^2}{r^2}\eta\left[\dfrac{3}{2}\dfrac{R_\oplus^2}{p^2}(5s^2-4)\dfrac{\partial C_1}{\partial g}-G\dfrac{R_\oplus^4}{p^4}\dfrac{3}{32}(15s^2-14)s^2e^2\cos 2g\right]$ 且必须将其消除以避免在生成函数中出现 f 的非周期项。

所有恼人的项 K_i，$i\geqslant 2$，通过下式的适当选择很容易使其无效

$$C_1=\frac{4G}{3(5s^2-4)}\sum_{i\geqslant 3}\widetilde{J}_i\frac{R_\oplus^{i-2}}{p^{i-2}}\sum_{\substack{j=0\\ j\neq i/2}}^{i}\mathcal{F}_{i,j}\,\mathcal{G}_{i,j}^*\frac{\sin[(i-2j)\omega-i_\pi]}{i-2j} \tag{6-60}$$
$$+G\frac{R_\oplus^2}{p^2}\frac{1}{32}\frac{15s^2-14}{5s^2-4}s^2e^2\sin 2g$$

当我们这样做时，式（6-55）中生成函数的一阶项变得明确，且式（6-56）中的已知项 $\widetilde{\mathcal{H}}_{0,2}$ 可以重新计算。我们找到 $\{\mathcal{H}_{1,0};\mathcal{W}_1\}+\{\mathcal{H}_{0,1};\mathcal{W}_1\}=\widetilde{\mathcal{H}}_{0,2,K}+\widetilde{\mathcal{H}}_{0,2,I}$，其中

$$\widetilde{\mathcal{H}}_{0,2,I}=\frac{\mu}{p}\frac{R_{\oplus}^4}{p^4}\frac{p^2}{r^2}\frac{1}{512}\sum_{i=1}^{2}\sum_{j=-1}^{4}(j+i_0)Q_{i,j}s^{2i}\cos[(j+i_0)f+2ig] \tag{6-61}$$

由式（6-5）可知 $i_0=\left\lfloor\frac{1}{2}i\right\rfloor$，且系数 $Q_{i,j}$ 在表 6-4 给出。然后 $\widetilde{\mathcal{H}}_{0,2,I}$ 仅由关于李导数像的项组成。另一方面

$$\begin{aligned}\widetilde{\mathcal{H}}_{0,2,K}=&\frac{\mu}{p}\frac{R_{\oplus}^4}{p^4}\frac{p^2}{r^2}\frac{3}{64}s^2[8(4s^2-3)+(23s^2-16)e^2]-\frac{\mu}{p}\frac{R_{\oplus}^4}{p^4}\frac{p^2}{r^2}\frac{s^2}{(5s^2-4)^2}\\&\times\frac{3}{512}\{[(975s^6-2250s^4+1728s^2-448)e^2-4(5s^2-4)(795s^4\\&-1198s^2+448)]e\cos f-4e^2(775s^6-1710s^4+1236s^2-288)\\&\times\cos 2f+e^3(825s^6-1990s^4+1616s^2-448)\cos 3f\}\end{aligned} \tag{6-62}$$

$\widetilde{\mathcal{H}}_{0,2,K}$ 与近地点幅角无关，且同时由李导数的核及像项组成。

表 6-4　式（6-61）和式（6-64）中的系数 $Q_{i,j}$

j	$i=1$	$i=2$
-1	$12\dfrac{84-188s^2+105s^4}{4-5s^2}e^3$	$-3\dfrac{208-430s^2+225s^4}{(4-5s^2)^2}e^3$
0	0	$-60\dfrac{38-87s^2+50s^4}{(4-5s^2)^2}e^2$
1	$48\dfrac{148-340s^2+195s^4}{4-5s^2}e-24(14-15s^2)e^3$	$-4\dfrac{122-135s^2}{4-5s^2}e-8\dfrac{61-135s^2+75s^4}{(4-5s^2)^2}e^3$
2	$96(8-9s^2)+24\dfrac{52-116s^2+65s^4}{4-5s^2}e^2$	$24-12\dfrac{23-25s^2}{4-5s^2}e^2$
3	$64(7-8s^2)e-4(2-3s^2)\dfrac{14-15s^2}{4-5s^2}e^3$	$24e-3\dfrac{14-15s^2}{4-5s^2}e^3$
4	$12(6-7s^2)e^2$	$6e^2$

然后我们可以从式（6-62）和式（6-57）中安全地选择

$$\mathcal{H}_{0,2}=\langle\widetilde{\mathcal{H}}_{0,2}\rangle_g=\widetilde{\mathcal{H}}_{0,2,K}+\langle\mathcal{H}_{2,0}\rangle_g \tag{6-63}$$

并且通过式（5-39）解 $\mathcal{L}_0(\mathcal{W}_2)=\mathcal{H}_{2,0}+\mathcal{H}_{0,2,I}-\langle\mathcal{H}_{2,0}\rangle_g$，可以得到偏心率的解析解。我们得到

$$\mathcal{W}_2=\frac{1}{n}\int\widetilde{\mathcal{H}}_{0,2,I}\frac{r^2}{a^2\eta}\mathrm{d}f+\frac{1}{n}\int(\mathcal{H}_{2,0}-\langle\mathcal{H}_{2,0}\rangle_g-\sum_{i\geqslant 3}K_i)\frac{r^2}{a^2\eta}\mathrm{d}f$$

将式（6-61）、式（6-58）和式（6-59）代入上式得到

$$\begin{aligned}\mathcal{W}_2=&G\frac{R_{\oplus}^4}{p^4}\frac{1}{512}\sum_{i=1}^{2}\sum_{j=-1}^{4}Q_{i,j}s^{2i}\sin[(j+i_0)f+2ig]\\&+2G\sum_{i\geqslant 3}\widetilde{J}_i\frac{R_{\oplus}^i}{p^i}\sum_{\substack{j=0\\ j\neq i/2}}^{i}\mathcal{F}_{i,j}\sum_{k=0}^{i-1}\binom{i-1}{k}e^k\mathcal{J}_k+C_2\end{aligned} \tag{6-64}$$

通过式（6 - 11）～式（6 - 13）的帮助可以解积分 $\mathcal{J}_k=\int\cos^k f\cos[(i-2j)(f+g)-i_\pi]\,\mathrm{d}f$，得到

$$\mathcal{J}_k=\frac{1}{2^k}\sum_{l=0}^{k}\binom{k}{k-l}\frac{\sin[(i-2j)\theta-(k-2l)f-i_\pi]}{i-2j-k+2l} \tag{6-65}$$

但是直到摄动法的下一阶积分常数 $C_2\equiv C_2(g,L,G,H)$ 仍然是未确定的。也就是说，就像我们对 C_1 所做的那样，将通过强制要求生成函数的三阶项不包含真近点角的长期项或混合项来确定 C_2。

值得确认的是，我们分别在式（6 - 53）和式（6 - 63）中选择的 $\mathcal{H}_{0,1}$ 和 $\mathcal{H}_{0,2}$，不是唯一满足能从原始哈密顿函数中消除 g 的。确实，正如式（6 - 53）和式（6 - 54）验证的，$\langle\mathcal{H}_{1,0}\rangle_g$ 项仍然包含可以删减的李导数像项。因此，以式（6 - 30）的形式选择 $\mathcal{H}_{0,1}$，和消除视差一样，也满足了我们的要求。在这种情况下，生成函数显然是式（6 - 31）中消除视差的函数，它比式（6 - 55）多了一个三角项。

新哈密顿函数的二阶项可以类似地简化。特别是，如式（6 - 57）所示，$\langle\mathcal{H}_{2,0}\rangle_g$ 仍然含有可以删减的李导数像的不同项。因此，我们通过式（6 - 12）来写

$$\cos^k f=\frac{1-k^*}{2^k}\binom{k}{k_0}+\frac{1}{2^{k-1}}\sum_{j=0}^{k_1}\binom{k}{k-j}\cos(k-2j)f \tag{6-66}$$

其中，由式（6 - 5）可知 $k_0=\left\lfloor\frac{1}{2}k\right\rfloor$，$k_1=\left\lfloor\frac{1}{2}(k-1)\right\rfloor$ 且 $k^*=k\bmod 2$。然后奇数 k 值总是消掉式（6 - 66）右侧的第一项，从而产生与李导数的像有关的 f 的三角函数项。相反，在重新排列求和项后，偶数值 $k=2n$ 产生

$$\cos^{2n} f=\frac{1}{2^{2n}}\binom{2n}{n}+\frac{1}{2^{2n-1}}\sum_{j=1}^{n}\binom{2n}{n-j}\cos 2jf \tag{6-67}$$

上式总是有一个关于核的项。因此，$\langle\mathcal{H}_{2,0}\rangle_g$ 被下式所替代

$$\langle\mathcal{H}_{2,0}\rangle'_g=2\frac{\mu}{p}\frac{p^2}{r^2}\sum_{i\geqslant 2}\widetilde{J}_{2i}\frac{R_\oplus^{2i}}{p^{2i}}\mathcal{F}_{2i,i}\,\mathcal{G}^*_{2i,i} \tag{6-68}$$

其中，从式（6 - 16）可得

$$\mathcal{G}^*_{2i,i}=\sum_{j=0}^{i-1}\binom{2i-1}{2j}\binom{2j}{j}\frac{e^{2j}}{2^{2j}} \tag{6-69}$$

另一方面，由下式替换式（6 - 62），关于李导数的像 $\widetilde{\mathcal{H}}_{0,2,K}$ 项可以类似地被消除

$$\widetilde{\mathcal{H}}'_{0,2,K}=-\frac{\mu}{p}\frac{R_\oplus^4}{p^4}\frac{p^2}{r^2}\frac{3}{8}\left[3-4s^2+\left(2-\frac{23}{8}s^2\right)e^2\right]s^2$$

新的选择 $\mathcal{H}_{0,2}=\widetilde{\mathcal{H}}'_{0,2,K}+\langle\mathcal{H}_{2,0}\rangle'_g$，即下式，显然满足了消除近地点的条件，同时保留了李导数核的所有项，并且比式（6 - 63）简单得多。

$$\mathcal{H}_{0,2}=\frac{\mu}{p}\frac{p^2}{r^2}\left\{2\sum_{i\geqslant 2}\widetilde{J}_{2i}\frac{R_\oplus^{2i}}{p^{2i}}\mathcal{F}_{2i,i}\,\mathcal{G}^*_{2i,i}-\frac{R_\oplus^4}{p^4}\left[\frac{9}{8}-\frac{3}{2}s^2+\left(\frac{3}{4}-\frac{69}{64}s^2\right)e^2\right]s^2\right\} \tag{6-70}$$

当然，式（6－70）的简单特性不是免费的，它的附带生成函数比式（6－64）更复杂。式（6－63）和式（6－70）之间的中间哈密顿函数产生了一系列径向的中间轨道。当用极坐标变量代替 $e\cos f=p/r$ 和 $e=\sqrt{\kappa^2+\sigma^2}$ ，其中 κ 和 σ 在式（5－42）中给出，且 $p=\Theta^2/\mu$ ，重新表示这些部分归一化哈密顿函数，可以立即看到它们的径向特征。

6.4.2 半长轴的归一化

在近地点幅角消除后，消除短周期项现在变成一个非常简单的操作。短周期哈密顿函数 $\mathcal{K}=\mathcal{K}_{0,0}+J_2\mathcal{K}_{1,0}+\frac{1}{2}J_2^2\mathcal{K}_{2,0}$ 的组成包括开普勒的 $\mathcal{K}_{0,0}=\mathcal{H}_{0,0}$ 、式（6－53）给出的一阶项 $\mathcal{K}_{0,1}=\mathcal{H}_{0,1}$ 和式（6－63）给出的二阶项 $\mathcal{K}_{2,0}=\mathcal{H}_{0,2}$ 。所有的量现在都是基本的德劳内变量的函数。

然后，在一阶时，同调方程（4－68）可以通过选择下式进行求解

$$\mathcal{K}_{0,1}=\frac{\mu}{p}\eta^3\frac{R_\oplus^2}{p^2}\left(-\frac{1}{2}+\frac{3}{4}s^2\right) \tag{6-71}$$

并且计算 $\mathcal{U}_1=(1/n)K_{0,1}(\varphi+e\sin f)$。

在二阶时，已知项 $\widetilde{\mathcal{K}}_{0,2}$ 由式（6－56）给出，为 $\mathcal{K}_{2,0}$ 项的附加项，需要进行泊松括号计算

$$\begin{aligned}\{\mathcal{K}_{1,0};\mathcal{U}_1\}+\{\mathcal{K}_{0,1};\mathcal{U}_1\}=&-\frac{3}{16}\frac{R_\oplus^4}{p^4}\frac{G^2}{p^2}(2-3s^2)^2\eta^4-\frac{3}{64}\frac{R_\oplus^4}{p^4}\frac{G^2}{r^2}(2-3s^2)^2\\&\times[2(4+e^2)+\beta(15+12\eta+\eta^2)\cos f\\&+2(3-2\eta-\eta^2)\cos 2f+\beta e^2\cos 3f]\end{aligned} \tag{6-72}$$

通过从 $\widetilde{\mathcal{K}}_{0,2}$ 中消除短周期效应来选择 $\mathcal{K}_{0,2}$ 项。也就是，$\mathcal{K}_{0,2}=\langle\{\mathcal{K}_{1,0};\mathcal{U}_1\}\rangle_\ell+\langle\{K_{0,1};U_1\}\rangle_\ell+\langle\widetilde{\mathcal{H}}_{0,2,K}\rangle_\ell+\langle\langle\mathcal{H}_{2,0}\rangle_g\rangle_\ell$。使用微分关系式（4－64）以偏心率的解析解形式再次求出平均值。因此，从式（6－57）得

$$\langle\langle\mathcal{H}_{2,0}\rangle_g\rangle_\ell=2\frac{\mu}{a}\sum_{i\geqslant 2}\widetilde{J}_{2i}\frac{R_\oplus^{2i}}{p^{2i}}\eta\,\mathcal{F}_{2i,i}\sum_{k=0}^{2i-1}\binom{2i-1}{k}e^k\frac{1}{2\pi}\int_0^{2\pi}\cos^k f\,\mathrm{d}f$$

根据式（6－66）、式（6－67）和式（6－16），得出

$$\langle\langle\mathcal{K}_{2,0}\rangle_g\rangle_\ell=2\frac{\mu}{a}\eta\sum_{i\geqslant 2}\widetilde{J}_{2i}\frac{R_\oplus^{2i}}{p^{2i}}\mathcal{F}_{2i,i}\,\mathcal{G}_{2i,i}^{*} \tag{6-73}$$

类似地，从式（6－62）和式（6－72），我们得到

$$\langle\widetilde{\mathcal{H}}_{0,2,K}\rangle_\ell=\frac{\mu}{a}\frac{R_\oplus^4}{p^4}\frac{3\eta}{64}s^2[8(4s^2-3)+(23s^2-16)e^2] \tag{6-74}$$

$$\langle\{\mathcal{K}_{1,0}+\mathcal{K}_{0,1};\mathcal{U}_1\}\rangle_\ell=-\frac{\mu}{a}\frac{R_\oplus^4}{p^4}\frac{3\eta}{32}(2-3s^2)^2(5+2\eta-\eta^2) \tag{6-75}$$

因此

$$\mathcal{K}_{0,2} = -\frac{\mu}{a}\frac{R_{\oplus}^{4}}{p^{4}}\eta\frac{3}{64}[5(7s^4-16s^2+8)+4(3s^2-2)^2\eta + (5s^4+8s^2-8)\eta^2] + 2\frac{\mu}{a}\eta\sum_{i\geqslant 2}\widetilde{J}_{2i}\frac{R_{\oplus}^{2i}}{p^{2i}}\mathcal{F}_{2i,i}\mathcal{G}_{2i,i}^{*} \tag{6-76}$$

正如所料，这是之前在式（6－50）中得到的完全简化的哈密顿项。

然后解同调方程（4－68），得到生成函数的二阶项

$$\begin{aligned}\mathcal{U}_2 = &\frac{1}{n}(\langle\widetilde{\mathcal{H}}_{0,2,K}\rangle_{\ell} + \langle\langle\mathcal{H}_{2,0}\rangle_g\rangle_{\ell} + \langle\{\mathcal{K}_{1,0}+\mathcal{K}_{0,1};\mathcal{U}_1\}\rangle_{\ell})\varphi \\ &+\frac{1}{n}\int(\widetilde{\mathcal{H}}_{0,2,K}\frac{r^2}{a^2\eta} - \langle\widetilde{\mathcal{H}}_{0,2,K}\rangle_{\ell})\mathrm{d}f \\ &+\frac{1}{n}\int(\langle\mathcal{H}_{2,0}\rangle_g\frac{r^2}{a^2\eta} - \langle\langle\mathcal{H}_{2,0}\rangle_g\rangle_{\ell})\mathrm{d}f \\ &+\frac{1}{n}\int\left(\{\mathcal{K}_{1,0}+\mathcal{K}_{0,1};\mathcal{U}_1\}\frac{r^2}{a^2\eta} - \langle\{\mathcal{K}_{1,0}+\mathcal{K}_{0,1};\mathcal{U}_1\}\rangle_{\ell}\right)\mathrm{d}f\end{aligned} \tag{6-77}$$

考虑到式（6－62）和式（6－74），式（6－57）和式（6－73），以及式（6－72）和式（6－75），很容易以偏心率的闭式进行积分。

6.4.3　阿尔弗雷德和科菲消除近地点法

阿尔弗雷德和科菲（Alfriend and Coffey）没有从总角动量的标准归一化开始，而是采取了从消除视差后获得的简化哈密顿函数中消除近地点的方法[14]，即

$$\mathcal{H} = \mathcal{H}_{0,0} + J_2\mathcal{H}_{1,0} + \frac{1}{2}J_2^2\mathcal{H}_{2,0} + \mathcal{O}(J_2^3)$$

其中，$\mathcal{H}_{0,0}$ 是开普勒量，$\mathcal{H}_{1,0}$ 由式（6－30）给出，并且 $\mathcal{H}_{2,0}$ 由式（6－33）给出。即

$$\begin{aligned}\mathcal{H}_{2,0} = \frac{\mu}{p}\frac{p^2}{r^2}\Bigg[&\frac{R_{\oplus}^{4}}{p^4}(q_{0,0}+2q_{0,1}s^2\cos2\omega) \\ &+2\sum_{i\geqslant 3}\widetilde{J}_i\frac{R_{\oplus}^{i}}{p^i}\sum_{j=0}^{i}\mathcal{F}_{i,j}(s)\mathcal{G}_{i,j}^{*}(e)\cos[(i-2j)\omega - i_{\pi}]\Bigg]\end{aligned}$$

其中，$q_{0,0}$ 和 $q_{0,1}$ 在表 6－1 中给出。

现在，$\mathcal{H}_{1,0}$ 已经和近地点幅角无关。因此，$\mathcal{H}_{0,1}=\mathcal{H}_{1,0}$ 且 $\mathcal{W}_1 = C_1$。在二阶时，式（2－37）中输入同调方程的可计算项 $\widetilde{\mathcal{H}}_{0,2}$ 是 $\widetilde{\mathcal{H}}_{0,2} = \mathcal{H}_{2,0} + 2\{\mathcal{H}_{1,0};\ C_1\}$，其中对所涉及的泊松括号进行计算得到

$$\begin{aligned}\{\mathcal{H}_{1,0};C_1\} = &\frac{1}{4}\frac{R_{\oplus}^{2}}{p^2}\frac{G^2}{r^2}(2-3s^2)(2e\sin f + e^2\sin2f)\frac{1}{\eta^3}\frac{\partial C_1}{\partial L} \\ &+\frac{1}{4}\frac{R_{\oplus}^{2}}{p^2}\frac{G}{r^2}\left[3(4-5s^2)+(2-3s^2)(\frac{2}{e}\cos f + \cos2f)\right]\frac{\partial C_1}{\partial g}\end{aligned}$$

阿尔弗雷得和科菲提出了新的哈密顿函数不受长期影响的条件。由于 C_1 将是 g 的周期函数，偏导数 $\partial C_1/\partial L$ 和 $\partial C_1/\partial g$ 也将是 g 的周期函数，因此 $\langle\{\mathcal{H}_{1,0};\ C_1\}\rangle_g = 0$。然后

$$\mathcal{H}_{0,2}=\langle\mathcal{H}_{2,0}\rangle_g=\frac{\mu}{p}\frac{p^2}{r^2}\left[\frac{R_\oplus^4}{p^4}q_{0,0}+2\sum_{i\geqslant 2}\widetilde{J}_{2i}\frac{R_\oplus^{2i}}{p^{2i}}\mathcal{F}_{2i,i}(s)\mathcal{G}_{2i,i}^*(e)\right]\tag{6-78}$$

其复杂度与式（6－70）相似。然后

$$\begin{aligned}\widetilde{\mathcal{H}}_{0,2}-\mathcal{H}_{0,2}=&\frac{1}{2}\frac{R_\oplus^2}{p^2}\frac{G^2}{r^2}(2-3s^2)(2e\sin f+e^2\sin 2f)\frac{1}{\eta^3}\frac{\partial C_1}{\partial L}\\&+\frac{1}{2}\frac{R_\oplus^2}{p^2}\frac{G}{r^2}(2-3s^2)\left(\frac{2}{e}\cos f+\cos 2f\right)\frac{\partial C_1}{\partial g}\\&+\frac{G}{r^2}\frac{R_\oplus^2}{p^2}\frac{3}{2}(4-5s^2)\frac{\partial C_1}{\partial g}+2\frac{G^2}{r^2}\frac{R_\oplus^4}{p^4}q_{0,1}s^2\cos 2\omega\\&+2\frac{G^2}{r^2}\sum_{i\geqslant 3}\widetilde{J}_i\frac{R_\oplus^i}{p^i}\sum_{\substack{j=0\\j\neq i/2}}^{i}\mathcal{F}_{i,j}\mathcal{G}_{i,j}^*\cos[(i-2j)\omega-i_\pi]\end{aligned}\tag{6-79}$$

其中，积分常数对 g 的偏导数被有意拆分为两部分，以表明最后三项必须相互消除，以防止在生成函数中出现讨厌的长期项。通过下式有效地实现了消除

$$\begin{aligned}C_1=&-\frac{4G}{3(4-5s^2)}\left\{\frac{R_\oplus^2}{p^2}\frac{3}{64}(14-15s^2)s^2e^2\frac{\sin 2\omega}{2}\right.\\&\left.+\sum_{i\geqslant 3}\widetilde{J}_i\frac{R_\oplus^{i-2}}{p^{i-2}}\sum_{\substack{j=0\\j\neq i/2}}^{i}\mathcal{F}_{i,j}\mathcal{G}_{i,j}^*\frac{\sin[(i-2j)\omega-i_\pi]}{i-2j}\right\}\end{aligned}\tag{6-80}$$

在将式（6－80）代入式（6－79）后，同调方程（5－39）被积分得到

$$\mathcal{W}_2=\frac{R_\oplus^2}{p^2}\frac{2-3s^2}{4}\left[\left(\frac{4}{e}\sin f+\sin 2f\right)\frac{\partial C_1}{\partial g}-(4e\cos f+e^2\cos 2f)\frac{G}{\eta^3}\frac{\partial C_1}{\partial L}\right]\tag{6-81}$$

其中

$$\begin{aligned}\frac{\partial C_1}{\partial g}=&-\frac{4G}{3(4-5s^2)}\left\{\frac{R_\oplus^2}{p^2}\frac{3}{64}(14-15s^2)s^2e^2\cos 2\omega\right.\\&\left.+\sum_{i\geqslant 3}\widetilde{J}_i\frac{R_\oplus^{i-2}}{p^{i-2}}\sum_{\substack{j=0\\j\neq i/2}}^{i}\mathcal{F}_{i,j}\mathcal{G}_{i,j}^*\cos[(i-2j)\omega-i_\pi]\right\}\end{aligned}$$

$$\begin{aligned}\frac{\partial C_1}{\partial L}=&-\frac{4\eta}{3(4-5s^2)}\left\{\frac{R_\oplus^2}{p^2}\frac{3}{32}(14-15s^2)s^2\eta^2\frac{\sin 2\omega}{2}\right.\\&\left.+\sum_{i\geqslant 3}\widetilde{J}_i\frac{R_\oplus^{i-2}}{p^{i-2}}\sum_{\substack{j=0\\j\neq i/2}}^{i}\mathcal{F}_{i,j}\frac{\eta^2}{e}\frac{\partial\mathcal{G}_{i,j}^*}{\partial e}\frac{\sin[(i-2j)\omega-i_\pi]}{i-2j}\right\}\end{aligned}$$

德劳内归一化中的短周期项的后续消除遵循 6.4.2 节中的相同步骤，产生与式（6－71）中相同的一阶哈密顿函数；然而，我们有更简单的一阶生成函数

$$\mathcal{U}_1=\frac{1}{n}\mathcal{K}_{0,1}\varphi\tag{6-82}$$

在二阶时 $\widetilde{\mathcal{K}}_{0,2}$ 由式（2－37）给出，并且我们选择新的哈密顿函数项 $\mathcal{K}_{0,2}=\langle\widetilde{\mathcal{K}}_{0,2}\rangle_\ell=\langle K_{2,0}\rangle_\ell+\langle\{\mathcal{K}_{1,0};\mathcal{U}_1\}\rangle_\ell+\langle\{\mathcal{K}_{0,1};\mathcal{U}_1\}\rangle_\ell$，其中

$$\langle\{\mathcal{K}_{1,0};\mathcal{U}_1\}\rangle_\ell+\langle\{\mathcal{K}_{0,1};\mathcal{U}_1\}\rangle_\ell=-\frac{\mu}{a}\frac{R_\oplus^4}{p^4}\eta\frac{1}{16}(2-3s^2)^2(1+3\eta)$$

且

$$\langle K_{2,0}\rangle_{\ell} = -\frac{\mu}{a}\frac{R_{\oplus}^{4}}{p^{4}}\frac{\eta}{16}\left[20-42s^{2}+21s^{4}+\frac{3}{4}(8-8s^{2}-5s^{4})e^{2}\right]$$
$$+2\frac{\mu}{a}\eta\sum_{i\geqslant 2}\widetilde{J}_{2i}\frac{R_{\oplus}^{2i}}{p^{2i}}\mathcal{F}_{2i,i}(s)\mathcal{G}_{2i,i}^{*}(e)$$

两个项的相加得到 $\mathcal{K}_{0,2}$ 与之前相同，首次是在式（6－50）中使用标准 Brouwer 方法，然后在式（6－76）中采用无需消除视差简化方法。

6.5　高阶摄动解：一个测试用例

为了说明采用规范化的简化如何帮助摆脱高阶解所需的计算，以及这些高阶解如何改进以 Brouwer 方式计算的解析解的精度，我们现在只关注 J_2 问题，并将 Brouwer 的摄动解扩展到更高阶。由于地球 J_2 系数的特殊值，在标准浮点运算中[332]，解析解在五阶时达到了数值精度，这意味着在摄动法中忽略 $O(10^{-18})$ 和更高的项[408]。为了避免冗长的列举，我们只给出生成函数的三阶显式表达式，其中周期修正的计算只涉及泊松括号的计算，如 2.1.3 节所述。尽管如此，由于近地点幅角的消除受到完全确定的哈密顿函数和生成函数之间阶数的偏差的影响，我们还提供了每个变换的四阶哈密顿项的显式表达式。

6.5.1　初步简化：消除视差

前两阶已经在 6.2.1 节中计算过。为了方便起见，我们现在使用小参数 ϵ 及缩写，来代替物理小参数 J_2

$$\widetilde{\epsilon} \equiv -\frac{1}{4}C_{2,0}\frac{R_{\oplus}^{2}}{p^{2}} \tag{6-83}$$

由于 $p=p(G)$，g 还不是周期变量，因此上式不是常数。式（6－30）变为

$$\mathcal{H}_{0,1}=\widetilde{\epsilon}\frac{\mu}{r}\frac{p}{r}(3s^{2}-2) \tag{6-84}$$

并且，式（6－31）变为

$$\mathcal{W}_{1}=G\,\widetilde{\epsilon}\sum_{l=0}^{1}\sum_{k=1}^{2l+1}P_{1,l,k}(s)e^{k^{*}}s^{2l}\sin(kf+2l\omega) \tag{6-85}$$

其中，$P_{1,0,1}=3s^{2}-2$，$P_{1,1,1}=P_{1,1,2}=-\dfrac{3}{2}$，$P_{1,1,3}=-\dfrac{1}{2}$，且由式（6－5）可知 $k^{*}=k \bmod 2$。

在二阶时，忽略式（6－33）中的高阶带谐项后，我们将哈密顿函数表示为通用形式

$$\mathcal{H}_{0,i}=\widetilde{\epsilon}_{i}\frac{\mu}{r}\frac{p}{r}\sum_{j=0}^{i_0}\sum_{k=0}^{i_0-j}e^{2k+2j}\rho_{i,j,k}(s)s^{2j}\cos 2j\omega \tag{6-86}$$

由式（6－5）可知 $i_0=\left\lfloor\dfrac{1}{2}i\right\rfloor$。表 6－5 中给出了系数 $\rho_{i,j,k}$，以及前一阶和后一阶的倾角多项式。

类似地，我们以通用形式重新表示式（6－34）

$$\mathcal{W}_i = G\tilde{\epsilon}_i \sum_{l=0}^{i} \sum_{k=2l-i}^{2l+i} \sum_{j=0}^{i_0} P_{i,l,k,j}(s) e^{2j+k^*} s^{2l} \sin(kf + 2l\omega) \tag{6-87}$$

其中，倾角多项式 $P_{2,l,k,j}$ 在表 6－6 中给出。

在三阶时，德普里特递归（2－15）产生可计算项

$$\tilde{\mathcal{H}}_{0,3} = \{\mathcal{H}_{0,1} + 2\mathcal{H}_{1,0}, \mathcal{W}_2\} + \{\mathcal{H}_{0,2} + \mathcal{H}_{1,1} + \mathcal{H}_{2,0}, \mathcal{W}_1\} + \mathcal{H}_{3,0} \tag{6-88}$$

其中，对于主要摄动 $\mathcal{H}_{3,0}=0$。使用恒等式（5－30）重新表示 $m>2$ 的项 $1/r^m$。然后，在以 f 的傅里叶级数形式表达 $\tilde{\mathcal{H}}_{0,3}$ 之后，我们选择通过消掉显式包含真近点角的三角项简化的哈密顿函数。从式（6－86）得到新的哈密顿函数项，其中，$i=3$，倾角多项式 $\rho_{3,j,k}$ 在表 6－5 中给出，参见文献 [118，440]。同调方程式（5－39）以式（6－87）的形式给出了当 $i=3$ 时的 $\mathcal{W}_3$，且在表 6－7 中给出了倾角多项式 $P_{3,l,k,j}$。

表 6－5　式（6－86）中直到 $i=4$ 的倾角多项式系数 $\rho_{i,j,k}$（经 Springer[440] 许可改编）

1,0,0：$3s^2-2$
2,0,0：$-21s^4+42s^2-20$
2,0,1：$\frac{3}{4}(5s^4+8s^2-8)$
2,1,0：$-\frac{3}{2}(15s^2-14)$
3,0,0：$3(420s^6-987s^4+756s^2-208)$
3,0,1：$\frac{3}{4}(2715s^6-4542s^4+2232s^2-464)$
3,1,0：$-\frac{9}{8}(285s^4-208s^2-32)$
4,0,0：$-6(9210s^8-33366s^6+43719s^4-25212s^2+5344)$
4,0,1：$\frac{3}{16}(865425s^8-1315296s^6+120048s^4+510336s^2-155008)$
4,0,2：$-\frac{27}{64}(65985s^8-164400s^6+125824s^4-32960s^2+3712)$
4,1,0：$-\frac{3}{8}(786705s^6-1970794s^4+1602800s^2-432480)$
4,1,1：$-\frac{27}{16}(5045s^6-3734s^4-4464s^2+2688)$
4,2,0：$\frac{27}{32}(14235s^4-25280s^2+11144)$

表 6－6　式（6－87）中非零系数 $P_{2,l,k,j}$；$P_{2,2,5,0}=P_{2,2,4,0}$

0,1,0：$-\frac{1}{4}(27s^4-108s^2+64)$	1,2,0：$20-21s^2$	1,4,1：$\frac{3}{8}(13s^2-10)$	2,4,0：$\frac{3}{4}$
0,2,1：$\frac{3}{16}(5s^4+8s^2-8)$	1,2,1：$-\frac{3}{2}(s^2-2)$	2,2,1：$-\frac{15}{16}$	2,4,1：$-\frac{3}{16}$
1,1,0：$-7(12s^2-11)$	1,3,0：$8s^2-5$	2,3,0：$-\frac{3}{4}$	2,6,1：$\frac{3}{16}$

通过德普里特递归（2 - 15），四阶的已知项是

$$\widetilde{\mathcal{H}}_{0,4}=\{\mathcal{H}_{0,1}+3\,\mathcal{H}_{1,0},\mathcal{W}_{3}\}+\{\mathcal{H}_{0,2}+2\,\mathcal{H}_{1,1}+3\,\mathcal{H}_{2,0},\mathcal{W}_{2}\}\\+\{\mathcal{H}_{0,3}+\mathcal{H}_{1,2}+\mathcal{H}_{2,1}+\mathcal{H}_{3,0},\mathcal{W}_{1}\}+\mathcal{H}_{4,0}\tag{6-89}$$

其中，对于 J_2 摄动 $\mathcal{H}_{4,0}=0$。计算后，指数大于 2 的 r 的逆幂使用式（5 - 30）减至 $1/r^2$。然后进行常规的三角函数化简，将 $\widetilde{\mathcal{H}}_{0,4}$ 表示为真近点角和近地点幅角的多元傅里叶级数的形式，通过从 $\widetilde{\mathcal{H}}_{0,4}$ 中移除显式包含真近点角 f 的项，从而选择新的哈密顿项 $\mathcal{H}_{0,4}$。结果也以式（6 - 86）的通用形式表示，相应的系数在表 6 - 5 中。

表 6 - 7　式（6 - 87）中非零系数 $P_{3,l,k,j}$；$P_{3,3,7,0}=P_{3,3,5,0}$

0,1,0：$\frac{1}{8}(23523s^6-39174s^4+20128s^2-4416)$	2,3,1：$-\frac{3}{32}(73s^2-126)$
0,1,1：$\frac{3}{32}(3393s^6-6222s^4+3328s^2-736)$	2,4,0：$\frac{1}{4}(276s^2-233)$
0,2,1：$\frac{1}{8}(5790s^6-8549s^4+3448s^2-600)$	2,4,1：$\frac{1}{16}(6704-6951s^2)$
0,3,1：$\frac{1}{32}(543s^6-1018s^4+608s^2-160)$	2,5,0：$\frac{1}{20}(4455s^2-3934)$
1,−1,1：$\frac{3}{64}(6921s^4-12384s^2+5408)$	2,5,1：$\frac{9}{160}(175s^2-82)$
1,1,0：$\frac{1}{16}(-74025s^4+111232s^2-40992)$	2,6,1：$\frac{1}{32}(3813s^2-3398)$
1,1,1：$\frac{3}{64}(13043s^4-30208s^2+16064)$	2,7,1：$\frac{9}{224}(417s^2-374)$
1,2,0：$\frac{1}{2}(-3069s^4+4976s^2-1952)$	3,3,1：$-\frac{153}{64}$
1,2,1：$-\frac{3}{4}(1833s^4-3326s^2+1462)$	3,4,1：$-\frac{9}{8}$
1,3,0：$\frac{1}{16}(-21289s^4+44928s^2-21856)$	3,5,0：$\frac{135}{16}$
1,3,1：$\frac{3}{64}(263s^4+224s^2-288)$	3,5,1：$-\frac{27}{64}$
1,4,1：$\frac{1}{8}(-2076s^4+5763s^2-3208)$	3,6,0：$\frac{15}{2}$
1,5,1：$\frac{9}{320}(435s^4+256s^2-448)$	3,6,1：$\frac{51}{8}$
2,1,1：$\frac{3}{32}(2427s^2-2354)$	3,7,1：$\frac{81}{64}$
2,2,1：$\frac{1}{32}(31226-33783s^2)$	3,8,1：$\frac{207}{64}$
2,3,0：$-2(699s^2-652)$	3,9,1：$\frac{27}{64}$

该过程以 $\mathcal{H}_{0,m}$ 项中以单撇号变量替换瞬根数为结束。但是，为简洁起见，我们没有使用撇号符号，除非可能存在混淆风险。

6.5.2　部分归一化：消除长周期项

直到四阶，消除视差项的哈密顿函数为

$$\mathcal{K}=\sum_{i=0}^{4}\frac{\varepsilon^{i}}{i!}\mathcal{K}_{i,0} \qquad (6-90)$$

其中，$\mathcal{K}_{0,0}$ 为开普勒项，且对于 $i>0$ 哈密顿函数项采用通用简洁的式（6－86）的形式。即 $\mathcal{K}_{i,0}=\mathcal{H}_{0,i}$，其中，$p$、$r$、$e$、$s$ 和 ω 是基本的德劳内变量的函数。

接下来，长周期项采用文献［14］中方法进行消除。阿尔弗雷德和科菲消除近地点法的两个第一阶项已在 6.4.3 节中计算。因此，当通过从式（6－80）中去掉高阶带谐项而得到 $\mathcal{U}_1\equiv C_1$ 时，式（6－84）保持不变。在新的尺度下，由于目前使用了一个形式上的小参数 ϵ，而不是物理参数 J_2，我们得到

$$\mathcal{U}_1=G\,\tilde{\epsilon}\frac{15s^2-14}{8(5s^2-4)}s^2e^2\sin2\omega \qquad (6-91)$$

类似地，从式（6－78）可得

$$\mathcal{K}_{0,2}=\tilde{\epsilon}^2\frac{\mu}{r}\frac{p}{r}\left[\frac{3}{4}e^2(5s^4+8s^2-8)-21s^4+42s^2-20\right] \qquad (6-92)$$

并且，从式（6－81），一直到得到一个积分常数

$$\mathcal{U}_2=\tilde{\epsilon}^2G\frac{15s^2-14}{4(5s^2-4)}(3s^2-2)s^2\left[4e\sin(f+2\omega)+e^2\sin(2f+2\omega)\right]+C_2 \qquad (6-93)$$

其中，将在下一阶通过设定必要的条件得到一个关于 f 的纯周期的生成函数来确定 $C_2\equiv C_2(g,L,G,H)$。

摄动法的三阶可计算项 $\tilde{\mathcal{K}}_{0,3}$ 与式（6－88）中的相同，以 $\mathcal{K}$ 代替 $\mathcal{H}$ 来表示，其中德普里特三角式（2－16）$\mathcal{K}_{1,1}=\mathcal{K}_{0,2}-\{\mathcal{K}_{0,1};\mathcal{U}_1\}$ 的中间项需要首先计算。然后，在相关的泊松括号计算并随后使用式（5－30）将半径的幂减少到仅 $1/r^2$ 情况后，$\tilde{\mathcal{K}}_{0,3}$ 被重新表示为 f 的傅里叶级数形式，新的哈密顿函数项 $\mathcal{K}_{0,3}$ 通过选择同时不含有 f 和 g 的项得到。

在此过程中，我们需要根据式（6－88）计算泊松括号 $\{3\mathcal{K}_{1,0};\mathcal{U}_2\}$。考虑到 $\mathcal{K}_{1,0}\equiv\mathcal{K}_{1,0}(\ell,-,-,L,G,H)$ 且 $C_2\equiv C_2(-,g,-,L,G,H)$，泊松括号涉及 $\mathcal{U}_2$ 依赖的尚未确定的积分“常数”C_2 对于德劳内变量 g 和 L 的偏微分。

一旦 $\mathcal{K}_{0,3}$ 被计算出来，我们首先确认与李导数的核有关的项 $T_{3,l}$，即 $\partial T_{3,l}/\partial\ell=0$。我们找到

$$\sum_{l=0}^{3}T_{3,l}=\tilde{\epsilon}^3\frac{G^2}{r^2}\sum_{l=0}^{2}\sum_{j=0}^{2-l}\frac{\gamma_{3,j,l}(s)e^{2j+2l}}{(5s^2-4)^{j+2l_0}}s^{2l}\cos2l\omega+9\,\tilde{\epsilon}\frac{G}{r^2}\frac{\partial C_2}{\partial g}(5s^2-4) \qquad (6-94)$$

其中，倾角多项式 $\gamma_{3,j,l}$ 在表 6－8 中给出，参见文献［440］。通过使新的哈密顿函数具有一个类似项，式（6－94）中求和的第一项 $T_{3,0}$ 将从同调方程中消掉。相反，只要新的哈密顿函数不依赖于 g，李导数核的其他项就不能用这个人为技巧消除。然而，鉴于 C_2 尚未确定，可以通过 $T_{3,1}+T_{3,2}+T_{3,3}(C_2)=0$ 的方式选择 C_2，将核的这些项从同调方程中消除。直接积分得到

$$C_2=-\tilde{\epsilon}^2G\sum_{l=1}^{2}\sum_{j=0}^{2-l}\frac{\gamma_{3,j,l}(s)}{18l\,(5s^2-4)^{j+2l-1}}e^{2j+2l}s^{2l}\sin2l\omega \qquad (6-95)$$

它解决了式（6－93）中长周期消除的生成函数的二阶项定义的任意性问题。

表 6－8　倾角多项式 $\gamma_{i,j,l}$。$\gamma_{i,0,0}=\rho_{i,0,0}$ 项在表 6－5 中

2,1,0：	$\frac{3}{4}(5s^4+8s^2-8)$
3,1,0：	$\frac{3}{8}(26475s^8-65880s^6+58068s^4-22496s^2+3712)$
3,2,0：	$-\frac{9}{16}s^2(15s^2-14)(450s^6-925s^4+590s^2-112)$
3,0,1：	$-\frac{27}{4}(125s^4-207s^2+88)$
3,1,1：	$\frac{9}{16}(15s^2-14)(45s^4+36s^2-56)$
3,0,2：	$-\frac{9}{16}(15s^2-14)^2(15s^2-13)$
4,1,0：	$\frac{3}{16}(4298775s^{10}-9984900s^8+5832072s^6+2075520s^4-2816384s^2+620032)$
4,2,0：	$-\frac{9}{64}(7601625s^{12}-29437800s^{10}+44628520s^8-33274368s^6+12549504s^4-2249728s^2+178176)$
4,3,0：	$\frac{9}{8}s^2(15s^2-14)(6750s^{10}-10125s^8-5670s^6+17078s^4-9576s^2+1568)$
4,0,1：	$-\frac{3}{8}(16407375s^{10}-68238100s^8+112604400s^6-92289344s^4+37587200s^2-6084096)$
4,1,1：	$\frac{3}{8}(28676250s^{12}-126428625s^{10}+227723100s^8-213964120s^6+110351824s^4-29582080s^2+3225600)$
4,2,1：	$-\frac{3}{32}(15s^2-14)(2328750s^{12}-8703375s^{10}+13317150s^8-10848180s^6+5157560s^4-1450624s^2+200704)$
4,0,2：	$\frac{3}{16}(1235250s^8-4334325s^6+5686350s^4-3304956s^2+717728)$
4,1,2：	$\frac{3}{32}(15s^2-14)^2(1800s^6+2655s^4-8208s^2+3928)$
4,0,3：	$-\frac{3}{32}(15s^2-14)^3(825s^4-1445s^2+634)$

现在，我们可以计算 $\widetilde{\mathcal{K}}_{0,3}$ 中涉及的 C_2 的偏导数，它以这种方式完全具体化，并求解同调方程

$$\mathcal{U}_i=\frac{1}{n}\int(\widetilde{\mathcal{K}}_{0,i}-\mathcal{K}_{0,i})\,\mathrm{d}\,\ell=\frac{1}{n}\int(\widetilde{\mathcal{K}}_{0,i}-\mathcal{K}_{0,i})\,\frac{r^2}{a^2\eta}\mathrm{d}f \tag{6-96}$$

其中，$\mathcal{K}_{0,3}=T_{3,0}$ 采用通用形式

$$\mathcal{K}_{0,i}=\widetilde{\epsilon}_i\,\frac{\mu}{r}\,\frac{p}{r}\sum_{j=0}^{i-1}\frac{\gamma_{i,j,0}(s)}{(5s^2-4)^j}e^{2j} \tag{6-97}$$

当前情况下，$i=3$。我们得到

$$\mathcal{U}_3=\frac{G\,\widetilde{\epsilon}_3}{(5s^2-4)^3}\sum_{j=0}^{2}\sum_{l=0}^{2}\sum_{\substack{k=2l_0-2\\k\neq0}}^{2l_{-1}+2}\Gamma_{3,l,k,j}e^{2j-k^*}\,s^{2l}\sin(kf+2l\omega)+C_3 \tag{6-98}$$

从式（6－5）可知 $l_{-1}\equiv\left\lfloor\frac{1}{2}(l+1)\right\rfloor$ 且 $l_0\equiv\left\lfloor\frac{1}{2}l\right\rfloor$，并且 18 个非零倾角多项式在表 6－9 中列出。再一次，积分常数 $C_3\equiv C_3(g，L，G)$ 将在下一阶确定。

表 6－9　式（6－98）中非零倾角多项式 $\Gamma_{3,l,k,j}$。$\Gamma_{3,0,2,1}=\frac{1}{4}\Gamma_{3,0,1,1}$，$\Gamma_{3,1,-1,2}=4\Gamma_{3,1,-2,2}$，$4\Gamma_{3,1,2,2}=\Gamma_{3,1,1,2}$，$16\Gamma_{3,1,4,1}=2\Gamma_{3,1,3,1}=\Gamma_{3,1,2,0}$ 且 $30\Gamma_{3,1,4,2}=5\Gamma_{3,2,3,2}=3\Gamma_{3,2,2,1}$

0,1,1：$-\frac{1}{16}s^4(3s^2-2)(5s^2-4)(15s^2-14)^2$
0,1,2：$-\frac{1}{32}s^2(15s^2-14)(6075s^8-15960s^6+14556s^4-5104s^2+448)$
0,2,2：$-\frac{1}{64}s^2(15s^2-14)(2925s^8-7710s^6+7064s^4-2496s^2+224)$
1,－2,2：$-\frac{3}{64}(3s^2-2)(5s^2-4)(15s^2-14)(45s^4+36s^2-56)$
1,1,1：$\frac{3}{2}(5s^2-4)^2(3105s^6-7251s^4+5598s^2-1424)$
1,1,2：$-\frac{9}{16}(5s^2-4)(15s^2-14)(85s^6-22s^4-96s^2+48)$
1,2,0：$3(3s^2-2)^2(5s^2-4)^2(15s^2-14)$
1,2,1：$\frac{3}{8}(5s^2-4)^2(1890s^6-4317s^4+3258s^2-808)$
2,1,2：$-\frac{1}{32}(15s^2-14)^2(135s^4-242s^2+112)$
2,2,1：$-\frac{5}{32}(3s^2-2)(5s^2-4)(15s^2-14)^2$
2,2,2：$-\frac{1}{32}(15s^2-14)^2(30s^4-55s^2+26)$

在四阶时，程序将再次开始用可计算项 $\mathcal{K}_{1,2}=\mathcal{K}_{0,3}-\{\mathcal{K}_{0,2};\mathcal{U}_1\}$ 和 $\mathcal{K}_{2,1}=\mathcal{K}_{1,2}-\{\mathcal{K}_{1,0};\mathcal{U}_2\}-\{\mathcal{K}_{1,1};\mathcal{U}_1\}$ 填充德普里特三角（2－16），这在用 $\mathcal{K}$ 替代 $\mathcal{H}$ 的式（6－89）中计算 $\widetilde{\mathcal{K}}_{0,4}$ 时同样需要用到。同样，这个过程涉及 C_3 对德劳内变量 g 和 L 的偏导数。在利用式（5－30）将半径的逆幂减至系数 $1/r^2$，并进行常规的三角函数化简后，我们确定了与李导数核有关的 $\widetilde{\mathcal{K}}_{0,4}$ 中的五项。即

$$\sum_{l=0}^{4}T_{4,l}=\tilde{\epsilon}^4\frac{G^2}{r^2}\sum_{l=0}^{3}\sum_{j=0}^{3-l}\frac{e^{2j+2l}\gamma_{4,j,l}s^{2l}}{(5s^2-4)^{j+2l-1}}\cos 2l\omega+\tilde{\epsilon}\frac{G}{r^2}12(5s^2-4)\frac{\partial C_3}{\partial g}$$

其中，倾角多项式 $\gamma_{4,j,l}$ 同样在表 6－8 中。

求和项中 $T_{4,0}$ 的项不依赖于 g 且很容易被新哈密顿函数的等效项抵消，该项再次采用式（6－97）的形式。通过以 $T_{4,1}+T_{4,2}+T_{4,3}+T_{4,4}(C_3)=0$ 的方式选择 C_3，核的剩余项从同调方程中消除。我们很容易得到

$$C_3=-\tilde{\epsilon}_3 G\sum_{l=1}^{3}\sum_{j=0}^{3-l}\frac{\gamma_{4,j,l}}{24(5s^2-4)^{j+1+2l-1}}e^{2j+2l}s^{2l}\sin 2l\omega \tag{6－99}$$

程序结束时，在新的哈密顿函数项 $\mathcal{K}_{0,i}$，$i=0$，…，4 中用双撇号德劳内变量替换单撇号变量，且无长周期项，仅通过系数 $1/r^2$ 依赖于短周期项。

6.5.3　完成哈密顿函数化简：消除短期项

由于近地点幅角在双撇号变量的哈密顿函数中是周期的，所以直到截断阶，G'' 和式（6－83）中的 p 是常数。因此，$\tilde{\epsilon}$ 在双撇号变量中是常数，下文将其作为摄动法的小参数。

然后消除长周期项后的哈密顿函数写作 $\mathcal{Q}=\sum_{i=0}^{4}(\tilde{\epsilon}_i/i!)\mathcal{Q}_{i,0}$，其中 $\mathcal{Q}_{0,0}$ 是开普勒项，且由式（6－97）可知

$$\mathcal{Q}_{i,0}=\frac{\mu}{p}\frac{p^2}{r^2}\sum_{j=0}^{i-1}\left(\frac{e^2}{5s^2-4}\right)^j\gamma_{i,j,0}(s),\quad i>0$$

其中 p，r，e 和 s 现在是双撇号德劳内变量的函数，且之前在表 6－8 和表 6－5 中给出了直到 J_2 的四阶的倾角多项式 $\gamma_{i,j,0}$。

德劳内归一化的一阶已经计算，其方法是对于哈密顿函数调整式（6－71），对于生成函数调整式（6－82），考虑到现在我们使用 $\tilde{\epsilon}$ 作为摄动法的小参数，即

$$\mathcal{Q}_{0,1}=\frac{\mu}{p}\eta^3(3s^2-2),\quad \mathcal{V}_1=G(3s^2-2)\varphi \tag{6-100}$$

在二阶时，在像往常一样消减 r 的逆幂指数后，可计算项产生

$$\widetilde{\mathcal{Q}}_{0,2}=-3\frac{\mu}{p}(3s^2-2)^2\eta^4-\frac{\mu}{p}\frac{p^2}{r^2}\Big[6(s^2-1)(5s^2-4)$$
$$-\frac{3}{4}(5s^4+8s^2-8)e^2+\beta(3s^2-2)^2(2e\cos f+e^2\cos 2f)\Big]$$

从上式中通过平均短周期项选出新的哈密顿函数。于是，$\mathcal{Q}_{0,2}=\langle\widetilde{\mathcal{Q}}_{0,2}\rangle_\ell$。通过微分式（4－64），得到平均的闭合形式，并重新写成通用形式

$$\mathcal{Q}_{0,i}=\frac{\mu}{p}\frac{\eta^3}{(5s^2-4)^{i-1}}\sum_{j=0}^{2i-2}\eta^j\lambda_{i,j} \tag{6-101}$$

其中除数 $5s^2-4$ 在 $i=2$ 这种特殊情况下不会出现，因为倾角多项式 $\lambda_{2,j}$ 中的类似因子，如表 6－10 所示，参见文献［440］。正如预期那样，在消掉高于 2 阶的带谐项后 $\mathcal{Q}_{0,2}$ 项与式（6－76）中的 $\mathcal{K}_{0,2}$ 相同，并且根据不同的小参数进行了调整。

表 6－10　式（6－101）中倾角多项式 $\lambda_{i,j}$

2,0：	$-\frac{15}{4}(7s^4-16s^2+8)(5s^2-4)$
2,1：	$-3(3s^2-2)^2(5s^2-4)$
2,2：	$-\frac{3}{4}(5s^4+8s^2-8)(5s^2-4)$
3,0：	$\frac{45}{16}(28700s^{10}-107205s^8+158960s^6-118492s^4+45152s^2-7168)$
3,1：	$\frac{135}{4}(3s^2-2)(5s^2-4)^2(7s^4-16s^2+8)$
3,2：	$-\frac{9}{8}(28675s^{10}-98005s^8+130852s^6-87164s^4+30176s^2-4608)$
3,3：	$\frac{45}{4}(3s^2-2)(5s^2-4)^2(5s^4+8s^2-8)$

续表

3,4：	$-\frac{9}{16}s^2(15s^2-14)(450s^6-925s^4+590s^2-112)$
4,0：	$\frac{9}{64}(27768125s^{14}-347238500s^{12}+1247118600s^{10}-2156830160s^8+2074755680s^6-1140109440s^4+335476224s^2-41000960)$
4,1：	$\frac{135}{16}(5s^2-4)(362775s^{12}-1629460s^{10}+3049320s^8-3064144s^6+1755680s^4-547072s^2+72704)$
4,2：	$\frac{45}{32}(6075125s^{14}-18069200s^{12}+9483000s^{10}+26897576s^8-48702032s^6+34262976s^4-11442432s^2+1499136)$
4,3：	$-\frac{45}{8}(5s^2-4)(395775s^{12}-1651940s^{10}+2876216s^8-2709296s^6+1479456s^4-450816s^2+60416)$
4,4：	$\frac{45}{64}(7246125s^{14}-32291700s^{12}+57674440s^{10}-51359984s^8+22168224s^6-2743168s^4-914944s^2+221184)$
4,5：	$-\frac{63}{16}(5s^2-4)(79125s^{12}-299100s^{10}+432600s^8-289840s^6+78944s^4+1280s^2-3072)$
4,6：	$\frac{9}{8}s^2(15s^2-14)(6750s^{10}-10125s^8-5670s^6+17078s^4-9576s^2+1568)$

同调方程采用式（4－69）的形式，由 $\mathcal{Q}$ 代替 $\mathcal{H}$ 且由 $\mathcal{V}$ 代替 $\mathcal{W}$，其中被积函数单纯是 f 的周期函数。因此，很容易求解得到偏心率的解析式。在二阶我们得到

$$\mathcal{V}_2=G\phi\sum_{j=0}^{1}\Phi_{2,j}e^{2j}-G\beta(3s^2-2)^2\sum_{j=1}^{2}\Lambda_{2,j}e^j\sin jf$$

其中，$\Phi_{2,0}=6(1-s^2)(5s^2-4)$，$\Phi_{2,1}=\frac{3}{4}(5s^4+8s^2-8)$，$\Lambda_{2,1}=2$ 且 $\Lambda_{2,2}=\frac{1}{2}$。

在三阶，可计算项 $\tilde{Q}_{0,3}$ 是将式（6－88）中的 $\mathcal{H}$ 替换为 $\mathcal{Q}$ 得到。如通常一样将幂化简为 $1/r^2$ 之后，我们找到了依赖于中心方程的项和不依赖于中心方程的项。依赖的项为

$$T_\phi=-3\frac{\mu}{p}(3s^2-2)(5s^4+8s^2-8)\frac{p^2}{r^2}(2e\sin f+e^2\sin 2f)\phi \tag{6-102}$$

其中，由式（4－29）可知 $p^2/r^2=(1+e\cos f)^2$。然后，在进行常用的三角化简后，我们发现生成的这些项与首次在5.6.2节中发现的项类型完全相同。将它们进行类似的平均来得到

$$\langle T_\phi\rangle_\ell=\frac{\mu}{p}\frac{3}{2}(3s^2-2)(5s^4+8s^2-8)\eta^3(2\eta^3+\eta^2-3)$$

在剩余的项中我们发现了与短周期效应无关的项和系数为 $1/r^2$ 的项。前者直接并入新的哈密顿函数，后者借助微分方程（4－64）很容易地被平均。然后新的哈密顿项 $Q_{0,3}$ 通过将部分结果相加得到，并采用式（6－101）的通用形式，系数 $\lambda_{3,j}$ 见表6－10。

同调方程（4－69）的积分是标准的，式（6－102）中的 T_ϕ 项除外，它需要分部积分。不同类型项的积分的最终组合得到了解

$$\mathcal{V}_3=\frac{G\phi}{(5s^2-4)^2}\sum_{j=0}^{2}\sum_{k=0}^{-4j1}\Phi_{3,j,k}\eta^k e^j\cos jf \tag{6-103}$$
$$+G(3s^2-2)\beta^2\sum_{j=1}^{4}\sum_{k=0}^{4-4j1}\Lambda_{3,j,k}\eta^{k-1}e^j\sin jf$$

其中，倾角多项式 $\Phi_{3,\,j,\,k}$ 和 $\Lambda_{3,\,j,\,k}$ 见表 6－11。

表 6－11　式（6－103）中的非零的倾角多项式 $\Phi_{3,\,j,\,k}$（上部）和 $\Lambda_{3,\,j,\,k}$（下部）。

$\Phi_{3,0,1}=0$，$\Phi_{3,2,0}=\frac{1}{4}\Phi_{3,1,0}=\Phi_{3,0,3}$，$\Lambda_{3,1,4}=4\Lambda_{3,2,4}=-\Lambda_{3,1,3}$

且 $\frac{4}{11}\Lambda_{3,2,0}=8\Lambda_{3,4,0}=\Lambda_{3,3,0}=\frac{1}{3}\Lambda_{3,1,0}$

0,0：$\frac{9}{16}(146500s^{10}-538025s^8+784240s^6-574668s^4+215520s^2-33792)$	
0,2：$-\frac{3}{8}(109125s^{10}-372775s^8+499020s^6-332724s^4+114080s^2-16896)$	
0,3：$\frac{3}{2}(3s^2-2)(5s^2-4)^2(5s^4+8s^2-8)$	
0,4：$-\frac{9}{16}s^2(15s^2-14)(450s^6-925s^4+590s^2-112)$	
1,0：$-3(3s^2-2)^2$	1,3：$-\frac{9}{2}(5s^4+8s^2-8)$
1,1：$\frac{1}{2}(189s^4-816s^2+488)$	2,1：$\frac{1}{4}(99s^4-348s^2+200)$
1,2：$\frac{1}{2}(153s^4-1032s^2+656)$	2,2：$\frac{1}{8}(207s^4-840s^2+496)$

在四阶时，可计算项是式（6－89）中的项，需要事先计算德普里特三角（2－16）中的中间项 $\mathcal{Q}_{1,2}$ 和 $\mathcal{Q}_{2,1}$ 。依赖于中心方程的 $\widetilde{\mathcal{Q}}_{0,4}$ 项与在三阶时发现的是相同的类型，因此，类似地进行合并。

新的哈密顿函数项 $\mathcal{Q}_{0,4}=\langle\widetilde{\mathcal{Q}}_{0,4}\rangle_\ell$ 同样写成式（6－101）的通用形式，相应的倾角多项式 $\lambda_{4,j}$ 见表 6－10。

6.5.4　长期频率

因此，直到截断阶，我们已经得到完全简化的哈密顿函数

$$\mathcal{S}=\mathcal{S}(-,-,-,L''',G''',H''')\equiv\sum_{m\geqslant 0}\frac{\epsilon^m}{m!}\mathcal{S}_m \tag{6-104}$$

其中，$\mathcal{S}_m$，$m=0,1,\cdots$ 项是从相应的由三撇号变量代替双撇号变量后的 $\mathcal{Q}_{0,m}$ 项得到的，并且为了简洁起见，我们从小参数中删除了波浪号。哈密顿方程的积分得到了长期项的解析解

$$\ell'''=\ell'''_0+n_M t,\quad g'''=g'''_0+n_\omega t\quad h'''=h'''_0+n_\Omega t$$

其中，$n_M=\partial\mathcal{S}/\partial L'''$，$n_\omega=\partial\mathcal{S}/\partial G'''$，$n_\Omega=\mathcal{S}/\partial H'''$，$L'''=L'''_0$，$G'''=G'''_0$，$H'''=H'''_0$，并且解析理论的初始化常数（$\ell'''_0$，$g'''_0$，$h'''_0$，$L'''_0$，$G'''_0$，$H'''_0$）是在进行不同的逆变换后从相应的初始条件中计算出来的。有关频率 n_M、n_ω 和 n_Ω 所采用的特定形式的详细信息，请参见文

献［405］。

另一方面，如 5.3 节所述，德劳内变量的奇异性可能使解析摄动解在不同情况下不适用，然后可能会首选一组非奇异变量的摄动解。如果是这种情况，我们只需要用所需的这组变量重新构造扰动解，而不需要再从以非奇异变量写成的原始哈密顿函数开始计算[171,468]。

例如，5.7.2 节中讨论的非标准变量集（F，C，S，h，L，H）避免了与低偏心轨道相关的奇异性问题，通常用于不同的应用。在这些变量中，主要摄动的长期项由 $H=H_0$ 和 $L=L_0$ 给出，并且

$$\begin{aligned}
&F=F_0+n_F t,\\
&C=e\cos(g_0+n_\omega t)=C_0\cos n_\omega t-S_0\sin n_\omega t,\\
&S=e\sin(g_0+n_\omega t)=S_0\cos n_\omega t+C_0\sin n_\omega t,\\
&h=h_0+n_\Omega t
\end{aligned} \tag{6-105}$$

其中，$F_0=\ell_0+g_0$，$C_0=e\cos g_0$，$S_0=e\sin g_0$，$e=(1-G_0^2/L_0^2)^{1/2}$，$n_F=n_M+n_\omega$，并且为了简单起见，省略了三撇号符号。

在标准偏导数之后，我们以紧凑的形式排列长期频率

$$n_F=n+n\sum_{m=1}^{\tilde{m}}\frac{\epsilon^m}{(5s^2-4)^m}\sum_{i=0}^{2m-1}\Psi_{m,i}(s)\eta^i \tag{6-106}$$

$$n_\omega=n\sum_{m=1}^{\tilde{m}}\frac{\epsilon^m}{(5s^2-4)^m}\sum_{i=0}^{2m-2}\omega_{m,i}(s)\eta^i \tag{6-107}$$

$$n_\Omega=nc\sum_{m=1}^{\tilde{m}}\frac{\epsilon^m}{(5s^2-4)^m}\sum_{i=0}^{2m-2}\Omega_{m,i}(s)\eta^i \tag{6-108}$$

其中，由式（4-44）可知 $n=\mu^2/L_0^3$，并且在表 6-12 中给出倾角多项式 $\Psi_{m,i}$、$\omega_{m,i}$ 和 $\Omega_{m,i}$ 摄动法的前三阶。如表 6-12 所示，我们注意到除数 $5s^2-4$ 在前两阶中被消去，仅在第三阶时才开始出现[408]。

表 6-12 从上至下分别是式（6-106）～式（6-108）中的倾角多项式 $\Psi_{i,j}$、$\omega_{i,j}$ 和 $\Omega_{i,j}$。系数 $\omega_{i,0}$ 和 $\Psi_{i,0}$ 相同，在此不再表示，参见文献［408］

1,0：	$-3(5s^2-4)^2$
1,1：	$-3(3s^2-2)(5s^2-4)$
2,0：	$\frac{15}{8}(5s^2-4)^2(77s^4-172s^2+88)$
2,1：	$\frac{9}{8}(5s^2-4)^2(155s^4-256s^2+104)$
2,2：	$\frac{3}{8}(5s^2-4)^2(189s^4-156s^2+8)$
2,3：	$\frac{15}{8}(5s^2-4)^2(5s^4+8s^2-8)$
3,0：	$-\frac{15}{32}(2439500s^{12}-11312175s^{10}+21772080s^8-22346500s^6+12956400s^4-4043136s^2+533248)$
3,1：	$-\frac{45}{32}(5s^2-4)(62300s^{10}-260365s^8+431504s^6-356508s^4+147552s^2-24576)$

续表

3,2：$\frac{3}{16}(1835625s^{12}-7723875s^{10}+13291500s^{8}-12015300s^{6}+6064176s^{4}-1644928s^{2}+192256)$
3.3：$\frac{15}{16}(5s^{2}-4)(18175s^{10}-85105s^{8}+153172s^{6}-136540s^{4}+61408s^{2}-11264)$
3,4 ：$\frac{3}{32}(213750s^{12}-1441125s^{10}+3537000s^{8}-4313100s^{6}+2835280s^{4}-967808s^{2}+135424)$
3.5：$\frac{21}{32}s^{2}(5s^{2}-4)(15s^{2}-14)(450s^{6}-925s^{4}+590s^{2}-112)$
2,1：$9(3s^{2}-2)(5s^{2}-4)^{3}$
2,2：$\frac{3}{8}(5s^{2}-4)^{2}(45s^{4}+36s^{2}-56)$
3,1：$-\frac{45}{4}(5s^{2}-4)^{3}(168s^{6}-497s^{4}+460s^{2}-136)$
3,2：$\frac{3}{16}(2150625s^{12}-9409875s^{10}+16968300s^{8}-16218180s^{6}+8729136s^{4}-2535808s^{2}+315136)$
3.3：$-\frac{15}{4}(5s^{2}-4)^{3}(105s^{6}+39s^{4}-228s^{2}+104)$
3,4：$\frac{3}{32}(438750s^{12}-1771125s^{10}+2865000s^{8}-2345100s^{6}+999760s^{4}-199808s^{2}+12544)$
1,0：$-6(5s^{2}-4)$
2,0：$\frac{15}{2}(5s^{2}-4)^{2}(7s^{2}-8)$
2,1：$18(3s^{2}-2)(5s^{2}-4)^{2}$
2,2：$\frac{3}{2}(5s^{2}-4)^{2}(5s^{2}+4)$
3,0：$-\frac{15}{8}(215250s^{10}-823025s^{8}+1255040s^{6}-953760s^{4}+361088s^{2}-54464)$
3,1：$-\frac{45}{4}(5s^{2}-4)^{3}(63s^{4}-124s^{2}+56)$
3,2：$\frac{3}{8}(430125s^{10}-1553550s^{8}+2222340s^{6}-1570224s^{4}+546432s^{2}-74624)$
3,3：$-\frac{15}{4}(5s^{2}-4)^{3}(45s^{4}+28s^{2}-40)$
3,4：$\frac{3}{8}(50625s^{10}-168375s^{8}+215900s^{6}-130800s^{4}+35840s^{2}-3136)$

6.5.5　应用示例：PRISMA 轨道

我们用一个 500 km 高度的太阳同步低偏心率轨道的解析解做测试，与 PRISMA 任务的要求一致[553]。特别是，选择下列笛卡儿坐标系中的初始条件（位置单位 km，速度单位 km/s）

$$\begin{aligned}
x_0&=-4178.63775517221, & \dot{x}_0&=5.84458519389825\\
y_0&=1571.13919300305, & \dot{y}_0&=-0.579214366053911\\
z_0&=5224.69084171088, & \dot{z}_0&=4.85361424021968
\end{aligned}\tag{6-109}$$

对于引力模型，我们取 $\mu=398600.4415\ \mathrm{km^3/s^2}$，$R_{\oplus}=6378.1363$ km 且 $J_2=0.001082634$ 。然后，通过对式（5-6）中笛卡儿坐标系下的运动方程进行数值积分来计

算参考轨道，该积分以扩展精度进行计算，以确保截断至双精度后剩余的所有位数都是精确的。

轨道根数随时间变化如图 6 - 4 所示，时间为 3 天，其中卫星绕地球运行约 45.6 圈。如图 6 - 4 所示，半长轴 a 在半个轨道周期经历了约 10 km 的振幅，其平均值约为6880 km（左图），而轨道平面的倾角 $I \approx 97.42°$ 几乎保持不变，其振幅小于 20 弧秒，且与半长轴具有相同的周期（右图）。

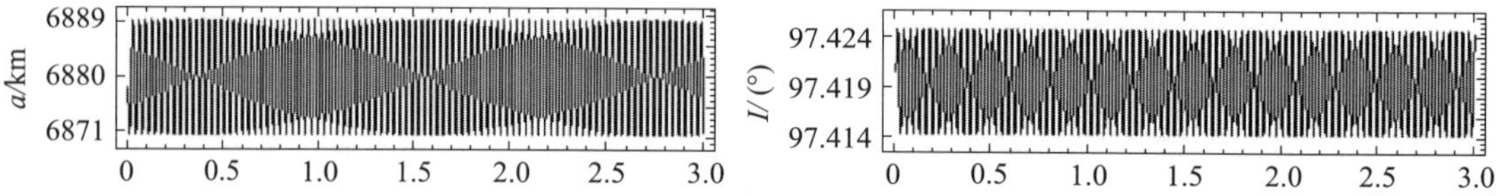

图 6 - 4　真实 PRISMA 轨道半长轴（左图）和倾角（右图）随时间变化。横坐标以天为单位

偏心率 e 具有非常相似特性，如图 6 - 5 所示，相对于其平均值约 2×10^3 具有可变幅度的小周期性振荡。相反，瞬时近地点幅角 ω 经历了显著的变幅振荡，可能达到约 50°。这些周期性振荡调制了约 1（°）/天的线性下降趋势，该趋势以白色叠加到近地点幅角的随时间变化曲线上。图 6 - 5 的右图显示了偏心率矢量的演变，箭头标记了与初始条件相对应的点。图中的虚线圆圈显示了平均偏心率矢量的长周期循环运动，这与之前 5.6.3 节中讨论的大倾角轨道的长期运动完全一致。

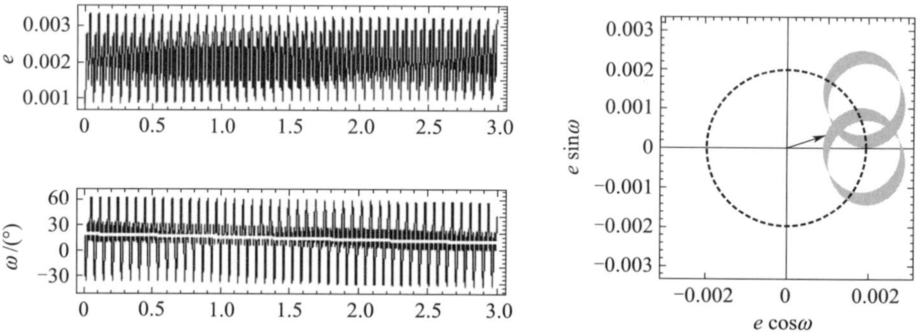

图 6 - 5　3 天中真实 PRISMA 轨道的偏心率矢量

PRISMA 轨道升交点的赤经几乎以太阳同步速率（约 1（°）/天）线性增长，并且调制了与倾角中观察到的相似幅度的小周期性振荡。在到点 $F = M + \omega$ 的平均距离上也观察到了相同的表现，但其速率明显更快，每天超过 15 条轨道，在这种情况下，周期振荡的振幅约为 3.6 弧分。

现在将参考轨道与解析解的不同截断提供的轨道进行比较。首先，我们说明了对摄动理论的常数进行准确初始化的重要性。

6.5.5.1　常数初始化

首先，我们完全不考虑周期性修正，而是将解析解的长期项当成是瞬根数。然后，将式（6 - 109）中的初始条件转化为半分点变量，我们得到

$$
\begin{aligned}
&F_0 = 0.8726646200250181, && L_0 = 52360.56175616003, \\
&C_0 = 0.9396928336552479 \times 10^{-3}, && S_0 = 0.3420158197412482 \times 10^{-3}, \\
&h_0 = 2.9349734000392003, && H_0 = -6762.329846647862
\end{aligned}
\tag{6-110}
$$

其中，F_0 和 h_0 以弧度表示，C_0 和 S_0 是无量纲的，L_0 和 H_0 的量纲为 km^2/s。接下来，使用式（6－106）～式（6－108）计算运动的长期频率，直到 J_2 的二阶，以获得

$$
\begin{aligned}
n_F &= 1.105341787346819 \times 10^{-3} \\
n_\omega &= -7.080920112885583 \times 10^{-7} \\
n_\Omega &= 1.994353947362547 \times 10^{-7}
\end{aligned}
\tag{6-111}
$$

以 rad/s 为单位，产生一个不规则周期（从近地点到近地点）$T = 2\pi/(n_F - n_\omega) =$ 94.68 min。利用这些值，通过简单地在所需输出时刻 t 计算式（6－105）的值来计算长期项。

图 6－6 描述了三撇号变量表示的解的误差，其中，除了预期的周期误差（与真实轨道的轨道根数周期振荡的振幅相同）外，任何轨道根数与零平均值的偏差是显而易见的。另一方面，如图 6－6 所示，由于在真实数值积分解和长期项的解析传播中使用相同的初始条件，因此在所有情况下，初始误差均为零。

此外，除了从零平均值的总体偏移外，从图 6－7 中还可以明显看出 F 和 Ω 的误差存在长期漂移。这主要是由于计算 $L''' = L$ 不准确，这破坏了所有长期频率的准确性，尤其是 n_M 和 n_F。后者导致了到节点的平均距离误差的主要线性增长，约为 2（°）/天，这在传播开始以来的周期性扰动中占主导地位，如图 6－7 的上图所示。Ω 误差的长期增长在图 6－7 的下部曲线图中也很明显。然而，由于 n_Ω 仅为 $\mathcal{O}(J_2)$，其影响比 n_F 的情况［即 $\mathcal{O}(1)$］的危害要小，并且 Ω 的误差仅以大约 3.5 角秒/天的小速率增长。沿图 6－7 所示的短传播间隔，Ω 的误差主要由周期项决定，但误差的长期分量将在较长的间隔内占主导地位。

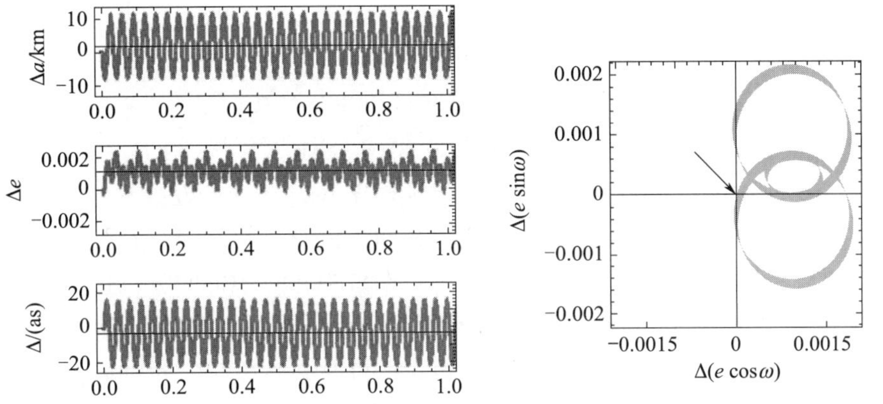

图 6－6　初始条件未转换为长期值时长期解的误差。横坐标以天为单位

误差中的两种类型的影响——从零平均值的偏移和长期增加——都是明显的，因为初始条件没有转化为长期根数，我们实际上是在比较两个不同的轨道，因此长期项不反映真实解的平均表现。因此，在仅仅传播一天之后，长期解预测的位置可能与实际位置相差数

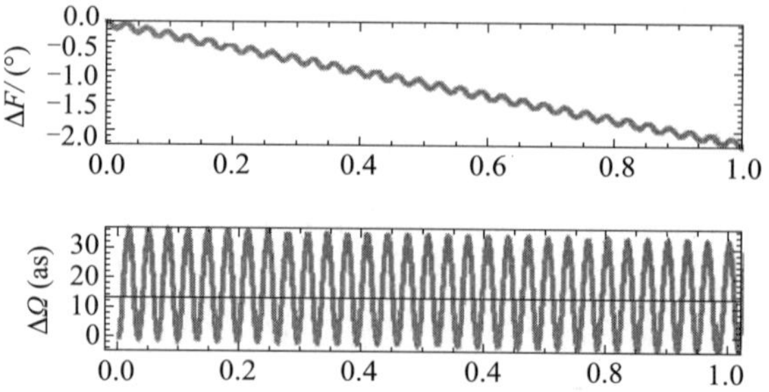

图 6-7　当初始条件未转换为长期值时，F 和 Ω 的长期传播误差。横坐标以天为单位

百千米。如图 6-8 所示，其中显示了积分精确方程（5-6）得到的位置与从式（6-105）的长期项的解析传播中获得的位置之差的平方根（RSS）的范数。

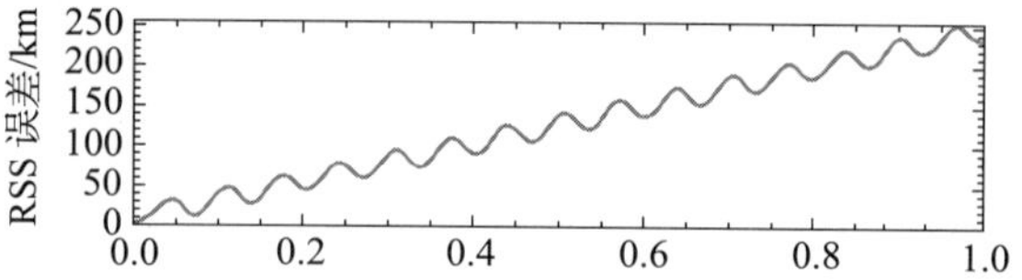

图 6-8　无初始条件转换的长期近似笛卡儿坐标的平方根误差。横坐标以天为单位

下一步是将式（6-110）中的瞬时初始条件连续转换为单撇号、双撇号和三撇号变量，以获得初始化长期解的常数（初始根数和频率）的正确值。也就是说，视差消除、近地点消除和德劳内归一化的逆变换被依次应用，直到 J_2 的一阶，以获得

$$\begin{aligned} &F_1=0.8716628560891988, && L_1=52366.94663215522,\\ &C_1=0.1841678296708005\times10^{-2}, && S_1=0.7152507807642872\times10^{-3},\\ &h_1=2.935061847045128, && H_1=H_0 \end{aligned}\tag{6-112}$$

从中我们计算出长期频率

$$\begin{aligned} n_F&=1.104938198224251\times10^{-3}\\ n_\omega&=-7.075076094488982\times10^{-7}\\ n_\Omega&=1.992424728390034\times10^{-7} \end{aligned}\tag{6-113}$$

式（6-110）和式（6-111）中的值的相对差异为 $\mathcal{O}(J_2)$。在这种情况下，我们也没有恢复长期项解析传播后的周期效应，只是将长期传播与真实轨道进行比较。因此，周期误差预计会以与之前相同的振幅振荡。然而，长期解现在更接近实际轨道的平均值。

图 6-9 显示了对于偏心率矢量将瞬根数转换为长期根数的益处。现在，初始误差不再消失，因为我们正在比较瞬根数和长期根数，所以它必然发生。正如预期的那样，在这两种情况下，周期误差的幅度保持相似。当然，也会用其他轨道根数对这种表现进行验证。此外，误差的长期部分现在基本上被消除了。这在图 6-10 中以升交点的赤经和平均经度为例进行了说明，其中无论是否将瞬根数转换为长期根数都叠加了长期传播误差。我们再次注意到，误差周期分量的振幅保持不变。

图 6-11 显示了通过正确计算长期频率获得在长期传播中的根本性改进，其中笛卡儿

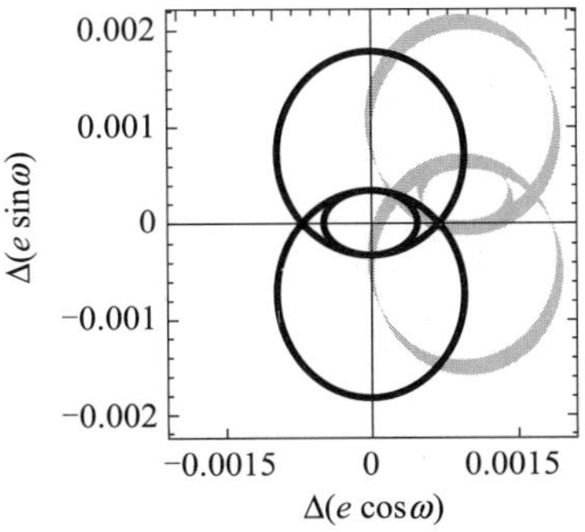

图 6－9　根据长期项计算的偏心率矢量误差（黑色曲线），未转换初始条件（灰色曲线）

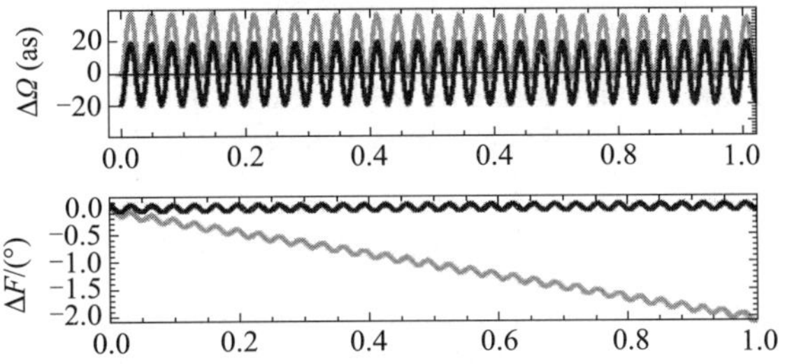

图 6－10　适当初始化后 Ω 和 F 的误差（黑色曲线），叠加图 6－7 中的类似图形（灰色曲线）。横坐标以天为单位

坐标的 RSS 误差随时间变化与之前的情况叠加。现在，长期项的误差具有周期性，振幅在整个传播间隔内仅为几千米。

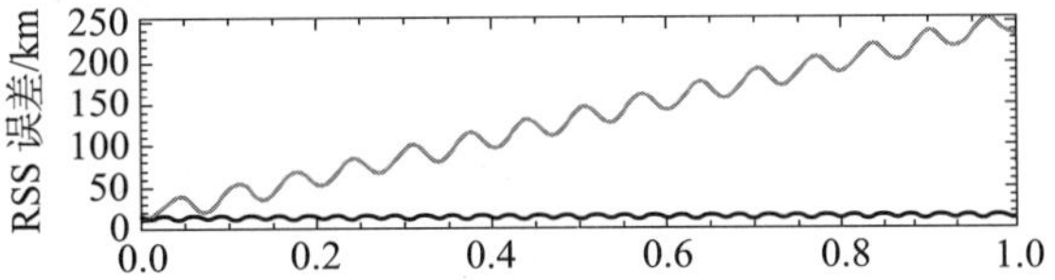

图 6－11　正确初始化时的 RSS 误差（黑色曲线），叠加图 6－8 中的结果（灰色曲线）。横坐标以天为单位

6.5.5.2　周期修正的精度

一旦说明了将瞬时初始条件正确地转换为三撇号变量的重要性，我们将验证周期修正是否满足摄动解的截断阶内的预期精度。该测试包括计算真实解的不同状态的解析解的初始化常数。如果理论是准确的，那么对于长期摄动 L'''，G''' 和 H''' 以及长期频率 n_F，n_ω 和 n_Ω 的三个积分中的每一个，整个传播间隔上的每个点都会产生完全相同的常数值。然而，在当前情况下，摄动解仅保留小参数 J_2 截断阶的周期修正。然后可以预期，形式积分的值可能在忽略项的精度范围内振荡。

例如，如果我们使用 6.5 节中的表达式，精确到 J_2 的三阶，我们预期会得到相对于初始化常数的值 $O(J_2^4) \approx 10^{-12}$ 的振荡。这正是我们所发现的，如图 6－12 所示，其中

$L'''_0(t_i)$ 的相对误差是根据其在三天间隔内的算术平均值计算得出的，如上图所示。下图显示了长期值 $h'''_0(t_i)$ 相对于其线性拟合 $h'''=2.93506+0.000717275t$ 的相对误差。为了清晰起见，图中仅显示了三天间隔的前三条轨道。

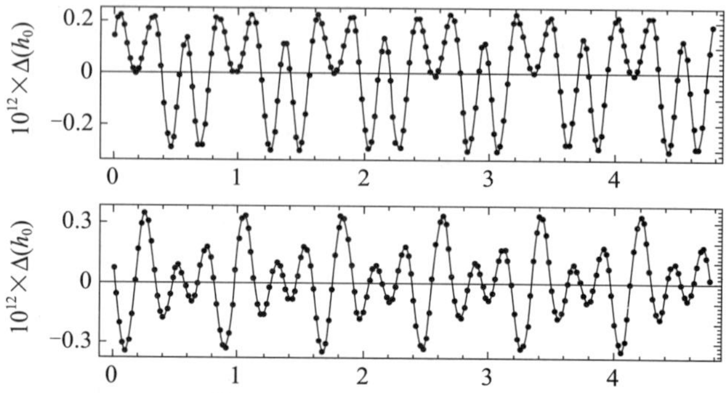

图 6-12　当逆修正精确到 $\mathcal{O}(J_2^{\ 3})$ 时，长期根数 L'''_0（上）和 h'''_0（下）的相对误差。横坐标以小时为单位

当从瞬根数到长期根数的转换应用于其他根数时，如经典开普勒根数，获得的精度可能与摄动解的截断阶预期的精度不同。这是由于运算过程中误差传播需要计算的变量为德劳内规范变量的函数。因此，例如，因为从式（4-46）中的第一项很容易得到 $\Delta a=\mathcal{O}(\Delta L)$，长期半长轴的计算精度应与摄动解的截断阶所预期的相同。相反，在计算式（4-46）第二个方程的长期偏心率时，G 和 L 的截断误差的传播会将误差除以偏心率值。事实上，这相当于使用式（2-17）的类似方程直接计算轨道根数的周期修正。例如，在计算偏心率的长期值时所需的泊松括号 $\{e,\mathcal{W}\}$，需要计算 $\partial e/\partial G=-\eta/(eL)$，显示了低偏心率轨道的偏心率误差的放大率。对于长轴图 6-13 中进一步说明了在增加摄动解的截断阶数时长期项的计算获得的改进，其中通过周期性校正的四阶和五阶截断获得的误差一起显示——后者在 PRISMA 轨道上达到千分之一微米，并达到计算机的数值精度[408]。

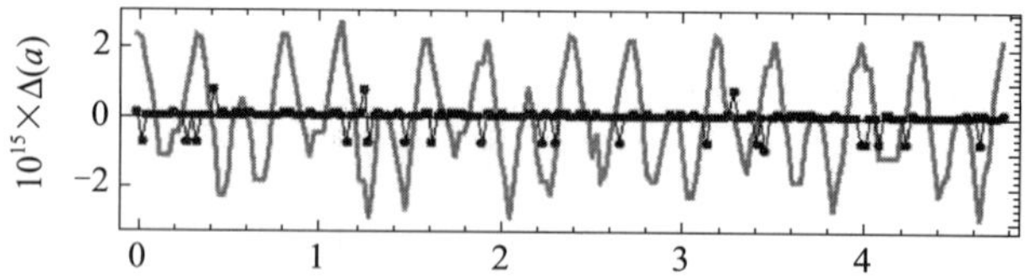

图 6-13　使用逆变换的四阶（灰线）和五阶截断（黑点）时 $a(L'''_0)$ 的相对误差。横坐标以小时为单位

6.5.5.3　长期表现

最后，我们评估了长期传播中解析解的性能。也就是说，在对摄动解的常数进行正确初始化后，每次 $t=t_i$ 对长期项进行求值，依次通过直接的周期性校正进行校正，包括德劳内归一化得到双撇号变量、近地点消除得到单撇号变量，以及视差消除，最终得到瞬时变量。后者与参考轨道的相应星历进行比较，以获得 RSS 误差。传播间隔为一年，相当

于 5500 多条 PRISMA 轨道。为了比较，我们用（i：s：d）标记不同的解，i 代表逆变换的阶，s 代表长期项，d 代表直接变换的阶。

当使用（1：2：1）解时，一阶周期性修正项和二阶长期项，就像 Brouwer 的最初情况一样，长期项截断引起的 RSS 误差主导传播。长期项的截断导致的 RSS 误差在长期传播中占主导地位。由于周期性修正的一阶截断，它们以每天约半千米的线性速率增长，从 1 m 的初始误差到传播间隔结束时约 160 km 的 RSS 误差。(2：2：1）解的二阶逆变换使情况得到了显著改善，在这种情况下，升级后的长期频率将 RSS 误差速率降低到约 1.1 m/天。在传播结束时，误差约为半千米，再次表明了解析理论常数正确初始化的重要性。由于长期误差的快速增长，(2：2：2）解的直接变换的二阶在长期项内没有表现出比（2：2：1）情况有改进。相反，该解在输出的每一步都会增加计算负担。

当长期频率计算到三阶（2：3：1）解时，才能看到额外的好处，该解决方案将 RSS 误差的长期速率降低到约 14 cm/天，计算负担可忽略不计，因为改进后的三阶频率仅计算一次。出于同样的原因，当使用（3：3：1）解的三阶校正初始化常数时，解不会受到惩罚。在这种情况下，RSS 误差以仅几毫米/天的缓慢速度增长，其累积在一年后仅达到几米。由于直接周期修正仍然是从一阶截断计算出来的，因此（3：3：1）解的 RSS 误差的周期振荡幅度约为 1 m，误差在一年的传播过程中保持类似的大小。(4：4：1）解将 RSS 误差的长期趋势完全掩埋在周期分量下，只有在考虑（4：4：2）解的二阶直接修正时，才会开始出现。当（4：4：3）解直接修正被截断为三阶时，长期趋势再次占据主导地位，但速度仅为几微米/天。采用（5：5：3）解，RSS 误差在一年间隔内保持在微米级，其中解析解的常数被初始化为计算机的数值精度。最后，我们发现，虽然在直接周期修正的截断之外取得了一些改进，但它们仅在传播开始时明显，长期则没有显著的影响。图 6－14 说明了通过解析摄动解的不同截断实现的精度改进。图以对数比例呈现，以增强对比。

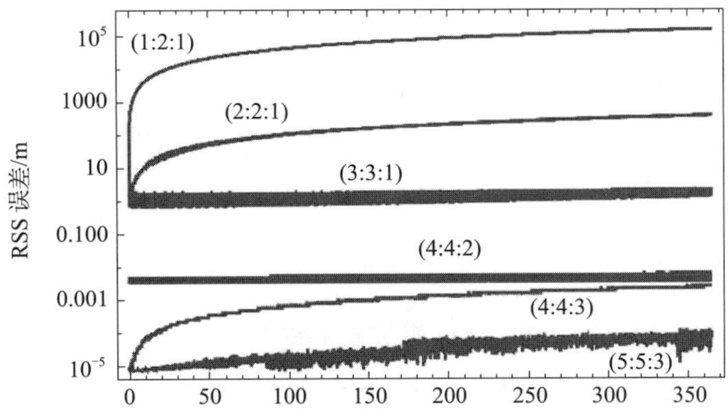

图 6－14　主要摄动解的不同截断的平方根误差。横坐标以天为单位

另一方面，代表周期修正的三角级数的大小随着摄动方法的阶数显著增加。这意味着解析解的计算时间相应增长。在当前的测试用例中，我们发现计算三阶修正所花费的时间比计算更简单的一阶修正所花费的时间大一个数量级。然而，我们必须注意，用于计算周

期校正的优化策略的应用[115,272,407]（此处尚未执行）可能会使比较偏向更有利的数据。

6.6 初始化问题：Breakwell 和 Vagners 方法

值得注意的是，摄动解的一个特征是，无论角度变量的频率多么小，总是会留下误差。例如，6.5.5 节中讨论的 PRISMA 轨道的平近点运动 $n_M \approx 1.1\times10^{-3}$ rad/s，由于采用双精度浮点表示，将不可避免地存在约 $10^{-19}\,\mathrm{s}^{-1}$ 的误差[332]。因此，（长期）平近点在 $\approx 3\times10^{7}$ s（包含一年）的线性增长将产生 10^{-12} rad 数量级的误差，对于半长轴 6878.137 km 的 PRISMA 轨道将产生几微米的在轨误差。这些数字与解析解（5∶5∶3）截断得到的结果完全一致，并且对于摄动解的低阶截断，它们相应地增长。

另一方面，从周期修正的给定截断中初始化解析解的常数与从高阶截断中获得的长期项的传播不一致。在 Brouwer（1∶2∶1）解[75]的情况下，这一点很快被注意到，文献［57，252，469］中反复提到了长期项的二阶截断导致的沿轨道方向的误差。当然，当逆周期修正计算到与长期项相同的阶数时，困难就消失了。或者，正如 1.2.1 节中已经讨论的那样，由于要初始化的最敏感常数是长期平均运动，因此提出了不同的策略，以避免在与长期项相同的阶数下对生成函数项进行烦琐的计算[63,90,469,675]。我们只描述了 Breakwell 和 Vagners[63]提出的智能和廉价的程序，当考虑到扁率及其他摄动时，该程序在计算人造卫星问题的二阶解时特别有用。

因此，对于给定的初始条件（$\boldsymbol{x}_0$，$\boldsymbol{X}_0$），相应轨道的能量是从原始哈密顿量 $E_0=\mathcal{H}$（$\boldsymbol{x}_0$，$\boldsymbol{X}_0$）精确计算的。这个能量值与三撇号变量的哈密顿函数值相差一个余数 $\mathcal{R}$，这是由于长期哈密顿函数（6－104）的截断阶造成的。即

$$E_0=-\frac{\mu^2}{2L_0'^2}+\sum_{m=1}^{k}\frac{\epsilon^m}{m!}\mathcal{S}_m(L'''_0,G'''_0,H)+\mathcal{R}(\ell'''_0,g'''_0,L'''_0,G'''_0,H) \tag{6-114}$$

其中当从原始变量到单撇号变量的转换执行到 $m=k$ 阶时 $\mathcal{R}=\mathcal{O}(\varepsilon^{k+1})$。如果这个变换只计算到 $m=k-1$ 阶，那么，虽然式（6－114）中的求和项不会降低余数的阶数，因为它们乘以 ϵ^m 且 $m\geqslant1$，但是开普勒项肯定会。这一事实可用于通过下式计算 $\hat{L}_0$ 来改进三撇号变量中的德劳内作用的初始值

$$\frac{\mu^2}{2\hat{L}_0^2}=-E_0+\sum_{m=1}^{k}\frac{\epsilon^m}{m!}\mathcal{S}_{0,m}(L'''_0,G''_0,H) \tag{6-115}$$

将式（6－114）中的 $L'''_0=\hat{L}_0$ 进行替换后余数将是 $\mathcal{O}(\epsilon^{k+1})$。当解析解的常数使用改进的值 $\hat{L}_0$ 初始化时，可以验证解（$k-1$∶k∶$k-1$）与更严格的解（k∶k∶$k-1$）具有可比的精度。

6.7 中心根数

如 5.6.1 节所述，当以闭合形式接近摄动解时，消除短周期的生成函数可以承受与计

算中出现的任意积分常数有关的长周期效应。如果发生这种情况，平根数哈密顿函数的下一阶将失去一些长周期项。虽然这与半解析方法无关，在半解析方法中，通过应用短周期校正在数值积分的每一步恢复瞬根数，但在不同的应用中，平根数的演变本身就很重要。在这些情况下，重要的是平根数的计算值尽可能接近瞬根数的平均值。为了实现这一点，平根数哈密顿函数必须承受解的所有长周期项。也就是说，生成函数的一阶项，它通过德普里特递归（2－15）进入平根数哈密顿函数的二阶项的计算，必须完全没有隐藏的长周期项。注意，当摄动理论扩展到更高阶时，此条件是不充分的，在这种情况下，必须另行考虑以获得所需的“中心”根数[197,488]。

特别是式（6－31）中消除视差的生成函数的一阶项带有隐藏的长周期项。事实上，根据中心平均为零的方程，我们立即发现在式（6－31）中 $\mathcal{W}_1$ 的平均值，或是式（5－40）中平近点角与式（5－61）中去除短期效应的生成函数第一项的平近点角完全相同。然后我们从式（5－64）中直接选择

$$A_1=\frac{1}{8}G\frac{R_\oplus^2}{p^2}(1+2\eta)\beta^2 s^2\sin 2\omega \tag{6－116}$$

就像任意的“常数”必须加到式（6－31）中才能从 $\mathcal{W}_1$ 中消除隐藏的长期项。这个附加项使式（6－32）增加了 18 个新的三角函数项，除了下式之外，所有这些都与李导数的像有关

$$\Delta\mathcal{H}_{0,2}=\frac{\mu}{a}\frac{R_\oplus^4}{p^4}\frac{a^2}{r^2}\frac{3}{16}(4-5s^2)(1+2\eta)\eta^2\beta^2 s^2\cos 2\omega \tag{6－117}$$

上式与李导数的核有关。必须将它加到式（6－33），这是为了在消除视差后保持简化哈密顿函数中的所有长周期效应[442]。另一方面，德劳内归一化生成函数的一阶项没有长周期项，如式（6－40）所示。因此，在对平近点角进行平均之后，唯一的新二阶哈密顿项是式（6－117）

$$\Delta\mathcal{K}_{0,2}=\langle\Delta\mathcal{H}_{0,2}\rangle_\ell=\frac{\mu}{a}\frac{R_\oplus^4}{p^4}\frac{3}{16}(4-5s^2)(1+2\eta)\eta\beta^2 s^2\cos 2\omega \tag{6－118}$$

其中所有参数现在都是双撇号德劳内变量的函数，直接加到式（6－42）中。

第 7 章　田谐摄动

长期和长周期摄动与带谐波的影响有关，但扇形和田形谐波的影响通常仅限于小幅度的短周期摄动。通常，通过移动到旋转坐标系的简单方法来消除由田谐项导致的哈密顿函数的时间依赖性。然而，这个问题不再具有相对于地球自转轴的对称性，而且相对于带谐情况，自由度增加了一个。尽管如此，对于低地球轨道，开普勒根数仍然是哈密顿函数的零阶，因此在这种特殊情况下，以偏心率的闭合形式很容易消除田谐项影响[220]。相反，对于一般的轨道同调方程，变成了偏微分方程。闭式归一化也是可行的，但可能需要使用数值平均技术[471,540]。或者，可以通过解析降级技术来实现田谐项的闭合形式归一化[169,538]。然而，至少对于次同步轨道（sub - synchronous orbit），田谐项的降级表现出对偏心率的依赖性[602]，这可能使田谐项的封闭形式降级变得空洞。在这种情况下，以偏心率的幂展开的田谐项的标准归一化肯定比计算更高阶的降级算法更简单，也可能更有效[438]。

另一方面，在谐振结构中，卫星的平均运动与地球的自转速率相当，因此，田谐项可能会引起长周期效应。然后，为了确定必须保留在简化的长期哈密顿函数中的谐振项，田谐势不可避免地需要以偏心率的幂展开。在这种情况下，平均半长轴不再是完整的，相反，会经历中等振幅的长周期振荡。

7.1　轨道根数中的田谐势

势能（5 - 2）的干扰部分以轨道根数写成如下形式

$$\mathcal{P}=-\frac{\mu}{a}\frac{a^2\eta}{r^2}\sum_{i\geqslant 2}\sum_{j=0}^{i}V_{i,j}(p,e,f,\omega,v,I) \tag{7-1}$$

其中

$$\begin{aligned}V_{i,j}=&\eta\frac{R_{\oplus}^{i}}{p^i}(1+e\cos f)^{i-1}\sum_{k=0}^{i}\mathcal{F}_{i,j,k}(I)\\&\times\{S_{i,j}\sin[(i-2k)f+\psi_{i,j,k}]+C_{i,j}\cos[(i-2k)f+\psi_{i,j,k}]\}\end{aligned} \tag{7-2}$$

且

$$\psi_{i,j,k}=(i-2k)\omega+jv-(i-j)_{\pi} \tag{7-3}$$

其中，$v=\Omega-\omega_{\oplus}t$ 是旋转坐标系中节点的经度，根据式（6 - 5）中的索引约定，$(i-j)_{\pi}=\frac{\pi}{2}[(i-j)\bmod 2]$，并且根据 Kaula 倾斜函数的原始定义[341]

$$\begin{aligned}\mathcal{F}_{i,j,k}=&\sum_{l=0}^{\min(k,ij)}\sum_{m=0}^{j}\sum_{q=\min(i-j-2l+m,k-l)}^{i}\binom{j}{m}\binom{i-j-2l+m}{q}\\&\times\binom{j-m}{k-l-q}\frac{(-1)^{q-ij}}{2^{2i-2l}}\frac{(2i-2l)!}{l!\,(i-l)!\,(i-j-2l)!}c^m s^{i-j-2l}\end{aligned} \tag{7-4}$$

其中，$i_j = \left\lfloor \frac{1}{2}(i-j) \right\rfloor$。我们记得 $c \equiv \cos I$，$s \equiv \sin I$。取式（7-4）中的 $j=0$，我们恢复式（6-4）中带谐摄动的一个具体形式。倾斜函数及其导数的有效评估可以通过不同的程序实现[251]。

在替换式（7-2）中 $(1+e\cos f)^{i-1}$ 的二项式展开式之后，使用式（6-12）和式（6-13）进行的重新整理，我们得到

$$\begin{aligned} V_{i,j} = & \frac{R_{\oplus}^{i}}{p^{i}} \eta \sum_{k=0}^{i} \mathcal{F}_{i,j,k}(I) \sum_{m=0}^{i-1} \binom{i-1}{m} \frac{e^m}{2^m} \sum_{l=0}^{m} \binom{m}{l} \\ & \times [(S_{i,j}\cos\psi_{i,j,k} - C_{i,j}\sin\psi_{i,j,k})\sin(i-2k-m+2l)f \\ & + (C_{i,j}\cos\psi_{i,j,k} + S_{i,j}\sin\psi_{i,j,k})\cos(i-2k-m+2l)f] \end{aligned} \tag{7-5}$$

7.2 低地球轨道：Garfinkel 摄动法

通过使用旋转坐标系 v 中节点的经度，在式（7-3）中掩盖了位势的田谐项的时间依赖性。当使用修改的德劳内变量集时，哈密顿函数（5-3）也避免了这种时间依赖性，其中 $h=v\equiv\Omega-\omega_{\oplus}t$，而 $H=xY-yX=(\mu/a)\eta c/n$ 仍然保持为 h 的共轭动量。利用这些规范变量，以及式（7-5）中先前定义的 $V_{i,j}$，哈密顿函数（5-3）被写成

$$\mathcal{H} = -\frac{\mu}{2a} - \frac{\mu}{a}\frac{\omega_{\oplus}}{n}\eta c - \frac{\mu}{a}\frac{a^2\eta}{r^2}\left(V_{2,0} + \sum_{j=1}^{2} V_{2,j} + \sum_{i\geqslant 3}\sum_{j=0}^{i} V_{i,j}\right) \tag{7-6}$$

普通低地球轨道的周期约为一个半小时，而地球需要约 24 小时来完成绕其极轴的旋转。因此 $\omega_{\oplus}/n = \mathcal{O}(j_2^{1/2})$，而对于 $i>2$，$C_{i,j}$ 和 $S_{i,j}$ 是 $\mathcal{O}(j_2^2)$ 或更小。在这种特殊情况下，式（7-6）可以重新整理为常见的摄动哈密顿函数（2-30），其中 $\epsilon \sim \omega_{\oplus}/n \sim J_2^{1/2}$ 是一个形式参数，而不是一个物理小参数，参见文献［220，221，539］

$$\mathcal{H}_{0,0} = -\frac{\mu}{2a} \tag{7-7}$$

$$\mathcal{H}_{1,0} = -H\omega_{\oplus} \tag{7-8}$$

$$\mathcal{H}_{2,0} = -(2!)\frac{\mu}{a}\frac{a^2\eta}{r^2}V_{2,0} \tag{7-9}$$

$$\mathcal{H}_{3,0} = 0 \tag{7-10}$$

$$\mathcal{H}_{4,0} = -(4!)\frac{\mu}{a}\frac{a^2\eta}{r^2}\left(\sum_{j=1}^{2}V_{2,j} + \sum_{i\geqslant 3}\sum_{j=0}^{i}V_{i,j}\right) \tag{7-11}$$

且 $\mathcal{H}_{m,0}=0$，$m\geqslant 5$。

7.2.1 田谐项视差消除

正如带谐项摄动所做的那样，首先通过消除视差简化来消除非必要的短周期田谐项的影响。同样，李导数由式（4-66）给出，为了方便，也可以使用式（5-38）中的替代表达式。

考虑到 $\mathcal{H}_{1,0}$ 与平近点角无关，一阶同调方程 $\mathcal{L}_0(\mathcal{W}_1)=\mathcal{H}_{1,0}-\mathcal{H}_{0,1}$ 通过选择 $\mathcal{H}_{0,1}=\mathcal{H}_{1,0}$ 和 $\mathcal{W}_1=0$ 进行求解。在二阶时 $\mathcal{L}_0(\mathcal{W}_2)=\widetilde{\mathcal{H}}_{0,2}-\mathcal{H}_{0,2}$，由式（2－37）可知，$\widetilde{\mathcal{H}}_{0,2}=\mathcal{H}_{2,0}$。然后我们选择 $\mathcal{H}_{0,2}$，从而消掉了式（7－9）中不明确依赖于真近点角的项。即

$$\mathcal{H}_{0,2}=-(2!)\frac{\mu}{a}\frac{a^2\eta}{r^2}\langle V_{2,0}\rangle_f \tag{7-12}$$

因为 $\langle V_{i,j}\rangle_f$ 是式（7－5）中 $l=k+\frac{1}{2}(m-i)$ 时的项，我们得到

$$\langle V_{i,j}\rangle_f=\frac{R_\oplus^i}{p^i}\eta\sum_{k=0}^{i-1}\mathcal{F}_{i,j,k}(I)\mathcal{G}_{i,k}^*(e)(C_{i,j}\cos\psi_{i,j,k}+S_{i,j}\sin\psi_{i,j,k}) \tag{7-13}$$

其中，$\mathcal{G}_{i,k}^*$ 在式（6－15）中定义，由此可知

$$\langle V_{2,0}\rangle_f=C_{2,0}\frac{R_\oplus^2}{p^2}\eta\left(\frac{3}{4}s^2-\frac{1}{2}\right) \tag{7-14}$$

正如当前方法中形式小参数的性质所预期的那样，该结果与式（6－29）系数 $C_{2,0}$ 不同——正如式（7－12）与式（6－30）不同。和带谐项摄动情况一样，同调方程从式（5－39）中求解，得到 $\mathcal{W}_2=-(2!)GW_{2,0}$，其中各项的积分

$$W_{i,j}=\frac{1}{\eta}\int(V_{i,j}-\langle V_{i,j}\rangle_f)\mathrm{d}f$$

是按照我们积分式（6－35）时的类似步骤进行的。我们得到

$$W_{i,j}=\frac{R_\oplus^i}{p^i}\sum_{k=0}^{i}\mathcal{F}_{i,j,k}(I)\sum_{m=0}^{i-1}\binom{i-1}{m}e^m\,\mathcal{I}_{i,j,k,m}(f,v,\omega) \tag{7-15}$$

其中

$$\mathcal{I}_{i,j,k,m}=\frac{1}{2^m}\sum_{\substack{l=0\\ l\neq l^*}}^{m}\binom{m}{l}\left[(C_{i,j}\sin\psi_{i,j,k}-S_{i,j}\cos\psi_{i,j,k})\frac{\cos2(l-l^*)f}{2(l-l^*)}\right.$$
$$\left.+(C_{i,j}\cos\psi_{i,j,k}+S_{i,j}\sin\psi_{i,j,k})\frac{\sin2(l-l^*)f}{2(l-l^*)}\right]$$

并且 $l^*=k+\frac{1}{2}(m-i)$。正如预期的那样，除了由于在当前方法中使用了一个形式化的小参数而出现的谐波系数 $C_{i,0}$，可以验证 $\mathcal{I}_{i,0,k,m}$ 与式（6－38）中的 $\mathcal{I}_{i,k,m}$ 相匹配。

特别是，我们发现 $\mathcal{W}_2$ 和式（6－31）中的 $\mathcal{W}_1$ 相同，除了从不同摄动排列中得出的 2 的阶乘和由于使用一个形式化的小参数而产生的系数 $-C_{2,0}$。也就是

$$\mathcal{W}_2=C_{2,0}\frac{G}{4}\frac{R_\oplus^2}{p^2}\left[(4-6s^2)e\sin f+s^2\sum_{i=1}^{3}3^{\lfloor 2-i/2\rfloor}e^{|i-2|}\sin(if+2\omega)\right] \tag{7-16}$$

它与旋转坐标系 h 中节点的经度无关。接下来，我们由德普里特递归（2－15），取 $\mathcal{H}_{1,1}=\mathcal{H}_{0,2}$，并继续进行计算摄动法的第三阶。

已知项 $\widetilde{\mathcal{H}}_{0,3}$ 是式（6－88）中的项，由于 $\mathcal{W}_1=0$，$\mathcal{H}_{0,1}=\mathcal{H}_{1,0}$ 且 $\mathcal{H}_{3,0}$ 从式（7－10）中消失，因此得到

$$\widetilde{\mathcal{H}}_{0,3}=3\{\mathcal{H}_{1,0},\mathcal{W}_2\}=3\omega_\oplus\frac{\partial\mathcal{W}_2}{\partial h}=0$$

因此，$\mathcal{H}_{0,3}=\mathcal{H}_{1,2}=\mathcal{H}_{2,1}=0$，$\mathcal{W}_3=0$，并且我们进行到四阶计算。

由式（6－89）我们得到 $\widetilde{\mathcal{H}}_{0,4}=3\{\mathcal{H}_{0,2}+\mathcal{H}_{2,0},\mathcal{W}_2\}+\mathcal{H}_{4,0}$，其中从泊松括号计算中得到的项与在 6.2.1 节二阶中得到的项相同，除了一个由于不同的摄动排列而产生的比例因子 4！/2！＝12。因此

$$\widetilde{\mathcal{H}}_{0,4}=\frac{4!}{2!}\frac{\mu}{a}\frac{a^2\eta}{r^2}\left[C_{2,0}^2\frac{R_\oplus^4}{p^4}\eta\sum_{j=0}^{6}\sum_{l=j_1}^{2}q_{j,l}s^{|2l|}\cos(jf+2l\omega)\right.\left.+2\sum_{i\geqslant 3}V_{i,0}+2\sum_{i\geqslant 2}\sum_{j=1}^{i}V_{i,j}\right]\tag{7-17}$$

其中由式（6－5）可知 $j_1=\left\lfloor\frac{1}{2}(j-1)\right\rfloor$，且选择 $\widetilde{\mathcal{H}}_{0,4}$ 中不显式包含 f 的项组成 $\mathcal{H}_{0,4}$。即

$$\mathcal{H}_{0,4}=\frac{4!}{2!}\frac{\mu}{a}\frac{a^2\eta}{r^2}\left[C_{2,0}^2\frac{R_\oplus^4}{p^4}\eta(q_{0,0}+2q_{0,1}s^2\cos 2\omega)\right.\left.+2\sum_{i\geqslant 3}\langle V_{i,0}\rangle_f+2\sum_{i\geqslant 2}\sum_{j=1}^{i}\langle V_{i,j}\rangle_f\right]\tag{7-18}$$

因此，将田谐项加到了式（6－33）中的带谐项摄动的等效项中。接下来，由式（5－39）我们得到

$$\mathcal{W}_4=4!\,G\left(\frac{C_{2,0}^2}{2!}\frac{R_\oplus^4}{p^4}\sum_{j=1}^{6}\sum_{l=j_1}^{2}\frac{q_{j,l}}{j}s^{|2l|}\sin(jf+2l\omega)+\sum_{i\geqslant 3}W_{i,0}+\sum_{i\geqslant 2}\sum_{j=1}^{i}W_{i,j}\right)$$

其中，$W_{i,j}$ 由式（7－15）给出。

在五阶时，从德普里特递归（2－15）得到的唯一非消失项是

$$\widetilde{\mathcal{H}}_{0,5}=5\{\mathcal{H}_{1,0},\mathcal{W}_4\}=5\omega_\oplus\frac{\partial\mathcal{W}_4}{\partial h}=5!\,\omega_\oplus G\sum_{i\geqslant 2}\sum_{j=1}^{i}\frac{\partial W_{i,j}}{\partial h}$$

上式所有项都是 f 的周期项，如式（7－15）所示。然后我们选择 $\mathcal{H}_{0,5}=0$。

通常，从单撇号根数中得到瞬根数的周期性修正，都是使用式（2－17）从生成函数中推导出来的，反之亦然。

7.2.2　德劳内归一化：m 次/天（**m－daily**）项

在哈密顿简化过程之后，我们得到了 $\mathcal{K}=\sum_{m\geqslant 0}(\varepsilon^m/m!)\mathcal{K}_{m,0}$，其中 $\mathcal{K}_{0,0}$ 和 $\mathcal{K}_{1,0}$ 分别是式（7－7）和式（7－8）中的开普勒项和科里奥利项，$\mathcal{K}_{2,0}=\mathcal{H}_{0,2}$ 由式（7－12）给出，$\mathcal{K}_{3,0}=0$，$\mathcal{K}_{4,0}=\mathcal{H}_{0,4}$ 由式（7－18）给出，并且 $\mathcal{K}_{5,0}=0$。新的哈密顿函数项中的量 α，γ，η，… 是单撇号德劳内变量的函数。

通过德劳内归一化可以很容易地消掉仍然保留在简化哈密顿函数 $\mathcal{K}$ 中的短期项。在一阶时

$$\mathcal{K}_{0,1}=\mathcal{K}_{1,0}=-H'\omega_\oplus\tag{7-19}$$

并且像之前的简化一样，$\mathcal{U}_1$ 选为零值。在二阶时 $\widetilde{\mathcal{K}}_{0,2}=\mathcal{K}_{2,0}$，其中我们选择 $\mathcal{K}_{0,2}=\langle\mathcal{K}_{2,0}\rangle_\ell=-(2!)(\mu/a)\langle V_{2,0}\rangle_f$。即

$$\mathcal{K}_{0,2}=2!\ \frac{\mu}{a}(-C_{2,0})\frac{R_{\oplus}^{2}}{p^{2}}\eta\left(\frac{3}{4}s^{2}-\frac{1}{2}\right) \tag{7-20}$$

上式除了 2 的阶乘外与式（6－39）相同，这是由于摄动哈密顿函数的不同排列引起的，并且由于当前使用形式小参数，谐波系数 $-C_{2,0}=J_2$ 显式出现。然后我们通过式（4－69）计算 $\mathcal{U}_2$，得到 $\mathcal{U}_2=(\phi/n)\mathcal{K}_{0,2}$，基于与上述相同的考虑，它相当于式（6－40）。

在三阶时所有的可计算项都消失了，$\widetilde{\mathcal{K}}_{0,3}=0$。因此，$\mathcal{K}_{0,3}=0$ 且 $\mathcal{U}_3=0$。

在四阶时我们得到 $\widetilde{\mathcal{K}}_{0,4}=\{\mathcal{K}_{2,0}+\mathcal{K}_{0,2};\ \mathcal{U}_2\}+\mathcal{K}_{4,0}$，其中

$$\begin{aligned}\{\mathcal{K}_{2,0}+\mathcal{K}_{0,2};\mathcal{U}_2\}=&C_{2,0}^{2}\frac{4!}{2!}\frac{\mu}{a}\frac{R_{\oplus}^{4}}{p^{4}}\frac{\eta^{2}}{16}(2-3s^{2})^{2}\\&\times\left[3+\frac{a^{2}}{r^{2}}(1+2\beta\cos f+e\beta\cos 2f)\right]\end{aligned} \tag{7-21}$$

上式除比例因子外，与式（6－41）中的相应项相同。然后我们选择 $\mathcal{K}_{0,4}=\langle\widetilde{\mathcal{K}}_{0,4}\rangle_l$，得到

$$\begin{aligned}\mathcal{K}_{0,4}=&\frac{4!}{2!}\frac{\mu}{a}C_{2,0}^{2}\frac{R_{\oplus}^{4}}{p^{4}}\eta\left[q_{0,0}-\frac{1+3\eta}{16}(2-3s^{2})^{2}+2q_{0,1}s^{2}\cos 2\omega\right]\\&+4!\ \frac{\mu}{a}\sum_{i\geqslant 3}\langle V_{i,0}\rangle_f+4!\ \frac{\mu}{a}\sum_{i\geqslant 2}\sum_{j=1}^{i}\langle V_{i,j}\rangle_f\end{aligned} \tag{7-22}$$

它将田谐摄动加到式（6－42）中带谐摄动的等效项。同调方程可以简单地求解得到 $\mathcal{U}_4=(\phi/n)\mathcal{K}_{0,4}$。

在五阶时，可计算项为

$$\widetilde{\mathcal{K}}_{0,5}=5\{\mathcal{K}_{1,0};\mathcal{U}_4\}=-5\omega_{\oplus}\{H';\mathcal{U}_4\}=5!\ \frac{\omega_{\oplus}}{n}\frac{\mu}{a}\phi\sum_{i\geqslant 2}\sum_{j=1}^{i}\frac{\partial\langle V_{i,j}\rangle_f}{\partial h'}$$

上式仅通过 ϕ 依赖于平近点角，并且只是 ℓ 的周期函数。因此，同我们之前简化时一样，选择 $\mathcal{K}_{0,5}=0$。

在理论的截断阶之前，通常使用式（2－17）从生成函数导出从平根数到单撇号根数的转换方程，反之亦然。例如，对于经典的轨道根数集，可以在文献［256］中找到替代的短周期修正。

该过程以在式（7－19）、式（7－20）和式（7－22）中用双撇号变量替换单撇号变量结束，得到

$$\mathcal{Q}=\sum_{m\geqslant 0}^{5}\frac{\varepsilon^{m}}{m!}\mathcal{K}_{0,m}+\mathcal{O}(J_2^{3}) \tag{7-23}$$

因此，在 J_2 的二阶之前，平根数哈密顿函数（7－23）和带谐摄动哈密顿函数（6－43）间的唯一区别是由式（7－22）中的双重求和项所引起的。根据式（7－13），这些额外的周期项采用以下形式

$$\mathcal{P}_{g'',h''}=\frac{\mu}{a}\eta\sum_{i\geqslant 2}\frac{R_{\oplus}^{i}}{p^{i}}\sum_{j=1}^{i}\sum_{k=0}^{i-1}\mathcal{F}_{i,j,k}\mathcal{G}_{i,k}^{*}(C_{i,j}\cos\psi_{i,j,k}+S_{i,j}\sin\psi_{i,j,k}) \tag{7-24}$$

其中，由于 $j\neq 0$，所有参数 $\psi_{i,j,k}$ 都与地球自转有关，如式（7－3）所示。

特别是，取式（7－3）中的 $i=2k$，我们得到 $\psi_{2k,j,k}=jv-(2k-j)_\pi$，这表明偶次田谐项产生的周期项完全取决于旋转坐标系中节点经度的某个整数倍。此外，将式（6－

15）中定义的偏心率多项式 $\mathcal{G}^*_{i,k}(e)$ 写成更详细的形式

$$\mathcal{G}^*_{i\,\text{even},k}=\begin{pmatrix}0\\ \dfrac{i}{2}-k\end{pmatrix}+\sum_{l=1}^{i/2}\begin{pmatrix}i-1\\ 2l\end{pmatrix}\begin{pmatrix}2l\\ l+\dfrac{i}{2}-k\end{pmatrix}\frac{e^{2l}}{2^{2l}}$$

$$\mathcal{G}^*_{i\,\text{odd},k}=\sum_{l=1}^{(i-1)/2}\begin{pmatrix}i-1\\ 2l-1\end{pmatrix}\begin{pmatrix}2l-1\\ l+\dfrac{i-1}{2}-k\end{pmatrix}\frac{e^{2l-1}}{2^{2l-1}}$$

我们立即看到，偏心率多项式中唯一独立于偏心率的项是 $\mathcal{G}^*_{2k,k}$ 。这些项对低地球轨道产生了最相关的田谐效应[339]。即

$$\widetilde{\mathcal{P}}_{g'',h''}=\frac{\mu}{a}\eta\sum_{k\geqslant 1}\frac{R_{\oplus}^{2k}}{p^{2k}}\sum_{j=1}^{2k}\mathcal{F}_{2k,j,k}(C_{2k,j}\cos\psi_{2k,j,k}+S_{2k,j}\sin\psi_{2k,j,k}) \tag{7-25}$$

对于 $k=1$，$j=2$，Kaula 在文献中［341］讨论了由于赤道椭圆度引起的半日摄动，并且通过推广，其他作者将这些项命名为 m - daily 项[99,335]。

7.2.3　消除节点：长期哈密顿函数

去除短周期效应后的田谐哈密顿函数仍然是两个自由度。然而，由于它是指旋转坐标系，节点 v 的经度演变速度比近地点幅角 ω 快得多，近地点幅角 ω 的演变将决定长期动力学。因此，应用一种新的李变换，通过移除 $v=h''$ 进一步减少双撇号变量哈密顿函数，直至截断阶。因此，重新定义式（7 - 23）中 $\mathcal{Q}_{m,0}=\mathcal{K}_{0,m}$ ，我们从摄动哈密顿函数 $\mathcal{Q}=\sum_{m\geqslant 0}(\varepsilon^m/m!)\mathcal{Q}_{m,0}$ 开始。

如同在 6.3.1 节中处理消除长周期项时一样，消除节点的变换的生成函数 $\mathcal{V}$ 不依赖于平近点角。因此，$\mathcal{L}_0(\mathcal{V}_m)=0$，且 $\mathcal{V}$ 的计算比新哈密顿函数的计算延迟一阶。此外，因为除了 $\mathcal{Q}_{4,0}$ 之外，$\mathcal{Q}_{m,0}$ 没有任何项取决于 v ，对于 $i=1$，2，3 且 $\mathcal{V}_1=\mathcal{V}_2=0$，我们取 $Q_{0,i}=Q_{i,0}$ 。在四阶时，我们发现可计算项为 $\widetilde{\mathcal{Q}}_{0,4}=4\{\mathcal{Q}_{1,0},\mathcal{V}_3\}+\mathcal{Q}_{4,0}$ ，并且我们选择 $Q_{0,4}=\langle Q_{4,0}\rangle_{h''}$ 。因此

$$\begin{aligned}\mathcal{Q}_{0,4}=&-\frac{4!}{2!}\frac{\mu}{a}C_{2,0}^2\frac{R_{\oplus}^4}{p^4}\eta\left[q_{0,0}-\frac{1+3\eta}{16}(2-3s^2)^2+2q_{0,1}s^2\cos2\omega\right]\\&+4!\frac{\mu}{a}\sum_{i\geqslant 3}\langle V_{i,0}\rangle_f\end{aligned} \tag{7-26}$$

除比例因子外，它与带谐摄动的平根数哈密顿函数的二阶项（6 - 42）相同，但变量不同。

然后求解同调方程 $\mathcal{L}_0(\mathcal{V}_4)\equiv 0=4\{\mathcal{Q}_{1,0},\mathcal{V}_3\}+\mathcal{Q}_{4,0}-\mathcal{Q}_{0,4}$ 得到 $\mathcal{V}_3$

$$\mathcal{V}_3=\frac{1}{4\omega_{\oplus}}\int(Q_{0,4}-Q_{4,0})\mathrm{d}h''=-\frac{3!}{\omega_{\oplus}/n}\frac{G}{\eta}\sum_{i\geqslant 2}\sum_{j=1}^{i}\int\langle V_{i,j}\rangle_f\mathrm{d}v$$

由式（7 - 13）得到

$$\mathcal{V}_3=\frac{3!\ G}{\omega_{\oplus}/n}\sum_{i\geqslant 2}\sum_{j=1}^{i}\frac{R_{\oplus}^i}{p^i}\sum_{k=0}^{i-1}\mathcal{F}_{i,j,k}\mathcal{G}^*_{i,k}\left(S_{i,j}\frac{\cos\psi_{i,j,k}}{j}-C_{i,j}\frac{\sin\psi_{i,j,k}}{j}\right) \tag{7-27}$$

只要除数 $\omega_{\oplus}/n\sim\epsilon$ 且田谐系数为 $\mathcal{O}(\epsilon^4)$ ，由式（7 - 27）产生的周期修正为三阶修正。

在五阶时，可计算项为 $\widetilde{\mathcal{Q}}_{0,5}=5\{\mathcal{Q}_{1,0},\mathcal{V}_4\}+10\{\mathcal{Q}_{2,0},\mathcal{V}_3\}$，且与前面情况类似，求解五阶同调方程得到 $\mathcal{V}_4$

$$\mathcal{V}_4=\frac{1}{5\omega_{\oplus}}\int(\mathcal{Q}_{0,5}-10\{\mathcal{Q}_{2,0},V_3\})\mathrm{d}h''$$

其中，由于 $\{\mathcal{Q}_{2,0},\mathcal{V}_3\}$ 仅贡献 h'' 的周期项，我们选择 $\mathcal{Q}_{0,5}=\{\mathcal{Q}\mathcal{V}_{2,0},\mathcal{V}_3\}_{h''}=0$。

然后，按照 2.1.3 节中的公式计算节点消除的变换方程。

7.3 精确积分到 J_2 的二阶

假设 $\omega_{\oplus}/n=\mathcal{O}(J_2^{1/2})$ 不适用于一般情况。Garfinkel 的方法可能仍然适用于次同步非谐振运动，但它需要扩展到更高的阶数，导致摄动法程序不可实现。事实上，除了低地球轨道，比例 $\omega_{\oplus}/n$ 通常为 $\mathcal{O}(1)$，在地球同步状态下正好是 1。那么零阶哈密顿函数一般不能单独作为开普勒项，而是旋转坐标系中的开普勒项。即德劳内变量

$$\mathcal{H}_{0,0}=-\frac{\mu^2}{2L^2}-\omega_{\oplus}H$$

因此，李导数（2-49）为 $\mathcal{L}_0=n\partial/\partial\ell-\omega_{\oplus}\partial/\partial h$，由此同调方程（2-48）变为

$$n\frac{\partial\mathcal{W}_m}{\partial\ell}-\omega_{\oplus}\frac{\partial\mathcal{W}_m}{\partial h}=\widetilde{\mathcal{H}}_{0,m}-\mathcal{H}_{0,m} \tag{7-28}$$

现在涉及偏微分方程的解，与普通积分相反。

尽管式（7-28）很简单，但位势对平近点角的依赖性不是显式的，而是通过真近点角隐含的，这使得寻找同调方程的闭合形式解变得复杂。因此，通常将椭圆运动展开，以明确表示田谐哈密顿函数中的平近点角。一旦平近点角显示在位势中，式（7-28）的解就很简单，可以消除与田谐项相关的周期项[256,489]，而不限于非共振运动的情况[434]。

另一方面，同调方程可以化为积分[540]。事实上，式（7-28）是一阶线性偏微分方程，至少对于忽略 J_2 和更高三阶效应的摄动解，可以通过特征法求解[147,565]。此外，直到 $\mathcal{O}(J_2^2)$ 带谐项和田谐项之间没有耦合，可以在最初的步骤中单独消除田谐效应[121]。

因此，我们用小参数形式写出位势哈密顿函数 $\mathcal{H}=\mathcal{H}_{0,0}+\varepsilon\mathcal{H}_{1,0}+\frac{1}{2}\varepsilon^2\mathcal{H}_{2,0}$，并且

$$\mathcal{H}_{0,0}=-\frac{\mu}{2a}-\omega_{\oplus}H \tag{7-29}$$

$$\mathcal{H}_{1,0}=-\frac{\mu}{a}\frac{a^2\eta}{r^2}V_{2,0} \tag{7-30}$$

$$\mathcal{H}_{2,0}=-2\frac{\mu}{a}\frac{a^2\eta}{r^2}\left(\sum_{i\geqslant3}V_{i,0}+\sum_{i\geqslant2}\sum_{j=1}^{i}V_{i,j}\right) \tag{7-31}$$

式中，函数 $V_{i,j}$ 在之前的式（7-5）中定义。

在摄动法的一阶，我们通过选择 $\mathcal{H}_{0,1}=\mathcal{H}_{1,0}$ 且 $\mathcal{W}_1=0$ 保持哈密顿函数不变。在二阶，$\widetilde{\mathcal{H}}_{0,2}=\mathcal{H}_{2,0}$，并且通过选择 $\mathcal{H}_{0,2}=\langle\mathcal{H}_{2,0}\rangle_h$ 消除田谐效应。也就是说，新的哈密顿项限制了带谐项的贡献。

为了求解 $m=2$ 的同调方程（7－28），我们将偏微分方程转换为 Lagrange－Charpit 方程

$$\frac{\mathrm{d}h}{-\omega_{\oplus}}=\frac{\mathrm{d}\ell}{n}=\frac{\mathrm{d}\mathcal{W}_2}{-2nG\,(a/r)^2\sum_{i\geqslant 2}\sum_{j=1}^{i}V_{i,j}} \tag{7-32}$$

我们首先求解由式（7－32）的前两项组成的常微分方程，$n\mathrm{d}h=-\omega_{\oplus}\,\mathrm{d}\ell$，其解由以下特征线给出

$$h=h_0-(\omega_{\oplus}/n)\,\ell \tag{7-33}$$

接下来，用特征线替换式（7－3）中的 $v=h$，得到 $\psi_{i,j,k}=(i-2k)\omega+jh_0-j(\omega_{\oplus}/n)\ell-(i-j)_{\pi}$，将式（7－5）重新排列为

$$V_{i,j}=\frac{R_{\oplus}^{i}}{p^{i}}\eta\sum_{k=0}^{i}\mathcal{F}_{i,j,k}(I)\sum_{m=0}^{i-1}\binom{i-1}{m}\frac{e^m}{2^m}\sum_{l=0}^{m}\binom{m}{l}$$
$$\times\left[S_{i,j}\sin(\alpha_{i,j,k,l,m}+\beta_{i,j,k})+C_{i,j}\cos(\alpha_{i,j,k,l,m}+\beta_{i,j,k})\right]$$

其中，$\alpha_{i,j,k,l,m}=(i-2k-m+2l)f-j(\omega_{\oplus}/n)\ell$ 是唯一依赖于真近点角的参数，而 $\beta_{i,j,k}=(i-2k)\omega+jh_0-(i-j)_{\pi}$ 不是。

最后，通过沿特征线的不定积分从式（7－32）的最后两项求解出 $\mathcal{W}_2$。在式（4－64）中替换 $\mathrm{d}\ell$，我们得到

$$\begin{aligned}\mathcal{W}_2=&-2L\sum_{i\geqslant 2}\sum_{j=1}^{i}\frac{R_{\oplus}^{i}}{p^{i}}\eta\sum_{k=0}^{i}\mathcal{F}_{i,j,k}(I)\sum_{m=0}^{i-1}\binom{i-1}{m}\frac{e^m}{2^m}\sum_{l=0}^{m}\binom{m}{l}\\&\times\Big\{\left[S_{i,j}\cos\beta_{i,j,k}-C_{i,j}\sin\beta_{i,j,k}\right]\int\sin\alpha_{i,j,k,l,m}\,\mathrm{d}f\\&+\left[S_{i,j}\sin\beta_{i,j,k}+C_{i,j}\cos\beta_{i,j,k}\right]\int\cos\alpha_{i,j,k,l,m}\,\mathrm{d}f\Big\}\end{aligned} \tag{7-34}$$

其中，h_0 在式（7－33）中求解后替换到 $\beta_{i,j,k}$ 中。

然后由式（2－17）得到周期修正 $\Delta x=\frac{1}{2}\{x;\mathcal{W}_2\}$，其中 x 表示各个德劳内变量。它们还涉及积分 $I_{\sin}=\int\sin\alpha_{i,j,k,l,m}\,\mathrm{d}f$，$I_{\cos}=\int\cos\alpha_{i,j,k,l,m}\,\mathrm{d}f$，同时依赖于平近点角和真近点角，其解析解未知。可以计算这些积分的解析近似值，通过对被积函数以偏心率进行展开，或者对被积函数以平近点角进行分部积分，后者提供了与节点的经典降级给出的级数等效的级数，这需要区分超同步 $n/\omega_{\oplus}$ 和次同步情况（详见文献［471］）。

或者，这些积分可以在期望的输出点 $f=f_p$ 处以数值方式计算到任意精度。即

$$I_{\cos}(f_p)=I_{\cos}(f_0)+\int_{f_0}^{f_p}\cos\alpha_{i,j,k,l,m}\,\mathrm{d}f$$

以及一个正弦情况的类似积分。最后一个过程避免了级数收敛相关的问题，以及需要分离次同步和超同步情况的问题[471]。注意，尽管有下限，但 f_0 是任意的且似乎并不值得关注，实际上它是因为常数 $I_{\sin}(f_0)$、$I_{\cos}(f_0)$ 的计算需要依次知道 $I_{\sin}(f)$ 和 $I_{\cos}(f)$ 的近似解析解。

7.4 田谐效应的降级

与其在摄动法的每一步 m 精确求解同调方程，不如找到 $\mathcal{O}(\epsilon_m)$ 的 $\mathcal{W}_m$ 的近似值，形式如下

$$\mathcal{W}_m = \sum_{l\geqslant 0}\delta^l\,\mathcal{W}_{m,l} \tag{7-35}$$

其中，对于超同步轨道 $\delta = n/\omega_\oplus < 1$，对于次同步轨道 $\delta = \omega_\oplus/n < 1$，同步轨道需要特殊处理。

选择指数 l 最大值的规则是

$$l_{\max} = \left\lfloor \frac{\log\varepsilon}{\log\delta} \right\rfloor - 1 \tag{7-36}$$

所以 $\delta^{l_{\max}+1} = \mathcal{O}(\varepsilon)$ 与所需近似值一致。例如，在通常情况下 $\epsilon = \mathcal{O}(J_2) = \mathcal{O}(10^{-3})$，对于 $a = 10500$ km 的轨道，我们得到 $\delta \approx 1/8$，因此 $l_{\max} = 2$，而对于典型的 GPS 轨道 $\delta \approx 1/2$，因此式（7-35）需要求和八项。

接下来，我们将重点讨论 $\delta = \omega_\oplus/n$ 情况的次同步轨道，同样的原理可以应用于超同步情况。

7.4.1 基本算法

将式（7-35）代入同调方程（7-28）中，我们得到

$$\sum_{l\geqslant 0}\delta^l\left(n\frac{\partial \mathcal{W}_{m,l}}{\partial \ell} - \omega_\oplus\frac{\partial \mathcal{W}_{m,l}}{\partial h}\right) = \widetilde{\mathcal{H}}_{0,m} - \mathcal{H}_{0,m}$$

以如下形式重新排列

$$\frac{\partial \mathcal{W}_{m,0}}{\partial \ell} - \frac{1}{n}(\widetilde{\mathcal{H}}_{0,m} - \mathcal{H}_{0,m}) + \sum_{l\geqslant 1}\delta^l\left(\frac{\partial \mathcal{W}_{m,l}}{\partial \ell} - \frac{\partial \mathcal{W}_{m,l-1}}{\partial h}\right) = 0 \tag{7-37}$$

并且通过等幂次的 δ 迭代求解。即

$$\mathcal{W}_{m,0} = \frac{1}{n}\int(\widetilde{\mathcal{H}}_{0,m} - \mathcal{H}_{0,m})\,\mathrm{d}\ell,\ \mathcal{W}_{m,l} = \int\frac{\partial \mathcal{W}_{m,l-1}}{\partial h}\mathrm{d}\ell\ (l > 0)$$

请注意，此过程不能用于正确处理式（7-24）中的项 $\mathcal{P}_{g,h}$，除非移动到新的哈密顿函数，否则将在生成函数的积分中引入混合长期项。尽管如此，这些项在随后的节点删除中很容易被删除，正如 7.2.3 节中所述。或者，生成函数的项 W_m 通常分为两部分

$$\mathcal{W}_m = \mathcal{W}_m^\dagger + \sum_{l\geqslant 0}\delta^l\,\mathcal{W}_{m,l}^* \tag{7-38}$$

其中，匕首符号表示的部分用于整合 $\mathcal{P}_{g,h}$ 的项，无须进一步迭代。现在，将式（7-38）代入式（7-28）中得到

$$-\omega_\oplus\frac{\partial \mathcal{W}_m^\dagger}{\partial h} + \sum_{l\geqslant 0}\delta^l\left(n\frac{\partial \mathcal{W}_{m,l}^*}{\partial \ell} - \omega_\oplus\frac{\partial \mathcal{W}_{m,l}^*}{\partial h}\right) = \widetilde{\mathcal{H}}_{0,m} - \mathcal{H}_{0,m}$$

且 $\mathcal{W}_m^\dagger = (1/\omega_\oplus)\int\mathcal{P}_{g,h}\,\mathrm{d}h$，而

$$\mathcal{W}_{m,0}^{*}=\frac{1}{n}\int(\widetilde{\mathcal{H}}_{0,m}-\mathcal{H}_{0,m}-\mathcal{P}_{g,h})\mathrm{d}\ell,\quad \mathcal{W}_{m,l}^{*}=\int\frac{\partial\mathcal{W}_{m,l-1}}{\partial h}\mathrm{d}\ell(l>0)$$

按照文献［324］中描述的程序，$\mathcal{W}_{m,l}^{*}$，$l\geqslant 0$ 项的闭合形式积分是可行的，文献表明一般情况可简化为三类积分的求解，分别在半径、真近点角和偏近点角中进行。

7.4.2　低偏心率时降低田谐效应

通常，$\mathcal{W}_{m,l}^{*}$ 项随着每次迭代 l 不断扩大，这使得在相对较少的迭代次数下完成降级过程变得不切实际。这一事实限制了次同步降级算法在相对靠近地球表面的轨道上的实际应用，在这种情况下，$\delta\ll 1$。另一方面，对降级算法稍加修改，就可以将其应用扩展到具有任何半长轴的轨道上，但仅限于低偏心率的情况[438,441]。

首先，利用微分方程（4－64），用真近点角而不是平近点角重新表述同调方程（7－28)，其中半径进一步替换为圆锥曲线方程（4－29)。这将式（7－28）转换为

$$(1+e\cos f)^{2}\frac{n}{\eta^{3}}\frac{\partial\mathcal{W}_{m}}{\partial f}-\omega_{\oplus}\frac{\partial\mathcal{W}_{m}}{\partial h}=\widetilde{\mathcal{H}}_{0,m}-\mathcal{H}_{0,m}\tag{7-39}$$

现在，我们将式（7－35）替换为类似的等式

$$\mathcal{W}_{m}=\sum_{l\geqslant 0}e^{l}\mathcal{W}_{m,l}\tag{7-40}$$

并且将 δ 替换为 e，根据式（7－36）再次估计最大迭代次数。此外，在不展开椭圆运动的情况下，我们将式（7－39）的右侧重新排列为

$$\widetilde{\mathcal{H}}_{0,m}-\mathcal{H}_{0,m}=\sum_{l\geqslant 0}e^{l}P_{m,l}(f,g,h,L,G,H)\tag{7-41}$$

最后，将式（7－40）和式（7－41）代入式（7－39)，得到

$$\sum_{l\geqslant 0}e^{l}\mathcal{L}_{0}^{*}(\mathcal{W}_{m,l})=\sum_{l\geqslant 0}e^{l}F_{l}\tag{7-42}$$

其中

$$\mathcal{L}_{0}^{*}=n\frac{\partial}{\partial f}-\eta^{3}\omega_{\oplus}\frac{\partial}{\partial h}\tag{7-43}$$

$$F_{0}=\eta^{3}P_{m,0}\tag{7-44}$$

$$F_{1}=\eta^{3}P_{m,1}-2n\cos f\frac{\partial\mathcal{W}_{m,0}}{\partial f}\tag{7-45}$$

$$F_{l}=\eta^{3}P_{m,l}-2n\cos f\frac{\partial\mathcal{W}_{m,l-1}}{\partial f}-n\cos^{2}f\frac{\partial\mathcal{W}_{m,l-2}}{\partial f},\quad l>1\tag{7-46}$$

生成函数的项不再通过不定积分获得，而是通过偏微分方程的解获得。与 7.3 节中的精确积分一样，我们可以通过 Lagrange－Charpit 法求解式（7－42)，现在沿着特征线 $h=h_{0}-(\omega_{\oplus}/n)\eta^{3}f$。另一方面，只要连续偏微分方程右侧的项具有三角性质，就可以根据下式求解

$$\mathcal{L}_{0}^{*}[\sin(if+jh+\gamma)]=(in-j\eta^{3}\omega_{\oplus})\cos(if+jh+\gamma)$$

其中，i 和 j 为整数。现在，不需要对式（7－24）中给出的项 $\mathcal{P}_{g'',h''}$ 进行特殊处理，因为该程序不再依赖于平近点角的不定积分，而是依赖于涉及真近点角和旋转坐标系中节点的经

度的偏微分方程的解。另一方面，在生成函数中出现除数 $in - j\eta^3\omega_{\oplus}$ 会使其出现谐振奇异，$i/j = \eta^3\omega_{\oplus}/n$ 。

7.4.3 应用程序示例

为了说明在摄动解中考虑田谐项的影响的重要性，我们提供了两个卫星在 2×2 位势截断的去摄动下演化的例子。

第一个例子为伽利略式轨道，轨道参数为 $a = 29600$ km，$e = 0.001$，$I = 56°$，$\Omega = 0$，$\omega = 270°$，且 $f = 90°$。参考轨道是根据这些初始条件在全部 2×2 位势中一个月的演变得到的，总计约 51 轨。当将其与去除田谐效应的模型中相同初始条件的演变（即主要摄动）进行比较时，我们发现半长轴的误差达到 40 m 以上，但正如预期的那样，误差具有周期性，如图 7-1 的上图所示。

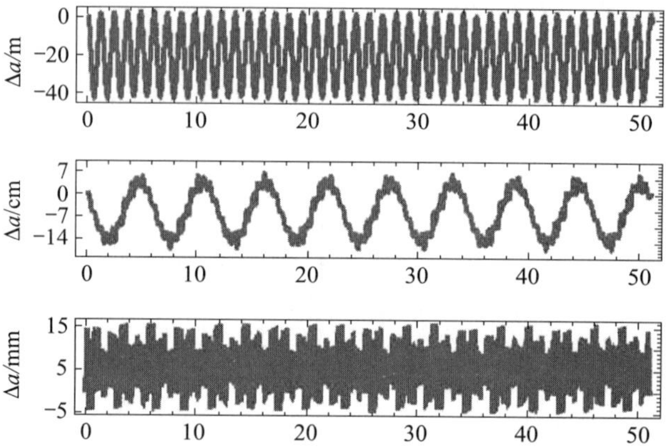

图 7-1 伽利略式轨道（2×2 位势）。上中下图表示忽略田谐效应、没有进行降级迭代和完成一次降级迭代后的半长轴误差。横坐标表示轨道数

将降级算法（无迭代）应用于初始条件（通过逆变换获得的校正）和通过简化 2×0 模型的数值传播计算出的星历（通过直接变换获得的校正），通过应用该降级算法得出的周期性校正，将误差幅度减小到厘米级，如图 7-1 的中图所示，这意味着相对于前一种情况下的最大误差幅度，有 99.5%的改进。降级算法的一次迭代（再次应用于逆变换和正变换）进一步将半长轴误差的幅度降低到仅几毫米，如图 7-1 的下图所示。这意味着相对于前一种情况的最大振幅，又改进了 91%。进行更多次降级迭代，并没有得到改进，这实际上是意料之中的。实际上，用主要摄动代替位势的 2×2 截断意味着在摄动法中忽略 J_2 的三阶，这与半长轴误差的最大振幅比半长轴值本身小约 10^{-9} 这一事实是一致的。

对于偏心率的情况，尽管在没有迭代的情况下应用降级周期性校正时，改善效果并不显著，但相对于没有校正的情况，仍然达到最大振幅的 59.5%（图 7-2 上部中的第一个和第二个图）。偏心率误差随着降级的第一次迭代显著减小（图 7-2 第三个图），相较于无修正的情况，达到了 99.4%的改进。当使用降级算法的第二次迭代时，仍然可以观察到偏心率误差的改进，如图 7-2 所示，但其他轨道根数的情况并非如此，在降级的第一次

迭代后没有发现任何相应改进。如 6.5.5 节所述，偏心率的这种特殊表现与摄动法的阶数并不矛盾，这是因为偏心率的周期性修正涉及泊松括号 $\{e, \mathcal{W}\}$ 的计算，它以偏心率作为除数。然后式（7-40）需要扩展到比其他情况高一阶。也正因为如此，相对于偏心率值的最终改进是 J_2^3/e 量级。

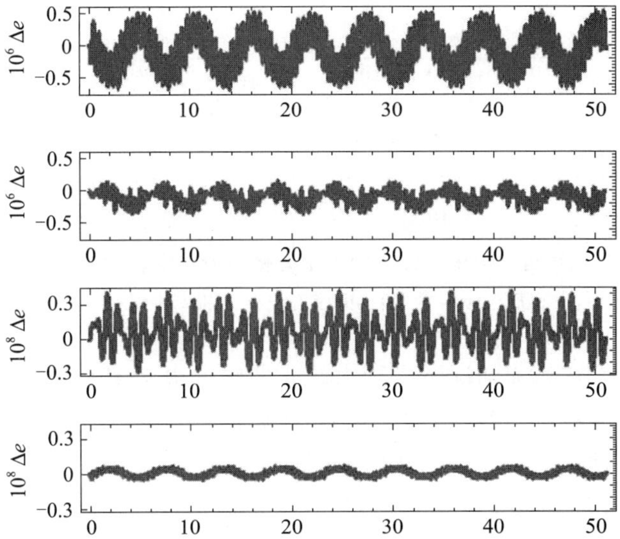

图 7-2　伽利略式轨道。由上至下分别为忽略田谐效应、未进行降级迭代、完成一次和二次降级迭代后的偏心率误差。横坐标表示轨道数

值得注意的是，倾角也出现类似的情况，其周期性修正涉及泊松括号 $\{I, \mathcal{W}\}$ 的计算，这在分母中引入了倾角的正弦。然而，考虑到伽利略轨道的大倾角，倾角的正弦在当前示例中是单位量级，因此，相应的周期修正不会产生任何负面影响。实际上，在计算正校正和逆校正时，降级算法的一次迭代就足以将倾角误差的幅度降低到几十微秒。即相对误差在 10^{-10} 量级，这与摄动法的截断阶一致。

另一方面，由于田谐效应的降级仅计算到摄动模型的一阶，我们记得这相当于 J_2 的二阶，因此摄动解有效截断为 $\mathcal{O}(J_2^2)$，限制了其精度。这种截断在摄动解中引入了长期趋势，并阻止了误差的纯周期性。实际上，如图 7-3 所示，在平纬度幅角 $F=M+\omega$ 的演变过程中可以清楚地观察到一个小的长期漂移。当忽略田谐效应时，该漂移约为 1.3 角秒/轨道周期（在轨道方向上，每轨约 185 m），当应用没有迭代的降级时，减小到约 3.7 毫角秒/轨道周期（沿轨道方向，每轨约半米），当应用一次迭代的降级时，减小到非常低的速率，小于半毫角秒/轨道周期（沿轨道方向，每轨约 5 cm）。这一长期趋势也会破坏其他轨道根数的演变，但由于其较小，周期误差明显超过了这一趋势，因此在相应的图中没有得到重视。

对于第二个例子，我们选择了文献［602］中误差改进较少的案例，作者使用了不同版本的田谐降级算法。即，一个大倾角的椭圆轨道，$a=18520$ km，$e=0.35$，$I=100°$，我们像以前一样用 $\Omega=0$，$\omega=270°$，且 $f=90°$ 对其进行补充。同样，将初始条件积分一个

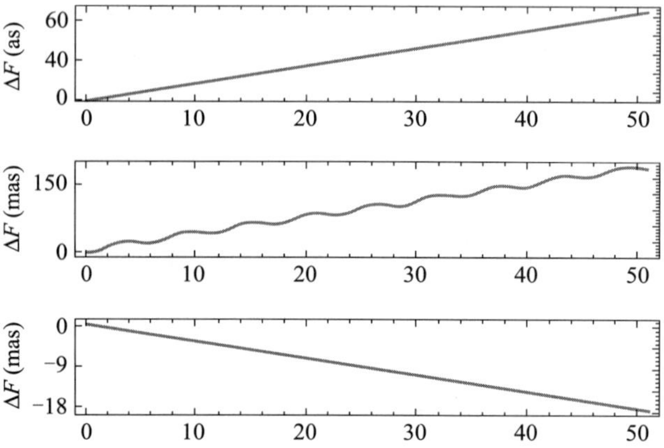

图 7-3　伽利略式轨道。上中下图分别表示忽略田谐效应、没有进行降级迭代和完成一次降级迭代后的平纬度幅角误差。横坐标表示轨道数

月，由于半长轴较小，在当前情况下得到大约 103 轨。由于偏心率现在比前一示例中的要大得多，并且考虑到式（7-42）中的降级算法按偏心率变化，现在预计通过降级的连续迭代获得的改进将超过之前的两次迭代的例子。更准确地说，由于 $e^7=\mathcal{O}(J_2)$，我们预计直到降级阶数 $l_{\max}=6$ 周期修正将连续改进。

包含降级的高阶效应对于将初始瞬根数转换为降级产生的变量特别重要，这是通过李变换过程的逆变换进行的。更准确地说，如 6.5.5 节和 6.6 节中所述，初始半长轴转换的不准确会导致平动略微不正确，从而平近点角误差中产生一个相关的长期趋势。这如图 7-4 所示，在图中，我们清楚地观察到当使用更多的迭代次数减少逆变换中的不准确度时，降级如何改进摄动解。因此，在不进行修正的情况下，长期趋势约为每轨 2 角秒，相当于沿轨道方向每轨约 160 m（图 7-4 中带黑点的误差曲线）。长期误差的斜率随着降级迭代次数的不同而逐渐减小，直到在第六次迭代时变得非常小，其误差小于 1 角秒乘以轨道周期，或沿轨道方向每轨约 80 cm（图 7-4 中的黑色虚线）。当然，在计算直接变换的周期修正时，增加降级算法的迭代次数也会改善摄动解的传播。然而，这种精度的提高只会更改误差周期分量的幅度，其在长期项相关性较小。

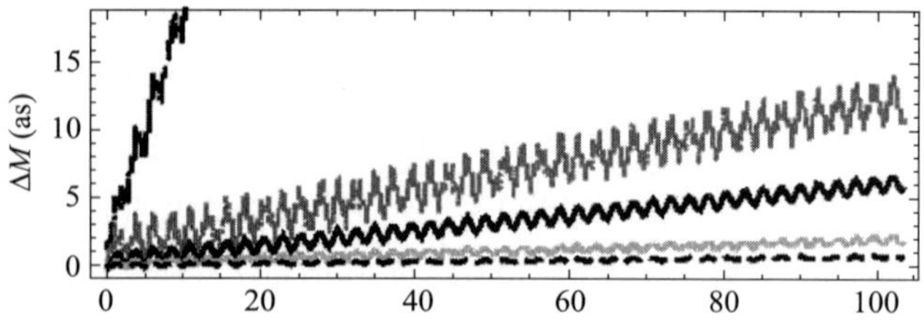

图 7-4　摄动解的平近点角误差。测试轨道为 $a=18520$ km，$e=0.35$，$I=100°$。黑点表示忽略田谐效应，灰点表示没有进行降级迭代，黑线表示完成两次降级迭代，灰线表示完成四次降级迭代，黑虚线表示完成六次降级迭代。横坐标是轨道数

另一方面，如前所述，无论在生成函数计算中使用降级算法执行的迭代次数如何，除

非将整个摄动方法扩展到 J_2 的更高阶，否则无法减少因摄动解提前截断到 J_2 的二阶而产生的长期误差。然而，更高阶的计算将导致从三阶时开始涉及带谐项和田谐项耦合相关的计算。

图 7-5 展示了一个对半长轴通过降级的不同迭代实现的改进的示例。由于轨道偏心率较高，误差改善速度比伽利略轨道慢，尽管如此，两次降级迭代足以使半长轴误差改进 90%。在这个例子中，其他轨道根数也有类似的改善率，相比于未使用田谐直接修正的情况，当完成第六次降级迭代时，a、e 和 i 改进了 98%。

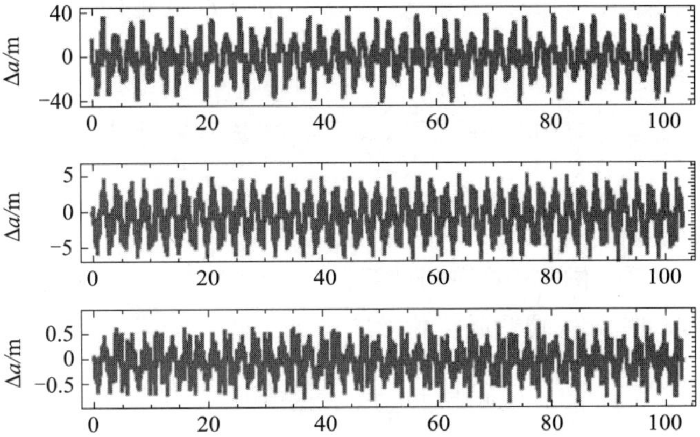

图 7-5　偏心轨道。上中下图分别表示未进行降级迭代、完成两次降级迭代和完成六次降级迭代的半长轴误差。横坐标表示轨道周期

7.5　田谐振

当轨道周期和地球自转周期是可比的时，必须以不同的方式处理田谐效应。也就是

$$Q\left(\omega_{\oplus}-\frac{\mathrm{d}\Omega}{\mathrm{d}t}\right)=P\left(\frac{\mathrm{d}M}{\mathrm{d}t}+\frac{\mathrm{d}\omega}{\mathrm{d}t}\right) \tag{7-47}$$

其中，P 和 Q 是互质整数。在这种情况下，星下点将重复其地面轨迹，以这种方式在典型谐振现象中周期性地承受相同的力。对于精确的谐振，动力学本质上是摆型的动力学，在与半长轴和升交点经度相关的一对变量中产生长期振荡。当可公度性只是近似值时，谐振效应会叠加到升交点经度的长期速率上[228]。

特别是由于 Ω 和 ω 的变化率很小，当轨道飞行器的平动和地球的自转速率存在可公度性时，即 $\omega_{\oplus} Q \approx nP$ 时，谐振效应会很明显。在这种情况下，去除短周期田谐效应时可能出现的除数 $nP-\omega_{\oplus} Q$ 将阻止接近谐振状态轨道的摄动解的收敛[77]。在 7.3 节中讨论的精确田谐归一化中不会出现类似的违规除数，这一事实仅意味着基于它的计算机程序在这种情况下不会中断，但谐振轨道的真实情况绝不会被该摄动解得到。事实上，一个三角函数，其参数涉及近点角和旋转坐标系中节点经度的谐振组合，对于相应谐振状态下的轨道，将缓慢演变。在这种情况下，在短周期消除后，田谐振项必须保留在平根数哈密顿函

数中，这一操作现在与基于消除平近点角的常规归一化程序有明显不同的含义。

尽管如此，摄动法在处理谐振轨道方面还是很有用的，如下文中所示全球导航卫星系统的典型轨道状态。

7.5.1 位势谐振项

为了消除田谐摄动哈密顿函数的所有短周期效应，不可避免地要在平近点角中追踪田谐振。然后，我们不再使用式（7－1）中摄动函数的闭合表达式和式（7－5）中给出的 $V_{i,j}$ 函数，而是使用 Kaula 的经典表达式[341]，其中真近点角的三角函数被平近点角的传统展开式所取代[78,557]。因此

$$\frac{r^n}{a^n}\exp(\mathrm{i}mf)=\sum_{k=-\infty}^{\infty}X_k^{m,n}(e)\exp(\mathrm{i}kM)$$

其中，汉森系数 $X_k^{m,n}=\frac{1}{2\pi}\int_0^{2\pi}(r/a)^n\exp[\mathrm{i}(mf-kM)]\mathrm{d}M$ 通常用贝塞尔函数表示，并使用文献［231，234，562］中的有效递归计算。

然后，式（7－1）明确写成平近点角形式，如

$$\mathcal{P}=-\frac{\mu}{a}\sum_{i\geqslant 2}\sum_{j=0}^{i}\mathfrak{V}_{i,j} \tag{7-48}$$

现在

$$\mathfrak{V}_{i,j}=\frac{R_{\oplus}^i}{p^i}\sum_{k=0}^{i}\mathcal{F}_{i,j,k}(I)\sum_{l=-\infty}^{\infty}G_{i,k,l}(e)(C_{i,j}\cos\Psi_{i,j,k,l}+S_{i,j}\sin\Psi_{i,j,k,l}) \tag{7-49}$$

其中，使用德劳内角 $\ell=M$ ，$g=\omega$ ，$h=\Omega-\omega_{\oplus}t$ 。

$$\Psi_{i,j,k,l}=(i-2k+l)\ell+jh+(i-2k)g-(i-j)_{\pi} \tag{7-50}$$

Kaula 偏心率函数 $G_{i,k,l}=X_{i-2k+l}^{-i-1,\,i-2k}$ 计算如下[231,341,631]。当 $l+i=2k$ 时

$$G_{i,k,2k-i}=\frac{1}{\eta^{2i-1}}\sum_{j=0}^{k^*-1}\binom{i-1}{2j+i-2k^*}\binom{2j+i-2k^*}{j}\left(\frac{e}{2}\right)^{2j+i-2k^*} \tag{7-51}$$

其中，$k\leqslant i/2$ 时 $k^*=k$ ，否则 $k^*=i-k$ 。当 $l+i\neq 2k$ 时

$$G_{i,k,l}=\frac{2^i(-\beta)^{|l|}}{(1+\eta)^i}\sum_{j=0}^{\infty}P_{i,k^*,l^*,j}Q_{i,k^*,l^*,j}\beta^{2j}$$

其中，$k\leqslant i/2$ 时 $k^*=k$ 且 $l^*=l$ ，否则 $k^*=i-k$ ，$l^*=-l$ 且

$$P_{i,k,l,j}=\sum_{m=0}^{r}\frac{1}{m!}\binom{2k-2i}{r-m}\left[\frac{2k-i-l}{2}(1+\eta)\right]^m$$

$$Q_{i,k,l,j}=\sum_{m=0}^{h}\frac{1}{m!}\binom{-2k}{h-m}\left[\frac{i+l-2k}{2}(1+\eta)\right]^m$$

其中，$l>0$ 时 $h=j$ 且 $r=j+l$ ，否则 $h=j-l$ 且 $r=j$ 。

$\Psi_{i,j,k,l}$ 的时间导数按以下形式排列

$$\frac{\mathrm{d}\Psi_{i,j,k,l}}{\mathrm{d}t}=(i-2k+l)\left(\frac{\mathrm{d}\ell}{\mathrm{d}t}+\frac{\mathrm{d}g}{\mathrm{d}t}\right)+j\frac{\mathrm{d}h}{\mathrm{d}t}-l\frac{\mathrm{d}g}{\mathrm{d}t}$$

根据式（7-47），表明参数 $\Psi_{i,j,k,l}$

$$l=\tilde{l}\equiv(P/Q)j-i+2k \tag{7-52}$$

在接近 $Q:P$ 田谐振时将缓慢演化。也就是说，项 $\Psi_{i,j,k,\tilde{l}}=j[(P/Q)(\ell+g)+h]-\tilde{l}g-(i-j)_{\pi}$ 不再产生短期效应，尽管方括号中的项取决于快角角度 ℓ 和 h。由下式给出的正则变换 $(\lambda,\gamma,\delta,\Lambda,\Gamma,\Delta)\rightarrow(\ell,g,h,L,G,H)$ 将共振项组合为单个变量

$$\lambda=\ell+g+\frac{Q}{P}h,\quad \gamma=g,\quad \delta=h\quad \Lambda=L,\quad \Gamma=G-L,\quad \Delta=H-\frac{Q}{P}L \tag{7-53}$$

其中，λ 与节点参数的平均经度差一个分数 $1-Q/P$，并且 $-L\leqslant\Gamma\leqslant0$。从微分形式 $\Lambda\mathrm{d}\lambda+\Delta\mathrm{d}\delta+\Gamma\mathrm{d}\gamma=L\mathrm{d}\ell+G\mathrm{d}g+H\mathrm{d}h$ 可以检查变换（7-53）是否为正则变换[243]。当然，可以探索式（7-53）的不同替代方案[325,434]。

将式（7-53）的逆变换插入式（7-50），我们得到 $\Psi_{i,j,k,l}=(i-2k+l)\lambda+[j-(i-2k+l)Q/P]\delta-l\gamma-(i-j)_{\pi}$，由式（7-52）中的 $Q:P$ 谐振系数产生

$$\Psi_{i,j,k,\tilde{l}}=j(P/Q)\lambda-\tilde{l}\gamma-(i-j)_{\pi} \tag{7-54}$$

因此，田谐振项仅取决于频闪节点 λ 的经度和近地点幅角 γ。

鉴于临界参数（7-54）的形式，建议重新定义谐波系数，如

$$S_{i,j}=J_{i,j}\sin(P/Q)j\lambda_{i,j},\quad C_{i,j}=J_{i,j}\cos(P/Q)j\lambda_{i,j}$$

在特定情况下，$P=Q$ 与文献［106，341］中的先前定义一致。因此，式（7-49）很容易替换成如下形式

$$\mathfrak{V}_{i,j}=\frac{R_{\oplus}^{i}}{p^{i}}\sum_{k=0}^{i}\mathcal{F}_{i,j,k}(I)\sum_{l=-\infty}^{\infty}G_{i,k,l}(e)J_{i,j}\cos[\Psi_{i,j,k,l}-(P/Q)j\lambda_{i,j}] \tag{7-55}$$

7.5.2　消除短周期

在新的 $P:Q$ 谐振变量中，式（7-29）～式（7-31）中的摄动哈密顿函数为

$$\mathcal{H}_{0,0}=-\frac{\mu}{2a}-\omega_{\oplus}\left(\Delta+\frac{Q}{P}\Lambda\right) \tag{7-56}$$

$$\mathcal{H}_{1,0}=-\frac{\mu}{a}\mathfrak{V}_{2,0} \tag{7-57}$$

$$\mathcal{H}_{2,0}=-2\frac{\mu}{a}\left(\sum_{i\geqslant3}\mathfrak{V}_{i,0}+\sum_{i\geqslant2}\sum_{j=1}^{i}\mathfrak{V}_{i,j}\right) \tag{7-58}$$

现在 $a=\Lambda^2/\mu$，$\eta=1-|\Gamma|/\Lambda$ 且 $c=[(Q/P)\Lambda+\Delta]/(\Lambda-|\Gamma|)$。

从零阶哈密顿函数（7-56）得到李导数

$$\mathcal{L}_0=\{\quad,\mathcal{H}_{0,0}\}\equiv\left(n-\omega_{\oplus}\frac{Q}{P}\right)\frac{\partial}{\partial\lambda}-\omega_{\oplus}\frac{\partial}{\partial\delta} \tag{7-59}$$

然后新变量中的同调方程就是偏微分方程

$$\left(n-\omega_{\oplus}\frac{Q}{P}\right)\frac{\partial\mathcal{W}_m}{\partial\lambda}-\omega_{\oplus}\frac{\partial\mathcal{W}_m}{\partial\delta}=\widetilde{\mathcal{H}}_{0,m}-\mathcal{H}_{0,m} \tag{7-60}$$

其中，通过选择不含 δ 的新哈密顿项来实现短周期消除，即 $\mathcal{H}_{0,m}=\langle\widetilde{\mathcal{H}}_{0,m}\rangle_{\delta}$。

现在很明确下面的项

$$\langle \mathfrak{V}_{i,j} \rangle_{\delta} = \frac{R_{\oplus}^{i}}{p^{i}} \sum_{k=0}^{i} \mathcal{F}_{i,j,k} \sum_{l=-\infty}^{\infty} G_{i,k,l} J_{i,j} \cos \Psi_{i,j,k,\tilde{l}}^{*} \tag{7-61}$$

且 $\Psi_{i,j,k,l}^{*} = j(P/Q)(\lambda - \lambda_{i,j}) - \tilde{l}\gamma - (i-j)_{\pi}$，保留在长期项哈密顿函数中，只涉及与 γ 和 λ 相关的长期效应。注意，式（7－61）也适用于带谐项的情况，其中 $\langle \mathfrak{V}_{i,0} \rangle_{\delta} = \langle \mathfrak{V}_{i,0} \rangle_{\ell}$。

因此，在一阶时

$$\widetilde{\mathcal{H}}_{0,1} = \mathcal{H}_{1,0} = -C_{2,0} \frac{\mu}{a} \frac{R_{\oplus}^{2}}{p^{2}} \sum_{k=0}^{2} \mathcal{F}_{2,0,k}(I) \sum_{l=-\infty}^{\infty} G_{2,k,l}(e) \cos \Psi_{2,0,k,l}$$

其中

$$\Psi_{2,0,k,l} = (2 - 2k + l)\left(\lambda - \frac{Q}{P}\delta\right) - l\gamma \tag{7-62}$$

使用式（7－61）选择新的哈密顿项 $\mathcal{H}_{0,1} = \langle \widetilde{\mathcal{H}}_{0,1} \rangle_{\delta}$，其中 $i=2$ 且 $j=0$。由于 $\tilde{l}=2k-2$，我们得到

$$\mathcal{H}_{0,1} = -\frac{\mu}{a} \langle \mathfrak{V}_{2,0} \rangle_{\delta} = -C_{2,0} \frac{\mu}{a} \frac{R_{\oplus}^{2}}{p^{2}} \sum_{k=0}^{2} \mathcal{F}_{2,0,k}(I) G_{2,k,2k-2}(e) \cos \Psi_{2,0,k,2k-2}$$

其中由式（7－62）可得 $\Psi_{2,0,0,-2} = 2\gamma$，$\Psi_{2,0,1,0} = 0$，$\Psi_{2,0,2,2} = -2\gamma$；由式（7－4）可得 $\mathcal{F}_{2,0,0} = \mathcal{F}_{2,0,2} = -\frac{3}{8}s^{2}$，$\mathcal{F}_{2,0,1} = -\frac{1}{2} + \frac{3}{4}s^{2}$；由式（7－51）可得 $G_{2,0,-2} = G_{2,2,2} = 0$，$G_{2,1,0} = 1/\eta^{3}$。正如预期，$\mathcal{H}_{0,1}$ 与式（5－60）中给出的完全相同，该等式仅由长期项组成。

接下来，一阶同调方程（7－60）

$$\mathcal{L}_{0}(\mathcal{W}_{1}) = -C_{2,0} \frac{\mu}{a} \frac{R_{\oplus}^{2}}{p^{2}} \sum_{k=0}^{2} \mathcal{F}_{2,0,k} \sum_{\substack{l=-\infty \\ l \neq \tilde{l}}}^{\infty} G_{2,k,l} \cos \Psi_{2,0,k,l}$$

很容易求解，通过从式（7－59）和式（7－62）中得到的 $\mathcal{L}_{0}(\sin \Psi_{2,0,k,l}) = (2-2k+l)n \cos \Psi_{2,0,k,l}$。因此

$$\mathcal{W}_{1} = -C_{2,0} L \frac{R_{\oplus}^{2}}{p^{2}} \sum_{k=0}^{2} \mathcal{F}_{2,0,k}(I) \sum_{\substack{l=-\infty \\ l \neq \tilde{l}}}^{\infty} G_{2,k,l}(e) \frac{\sin \Psi_{2,0,k,l}}{2-2k+l} \tag{7-63}$$

值得注意的是，到目前为止，还没有田谐效应，因此，除了积分常数，$\mathcal{W}_{1}$ 只是偏心率幂级数式（5－61）的扩展版本。实际上，很容易从式（7－63）和式（7－62）验证 $\langle \mathcal{W}_{1} \rangle_{\ell} = 0$，然而，正如式（5－64）所示，式（5－61）的情况完全不同。

在二阶 $\mathcal{L}_{0}(\mathcal{W}_{2}) = \widetilde{\mathcal{H}}_{0,2} - \mathcal{H}_{0,2}$，其中可计算项 $\widetilde{\mathcal{H}}_{0,2}$ 是通常由式（2－37）给出的项。因为泊松括号对于正则变换是不变的，所以可以在最方便的正则变量集中对其求值。因此，我们采用先前在 5.6 节中计算的值。特别地，$\mathcal{W}_{1}$ 通过将式（6－116）中的积分常数 A_{1} 加到式（5－61）中获得，它保证 $\langle \mathcal{W}_{1} \rangle_{\ell} = 0$，就像式（7－63）一样。就我们在这里使用的形式小参数而言，式（5－61）和式（6－116）必须事先乘以扁率系数 $C_{2,0}$。

然后，对于先前在式（5－66）、式（5－67）和式（5－68）中计算的已知项，现在必须乘以物理小参数 $C_{2,0}^{2}$，我们需要加式（7－58）中给出的项 $\mathcal{H}_{2,0}$，以及从积分常数 A_1 的非空值导出的附加项。也就是说

$$\{\mathcal{H}_{1,0}+\mathcal{H}_{0,1};A_1\}=C_{2,0}^{2}\frac{3}{16}\frac{\mu}{p}\frac{R_{\oplus}^{4}}{p^{4}}\Big\{\eta^{3}s^{2}(4-5s^{2})\beta^{2}(1+2\eta)\cos 2g+\frac{1}{16}\frac{p^{2}}{r^{2}}\times\sum_{j=0}^{2}\sum_{i=-3}^{3}q'_{2j,i}s^{2j}\cos[(2j+i+j_5)f+2jg]\Big\} \tag{7-64}$$

其中，表 7－1 中给出了系数 $q'_{2j,i}$，根据式（6－5）中的索引约定给出了 $j_5=\left\lfloor\frac{1}{2}(j-5)\right\rfloor$。

表 7－1 式（7－64）中的系数 $q'_{2j,i}$。$q'_{0,-3}=q'_{0,3}=q'_{4,-2}=0$

j	i	$q'_{2j,i}$
0	-2	$-5e^{2}s^{4}\beta^{3}$
	-1	$-24s^{4}\beta^{2}(1-\eta)$
	0	$-s^{2}\beta^{3}[16+23s^{2}+(48-66s^{2})\eta+(32-61s^{2})\eta^{2}]$
	1	$-8s^{2}\beta^{2}[4+(8-15s^{2})\eta]$
	2	$-2s^{2}\beta[2(4-s^{2})+(8-23s^{2})\eta-(16-31s^{2})\eta^{2}]$
1	-3	$-2\beta^{3}e^{2}(2-3s^{2})$
	-2	$-8(2-3s^{2})\beta^{2}(1-\eta)$
	-1	$2\beta^{3}[2+s^{2}+6(6-7s^{2})\eta+(26-31s^{2})\eta^{2}]$
	0	$16(4-5s^{2})\beta^{2}(1+2\eta)$
	1	$2\beta[42-59s^{2}+2(6-7s^{2})\eta-(30-37s^{2})\eta^{2}]$
	2	$24(2-3s^{2})(1-\eta)$
	3	$6e(2-3s^{2})(1-\eta)$
2	-3	$-e^{2}\beta^{3}$
	-1	$\beta^{3}(21+18\eta+\eta^{2})$
	0	$40\beta^{2}(2+\eta)$
	1	$3\beta(39-6\eta-5\eta^{2})$
	2	$72(1-\eta)$
	3	$15e(1-\eta)$

接下来，我们选择 $\mathcal{H}_{0,2}=\langle\widetilde{\mathcal{H}}_{0,2}\rangle_{\delta}=\langle\mathcal{H}_{2,0}\rangle_{\delta}+\langle\{\mathcal{H}_{1,0}+\mathcal{H}_{0,1}\mathcal{W}_1\}\rangle_{\delta}$，其最后一项通过将式（5－70）相加得出，且必须先乘以系数 $C_{2,0}^{2}$，即式（7－64）中不受短期影响的部分。我们最终得出

$$\mathcal{H}_{0,2}=-2\frac{\mu}{a}\Big(\sum_{i\geqslant 3}\langle\mathfrak{V}_{i,0}\rangle_{\delta}+\sum_{i\geqslant 2}\sum_{j=1}^{i}\langle\mathfrak{V}_{i,j}\rangle_{\delta}\Big)-C_{2,0}^{2}\frac{\mu}{p}\frac{R_{\oplus}^{4}}{p^{4}}\frac{3}{64}\eta^{3}\times\{5(8-16s^{2}+7s^{4})+4(2-3s^{2})^{2}\eta-(8-8s^{2}-5s^{4})\eta^{2}+2[4(4-5s^{2})\eta^{2}-5(6-7s^{2})(1+\eta)^{2}]\beta^{2}s^{2}\cos 2\omega\} \tag{7-65}$$

其中，$\langle \mathfrak{V}_{i,j} \rangle_\delta$ 项由式（7－61）计算。

7.5.3 2∶1 谐振：GPS 轨道

GPS 轨道是深度 2∶1 田谐振轨道的一个显著例子。由于这些轨道的高度很高，我们只处理截断到 5°和五阶的引力模型。此外，由于此类轨道的低偏心率，对于 J_2 的一阶摄动，平近点角的展开被截断主偏心率的四次方，而对于 J_2 的二阶效应，则仅截断主偏心率的二阶[434]。

现在，变换式（7－53）具体为 $\lambda = \ell + g + 2h$ 和 $\Delta = H - 2L$。长期项哈密顿函数 $\mathcal{K} = \mathcal{H}_{0,0} + \mathcal{H}_{0,1} + \frac{1}{2}\mathcal{H}_{0,2}$，在用新变量写出所有内容后，从式（5－60）和式（7－65）中得到，写得更像中间轨道的摄动[223]。

$$\mathcal{K} = \mathcal{I}_{2:1}(-,-,\lambda,\Delta,\Gamma,\Lambda) + e\,\mathcal{P}_{2:1}(-,\gamma,\lambda,\Delta,\Gamma,\Lambda) \tag{7-66}$$

特别是，GPS 中间轨道采用以下形式[434]

$$\begin{aligned}\mathcal{I}_{2:1} = & -\frac{\mu}{2a} - \omega_\oplus(\Delta + 2\Lambda) + \frac{\mu}{2a}\frac{1}{16} \\ & \times \left\{ \frac{R_\oplus^2}{a^2} 8 J_{2,0} P_{2,0} X_{2,0} + \frac{R_\oplus^3}{a^3} 60 J_{3,2} P_{3,2} X_{3,2} \sin(\lambda - \lambda_{3,2}) - \frac{3}{2}\frac{R_\oplus^4}{a^4} \right. \\ & \times [2J_{2,0}^2 (Q_{2,0} + Q_{2,2} e^2 + Q_{2,4} e^4) - J_{4,0} P_{4,0} X_{4,0} - 560 J_{4,4} P_{4,4} X_{4,4} \\ & \left. \times \cos 2(\lambda - \lambda_{4,4})] + 105 \frac{R_\oplus^5}{a^5} J_{5,2} P_{5,2} X_{5,2} \sin(\lambda - \lambda_{5,2}) \right\}\end{aligned} \tag{7-67}$$

其中，$P_{i,j}$、$Q_{i,j}$ 是表 7－2 左侧的倾角多项式，$X_{i,j}$ 是表右侧的偏心率多项式，其中还包括五次的扇形谐波，将在 7.5.4 节的下一个示例中使用。

表 7－2 式（7－67）中的倾角（左）和偏心率多项式（右）（经 Springer[434] 许可改编）

$P_{2,0} = 1 - 3c^2$	$X_{2,0} = 1 + \frac{3}{2}e^2 + \frac{15}{8}e^4$
$P_{3,2} = s(1+c)(1-3c)$	$X_{3,2} = 1 + 2e^2$
$P_{4,0} = 3 - 30c^2 + 35c^4$	$X_{4,0} = 1 + 5e^2$
$P_{4,4} = s^2(1+c)^2$	$X_{4,4} = 1 + e^2$
$P_{5,2} = s(1+c)(1-3c-9c^2+15c^3)$	$X_{5,2} = 1 + \frac{13}{2}e^2$
$P_{5,5} = s^2(1+c)^3$	$X_{5,5} = 1 - \frac{3}{2}e^2$
$Q_{2,0} = 1 - 8c^2 + 19c^4$	
$Q_{2,2} = \frac{7}{4} - \frac{41}{2}c^2 + \frac{243}{4}c^4$	
$Q_{2,4} = \frac{13}{8} - 36c^2 + \frac{1027}{8}c^4$	

式（7－67）清楚地显示了中间轨道 $\mathcal{I}_{2:1}$ 不同谐振项的相关性，其中谐振系数 $J_{3,2}$、$J_{4,4}$ 和 $J_{5,2}$ 乘以的数值系数远远大于那些乘以带谐系数的。

作为第一种方法，对于极低偏心率轨道，我们可以忽略谐振哈密顿函数（7－66）二阶项中的偏心率贡献。因此，一方面，除 $X_{2,0}$ 外，表 7－2 中的偏心率多项式被简化为 1 个单位。另一方面，中间轨道的摄动被忽略，因为它被乘以 e。所以，$K \approx \mathcal{I}_{2:1}(\lambda, \Lambda; \Gamma, \Delta)$，并且问题简化为频闪节点 λ 及其共轭动量 Λ 的经度上的 1 自由度哈密顿函数，它仅取决于半长轴。因此，简化的可积流可以用式（7－67）的简单等高线图来可视化。

图 7－6 显示了（λ，a）平面中简化流的可视化示例，其（动力学）参数 Δ 和 Γ 的值对应于低偏心率 GPS 型轨道，平根数为 $a=26560$ km，$e=0.001$，$i=55°$。一颗 GPS 卫星将占据的位置被叠加到图 7－6 中中间轨道的等高线图上。特别是，我们使用了文献［26］中给出的 GPS－53（E2）的初始条件。另一方面，实际 GPS 轨道的偏心率可能接近百分之一，其影响一般不可忽视。然后必须考虑中间轨道 $\mathcal{P}_{2:1}$ 的摄动，至少对于那些不依赖于 e 的项。即

$$\begin{aligned}\mathcal{P}_{2:1} = \frac{\mu}{2a}\frac{3}{4}\Bigg\{ & \frac{R_{\oplus}^{3}}{a^{3}} J_{3,0} T_{3,0} \sin\gamma + \frac{5}{4}\frac{R_{\oplus}^{5}}{a^{5}} J_{5,0} T_{5,0} \sin\gamma \\ & + \frac{R_{\oplus}^{2}}{a^{2}} J_{2,2} \left[6T_{2,2,-1}\cos(\gamma - \lambda + \lambda_{2,2}) - T_{2,2,1}\cos(\gamma + \lambda + \lambda_{2,2}) \right] \\ & + \frac{R_{\oplus}^{4}}{a^{4}} J_{4,2} \left[\frac{75}{4} T_{4,2,-1}\cos(\gamma - \lambda + \lambda_{4,2}) - \frac{5}{2} T_{4,2,1}\cos(\gamma + \lambda - \lambda_{4,2}) \right] \\ & - 630 \frac{R_{\oplus}^{5}}{a^{5}} J_{5,4} T_{5,4} \sin(\gamma - 2\lambda + 2\lambda_{5,4}) \Bigg\} + \mathcal{O}(e)\end{aligned} \tag{7-68}$$

其中倾角多项式 $T_{j,k,l}$ 在表 7－3 中给出。对于地球谐波系数的实际值，对摄动最相关的影响是 $J_{2,2}$ 项。

表 7－3　式（7－68）中的倾角多项式（经 Springer[434] 许可改编）

$T_{2,2,-1} = s^2$	$T_{2,2,1} = (1+c)^2$	$T_{3,0} = (1-5c^2)s$
$T_{4,2,-1} = s^2(1-7c^2)$	$T_{4,2,1} = (1+c)^2(1-7c+7c^2)$	
$T_{5,0} = (1-14c^2+21c^4)s$	$T_{5,4} = s^3(1+c)(1-5c)$	

现在 GPS 长期哈密顿函数（7－66）仍然是 2 自由度，但其哈密顿方程的积分会以很长的步长演变，并且非常有效。可以在每个积分步骤从短周期消除的变换方程中解析恢复短周期田谐效应。事实上，当叠加到图 7－6 的等高线图上时，数值积分拟合得非常好；参照文献［434］。或者，可以使用非线性动力学的常用工具探索长期动力学，如文献［187］中的庞加莱曲面。

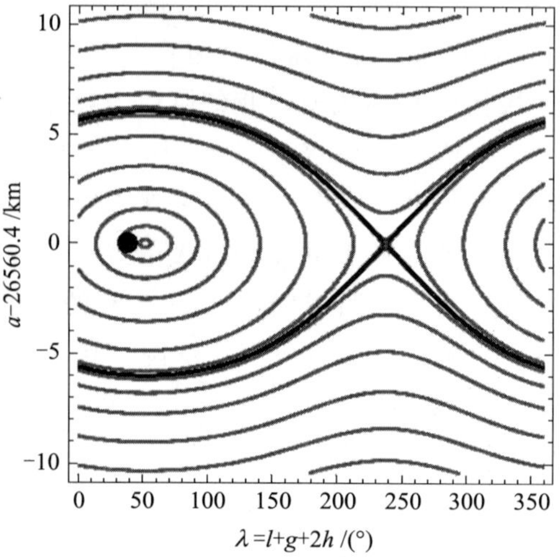

图 7－6　中间轨道（7－67）的样本相空间在 GPS 卫星位置被叠加（黑点）

7.5.4　5∶3 谐振：伽利略处置轨道

伽利略卫星在地球表面上空约 23222 km 的高度和 56°的标称倾角，以几乎圆形且 17∶10 重复地面轨迹的轨道运行。由于位置较高，地面轨迹重复产生的田谐效应微不足道，但这一轨道状态离地球自转周期的 5∶3 公度性并不远，这可能会影响运行于轨道上方几百千米处的废弃卫星。

聚焦于 5∶3 田谐振，频闪正则变换（7－53）得到 $\lambda=\ell+g+(5/3)h$ 和 $\Delta=H-(5/3)L$ 。然后，长期哈密顿函数再次以摄动中间轨道 $\mathcal{K}=\mathcal{I}_{5:3}(-,-,\lambda,\Delta,\Gamma,\Lambda)+e\mathcal{P}_{5:3}(-,\gamma,\lambda,\Delta,\Gamma,\Lambda)$ 的形式重新排列，其中

$$\begin{aligned}\mathcal{I}_{5:3}=&-\frac{\mu}{2a}-\omega_{\oplus}\left(\Delta+\frac{5}{3}\Lambda\right)+\frac{\mu}{2a}\left\{\frac{R_{\oplus}^{2}}{a^{2}}\frac{1}{2}J_{2,0}P_{2,0}X_{2,0}\right.\\&-\frac{3}{32}\frac{R_{\oplus}^{4}}{a^{4}}\left[2J_{2,0}^{2}(Q_{2,0}+Q_{2,2}e^{2}+Q_{2,4}e^{4})-J_{4,0}P_{4,0}X_{4,0}\right]\\&\left.+\frac{4725}{16}\frac{R_{\oplus}^{5}}{a^{5}}J_{5,5}P_{5,5}X_{5,5}\cos(\lambda+\lambda_{5,5})\right\}\end{aligned}\qquad(7-69)$$

式中，$P_{j,k}$ ，$Q_{j,k}$ 和 $X_{j,k}$ 先前已在表 7－2 中给出。

伽利略轨道的偏心率现在比 GPS 的情况要小得多，因此，摄动 $\mathcal{P}_{5:3}$ 的摄动效应不再相关，从而产生了一个可积系统。

5∶3 谐振轨道的摆型动力学如图 7－7 所示，其动力学参数 Δ 和 Γ 对应于标称星座上方 400 km 的伽利略型轨道（$I=56°$，$e=0.001$）。现在，平动区域中半长轴的振动将其最大振幅降低到±1.2 km 左右，大约是 1∶2 谐振情况的五分之一。对于后者，平动区半长轴的振荡幅度可以达到约±6 km，如图 7－6 所示。

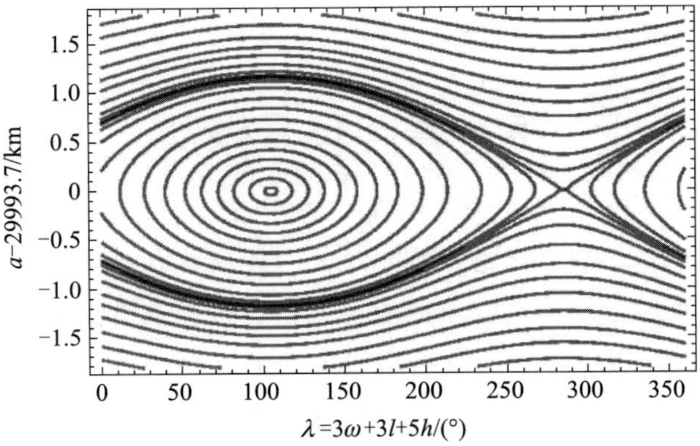

图 7－7　中间轨道（7－69）的样本相空间显示 5∶3 田谐振（$I=56°$，$e=0.001$）[443]

第 8 章　日月摄动

月球和太阳对近地轨道的影响显而易见，日、月摄动因素对人造卫星进行动力学建模是一个 n 体问题。然而，在日月效应与地球引力相比很小的情况下，这个问题仍然可以以扰动开普勒运动的形式出现，可以通过哈密顿扰动来解决。为了达到这个目的，三体扰动函数通常以从中心体到卫星和到扰动体的距离之比描述，可扩展为勒让德多项式的无穷级数。在大多数情况下，太阳摄动的扰动函数可以被截断为级数序列的第一项，然而在某些轨道状态，对月球摄动扰动函数的准确建模可能需要更高阶项的级数序列截断。

另一方面，由于三体和位势摄动的耦合只产生高阶效应，这两种摄动通常可以分别处理。对于三体摄动，可以用卫星和摄动体轨道偏心率的近似形式来求解。然而，由于月球和太阳轨道相对于地球的偏心率都很小，通常通过对每个三体轨道的偏心率进行展开来简化扰动序列。

日月扰动使哈密顿量与时间相关，因为它们取决于这些天体的位置，天体的位置信息可以从星历数据库或分析星历中获取。而且，在扩展相空间求解摄动项，避免了对时间的显式处理。

日月共振是很常见的，因此描述三体摄动下的运动最好是用半解析积分。在共振之外，除了消除卫星的平近点角项外，通过摄动消除月球和太阳的平近点角显著加快了半解析积分的计算速度。然后，对摄动动力学快速积分，可以获得不同的运动轨迹。

8.1　三体效应

考虑质点假设下的三体效应，m，$m_{\oplus}$，m_*，对于卫星、地球和扰动项而言，卫星在惯性系中的加速度根据牛顿引力定律给出如下表述

$$\frac{\mathrm{d}^2\boldsymbol{\rho}}{\mathrm{d}t^2}=-\mathcal{G}m_{\oplus}\frac{\boldsymbol{\rho}-\boldsymbol{\rho}_{\oplus}}{\|\boldsymbol{\rho}-\boldsymbol{\rho}_{\oplus}\|^3}-\mathcal{G}m_*\frac{\boldsymbol{\rho}-\boldsymbol{\rho}_*}{\|\boldsymbol{\rho}-\boldsymbol{\rho}_*\|^3} \tag{8-1}$$

式中，$\boldsymbol{\rho}$，$\boldsymbol{\rho}_{\oplus}$，$\boldsymbol{\rho}_*$，分别是卫星、地球和摄动体的位置矢量，$\mathcal{G}$ 是引力常数。类似地，地球与摄动体的加速度也有一个类似的应用方程式

$$\frac{\mathrm{d}^2\boldsymbol{\rho}_{\oplus}}{\mathrm{d}t^2}=-\mathcal{G}m_*\frac{\boldsymbol{\rho}_{\oplus}-\boldsymbol{\rho}_*}{\|\boldsymbol{\rho}_{\oplus}-\boldsymbol{\rho}_*\|^3}-\mathcal{G}m\frac{\boldsymbol{\rho}_{\oplus}-\boldsymbol{\rho}}{\|\boldsymbol{\rho}_{\oplus}-\boldsymbol{\rho}\|^3} \tag{8-2}$$

引入 $\boldsymbol{r}=\boldsymbol{\rho}-\boldsymbol{\rho}_{\oplus}$，$r=\|\boldsymbol{r}\|$，$\boldsymbol{r}_*=\boldsymbol{\rho}_*-\boldsymbol{\rho}_{\oplus}$，$r_*=\|\boldsymbol{r}_*\|$，将等式（8-1）减去式（8-2），可以得到

$$\frac{\mathrm{d}^2\boldsymbol{r}}{\mathrm{d}t^2}=-\mathcal{G}(m+m_{\oplus})\frac{\boldsymbol{r}}{r^3}-\mathcal{G}m_*\left(\frac{\boldsymbol{r}-\boldsymbol{r}_*}{\|\boldsymbol{r}-\boldsymbol{r}_*\|^3}+\frac{\boldsymbol{r}_*}{r_*^3}\right) \tag{8-3}$$

这表明卫星相对于地球的加速度可以通过梯度 $\mathcal{V}=-\mu/r+\mathcal{V}_*$ 推导得到

$$\mathcal{V}_{*} = -\frac{\mu_{*}}{r_{*}}\chi_{*}\left(\frac{r_{*}}{\|\boldsymbol{r}-\boldsymbol{r}_{*}\|} - \frac{\boldsymbol{r}\cdot\boldsymbol{r}_{*}}{r_{*}^{2}}\right) \tag{8-4}$$

式中，$\mu_{*} = \mathcal{G}(m_{*} + m_{\oplus})$，$\chi_{*} = m_{*}/(m_{*} + m_{\oplus})$。

8.1.1　近地卫星的效应扩展

对于近地卫星 $r/r_{*} \ll 1$，可以记做

$$\|\boldsymbol{r}-\boldsymbol{r}_{*}\| = r_{*}\sqrt{1-2(r/r_{*})\cos\psi_{*} + (r/r_{*})^{2}}$$

式中，ψ_{*} 是地球到卫星的矢量 $\hat{\boldsymbol{r}} = \boldsymbol{r}/r$ 与地球到摄动体的矢量 $\hat{\boldsymbol{r}}_{*} = \boldsymbol{r}_{*}/r_{*}$ 之间的夹角。

$$\cos\psi_{*} = \hat{\boldsymbol{r}}\cdot\boldsymbol{r}_{*} = \frac{xx_{*} + yy_{*} + zz_{*}}{rr_{*}} \tag{8-5}$$

在这种情况下，等式（8－4）的右侧可以展开为勒让德多项式

$$\mathcal{V}_{*} = -\chi_{*}\frac{n_{*}^{2}a_{*}^{3}}{r_{*}}\sum_{i\geqslant 2}\frac{r^{i}}{r_{*}^{i}}P_{i}(\cos\psi_{*}) \tag{8-6}$$

其中，三体的引力参数以它相对于地球的半长轴 a_{*}、平均运动角速度 n_{*} 以及勒让德多项式系数 P_{i} 给出，P_{i} 按照罗德里格斯公式的二次项展开式的形式给出[314,320,569]

$$P_{i}(\cos\psi_{*}) = -\frac{1}{2^{i}}\sum_{l=0}^{i_{0}}(-1)^{l}\binom{i}{l}\binom{2i-2l}{i}\cos^{i-2l}\psi_{*} \tag{8-7}$$

式中，i_{0} 参考式（6－5），$i_{0} = \left\lfloor \frac{1}{2}i \right\rfloor$。式（8－6）中忽略计算项 $-\mu_{*}/r_{*}$，因为它对式（8－3）中计算卫星加速度没有影响。

当考虑更多的质心影响时，摄动项式（8－4）的推导不变。因此，近地卫星的日月摄动势能可以由 $\mathcal{V}_{\odot}$ 和 $\mathcal{V}_{☾}$ 参照式（8－4）给出，对于大多数应用，勒让德多项式可以采用二次展开式的形式，但对于高精度的轨道目标，如太空望远镜，则需要考虑到 6 阶多项式系数 P_{6} [436]。此外，$\chi_{☾} = 1/82.28$，而 $\chi_{\odot}$ 不变。

8.1.2　拱点坐标系下的摄动势能

当无质量物体的方向按照 4.5.1 节中拱点坐标系（O，$\hat{\boldsymbol{e}}$，$\hat{\boldsymbol{b}}$，$\boldsymbol{n}$）给出时，三体效应扩展式（8－6）的短周期项可以消除，因为三体摄动可以根据偏近点角[158,302,342]简化处理，所以我们按照文献［425］中的步骤，整理公式（8－6）为

$$\mathcal{V}_{*} = -\frac{\mu}{2a}\chi_{*}\frac{n_{*}^{2}}{n^{2}}\frac{a_{*}^{3}}{r_{*}^{3}}\frac{a}{r}\sum_{i\geqslant 2}\frac{1}{2^{i-1}}\frac{a^{i-2}}{r_{*}^{i-1}}V_{i} \tag{8-8}$$

及

$$V_{i} = \sum_{l=0}^{i_{0}}(-1)^{l}\binom{i}{l}\binom{2i-2l}{i}\frac{r^{2l+1}}{a^{2l+1}}\left(\frac{r}{a}\cos\psi_{*}\right)^{i-2l} \tag{8-9}$$

与重力场情况类似，我们将系数 a/r 从式（8－8）的求和中去掉，以简化闭型积分。

现在在拱点坐标系中描述式（8－9），首先将式（4－50）替换为式（8－5），然后使

用几何关系式（4－71）可以得到

$$\frac{r}{a}\cos\psi_{*}=(\hat{\boldsymbol{e}}\cdot\hat{\boldsymbol{r}}_{*})(\cos u-e)+(\hat{\boldsymbol{b}}\cdot\hat{\boldsymbol{r}}_{*})\eta\sin u \tag{8-10}$$

用二次多项式展开

$$\left(\frac{r}{a}\cos\psi_{*}\right)^{i-2l}=\sum_{k=0}^{i-2l}\binom{i-2l}{k}(\hat{\boldsymbol{e}}\cdot\hat{\boldsymbol{r}}_{*})^{k}(\cos u-e)^{k}\times(\hat{\boldsymbol{b}}\cdot\hat{\boldsymbol{r}}_{*})^{i-2l-k}\eta^{i-2l-k}\sin^{i-2l-k}u \tag{8-11}$$

式中

$$(\cos u-e)^{k}=\sum_{m=0}^{k}\binom{k}{m}(-1)^{m}e^{m}\cos^{k-m}u \tag{8-12}$$

接下来，根据式（4－26）

$$\frac{r^{2l+1}}{a^{2l+1}}=(1-e\cos u)^{2l+1}=\sum_{j=0}^{2l+1}\binom{2l+1}{j}(-1)^{j}e^{j}\cos^{j}u \tag{8-13}$$

可以得到

$$V_{i}=\sum_{l=0}^{i_0}\binom{i}{l}\binom{2i-2l}{i}\sum_{j=0}^{2l+1}\binom{2l+1}{j}\sum_{k=0}^{i-2l}\binom{i-2l}{k}\sum_{m=0}^{k}\binom{k}{m}e^{j+m}(\hat{\boldsymbol{e}}\cdot\hat{\boldsymbol{r}}_{*})^{k}\times(-1)^{j+l+m}\eta^{i-2l-k}(\hat{\boldsymbol{b}}\cdot\hat{\boldsymbol{r}}_{*})^{i-2l-k}\cos^{j+k-m}u\sin^{i-2l-k}u \tag{8-14}$$

8.2 长期运动：扩展相空间

日月摄动哈密顿量可以记为$\mathcal{H}=-\frac{1}{2}(\mu/a)+\mathcal{V}_{☾}+\mathcal{V}_{\odot}$，其中太阳和月球的星历是已知的时间函数。虽然基于李变换的德普里特摄动算法也适用于依赖时间的哈密顿量[151]，但第 2 章中的描述仅限于基于保守力的哈密顿量的情况。因此，通过引入新的坐标$\tau=t$和共轭动量$T=-\mathcal{H}+\text{const}$，扩展相空间为$(\ell,g,h,\tau,L,G,H,T)$，哈密顿量可以写作

$$\mathcal{H}=-\frac{\mu}{2a}+T+\mathcal{V}_{☾}(\ell,g,h,\tau,L,G,H,-)+\mathcal{V}_{\odot}(\ell,g,h,\tau,L,G,H,-) \tag{8-15}$$

哈密顿量（8－15）按照式（2－30）中常见的摄动项排列，其中小参数ε是形式化的，因为太阳和月亮对近地轨道的摄动效应是同阶的

$$\mathcal{H}_{0,0}=-\frac{\mu}{2a} \tag{8-16}$$

$$\mathcal{H}_{1,0}=T \tag{8-17}$$

$$\mathcal{H}_{2,0}=2!\,(\mathcal{V}_{☾}+\mathcal{V}_{\odot}) \tag{8-18}$$

当$m\geqslant 3$时，$\mathcal{H}_{m,0}=0$。三体摄动可以按照式（8－6）中描述的勒让德多项式系数（$*\equiv\odot$和$*\equiv☾$）来分别替换。标量$\mathcal{H}_{2,0}$预设为 2 阶，用以补偿哈密顿排列中相应的因子。

既然，$\mathcal{H}_{0,0}$ 是开普勒表达式，则其李导数需要保持式（4－66）的描述形式。李变换过程中的指数计算必须在扩展相空间中进行，且考虑时间的相关性。另一方面，通过摄动方程（8－16）～（8－18），时间依赖性问题可以降维到三阶摄动。到目前为止，我们仅限于消除哈密顿量（8－15）中的短周期效应限制在 ε 为二阶的特殊情况。

因此，在一阶项，我们选择 $\mathcal{H}_{0,1}=T$ 和 $\mathcal{W}_1=0$，在二阶项已知 $\widetilde{\mathcal{H}}_{0,2}=\mathcal{H}_{2,0}$，根据式（8－18），我们选择

$$\mathcal{H}_{0,2}=2\langle\mathcal{V}_{☾}\rangle_{\ell}+2\langle\mathcal{V}_{\odot}\rangle_{\ell} \tag{8-19}$$

并且按照同调方程（4－69）计算 $\mathcal{W}_2$，也就是

$$\mathcal{W}_2=\frac{2}{n}\int(\mathcal{V}_{☾}-\langle\mathcal{V}_{☾}\rangle_{\ell})\mathrm{d}\ell+\frac{2}{n}\int(\mathcal{V}_{\odot}-\langle\mathcal{V}_{\odot}\rangle_{\ell})\mathrm{d}\ell \tag{8-20}$$

8.2.1　通过李变换消除短周期项

根据微分方程（4－62），式（8－19）中的 $\mathcal{H}_{0,2}$ 项可以计算闭型解。也就是说，$\langle\mathcal{V}_*\rangle_{\ell}=\langle\mathcal{V}_*(r/a)\rangle_u$，式（8－8）的求和计算中省略 a/r 项，可以得到

$$\langle\mathcal{V}_*\rangle_{\ell}=-\chi_*\frac{\mu}{2a}\frac{n_*^2}{n^2}\frac{a_*^3}{r_*^3}\sum_{i\geqslant 2}\frac{1}{2^{i-1}}\frac{a^{i-2}}{r_*^{i-2}}\langle V_i\rangle_u \tag{8-21}$$

为了计算 $\langle V_i\rangle_u$，我们将 u 的三角函数转换为包含 u 的多项式。根据指数函数和三角函数之间的标准关系[341]，可以得到

$$\begin{aligned}\cos^{j+k-m}u\sin^{i-2l-k}u=&\frac{(-\mathrm{i})^{i-2l-k}}{2^{i+j-m-2l}}\sum_{q=0}^{i-k-2l}\sum_{t=0}^{j+k-m}\binom{i-k-2l}{q}(-1)^q\\&\times\binom{j+k-m}{t}[\cos 2(\tilde{q}-q)u+\mathrm{i}\sin 2(\tilde{q}-q)u]\end{aligned} \tag{8-22}$$

其中，$\tilde{q}=\frac{1}{2}(i+j-m)-l-t$。

式（8－22）中的所有项都是周期性的，除了 $q=\tilde{q}$ 的项，而 $q=\tilde{q}$ 很明显又需要 $i+j-m$ 项。因此

$$\begin{aligned}\langle V_i\rangle_u=&\sum_{l=0}^{i_0}\binom{i}{l}\binom{2i-2l}{i}\sum_{j=0}^{2l+1}\binom{2l+1}{j}\sum_{k=0}^{i-2l}\binom{i-2l}{k}\sum_{m=0}^{k}\binom{k}{m}\\&\times\Xi_{j+k-m}^{i-2l-k}(-1)^{j+l+m}e^{j+m}(\hat{\boldsymbol{e}}\cdot\hat{\boldsymbol{r}}_*)^k(\eta\hat{\boldsymbol{b}}\cdot\hat{\boldsymbol{r}}_*)^{i-k-2l}\end{aligned} \tag{8-23}$$

式中，系数 $\Xi_{j+k-m}^{i-2l-k}=\langle\cos^{j+k-m}u\sin^{i-2l-k}u\rangle_u$，由式（8－22）的右侧等式取 $q=\tilde{q}$ 时得到。注意到，$i-k$ 必须去掉虚数单位。至此，完成了式（8－21）的计算，并用式（8－19）中的主变量替换原始变量后，得到了哈密顿量的长期项。

从式（4－70）衍生成函数（8－20）便可以计算月球或太阳摄动了。就是 $\mathcal{W}_2=2\mathcal{W}_{\odot}+2\mathcal{W}_{☾}$，其中

$$\mathcal{W}_*=-\chi_*L\frac{n_*^2}{n^2}\frac{a_*^3}{r_*^3}\sum_{i\geqslant 2}\frac{1}{2^i}\frac{a^{i-2}}{r_*^{i-2}}\left[\langle V_i\rangle_u e\sin u+\int(V_i-\langle V_i\rangle_u)\mathrm{d}u\right] \tag{8-24}$$

被积分函数 $V_i - \langle V_i \rangle_u$ 由包含 u 的纯周期项计算，这些周期项可以通过式（8-14）得到，而 $q = \widetilde{q}$ 的值相应地可以根据式（8-22）求和得到。这样，所需的积分便可以求解，参见文献［425］。

8.2.2 矢量元素中的平均流形

由于月球和太阳存在大幅度的共振，而卫星的轨道元素变化量也存在周期变化率[128,240]，所以通常不会进一步简化三体摄动项。相反，还要描述平根的哈密顿流形

$$\mathcal{K} = \mathcal{K}_{0,0} + \mathcal{K}_{1,0} + \frac{1}{2}\mathcal{K}_{2,0} \tag{8-25}$$

其中，$\mathcal{K}_{0,0} = -\mu/(2a)$ 是常数，$\mathcal{K}_{1,0} = T$ 和 $\mathcal{K}_{2,0} = \mathcal{H}_{0,2}$ 由式（8-19）和式（8-21）按照原始（平均）变量重写积分计算后给出。每次数值积分可以采用长步长积分计算，瞬根可以通过分析短周期项修正来恢复，而短周期项可以按照式（8-24）计算 $\mathcal{W} = \mathcal{W}_{\odot} + \mathcal{W}_{☾}$ 获得。

当需要进行摄动项的高阶勒让德多项式展开时，可以在拱点坐标系下进行轨道矢量变量的积分[425]。特别的是，轨道平根矢量元素 $\boldsymbol{\eta} = \boldsymbol{G}/L' = \eta\boldsymbol{n}$，$\boldsymbol{e} = e\hat{\boldsymbol{e}}$，之前已经在式（4-60）～式（4-61）中给出。为了在这里使用它们，我们只需要对每个摄动体按照式（8-21）计算 $\mathcal{Q} \equiv -(1/L')\langle \mathcal{V}_* \rangle_\ell$，并根据无量纲变量 $\boldsymbol{e}$ 和 $\boldsymbol{\eta}$ 在式（8-23）中给出 $\hat{\boldsymbol{e}}$ 和 $\boldsymbol{n}$。

我们在式（8-23）中替换

$$e^{j+m}(\hat{\boldsymbol{e}}\cdot\hat{\boldsymbol{r}}_*)^k(\eta\hat{\boldsymbol{b}}\cdot\hat{\boldsymbol{r}}_*)^{i-k-2l} = (\boldsymbol{e}\cdot\boldsymbol{e})^{\frac{j+m-k}{2}}(\boldsymbol{e}\cdot\hat{\boldsymbol{r}}_*)^k\left[(\eta^2(\hat{\boldsymbol{b}}\cdot\hat{\boldsymbol{r}}_*)^2)\right]^{\frac{i-k}{2}-l}$$

并使用恒等式消除对单位矢量 $\hat{\boldsymbol{b}}$ 的依赖性

$$\|\hat{\boldsymbol{r}}_*\|^2 = (\hat{\boldsymbol{e}}\cdot\hat{\boldsymbol{r}}_*)^2 + (\hat{\boldsymbol{b}}\cdot\hat{\boldsymbol{r}}_*)^2 + (\boldsymbol{n}\cdot\hat{\boldsymbol{r}}_*)^2 = 1 \tag{8-26}$$

也就是，$\eta^2(\hat{\boldsymbol{b}}\cdot\hat{\boldsymbol{r}}_*)^2 = \chi - (\hat{\boldsymbol{e}}\cdot\hat{\boldsymbol{r}}_*)^2$，其中 $X = X(\boldsymbol{e}, \boldsymbol{\eta}, \hat{\boldsymbol{r}}_*) \equiv 1 - e^2 + \xi^2 - \zeta^2$，$\xi = \boldsymbol{e}\cdot\hat{\boldsymbol{r}}_*$，$\zeta = \boldsymbol{\eta}\cdot\hat{\boldsymbol{r}}_*$。

经过新的二项式展开，很容易得到

$$\begin{aligned}\langle V_i \rangle_u = &\sum_{l=0}^{i_0}\binom{i}{l}\binom{2i-2l}{i}\sum_{j=0}^{2l+1}\binom{2l+1}{j}\sum_{k=0}^{i-2l}\binom{i-2l}{k}\sum_{m=0}^{k}\binom{k}{m}\Xi_{j+k-m}^{i-2l-k} \\ &\times\sum_{s=0}^{\frac{i-k}{2}-l}\binom{\frac{i-k}{2}-l}{s}(-1)^{j+l+m+s}e^{j+m-k-2s}\xi^{2s+k}X^{\frac{i-k}{2}-l-s}\end{aligned} \tag{8-27}$$

这个公式仅取决于 $\boldsymbol{e}$ 和 $\boldsymbol{\eta}$，以及摄动体的方向 $\hat{\boldsymbol{r}}_*$。前几个计算项 $\langle V_i \rangle_u$，如表 8-1 所示。

表 8-1　$\langle V_i \rangle_u$ 项由式（8-27）给出，参见文献［425］

$$\langle V_2\rangle_u = 1-3(2e^2-5\xi^2+\zeta^2)$$

$$\langle V_3\rangle_u = -\frac{5}{2}\xi[3(1-8e^2)-15\zeta^2+35\xi^2]$$

$$\langle V_4\rangle_u = \frac{3}{4}\{3-20e^2+80e^4+10[7(1-10e^2)\xi^2-(3-10e^2)\zeta^2]+35(21\xi^4-14\zeta^2\xi^2+\zeta^4)\}$$

$$\langle V_5\rangle_u = -\frac{3}{4}\xi\{35(1-8e^2+40e^4)+490[(1-12e^2)\xi^2-(1-4e^2)\zeta^2]+147(33\xi^4-30\zeta^2\xi^2+5\zeta^4)\}$$

$$\begin{aligned}\langle V_6\rangle_u = \frac{1}{4}\{&5(5-42e^2+168e^4-560e^6)+105[3(3-28e^2+168e^4)\xi^2\\&-(5-28e^2+56e^4)\zeta^2]+315[(5-14e^2)\zeta^4-18(3-14e^2)\zeta^2\xi^2\\&+33(1-14e^2)\xi^4]+231(429\xi^6-495\zeta^2\xi^4+135\zeta^4\xi^2-5\zeta^6)\}\end{aligned}$$

$$\begin{aligned}\langle V_7\rangle_u = -\frac{9}{16}\xi\{&35(5-48e^2+224e^4-896e^6)+105[11(3-32e^2+224e^4)\xi^2\\&-3(15-96e^2+224e^4)\zeta^2]+231[143(1-16e^2)\xi^2-110(3-16e^2)\zeta^2\xi^2\\&+15(5-16e^2)\zeta^4]+429(715\xi^6-1001\zeta^2\xi^4+385\zeta^4\xi^2-35\zeta^6)\}\end{aligned}$$

$$\begin{aligned}\langle V_8\rangle_u = \frac{5}{64}\{&7(35-360e^2+1728e^4-5376e^6+16128e^8)+252[11(5-54e^2+288e^4\\&-1344e^6)\xi^2-(35-270e^2+864e^4-1344e^6)\zeta^2]+1386[143(1-12e^2+96e^4)\\&\xi^4-66(5-36e^2+96e^4)\zeta^2\xi^2+(35-180e^2+288e^4)\zeta^2+12012[143(1-18e^2)\xi^6\\&+33(5-18e^2)\xi^2\zeta^4-429(1-6e^2)\xi^4\zeta^2-(7-18e^2)\zeta^6+6435(2431\xi^8-4004\zeta^2\xi^6\\&+2002\zeta^4\xi^4-308\zeta^6\xi^2+7\zeta^8)\}\end{aligned}$$

平均流形的参数方程见式（4-60）～式（4-61），对式（8-21）和式（8-27）求导得到

$$\nabla_{\boldsymbol{\eta}}(\boldsymbol{e}\cdot\boldsymbol{e})=\boldsymbol{0},\nabla_{\boldsymbol{\eta}}(\boldsymbol{e}\cdot\hat{\boldsymbol{r}}_*)=\boldsymbol{0},\nabla_{\boldsymbol{\eta}}X=-2(\boldsymbol{\eta}\cdot\hat{\boldsymbol{r}}_*)\hat{\boldsymbol{r}}_*,$$

$$\nabla_{\boldsymbol{e}}(\boldsymbol{e}\cdot\boldsymbol{e})=2\boldsymbol{e},\nabla_{\boldsymbol{e}}(\boldsymbol{e}\cdot\hat{\boldsymbol{r}}_*)=\hat{\boldsymbol{r}}_*,\nabla_{\boldsymbol{e}}X=-2\boldsymbol{e}+2(\boldsymbol{e}\cdot\hat{\boldsymbol{r}}_*)\hat{\boldsymbol{r}}_*$$

参考文献［425］

$$\frac{\mathrm{d}\boldsymbol{\eta}}{\mathrm{d}t}=n\varepsilon_*\sum_{i\geqslant 2}\frac{1}{2^i}\frac{a^{i-2}}{r_*^{i-2}}[\gamma_i(\boldsymbol{\eta}\times\hat{\boldsymbol{r}}_*)+\rho_i(\boldsymbol{e}\times\hat{\boldsymbol{r}}_*)] \tag{8-28}$$

$$\frac{\mathrm{d}\boldsymbol{e}}{\mathrm{d}t}=n\varepsilon_*\sum_{i\geqslant 2}\frac{1}{2^i}\frac{a^{i-2}}{r_*^{i-2}}[\gamma_i(\boldsymbol{e}\times\hat{\boldsymbol{r}}_*)+\rho_i(\boldsymbol{\eta}\times\hat{\boldsymbol{r}}_*)+4\rho_{i-1}(\boldsymbol{\eta}\times\boldsymbol{e})] \tag{8-29}$$

其中，$\varepsilon_*=\chi_*(n_*/n)^2(a_*/r_*)^3$，且

$$\begin{aligned}\beta_i=&\sum_{l=0}^{i_0}\binom{i}{l}\binom{2i-2l}{i}\sum_{j=0}^{2l+1}\binom{2l+1}{j}\sum_{k=0}^{i-2l}\binom{i-2l}{k}\sum_{m=0}^{k}\binom{k}{m}\Xi_{j+k-m}^{i-2l-k}\\&\sum_{s=0}^{\frac{i-k}{2}-l}\binom{\frac{i-k}{2}-l}{s}\frac{e^{j+m-k-2s}\xi^{2s+k-1}}{(-1)^{j+l+m+s}}X^{\frac{i-k}{2}-l-s-1}B_{i,k,l,s}\end{aligned} \tag{8-30}$$

当 $B_{i,k,l,s}\equiv\xi\zeta(k+l+s-i)$ 时用 γ_i 描述，当 $B_{i,k,l,s}\equiv(k+2s)X+(i-k-2l-2s)\xi^2$ 时用 ρ_i 描述。

式（8-30）的复杂性是显而易见的，表 8-2 中列出了一阶多项式系数 γ_i 和 ρ_i。

表 8-2 式（8-30）中的部分多项式系数 ρ_i，γ_i（参考文献［425］，经 ESO 许可转载）

$$\rho_1 = -3$$

$$\rho_2 = 30\xi$$

$$\gamma_2 = -6\zeta$$

$$\rho_3 = -\frac{15}{2}[1 - 8e^2 + 5(7\xi^2 - \zeta^2)]$$

$$\gamma_3 = 75\xi\zeta$$

$$\rho_4 = 105[1 - 10e^2 + 7(3\xi^2 - \zeta^2)]\xi$$

$$\gamma_4 = -15[3 - 10e^2 + 7(7\xi^2 - \zeta^2)]\zeta$$

$$\rho_5 = -\frac{105}{4}\{1 - 8e^2 + 40e^4 + 14[3(1 - 12e^2)\xi^2 - (1 - 4e^2)\zeta^2] + 21(33\xi^4 - 18\xi^2\zeta^2 + \zeta^4)\}$$

$$\gamma_5 = 735(1 - 4e^2 + 9\xi^2 - 3\zeta^2)\xi\zeta$$

$$\rho_6 = \frac{63}{2}\{5(3 - 28e^2 + 168e^4) + 30[11(1 - 14e^2)\xi^2 - 3(3 - 14e^2)\zeta^2] + 33(143\xi^4 - 110\xi^2\zeta^2 + 15\zeta^4)\}\xi$$

$$\gamma_6 = -\frac{105}{2}\{5 - 28e^2 + 56e^4 + 6[9(3 - 14e^2)\xi^2 - (5 - 14e^2)\zeta^2] + 33(33\xi^4 - 18\xi^2\zeta^2 + \zeta^4)\}\zeta$$

$$\rho_7 = -\frac{315}{16}\{5 - 48e^2 + 22e^4 - 896e^6 + 9[11(3 - 32e^2 + 224e^4)\xi^2 - (15 - 96e^2 + 224e^4)\zeta^2] + 33(143(1 - 16e^2)\xi^4 - 66(3 - 16e^2)\xi^2\zeta^2 + 3(5 - 16e^2)\zeta^4] + 429(143\xi^6 - 143\xi^4\zeta^2 + 33\xi^2\zeta^4 - \zeta^6)\}$$

$$\gamma_7 = \frac{189}{8}\{15(15 - 96e^2 + 224e^4) + 110[11(3 - 16e^2)\xi^2 - 3(5 - 16e^2)\zeta^2] + 143(143\xi^4 - 110\xi^2\zeta^2 + 15\zeta^4)\}\xi\zeta$$

$$\rho_8 = \frac{495}{8}\{7(5 - 54e^2 + 288e^4 - 134e^6) + 77[13(1 - 12e^2 + 96e^4)\xi^2 - 3(5 - 36e^2 + 96e^4)\zeta^2] + 1001(13(1 - 18e^2)\xi^4 - 26(1 - 6e^2)\xi^2\zeta^2 + (5 - 18e^2)\zeta^4] + 715(221\xi^6 - 273\xi^4\zeta^2 + 91\xi^2\zeta^4 - 7\zeta^6)\}\xi$$

$$\gamma_8 = -\frac{315}{8}\{35 - 270e^2 + 864e^4 - 1344e^6) + 11[33(5 - 36e^2 + 96e^4)\xi^2 - (35 - 180e^2 + 288e^4)\zeta^2] + 143(143(1 - 6e^2)\xi^4 - 22(5 - 18e^2)\xi^2\zeta^2 + (7 - 18e^2)\zeta^4) + 715(143\xi^6 - 143\xi^4\zeta^2 - \zeta^6)\}\zeta$$

矢量元素的使用将要进行数值积分的微分方程的维数从四个增加到六个。然而，与基于角度元素的传统公式相比，该方法的积分能耗要小得多，因为 γ_i 和 ρ_i 只涉及算术运算，而三角函数的计算是由硬件约束的[425]。约束 $\boldsymbol{e}\cdot\boldsymbol{\eta}=0$，以及 $\boldsymbol{e}\cdot\boldsymbol{e}+\boldsymbol{\eta}\cdot\boldsymbol{\eta}=1$ 可用于积分简化，或者用于测试整个矢量系统的数值积分能力[290]。

最后，值得一提的是，当三体摄动被截断为勒让德多项式展开式的第一项 P_2 时，参数 e 是偏心率的标量，就像 $\rho_2=30\boldsymbol{e}\cdot\hat{\boldsymbol{r}}_*$ 如表 8-2 所示。因此，（平均）圆轨道的偏心率矢量就没有变化，已在文献［128］中指出（另见文献［575］）。然而，这种特殊的解决方案一旦需要计算到 P_3 项[20]，偏心率矢量的变化就存在了，这可以通过简单地查表 8-2 中的 P_3 项清楚地看出。

平根数的演化分析通过时间或平近点角的积分完成。对于后者

$$\frac{\mathrm{d}\ell'}{\mathrm{d}t}=\frac{\partial\mathcal{K}}{\partial L'}=n+\frac{\partial\langle\mathcal{V}_*\rangle_\ell}{\partial L'} \tag{8-31}$$

使用式（8-21）和式（8-27），我们可以得到

$$\frac{\mathrm{d}\ell'}{\mathrm{d}t}=n-n\chi_*\frac{n_*^2}{n^2}\frac{a_*^3}{r^3}\sum_{i\geqslant 2}\frac{1}{2^i}\frac{a^{i-2}}{r_*^{i-2}}\sum_{l=0}^{i_0}\binom{i}{l}\binom{2i-2l}{i}\sum_{j=0}^{2l+1}\binom{2l+1}{j}$$
$$\times\sum_{k=0}^{i-2l}\binom{i-2l}{k}\sum_{m=0}^{k}\binom{k}{m}\Xi_{j+k-m}^{i-2l-k}\sum_{s=0}^{\frac{i-k}{2}-l}\binom{\frac{i-k}{2}-l}{s}\frac{\Upsilon_{i,j+m}^{l,2s+k}}{(-1)^{j+l+m+s}}$$

其中，定义 $d=\frac{1}{2}(i-b)-c$ 和 $t=a-b$ 。

$$\Upsilon_{i,a}^{b,c}=[ae^{t-2}+(2i-2d-a)e^t]X^d\ (\boldsymbol{e}\cdot\hat{\boldsymbol{r}}_*)^b+2de^{t-2}X^{d-1}\ (\boldsymbol{e}\cdot\hat{\boldsymbol{r}}_*)^{b+2}$$

为了避免在圆轨道的情况下对该元素进行积分时遇到麻烦，ℓ' 的积分可以用非奇异时间元素的积分代替，比如 $\Psi=\ell+g+h$ [291]。

8.2.3　应用算例：高轨示例

在很多情况下，平根数的积分很有用，因为它不需要计算星历，就像遵守空间法设计航天器的报废处置策略一样。我们用文献［436］中一个具有挑战性的例子来说明在强日月摄动下平根的求解：对 Simbol-X 卫星轨道积分外推 100 年，这是 X 射线望远镜[267]的一个废弃项目。使用平根数等式和非平均模型（瞬根）积分的初始条件为：$a=106247.136454$ km，$e=0.75173$，$I=5.2789°$，$\Omega=49.354°$，$\omega=-179.992°$，平近点角的初始值取值可以任意，这里取 0。当轨道偏心率较大，且远地点高度满足地月距离的一半时，该轨道会受到月球重力场的严重干扰，因此对于数值积分来说是巨大的挑战，将平根数计算和采用步长 60 s、8 阶 Störmer-Cowell 方法积分的两个结果进行对比分析，积分相对时间从 2014 年 7 月 1 日开始，积分时长 20.7208333 h[267]。

图 8-1 给出了平根数的数值积分解。它是基于平根数模型，考虑 P_6 阶勒让德多项式，日月摄动考虑 2 阶的太阳扰动得到的结果。地球扁球效应也被考虑在内，但仅限于 J_2 项的一阶效应[436]。

如图 8-1 所示，从图形上看，平根数的解与数值积分解精度相当，从而证明平根数模型捕捉到了动力学长期项的主要影响。另一方面，瞬根的半长轴有数百千米的变化，与平根数值的恒定性相反[436]。瞬根半长轴大而不规则的变化是 Simbol-X 所受到的不同日月摄动的结果，按照它 4 天的轨道周期，Simbol-X 也受到 7∶1 的平运动共振的影响。然而，这种平运动共振会阻止平近点角在平根数哈密顿量的完全消除，且只会随着时间继续累积。

图 8-2 所示为在相同的试验轨道下，单位球体上 Moser 元素 $\boldsymbol{f}=\boldsymbol{\eta}+\boldsymbol{e}$ 和 $\boldsymbol{g}=\boldsymbol{\eta}-\boldsymbol{e}$ 的演变。红色曲线对应平根数的解，黑色曲线对应数值积分的解。虚线箭头指向积分的起点。反映月球轨道动力学特性的主路径每半年发生一次小振幅振荡，这是由太阳摄动引起的，在图 8-2 中有明确的说明。

在文献［435］中对各种轨道进行的试验表明，平根数方程的数值积分比非平根数模型的直接数值积分快一到两个数量级。当然，这个数量级并不是定量的，如果数值积分的

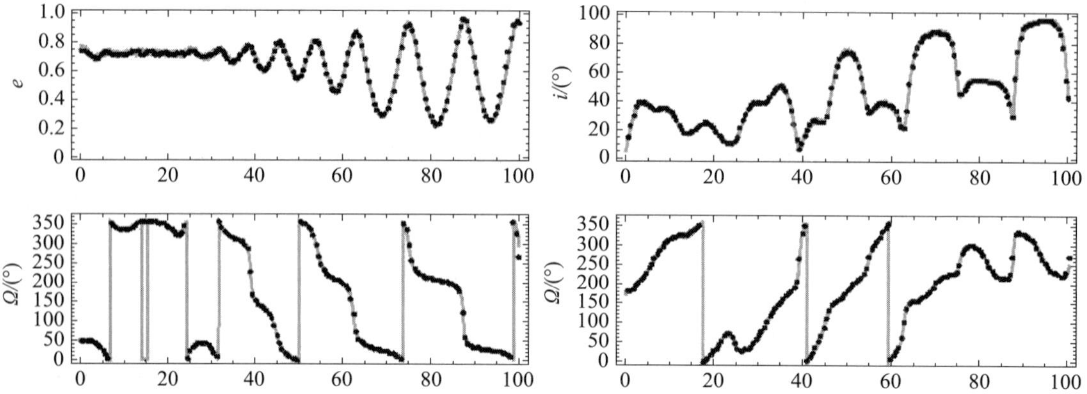

图 8－1　Simbol－X 卫星的历史轨道[436]。其中，灰色线是半解析积分解；点是数值积分解。横坐标以年为单位

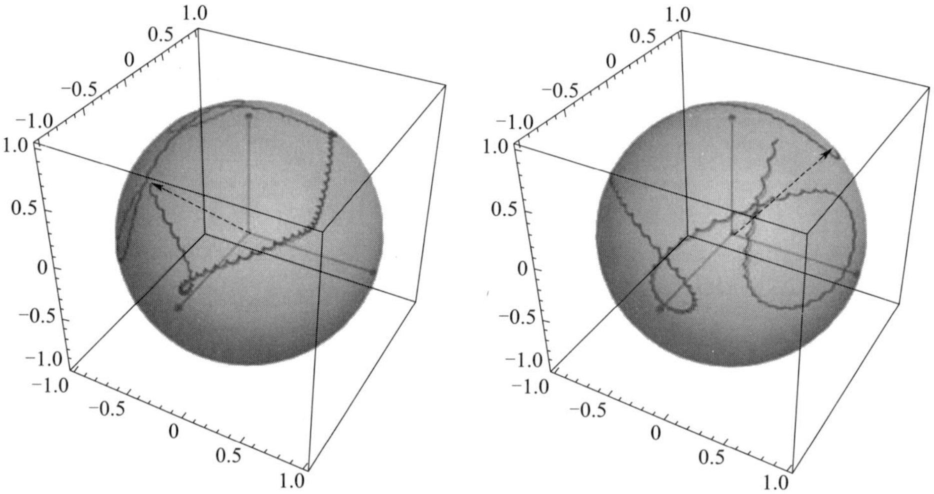

图 8－2　Simbol－X 卫星在单位球面上的 Moser 元素 **f**（左），**g**（右）（见彩插）

收敛指标放宽或基于不同的积分器[23]，这些数字便会有所不同。另一方面，可以看出，用文献［436］给出的三角函数进行矢量元素的积分，一般可以比后者缩短近一半的时间，并且对于大偏心率的轨道尤其有效[425]。

8.3　三体平近点角的平均值

日月共振可能发生在第三体的平均运动和卫星轨道缓慢演变角度的变化率之间[128]。在远离共振的地方，平根数哈密顿量可以通过一个新的李变换进行简化，该变换消除了与第三体平近点角有关的周期性效应。这样，用数值方法对双平均长期哈密顿量进行积分就更快、更有效了。以下基于对伽利略轨道的轨道特性假设描述了这一过程，Galileo 的轨道周期约为 14 h，因此没有三体平均运动的共振，7.5.4 节中简要讨论了重力场摄动的长期动力学特性。

我们从平根数哈密顿量（8－25）开始，按照式（4－52）和式（4－53）写成 Delaunay 变量，将其扩展到相空间（ℓ'，g'，h'，$\ell_☾$，$\theta_\odot$，t，L'，G'，H'，$L_☾$，$\Theta_\odot$，T），引入两个任意动量 $L_☾$ 和 $\Theta_\odot$，分别与 $\ell_☾=n_☾ t$ 和 $\theta_\odot=n_\odot t$ 共轭。常数 $n_☾$ 代表月球绕地球轨道的平均运动，常数 n 代表太阳绕地球轨道的平均运动。在新的扩展相空间中，平根数哈密顿量通常写成微摄动的形式，其中

$$\mathcal{K}_{0,0}=-\frac{\mu}{2a}+n_☾ L_☾+n_\odot\Theta_\odot,\mathcal{K}_{1,0}=T,\mathcal{K}_{2,0}=2\langle\mathcal{V}_☾\rangle_\ell+2\langle\mathcal{V}_\odot\rangle_\ell$$

因此，李导数（2－49）现在是 $\mathcal{L}_0=n\partial/\partial\ell'+n_☾\partial/\partial\ell_☾+n_\odot\partial/\partial\theta_\odot$。然而，由于卫星的平近点角已经从哈密顿量中移除，我们可以忽略关于 ℓ' 的偏微分。此外，只要月球和太阳效应之间没有耦合，就可以分别求解其他两个偏微分。在这种情况下，借助太阳或月球的真近点角，通过求解同调方程（4－69）即可实现闭合积分。

作为同调方程求解的一个初步步骤，必须将式（8－21）中平根的三体摄动替换成式（8－23）和式（8－21）中 $\boldsymbol{r}_*$ 描述的日月星历表进行重新计算。

8.3.1　日月干扰效应

与相对于赤道的倾角不同，月球轨道相对于黄道几乎保持恒定的倾角，在黄道面上，月球的升交点经度几乎呈线性变化。因此，在计算月球的轨道根数时，黄道可以当作中间平面使用[366]。因此

$$(x_☾,y_☾,z_☾)^{\mathrm{T}}=\boldsymbol{R}_1(-\varepsilon)\boldsymbol{R}_3(-N)\boldsymbol{R}_1(-J)\boldsymbol{R}_3(-\theta_☾)(r_☾,0,0)^{\mathrm{T}} \tag{8-32}$$

式中，$\theta_☾=\gamma+f_☾$，$f_☾$ 为月球真近点角，γ 为月球轨道相对于黄道的近地点，N 和 J 分别是交点经度和月球轨道相对于黄道的倾角，黄赤交角 $\varepsilon\approx 23.5°$。月球半径 $r_☾$ 也用轨道根数表示，比如 $r_☾=a_☾(1-e_☾^2)/(1+e_☾\cos f_☾)$，$a_☾$ 和 $e_☾$ 分别表示月球相对于地球的轨道半长轴和偏心率。

如式（8－21）所示，月球摄动大约比 Keplerian 小 $\chi_☾(n_☾/n)^2$ 倍，是伽利略轨道的百万分之一，此外，月球摄动势的勒让德多项式展开式的每一个连续项的影响比前一项平均小 a/r 倍，而伽利略轨道是 $29600/384400\approx 0.077$。在这种情况下，三次勒让德多项式的影响平均乘以 $a/r_☾\approx 0.08$，而四次多项式 P_4 要乘以 $a^2/r_☾^2\approx 0.006$。由于后者非常小，在月球摄动势的勒让德多项式展开中，我们考虑摄动效应时用到了四阶甚至更高阶项。

在这个截断模型中，月球的平近点角可以以月球的近似真近点角和平近点角微分 $a_☾^2\eta_☾\,\mathrm{d}\ell_☾=r_☾^2\,\mathrm{d}f_☾$ 来近似替代，这类似于式（4－64）。再求平均后，由 P_2 项引起的月球长期摄动项的一部分，定义为 $\langle\mathcal{V}_{☾,2}\rangle_{\ell,\ell_☾}$，以如下形式排列

$$\langle\mathcal{V}_{☾,2}\rangle_{\ell,\ell_☾}=\frac{\mu}{a}\chi_☾\frac{n_☾^2}{n^2}\frac{1}{\eta_☾^3}\sum_{i=0}^{1}\sum_{j=-2}^{2}\sum_{k=-2}^{2}B_{2,i}(e)Q_{2,i,j}(I) \times\epsilon_{2,j,k}(\varepsilon)\mathcal{J}_{2,k}(J)\cos(2i\omega+j\Omega+kN) \tag{8-33}$$

其中，$B_{2,0}=6+9e^2$，$B_{2,1}=-15e^2$；倾角多项式 $Q_{i,j,l}$ 列于表 8－3；$\mathcal{J}_{2,0}=1-\frac{3}{2}$

$\sin^2 J$，$\mathcal{J}_{2,\pm1}=\sin 2J$，$J_{2,\pm2}=\sin^2 J$，黄道倾角的函数 $\epsilon_{2,j,k}$ 列于表 8－4；参见文献[436]。这些表格中，上标（下标）与相应函数中的上标（下标）相匹配。P_2 产生的长周期项不依赖于月球的近点角 γ 参数，$\langle\mathcal{V}_{☾,2}\rangle_{\ell,\ell_☾}$ 只包含 38 个不同的三角函数项。

表 8－3　倾角多项式 $Q_{2,j,l}$ 和 $Q_{3,j,l}$

l	$Q_{2,0,l}$	$Q_{2,1,l}$	$Q_{3,0,l}$	$Q_{3,1,l}$
0	$\frac{1}{48}(3c^2-1)$	$-\frac{1}{16}s^2$	$-\frac{15}{128}(5c^2-1)s$	$-\frac{175}{128}s^3$
±1	$\frac{1}{8}cs$	$\frac{1}{8}(c\pm1)s$	$-\frac{15}{512}(c\pm1)(15c^2\mp10c-1)$	$-\frac{525}{512}(c\pm1)s^2$
±2	$-\frac{1}{32}s^2$	$\frac{1}{32}(c\pm1)^2$	$\frac{75}{256}(c\pm1)(3c\mp1)s$	$-\frac{525}{256}(c\pm1)^2 s$
±3			$\frac{75}{512}(c\pm1)s^2$	$\frac{175}{512}(c\pm1)^3$

表 8－4　式（8－33）中的黄道倾角项 $\mathcal{E}_{2,j,k}=\mathcal{E}_{2,-j,-k}$

k	$j=0$	$j=-1$	$j=-2$
0	$\frac{1}{2}(1-3\cos^2\varepsilon)$	$-\frac{1}{2}\cos\varepsilon\sin\varepsilon$	$\frac{1}{2}\sin^2\varepsilon$
±1	$\frac{3}{4}\cos\varepsilon\sin\varepsilon$	$\frac{1}{8}(1\pm\cos\varepsilon)(1\mp2\cos\varepsilon)$	$\pm\frac{1}{4}(1\pm\cos\varepsilon)\sin\varepsilon$
±2	$-\frac{3}{8}\sin^2\varepsilon$	$\pm\frac{1}{8}(1\pm\cos\varepsilon)\sin\varepsilon$	$\frac{1}{8}(1\pm\cos\varepsilon)^2$

注意到，系数 $J_{2,0}$ 项不受 N 的影响，并且可能会产生准长期参数项 $2\omega+\Omega$[66, 519]。在伽利略轨道的情况下摄动周期约为数千年，这很容易从式（5－24）和式（5－26）中看出来，从而为偏心率和倾角的演变提供了准长期项[443]。

类似于 P_3 所展示的摄动项，我们得到

$$\langle\mathcal{V}_{☾,3}\rangle_{\ell,\ell_☾}=\frac{\mu}{a}\chi_☾\frac{n_☾^2}{n^2}\frac{a}{a_☾}\frac{e}{\eta_☾^5}\sum_{i=0}^{1}B_{3,i}(e)\sum_{j=-3}^{3}Q_{3,i,j}(I)\sum_{k=-3}^{3}\sum_{l=0}^{1}(2l-1)\mathcal{E}_{3,j,k}(\varepsilon)$$
$$\times\mathcal{J}_{3,(2l-1)k}(J)\cos[(2i+1)\omega+j\Omega+kN-(2l-1)\gamma] \tag{8-34}$$

其中，$B_{3,0}=4e+3e^3$，$B_{3,1}=e^3$，$Q_{3,j,l}$ 由表 8－3 给出。

$$\mathcal{J}_{3,0}=-(1-5\cos^2 J)\sin J$$
$$\mathcal{J}_{3,\pm1}=\pm(1\mp\cos J)(1\mp10\cos J-15\cos^2 J)$$
$$\mathcal{J}_{3,\pm2}=-(1\mp\cos J)(1\pm3\cos J)\sin J$$
$$\mathcal{J}_{3,\pm3}=\pm(1\mp\cos J)\sin^2 J$$

表 8－5 给出了黄道倾角的 $\mathcal{E}_{3,j,k}$ 项。现在，所有 196 个三角项［如式（8－34）］都取决于月球轨道近地点相对于黄道的参数 γ，以及卫星轨道近地点相对于赤道的参数 ω。

表 8-5　式 (8-34) 中的系数 $\mathcal{E}_{3,j,k}=\mathcal{E}_{3,-j,-k}$

k	$j=0$	$j=-1$
0	$\frac{3}{16}(3-5\cos^2\varepsilon)\cos\varepsilon$	$-\frac{3}{16}(1-5\cos^2\varepsilon)\sin\varepsilon$
± 1	$\frac{3}{64}(1-5\cos^2\varepsilon)\sin\varepsilon$	$\pm\frac{1}{64}(1\pm\cos\varepsilon)(1\pm 10\cos\varepsilon-15\cos^2\varepsilon)$
± 2	$\frac{15}{32}\cos\varepsilon\sin^2\varepsilon$	$-\frac{5}{32}(1\pm\cos\varepsilon)(1\mp 3\cos\varepsilon)\sin\varepsilon$
± 3	$\frac{15}{64}\sin^3\varepsilon$	$\pm\frac{15}{64}(1\pm\cos\varepsilon)\sin^2\varepsilon$
k	$j=-2$	$j=-3$
0	$-\frac{3}{16}\cos\varepsilon\sin^2\varepsilon$	$-\frac{3}{16}\sin^3\varepsilon$
± 1	$-\frac{1}{64}(1\pm\cos\varepsilon)(1\mp 3\cos\varepsilon)\sin\varepsilon$	$\pm\frac{3}{64}(1\pm\cos\varepsilon)\sin^2\varepsilon$
± 2	$\mp\frac{1}{32}(1\pm\cos\varepsilon)^2(2\mp 3\cos\varepsilon)$	$\frac{3}{32}(1\pm\cos\varepsilon)^2\sin\varepsilon$
± 3	$\frac{3}{64}(1\pm\cos\varepsilon)^2\sin\varepsilon$	$\mp\frac{3}{64}(1\pm\cos\varepsilon)^3$

第二次平均明确了 P_3 中的因子 e_*/η_*^5 。对于伽利略轨道，$e_☾/\eta_☾^5\approx e_☾\sim a/a_☾$，使得 P_3 与 P_4 的摄动阶次相同，P_4 阶已经被忽略了。尽管如此，P_3 的双平均保持了月球的近地点动力学特性，而且 P_4 的双平均值依赖于 γ 项与 $e_☾^5$ 相乘。因此，P_3 在相应的长期积分中是不可忽略的，因为它会产生与月球轨道近地点动力学相关的可观察到的定性效应。

太阳绕地球视轨道的笛卡儿坐标是

$$(x_\odot,y_\odot,z_\odot)^{\mathrm{T}}=\boldsymbol{R}_1(-\varepsilon)\boldsymbol{R}_3(-\theta_\odot)(r_\odot,0,0)^{\mathrm{T}} \tag{8-35}$$

其中，$\theta_\odot$ 是太阳的赤纬。我们没有发现伽利略轨道与太阳平均运动之间有拱点或节点共振，且在轨道长期运动的研究中，轨道根数的年振荡也被消除了。

现在，式 (8-21) 中的 $x_\odot\approx 1$，表明太阳的摄动势大约是开普勒势的 $(n_\odot/n)^2$ 倍，这对于伽利略轨道来说是百万分之一，比月球的摄动势还要小。我们只取太阳摄动中的二次勒让德多项式，而 P_3 项由一个衰减因子按比例缩放 $a/r_\odot\sim 10^{-4}$ 倍。

借鉴前面计算的式 (8-33) 可知，当 $J=N=0$ 时，式 (8-35) 等价于式 (8-32)。此外，由于太阳绕地球视轨道的偏心率很小，取 $\eta_\odot^3=1$，我们得到

$$\langle\mathcal{V}_\odot\rangle_{\ell,\theta_\odot}=\frac{\mu}{a}\frac{n_\odot^2}{n^2}\sum_{i=0}^{1}B_{2,i}(e)\sum_{j=-2}^{2}Q_{2,i,j}(I)\,\mathcal{E}_{2,j,0}(\varepsilon)\cos(2i\omega+j\Omega), \tag{8-36}$$

它只由八个不同的三角函数项组成。在月球的长期扰动势中，以前为伽利略轨道确定的准长期三角函数项 $2\omega+\Omega$ ，现在可以更清晰地确定了。

8.3.2　额外的简化：哈密顿长期项

由于月球轨道相对于黄道的倾角很小，而且式 (8-33) 中的 $\sin^2 J$ 项要比 $\sin 2J$ 的一

些项影响小约 20 倍，这在长期动力学的研究中可以被进一步忽略。这种简化将求和指数 k 的变化范围从 ± 2 减小到 ± 1，并使式（8－33）中的 $\mathcal{J}_{2,0} \approx 2$。相反地，在 $\langle \mathcal{V}_{☾,2} \rangle_{\ell,\ell_☾}$ 项中的 $\sin 2J$ 分解项虽然很小，若忽略与月球交点相关的重要长期效应，也可删除这些项。在式（8－33）中与 $\sin J$ 项相同阶次的月球偏心率只能通过 $\eta_☾^{-3} = 1 + \mathcal{O}(e_☾^2)$ 来描述，而且也可以忽略。因此

$$\langle \mathcal{V}_{☾,2} \rangle_{\ell,\ell_☾} \approx \frac{\mu}{a}\chi_☾ \frac{n_☾^2}{n^2} \sum_{i=0}^{1} B_{2,i} \sum_{j=-2}^{2} Q_{2,i,j} \sum_{k=-1}^{1} \mathcal{E}_{2,j,k}\, \mathcal{J}_{2,k} \cos(2i\omega + j\Omega + kN) \quad (8-37)$$

它现在只包含 23 个三角函数项。

类似的简化适用于式（8－34），其中，由于月球轨道的小偏心率，我们也忽略了与其相关的 $e_☾ \sin J$ 项。回想 $\cos J = 1 - \mathcal{O}(\sin^2 J)$，我们立刻可以发现只有月球倾角函数中 $\mathcal{J}_{3,-1} \approx 8$。因此，式（8－34）中 k 的总和可以用一个独立项来替代，从而产生

$$\begin{aligned}\langle \mathcal{V}_{☾,3} \rangle_{\ell,\ell_☾} \approx{}& \frac{\mu}{a}\chi_☾ \frac{n_☾^2}{n^2} \frac{a}{a_☾} e_☾ \sum_{i=0}^{1} B_{3,i}(e) \sum_{j=-3}^{3} Q_{3,i,j}(I) \sum_{l=0}^{1} 8(1-2l)\, \mathcal{E}_{3,j,2l-1}(\varepsilon) \\ &\times \cos[(2i+1)\omega + j\Omega + (2l-1)(N+\gamma)]\end{aligned} \quad (8-38)$$

它现在只包含 28 个三角函数项。

地球扁率的重要影响也必须考虑在内，至少考虑 J_2 的一阶项，如式（5－60）所示。对于具有伽利略特征的轨道，高阶谐波的影响可以忽略，但不包括 J_3 项，参考文献[183]。后者是从式（6－42）的最后一项中获得的，特别适用于式（6－14）中当 $i=3$ 时。因此，伽利略轨道的长期动力学特性可以用完全简化的哈密顿量进行研究

$$\tilde{\mathcal{K}} = \tilde{\mathcal{M}} + \frac{\mu}{a} J_3 \frac{R_\oplus^3}{p^3} \frac{3}{4} e\eta (5s^2 - 4) s \sin\omega + \langle \mathcal{V}_\odot \rangle_{\ell,\theta_\odot} + \langle \mathcal{V}_{☾,2} \rangle_{\ell,\ell_☾} + \langle \mathcal{V}_{☾,3} \rangle_{\ell,\ell_☾} \quad (8-39)$$

其中，$\tilde{\mathcal{M}}$在形式上等价于式（5－71），而太阳 $\langle \mathcal{V}_\odot \rangle_{\ell,\ell_\odot}$ 的双平均摄动项取自式（8－36），月球 $\langle \mathcal{V}_{☾,2} \rangle_{\ell,\ell_☾} + \langle \mathcal{V}_{☾,3} \rangle_{\ell,\ell_☾}$ 的双平均摄动项取自式（8－37）和式（8－38）。回想一下，现在所有的符号都是双素数 Delaunay 变量的函数。

注意到，虽然所进行的大多数简化也适用于其他全球导航卫星的轨道，但双平均哈密顿量（8－39）可能需要用 Teseral 共振项进行补充。特别的，处理 GPS 轨道时[183]，式（7－67）与 $J_{3,2}$ 系数相关的哈密顿项是必须考虑的。

由于伽利略轨道的小偏心率特性，至少对于偏心率，从式（8－39）衍生出的哈密顿方程应该重新描述成非奇异变量。给定节点坐标系中偏心率矢量的投影 $C = e\cos g$，$S = e\sin g$，之前在式（5－74）中描述的，由半平分点变量定义的通常集合，平纬度 $F = \ell + g$，以及 Delaunay 变量 L、h 和 H，对于当前的情况是适用的。由于卫星的平近点角项已被移除，而 L'' 是常数，为了研究轨道的长期演化，用包含 H，h，C 和 S 变量的简化形式就足够了，在变量 C 和 S 正确描述后，再检查该形式的分母是否摆脱了偏心率的影响。它们可能仍然会给大部分的赤道卫星轨道带来麻烦，但这对伽利略轨道来说并不重要。

双平均流量的数值积分可以快速探索伽利略轨道的长期特性。例如，图 8－3 说明了轨

道器和月球的初始节点之间的差异可能会对动力学产生明显的影响，参见文献［443］。

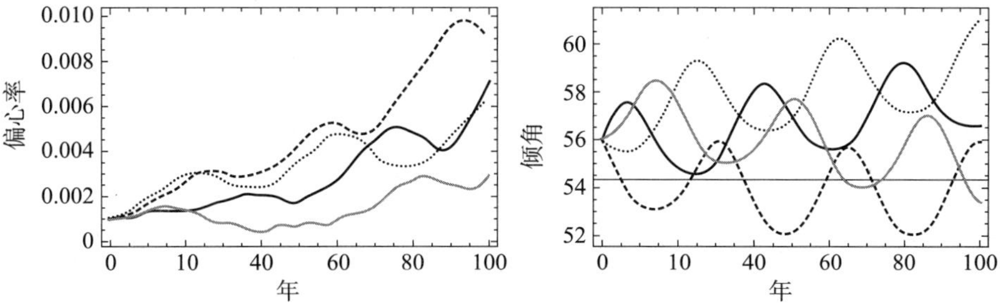

图 8－3　Galileo 类型轨道的演化：$N_0 = \gamma_0 = 0$ 和 $h_0 = 60°$（黑色），$h_0 = 150°$（灰色），$h_0 = 240°$（灰色，虚线），$h_0 = 330°$（黑色，虚线）

8.4　黄道坐标系中的摄动

人造地球卫星在位势扰动下的轨道很自然地可以描述成基于参考轨道平面的升交点和倾角。然而，当将所述轨道参数参考第三体轨道的轨道平面时，可以更好地理解三体摄动的影响，并且在某些情况下，当参考该平面[364,450,502]或拉普拉斯平面[384,632]，且当这两种效应是可比较的，或者考虑了额外摄动体时[20,578,649]，可以简化对组合摄动的分析。

将卫星坐标映射到其他参考坐标系，这种等价转换并不会使轨道根数的公式复杂化，仍由式（4－4）给出，并且这仅意味着近地点角以及倾角和交点经度具有不同的值而已。相反，当月球坐标系指向黄道而非赤道时，我们避免了式（8－32）中与黄道倾角相对应的旋转矩阵 $\boldsymbol{R}_1(-\varepsilon)$，从而得出

$$(x_{☾}, y_{☾}, z_{☾})^{\mathrm{T}} = \boldsymbol{R}_3(-N)\boldsymbol{R}_1(-J)\boldsymbol{R}_3(-\theta_{☾})(r_{☾}, 0, 0)^{\mathrm{T}} \tag{8-40}$$

因此，式（8－5）给出的卫星相对于月球的正余弦在黄道坐标系公式中会更简单，月球的摄动影响显著简化。显然，在太阳系中式（8－35）也是如此。当基于黄道时，它只会变成

$$(x_{\odot}, y_{\odot}, z_{\odot})^{\mathrm{T}} = \boldsymbol{R}_3(-\theta_{\odot})(r_{\odot}, 0, 0)^{\mathrm{T}} \tag{8-41}$$

如果我们假设太阳在一个圆形轨道上演化，那么 $r_{\odot} = a_{\odot}$，并且 $\theta_{\odot}$ 会随着角速度 $n_{\odot}$ 的增加而线性增长。

卫星在黄道体系内的笛卡儿坐标为

$$(x, y, z)^{\mathrm{T}} = \boldsymbol{R}_3(-h)\boldsymbol{R}_1(-i)\boldsymbol{R}_3(-\vartheta)(r, 0, 0)^{\mathrm{T}} \tag{8-42}$$

其中，$\vartheta = f + \omega_E$，ω_E 是指相对黄道的卫星近地点参数，i 表示相对于黄道的轨道倾角，$h = \Omega_E$ 表示交点的黄道经度。

根据相对于黄道的轨道倾角 I，可以很容易地获得轨道相对于赤道平面的倾角 i。实际上，假设 $\boldsymbol{n}$ 和 $\boldsymbol{b}_3$ 分别是垂直于轨道平面和赤道方向的单位矢量；然后，可以直接计算 $\cos I = \boldsymbol{b}_3 \cdot \boldsymbol{n}$。另一方面，可以使用黄道作为中间平面来计算赤道框架中 $\boldsymbol{n}$ 的分量。因此，$\boldsymbol{n} = \boldsymbol{R}_1(-\varepsilon)\boldsymbol{R}_3(-\Omega_E)\boldsymbol{R}_1(-i)(0, 0, 1)^{\mathrm{T}}$，且

$$\cos I = \cos\varepsilon \cos i - \sin\varepsilon \sin i \cos\Omega_E \tag{8-43}$$

类似地，将 $\boldsymbol{s}_3$ 称为与黄道正交的方向，$\cos i = \boldsymbol{s}_3 \cdot \boldsymbol{n}$ 。以赤道为中间平面计算黄道中 $\boldsymbol{n}$ 的分量，$\boldsymbol{n} = \boldsymbol{R}_1(-\varepsilon)\boldsymbol{R}_3(-\Omega)\boldsymbol{R}_1(-I)\,(0,\ 0,\ 1)^{\mathrm{T}}$ 。因此

$$\cos i = \cos\varepsilon \cos I + \sin\varepsilon \sin I \cos\Omega \tag{8-44}$$

8.4.1　摄动势能

我们将分析限制在扁率和日月三体摄动具有可比性的距离内，比如说在 5～9 个地球半径之间。在这些高度上，带谐项产生的长周期效应要比 J_2 项有明显高阶次，但被忽略了。此外，对于太阳和月亮，我们在展开三体扰动摄动势时只考虑了 P_2 项的勒让德多项式。

为了区分两个坐标系，黄道坐标系用式（8－42）的符号 $(x,\ y,\ z)$ 来定义，赤道坐标系用符号 $(\xi,\ \eta,\ \zeta)$ 来定义。它们由基于黄赤交角的单次旋转矩阵 $(\xi,\ \eta,\ \zeta)^{\mathrm{T}} = \boldsymbol{R}_1(-\varepsilon)(x,\ y,\ z)^{\mathrm{T}}$ 来转换。然后，通过忽略式（5－4）中的开普勒项，获得扁率扰动势，其中 $\sin\phi = \zeta/r$ 。这样计算可直接得到

$$\mathcal{V}_{\oplus} = -J_2 \frac{\mu}{2r}\frac{R_{\oplus}^2}{2r^2}\left[1 - 3\left(\frac{z}{r}\cos\varepsilon + \frac{y}{r}\sin\varepsilon\right)^2\right] \tag{8-45}$$

此后，在（几乎）角度恒定的情况下，或者当它们是动量的函数时，我们可以缩写 $s_\alpha \equiv \sin\alpha$ ，$c_\alpha \equiv \cos\alpha$ 。

如果我们现在从式（8－42）中替换 $(x,\ y,\ z)$ ，可以得到

$$\begin{aligned}\mathcal{V}_{\oplus} = {} & \frac{\mu}{2a}J_2 \frac{R_{\oplus}^2}{r^2}\frac{a}{r}\frac{1}{8}\{(6s_\varepsilon^2 - 4)(2 - 3s_i^2 + 3s_i^2\cos 2\vartheta) + 12c_\varepsilon s_\varepsilon s_i[(1 - c_i) \\ & \times \cos(h - 2\vartheta) + 2c_i\cos h - (1 + c_i)\cos(h + 2\vartheta)] - 3s_\varepsilon^2[(1 - c_i)^2 \\ & \times \cos(2h - 2\vartheta) + 2s_i^2\cos 2h + (1 + c_i)^2\cos(2h + 2\vartheta)]\}\end{aligned} \tag{8-46}$$

因此，增加了四个新的周期项，这些周期项依赖于黄道坐标系中的轨道交点，其涉及式（5－15）中 J_2 摄动势的表达方法。在赤道平面上 $\mathcal{V}_{\oplus}$ 的惯用表达是将式（8－46）中的 $\varepsilon = 0$（因此 $s_i = s$，$\vartheta = \theta$ ）。

太阳摄动势是取 $* \equiv \odot$ 时由式（8－6）得到的，其中 $\cos\psi_{\odot}$ 由式（8－5）替换式（8－42）和式（8－41）计算出来。仅限于 P_2 的贡献，我们得到

$$\begin{aligned}\mathcal{V}_{\odot} = {} & -\frac{\mu}{2a}\frac{n_{\odot}^2}{n^2}\frac{r^2}{a^2}\frac{1}{8}[4 - 6s_i^2 + 6s_i^2\cos 2\vartheta + 6s_i^2\cos 2(h - \theta_{\odot}) + 3(1 - c_i)^2 \\ & \times \cos 2(h - \theta_{\odot} - \vartheta) + 3(c_i + 1)^2\cos 2(h - \theta_{\odot} - \vartheta)]\end{aligned} \tag{8-47}$$

月球与之类似，取 $* \equiv ☾$，现在使用式（8－40），我们得到

$$\mathcal{V}_{☾} = -\frac{\mu}{2a}\chi_{☾}\frac{n_{☾}^2}{n^2}\frac{r^2}{a^2}\frac{a_{☾}^2}{r_{☾}^3}\frac{1}{8}\{[(2-6w^2)(2-3s_i^2+3s_i^2\cos 2\vartheta)+6uv \times[(1-c_i)^2\sin(2h-2\vartheta)+2s_i^2\sin^2 h+(1+c_i)^2\sin(2h+2\vartheta)] + 3(u^2-v^2)[(1-c_i)^2\cos(2h-2\vartheta)+(1+c_i)^2\cos(2h+2\vartheta) + 2s_i^2\cos 2h]-12uws_i[(1-c_i)\sin(h-2\vartheta)+2c_i\sin h -(1+c_i)\sin(h+2\vartheta)]+12vws_i[(1-c_i)\cos(h-2\vartheta) + 2c_i\cos h-(1+c_i)\cos(h+2\vartheta)]\} \tag{8-48}$$

其中，为简洁起见，黄道坐标系中月球方向矢量的分量 $(u, v, w)=(x_{☾}, y_{☾}, z_{☾})/r_{☾}$ 并未替换。

8.4.2　短期影响的消除

我们使用李变换的方法来寻找去除轨道根数中平近点角 ℓ 的方法。为了避免与时间的相关性，我们转换到一个扩展的相空间（ℓ，g，h，$\ell_{☾}$，γ，N，$\theta_{\odot}$，L，G，H，$L_{☾}$，$G_{☾}$，$H_{☾}$，$\Theta_{\odot}$）来讨论问题，其中符号 $L_{☾}$，$G_{☾}$ 和 $H_{☾}$ 分别表示相对于月球的平近点角的共轭动量，近月球点和交点经度，它们分别随频率 $n_{☾}$，n_{γ} 和 n_N 而演化，而 $\Theta_{\odot}$ 则代表太阳极角 $\theta_{\odot}$ 的共轭动量，它随频率 $n_{\odot}$ 的变化而变化。回想一下，$g=\omega_E$ 和 $h=\Omega_E$，参考的是黄道坐标系。

在之前讨论扁率扰动和三体摄动是同一阶的假设中，使用扩展相空间公式来处理日月星历对时间的依赖性，我们用小参数 ε 建立了通用的扰动哈密顿量见公式（2-30）

$$\mathcal{H}_{0,0} = -\frac{\mu}{2a} \tag{8-49}$$

$$\mathcal{H}_{1,0} = L_{☾}n_{☾}+G_{☾}n_r+H_{☾}n_N+\Theta_{\odot}n_{\odot} \tag{8-50}$$

$$\mathcal{H}_{2,0} = 2!\ (\mathcal{V}_{\oplus}+\mathcal{V}_{☾}+\mathcal{V}_{\odot}) \tag{8-51}$$

且当 $m\geqslant 3$，$\mathcal{H}_{m,0}=0$。

同调方程（4-68）以偏心率的闭合形式求解。这是借助于位势摄动的平均和瞬时微分关系式（4-64）实现的，以及与三体日月摄动相关的平均和瞬时微分关系式（4-62）实现的。

因为 $\widetilde{\mathcal{H}}_{0,1}=\mathcal{H}_{1,0}$ 不依赖于 ℓ，我们选择 $\mathcal{H}_{0,1}=\mathcal{H}_{1,0}$，$\mathcal{W}_1=0$。在二阶 $\mathcal{H}_{2,0}=\langle\mathcal{H}_{2,0}\rangle_{\ell}=2!\ (\langle\mathcal{V}_{\oplus}\rangle_{\ell}+\langle\mathcal{V}_{☾}\rangle_{\ell}+\langle\mathcal{V}_{\odot}\rangle_{\ell})$，同调方程被分成三个不同的部分求解。

与地球 J_2 项摄动相对应的 $\mathcal{H}_{0,2}$ 部分变成 $\langle\mathcal{V}_{\oplus}\rangle_{\ell}=\langle\mathcal{V}_{\oplus}\,r^2/(a^2\eta)\rangle_f$。这时

$$\langle\mathcal{V}_{\oplus}\rangle_{\ell} = -\frac{\mu}{2a}J_2\frac{R_{\oplus}^2}{p^2}\frac{\eta}{4}[(2-3s_{\varepsilon}^2)(2-3s_i^2)-12s_{\varepsilon}c_{\varepsilon}s_ic_i\cosh+3s_{\varepsilon}^2s_i^2\cos 2h] \tag{8-52}$$

相对于式（5-60）中赤道平面的公式，它增加了两个新的周期项，这可以直接取代式（8-43）的 $\cos I$。相应的短周期相关系数 $\mathcal{W}_{\oplus}$ 由生成函数的部分 $\mathcal{W}=\mathcal{W}_{\oplus}+\mathcal{W}_{☾}+\mathcal{W}_{\odot}$ 导出。从式（4-69）中，我们得到

$$\mathcal{W}_{\oplus}=LJ_2\frac{R_{\oplus}^2}{p^2}8\eta\sum_{k=-2}^{2}(-1)^k[(f-\ell)A_2(e)Q_{2,0,k}(i)\,\mathcal{E}_{2,k,0}(\varepsilon)\cos kh$$
$$+\sum_{l=0}^{1}\sum_{j=1}^{2l+1}\frac{1}{(-2)^l}A_j(e)Q_{2,l,k}(i)\,\mathcal{E}_{2,k,0}(\varepsilon)\sin(jf+2lg+kh)]$$

其中，$A_1=3e$，$A_2=3$，$A_3=e$，倾角多项式 $Q_{2,l,k}$ 在形式上与表 8-3 中的相同，但现在倾角参考的是黄道，并且倾角函数 $\mathcal{E}_{2,k,0}$ 参考表 8-4。

太阳摄动的部分变成 $\langle\mathcal{V}_{\odot}\rangle_{\ell}=\langle\mathcal{V}_{\odot}(r/a)\rangle_u$，即

$$\langle\mathcal{V}_{\odot}\rangle_{\ell}=-\frac{\mu}{a}\frac{n_{\odot}^2}{n^2}\sum_{l=0}^{1}b_l(e)\sum_{k=-1}^{1}(-1)^{k-l}Q_{2,l,2k}(i)\cos[2k(h-\theta_{\odot})+2lg] \tag{8-53}$$

其中，$b_0=6+9e^2$，$b_1=15e^2$，倾角多项式 $Q_{2,l,2k}$ 见表 8-3。现在，在赤道坐标系中，周期项的数量从 15 个减少到了 4 个，并且获得了式（4-70）中关于太阳摄动的部分

$$\mathcal{W}_{\odot}=L\frac{n_{\odot}^2}{n^2}\sum_{l=0}^{1}\sum_{j=-3}^{3}\sum_{k=-1}^{1}(-1)^kB_{2,l,j}(e)Q_{2,l,2k}(i)\sin[ju+2k(h-\theta_{\odot})+2lg] \tag{8-54}$$

我们可以不使用表 8-6 中的偏心率多项式 $B_{2,l,j}$ 和表 8-3 中的倾角多项式 $Q_{2,l,2k}$。若使用上述多项式，可以很好地消除 $\mathcal{W}_{\odot}$ 隐藏长期项的影响。

表 8-6 式（8-54）和式（11-5）中的偏心率多项式 $B_{2,j,l}(e)$

l	$j=0$	$j=\pm1$	$j=\pm2$	$j=\pm3$
0	$6+9e^2$	$\pm\frac{3}{4}e(8-3e^2)$	$\mp\frac{9}{4}e^2$	$\pm\frac{1}{4}e^3$
1	$-\frac{15}{2}e^2\eta$	$\mp\frac{15}{4}e(1\pm\eta)^2$	$\pm\frac{3}{4}(1\pm\eta)^2(3\mp2\eta)$	$\mp\frac{1}{4}e(1\pm\eta)^2$

最终，$\langle\mathcal{V}_{☾}\rangle_{\ell}=\langle\mathcal{V}_{☾}(r/a)\rangle_u$ 生成

$$\begin{aligned}\langle\mathcal{V}_{☾}\rangle_{\ell}=&\frac{\mu}{2a}\chi_{☾}\frac{n_{☾}^2}{n^2}\frac{a_{☾}^3}{r_{☾}^3}\frac{1}{16}\{[(2+3e^2)(1-3c_i^2)-15s_i^2e^2\cos2g]\\&\times(2-6w^2)+6uv[5e^2(1-c_i)^2\sin(2g-2h)-(4+6e^2)s_i^2\\&\times\sin2h-5e^2(1+c_i)^2\sin(2g+2h)]+3(v^2-u^2)\\&\times[5e^2(1-c_i)^2\cos(2g-2h)+(4+6e^2)s_i^2\cos2h+5e^2(1+c_i)^2\\&\times\cos(2g+2h)]-12uws_i[5e^2(1-c_i)\sin(2g-h)-(4+6e^2)\\&\times c_i\sin h+5e^2(1+c_i)\sin(2g+h)]-12vw[(4+6e^2)c_i\cosh\\&+5e^2(1-c_i)\cos(2g-h)-5e^2(1+c_i)\cos(2g+h)]s_i\}\end{aligned} \tag{8-55}$$

只要我们保持方向矢量 $\hat{\boldsymbol{r}}_{☾}=(u,v,w)$，给出尽可能久的月球星历表，它的复杂性与使用赤道坐标系进行计算相同。生成函数的月球影响项再次从同调方程（4-70）中获得。即

$$\mathcal{W}_{\text{☾}} = L\frac{n_{\text{☾}}^2}{n^2}\chi\frac{a_{\text{☾}}^3}{r_{\text{☾}}^3}\sum_{l=0}^{1}\sum_{j=-3}^{3}\sum_{k=-2}^{2}B_{2,l,j}(e)Q_{2,l,k}(i)$$
$$\times[C_{2,k}^*(\hat{r}_{\text{☾}})\cos(ju+2l g+kh)-S_{2,k}^*(\hat{r}_{\text{☾}})\sin(ju+2l g+kh)]$$

其中，除了前面给出的偏心率和倾角多项式外，我们还需要三体方向的多项式 $C_{2,0}^*=0$，$C_{2,\pm1}^*=\pm uw$，$C_{2,\pm2}^*=\pm 2uv$，$S_{2,0}^*=-1+3w^2$，$S_{2,\pm1}^*=-vw$，$S_{2,\pm2}^*=u^2-v^2$。

从原始变量到素数变量转换的周期性校正的振幅很小，将扁率、月球和太阳摄动项分别乘以 $J_2(R_{\oplus}/p)^2$，$\chi_{\text{☾}}(n_{\text{☾}}/n)^2$ 和 $(n_{\odot}/n)^2$，这样从哈密顿量中去除的平近点角项就较小。

在忽略高阶后，新的哈密顿量

$$\mathcal{K}=-\frac{\mu}{2a}+L'_{\text{☾}}n_{\text{☾}}+G'_{\text{☾}}n_{\gamma}+H'_{\text{☾}}n_N+\Theta'_{\odot}n_{\odot}+\langle\mathcal{V}_{\oplus}\rangle_{\ell}+\langle\mathcal{V}_{\text{☾}}\rangle_{\ell}+\langle\mathcal{V}_{\odot}\rangle_{\ell} \tag{8-56}$$

这是通过在式（8-52），式（8-53）和式（8-55）中用新变量替换旧变量得到的，它不受与卫星平近点角相关的周期性影响。因此，L'（或半长轴 $a=\mu/L'^2$）是一个解耦哈密顿流形式的积分。

8.4.3　消除每月和每年的影响

新的哈密顿量（8-56）比原来的哈密顿量少了一个自由度，但它仍然取决于另外两个角度以及时间。然而，只要我们对系统在几十年时间尺度上的演化感兴趣，就可以对双撇号变量进行新的李变换，这样，在截断阶次下，太阳和月亮的平近点角就可以从变换后的哈密顿量中去除。

如 8.3 节所示，取 $\mathcal{K}_{0,0}=-\mu/2a+L'_{\text{☾}}n_{\text{☾}}+\Theta'_{\odot}n_{\odot}$，李导数（2-49）涉及对月球平近点角和太阳极角的偏微分。也就是说，$\mathcal{L}_0=n_{\text{☾}}\partial/\partial\ell'_{\text{☾}}+n_{\odot}\partial/\partial\theta'_{\odot}$。因此，一阶哈密顿项为 $\mathcal{K}_{1,0}=G'_{\text{☾}}n_{\gamma}+H'_{\text{☾}}n_N$。而一阶同调方程中不含角度变量，所以通过选择 $\mathcal{K}_{0,1}=\mathcal{K}_{1,0}$ 并将空值赋给母函数的一阶项，可以轻松求解一阶同调方程，$\mathcal{U}_1=0$。

哈密顿量的二阶项是

$$\mathcal{K}_{2,0}=2!\ (\langle\mathcal{V}_{\oplus}\rangle_{\ell}+\langle\mathcal{V}_{\text{☾}}\rangle_{\ell}+\langle\mathcal{V}_{\odot}\rangle_{\ell}) \tag{8-57}$$

现在式（8-55）中月球元素部分用式（8-40）月球轨道根数的形式来描述。由于月球项和太阳项之间没有二阶耦合，对于每种摄动，同调方程都可以单独求解。

对于月球，我们通过平均 $\mathcal{K}_{2,0}$ 项，或式（8-57）中的 $\langle\mathcal{V}_{\text{☾}}\rangle_{\ell}$ 项，选择新的哈密顿量来重写平近点角。与我们在 8.3.1 节中所做的相同，平均值以偏心率的闭合形式实现。我们得到

$$\begin{aligned}\langle\mathcal{V}_{\text{☾}}\rangle_{\ell,\ell_{\text{☾}}}=&-\frac{\mu}{2a}\frac{n_{\text{☾}}^2}{n^2}\frac{\chi_{\text{☾}}}{\eta_{\text{☾}}^3}\frac{1}{32}\{(4-6s_J^2)[(2+3e^2)(2-3s_i^2)+15s_i^2e^2\cos 2g']\\&+12c_Js_Js_i[5e^2(1-c_i)\cos(\Delta-2g')+(4+6e^2)c_i\cos\Delta-5e^2\\&\times(1+c_i)\cos(\Delta+2g)]+3s_J^2[(4+6e^2)s_i^2\cos 2\Delta+5(1-c_i)^2\\&\times e^2\cos(2\Delta-2g')+5e^2(1+c_i)2\cos(2\Delta+2g')]\}\end{aligned} \tag{8-58}$$

这里我们缩写 $\Delta = h' - N' = \Omega_E - N'$。就像赤道坐标系的公式一样，在这个过程中，月球轨道近地点的参数被消除。现在，代表月球扰动势的序列长度从赤道坐标系式（8-33）中的38个周期项缩短到式（8-58）中的8个。也就是说，大约80%的双平均月球扰动势的项被转换到黄道坐标系，就像忽略 $s_J^2 \equiv \sin^2 J$ 时实现的一种类似的简化。在最后一种情况下，式（8-58）减少到只有5个三角函数项，而式（8-37）中保留了23个三角函数项。

相应的周期性修正，由使用式（4-69）的月球函数项微分计算，其振幅明显大于之前消除卫星平近点角的李变换。直到 $\mathcal{O}(s_J)$，即忽略 $\mathcal{O}(s_J^2)$ 项和更高阶项，其中也包括 $s_J e_☾$ 和 $s_J(f_☾ - \ell_☾)$，这样可以得到

$$\begin{aligned}\mathcal{U}_{2,☾} = L\chi_☾ \frac{n_☾}{n}\frac{1}{64}\{&15e^2(1-c_i)^2\sin(2\theta_☾ - 2\Delta + 2g) + 6(2+3e^2)s_i^2\\ &\times \sin(2\theta_☾ - 2\Delta) + 15e^2(1+c_i)^2\sin(2\theta - 2\Delta + 2g) + (f_☾ - \ell_☾)\\ &\times[(4+6e^2)(4-6s_i^2) + 60e^2 s_i^2\cos 2g] - 6s_J s_i[5e^2(1-c_i)\\ &\times \sin(2\theta_☾ - \Delta + 2g) + (4+6e^2)c_i\sin(2\theta_☾ - \Delta) - 5e^2(1+c_i)\\ &\times \sin(2\theta_☾ - \Delta - 2g)] + e_☾(4+6e^2)[(4-6s_i^2)\sin f_☾ + 3s_i^2\\ &\times \sin(f_☾ + 2\gamma - 2\Delta) + s_i^2\sin(3f_☾ + 2\gamma - 2\Delta)] + 5e_☾ e^2[6s_i^2\\ &\times \sin(f_☾ + 2g) + 3(1-c_i)^2\sin(f_☾ + 2\gamma - 2\Delta + 2g) + (1-c_i)^2\\ &\times \sin(3f_☾ + 2\gamma - 2\Delta + 2g) + 6s_i^2\sin(f_☾ - 2g) + 3(1+c_i)^2\\ &\times \sin(f_☾ + 2\gamma - 2\Delta - 2g) + (1+c_i)^2\sin(3f_☾ + 2\gamma - 2\Delta - 2g)]\}\end{aligned}$$

其中，$\theta_☾ = f_☾ + \gamma$，为了简洁起见，我们去掉了撇号。请注意，前两行包含月球摄动的主要项。

所以黄道坐标系的公式有两个重要的好处。也就是说，摄动项的数量急剧减少，并认识到月球摄动效应取决于月球和卫星交点不同的经度差，而不是特定值。值得注意的是，当交点指向黄道时，参数 $2\omega + \Omega$ 的三角函数项就消失了。

关于太阳摄动，我们只在新的哈密顿量中保留式（8-57）与太阳极角无关的项。也就是说，如式（8-53）所示

$$\langle \mathcal{V}_\odot \rangle_{\ell,\theta_\odot} = -\frac{\mu}{2a}\frac{n_\odot^2}{n^2}\frac{1}{8}[(2+3e^2)(2-3s_i^2) + 15e^2 s_i^2\cos 2g] \tag{8-59}$$

这将三角函数项的数量从式（8-36）中的8个减少到2个。与太阳摄动有关的周期性修正由原始函数的太阳函数项导出，这也可从式（4-69）中获得

$$\begin{aligned}\mathcal{U}_{2,\odot} = L\frac{n_\odot}{n}\frac{3}{64}[&5e^2(1+c_i)^2\sin(2\theta_\odot - 2h - 2g)\\ &+ (4+6e^2)s_i^2\sin(2\theta_\odot - 2h) + 5e^2(1-c_i)^2\sin(2\theta_\odot - 2h + 2g)]\end{aligned}$$

这与月球的 $n_\odot/n$ 成正比，并产生比月球更大振幅的周期性修正。

哈密顿量的剩余项 $\langle \mathcal{V}_\oplus \rangle_\ell$ 不受新变换的影响，形式上与式（8-52）相同，但使用了新的变量。

8.4.4　消除月球交点经度

新的哈密顿量 $\mathcal{T}=\mathcal{T}(g'', h'', N'', G'', H'', H''_{☾})$，是通过改变 $\mathcal{K}_{0,i}$，$i=0, 1, 2$ 项的双撇号变量得到的，它保留了摄动问题 $\mathcal{T}=\mathcal{T}_{0,0}+\epsilon\mathcal{T}_{1,0}$ 的形式，且 $\mathcal{T}_{0,0}=-\mu/(2a)+\Theta''_{\odot}n_{\odot}+L''_{☾}n_{☾}+H''_{☾}n_N$，$\mathcal{T}_{1,0}=\langle\mathcal{V}_{\oplus}\rangle_{\ell}+\langle\mathcal{V}_{☾}\rangle_{\ell,\ell_{☾}}+\langle\mathcal{V}_{\odot}\rangle_{\ell,\theta_{\odot}}$，但它仍然是 3 自由度的。

然而，在几十年的时间尺度上，通过对三撇号变量进行新的李变换，去除周期约为 18.6 年的月球交点经度是有意义的。注意到，这一新转换的有效性不适用于与卫星交点或近地点的共振，此外，还需假设其在更长的时间范围内演化。

李导数现在包括关于 N 的偏导数，这实际上是唯一一个需要求解同调方程的变量。一开始我们选择 $\mathcal{T}_{0,1}=\langle\mathcal{V}_{\oplus}\rangle_{\ell}+\langle\mathcal{V}_{☾}\rangle_{\ell,\ell_{☾},N}+\langle\mathcal{V}_{\odot}\rangle_{\ell,\theta_{\odot}}$，其中

$$\langle\mathcal{V}_{☾}\rangle_{\ell,\ell_{☾},N}=\frac{\mu}{2a}\frac{n_{☾}^2}{n^2}\frac{\chi_{☾}}{\eta_{☾}^3}(3s_J^2-2)\frac{1}{16}[(2+3e^2)(2-3s_i^2)+15e^2s_i^2\cos 2g] \tag{8-60}$$

然后计算生成函数

$$\begin{aligned}\mathcal{S}=L\chi_{☾}\frac{n_{☾}/n}{n_N/n_{☾}}\frac{s_J}{\eta_{☾}^3}\frac{3}{128}\{&8c_Js_i[5e^2(1-c_i)\sin(\Delta-2g)+(4+6e^2)c_i\\&\times\sin\Delta-5e^2(1+c_i)\sin(\Delta+2g)]+s_J[5e^2(1-c_i)^2\sin(2\Delta-2g)\\&+(4+6e^2)s_i^2\sin 2\Delta+5e^2(1+c_i)^2\sin(2\Delta+2g)]\}\end{aligned}$$

注意，式（8－60）完全类似于式（8－59）中太阳的双平均摄动势。这表明，除了实现李变换的周期性修正外，移除月球交点相当于忽略式（8－40）中月球轨道相对于黄道的小倾角。因此，从长远来看，日月干扰势可以组合成一个单独的三体摄动项

$$\langle\mathcal{V}_{*}\rangle=-\frac{\mu}{2a}\frac{n_{*}^2}{n^2}\frac{1}{8}[(2+3e^2)(2-3s_i^2)+15e^2s_i^2\cos 2g] \tag{8-61}$$

其中

$$n_{*}=n_{\odot}\sqrt{1+\frac{n_{☾}^2}{n_{\odot}^2}\frac{\chi_{☾}}{\eta_{☾}^3}\left(1-\frac{3}{2}s_J^2\right)}\approx 1.8n_{\odot} \tag{8-62}$$

由于不再需要扩展相空间，我们从最终的哈密顿量中删除了 $L''_{☾}n_{☾}$，$H''_{☾}n_N$ 和 $\Theta''_{\odot}n_{\odot}$ 项。将双撇号变量改变为三撇号变量后，得到了 2 自由度的哈密顿量

$$\mathcal{Q}=\mathcal{Q}(g''',h''',G''',H''')\equiv-\frac{\mu}{2a}+\langle v_{\oplus}\rangle_{\ell}+\langle v_{*}\rangle \tag{8-63}$$

扁率摄动 $\langle\mathcal{V}_{\oplus}\rangle_{\ell}$和三体摄动 $\langle\mathcal{V}_{*}\rangle$ 在式（8－52）和式（8－60）中分别给出。

8.5　库迪尔卡平衡轨道

虽然源于式（8－63）的哈密顿流仍然可以看作是由扭曲的椭圆构成，但它已不再是哈密顿摄动问题。事实上，开普勒常数只是一个常数项，我们没有一个类似的项，让它只依赖于一个新的李变换所依赖的动量。转换到一个旋转的坐标系可以弥补这种情况[542]，

我们在本专著的第三部分来讨论，本章只试图通过在（g'''，h'''，G'''，H'''）简化相空间中找到平衡解来了解和简化问题。

为了进行符号简化，下面的内容我们将不使用素数。因此，在忽略常数项和哈密顿标量（8-63）后，我们得到了无量纲哈密顿量

$$\bar{\mathcal{Q}}=(2+3e^2)(2-3s_i^2)+15e^2s_i^2\cos 2g+\frac{8}{3}\frac{\rho^2}{\eta^3}[3\cos^2 I(h)-1] \tag{8-64}$$

式中，$\bar{\mathcal{Q}}=-8(n/n_*)^2-16\mathcal{Q}/(a^2n_*^2)$，$\cos I$ 依赖于式（8-43）中的 $h=\Omega_E$ 项和

$$\rho=\left(\frac{3}{2}J_2\right)^{1/2}\frac{R_\oplus/a}{n_*/n} \tag{8-65}$$

n_* 在式（8-62）中给出。参数 $\rho=\rho(a)$ 在哈密顿量（8-64）代表动力学的范围内为一阶次，如图 8-4 所示，这是扁率摄动相对于日月等高摄动效应强度的指标。当 $\rho=1$，选择系数为 3/2，试图为交点和近地点的不同参数以及可能的平均倾角的扁率和日月等高摄动提供相同的权重。尽管如此，在地球轨道[372,581]甚至三体系统中，人们还是可以选择不同的权重[280]。

式（8-64）中的简化模型显示了高海拔和大倾角轨道的存在，这些轨道具有恒定的交点和近地点，平均而言，当升交点赤经为 0 或 π 时，会产生具有冻结偏心率特性的轨道。这些“平衡”轨道在完整的、非简化的动力学中[371]，会存在微小的变化。实际上，为了避免圆轨道 Delaunay 变量的奇异性，我们将 Delaunay 变量 g 和 G 替换为半分点元素 C，S。因此，考虑到 L 是常数，

$$\frac{\mathrm{d}C}{\mathrm{d}t}=-\frac{\eta^2}{e}\frac{1}{G}\frac{\mathrm{d}G}{\mathrm{d}t}\cos\omega-e\sin\omega\frac{\mathrm{d}g}{\mathrm{d}t} \tag{8-66}$$

$$\frac{\mathrm{d}S}{\mathrm{d}t}=-\frac{\eta^2}{e}\frac{1}{G}\frac{\mathrm{d}G}{\mathrm{d}t}\sin\omega+e\cos\omega\frac{\mathrm{d}g}{\mathrm{d}t} \tag{8-67}$$

其中，总角动量平均变化中出现的对应因子抵消了分母中偏心率的出现。

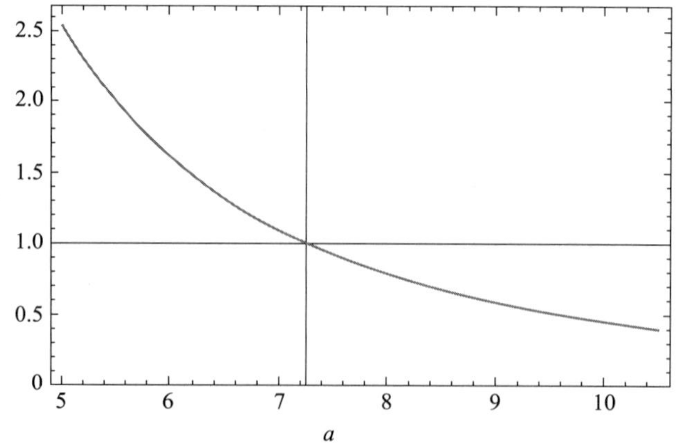

图 8-4　式（8-65）中日月摄动扁率 $\rho=\rho(a)$ 的比率

因此，从哈密顿等式中，哈密顿量（8-64）采用标量时间 $t'=-\frac{1}{16}n_*^2a^2t$，我们

得到

$$\frac{\mathrm{d}h}{\mathrm{d}t'}=\frac{4}{np^2}\{3\eta^3c_i(1-C^2+4S^2)+2\rho^2 \times\left[(2-3s_\varepsilon^2)c_i-2\frac{1-2c_i^2}{s_i}c_\varepsilon s_\varepsilon\cosh-s_\varepsilon^2c_i\cos 2h\right]\} \tag{8-68}$$

$$\frac{\mathrm{d}H}{\mathrm{d}t'}=-16\frac{\rho^2}{\eta^3}s_\varepsilon s_i(c_\varepsilon c_i-s_\varepsilon s_i\cosh)\sinh \tag{8-69}$$

$$\frac{\mathrm{d}C}{\mathrm{d}t'}=\frac{4S}{np^2}\{3\eta^3[3S^2-(3-5c_i^2)(1-C^2)]+\rho^2R\} \tag{8-70}$$

$$\frac{\mathrm{d}S}{\mathrm{d}t'}=-\frac{4C}{np^2}\{3\eta^3[2(1-C^2)+(3-5s_i^2)S^2]+\rho^2R\} \tag{8-71}$$

其中，$c_i=H/(L\eta)$，$\eta=\sqrt{1-C^2-S^2}$，$R=R(C,S,h,H)$ 是

$$R=(1-3c_\varepsilon^2)(1-5c_i^2)+4c_\varepsilon s_\varepsilon\frac{c_i}{s_i}(1-5s_i^2)\cosh+s_\varepsilon^2(3-5c_i^2)\cos 2h$$

请注意，除了式（8－69），对于黄道轨道，变微分方程是奇异的，而这种奇异性不是必要的，可以使用一组交替的非正则变量来避免。

8.5.1　圆形轨道的流形

当 $C=S=0$ 时可以消除式（8－70）和式（8－71），圆形轨道形成哈密顿量（8－64）的不变流形。因此，这个特殊流形 $G=L$ 的哈密顿动力学可以通过式（8－64）中取 $e=0$ 和 $\eta=0$ 得到。在这个流形上

$$\varsigma=4-6s_i^2+4\rho^2\left[\left(s_\varepsilon^2-\frac{2}{3}\right)(3s_i^2-2)-4s_\varepsilon c_\varepsilon s_i c_i\cosh+s_\varepsilon^2 s_i^2\cos 2h\right] \tag{8-72}$$

这是共轭对（h，H）中的一个单自由度哈密顿量，取决于动力学参数 $G=L$ 。

当用平均倾角而不是 H 来描述流形时，使用新的标量 $t''=16t'/(na^2)=-(n_*^2/n)t$ ，通过变量 $i=\arccos(H/G)$ 和 $h=\Omega_E$ 的积分，可以减少流形。考虑到 $\mathrm{d}i/\mathrm{d}t''=-1/(Gs_i)\mathrm{d}H/t''$，根据式（8－72）的哈密顿方程，可以得到

$$\frac{\mathrm{d}i}{\mathrm{d}t''}=\rho^2(c_\varepsilon c_i-s_\varepsilon s_i\cos\Omega_E)s_\varepsilon\sin\Omega_E \tag{8-73}$$

$$\frac{\mathrm{d}\Omega_E}{\mathrm{d}t''}=\frac{3}{4}c_i+\rho^2\left[c_\varepsilon^2c_i-\left(c_\varepsilon\frac{1-2c_i^2}{s_i}+s_\varepsilon c_i\cos\Omega_E\right)s_\varepsilon\cos\Omega_E\right] \tag{8-74}$$

它的求解依赖于特殊函数，因此，与其追求式（8－73）、式（8－74）的通解，还不如只寻找它们的平衡解。

忽略黄道轨道的情况，因为它不能以轨道根数的形式来研究，可以发现在三种情况下当 $\Omega_E=0$，$\Omega_E=\pi$ 和 $\cos\Omega_E=-\cot\varepsilon\cot i$ 时，黄道倾角没有变化。然后，通过对每个交点经度参数 Ω_E 假设零变化率来获得平衡解所需的倾角值。

因此，将式（8－74）的右边替换为 $\cos\Omega_E=-\cot\varepsilon\cot i$ ，我们发现当 $i=\frac{\pi}{2}$ ，$\cos\Omega_E$

便为 0，这就需要 $\Omega_E = \pm \frac{1}{2}\pi$ 。注意，交点经度和倾角这些特殊的值与其相对于赤道坐标系完全相同。

另外，将式（8－74）的右侧替换成 $\Omega_E = 0$，平衡条件变成 $\rho^2 = -\frac{3}{4}\sin 2i/\sin(2\varepsilon + 2i)$，从而

$$i = \frac{1}{2}\left(-\arctan\frac{4\rho^2\sin 2\varepsilon}{3 + 4\rho^2\cos 2\varepsilon} + k\pi\right) \tag{8-75}$$

取 k 为整数。类似地，取 $\Omega_E = \pi$ ，平衡条件变成 $\rho^2 = \frac{3}{4}\sin 2i/\sin(2\varepsilon - 2i)$ ，其中

$$i = \frac{1}{2}\left(\arctan\frac{4\rho^2\sin 2\varepsilon}{3 + 4\rho^2\cos 2\varepsilon} + k\pi\right) \tag{8-76}$$

图 8－5 显示了扁率日月摄动比不同值下该平衡点倾角的演变。当 $\rho \to \infty$，扁率扰动主导动力学，当 $\Omega_E = \pi$ ，$i = \varepsilon$（$k \bmod 2 = 0$），或者 $i = \frac{\pi}{2} + \varepsilon$（$k \bmod 2 = 1$）；当 $\Omega_E = 0$，$i = \pi - \varepsilon$（$k \bmod 2 = 0$），或者 $i = \frac{\pi}{2} - \varepsilon$（$k \bmod 2 = 0$）。在另一个极限当 $\rho \to 0$，第三天体占主导地位，对于 $k \bmod 2 = 1$ 和 $k \bmod 2 = 0$，相对于黄道的倾角都会改变极性；当 $\Omega_E = \pi$ ，$i = 0$，当 $\Omega_E = 0$，$i = \pi$ 。

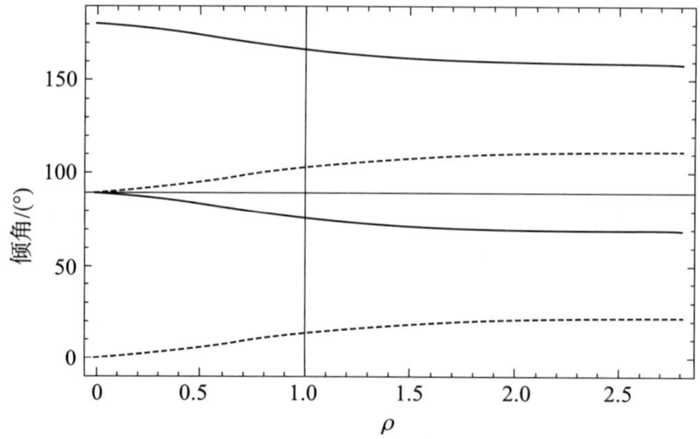

图 8－5　在平衡点 $\Omega_E = 0$（直线）和 $\Omega_E = \pi$（虚线）处的黄道倾角作为扁率日月摄动比 ρ 的函数

当参考赤道时，Ω_E 交点经度的值与之相同，对于式（8－43）的倾角 $I = \varepsilon \pm i$ ——当 $\Omega_E = 0$ 取正号，$\Omega_E = \pi$ 取负号，从而产生图 8－5 的某种双重垂直水平映射。

另一方面，对于 $\varsigma =$ 常数，通过绘制等式（8－72）的等高线图，哈密顿流很容易可视化，而不需要积分方程（8－73）～（8－74）。同样，在（Ω_E，i）平面内显示流形比在（h，H）平面内更好描述，在该平面中，流形由 ρ 参数化。图 8－6 给出了 $\rho = 1$ 的一个例子，其中我们观察到四个椭圆类型的固定点：两个在 $\Omega_E = 90°$，$270°$ ，且 $i = 90°$ ，另外两

个在 $\Omega_E=0°$，$i=166.53°$ 和 $\Omega_E=180°$，$i=13.47°$ 。此外，我们注意到两个双曲线型的不动点，分别为 $\Omega_E=0°$，$i=76.53°$ 和 $\Omega_E=180°$，$i=103.47°$ 。它们通过单独的旋转和平动区域连接。如图 8-6 所示，这些平动区的轨道，以及靠近边界的环流轨道，周期性地从正倾斜变为逆倾斜，反之亦然。

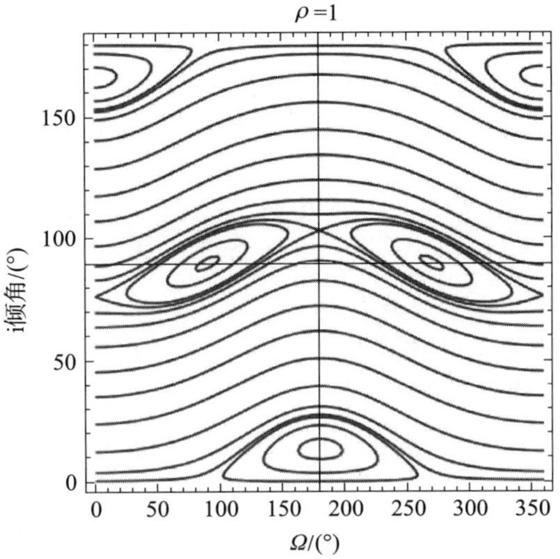

图 8-6 取 $a\approx 6.7$ 倍的地球半径时圆轨道哈密顿量（8-72）的等高线图

平衡点的稳定性特征可以从图中看出来。或者，可以通过普通的流形线性化来分析计算的稳定性。因此

$$\frac{\mathrm{d}\delta i}{\mathrm{d}t'}=\rho^2 s_\varepsilon[s_\varepsilon s_i+(c_\varepsilon c_i-2s_\varepsilon s_i\cosh)\cosh]\delta h-\rho^2 s_\varepsilon(c_\varepsilon c_i+s_\varepsilon s_i\cosh)\sinh\delta i$$

$$\frac{\mathrm{d}\delta h}{\mathrm{d}t'}=\left\{-\frac{3s_i}{4}-\rho^2\left[s_\varepsilon\left(c_\varepsilon\frac{c_i}{s_i^2}+2c_\varepsilon c_i-s_\varepsilon s_i\cosh\right)\cosh+c_\varepsilon^2 s_i\right]\right\}\delta i$$

$$+\rho^2\frac{s_\varepsilon}{s_i}[c_\varepsilon(1-2c_i^2)+2s_\varepsilon c_i s_i\cosh)\sinh\delta h$$

之后，当 $\Omega_E=90°$，$i=90°$ 我们可以得到特征矩阵

$$\begin{pmatrix}-\rho^2 c_\varepsilon s_\varepsilon & \rho^2 s_\varepsilon^2\\ -\frac{3}{4}-\rho^2 c_\varepsilon^2 & \rho^2 c_\varepsilon s_\varepsilon\end{pmatrix}\tag{8-77}$$

其特征值 $\pm\mathrm{i}\frac{\sqrt{3}}{2}\rho\sin\varepsilon$ 是虚数，因此，这个平衡点在圆轨道的不变流形上总是稳定的。另一方面，在流形外方向的稳定性由 c 和 s 的变分方程计算。在这种情况下，我们得到了矩阵

$$\begin{pmatrix} 0 & -\frac{9}{4}-\frac{1}{2}\rho^2 \\ -\frac{3}{2}+\frac{1}{2}\rho^2 & 0 \end{pmatrix} \tag{8-78}$$

如果 $\rho < \sqrt{3} \approx 1.7$，其特征值 $\pm\frac{1}{2}\left(\frac{9}{2}+\rho^2\right)^{1/2}(3-\rho^2)^{1/2}$ 为实数，这是平衡轨道不稳定的一种情况。

类似的处理，当 $\Omega_E = 0°$，我们得到特征值

$$\pm\rho\frac{\sqrt{\sin\varepsilon\cos(\varepsilon+i)}}{4\sin i}\sqrt{4\rho^2[\sin(2\varepsilon+3i)-3\sin(2\varepsilon+i)-9\sin i+3\sin 3i}$$

对于地球轨道，当 i 由式（8－75）给出时，我们发现当 $k=0$ 时，对于 ρ 的任何值，其特征值都是纯虚数，只有当 $k=1$ 时，它是实数。另一方面，对于 $\Omega_E=\pi$，i 变成了 $-i$，其特征值与上面变化相同。现在，关于黄道的倾角由式（8－76）给出，在这种情况下，我们发现 $k=0$ 时，特征值是纯虚数，$k=1$ 时，特征值是纯实数，这是对于地球轨道的特殊情况。

在两种稳定的情况下，我们总是在流形的外方向上找到稳定。相反，在两种不稳定的情况下，我们发现只有当 ρ 比 $\rho \approx 1.7$ 小时，流形外方向才不稳定。

8.5.2　与春分点正交的极轨流形

当 $H=0(i=90°)$ 和 $h=\pm\frac{\pi}{2}$ 时，式（8－68）和式（8－69）的变化就完全消失了。然后，与春分点正交的极轨道集也构成了哈密顿量（8－64）的不变流形 $\mathfrak{V}(g, G)$，如下

$$\mathfrak{V}=-2-3e^2-\frac{8\rho^2}{3\eta^3}+15e^2\cos 2g \tag{8-79}$$

这个流形上的流是从降阶系统 $\mathrm{d}g/\mathrm{d}t'=\partial\mathfrak{V}/\partial G$，$\mathrm{d}G/\mathrm{d}t'=-\partial\mathfrak{V}/\partial g$ 中获得的，在非正则半平分点变量中

$$\frac{\mathrm{d}C}{\mathrm{d}t'}=-\frac{2\rho^2+9\eta^5}{4\eta^4}S,\quad \frac{\mathrm{d}S}{\mathrm{d}t'}=\frac{\rho^2-3\eta^5}{2\eta^4}C \tag{8-80}$$

其中，$\eta=\sqrt{1-C^2-S^2}$。很容易检查这个不变流形是否接受三个不同的平衡条件：即圆形轨道（$C=S=0$）和偏心率 $e=\sqrt{1-3^{-2/5}\rho^{4/5}}$ 的椭圆轨道（根据条件 $\rho^2=3\eta^5$ 推导）和近地点参数为 0 或 π（根据条件 $S=0$ 推导）。因此，虽然这个圆形轨道的不变流形总是稳定的，但是只有当 $\rho<\sqrt{3}$ 时，黄道上的椭圆轨道才存在。图 8－7 显示了这些平衡轨道的偏心率相对于扁率、日月摄动比率的演变。

平衡点的稳定性是通过式（8－80）给出的流形线性化得到的。对于椭圆轨道 $S=0$，$C=e$，$\rho^2=3\eta^5$，我们得到了特征矩阵

$$\begin{pmatrix} 0 & -\frac{15}{4}\eta \\ \frac{15}{2}e^2\eta^{-1} & 0 \end{pmatrix}$$

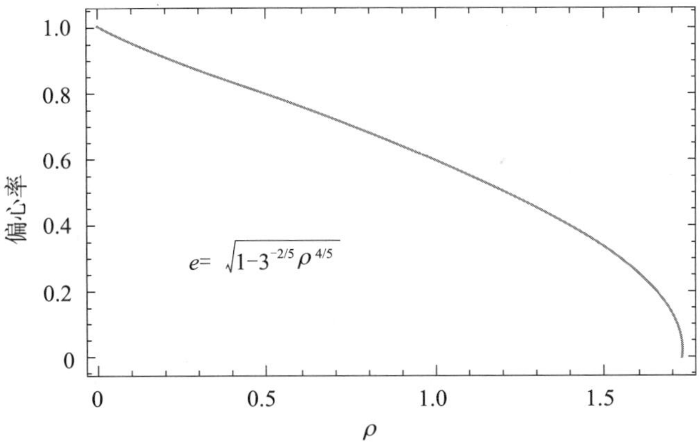

图 8-7　在与秋分点正交的平面上，平衡轨道的偏心率作为扁率日月摄动（$\omega_E=0, \pi$）比率的函数

其特征值是纯虚数 $\pm\frac{15}{\sqrt{8}}\mathrm{i}e$ ，显示了这个流形上轨道偏心率的稳定性。

另一方面，$\Omega_E=\pm\frac{\pi}{2}$ 的圆形轨道（$S=C=0$，$\eta=1$），这是 8.5.1 节中已经讨论过的圆形轨道不变流形的特殊解之一。这样的分析也是简单的权宜之计，即改变不变流形的进出方向。因此，式（8-78）的特征值，当 $\rho=\sqrt{3}$ 时它就会消失，对于更高阶的 ρ ，其特征值是纯虚数。这表明，椭圆平衡轨道的稳定性形成了圆形分岔，如图 8-8 所示。图 8-8 直接根据公式（8-79）计算的哈密顿量，无需按照公式（8-80）积分。

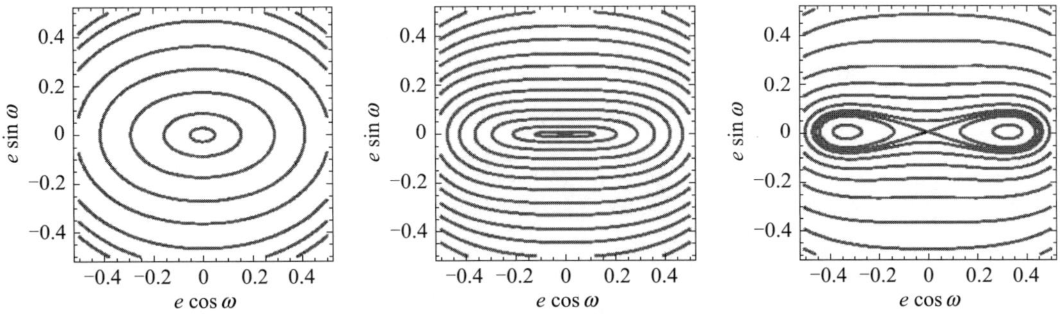

图 8-8　$\rho=5/2$（左），$\rho=\sqrt{3}$（中）和 $\rho=3/2$（右）时秋分点正交平面上的平衡轨道

最后，式（8-77）给出了系统的特征值，这表明，圆形轨道在流形外方向总是稳定的，这与在赤道坐标系下进行分析时得到的弱稳定性相反，参见文献 [372]。

8.5.3　其他平衡

对于地球轨道，式（8-68）～式（8-71）存在一个额外的平衡，它发生在近地点位于黄道（$S=0$，$C=e$）的春分点方向（$\Omega_E=0$）。然后式（8-69）和式（8-70）同样会消失，而式（8-68）得到了 $\rho^2=-\frac{3}{4}\eta^5\sin 2i/\sin(2\varepsilon+2i)$ 的条件，这要求 $i<90°$ 和 $\varepsilon>90°$ 或 $i>90°$ 和 $\varepsilon<90°$。将方程依次代入式（8-71）中，给出平衡条件

$$0=2\sin 2i-\sin 2\varepsilon-12\sin(2i+2\varepsilon)+5\sin(4i+2\varepsilon) \tag{8-81}$$

为了在赤道坐标系下求解，就像最初在文献［372］求解那样，我们只需要替换 $i=I-\varepsilon$，当 $\Omega=\Omega_E=0$，就可以从式（8-44）中求得解，当 $0\leqslant\varepsilon<\pi$，这两种情况在图8-9中叠加显示。对于地球，黄道倾角为 $\varepsilon=23.4°$，此时 $i=139.42°$，而相对于赤道 $I=94.55°$。

我们没有为地球找到其他平衡轨道，但可能会找到相对于其他行星的平衡轨道，参见文献［372］。一般来说，流形必须按照式（8-68）～式（8-71）从数值上进行积分。

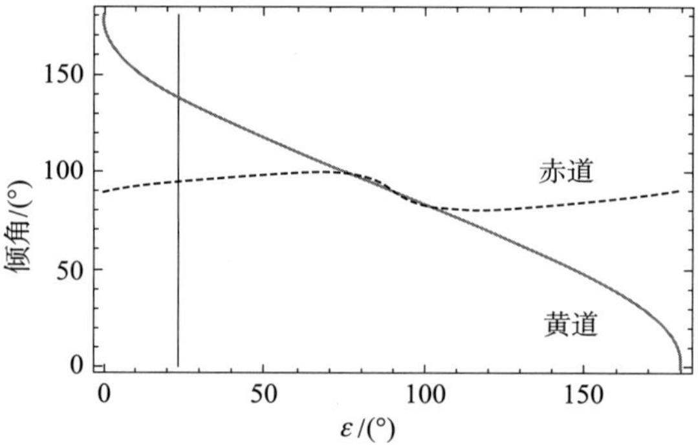

图8-9　相对于黄道（灰线，$\Omega_E=\omega_E=0$）和赤道（黑色虚线，$\Omega=\omega=0$）的平衡轨道倾角

第 9 章　非保守力效应

地球卫星的某些构型显然受到不能用哈密顿公式描述的非保守效应的影响，即太阳辐射压力（SRP）和大气阻力的影响。然而，在不同的情况下，当目标是长期轨道预测时，可以近似为炮弹弹道。这种简化允许我们从一个“势”函数中稍加简化即可推导出 SRP 加速度，然后将 SRP 的长期效应近似为哈密顿扰动。

近似 SRP 扰动的哈密顿方法也说明了如何通过一种不需要移动到扩展相空间的简单方法，用来避免时间依赖性问题。它还表明，矢量公式快速揭示了 SRP 演化方程的可积性，并直接表征了运动的几何性质[159,480]。从矢量公式和移动框架中矢量的标准微分来看，在赤道惯性坐标系中求解问题是很简单的。后者包括长期哈密顿量中的时间依赖性，它是辐射压力不是主要扰动时的常用公式。

相反，由大气阻力引起的扰动，因为大气阻力与低近地点高度卫星轨道的积分密切相关，这在哈密顿设置中是无法近似的。然而，摄动方法并不局限于哈密顿流形的情况，而是广泛应用于矢量流形的情况，李变换的方法也不能例外[282,304,333]。对这些方法的详细描述超出了本专著的范围，因为大气阻力的耗散效应是使用基于高斯变化方程[462]的经典方法来描述的。当然，如果用矢量李变换接近到一阶效应，也会得到相同的解。这些非哈密顿力被看做在通常的平根数轨道积分中的广义力[436]。

9.1　太阳辐射压力

受太阳光能辐射的物体所承受的压力，其大小与到太阳距离的平方成反比。假设没有来自地球的再辐射，由太阳辐射压力（SRP）引起的摄动加速度为[506]

$$\boldsymbol{\alpha}_{\mathrm{srp}} = -P_{\odot}(A/m)(a_{\odot}/d_{\odot})^2(\boldsymbol{e}_{\odot}\cdot\boldsymbol{n})[(1-\beta)\boldsymbol{e}_{\odot}+2\beta(\boldsymbol{e}_{\odot}\cdot\boldsymbol{n})\boldsymbol{n}]$$

其中，$P_{\odot}$ 是一个天文单位（AU）的太阳辐射压力常数。A/m 是航天器的面积质量比，$d_{\odot}=\|\boldsymbol{r}_{\odot}-\boldsymbol{r}\|$ 是太阳和受辐射物体之间的距离，$a_{\odot}$ 是太阳绕地球轨道的半长轴，$\boldsymbol{e}_{\odot}$ 是从卫星开始的太阳方向，$\boldsymbol{n}$ 是辐射表面的法线，β 是反射指数（$0<\beta<1$）。

对于一般的人造卫星来说，这种效应很小，可以被视为开普勒运动的扰动。尽管如此，SRP 效应对具有高面质比的物体可能具有重要意义，达到了防止扰动近似的程度。我们只处理第一种情况，并通过李变换来处理 SRP 问题。

9.1.1　令人不安的 SRP“摄动”

为了使用摄动的方法进行轨道长期预报，常见的简化是太阳辐射流沿卫星轨道保持恒定，允许用太阳绕地球视轨道的半径 $r_{\odot}$ 代替 $d_{\odot}$，但太阳的视差可以忽略不计，并用太

阳地心方向 $\hat{\boldsymbol{r}}_{\odot}$ [361] 来代替 $\boldsymbol{e}_{\odot}$ ，此外，我们假设太阳能帆板仍然朝向太阳，或者卫星是一个球体（近似于炮弹），然后是 $\boldsymbol{e}_{\odot} \equiv \boldsymbol{n}$ ，并且大小为 $\boldsymbol{a}_{\mathrm{srp}} = -F_{\mathrm{srp}}\hat{\boldsymbol{r}}_{\odot}$ ，太阳光压为 $F_{\mathrm{srp}} = P_{\odot}(A/m)(a_{\odot}/r_{\odot})^2(\beta+1) > 0$，可以进一步视为常数。

当允许进行这些简化时，尽管 SRP 是一种非保守效应，但它产生的加速度可以从像 $\boldsymbol{a}_{\mathrm{srp}} = -\nabla_r \mathcal{S}$ 这样的标量函数中导出，其中

$$\mathcal{S} = F_{\mathrm{srp}}\hat{\boldsymbol{r}}_{\odot} \cdot \boldsymbol{r} \tag{9-1}$$

由于 $\mathcal{S}$ 为势场的表示形式，所以可以用正则微扰理论来处理。

对于地球卫星轨道，SRP 扰动通常参考的是赤道坐标系。然而，正如 8.4 节和 8.5 节中对三体扰动所讨论的，这个公式更简单，并且为参考黄道坐标系时提供了更高的可研究性，就像早期研究与黄道光压有关的内容一样[549]。

9.1.2 会合坐标系中的哈密顿短周期约化

由式（9-1）得到的摄动开普勒流形具有三个自由度，并且由于 $\hat{\boldsymbol{r}}_{\odot}$ 对太阳黄道经度 $\lambda_{\odot}$ 的依赖性，其也具有时间依赖性。然而，当选择与太阳平均运动 $n_{\odot}$ 一起旋转的同向参考系时，时间的显式表象被移除，此外，在该参考系中，横坐标通常与辐射压力的方向对齐[104]。因此，我们处理一个哈密顿摄动量（2-30），其中 $\mathcal{H}_{0,0}$ 是开普勒式，并使用 Delaunay 变量，$\mathcal{H}_{1,0} = -n_{\odot}H + \mathcal{S}(\ell, g, h, L, G, H)$。当在会合坐标系中使用 $h = \Omega_E - \lambda_{\odot}$ 表述交点经度时，科里奥利项 $-n_{\odot}H$ 仍然保持了动力学模型的哈密顿结构。现在 $g = \omega_E$ 和 $c_i = H/G$ 。

就像 8.1.2 节，短周期效应在 4.5.1 节中定义的拱形参考系（O，$\hat{\boldsymbol{e}}$，$\hat{\boldsymbol{b}}$，$\boldsymbol{n}$）中得到了更好的隔离，在这里，$\boldsymbol{n}$ 是角动量 $\boldsymbol{G} = G\boldsymbol{n}$ 的方向，$\hat{\boldsymbol{e}}$ 是偏心率矢量 $\boldsymbol{e} = e\hat{\boldsymbol{e}}$ 的方向，且 $\hat{\boldsymbol{b}} = \boldsymbol{n} \times \hat{\boldsymbol{e}}$ 。因此，在式（9-1）中替换式（8-5）和式（8-10），我们把摄动势写成

$$\mathcal{H}_{1,0} = -n_{\odot}\boldsymbol{k}_{\odot} \cdot \boldsymbol{G} + F_{\mathrm{srp}}a[(\hat{\boldsymbol{e}} \cdot \boldsymbol{r})(\cos u - e) + (\hat{\boldsymbol{b}} \cdot \hat{\boldsymbol{r}}_{\odot})\eta \sin u] \tag{9-2}$$

其中，$\boldsymbol{k}_{\odot}$ 是黄道的法线方向。在会合坐标系中的 G 和 e 的元素，可以用式（4-52）和式（4-53）来分别计算，其中 I 被替换为相对于黄道的倾角，h 在同义框架中度量测量。

通过对原始变量进行李变换，SRP 引起的短周期效应便可以从哈密顿摄动中消除了。李导数式（4-66）就像三体摄动一样，其同调方程再次变为式（4-70）。

选择 $\mathcal{H}_{0,1}$ 项，是因为它消除了式（9-2）中的内核项。也就是说，$\mathcal{H}_{0,1} = \langle \widetilde{\mathcal{H}}_{0,1} \rangle_{\ell} = \langle \mathcal{H}_{1,0}(r/a) \rangle_u$ ，其中

$$\mathcal{H}_{0,1} = -n_{\odot}(\boldsymbol{k}_{\odot} \cdot \boldsymbol{G}) - \frac{3}{2}F_{\mathrm{srp}}a(\hat{\boldsymbol{r}}_{\odot} \cdot \boldsymbol{e}) \tag{9-3}$$

然后对同调方程进行类比求解，得到

$$\mathcal{W}_1 = \frac{F_{\mathrm{srp}}}{4}\frac{a}{n}\{[(4-2e^2)\sin u - e\sin 2u]\hat{\boldsymbol{e}} - \eta(4\cos u - e\cos n 2u)\hat{\boldsymbol{b}}\} \cdot \hat{\boldsymbol{r}}_{\odot} \tag{9-4}$$

这修正了文献［159］中的印刷错误，用于计算式（2-17）的第一行，以获得变换的

短周期项校正。

在截断到一阶效应后，通过改变式（9－3）质数变量的原始哈密顿量，得到了新的哈密顿量。忽略开普勒常数项，长期哈密顿量采用了非常简化的形式

$$\mathcal{K}_1=-n_{\odot}(L'\boldsymbol{\eta}\cdot\boldsymbol{k}_{\odot})-n_{\mathrm{srp}}(L'\boldsymbol{e}\cdot\hat{\boldsymbol{r}}_{\odot}) \tag{9-5}$$

式中，我们从式（4－59）取 $\boldsymbol{\eta}=\eta\boldsymbol{n}$ ，$n_{\mathrm{srp}}=n_{\mathrm{srp}}(L')$ 是频率约化哈密顿量（9－5）的系数，是代表垂直于黄道的角动量矢量分量的固有物理量，以及偏心率矢量（或拉普拉斯矢量 $\mathbf{A}=L'\boldsymbol{e}$ ）在辐射源方向上的投影。

$$n_{\mathrm{srp}}=\frac{3}{2}F_{\mathrm{srp}}\frac{a}{L'} \tag{9-6}$$

由于式（4－53）中 $\hat{\boldsymbol{r}}_{\odot}\cdot\boldsymbol{e}=e(\cos g'\cos h'-c_i\sin g'\sin h')$ ，$\boldsymbol{k}_{\odot}\cdot\boldsymbol{\eta}=\eta c_i$ 。根据式（4－52），L' 是常数，哈密顿量（9－5）有两个自由度。

9.1.3　特殊的解决方案

哈密顿方程被重新表述为式（8－66）中半平分点变量的变化

$$\frac{\mathrm{d}C}{\mathrm{d}t}=\frac{n_{\mathrm{srp}}}{\eta}(1-C^2)c_i\sin h',\quad \frac{\mathrm{d}S}{\mathrm{d}t}=\frac{n_{\mathrm{srp}}}{\eta}(\eta^2\cos h'-CSc_i\sin h')$$

就像我们在 8.5.1 节中做的那样，交点经度

$$\frac{\mathrm{d}h}{\mathrm{d}t}=-n_{\odot}+\frac{n_{\mathrm{srp}}}{\eta}S\sin h'$$

倾角

$$\frac{\mathrm{d}i}{\mathrm{d}t}=\frac{n_{\mathrm{srp}}}{\eta}Cs_i\sin h'$$

这表明，一般来说，轨道最初位于与黄道正交的平面上$\left(i=\dfrac{\pi}{2}\right)$，当初始交点经度和近地点位置相等时，取 $g'=h'=\pm\dfrac{\pi}{2}(C=0,\ S=e)$，轨道将保持在该平面上，且轨道的偏心率为 $e=e^*\equiv n_{\odot}/(n_{\odot}^2+n_{\mathrm{srp}}^2)^{1/2}$ 。

另一方面，对于最初位于黄道（$i=0,\ \pi$）上的轨道，其倾角的变化消失，这表明，一般来说，平面、黄道轨道形成了哈密顿量（9－5）的不变流形，其中 $|H'|=G'=\Theta$，$\hat{r}_{\odot}\cdot e=e\cos\theta$ 。由于（θ，Θ）是正则共轭变量，所以共面流形上的动力学方程由一个自由度的哈密顿量求导得到

$$\mathcal{K}_E=-n_{\odot}\Theta-n_{\mathrm{srp}}L'e\cos\theta \tag{9-7}$$

其中，$e=\sqrt{1-\Theta^2/L'^2}$ ，它的哈密顿方程为

$$\frac{\mathrm{d}\theta}{\mathrm{d}t}=\frac{\partial\mathcal{K}_E}{\partial\Theta}=-n_{\odot}+n_{\mathrm{srp}}\frac{\eta}{e}\cos\theta,\quad \frac{\mathrm{d}\Theta}{\mathrm{d}t}=-\frac{\partial\mathcal{K}_E}{\partial\theta}=-n_{\mathrm{srp}}Le\sin\theta$$

可以看出 $\theta=0$，$e=n_{\mathrm{srp}}/(n_{\odot}^2+n_{\mathrm{srp}}^2)^{1/2}$ 也是用来平衡平均系统。这个流形的轨道可以从式（9－7）求解 θ 得到。

$$\cos\theta=-\frac{\eta+\mathcal{K}_E^*}{(n_{\mathrm{srp}}/n_\odot)e},\quad \mathcal{K}_E^*=\frac{\mathcal{K}_E(\theta_0,\Theta_0)}{L'n_\odot}$$

在图 9-1 的左图中，用 $L'n_\odot$ 标度的哈密顿量（9-7）的样本相空间被描绘为特定的情况 $n_{\mathrm{srp}}/n_\odot=\tan\frac{\pi}{6}$ [495]。右图提供了相同情况下典型的偏心率矢量图。虚线突出显示了近地点平动的极限情况。在两条虚线之间，近地点围绕 360°旋转，而在两条虚线之外，轨道在完成一个循环之前达到极限偏心率 1。共面流形通解的求解被推迟到下一节，在下一节中，变分方程的矢量元素将揭示它是由常系数线性微分系统求解得到的。

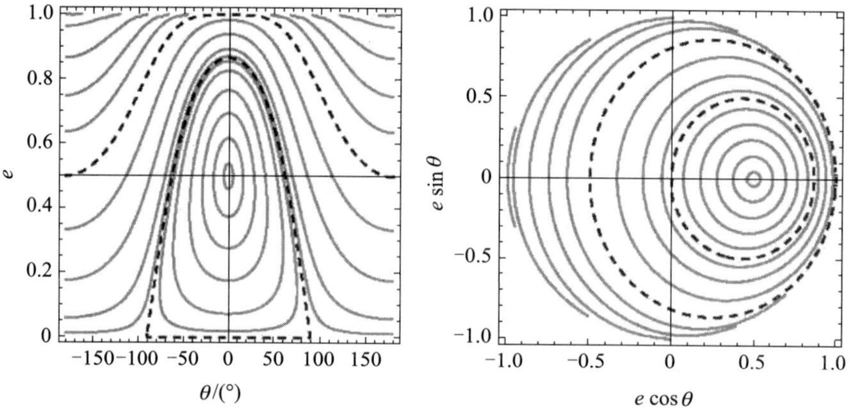

图 9-1 当 $n/n_{\mathrm{srp}}=\sqrt{3}$，$\mathcal{K}_E/(L'n)$ 共面流形的等高线图[495]

9.1.4 矢量元素的通解

由哈密顿量（9-5）导出的流形可以方便地用矢量元素以 $\mathcal{Q}=-\mathcal{K}_1/L'$ 的形式代入式（4-60）～式（4-61）。因此，$\nabla_{\boldsymbol{\eta}}\mathcal{Q}=n_\odot\boldsymbol{k}_\odot$，$\nabla_{\boldsymbol{e}}\mathcal{Q}=n_{\mathrm{srp}}\hat{\boldsymbol{r}}_\odot$，从而

$$\frac{\mathrm{d}\boldsymbol{\eta}}{\mathrm{d}t}=n_\odot\boldsymbol{\eta}\times\boldsymbol{k}_\odot+n_{\mathrm{srp}}\boldsymbol{e}\times\hat{\boldsymbol{r}}_\odot \tag{9-8}$$

$$\frac{\mathrm{d}\boldsymbol{e}}{\mathrm{d}t}=n_\odot\boldsymbol{e}\times\boldsymbol{k}_\odot+n_{\mathrm{srp}}\boldsymbol{\eta}\times\hat{\boldsymbol{r}}_\odot \tag{9-9}$$

其中我们确定了两个独立的子系统，每个子系统都是一个常系数线性微分系统，具有显式解。第一个是①

$$\frac{\mathrm{d}\eta_1}{\mathrm{d}t}=n_\odot\eta_2,\frac{\mathrm{d}\eta_2}{\mathrm{d}t}=n_{\mathrm{srp}}e_3-n_\odot\eta_1,\frac{\mathrm{d}e_3}{\mathrm{d}t}=-n_{\mathrm{srp}}\eta_2 \tag{9-10}$$

这基本上是关于黄道面上轨道面交点的运动。另一个差分子系统

$$\frac{\mathrm{d}e_1}{\mathrm{d}t}=n_\odot e_2,\frac{\mathrm{d}e_2}{\mathrm{d}t}=n_{\mathrm{srp}}\eta_3-n_\odot e_1,\frac{\mathrm{d}\eta_3}{\mathrm{d}t}=-n_{\mathrm{srp}}e_2 \tag{9-11}$$

基本上关注近地点在轨道平面上的运动。

---

① 等式变量 $X=-\eta_1$，$Y=-\eta_2$，$Z=-e_3$ 在文献［495］中使用过。

除了指数形式的标准解，这两个子系统都可以明显通过积分来简化。因此，通过检查式（9－10），我们得到

$$\eta_1 \frac{\mathrm{d}\eta_1}{\mathrm{d}t}+\eta_2 \frac{\mathrm{d}\eta_2}{\mathrm{d}t}+e_3 \frac{\mathrm{d}e_3}{\mathrm{d}t}=0$$

它将流形限制在半径为 $\rho=\sqrt{\eta_1^2+\eta_2^2+e_3^2}$ 的球体表面。同样通过检查式（9－10）

$$n_{\odot} \frac{\mathrm{d}e_3}{\mathrm{d}t}+n_{\mathrm{srp}} \frac{\mathrm{d}\eta_1}{\mathrm{d}t}=0$$

从中我们得到了积分 $\chi=n_{\odot}e_3+n_{\mathrm{srp}}\eta_1$。物理参数（$n_{\odot}$，$n_{\mathrm{srp}}$）→（$q$，$\gamma$）的变化

$$q=(n_{\odot}^2, n_{\mathrm{srp}}^2)^{1/2}, \cos\gamma=n_{\odot}/q, \sin\gamma=n_{\mathrm{srp}}/q, 0\leqslant\gamma\leqslant\frac{\pi}{2}$$

用于将积分量 χ 替换为标量 $\zeta=\chi/q$ 。即

$$\zeta=e_3\cos\gamma+\eta_1\sin\gamma$$

然后，考虑到 $\rho^2=(\eta_1\cos\gamma-e_3\sin\gamma)^2+\eta_2^2+\zeta^2$，选择矩形坐标 $x=\eta_1\cos\gamma-e_3\sin\gamma$，$y=\eta_2$，$z=\zeta$，这表明流形是由平行轴 $z=\zeta=\mathrm{const}$ 构成的。

另一方面，流形自然地用球坐标（ρ，λ，ϕ）来描述，其中 $x=\rho\cos\phi\cos\lambda$，$y=\rho\cos\phi\sin\lambda$，$z=\rho\sin\phi$ 。然后 x 的差分产生了

$$\frac{\mathrm{d}\eta_1}{\mathrm{d}t}\cos\gamma-\frac{\mathrm{d}e_3}{\mathrm{d}t}\sin\gamma=-\rho\cos\phi\sin\lambda \frac{\mathrm{d}\lambda}{\mathrm{d}t}=-y \frac{\mathrm{d}\lambda}{\mathrm{d}t}$$

如果我们现在替换 $y=\eta_2$ 并从中获取变量 η_1，从式（9－10）中获得 e_3，最终可得到 $\mathrm{d}\lambda/\mathrm{d}t=-q$ 。

总之，来自微分子系统（9－10）的流形在球体上演化，在减去回转频率 q 后，其仰角 ϕ 恒定，方位角 λ 的进动率恒定。

差分子系统（9－11）也是这样类似地解决的。明显的现在需要积分的是 $\rho^*=\sqrt{e_1^2+e_2^2+\eta_3^2}$，$\zeta^*=\eta_3\cos\gamma+e_1\sin\gamma$ ，与前面的分析类似，当减去旋转频率，运动也发生在新球体的平行线上。当考虑到摄动方法的二阶效应时，频率退化到一个公共值的情况被打破[480]。

注意，之前在 9.1.3 节中讨论的共面流形可从式（9－11）中获得在第一个球体的半径塌陷为零（$\eta_1=\eta_2=e_3=0$）的特殊情况。

9.1.5　作用-角度变量的完全哈密顿约化

虽然在前一节中，求平均问题已被积分到一阶，但如果进行更高阶的正则化，则可能获得解的作用-角度变量。哈密顿量（9－5）的作用-角度变量是 Kramers－Deprit 变量（ϕ，ψ，Φ，Ψ）[159,368]，由方程给出

$$\Phi=S_3\cos\gamma+S_1\sin\gamma \tag{9-12}$$

$$\sin\phi=2S_2(L^2-4\Phi^2)^{-1/2} \tag{9-13}$$

$$\cos\phi=2(S_1\cos\gamma-S_3\sin\gamma)(L^2-4\Phi^2)^{-1/2} \tag{9-14}$$

$$\Psi=D_3\cos\gamma-D_1\sin\gamma, \tag{9-15}$$

$$\sin\psi = 2D_2(L^2 - 4\Psi^2)^{-1/2} \tag{9-16}$$

$$\cos\psi = 2(D_1\cos\gamma + D_3\sin\gamma)(L^2 - 4\Psi^2)^{-1/2} \tag{9-17}$$

式中，S_i，D_i，$i=1$，2，3 是式（4-54）中定义的莫瑟元素的组成部分，使用式（4-52）和式（4-53）将其写入 Delaunay 变量（g，h，G，H）。这种转换的典型特征可以在文献［159］中找到。

事实上，如果我们在几何变量 S_i，D_i 中重新表述约化哈密顿量（9-5）

$$\mathcal{K}_1 = -q\left[(S_3 + D_3)\cos\gamma + (S_1 - D_1)\sin\gamma\right]$$

使用式（9-12）和式（9-15）替换莫瑟元素项，我们获得

$$\mathcal{K}_1 = -q(\Phi + \Psi)$$

这只取决于克莱默斯-德普里特作用，从而揭示了简化问题的完整性。相应的哈密顿方程直接表明，两个角度以相同的旋转频率 $-q$ 演化。

变量 S_i，D_i 很容易从式（9-12）～式（9-17）中求解出来，以获得

$$S_1 = \Phi\sin\gamma + \frac{1}{2}(L^2 - 4\Phi^2)^{-1/2}\cos\phi\cos\gamma$$

$$S_2 = \frac{1}{2}(L^2 - 4\Phi^2)^{1/2}\sin\phi$$

$$S_3 = \Phi\cos\gamma - \frac{1}{2}(L^2 - 4\Phi^2)^{1/2}\cos\phi\sin\gamma$$

$$D_1 = \frac{1}{2}(L^2 - 4\Psi^2)^{1/2}\cos\psi\cos\gamma - \Psi\sin\gamma$$

$$D_2 = \frac{1}{2}(L^2 - 4\Psi^2)^{1/2}\sin\psi$$

$$D_3 = \frac{1}{2}(L^2 - 4\Psi^2)^{1/2}\cos\psi\sin\gamma + \Psi\cos\gamma$$

9.1.6 赤道坐标系内的短周期项约减

另一方面，在大多数情况下，SRP 只是影响人造卫星的二阶扰动。在这种情况下，短周期项的去除通常在赤道坐标系内进行，与其他扰动一起以半解析的方式进行积分。

会合坐标系是一个角速度为 $n_\odot \boldsymbol{k}_\odot$ 的旋转坐标系。因此，赤道（惯性）坐标系中的变分方程是通过简单地在变分方程（9-8）和（9-9）中分别加上 $n_\odot \boldsymbol{k}_\odot \times \boldsymbol{h}$ 项和 $n_\odot \boldsymbol{k}_\odot \times \boldsymbol{e}$ 项而得到的，这两项分别来自旋转坐标系中矢量的导数。因此，使用式（3-29）

$$\frac{\mathrm{d}\boldsymbol{h}}{\mathrm{d}t} = \frac{3aF_{\mathrm{srp}}}{2L'}\boldsymbol{e} \times \hat{\boldsymbol{r}}_\odot, \quad \frac{\mathrm{d}\boldsymbol{e}}{\mathrm{d}t} = \frac{3aF_{\mathrm{srp}}}{2L'}\boldsymbol{h} \times \hat{\boldsymbol{r}}_\odot \tag{9-18}$$

其中，n_{srp} 已经由式（9-6）中的定义取代了。现在回想一下 $\hat{\boldsymbol{r}}_\odot$，在拱点坐标系中，时间是通过太阳坐标反映出来的。即

$$\hat{\boldsymbol{r}}_\odot = \boldsymbol{R}_3(\omega)\boldsymbol{R}_1(I)\boldsymbol{R}_3(\Omega)\boldsymbol{R}_1(-\varepsilon)\boldsymbol{R}_3(-\lambda_\odot)(1,0,0)^{\mathrm{T}}$$

其中，ε 是黄道的倾角，并且我们忽略了太阳的黄道纬度，因为它总是小于 2 角秒[482]。

或者，在去除科里奥利项后，直接从平均哈密顿量（9-3）获得哈密顿方程。即

$$\mathcal{H}_{0,1}=-\frac{3}{8}F_{\mathrm{srp}}ae\{2s_{\varepsilon}s[\cos(\omega-\lambda_{\odot})-\cos(\omega+\lambda_{\odot})]+(1-c_{\varepsilon})\times[(1-c)\cos(\omega-\Omega-\lambda_{\odot})+(1+c)\cos(\omega+\Omega+\lambda_{\odot})]+(1+c_{\varepsilon})\times[(1+c)\cos(\omega+\Omega-\lambda_{\odot})+(1-c)\cos(\omega-\Omega+\lambda_{\odot})]\} \tag{9-19}$$

它现在通过太阳黄道经度来决定时间。从后者可以很容易地导出 Kozai 平轨道根数[361]的变化。

对于一阶效应，由式（2-17）使用式（9-4）可以导出转换方程，其在赤道坐标系中保持不变。就是

$$\mathcal{W}_1=\frac{aF_{\mathrm{srp}}}{32n}\sum_{l=-2}^{2}\sum_{k=-1}^{1}\sum_{j=0}^{1}B_l(e)Q_k(I)\,\mathcal{E}_{j,k}(\varepsilon)\sin[lu+\omega+k\Omega+(2j-1)\lambda_{\odot}]$$

对于偏心率多项式 $B_0=0$，$B_{\pm1}=\pm2(1\pm\eta)^2$ 和 $B_{\pm2}=\mp e(1\pm\eta)$，倾角多项式 $Q_0=2s$ 和 $Q_{\pm1}=1\pm c$，斜度多项式 $\mathcal{E}_{0,0}=-2\mathcal{E}_{1,0}=s_{\varepsilon}$ 和 $\mathcal{E}_{0,\pm1}=\mathcal{E}_{1,\mp1}=1\pm c_{\varepsilon}$。

9.2　大气阻力

大气阻力的大小取决于局部大气密度 ρ 和航天器在运动方向上的横截面积 A。每单位质量 m 的阻力是（参见文献［464，506］）

$$\boldsymbol{\alpha}_{\mathrm{drag}}=-\frac{1}{2}n_d\boldsymbol{v},\quad n_d=(A/m)C_{drag}\rho v>0 \tag{9-20}$$

式中，$\boldsymbol{v}$ 为相对大气的速度，$v=\|\boldsymbol{v}\|$，C_{drag} 为无量纲阻力系数。对于典型的卫星 $1.5\leqslant C_{\mathrm{drag}}\leqslant3.0$，但当计算热层的不同成分时，该值可能会有所不同，这些成分具有不同的密度，因此式（9-20）表达形式的变化有时用于提高计算精度[214]。然而，大气密度的准确预测很复杂，取决于太阳通量和地磁活动，这使得努力改进阻力系数的值对于长期预测是有疑问的，为此，使用式（9-20）似乎是正确的。现有的对于不同形状和温度范围的阻力系数表[503]证明了典型低轨卫星[129]使用定值阻力系数 $C_{\mathrm{drag}}=2.2$ 是合理的。

9.2.1　大气密度

式（9-20）中的阻力取决于卫星当前时刻通过位置的大气密度 ρ。大气密度是一个复杂的参数，取决于卫星的高度、太阳热流、地磁、时间以及航天器的地心经度和纬度。它必须根据某种密度模型进行计算，其中 Roberts 分析公式[567]（适用于 Jacchia 1971 模型[318]）和 Harris-Priester 模型[265,266]是常用的。我们只分析 Harris-Priester 模型，该模型忽略了时间、季节、纬度变化的显式依赖性，但在文献［464］修正后，它考虑了密度膨胀的日变化，可以进行更合理准确的密度计算。对于 ρ 的计算，我们遵循文献［464］中的描述。

首先计算卫星在地球参考椭球面上的高度 $h=r-\rho_{\oplus}$，其中 $\rho_{\oplus}=R_{\oplus}(1-f_{\oplus})[1-f_{\oplus}(2-f_{\oplus})\cos^2\phi]^{-1/2}$ 取决于纬度 ϕ 和地球扁率 $f_{\oplus}\approx1/300$。然后根据以下公式估

算大气密度 $\rho(h)$

$$\rho = \rho_m(h) + [\rho_M(h) - \rho_m(h)]\cos^n\left(\frac{1}{2}\Psi\right) \tag{9-21}$$

式中，ρ_m 和 ρ_M 分别是大气日隆凸起低点和顶点处的密度系数，是由日隆凸起顶点方向 $\boldsymbol{q}$ 和卫星方向 $\hat{\boldsymbol{r}} \equiv \boldsymbol{r}/r$ 所包围的角度，对于低倾角轨道，指数 n 取值 2，对于极轨轨道，指数 n 取 6。

Harris - Priester 密度模型通过插值（$x = m$，M）替换最小和最大的密度值 $\rho_m(h)$ 和 $\rho_M(h)$

$$\rho_x(h) = \rho_x(h_i)\exp\left[\frac{h_i - h}{h_i - h_{i+1}}\log\frac{\rho_x(h_{i+1})}{\rho_x(h_i)}\right]$$

其中，$h_i \leqslant h \leqslant h_{i+1}$，表 9 - 1 给出了 $\rho_m(h_i)$ 和 $\rho_M(h_i)$ 的值。此外，假设白天隆起的顶点比当地正午晚两个小时，则

$$\cos^n\left(\frac{1}{2}\Psi\right) = \left[\frac{1}{2}(1+\cos\Psi)\right]^{n/2} = \left[\frac{1}{2}(1+\boldsymbol{q}\cdot\hat{\boldsymbol{r}})\right]^{n/2}$$

式中，$\boldsymbol{q}$ 位于次极点以东约 30°，或者说是从太阳的赤经方向延迟 2 小时，由其赤经和赤纬（$\alpha_\odot$，$\delta_\odot$）给出。然后用 $\Omega \equiv v$，$\boldsymbol{q} = \boldsymbol{R}_3(-\alpha)\boldsymbol{R}_2(\delta_\odot)(1,0,0)^{\mathrm{T}}$，$\alpha = \alpha_\odot + 30°$，替换等式（4 - 4）中 $\boldsymbol{r}$ 的坐标，我们得到

$$\begin{aligned}\boldsymbol{q}\cdot\hat{\boldsymbol{r}} = {} & s\sin\delta_\odot\sin\theta + \frac{1}{2}(c-1)\cos\delta_\odot[\sin\alpha\sin(\theta-\Omega) - \cos\alpha\cos(\theta-\Omega)] \\ & + \frac{1}{2}(c+1)\cos\delta_\odot[\sin\alpha\sin(\theta+\Omega) + \cos\alpha\cos(\theta+\Omega)]\end{aligned} \tag{9-22}$$

9.2.2 大气旋转

根据惯例，我们假设大气与地球共同旋转[506]。然后是相对于旋转大气的速度，这是式（9 - 20）计算大气阻力加速度所需的，计算方法与旋转坐标系式（3 - 29）中矢量的求导类似。然后，假设自转发生在与地球赤道正交的方向上

$$\boldsymbol{v} = \frac{\mathrm{d}\boldsymbol{r}}{\mathrm{d}t} - \omega_\oplus \boldsymbol{k} \times \boldsymbol{r} \tag{9-23}$$

式中，$\omega_\oplus$ 表示地球自转速率，$\boldsymbol{k}$ 表示 z 方向的单位矢量。

表 9 - 1　海拔 $100 \leqslant h \leqslant 1000$ km 时的最小和最大密度值 ρ(g/km³) 以及平均太阳活动度

(Harris - Priester 模型，引自文献 [464])

h	ρ_m	ρ_M	h	ρ_m	ρ_M	h	ρ_m	ρ_M
100	497400.0	497400.0	270	34.30	61.82	580	0.1092	0.7997
110	111289.1	111289.1	280	26.97	50.95	600	0.08070	0.6390
120	24900.0	24900.0	290	21.39	42.26	620	0.06012	0.5123
130	8377.0	8710.0	300	17.08	35.26	640	0.04519	0.4121

续表

h	ρ_m	ρ_M	h	ρ_m	ρ_M	h	ρ_m	ρ_M
140	3899.0	4059.0	320	10.99	25.11	660	0.03430	0.3325
150	2122.0	2215.0	340	7.214	18.19	680	0.02632	0.2691
160	1263.0	1344.0	360	4.824	13.37	700	0.02043	0.2185
170	800.8	875.8	380	3.274	9.955	720	0.01607	0.1779
180	528.3	601.0	400	2.249	7.492	740	0.01281	0.1452
190	361.7	429.7	420	1.558	5.684	760	0.01036	0.1190
200	255.7	316.2	440	1.091	4.355	780	0.008496	0.09776
210	183.9	239.6	460	0.7701	3.362	800	0.007069	0.08059
220	134.1	185.3	480	0.5474	2.612	840	0.004680	0.05741
230	99.49	145.5	500	0.3916	2.042	880	0.003200	0.04210
240	74.88	115.7	520	0.2819	1.605	920	0.002210	0.03130
250	57.09	93.08	540	0.2042	1.267	960	0.001560	0.02360
260	44.03	75.55	560	0.1488	1.005	1000	0.001150	0.01810

然后将 $\boldsymbol{k}=\boldsymbol{R}_3(\theta)\boldsymbol{R}_1(I)(0,\ 0,\ 1)^{\mathrm{T}}$ 代入式（9－23），得到 $\boldsymbol{v}$ 在径向、法向和切向上的分量。使用极坐标变量 $\dot{r}=R$ 和 $r\dot{\theta}=\Theta/r$ ，我们得到

$$\boldsymbol{v}=\begin{pmatrix}R\\ \Theta/r\\ 0\end{pmatrix}+r\omega_{\oplus}\begin{pmatrix}0\\ -\cos I\\ \cos\theta\sin I\end{pmatrix}=\begin{pmatrix}R\\ -r\omega_{\oplus}\cos I+\Theta/r\\ r\omega_{\oplus}\sin I\cos\theta\end{pmatrix} \tag{9-24}$$

用式（4－30）替换 $R=(\Theta/p)e\sin f$ ，并替换式（4－21）中的第一个 $\Theta=\sqrt{\mu p}$ ，我们得到

$$v=\frac{na}{\eta}[1+2e\cos f+e^2-2\eta^3\frac{\omega_{\oplus}}{n}c+\frac{r^2}{a^2}\eta^2\frac{\omega_{\oplus}^2}{n^2}(1-s^2\sin^2\theta)^{1/2} \tag{9-25}$$

9.2.3 高斯变分方程

式（9－20）的替代式（9－24）和式（9－25）提供了阻力加速度 $\boldsymbol{\alpha}_{\text{drag}}$ 的径向、法向和切向的分量，将这些分量直接代入高斯方程（参见文献［42］），可以得到

$$\frac{\mathrm{d}a}{\mathrm{d}t}=-an_d\frac{1}{\eta^2}\left(\frac{pR}{\Theta}e\sin f+\frac{p^2}{r^2}-\frac{\omega_{\oplus}p^2}{\Theta}c\right)$$

$$\frac{\mathrm{d}e}{\mathrm{d}t}=-\frac{1}{2}n_d\left\{\frac{pR}{\Theta}\sin f+\left(1-\frac{\omega_{\oplus}r^2}{\Theta}c\right)\left[\left(\frac{p}{r}+1\right)\cos f+e\right]\right\}$$

$$\frac{\mathrm{d}I}{\mathrm{d}t}=-\frac{1}{2}n_d\frac{\omega_{\oplus}r^2}{\Theta}s\cos^2\theta$$

$$\frac{\mathrm{d}\Omega}{\mathrm{d}t}=-\frac{1}{2}n_d\frac{\omega_{\oplus}r^2}{\Theta}\sin\theta\cos\theta$$

$$\frac{\mathrm{d}\omega}{\mathrm{d}t}=-\frac{1}{2}n_d\ \frac{1}{e}\left[-\frac{pR}{\Theta}\cos f+\left(1-\frac{\omega_{\oplus}\ r^2}{\Theta}c\right)\left(\frac{p}{r}+1\right)\sin f\right]-c\ \frac{\mathrm{d}\Omega}{\mathrm{d}t}$$

$$\frac{\mathrm{d}M}{\mathrm{d}t}=n+n_d\eta\ \frac{r}{p}\ \frac{pR}{\Theta}-\eta\left(\frac{\mathrm{d}\omega}{\mathrm{d}t}+c\ \frac{\mathrm{d}\Omega}{\mathrm{d}t}\right)$$

如果需要，我们可以用微分关系式 $\mathrm{d}\ell=\mathrm{d}M$，$\mathrm{d}g=\mathrm{d}\omega$，$\mathrm{d}h=\mathrm{d}\Omega$ 计算 Delaunay 变量的相应变化，且

$$\frac{\mathrm{d}L}{L}=\frac{1}{2}\ \frac{\mathrm{d}a}{a},\quad \frac{\mathrm{d}G}{G}=\frac{\mathrm{d}L}{L}-\frac{e}{\eta^2}\mathrm{d}e,\quad \frac{\mathrm{d}H}{H}=\frac{\mathrm{d}G}{G}-\frac{s}{c}\mathrm{d}I$$

然后我们将式（4－29）和式（4－30）分别替换 $p/r=1+e\cos f$ 和 $pR/\Theta=e\sin f$，并且由式（4－63）令 $\Theta=na^2\eta$。因此

$$\frac{\mathrm{d}a}{\mathrm{d}t}=-\frac{a}{\eta^2}n_d[(1-\delta)(1+2e\cos f)+e^2(1-\delta c\ \cos^2 f)] \tag{9-26}$$

$$\frac{\mathrm{d}e}{\mathrm{d}t}=-n_d\left[\left(1-\frac{1}{2}\delta c\right)e+\left(1-\delta c-\frac{1}{2}\delta ce\cos f\right)\cos f\right] \tag{9-27}$$

$$\frac{\mathrm{d}I}{\mathrm{d}t}=-\frac{1}{2}n_d\delta s\ \cos^2\theta \tag{9-28}$$

$$\frac{\mathrm{d}\Omega}{\mathrm{d}t}=-\frac{1}{2}n_d\delta\sin\theta\cos\theta \tag{9-29}$$

$$\frac{\mathrm{d}\omega}{\mathrm{d}t}=-n_d\ \frac{1}{e}\sin f\left[1-\delta c\left(1+\frac{e}{2}\cos f\right)\right]-c\ \frac{\mathrm{d}\Omega}{\mathrm{d}t} \tag{9-30}$$

$$\frac{\mathrm{d}M}{\mathrm{d}t}=n+n_d e\sin u-\eta\left(\frac{\mathrm{d}\omega}{\mathrm{d}t}+c\ \frac{\mathrm{d}\Omega}{\mathrm{d}t}\right) \tag{9-31}$$

其中，我们缩写 $\delta=\delta(f)\equiv(\omega_{\oplus}/n)(r/p)^2\eta^3$。值得一提的是，式（9－26）～式（9－31）与文献［462］中相应的方程式一致，但方程中的最后一项除外，此项在文献［462］给出的近地点变化方程中缺失。

对于较低轨道，很容易观察到由于大气阻力效应导致的轨道衰减，此时，$\delta\approx(\omega_{\oplus}/n)\ll 1$ 可以忽略，$\mathrm{d}I/\mathrm{d}t=\mathrm{d}\Omega/\mathrm{d}t=0$ 且

$$\frac{\mathrm{d}a}{\mathrm{d}t}=-an_d\ \frac{1}{\eta^2}(1+2e\cos f+e^2)=-an_d(1+2e\cos f+\mathcal{O}(e^2)]$$

$$\frac{\mathrm{d}e}{\mathrm{d}t}=-n_d(e+\cos f)$$

$$\frac{\mathrm{d}F}{\mathrm{d}t}=n+n_d(e\sin u-\beta\sin f)=n+\frac{1}{2}n_d[e\sin f+\mathcal{O}(e^2)]$$

其中，$F=M+\omega$，$\beta=e/(1+\eta)$ 之前在式（5－63）中定义，式（4－71）表示真近点角和偏近点角。

9.2.4　摄动方程

Kozai[360] 消除了高斯方程中短周期效应的影响，反映了大气阻力扰动的一阶效应。因此，我们假设式（9－26）～式（9－31）的解的形式取 $\xi_i(t)=\xi_i'(t)+\Delta_i(\xi_j'(t))$，

i，$j=1$，2，…，6，其中 $\Delta_i \equiv \Delta\xi'_i$ 表示解的短周期项，同时 ξ'_i 通俗地表示长周期项的贡献。也就是说，$\Delta_i(\xi'_j)$ 在平均近点角中是纯周期性的，$\xi'_j=\frac{1}{2\pi}\int_0^{2\pi}\xi_i \mathrm{d}M$ 。

高斯方程被展开为

$$\frac{\mathrm{d}\xi_i}{\mathrm{d}t}=\frac{\mathrm{d}\xi'_i}{\mathrm{d}t}+\frac{\mathrm{d}\Delta_i(\xi'_i)}{\mathrm{d}t} \tag{9-32}$$

其中，基于平近点角，通过平均式（9-26）～式（9-31）的右侧来计算瞬（平）轨道根数的变化。特别的是，在式（5-21）中引入 $\sigma=e\sin f$，$\kappa=e\cos f$。

$$\frac{\mathrm{d}a'}{\mathrm{d}t}=-\frac{a}{\eta'^2}\frac{1}{2\pi}\int_0^{2\pi}[(1+\kappa')^2(1-\delta c')+\sigma'^2]n'_d \mathrm{d}M' \tag{9-33}$$

$$\frac{\mathrm{d}e'}{\mathrm{d}t}=-\frac{1}{2\pi}\frac{1}{e'}\int_0^{2\pi}[e'^2+\kappa'-\delta'c'(\kappa'^2+\kappa'+\frac{1}{2}\sigma'^2)]n'_d \mathrm{d}M' \tag{9-34}$$

$$\frac{\mathrm{d}I'}{\mathrm{d}t}=-\frac{1}{2}s'\frac{1}{2\pi}\int_0^{2\pi}n'_d\delta'\cos^2\theta'\mathrm{d}M' \tag{9-35}$$

$$\frac{\mathrm{d}\Omega'}{\mathrm{d}t}=-\frac{1}{2}\frac{1}{2\pi}\int_0^{2\pi}n'_d\delta'\sin\theta'\cos\theta'\mathrm{d}M' \tag{9-36}$$

$$\frac{\mathrm{d}\omega'}{\mathrm{d}t}=-c'\frac{\mathrm{d}\Omega'}{\mathrm{d}t}-\frac{1}{2\pi e'^2}\int_0^{2\pi}\sigma'\left[1-\delta'c'\left(1+\frac{1}{2}\kappa'\right)\right]n'_d \mathrm{d}M' \tag{9-37}$$

$$\frac{\mathrm{d}M'}{\mathrm{d}t}=n'+\frac{\eta'}{2\pi p'}\int_0^{2\pi}\sigma'r'n'_d \mathrm{d}M'-\eta'\left(c'\frac{\mathrm{d}\Omega'}{\mathrm{d}t}+\frac{\mathrm{d}\omega'}{\mathrm{d}t}\right) \tag{9-38}$$

其中，带素数的符号表示素数（平均）轨道元素的函数。通常，可以使用替代元素来避免奇异性。

当 $n_d \equiv n_d(f)$，n_d 如式（9-20）所示，因为相对速度 v 与大气旋转有关，大气密度 ρ 可以自然而然地用真近点角表述，就像式（9-25）、式（9-21）、式（9-22）所描述的。因此，式（9-33）～式（9-38）是相当于使用微分方程（4-64）在 f 而不是 $M\equiv\ell$ 上积分。此外，由于大气密度复杂的表达式，这些积分通常采用数值方法计算[184,635,674]。

值得一提的是，使用一些中间解，而不是标准的开普勒解，在整体评估时，通过考虑“阻力-扁率耦合”，可以获得一些额外的好处。特别的是，由于大气密度基本上取决于海拔高度，在计算大气密度 ρ 时，使用 J_2 项摄动的瞬时轨道可以观察到明显的改善[253,674]。这通常是通过 5.7.2 节中给出的 $r_{0,1}$ 修正来实现开普勒半径的修正，也称为 Izsak 修正[317]①。通过简单地替换 $\kappa=-1+p/r$，如式（5-42）所示，半径的改进值也可以应用于除 n'_d 以外的其他轨道元素的运算中。

短期修正项 $\Delta_i(\xi'_j)$ 的计算如下。首先，变化率由式（9-32）通过积分开普勒流形计算，其中 $\mathrm{d}t=(1/n)\mathrm{d}M$。

$$\Delta_i(\xi'_j)=\int\left(\frac{\mathrm{d}\xi_i}{\mathrm{d}t}-\frac{\mathrm{d}\xi'_i}{\mathrm{d}t}\right)\mathrm{d}t \tag{9-39}$$

① 事实上，Kozai（见文献[360]）首先给出了由于扁率扰动引起的半径的短周期校正方法。

用式（9－26）～式（9－31）的右侧替换 ξ_i 变量，用式（9－33）～式（9－38）的右侧替换 ξ_i'。

式（9－39）的右侧包含素数和非素数元素。然而，就 $n_d \ll n$ 而言，平均轨道元素和瞬时轨道元素之间的差异很小，考虑一阶效应 $\epsilon = n_d / n$ 时，瞬时轨道元素可以作为积分中的主要变量。然而，在对平近点角的短期修正时出现了一个例外。此时，在对式（9－31）第一次求和运算时，其一阶修正是不能忽略的。相反，由于 $n = \sqrt{\mu / a^3}$ 是由式（4－44）和式（4－45）导出的，$n = n' + \Delta n' \approx n'\left(1 - \frac{3}{2}\Delta a' / a'\right)$ 必须在式（9－31）中替换，以计算式（9－39）中 $\Delta M'$ 修正值。

总之，

$$\Delta(\xi) = \frac{1}{n'}\int\left(\left.\frac{\mathrm{d}\xi}{\mathrm{d}t}\right|_{\substack{\xi = \xi' \\ M = M'}} - \frac{\mathrm{d}\xi'}{\mathrm{d}t}\right)\mathrm{d}M', \xi \in (a, e, I, \Omega, \omega)$$

$$\Delta M = \frac{1}{n'}\int\left(\left.\frac{\mathrm{d}M}{\mathrm{d}t}\right|_{\substack{\xi = \xi' \\ M = M'}} - \frac{\mathrm{d}M'}{\mathrm{d}t}\right)\mathrm{d}M' - \frac{3}{2}\int \frac{\Delta a'}{a'}\mathrm{d}M'$$

其中，$\Delta a'$ 必须用之前计算出的对 a 的短期修正解来代替。

另外，式（9－26）～式（9－31）的近似值是通过真近点角的傅里叶级数进行数值计算的，它允许通过平均傅里叶级数构建短周期修正的类似构造。有关该过程的详细信息，请参见文献［185，253，467］。

第三部分

相对运动和摄动非开普勒运动

第 10 章 希尔问题

三体动力学的研究最初是为了对月球运动的精确描述[260]。月球质量近似忽略不计可以追溯到 1772 年的欧拉月球理论[628]。从那时起，计算月球理论的共同发展趋势是将月球的运动视为受扰动的开普勒问题。希尔与传统的研究方法不同，他将月球轨道的计算视为三体问题的一种特定解，这不仅在月球理论的计算中产生了突破，还引入了雅可比常量，用来确定无质量物体的运动禁区[292]。

希尔（Hill）问题不依赖于基本的物理参数，因此，它广泛适用于地球-月球-太阳系统之外的不同三体系统。本章简要讨论希尔问题方程的推导以及模型的相关因素。如前面 1.3.2 节所述，希尔问题的普遍性要比仅是三个天体问题的限制性广泛得多。然而，我们的目的是为了计算摄动解，而且从受限三体问题很自然地可以导出希尔问题。

10.1 循环限制的三体问题

严格意义上的“三体问题”，或者说 RTBP，研究的是一个可忽略质量的质点在两个点质量物体（称为主星）引力吸引下的运动，这两个点质量物体在相互引力作用下围绕其共同的质心旋转。

取 m_1 和 m_2 为主星的质量。在有限近似下，它们按照恒定角动量矢量 $\boldsymbol{G}$ 的开普勒运动演化。我们取质心运动平面，如 $x-y$ 平面，z 轴沿 $\boldsymbol{G}$ 的方向。然后，根据牛顿万有引力定律，可以给出第三体的加速度

$$\frac{\mathrm{d}^2\boldsymbol{s}}{\mathrm{d}t^2}=-\frac{\mathcal{G}m_1}{\rho^3}\boldsymbol{\rho}-\frac{\mathcal{G}m_2}{r^3}\boldsymbol{r} \tag{10-1}$$

其中，$\boldsymbol{s}$ 是惯性系或恒星系中无质量体相对于原点的位置矢量，$\boldsymbol{\rho}$ 和 $\boldsymbol{r}$ 是分别将 m_1 和 m_2 与无质量体连接在一起的矢量，其模为 $\rho=\|\boldsymbol{\rho}\|$ 和 $r=\|\boldsymbol{r}\|$，$\mathcal{G}$ 是重力常数。加速度与势函数的梯度类似

$$U=\frac{\mathcal{G}m_1}{\rho}+\frac{\mathcal{G}m_2}{r} \tag{10-2}$$

RTBP 的示意图如图 10-1 所示，其中，由于总线性动量的恒定性，参考系的原点 O 选择在 m_1 和 m_2 的质心处，而 m' 是 m 在初选轨道平面上的投影。

10.1.1 会合坐标系：雅可比积分

RTBP 可以方便地在旋转或会合坐标系中表示，其中横坐标的方向由矢量 $\boldsymbol{d}$ 定义，矢量 $\boldsymbol{d}$ 的模为 d，表示 m_1 连接到 m_2，纵坐标的方向与 $\boldsymbol{d}$ 和 $\boldsymbol{G}$ 正交。根据式（4-2），速度矢量 $\boldsymbol{\omega}=\dot{\vartheta}\boldsymbol{G}/\|\boldsymbol{G}\|=\boldsymbol{G}/d^2$ 指向初始开普勒运动而产生恒定方向，$\dot{\vartheta}=\|\boldsymbol{G}\|/d^2$ 为系统转速。

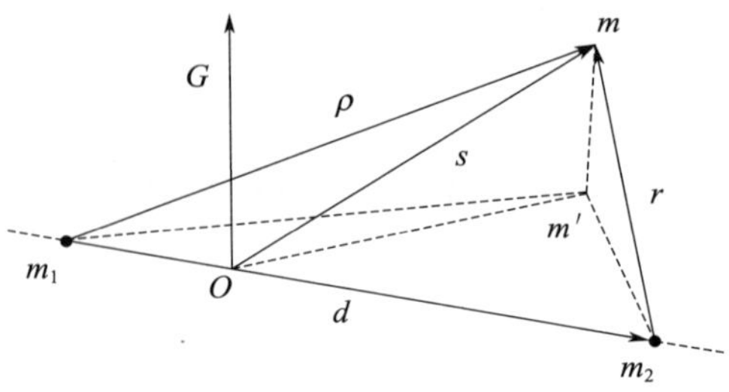

图 10-1　受限三体问题的几何关系

回忆式（3-29），矢量在运动坐标系中的导数公式，$\boldsymbol{s}$ 的导数为

$$\frac{\mathrm{d}\boldsymbol{s}}{\mathrm{d}t}=\boldsymbol{s}'+\boldsymbol{\omega}\times\boldsymbol{s} \tag{10-3}$$

其中撇符号表示旋转坐标系中的差分。我们只考虑 $\boldsymbol{\omega}$ 是恒定的情况。然后，初始的轨道是圆形的，而这个问题称为圆形 RTBP，简称 CRTBP。那样的话

$$\frac{\mathrm{d}^2\boldsymbol{s}}{\mathrm{d}t^2}=\boldsymbol{s}''+2\boldsymbol{\omega}\times\boldsymbol{s}'+\boldsymbol{\omega}\times(\boldsymbol{\omega}\times\boldsymbol{s})$$

式中，根据质量中心的定义，$\boldsymbol{s}=\boldsymbol{r}+m_1\boldsymbol{d}/(m_1+m_2)$，$\boldsymbol{d}$ 在旋转坐标系中为常量。因此

$$\frac{\mathrm{d}^2\boldsymbol{s}}{\mathrm{d}t^2}=\boldsymbol{r}''+2\boldsymbol{\omega}\times\boldsymbol{s}'+\frac{m_1}{m_1+m_2}\boldsymbol{\omega}\times(\boldsymbol{\omega}\times\boldsymbol{d})+\boldsymbol{\omega}\times(\boldsymbol{\omega}\times\boldsymbol{r}) \tag{10-4}$$

然后，将式（10-4）和式（10-1）的右侧相等，我们得到

$$\boldsymbol{r}''+2\boldsymbol{\omega}\times\boldsymbol{r}'=-\boldsymbol{\omega}\times(\boldsymbol{\omega}\times\boldsymbol{r})+\frac{m_1\dot{\vartheta}^2}{m_1+m_2}\boldsymbol{d}-\frac{\mathcal{G}m_1}{\rho^3}\boldsymbol{\rho}-\frac{\mathcal{G}m_2}{r^3}\boldsymbol{r} \tag{10-5}$$

它的两边都要以标量的方式乘以 $\boldsymbol{r}'$。参考三次叉乘 $\boldsymbol{r}'\cdot[\boldsymbol{\omega}\times(\boldsymbol{\omega}\times\boldsymbol{r})]=(\boldsymbol{r}'\times\boldsymbol{\omega})\cdot(\boldsymbol{\omega}\times\boldsymbol{r})$，我们得到

$$\boldsymbol{r}'\cdot\boldsymbol{r}''=(\boldsymbol{\omega}\times\boldsymbol{r})\cdot(\boldsymbol{\omega}\times\boldsymbol{r}')+\boldsymbol{r}'\cdot\left(-\frac{\mathcal{G}m_1}{\rho^3}\boldsymbol{\rho}-\frac{\mathcal{G}m_2}{r^3}\boldsymbol{r}+\frac{m_1\dot{\vartheta}^2}{m_1+m_2}\boldsymbol{d}\right) \tag{10-6}$$

得到雅可比积分量

$$(\boldsymbol{\omega}\times\boldsymbol{r})\cdot(\boldsymbol{\omega}\times\boldsymbol{r})-2V-\boldsymbol{r}'\cdot\boldsymbol{r}'=\widetilde{C} \tag{10-7}$$

其中，替换 $\boldsymbol{\rho}=\boldsymbol{d}+\boldsymbol{r}$，

$$V=-\frac{\mathcal{G}m_1}{\|\boldsymbol{d}+\boldsymbol{r}\|}-\frac{\mathcal{G}m_2}{\|\boldsymbol{r}\|}-\frac{m_1\dot{\vartheta}^2}{m_1+m_2}\boldsymbol{r}\cdot\boldsymbol{d} \tag{10-8}$$

$\widetilde{C}$ 是一个任意常数，叫做雅可比常数。

10.1.2　哈密顿公式

方程（10-5）可以从拉格朗日方程推导出来

$$\mathcal{L}=\frac{1}{2}\boldsymbol{r}'\cdot\boldsymbol{r}'+(\boldsymbol{\omega}\times\boldsymbol{r})\cdot\boldsymbol{r}'+\frac{1}{2}(\boldsymbol{\omega}\times\boldsymbol{r})\cdot(\boldsymbol{\omega}\times\boldsymbol{r})-V$$

$\boldsymbol{r}$ 的共轭动量为 $\boldsymbol{R}=\partial\mathcal{L}/\partial\boldsymbol{r}'=\boldsymbol{r}'+\boldsymbol{\omega}\times\boldsymbol{r}$，与式（10-3）相比，这是惯性系中无质量

粒子的速度。根据哈密顿的通式，$\mathcal{H}=\boldsymbol{R}\cdot\boldsymbol{r}'-\mathcal{L}$，产生

$$\mathcal{H}=\frac{1}{2}\boldsymbol{R}\cdot\boldsymbol{R}-(\boldsymbol{\omega}\times\boldsymbol{r})\cdot\boldsymbol{R}+V \tag{10-9}$$

注意，$\mathcal{H}=-\frac{1}{2}\widetilde{C}$ 。

鉴于式（10－8），哈密顿量（10－9）取决于物理参数 $\mathcal{G}$、m_1、m_2、$\dot{\vartheta}$ 和 d 。然而，简单的无量纲化表明并非所有这些参数都是必要的。实际上，对无量纲变量 $\boldsymbol{r}=d\boldsymbol{r}^*$ ，$\boldsymbol{R}=\dot{\vartheta}d\boldsymbol{R}^*$ 的转换是标准的，乘式 $\alpha=1/(\dot{\vartheta}d^2)$ ，正如微分方程 $\boldsymbol{R}^*\cdot\mathrm{d}\boldsymbol{r}^*=\alpha\boldsymbol{R}\cdot\mathrm{d}\boldsymbol{r}$ [243] 中分析的那样。当式（10－9）写在无量纲变量中时，我们得到 $\mathcal{H}(\boldsymbol{r}(\boldsymbol{r}^*, \boldsymbol{R}^*), \boldsymbol{R}(\boldsymbol{r}^*, \boldsymbol{R}^*))=\mathcal{K}(\boldsymbol{r}^*, \boldsymbol{R}^*)/\alpha$ [684]。得到 $\mathcal{K}=\dot{\vartheta}\,\mathcal{H}^*(\boldsymbol{r}^*, \boldsymbol{R}^*)$ ，其中

$$\mathcal{H}^*=\frac{1}{2}\boldsymbol{R}^*\cdot\boldsymbol{R}^*-(\boldsymbol{k}\times\boldsymbol{r}^*)\cdot\boldsymbol{R}^*+V^* \tag{10-10}$$

其中，$\boldsymbol{k}=\boldsymbol{\omega}/\dot{\vartheta}$ ，从初始的开普勒运动得到 $\mathcal{G}(m_1+m_2)=\dot{\vartheta}^2d^3$。标量势 $V^*=V/(\dot{\vartheta}^2d^2)$ 为

$$V^*=-\frac{1-\mu}{\|\boldsymbol{i}+\boldsymbol{r}^*\|}-\frac{\mu}{\|\boldsymbol{r}^*\|}-(1-\mu)\boldsymbol{r}^*\cdot\boldsymbol{i} \tag{10-11}$$

式中，$\boldsymbol{i}=\boldsymbol{d}/d$， $\mu=m_2/(m_1+m_2)$ 代表一个较小主星的无量纲质量$\left(0<\mu\leqslant\frac{1}{2}\right)$，因此，$1-\mu=m_1/(m_1+m_2)$ 。

在新的时间尺度 $t'=\dot{\vartheta}t$ 中，初始轨道周期为 2π ，CRTBP 的流形来自无量纲哈密顿量（10－10），它只依赖于物理无量纲参数 μ ，即

$$\frac{\mathrm{d}\boldsymbol{r}^*}{\mathrm{d}t'}=\boldsymbol{R}^*-\boldsymbol{k}\times\boldsymbol{r}^*,\frac{\mathrm{d}\boldsymbol{R}^*}{\mathrm{d}t'}=-\boldsymbol{k}\times\boldsymbol{R}^*-\nabla_{r^*}V^* \tag{10-12}$$

10.1.3　零速度的表面和曲线

雅可比积分（10－7）也可以写在无量纲坐标系中，从中我们可以求解旋转坐标系 $v=\|\boldsymbol{r}'\|/(d\dot{\vartheta})$ 中无量纲速度的平方。定义 $C=\widetilde{C}/(d\dot{\vartheta})^2$，我们得到

$$v^2=(\boldsymbol{k}\times\boldsymbol{r}^*)\cdot(\boldsymbol{k}\times\boldsymbol{r}^*)+2V^*-C \tag{10-13}$$

对于 C 的每一个值，它定义了一个零速度表面

$$S(\boldsymbol{r}^*;C)\equiv(\boldsymbol{k}\times\boldsymbol{r}^*)\cdot(\boldsymbol{k}\times\boldsymbol{r}^*)+2V^*-C=0 \tag{10-14}$$

零速度曲面定义了以一定能量运动的质点允许运动的区域。事实上，在式（10－13）中，取 $v^2>0$，则曲面一侧的点将大于 0，取 $v^2<0$，则曲面另一侧的点将等于 0，但这种解并没有考虑运动特性。对于 $\mu=\frac{1}{8}$ 和 $C=2.6$，此类曲面的示例如图 10－2 所示，其中运动只能发生在环外部所定义的区域内，该区域与两个球形表面的内部相连。尽管外环 z 可以取任意值，此处只描述 $z=\pm0.5$ 的解。

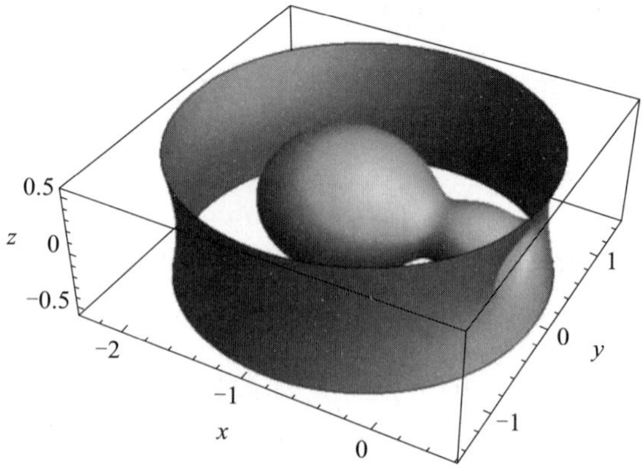

图 10－2 当 $C = 2.6$，$\mu = \frac{1}{8}$，CRTBP 的零速度表面

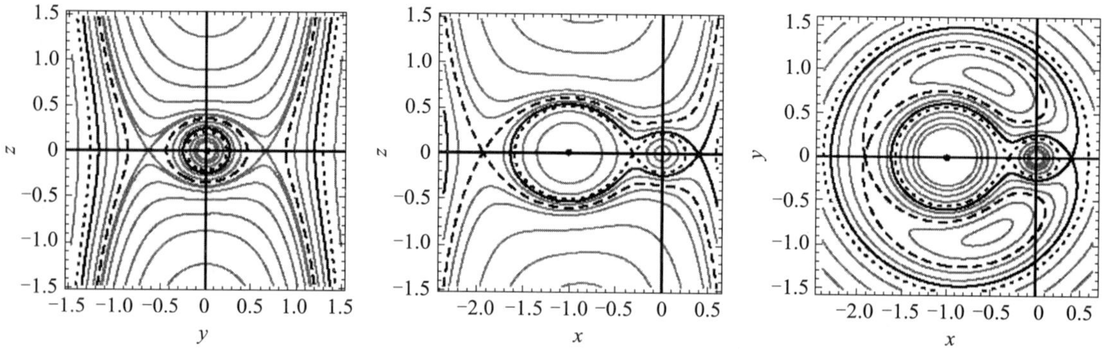

图 10－3 CRTBP（$\mu = \frac{1}{8}$，$0.5 < C < 5$）的零速度不同表面与平面的切割，从左到右，$x = 0$，$y = 0$ 和 $z = 0$

10.2 希尔问题的简化假设

在实际情况下，CRTBP 都是不可积的。或者，只有通过计算时间为无穷大且可预测的解时，才可以获得有关系统行为的大量信息。这些是平衡点、有界区域、周期轨道和式（10－12）的其他不变流形。例如，从图 10－3 中可以推测出五个位于原始平面上的平衡点，即所谓的拉格朗日点或平动点。关于 CRTBP 特定解的详细信息可以参考典型的处理方法，参见文献［514、517、628］，此处不讨论它们。相反，我们关注的是初值较小的特定情况，对于这种情况，通过摄动可以获得对动力学有用的解析近似解。

我们取较小的初值，比如会合坐标系的原点，其中无质量物体的坐标表示为 $\boldsymbol{r} = (x, y, z)$。然后当 $\varepsilon = r/d < 1$ 时，$r = \|\boldsymbol{r}\|$ 和 $\rho = \|\boldsymbol{d} + \boldsymbol{r}\| = \sqrt{(d + x)^2 + y^2 + z^2} = d\sqrt{1 + 2\varepsilon(x/r) + \varepsilon^2}$。接下来，$\rho$ 的倒数被展开为 ε 的幂级数。

$$\frac{1}{\rho}=\frac{1}{d}\sum_{i\geqslant 0}\varepsilon^{i}P_{i}(-x/r)=\frac{1}{d}[1-\varepsilon\frac{x}{r}+\sum_{i\geqslant 2}\varepsilon^{i}P_{i}(-x/r)] \tag{10-15}$$

其中，P_i 是勒让德多项式。将式（10－15）代入式（10－8），摄动势可以写作

$$V=-\frac{\mathcal{G}m_1}{d}-\frac{\mathcal{G}m_2}{r}-\dot{\vartheta}^2 d^2(1-\mu)\sum_{i\geqslant 2}\varepsilon^{i}P_{i}(-x/r) \tag{10-16}$$

其中，$\mathcal{G}m_1/d$ 项可以忽略，因为它不影响无质量物体的动力学特性。

当 $r/d=\varepsilon\ll 1$ 时，式（10－16）可以安全地截断到较低的阶数。如果我们约束 μ 是 ε 更高阶的情况，那么

$$V=-\frac{\mathcal{G}m_2}{r}+\frac{1}{2}\dot{\vartheta}^2(r^2-3x^2)+\mathcal{O}(\varepsilon^3)$$

这就是，在式（10－9）中替换后，忽略高阶，会产生希尔问题的哈密顿量

$$\mathcal{H}=\frac{1}{2}(X^2+Y^2+Z^2)-\dot{\vartheta}(xY-yX)-\frac{Gm_2}{r}+\frac{1}{2}\dot{\vartheta}^2(r^2-3x^2) \tag{10-17}$$

例如，土星和土卫二之间的距离为 $d\approx 238000$ km，如果忽略 $\mathcal{O}(10^{-6})$ 是可以接受的，那么在忽略 $\mathcal{O}(\varepsilon^3)$ 的希尔问题近似中，我们得到了 $\varepsilon\leqslant 10^{-2}$，这大致意味着处理围绕土卫二的轨道时，其半长轴比 $a=10^{-2}d=2380$ km 短，或约为土卫二赤道半径 256 km 的 9 倍。此外，由于土卫二的质量大约是土星质量的 2×10^{-7} 倍，希尔问题模型非常适合描述这类轨道的动力学特性。

式（10－17）不依赖于基本物理参数，就像我们在 10.1.2 节中所做的那样，通过选择 $\dot{\vartheta}=1$ 和 $\mathcal{G}m_2=1$ 的长度和时间单位来研究。即

$$\mathcal{H}=\frac{1}{2}(X^2+Y^2+Z^2)-(xY-yX)+\frac{1}{2}(r^2-3x^2)-1/r \tag{10-18}$$

其中，由于符号的混用，我们使用了与前一个案例相同的变量。这样，将希尔问题应用到不同的系统中就变成了一个更简单的问题——一个长度和时间的单位换算问题。例如，土卫二的引力参数是 $\mathcal{G}m_2=7.2095\ \text{km}^3/\text{s}^2$，土星-土卫二系统的自转率为 $\dot{\vartheta}=5.30364\times 10^{-5}\text{s}^{-1}$。则希尔问题的长度和时间单位分别是 1368.52 km 和 18855 s。

希尔问题的缩放如图 10－4 所示，其中不同天体的赤道半径以希尔问题的希尔半径来表示，希尔半径将在后面定义。需要注意的是，小质量的假设可能不适用于地球-月球系统，而初始的圆形轨道假设可能不适用于太阳-水星系统[420]。

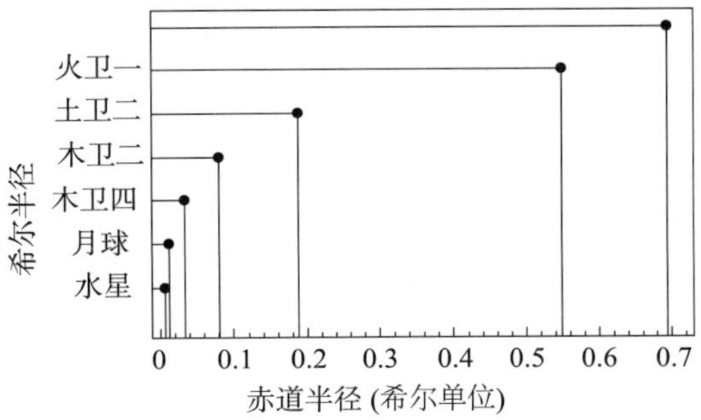

图 10－4　希尔问题中不同尺度天体的赤道半径

另一方面，物理意义最终可能会保留在以下内容中，以供深入研究，同时在执行不同检查维度的分析操作时提供帮助。

在希尔问题单元中，零速度表面由下式给出

$$3x^2 - z^2 + (2/r) - C = 0 \tag{10-19}$$

图 10-5 描述了一个零速度曲面的样本，而图 10-6 描述了从零速度曲面在（x，y）平面上的投影获得的允许运动区域序列。后者还显示了共线平动点，这将在 10.2.1 节中讨论。

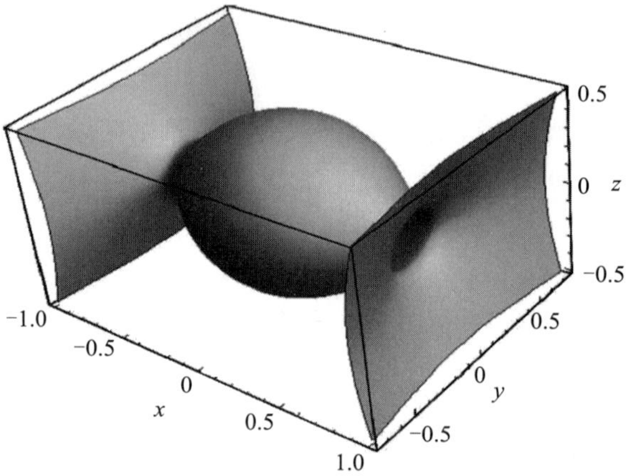

图 10-5　当 $C = 4.24$ 时希尔问题零速度表面

零速度曲面也可以用来说明希尔问题的维度。因此，图 10-7 描绘了与平衡点雅可比常数值相对应的（x，y）零速度曲线，该曲线确定了围绕主星有界运动区域初值的最大范围，图中把不同天体的赤道投影叠加在了一起。特别的是，图 10-7 表明，在希尔问题的近似中，可能不存在关于火卫一的有界运动区域。

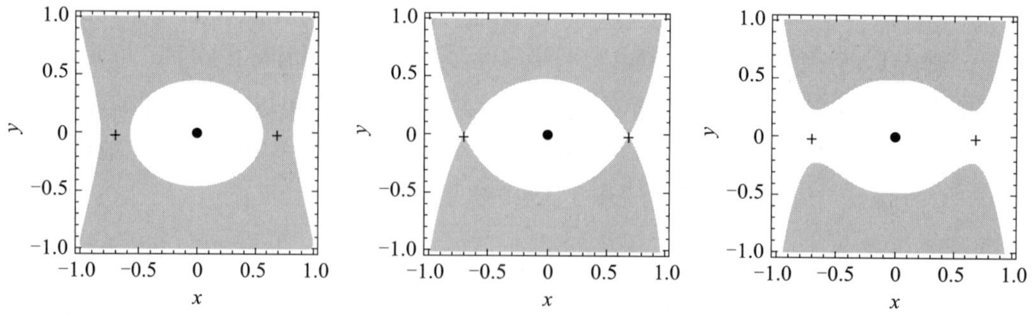

图 10-6　希尔问题的所有运动区域（白色区域）。

从左到右：$C = 4.5$，4.327，4.2 。十字标记共线平衡点

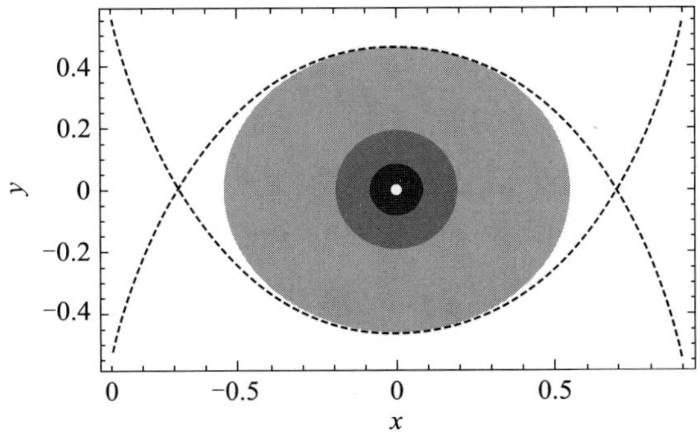

图 10－7　火卫一（浅灰色）、土卫二（灰色）、木卫二（深灰色）和月球（白色圆盘）的希尔问题的大小。虚线是 $C = 3^{4/3}$ 时有界运动极限情况下的零速度曲线

10.2.1　平衡：希尔球体

根据式（10－18）列出的哈密顿流表达式给出哈密顿方程

$$\dot{x} = X + y \tag{10-20}$$

$$\dot{y} = Y - x \tag{10-21}$$

$$\dot{z} = Z \tag{10-22}$$

$$\dot{X} = -\frac{x}{r^3} + 2x + Y \tag{10-23}$$

$$\dot{Y} = -\frac{y}{r^3} - y - X \tag{10-24}$$

$$Z = -\frac{z}{r^3} - z \tag{10-25}$$

其中，点表示对时间的微分。按照式（10－22）和式（10－25），平衡只能发生在（x，y）平面上。此外，当 $x = -y$ 和 $y = x$ 时式（10－20）和式（10－25）消失。对于这些值，式（10－24）只有在 $y = 0$ 时才变为零，而这反过来又需要 $r^3 = \frac{1}{3}$ 使式（10－23）变为零。因此，希尔问题只有两个平衡点，它们沿横坐标轴与 $x = \pm 3^{-1/3}$ 共线。两个对称平衡点的雅可比常数的值为 $C = 3^{4/3} \approx 4.32675$，如式（10－19）的计算所示。

那么问题相空间中共线平动点的坐标是 $\pm(r_H, 0, 0, 0, r_H, 0)$，其中距离

$$r_H = 3^{-1/3} \tag{10-26}$$

被称为希尔球体半径，简称希尔半径，它确定了中心天体 m_2 在动力学意义上的引力距离。

将式（10－20）～式（10－25）在共线平动点线性化之后，获得（δx，δy，δz，δX，δY，δZ）的线性化表示，而平动点的椭圆或双曲线特征可根据其计算得出。这表明方程 $\delta\dot{z} = \delta Z$ 和 $\delta\dot{z} = -4\delta z$ 与系统的其余部分解耦。但它们很容易关联在一起以产生

$$\begin{aligned} \delta z &= \delta z_0 \cos 2t + \frac{1}{2}\delta z_0 \sin 2t \\ \delta z &= \delta z_0 \cos 2t - 2\delta z_0 \sin 2t \end{aligned} \tag{10-27}$$

即而产生小频率的谐波振荡

$$v = 2 \tag{10-28}$$

因此，z 轴在所有情况下都是稳定的方向。更准确地说，(z，Z) 平面上切向流形的投影是由椭圆构成的，因此，相对于这个平面，共线平衡是"中心"型的。

当然，将约简化后的线性常系数系统进行积分仍然是个难题

$$(\delta\dot{x}, \delta\dot{y}, \delta\dot{X}, \delta\dot{Y})^{\mathrm{T}} = \mathbb{M}(\delta x, \delta y, \delta X, \delta Y)^{\mathrm{T}} \tag{10-29}$$

其中，

$$\mathbb{M} = \begin{pmatrix} 0 & 1 & 1 & 0 \\ -1 & 0 & 0 & 1 \\ 8 & 0 & 0 & 1 \\ 0 & -4 & -1 & 0 \end{pmatrix} \tag{10-30}$$

T 表示转置。一般解的形式为指数的线性组合。即

$$\delta_i = \sum_{j=1}^{4} A_{i,j} e^{\lambda_j t} \tag{10-31}$$

其中，$i = 1$，…，4，δ_i 分别代表 δx，δy，δX 和 δY，($A_{i,j}$) 是 4×4 任意系数矩阵，特征指数 λ_j 为 $\mathbb{M}$ 的特征值。后者由特征方程计算

$$\mathrm{Det}(\mathbb{M} - \mathbb{I}_4 \lambda) \equiv \lambda^4 - 2\lambda^2 - 27 = 0 \tag{10-32}$$

这是关于 λ 的四次方程式。因此，特征指数将出现正负对。我们发现

$$\lambda_{1,2} = \pm w\mathrm{i}, w = (2\sqrt{7} - 1)^{1/2} \tag{10-33}$$

这些都是纯虚数的，因此产生了一个椭圆方向或中心型分量。然而

$$\lambda_{3,4} = \pm\lambda, \lambda = (2\sqrt{7} + 1)^{1/2} \tag{10-34}$$

始终是实数的，这样便产生了双曲或鞍型分量。因此，共线平衡的不稳定性被称为中心 × 中心 × 鞍型。

10.2.2 平衡点附近的运动

式 (10-27) 中已经显示了在 z 轴方向上存在小振幅的周期性振荡。现在我们将看到，尽管共线平衡上存在鞍形分量，但式 (10-31) 的特殊情况会在 (x，y) 平面上产生小的周期振荡[514]。

首先，我们注意到式 (10-31) 中的任意系数 ($A_{i,j}$) 是不完全独立的，参见文献[628]。事实上，在线性化方程 (10-29) 的两个成员中插入式 (10-31)，我们发现

$$\begin{aligned} A_{1,j} &= -A_{2,j}\lambda_j + A_{4,j} \\ A_{2,j} &= A_{1,j}\lambda_j - A_{3,j} \\ A_{3,j} &= -A_{4,j}\lambda_j - 4A_{2,j} \\ A_{4,j} &= A_{3,j}\lambda_j - 8A_{1,j} \end{aligned} \tag{10-35}$$

它们之间任意常数的抵消会导致约束方程 $\lambda_j^4 - 2\lambda_j^2 - 27 = 0$，因为它与特征方程 (10-32) 相同。除此之外，我们先解决 $A_{4,j}$ 和 $A_{3,j}$ 这两个方程，然后把它们放到其余两个方

程中，我们发现

$$A_{2,j}=a_jA_{1,j},a_j=\frac{\lambda_j^2-9}{2\lambda_j} \tag{10-36}$$

类似计算表明，式（10－31）中一般解的所有任意常数都可以表示为四个 $A_{1,j}$ 的函数。

因此，我们可以通过简单选择 $A_{1,3}=A_{1,4}=0$ 的初始条件来消除两个实数特征值 $\lambda_{3,4}$ 的不利影响。相应的特殊解是（x，y）平面上以平动点为中心的一个小椭圆。事实上，将 $\lambda_{1,2}=\pm i\omega$ 插入式（10－31），我们得到

$$\delta x=\delta x_0\cos w\tau-(\delta y_0/a)\sin wt \tag{10-37}$$

$$\delta y=a\delta x_0\sin w\tau+\delta y_0\cos wt \tag{10-38}$$

其中初始条件与任意常数相关

$$\delta x_0=A_{1,1}+A_{1,2},\quad \delta y_0=ia(A_{1,2}-A_{1,1}) \tag{10-39}$$

并且，根据式（10－36）

$$\alpha=i\alpha_1=-i\alpha_2=-\frac{9+w^2}{2w}=-\sqrt{2\sqrt{7}+5}\approx-3.21 \tag{10-40}$$

由式（10－20）和式（10－21）推导，可得到相应的解 $\delta X=\delta\dot{x}-\delta y$ 和 $\delta Y=\delta\dot{y}+\delta x$ ，对方程式（10－37）和式（10－38）积分。

通过这种方式，我们在共线点周围发现了两种不同类型的周期运动：一方面，当初始条件（x_0，y_0，$\dot{x}_0$，$\dot{y}_0$）被置为零时，会发生式（10－27）给出的小垂直振动。另一方面，式（10－37）～式（10－38）给出小平面的振荡，以及它们相应的速度，这在选择初始条件 $z_0=\dot{z}_0=0$ 时便存在。注意到，式（10－28）和式（10－33）给出的垂直频率和平面频率之间缺乏可公度性，这阻止了由两个无穷小运动组合而形成三维周期轨道。

10.2.3　周期轨道的基本族

我们注意到式（10－27）和式（10－37）～式（10－38）中解析解的有效性，仅限于平动点附近的小振荡情况，因为它们是通过流形的线性化获得的。对于来自平动点的较大位移，希尔问题的非线性使得这些解只具有近似周期性。然而，式（10－20）～式（10－25）方程的周期解是真实存在的，而且可以通过初始条件和计算周期的微分修正获得。此外，由于希尔问题的保守性，周期轨道被分为几个族，还可以用标准微分方程计算雅可比常数的变化。关于这个问题的全部细节可以查阅专门的文献，参见文献［22，449，500，609，610］。

按照这个过程，可以很容易地计算出所谓的李雅普诺夫平面和垂直周期轨道族[176]。例如，图 10－8 所示的雅可比常数递减的李雅普诺夫轨道平面族，它的特征是在线性近似下周期轨道的稳定性，这可以从一个周期结束时状态转移矩阵的特征值反映出来。这六个特征值以倒数对出现，这是哈密顿特性的结果，且其中一个特征值接近 1，因为我们处理的是周期轨道，且有两个稳定性指标。由于轨道是平面的，图 10－8 中的“水平”稳定性指数 b_h 与平面内的扰动有关，而“垂直”稳定性指数 b_v 与平面外的扰动有关。当两个稳

定性指数都是（−2，2）范围内的实数时，相应的周期轨道是稳定的，而且任何其他情况都会产生不稳定性。其中一个指数的 ±2 值显示了由此可能会出现新的周期轨道族的分岔轨道。注意，图 10－8 的稳定性指数以反双曲正弦标度表示。

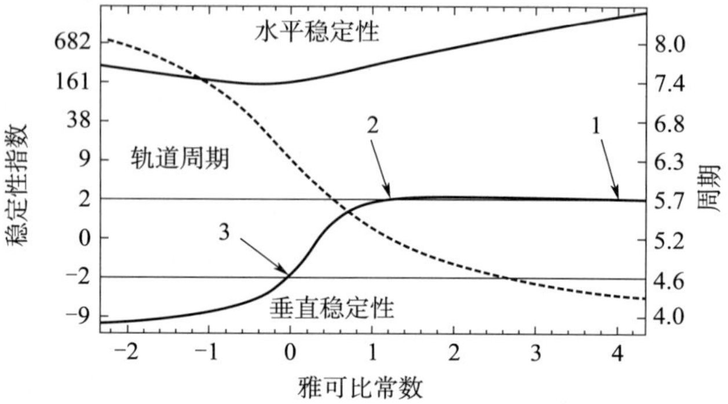

图 10－8　希尔问题的平面李雅普诺夫轨道族。箭头指向 $C \approx 4$，1.2，0 处的垂直分岔[396]

对于水平指数总是远高于 2 的情况，希尔问题的李雅普诺夫轨道平面是高度不稳定的。相反，垂直指数在不同情况下取临界值，如图 10－8 中 1、2、3 标号的箭头所示。在点 1，垂直分岔中出现了两个对称的三维 halo 轨道。在点 2，出现了两个新的三维周期轨道族，它们将终止于一个李雅普诺夫垂直轨道族的轨道，从而在两个李雅普诺夫族之间建立了某种桥。第 12 章将从微扰理论的角度讨论 halo 轨道和桥族轨道。在点 3，一个新的分岔发生在三维周期轨道与倍周期分岔的情况下。关于希尔问题的周期轨道以及其他不变流形的更多细节，读者请参阅文献［250］。

第 11 章　希尔球内运动

当无质量物体在希尔球内运动时，该运动可以近似为受摄开普勒运动。这是一种典型的有关行星卫星科学任务的情形，需要航天器在靠近卫星表面的轨道上充分利用科学仪器。当航天器与自然卫星的轨道周期之比为一个小量时，可以将希尔问题哈密顿量作为一个形式小参数幂级数上的摄动哈密顿量来分类。然后，与 7.2 节中的 Garfinkel 法相类似，旋转坐标系中的平近点角和交点经度通过李变换从三自由度哈密顿量中逐步消除。虽然低阶摄动解足以描述希尔问题特定区域中长期动力学的定性特征，但在特定双星系统的任务设计过程中可能需要使用高阶项[419]。

三体摄动会破坏典型的映射轨道的稳定性，该轨道需要大倾角和小偏心率设计，即所谓的 Kozai 机制[264,311,364,365]，也称为 Lidov－Kozai 共振[450,651]。偏心率–近地点动力学对于标称科学轨道的设计至关重要，而使寿命最大化的常见策略是基于 Kozai 机制的自然动力学。因此，平根数到瞬根数转换的精确计算就变得至关重要，但在不同的轨道构型中可以对表达式进行简化。

另一方面，吸引体的非中心质量分布可能对长期动力学产生显著的影响，但在一定程度上缓解了影响科学轨道的不稳定性。由于普通的行星卫星与它们的轨道运动是同步旋转的，所以可以不增加自由度数量，即可将中心体的椭球状扰动效应像希尔问题哈密顿量摄动一样被合并处理。

11.1　受摄开普勒运动

希尔问题哈密顿函数（10－17）可以表示为 $\mathcal{H}=\mathcal{H}_{\mathrm{K}}+\mathcal{H}_{\mathrm{C}}+\mathcal{H}_{3\mathrm{b}}$，其中 $\mathcal{H}_{\mathrm{K}}=\frac{1}{2}(X^2+Y^2+Z^2)-\mathcal{G}m_2/r$ 为开普勒方程，$\mathcal{H}_{\mathrm{C}}=-\dot{\vartheta}(xY-yX)$ 表示科里奥利项，$\mathcal{H}_{3\mathrm{b}}=\frac{1}{2}\dot{\vartheta}^2(r^2-3x^2)$ 解释了希尔问题近似解中的三体效应。继而，在科里奥利效应和三体摄动都比开普勒引力小的相空间区域，希尔问题可以作为一种受摄开普勒运动来处理。

在 $\mathcal{H}_{3\mathrm{b}}\ll\mathcal{H}_{\mathrm{C}}\ll\mathcal{H}_{\mathrm{K}}$ 时，可以取一个形式上的小参数粗略地表示时变率的微小程度。进而利用式（4－4）将哈密顿摄动量（2－30）表示为

$$\mathcal{H}_{0,0}=-\frac{\mu}{2a} \tag{11-1}$$

$$\mathcal{H}_{1,0}=-\dot{\vartheta}H=2\,\mathcal{H}_{0,0}\,\frac{\dot{\vartheta}}{n}c\eta \tag{11-2}$$

$$\mathcal{H}_{2,0}=\mathcal{H}_{0,0}\frac{\dot{\vartheta}^2}{n^2}\frac{r^2}{a^2}\frac{1}{4}\{2(2-3s^2+3s^2\cos2\theta)+3[(1-c)^2\cos(2h-2\theta)$$
$$+2s^2\cos2h+(1+c)^2\cos(2h+2\theta)]\}$$
(11 - 3)

其中，a，n，c，η，r，$\theta=f+\omega$ 以及 $h=\Omega-\dot{\vartheta}t$ 是 Delaunay 正则变量的常函数，且当 $m\geqslant3$ 时，$\mathcal{H}_{m,0}=0$。若将 h 替换为 $h-\theta_{\odot}$，$\mathcal{H}_{2,0}$ 等于 2 倍的式（8 - 47）也就不足为奇了，也就是说，后者被考虑在一个随太阳平运动旋转的坐标系中。

然后，通过基于李变换的摄动，从式（11 - 1）～式（11 - 3）中消除短周期项来研究长周期项的演化。由于旋转坐标系公式的存在，相对于近拱点幅角的慢运动，旋转坐标系 h 中交点经度变化得更快。因此，采用双重平均法是合适的。也就是说，首先通过常规的 Delaunay 归一化消除与平近点角相关的短周期项，然后再进行第二次李变换，消除与 h 相关的周期项。

11.1.1 短周期消除

因此，我们利用李变换方法来寻找（ℓ，g，h，L，G，H）$\longmapsto$（ℓ'，g'，h'，L'，G'，H'，ϵ）的正则变换，使之在某种截断阶数下，从单撇号变量中的希尔问题哈密顿量中去除短周期效应。由于我们处理的是受摄开普勒运动，李导数是式（4 - 66）中的一项，在式（4 - 68）中对同调方程进行不定积分求解，其被定义为一个任意的“常数”，用于保证生成函数的纯周期特性。

由于 $\mathcal{H}_{1,0}$ 不依赖于平近点角，我们选择 $\mathcal{H}_{0,1}=\widetilde{\mathcal{H}}_{0,1}\equiv\mathcal{H}_{1,0}$ 以及 $\mathcal{W}_1=0$。因此，不存在对 $\sim\dot{\vartheta}/n$ 阶的短周期修正。在二阶条件下，我们在式（2 - 37）中得到 $\widetilde{\mathcal{H}}_{0,2}=\mathcal{H}_{2,0}$，并且通过在平近点角中求 $\mathcal{H}_{2,0}$ 均值来选择新的哈密顿项。

利用式（4 - 62）中平近点角与偏近点角之间的微分关系，以封闭解的形式对偏心率进行平均，即 $\mathcal{H}_{0,2}=\langle\mathcal{H}_{2,0}\rangle_{\ell}=\langle\mathcal{H}_{2,0}(r/a)\rangle_u$。进而得到

$$\mathcal{H}_{0,2}=-2!\,\frac{\mu}{a}\frac{\dot{\vartheta}^2}{n^2}\sum_{l=0}^{1}b_l(e)\sum_{k=-1}^{1}(-1)^{k-l}Q_{2,l,2k}(I)\cos(2kh+2lg) \tag{11 - 4}$$

该式为式（8 - 53）的 2 倍。从式（4 - 70）中计算 $\mathcal{W}_2$ 项得到

$$\mathcal{W}_2=2!\,L\frac{\dot{\vartheta}^2}{n^2}\sum_{l=0}^{1}\sum_{k=-1}^{1}\sum_{j=-3}^{3}(-1)^kB_{2,l,j}(e)Q_{2,l,2k}(I)\sin(ju+2kh+2lg) \tag{11 - 5}$$

该式为式（8 - 54）的 2 倍，其中偏心率多项式 $B_{2,l,j}$ 见表 8 - 6，倾角多项式 $Q_{2,l,2k}$ 见表 8 - 3。式（11 - 5）中，$(\dot{\vartheta}/n)^2$ 阶的短周期修正导数遵循式（2 - 17）中的标准顺序。

在忽略高阶项后，我们得到了新的哈密顿量 $\mathcal{K}=\mathcal{K}_{0,0}+\epsilon\mathcal{K}_{1,0}+\frac{1}{2}\epsilon^2\mathcal{K}_{2,0}$，其中 $\mathcal{K}_{i,0}=\mathcal{H}_{0,i}(i=0,1,2)$ 是分别通过将式（11 - 1）、式（11 - 2）和式（11 - 4）中的原始项替换为单撇号变量得到的。

11.1.2　旋转坐标系中的交点消除

单平均希尔问题哈密顿量 $\mathcal{K}$ 仍然具有两个自由度。尽管文献 [504，505，653，655] 中报告了不同的特定解，以及由此产生的周期性轨道[654]，但不出意料的是，这些已知的解析解依赖于特殊函数，并没有提供太多关于动力学的见解。另一方面，基于旋转坐标系形式，假设变量 h 的演化速度比 g 快，所以新的哈密顿量 $\mathcal{K}$ 仍然保持摄动哈密顿量的形式。因此，可以在对双撇号变量进行新的李变换后研究其长期运动，该变换在新的哈密顿量中消除与 h'' 有关的周期项。

类似 6.3.1 节中的 Brouwer 近地点消除，或 7.2.3 节中的 Garfinkel 田谐哈密顿量交点经度消除，李导数（4－66）在每阶都完全消除为零，从而确定在新的哈密顿项和生成函数项的各阶之间产生偏移。新的同调方程形式上类似于式（6－47），其中

$$\mathcal{L}_1=\frac{\partial\mathcal{K}_{1,0}}{\partial H'}\frac{\partial}{\partial h'}=-\dot{\vartheta}\frac{\partial}{\partial h'}\tag{11-6}$$

因此

$$\mathcal{V}_{m-1}=\frac{1}{m\dot{\vartheta}}\int(\mathcal{K}_{0,m}-\widetilde{\mathcal{K}}_{0,m})\mathrm{d}h'\tag{11-7}$$

那么 $\mathcal{K}_{0,1}=\mathcal{K}_{1,0}$，我们选择 $\mathcal{K}_{0,2}=\langle\mathcal{K}_{2,0}\rangle_{h'}$。式（11－4）中，求平均值后剩下的唯一项是求和指数 $k=0$ 的项。为准备 11.2 节的后续计算，我们将其排列为一般形式

$$\mathcal{K}_{0,m}=-\frac{\mu}{2a}\frac{\dot{\vartheta}^m}{n^m}(c\eta)^{m^*}\sum_{l=0}^{m_0}\sum_{j=0}^{m_0-1}Q^*_{m,l,j}e^{2j}(es)^{2l}\cos2lg\tag{11-8}$$

其中，根据式（6－5）中的索引约定，$m_0=\left\lfloor\frac{1}{2}m\right\rfloor$，且 $m^*=m\bmod 2$。对于 $m=2$，我们得到新的倾角多项式 $Q^*_{2,0,0}=\frac{1}{2}(3c^2-1)$，$Q^*_{2,0,1}=\frac{3}{2}Q^*_{2,0,0}$ 以及 $Q^*_{2,1,0}=\frac{15}{4}$。

当 $m=2$ 时，由式（11－7）计算生成函数的 $\mathcal{V}_1$ 项。我们将结果整理为

$$\mathcal{V}_m=L'\eta^{(m-1)^*}\frac{\dot{\vartheta}^m}{n^m}\sum_{l=-m'}^{m'}\sum_{k=1}^{m'}\sum_{j=0}^{m'-l'}Q^*_{m,l,k,j}(I)e^{2(j+l')}s^{2|l'-k|}\sin(2kh+2lg)\tag{11-9}$$

其中，$l'=|l|$，$(m-1)^*=(m-1)\bmod 2$，$m'=m_{-1}=\left\lfloor\frac{1}{2}(m+1)\right\rfloor$。在一阶 $m=1$ 时，$Q^*_{1,\pm1,1,0}=\frac{15}{64}(c\pm1)^2$，$Q^*_{1,0,1,0}=\frac{3}{16}$ 以及 $Q^*_{1,0,1,1}=\frac{9}{32}$。周期修正项为 $\dot{\vartheta}/n$ 的第一阶，通常从式（2－17）中计算得到。

双平均过程结束时，用 $\mathcal{K}_{0,i}$，$i=0$，1，2 项中的双撇号变量替换单撇号变量，从而产生双平均哈密顿量

$$\mathcal{Q}=-\frac{\mu}{2a}\left\{1+2\frac{\dot{\vartheta}}{n}c\eta-\frac{1}{4}\frac{\dot{\vartheta}^2}{n^2}[(3e^2+2)(3s^2-2)-15e^2s^2\cos2g'']\right\}\tag{11-10}$$

其中，ℓ'' 及 h'' 均为周期变量，因此，$\mathcal{Q}$ 是（g''，G''）中的可积单自由度哈密顿量，其中 L''

和 H'' 是（形式）积分量。特别的是，因为式（4-46）中 $H''=L''\sqrt{1-e^2}\cos I$，使得角动量矢量第三分量的常数值在偏心率和倾角之间产生耦合。如图 11-1 所示，对于给定的值 L'' 和 H''，这种耦合导致偏心率增大，相应地使倾角减小，且式（11-10）给定流形能量 $\mathcal{Q}=E$ 所允许的最大偏心率对应位于主星轨道平面上的轨道。在逆行倾角情况下，得到一个对称图形，而极轨道（$H''=0$）仍然保持其极地性。如式（5-73）所示，图 11-1 中的动力学参数 L'' 和 H'' 被组合成一个单独的参数 $\gamma=c\eta=H''/L''$，平均而言，它是该情形下圆轨道倾角的余弦值。

11.1.3 三体临界倾角：Lidov-Kozai 共振

忽略式（11-10）中的常数项并不影响（g''，G''）动力学。将时间乘以 $-\dfrac{1}{16}a^2\dot{\vartheta}^2$，我们得到双平均哈密顿量

$$\mathcal{Q}^*=\mathcal{Q}^*(g'',G'';\gamma)\equiv(2+3e^2)(3c^2-1)+15e^2(1-c^2)\cos 2\omega \qquad (11-11)$$

其中，$c=\gamma/\eta$。式（11-11）中的哈密顿量在形式上等同于式（8-59）中的太阳摄动项，或等价于式（8-61）中的联合日月效应，并可根据特殊函数进行积分[349,350,364]。

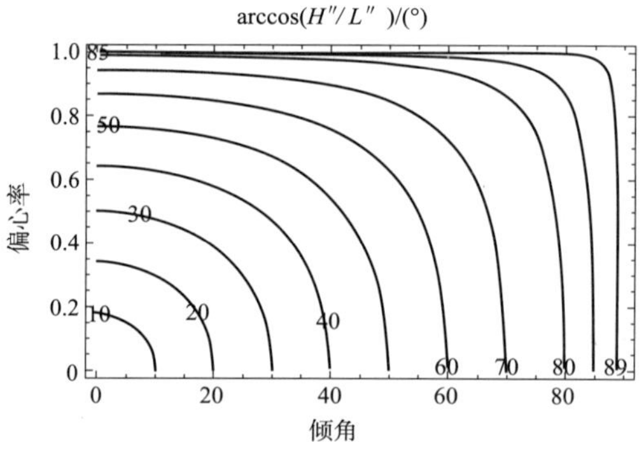

图 11-1 双平均希尔问题中的偏心率-倾角耦合

或者，正如我们在 5.6.3 节中所做的那样，可以从简化相空间的图形表示中获得对长期动力学的更多了解，无须通过对不同 γ 值描绘式（11-11）的等高线图来进行积分。如图 11-2 所示，其中简化的相空间由圆柱形（e，ω）和平面偏心矢量两种形式表示。这里的情况类似于之前在 5.6 节中讨论的卫星临界倾角附近发生的分岔过程。事实上，平均而言，圆轨道始终保持圆形，并且在小倾角时保持稳定，如图 11-2 左列所示。最终，它们的稳定特性在分岔过程中转变为不稳定性，其中出现两个稳定的椭圆轨道，且近拱点幅角在 90°和 270°处冻结（图 11-2 中间列）。然而，人造卫星问题中出现的圆轨道第二次分岔以及随后的恢复稳定（图 5-4）在此不会发生。因此，如图 11-2 右列所示，与人造卫星问题相反，在偏心平衡附近的平动区域以及靠近分界线的环流区域中，轨道的偏心率可能会发生很大的变化，由于角动量矢量的第三分量的保留，倾角也随之变化很大。

这种现象被称为 Lidov－Kozai 共振①[364,450]，在天体力学中受到广泛关注[485,525,607]，同时也在空间探测器的任务设计中具有重要意义。

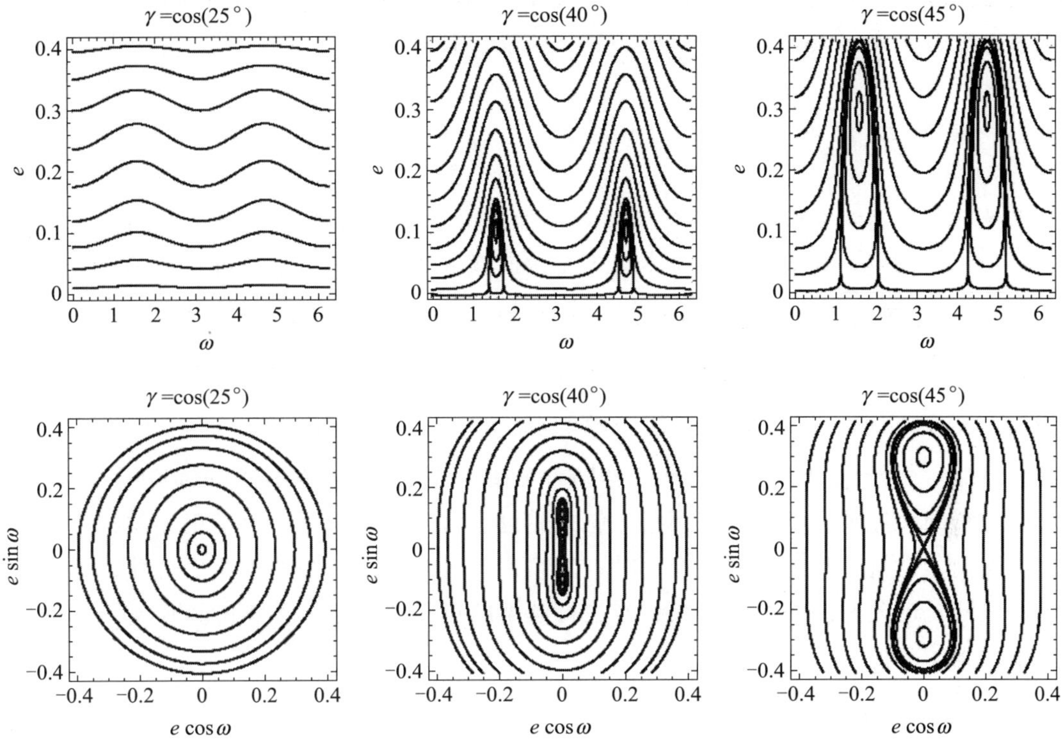

图 11－2　比较图 5－3 和图 5－4，不同 γ 值对应的双平均希尔问题哈密顿量（11－11）等高线图

除了等高线图表示法所提供的见解之外，对平衡的正常讨论应该在紧流形的变量中进行，如式（5－75）所示。然而，对于行星卫星科学轨道中的小偏心率，在实践中，使用式（5－74）中定义的轨道平面（C，S）上的偏心率矢量分量就足够了。式（8－66）给出了它们的平均变化量，由此替换双平均哈密顿量（11－11）的哈密顿方程，我们得到

$$\frac{\mathrm{d}C}{\mathrm{d}t}=-12\frac{S}{L''}\left(3\eta-5\gamma^2\frac{1-C^2}{\eta^3}\right)\qquad(11-12)$$

$$\frac{\mathrm{d}S}{\mathrm{d}t}=-12\frac{C}{L''}\left(2\eta+5\gamma^2\frac{S^2}{\eta^3}\right)\qquad(11-13)$$

其中，$\eta=\eta(C,\ S)\equiv\sqrt{1-C^2-S^2}$。

变微分方程式（11－12）～式（11－13）表明，圆轨道 $C=S=0$ 始终是双平均流的平衡点。此外，很容易验证式（11－13）仅在 $C=0$ 时为零。当 $S\neq0$ 时，式（11－12）为零产生另一个平衡解

$$C=0,\quad S=\pm\left(1-\sqrt{5/3}\,|\gamma|\right)^{1/2}\qquad(11-14)$$

① Vashkov'yak 将这一命名归于 A. I. Neishtadt。关于该主题的最新综述和其他作者的贡献，最著名的是 H. von Zeipel，详见文献［313］。

也就是说，如果 $|\gamma| < \sqrt{3/5}$，则存在近拱点 $\omega = \pm\dfrac{\pi}{2}$ 的冻结轨道，其偏心率 $e = |S|$ 由式（11－14）给出。在极限 $\gamma = \sqrt{3/5}$ 时，这些平衡从 $I_{\text{circular}} = \arccos\sqrt{3/5} \approx 39.23°$ 的圆轨道分岔出来，该倾角有时被称为第三体临界倾角。

11.2 高阶动力学

虽然使用摄动解的低阶截断对于揭示定性动力学的主要事实是有帮助的，尤其对于 Lidov－Kozai 共振，它建立了一个不属于希尔问题的顺逆行轨道的对称性。另一方面，忽略 $(\dot{\vartheta}/n)^3$ 阶及更高阶的短周期项可能不足以给出合理准确的预报。例如，根据太阳-水星系统的物理特性，对于水星飞掠轨道，$(\dot{\vartheta}/n)^3 = \mathcal{O}(10^{-10})$，因此摄动解的二阶截断似乎足够精确。相反，对于伽利略卫星的飞掠轨道，$(\dot{\vartheta}/n)^3 = \mathcal{O}(10^{-5})$，而对于土卫二仅为 $(\dot{\vartheta}/n)^3 \approx 5 \times 10^{-4}$。当然，这种情况会随着被研究的轨道高度的提升而加剧。

高阶摄动法提供了更精确的预报，但它们也揭示了希尔问题动力学更多的细节。特别是它们表明，圆轨道稳定性发生变化时，其倾角也随轨道半长轴的变化而变化。此外，偏心轨道和圆轨道分岔的曲线不再具有顺逆行倾角的对称性，这一事实已经在木卫二的数值方法中得到了验证[429]。

11.2.1 三阶简并

在第三阶中，进入同调方程的已知项是之前在式（6－88）中给出的项，在当前情况下仅限于 $\widetilde{\mathcal{H}}_{0,3} = 3\{\mathcal{H}_{0,1};\mathcal{W}_2\}$。在对泊松括号进行评估后，通过对平近点角的已知项进行平均来选择 $\mathcal{H}_{0,3}$ 项。如前所述，求平均是在偏心率闭合形式下计算的，并得到①

$$\mathcal{H}_{0,3} = \langle \widetilde{\mathcal{H}}_{0,3}(r/a) \rangle_u = 0 \tag{11-15}$$

从式（4－70）中计算 $\mathcal{W}_3$ 项得到

$$\mathcal{W}_3 = L\frac{\dot{\vartheta}^3}{n^3}\sum_{l=0}^{1}\sum_{k=-1}^{1}\sum_{j=-4}^{4} B_{3,l,j}(e)Q_{3,l,2k}(I)\sin(ju + 2kh + 2lg) \tag{11-16}$$

其中，$Q_{3,0,\pm2} = \pm\dfrac{1}{64}s^2$，$Q_{3,1,0} = 0$，$Q_{3,1,\pm2} = \mp\dfrac{1}{64}(c \pm 1)^2$，不再与表 8－3 中赤道坐标系公式的倾角多项式相同，偏心率多项式 $B_{3,l,j}$ 见表 11－1。

表 11－1　式（11－16）中的偏心率多项式 $B_{3,l,j}$

j	$l = 0$	$l = 1$
0	$-9e^2(3e^2 - 16)$	$-9e^2(9\eta^2 + 13)$
±1	$9e(3\eta^2 + 13)$	$\mp 9e(\eta \pm 1)(8\eta^2 \pm \eta + 13)$

① 由于 $\mathcal{W}_2$ 在平近点角中是纯周期性的，从式（11－5）中可以看出，$\mathcal{H}_{0,3}$ 与文献［418］式（A－4）中的项不同。类似的差异出现在高阶项上。

续表

j	$l=0$	$l=1$
± 2	$-3e^2(4\eta^2+17)$	$-3(\eta\pm 1)^2(8\eta^2\pm 6\eta-17)$
± 3	$11e^3$	$\pm e(\eta\pm 1)^2(6\eta\mp 11)$
± 4	$-\frac{3}{4}e^4$	$\frac{3}{4}e^2(\eta+1)^2$

因为 $\mathcal{K}_{3,0}=\mathcal{H}_{0,3}=0$，单撇号变量中的新哈密顿量与二阶哈密顿量相同，且已精确到 $\mathcal{O}(\dot{\vartheta}^3/n^3)$。因此，我们可以计算一种三阶李变换以消除交点。

我们首先将式（6－88）中的 $\mathcal{H}$ 替换为 $\mathcal{K}$ 来计算已知项 $\widetilde{\mathcal{K}}_{0,3}$。然后，如 11.1.2 节所示，令 $\mathcal{K}_{0,3}=\langle\widetilde{\mathcal{K}}_{0,3}\rangle_{h'}$，将交点经度从同调方程中消除。$\mathcal{K}_{0,3}$ 项采用式（11－8）$m=3$、$Q^*_{3,0,0}=\frac{27}{16}s^2$、$Q^*_{3,0,1}=-\frac{27}{32}(17s^2-50)$ 以及 $Q^*_{3,1,0}=\frac{405}{32}$ 的一般形式。当 $m=2$、$Q^*_{2,\pm 1,1,0}=\frac{45}{128}(c\pm 1)^2(3c\mp 2)$、$Q^*_{2,0,1,0}=-\frac{9}{32}c$ 以及 $Q^*_{2,0,1,1}=\frac{153}{64}c$ 时，同调方程（11－7）再次得到式（11－9）。

忽略常数项，将双平均哈密顿量类似式（11－11）进行缩放后得到

$$\begin{aligned}\mathcal{Q}^*=&(2+3e^2)(2-3s^2)+15e^2s^2\cos 2g''\\&+\frac{9}{8}\varepsilon\gamma\left[2s^2+(50-17s^2)e^2+15s^2e^2\cos 2g''\right]\end{aligned}\tag{11-17}$$

其中，我们缩写 $\varepsilon=\dot{\vartheta}/n$。系数 $\gamma=H''/L''$ 打破了由早期二阶截断引入的顺逆行倾角轨道的对称性，并且考虑式（11－12）～式（11－13），半分点根数的变分方程伴随着 ε 阶而变化，即

$$\frac{\mathrm{d}C}{\mathrm{d}t}=-12\frac{S}{L''}\left[3\eta\left(1-\frac{9}{8}\gamma\varepsilon\right)-5\gamma^2\frac{1-C^2}{\eta^3}\left(1+\frac{9}{8}\gamma\varepsilon\right)\right]\tag{11-18}$$

$$\frac{\mathrm{d}S}{\mathrm{d}t}=-12\frac{C}{L''}\left[2\eta\left(1+\frac{9}{2}\gamma\varepsilon\right)+5\gamma^2\frac{S^2}{\eta^3}\left(1+\frac{9}{8}\gamma\varepsilon\right)\right]\tag{11-19}$$

这些修正不会影响圆轨道的存在，因为 $C=S=0$ 仍然使双平均问题保持平衡，但其略微改变了偏心平衡的偏心率。当近拱点幅角在 $g=\pm\frac{\pi}{2}$（或 $C=0$）处冻结时，后者仍然存在，而当

$$e=\left(1-|\gamma|\sqrt{\frac{5}{3}}\sqrt{\frac{8+9\gamma\varepsilon}{8-9\gamma\varepsilon}}\right)^{1/2}\approx\left[1-|\gamma|\sqrt{\frac{5}{3}}\left(1+\frac{9}{8}\varepsilon\gamma\right)\right]^{1/2}\tag{11-20}$$

式（11－19）与式（11－18）恒等于零。

在极限 $e=0$ 时，式（11－20）给出了圆形轨道在出现偏心轨道分岔过程中改变其稳定性的曲线 $\gamma=\gamma(\varepsilon)$。代替求立方，更简单的方法是用隐式形式给出 γ

$$0=3-5\gamma^2-\frac{9}{8}\varepsilon(3+5\gamma^2)\gamma\tag{11-21}$$

这表明分岔线是三体临界倾角曲线 $3-5\gamma^2=0$ 的摄动。对于 $g=\pm\frac{\pi}{2}$ 的顺行倾角轨道（$\gamma>0$），分岔线从临界顺行倾角开始，随着 ε 的增大而不断增大。由逆行圆轨道（$\gamma<0$）产生的分岔从临界逆行倾角开始，随着 ε 的增大，分岔逐渐接近赤道。当 $\varepsilon=2/9\approx 0.22$ 时，该曲线结束于逆行的赤道轨道（$\gamma=-1$）。

对于 $S=0$，摄动解的这个近似阶数产生了一个额外的极值。该值使式（11－18）恒等于零，而式（11－19）仅随曲线 $\gamma\varepsilon=-\frac{2}{9}$ 等于零。这种分岔的性质是简并的，近拱点为 0 或 π，且所有偏心率 $0<e<1$ 的轨道沿着这条线成为冻结轨道。

分岔线将不同流的区域区分开。图 11－3 的左图显示了三阶双平均哈密顿量。区域 1 和 3 中的流与图 11－2 左图中的流定性相同，而图 11－3 区域 2 中的流与图 11－2 中的中心和右图中的流定性相同。

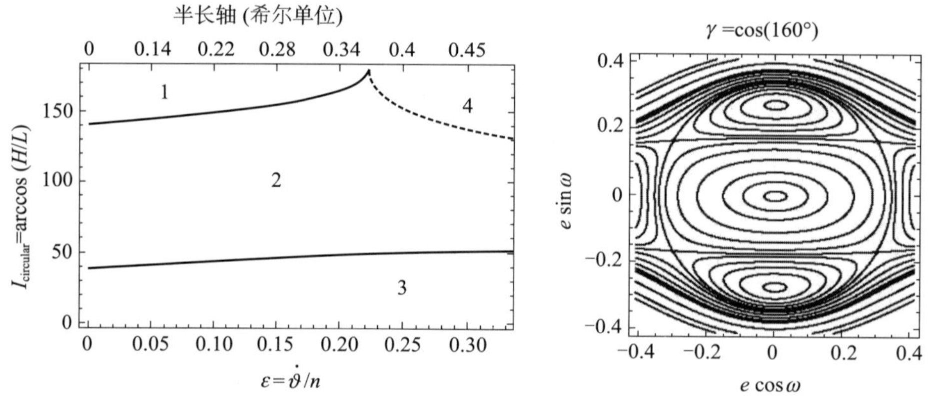

图 11－3　左图：参数平面中的希尔问题三阶截断分岔线；右图：$\varepsilon=0.25$ 时区域 4 中的虚幻流

三阶截断的简并性表明在归一化过程中必须进行更高阶的截断。一般来说，高阶计算将解决这个问题，但必须意识到，进入高阶并不总能保证成功[168]。

11.2.2　四阶修正

在四阶时，从式（6－89）的已知项中，通过对平近点角取平均 $\widetilde{\mathcal{H}}_{0,4}$ 来选择 $\mathcal{H}_{0,4}$。将其排列成一般形式

$$\mathcal{H}_{0,m}=-\frac{\mu}{2a}\frac{\dot{\vartheta}^m}{n^m}\eta^{m^*}\sum_{l=0}^{m'}\sum_{k=-m'}^{m'}\sum_{j=0}^{m_0-l}Q_{m,l,k,j}(I)e^{2j+2l}\cos(2kh+2lg) \tag{11-22}$$

其中，$m^*=m\bmod 2$ 和 $m_0=\left\lfloor\frac{1}{2}m\right\rfloor$，从式（6－5）得到 $m'=m_0-m^*$，以及倾角多项式 $Q_{4,l,k,j}$ 如表 11－2 所示。然后，根据式（4－70）计算短周期消除生成函数的四阶项，发现其包含 119 个三角函数项。

表 11－2　式（11－22）中的倾角多项式 $Q_{4,l,k,j}$

0,0,0：$-\frac{1}{32}(189c^4+846c^2+141)$	0,0,1：$\frac{27}{32}(209c^4+190c^2+377)$
0,±1,0：$\frac{9}{16}s^2(7s^2-34)$	0,±1,1：$-\frac{171}{16}s^2(11s^2-24)$
0,±2,0：$-\frac{63}{64}s^4$	0,±2,1：$\frac{1881}{64}s^4$
1,0,0：$-\frac{27}{32}s^2(195s^2-278)$	1,0,1：$\frac{9}{64}s^2(555s^2-686)$
1,±1,0：$\frac{27}{16}(c\pm1)^2(65c^2\mp65c+37)$	1,±1,1：$-\frac{9}{32}(c\pm1)^2(185c^2\mp185c+79)$
1,±2,0：$\frac{1755}{64}(c\pm1)^2s^2$	1,±2,1：$-\frac{1665}{128}(c\pm1)^2s^2$
2,0,0：$\frac{5535}{256}s^4$	0,0,2：$-\frac{189}{256}(143c^4+170c^2+239)$
2,±1,0：$\frac{1845}{128}(c\pm1)^2s^2$	0,±1,2：$\frac{63}{128}s^2(143s^2-342)$
2,±2,0：$\frac{1845}{512}(c\pm1)^4$	0,±2,2：$-\frac{9009}{512}s^4$

接下来，我们通过式（11－22）中的带撇项来改变原始变量以计算 $\mathcal{K}_{4,0}=\mathcal{H}_{0,4}$ 。$\widetilde{\mathcal{K}}_{0,4}$ 在本阶消除的已知项如式（6－89）所示，其中我们用 $\mathcal{K}$ 取代 $\mathcal{H}$ 。然后选取新的哈密顿量项 $\mathcal{K}_{0,4}=\langle\widetilde{\mathcal{K}}_{0,4}\rangle_{h'}$ 。同样，采用式（11－8）的形式（ $m=4$ 以及表 11－3 中对应的倾角多项式）。由同调方程（11－7）可得出式（11－9）中的 $\mathcal{V}_3$（ $m=3$ 以及表 11－4 中对应的倾角多项式）。

表 11－3　式（11－8）中第 4 阶与第 5 阶倾角多项式 $Q^*_{m,l,j}$

l,j	$m=4$	$m=5$
0,0	$\frac{3}{64}(9c^4-726c^2-67)$	$\frac{15}{1024}(351c^5-19666c^2-30349)$
0,1	$\frac{27}{32}(344c^4+253c^2+329)$	$\frac{15}{1024}(209763c^5+544816c^2+397761)$
0,2	$-\frac{27}{512}(5407c^4+2794c^2+2527)$	$-\frac{45}{8192}(1155789c^5+845358c^2+325853)$
1,0	$\frac{27}{32}(345c^2+68)$	$\frac{45}{1024}(70155c^2+104101)$
1,1	$-\frac{9}{128}(4035c^2+307)$	$-\frac{45}{2048}(338805c^2+168689)$
2,0	$\frac{945}{512}$	$-\frac{8932275}{8192}$

表 11-4 式（11-9）中第 3 阶与第 4 阶倾角多项式 $Q^*_{m,l,k,j}$

l,k,j	$m=3$	$m=4$
$\pm 2,1,0$	$-\frac{2385}{4096}(c\pm 1)^2$	$-\frac{135}{65536}(c\pm 1)^2(26730c\mp 9601)$
$\pm 2,2,0$	$\frac{7065}{32768}(c\pm 1)^3$	$\frac{2025}{131072}(c\pm 1)^4(939c\mp 140)$
$\pm 1,1,0$	$\frac{27}{512}(c\pm 1)^2\times(310c^2\mp 175c+79)$	$\frac{15}{16384}(c\pm 1)^2\times(252639c^3\mp 84861c^2+118641c\mp 17939)$
$\pm 1,1,1$	$-\frac{9}{1024}(c\pm 1)^2\times(2125c^2\mp 1315c+563)$	$-\frac{15}{32768}(c\pm 1)^2\times(986418c^3\mp 737271c^2+382002c\pm 1361)$
$\pm 1,2,0$	$\frac{405}{2048}(c\pm 1)^2$	$\frac{135}{16384}(c\pm 1)^2(387c\pm 226)$
$\pm 1,2,1$	$\frac{5445}{8192}(c\pm 1)^2$	$\frac{135}{32768}(c\pm 1)^2(13311c\mp 1502)$
$0,1,0$	$\frac{9}{256}(13c^2-57)$	$-\frac{3}{4096}c(1539c^2+11197)$
$0,1,1$	$\frac{9}{256}(904c^2+215)$	$\frac{3}{8192}c(1269351c^2+546293)$
$0,1,2$	$-\frac{9}{2048}(8131c^2+1355)$	$-\frac{27}{16384}c(481869c^2+81992)$
$0,2,0$	$-\frac{261}{2048}$	$\frac{7074}{8192}c$
$0,2,1$	$\frac{333}{512}$	$\frac{38151}{8192}c$
$0,2,2$	$\frac{12627}{16384}$	$\frac{5342841}{65536}c$

在忽略常数项并按比例修正双平均哈密顿量后，由双平均流的哈密顿方程计算得到平衡态。在 $e\to 0$ 的极限情形下，条件 $C=0$，$e=|S|$ 给出了近拱点在 $\pm\frac{\pi}{2}$ 点周围的偏心平衡的新值，并给出了新的圆轨道分岔线

$$\sum_{j=0}^{m-2}\Gamma_j(\gamma)\varepsilon^j=0 \tag{11-23}$$

其中，$\Gamma_0=3-5\gamma^2$，$\Gamma_1=-\frac{9}{8}(5\gamma^2+3)\gamma$，$\Gamma_2=-\frac{1}{64}(2070\gamma^4-193\gamma^2+783)$。$\Gamma_2$ 项不仅引入了可观测到的量变，而且还纠正了三阶截断的简并性。现在，对于所有感兴趣的 ε 值都存在逆行圆轨道分岔，如图 11-4 所示。区域 4 不再存在，相对于逆行轨道，圆形顺行轨道在倾角更大时可以保持稳定。

11.2.3 高阶改进

尽管该过程中可能会出现非平凡积分解，但标准的方法是继续进行更高阶的李变换。在这种情况下，类似于文献［2，324］中提出的策略可能会起到决定性的作用。

因此，在五阶项处，我们得到了式（11-22）新的一般形式的单平均哈密顿量项（m

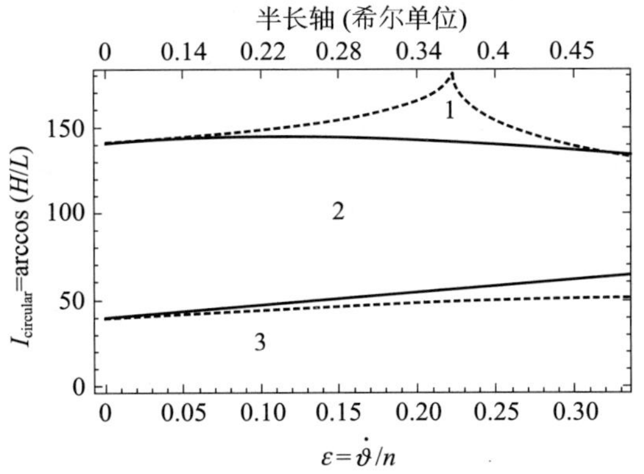

图 11－4　四阶截断的圆轨道分岔曲线（实线）叠加至图 11－3 中的相似曲线（虚线）

$=5$ 以及表 11－5 中的倾角多项式）。接下来将其写入单撇号变量中，得到 $\mathcal{K}_{5,0}=\mathcal{H}_{0,5}$。发现提供生成函数的五阶（纯周期）项的傅里叶级数包含 132 个三角函数项。

表 11－5　式（11－22）中的倾角多项式 $Q_{5,l,k,j}$

0,0,0：$-\frac{15}{2}c(53c^2+44)$	0，±1,0：$-\frac{795}{4}cs^2$	1,0,0：$\frac{4545}{4}cs^2$	1,0,1：$-\frac{765}{4}cs^2$
0,0,1：$\frac{75}{8}c(379c^2+555)$	0，±1,1：$\frac{28425}{16}cs^2$	1，±1,0：$\frac{1515}{4}(c\pm1)^2(3c\mp2)$	
0,0,2：$-\frac{225}{8}c(45c^2+58)$	0，±1,2：$-\frac{10125}{16}cs^2$	1，±1,1：$-\frac{255}{4}(c\pm1)^2(3c\mp2)$	

在从德普里特递归（2－15）中计算出已知项 $\widetilde{\mathcal{K}}_{0,5}$ 后删除该节点。新的双平均哈密顿项 $\mathcal{K}_{0,5}=\langle\widetilde{\mathcal{K}}_{0,5}\rangle_{h'}$ 采用式（11－8）的形式（倾角多项式 $Q^*_{5,l,j}$ 如表 11－3 所示）。以式（11－9）的形式再次求解同调方程（11－7）（$m=4$ 以及表 11－4 中对应的倾角多项式 $Q^*_{m,l,k,j}$）。

$m=5$ 时圆形轨道的分岔线由式（11－23）给出。新项 $\Gamma_3=-\frac{1}{1024}\gamma(14243+104498\gamma^2+70155\gamma^4)$ 阻止了 ε 在中值时圆形逆行倾斜轨道的分岔，并且在新分岔线上出现了 $\omega=0$，π 的平衡简并。

$$\frac{1}{128}\gamma(8819\gamma^2+14793)\varepsilon^3+\frac{1}{64}(1469\gamma^2+1191)\varepsilon^2+9\gamma\varepsilon+2=0$$

这是对曲线 $9\gamma\varepsilon+2=0$ 在三阶处的改进。在下一阶 $m=6$ 时，该情况再次被修正，此时最后一条分岔线不再存在，并且式（11－23）中圆形轨道的分岔得到了该项的补充

$$\Gamma_4=-\frac{1}{12288}(3086640\gamma^6+4388089\gamma^4+2133651\gamma^2+102040)$$

回想一下，系数 Γ_3、Γ_4 与文献［419］中类似系数之间的差异，是此处计算消除短周期生成函数的纯周期性质的结果。

单平均和双平均哈密顿量的六阶项仍然分别遵循式（11－22）和式（11－8）的一般

形式。前者包含 58 个项，并且未提供相应的倾角多项式以避免冗长的列表。后者的 $Q^*_{6,l,j}$ 项如表 11-6 所示。

表 11-6 式 (11-8) 中的倾角多项式 $Q^*_{6,l,j}$

0,0：$-\frac{15}{2048}(1737c^6+254540c^4+1402545c^2+268346)$
0,1：$\frac{15}{2048}(9265131c^6+24834958c^4+21356085c^2+4723182)$
0,2：$-\frac{15}{16384}(303051753c^6+346139368c^4+190389621c^2+23680002)$
0,3：$\frac{45}{16384}(83046117c^6+47146752c^4+24371729c^2+4316018)$
1,0：$\frac{45}{1024}(1543320c^4+1877096c^2+685157)$
1,1：$-\frac{15}{4096}(88656795c^4+59142109c^2-838246)$
1,2：$\frac{45}{16384}(103612815c^4+51973518c^2+3613243)$
2,0：$-\frac{75}{16384}(10323423c^2-351202)$
2,1：$\frac{135}{16384}(7081485c^2+404026)$
3,0：$\frac{30290625}{16384}$

摄动解的高阶改进进一步增大了圆形顺行倾角轨道保持稳定区域的最大倾角，如图 11-5 所示，其中六阶解的分岔线（灰色曲线）与四阶分岔线（虚线）和经典的三体临界倾角（水平虚线）共同显示。这一事实将使我们能够找到一个 $I\approx 60°$ 的几乎圆形稳定的标称轨道，这与经典结果中 39.23° 的界限值相反，该界限值是一个关于土卫二的前瞻性科学轨道，其半长轴约为土卫二赤道半径的两倍（~256 km），这将为科学任务提供全球覆盖[96,585]。当以希尔单位表示时，该半长轴 a 为~0.375，并在图 11-5 中用垂直线标记，以强调六阶解如何将四阶预测修正约 4°。

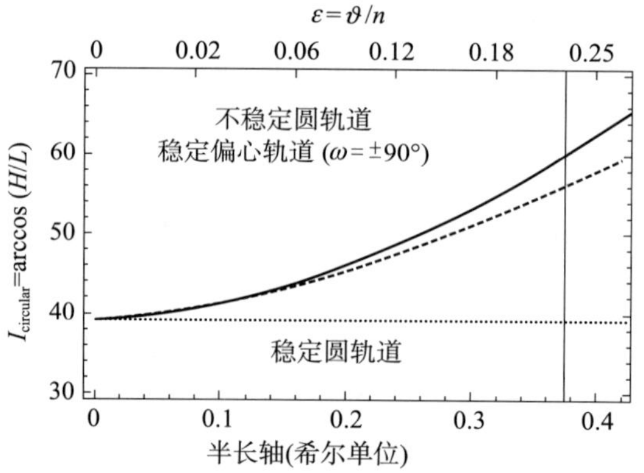

图 11-5 六阶解（实线）和四阶解（虚线）的分岔线与第三体临界倾角（水平虚线）相背离。竖线标记为土卫二赤道半径的 2 倍[419]

利用 10.2 节中的数值我们发现，对于一个 $a=512$ km 的土卫二的科学轨道，希尔问题提供的近似值忽略了 $(a/d)^3=\mathcal{O}(10^{-8})$ 项。此外，$n=(\mathcal{G}m_2/a^3)^{1/2}\approx 2\times 10^{-4}\,\mathrm{s}^{-1}$，并且因为 $\dot{\vartheta}=5.3\times 10^{-5}\,\mathrm{s}^{-1}$，六阶摄动解忽略了 $\mathcal{O}(\dot{\vartheta}/n)^7=\mathcal{O}(10^{-5})$，这为希尔问题动力学提供了一个可接受的近似值。

11.3 行星卫星情形

虽然行星卫星动力学通常可以用希尔问题方程很好地描述，但典型的科学轨道在接近行星卫星表面的地方逐渐演化，从而使质点近似无效。在这种情况下，在第一次近似中，原点处的主坐标被三轴椭球所替代。此外，行星卫星通常以与它们的平均运动同步旋转的方式围绕其母行星运行，并且轴向倾斜非常小，可以忽略不计。在这种情况下，受摄希尔问题在旋转坐标系中保持不变。

希尔问题的哈密顿量（11－1）～（11－3）随后补充了附加项，这些附加项考虑了引力势的非中心性[365,451]。与这种摄动更相关的项是与扁率和力学椭率有关的项，但有时会考虑可能的纬度不对称的影响[389,421,548]。另一方面，大多数行星卫星都符合流体静力平衡假设，这使得采用 $C_{2,2}=\frac{3}{10}J_2$ 以及 $J_3=0$ 可以减少摄动模型的物理参数量[88]。

假设三轴椭球的惯性主轴与旋转坐标系对齐，则可以由式（5－2）得到较小质量体的非中心引力引起的扰动势部分

$$V_{\otimes}=-\frac{\mu}{r}\frac{R_{\otimes}^2}{r^2}\left[\frac{1}{2}J_2\left(1-3\frac{z^2}{r^2}\right)+3C_{2,2}\frac{x^2-y^2}{r^2}\right]$$

其中，下标 $\otimes$ 用于表示行星卫星。笛卡儿坐标使用式（4－4）表示为极性交点变量，其中角度 ν 被旋转坐标系 h 中交点经度所取代，即

$$\begin{aligned}V_{\otimes}=&-\frac{1}{4}\frac{\mu}{r}\frac{R_{\otimes}^2}{r^2}\{J_2(2-3s^2+3s^2\cos 2\theta)+3C_{2,2}\\&\times[(1-c)^2\cos(2h-2\theta)+2s^2\cos 2h+(1+c)^2\cos(2h+2\theta)]\}\end{aligned}$$

通常的假设是，由于自然卫星椭球形而产生的扰动效应与行星第三体摄动的量级相同①。因此，通常的受摄哈密顿量（2－30）的二阶项包含了这两种效应。所以，$\mathcal{H}_{0,0}$ 与 $\mathcal{H}_{1,0}$ 分别由式（11－1）、式（11－2）给出。$\mathcal{H}_{2,0}=\mathcal{H}_{2,0,\mathrm{Hill}}+\mathcal{H}_{2,0,\otimes}$ 以及 $\mathcal{H}_{2,0,\mathrm{Hill}}$ 由式（11－3）给出，并且将流体静力平衡条件应用于扰动势 $V_{\otimes}$。

$$\begin{aligned}\mathcal{H}_{2,0,\otimes}=\mathcal{H}_{0,0}\frac{\dot{\vartheta}^2}{n^2}\beta^2\frac{a^3}{r^3}\Big\{&2-3s^2+3s^2\cos 2\theta+\frac{9}{10}[(1-c)^2\cos 2(h-\theta)\\&+2s^2\cos 2h+(1+c)^2\cos 2(h+\theta)]\Big\}\end{aligned}\tag{11-24}$$

其中函数

① 这与之前讨论的围绕土卫二的科学轨道的情况不同，在这种情况下，椭球形摄动的阶数将高于三体效应。

$$\beta = J_2^{1/2} \frac{R_{\otimes}/a}{\dot{\vartheta}/n} \tag{11-25}$$

提供了一个相对于第三体引力的扁率扰动强度如何随轨道飞行器半长轴变化的表征关系。当用 Delaunay 变量表示时，β 仅取决于 Delaunay 作用 L，其关于 L 的导数可以写为 $\partial\beta/\partial L = -5\beta/L$。

就像希尔问题一样，为了研究行星卫星的长期轨道行为，我们通过两次连续的李变换来消除短周期效应。第一种方法消除了与轨道飞行器平近点角相关的短周期效应，第二种方法消除了与旋转坐标系中交点经度相关的剩余的周期效应。

11.3.1 平近点角消除

类似 11.1.1 节中的希尔问题，我们使 $\mathcal{H}_{0,1} = \mathcal{H}_{1,0}$，$\mathcal{W}_1 = 0$，因此，不存在阶数 $\dot{\vartheta}/n$ 的短期修正。

在二阶时，已知项仅为 $\widetilde{\mathcal{H}}_{0,2} = \mathcal{H}_{2,0}$，从 $\mathcal{H}_{0,2}$ 中通过取平均取得，即 $\mathcal{H}_{0,2} = \langle \mathcal{H}_{2,0} \rangle_{\ell} \equiv \langle \mathcal{H}_{2,0,\mathrm{Hill}} \rangle_{\ell} + \langle \mathcal{H}_{2,0,\otimes} \rangle_{\ell}$，其中项 $\langle \mathcal{H}_{2,0,\mathrm{Hill}} \rangle_{\ell}$ 已在式（11-4）中计算得到。均值 $\langle \mathcal{H}_{2,0,\otimes} r/(a^2\eta) \rangle_{\ell}$ 是标准的。我们得到

$$\mathcal{H}_{0,2,\otimes} = \mathcal{H}_{0,0} \frac{\dot{\vartheta}^2}{n^2} \frac{\beta^2}{\eta^3} \left(2 - 3s^2 + \frac{9}{5} s^2 \cos 2h\right) \tag{11-26}$$

现在将 $\mathcal{W}_2 = \mathcal{W}_{2,\mathrm{Hill}} + \mathcal{W}_{2,\otimes}$，同调方程（4-67）被分解为两部分，可以很方便地利用式（4-70）及式（4-69）以偏心率的闭合形式来求解。$\mathcal{W}_{2,\mathrm{Hill}}$ 项与式（11-5）中的 $\mathcal{W}_2$ 相同，然而

$$\begin{aligned} \mathcal{W}_{2,\otimes} = & -L \frac{\dot{\vartheta}^2}{n^2} \frac{\beta^2}{\eta^3} \Big\{ \phi \left(1 - \frac{3}{2} s^2 + \frac{9}{10} s^2 \cos 2h\right) \\ & + \sum_{l=0}^{1} \sum_{k=-1}^{1} \sum_{j=0}^{2l+1} \left[Q_{l,k} B_{l,j} \sin(jf + 2kh + 2lg) \right] \Big\} \end{aligned} \tag{11-27}$$

其中，$Q_{1,\pm1} = \frac{3}{10}(c \pm 1)^2$，$Q_{1,0} = s^2$，$Q_{0,\pm1} = \frac{9}{20} s^2$，$Q_{0,0} = \frac{1}{2}(3c^2 - 1)$，且 $B_{0,1} = e$，$B_{1,0} = \frac{1}{4}(2\eta + 1)(1 - \eta)/(1 + \eta)$，$B_{1,1} = \frac{3}{4} e$，$B_{1,2} = \frac{3}{4}$，$B_{1,3} = \frac{1}{4} e$。需要注意的是，与文献［389］不同，生成函数不含长周期项，即 $\langle \mathcal{W}_2 \rangle_{\ell} = 0$。此外，为了提高效率，对总和的排列与文献［389］中选择的排列略有不同。

在第三阶时，同调方程的已知项是 $\widetilde{\mathcal{H}}_{0,3} = 3\{\mathcal{H}_{0,1}; \mathcal{W}_2\}$，就像在希尔问题中一样，由此计算出新的哈密顿项 $\mathcal{H}_{0,1} = \langle \widetilde{\mathcal{H}}_{0,3} \rangle_{\ell} = 0$。考虑到椭球形引起的非中心引力摄动已被降至与第三体行星摄动相同的阶数，$\mathcal{H}_{0,3}$ 变为零实际上是式（11-15）的类似结果所预期的。

然后，对于小参数的第三阶，这个过程最后用新的哈密顿量 $\mathcal{H}_{0,i}$，$(i = 0, \cdots, 2)$ 中单撇号变量替换原始变量。在忽略 $\mathcal{O}(\dot{\vartheta}^4/n^4)$ 及更高阶项之后，单撇号变量中部分简化的哈密顿量为

$$\mathcal{K}=\mathcal{K}_{0,0}+\mathcal{K}_{1,0}+\frac{1}{2}\mathcal{K}_{2,0}+\frac{1}{3!}\mathcal{K}_{3,0} \tag{11-28}$$

式中，$\mathcal{K}_{0,0}$ 为开普勒项，$\mathcal{K}_{1,0}$ 为科里奥利项，$\mathcal{K}_{2,0}=\mathcal{H}_{0,2}$ 为式（11－4）与式（11－26）的和，$\mathcal{K}_{3,0}=0$，单撇号变量替换原来的变量。从哈密顿方程中，我们注意到 H' 的变化

$$\frac{\mathrm{d}H'}{\mathrm{d}t}=-nL'\frac{3}{16}\frac{\dot{\vartheta}^2}{n^2}\Big\{2(2+3e^2+\frac{12\beta^2}{5\eta^3})s^2\sin 2h' \\ +5e^2[(c+1)^2\sin(2g'+2h')-(c-1)^2\sin(2g'-2h')]\Big\}$$

在极轨道情况下，当 $h'=k\dfrac{\pi}{2}$ 且 k 为整数时，H' 变为零。因此，无论极轨道与本行星的拱线是否共线或正交，平均而言都还是极轨道。

根据式（2－17）计算从带单号变量到原始变量的李变换的短周期修正量，直至 $\dot{\vartheta}^2/n^2$ 阶。

11.3.2　交点经度消除

如 11.1.2 节所述，与 g' 的变化率相比，旋转坐标系中的公式使 h' 的变化率演化更快。因此，我们通过一个新的李变换，进一步从哈密顿量（11－28）中消除与交点经度有关的周期项，从单撇号变量到双撇号变量，其中李变换导数和同调方程分别由式（11－6）及式（11－7）给出。

因此，$\mathcal{K}_{0,1}=\mathcal{K}_{1,0}$，而 $\mathcal{V}_1$ 仍未确定。在第二阶时，新的哈密顿项是通过在 h' 平均 $\widetilde{\mathcal{K}}_{0,2}=\mathcal{K}_{2,0}$ 来选择的，即

$$\mathcal{K}_{0,2}=-\frac{\mu}{2a}\frac{\dot{\vartheta}^2}{n^2}\frac{1}{4}\left[(2-3s^2)(2+3e^2+4\frac{\beta^2}{\eta^3})+15e^2s^2\cos 2g'\right]$$

从式（11－7）中计算 $\mathcal{V}_1$ 组成。我们得到

$$\mathcal{V}_1=\frac{3}{64}L'\frac{\dot{\vartheta}}{n}\Big\{2(2+3e^2+\frac{12}{5}\frac{\beta^2}{\eta^3})s^2\sin 2h'+5e^2 \\ \times[(1+c)^2\sin(2g'+2h')-(1-c)^2\sin(2g'-2h')]\Big\} \tag{11-29}$$

代入德普里特三角形，计算中间项 $\mathcal{K}_{1,1}=\mathcal{K}_{0,2}-\{\mathcal{K}_{1,0},\mathcal{V}_1\}$ 。

在第三阶，我们从已知项 $\widetilde{\mathcal{K}}_{0,3}=\{\mathcal{K}_{0,2}+\mathcal{K}_{1,1}+\mathcal{K}_{2,0},\mathcal{V}_1\}$ 中选择 $\mathcal{K}_{0,3}=\langle\widetilde{\mathcal{K}}_{0,3}\rangle_{h'}$，即

$$\mathcal{K}_{0,3}=-\frac{\mu}{2a}\frac{\dot{\vartheta}^3}{n^3}\frac{27}{32}c\eta\left[2\left(2+3e^2+\frac{6\beta^2}{5\eta^3}\right)\frac{6\beta^2}{5\eta^5}s^2 \right. \\ \left. +2s^2-(17s^2-50)e^2+15\left(1+\frac{6\beta^2}{5\eta^5}\right)s^2e^2\cos 2g'\right]$$

因此，根据式（11－7）

$$\mathcal{V}_2 = -G'\frac{\dot{\vartheta}^2}{n^2}\frac{15}{128}\left\{\frac{4}{5}\left[\frac{3}{2}(2-17e^2)+\left(2+3e^2+\frac{3\beta^2}{2\eta^3}\right)\frac{24\beta^2}{5\eta^5}\right]cs^2\sin 2h'\right.$$
$$+(1-c)^2\left[6+9c+(7+7c-5c^2)\frac{6\beta^2}{5\eta^5}\right]e^2\sin(2g'-2h')$$
$$\left.+(1+c)^2\left[6-9c+(7-7c-5c^2)\frac{6\beta^2}{5\eta^5}\right]e^2\sin(2g'+2h')\right\} \tag{11-30}$$

后者可以直接从式（2－17）推导出 $\mathcal{O}(\dot{\vartheta}^2/n^2)$ 的中期修正量。

直到 $\dot{\vartheta}/n$ 的第三阶过程结束时，将 $\mathcal{K}_{0,i}$，$i=0$，1，2，3 项中单撇号变量替换为双撇号变量。

11.3.3 参数平面中的简化相空间

双平均哈密顿量在 (g'', G'') 中为一个自由度，其中 H'' 和 $L''=L'$ 都是形式积分。为了研究简化相空间中的动力学，我们忽略常数项，并对双平均哈密顿量 $-\frac{1}{16}a^2\dot{\vartheta}^2$ 进行缩放得到

$$\mathcal{H} = -(3s^2-2)\left(2+3e^2+4\frac{\beta^2}{\eta^3}\right)+15\left[1+\varepsilon\frac{9}{8}\gamma\left(1+\frac{6\beta^2}{5\eta^5}\right)\right]s^2e^2\cos 2\omega$$
$$+\varepsilon\frac{9}{8}\gamma\left[2s^2-(17s^2-50)e^2+2s^2\left(2+3e^2+\frac{6\beta^2}{5\eta^3}\right)\frac{6\beta^2}{5\eta^5}\right] \tag{11-31}$$

其中，$s^2=1-\gamma^2/\eta^2$，$e^2=1-\eta^2$，$\eta=G''/L''$，$\varepsilon=\dot{\vartheta}/n(L'')$ 以及 $\gamma=H''/L''$，因此，简化流取决于三个参数：ε、γ 和 β。

如果不考虑直线轨道的情况，则简化的相空间为一个球面。关于式（5－75）给出的球面变量的简化流的详细讨论见文献［433，592］。在这里，我们的讨论仅限于可能与影响科学轨道设计更相关的事实上。与本章前几节一样，我们使用常规的偏心率矢量图来表示。类似于式（11－12）～式（11－13），得到变分方程

$$\frac{\mathrm{d}C}{\mathrm{d}t} = -3\frac{S}{L}\left[12\eta-20(1-C^2)\frac{\gamma^2}{\eta^3}+4\left(1-5\frac{\gamma^2}{\eta^2}\right)\frac{\beta^2}{\eta^4}\right]$$
$$+\frac{27}{10}\frac{S}{L}\varepsilon\frac{\gamma}{\eta}\left\{25(1-C^2)\frac{\gamma^2}{\eta^2}+15\eta^2+12\left(\frac{4}{5}-\frac{\gamma^2}{\eta^2}\right)\frac{\beta^4}{\eta^8}\right. \tag{11-32}$$
$$\left.+\left[2+123C^2-27S^2-5(2+33C^2-9S^2)\frac{\gamma^2}{\eta^2}\right]\frac{\beta^2}{2\eta^5}\right\}$$

$$\frac{\mathrm{d}S}{\mathrm{d}t} = -3\frac{C}{L}\left[8\eta+20S^2\frac{\gamma^2}{\eta^3}-4\left(1-5\frac{\gamma^2}{\eta^2}\right)\frac{\beta^2}{\eta^4}\right]$$
$$-\frac{27}{10}\frac{C}{L}\varepsilon\frac{\gamma}{\eta}\left\{25S^2\frac{\gamma^2}{\eta^3}+40\eta^2+12\left(\frac{4}{5}-\frac{\gamma^2}{\eta^2}\right)\frac{\beta^4}{\eta^8}\right. \tag{11-33}$$
$$\left.+\left[62+63C^2-87S^2-35(2+3C^2-3S^2)\frac{\gamma^2}{\eta^2}\right]\frac{\beta^2}{2\eta^5}\right\}$$

另一方面，如 11.3.4 节所示，对于我们感兴趣的轨道，高阶项只引入相对于二阶项的定量变化。然后用更简单的近似方法讨论相对平衡，该近似是在忽略了式（11-32）和式（11-33）中包含的 ε 项后得到的。长期哈密顿量（11-31）的三阶项所提供的改进无疑改善了特定解的计算，并将在 11.4 节中予以考虑。

进而在二阶近似下，平衡态从下式得到

$$0=-3\frac{S}{L}\left[12\eta-20(1-C^2)\frac{\gamma^2}{\eta^3}+4\left(1-5\frac{\gamma^2}{\eta^2}\right)\frac{\beta^2}{\eta^4}\right] \tag{11-34}$$

$$0=-3\frac{C}{L}\left[8\eta+20S^2\frac{\gamma^2}{\eta^3}-4\left(1-5\frac{\gamma^2}{\eta^2}\right)\frac{\beta^2}{\eta^4}\right] \tag{11-35}$$

特别地，当 $C=S=0$ 时，圆轨道可以立即被确定为双平均相空间的平衡态。此外，条件 $S=0$ 使式（11-34）完全为零，并将式（11-35）转化为 η 的多项式方程

$$2\eta^7-\beta^2\eta^2+5\beta^2\gamma^2=0 \tag{11-36}$$

它的解将提供冻结近地点在 $g=0,\pi$ 处的椭圆轨道的偏心率。冻结近地点在 $g=\pm\frac{\pi}{2}$ 处也存在椭圆轨道，其偏心率由多项式方程的解给出［将式（11-34）中的 $C=0$ 得到］

$$3\eta^7-5\gamma^2\eta^3+\beta^2\eta^2-5\beta^2\gamma^2=0 \tag{11-37}$$

这些偏心冻结轨道与圆形轨道的分岔发生在式（11-37）和式（11-36）中使 $\eta\to1$ 得到的直线上。我们得到

$$\gamma^2=\frac{1}{5}\left(1+\frac{2}{1+\beta^2}\right),\quad \gamma^2=\frac{1}{5}\left(1-\frac{2}{\beta^2}\right) \tag{11-38}$$

为参数 (β,γ) 平面上的顺行和逆行倾角提供对称分岔线 $\gamma=\gamma(\beta)$。后者显示出在 $g=0,\pi$ 时，偏心冻结轨道存在极限 $\beta\geqslant\sqrt{2}$，而前者给出了当 $\beta=0$ 时希尔问题 $\gamma^2=\frac{3}{5}$ 的临界倾角值。这两种分岔线在 $\beta\to\infty$时，$\gamma^2=\frac{1}{5}$，对应于 5.6 节中人造卫星临界倾角所讨论的问题。

消除式（11-36）及其对 η 的偏导数，即 $7\eta^5-\beta^2=0$，得到二重根

$$\gamma=\pm\beta^{2/5}/7^{7/10} \tag{11-39}$$

在参数平面 (β,γ) 中，新的稳定和不稳定偏心冻结轨道出现在 $g=0,\pi$ 的鞍节点分岔处。因为 $\gamma^2\leqslant1$，这条线只在 $0\leqslant\beta\leqslant7^{7/4}$ 时存在。然而，代入式（11-36）后，仅当 $\beta\leqslant\sqrt{7}$ 时提供了具有动力学意义的根，即 $0<\eta\leqslant1$。当 γ 值增加时，稳定平衡沿 $g''=0,\pi$ 线向小偏心率迁移，而不稳定平衡沿同一线向大偏心率迁移。当 $\gamma=0$ 时，后者总是得到临界值 1，而当 $\beta\geqslant\sqrt{2}$ 时，前者可能变成圆轨道。此外，这些分岔轨道的偏心率随着 β 值的增大而减小，直到二次式（11-38）和式（11-39）给出的曲线在 $\beta=\sqrt{7}$ 处相接，其中 $\gamma=1/\beta$ 或 $I_{\text{circular}}=67.8°$，在这种情况下，它们变成圆形并且鞍节点分岔不再存在。图 11-6 显示出不同的 β 值的情况，包括临界情况 $\beta=\sqrt{2}$ 和 $\beta=\sqrt{7}$。

由式（11-38）和式（11-39）描述的分岔线如图 11-7 所示，其中 β 的范围局限于

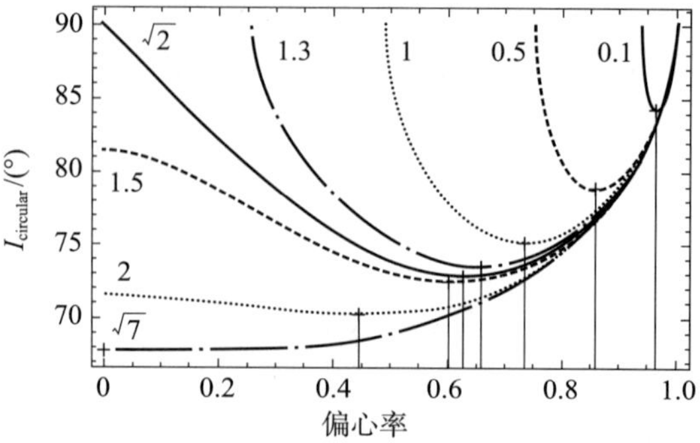

图 11-6 式（11-36）当中 $g''=0,\pi$ 的偏心冻结轨道，鞍节点分岔被标记为“+”点（$\beta=0.1$，…，$\sqrt{2}$，…，$\sqrt{7}$）

感兴趣的区域。在二阶近似下，逆行倾角轨道与顺行倾角轨道对称而不再显示。参数平面（β，γ）的不同区域（图 11-7 中的 1、2、3、4）通过偏心率矢量图所表示的简化相空间的典型形式如图 11-8、图 11-9 所示。

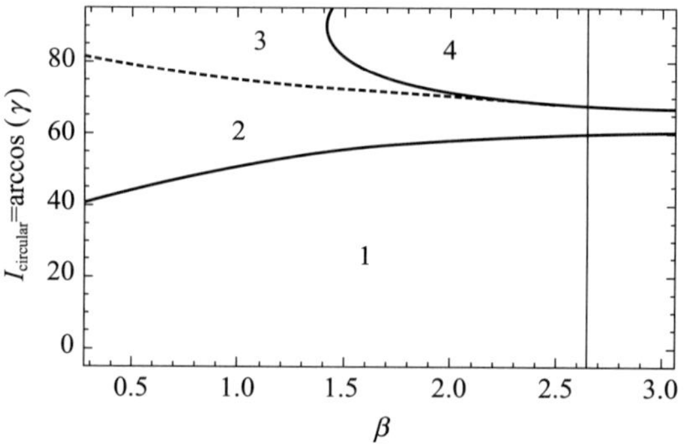

图 11-7 圆形轨道（实线）和偏心轨道（虚线）的分岔线决定了具有不同平衡数量的简化相空间区域。垂直线标记值 $\beta=\sqrt{7}$ 为虚线结束处

在区域 1 中，圆形轨道具有稳定性，且是唯一感兴趣的冻结轨道（图 11-8 和图 11-9 的第一行左图）。在区域 2 中，式（11-38）中第一个等式给出的分岔线，即图 11-7 中较低的实线已经交叉，使圆轨道变得不稳定，同时存在两个新的稳定的偏心轨道，其近拱点在 $g=\pm\dfrac{\pi}{2}$ 处冻结，且具有适中的偏心率（图 11-8 和图 11-9 第一行中图及右图）。当动力学参数 $\gamma=\cos I_{circular}$ 绝对值减小时，稳定椭圆冻结轨道的偏心率增大，且很快达到高值。

在区域 3 中，鞍节点分岔发生在式（11-39）中分岔线的交叉处——图 11-7 中的虚线。除了不稳定的圆形轨道和大偏心冻结轨道$\left(g=\pm\dfrac{\pi}{2}\right)$外，还存在两个近拱点在 $g=0$，π 冻结的稳定的偏心轨道，以及两个具有更大偏心率的不稳定轨道（图 11-8 和图 11-9

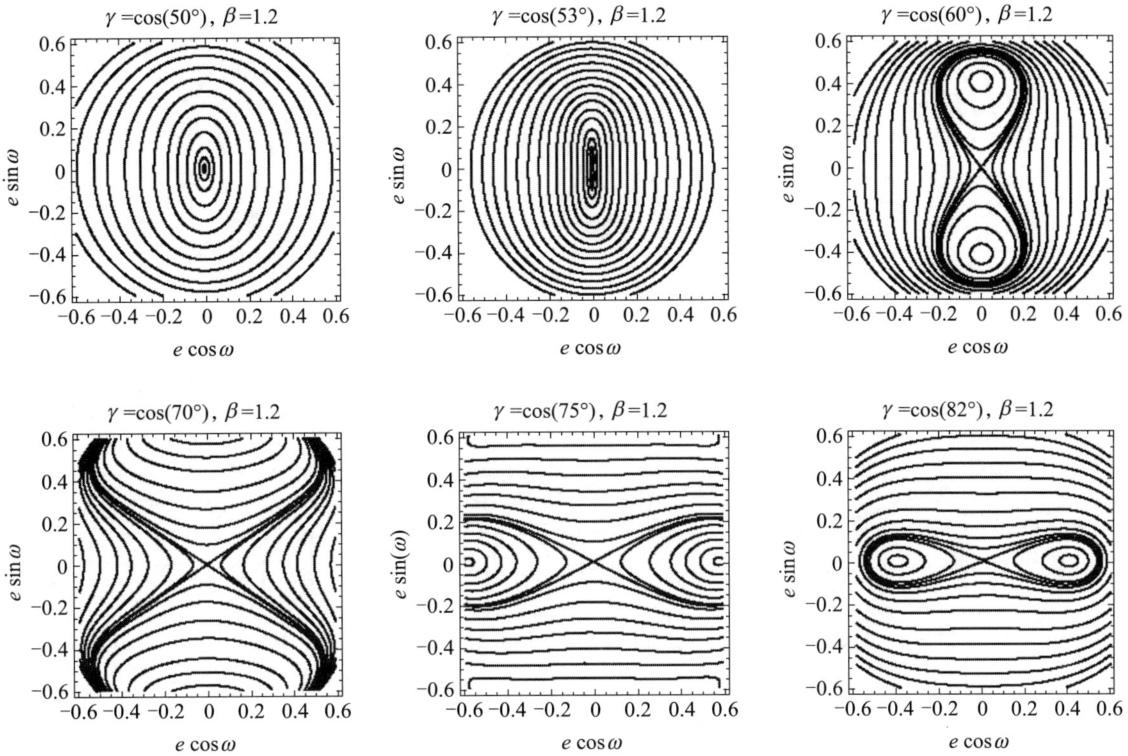

图 11－8　当 $\beta<\sqrt{2}$ 时，图 11－7 所示区域中的典型相空间

第二行的左图）。最终对于某个值 I_{circular}，不稳定圆轨道和不稳定偏心冻结轨道在 $\omega=0,\pi$ 获得相同的能量，从而在通过鞍形连接的流中产生整体变化，详见文献［433］。围绕着近拱点 $\omega=\pm\frac{\pi}{2}$ 的偏心稳定冻结轨道，同宿穿过圆形轨道，其轨迹从 8 字形变成为 ∞形，后者围绕着近拱点 $\omega=\pm\frac{\pi}{2}$ 的偏心稳定冻结轨道（图 11－8 和图 11－9 第二行的中心图）。当 $\beta<\sqrt{2}$ 时，参数平面中没有更多区域，因此当圆形轨道倾角较大时，流在数量上保持不变，唯一的定量效果是降低冻结轨道的偏心率（$\omega=0,\pi$），增加稳定冻结轨道的偏心率 $\left(\omega=\pm\frac{\pi}{2}\right)$（图 11－8 第二行右图）。相反，当 $\beta>\sqrt{2}$，事实上对于 I_{circular} 的增加值，$\omega=0,\pi$ 的偏心冻结轨道接近式（11－38）中第二等式提供的分岔线，它们最终坍塌成一个圆轨道，呈干草岔状。因此，圆轨道在区域 4 中是稳定的（图 11－9 第二行右图）。

总之，对于较小的 β 值，动力学主要由行星摄动主导，Lidov－Kozai 共振是最为相关的特征，类似于希尔问题的情况，参见图 11－2。相反，对于较大的 β 值，行星卫星的非中心性占主导地位，产生了与人造卫星主要摄动项类似的动力学，其中大倾角圆轨道是稳定的，参见图 5－5。然而，尽管分岔总是从圆轨道开始发生，就像在主要摄动项中一样，但顺序并不相同，如图 11－10 和图 5－4 所示。

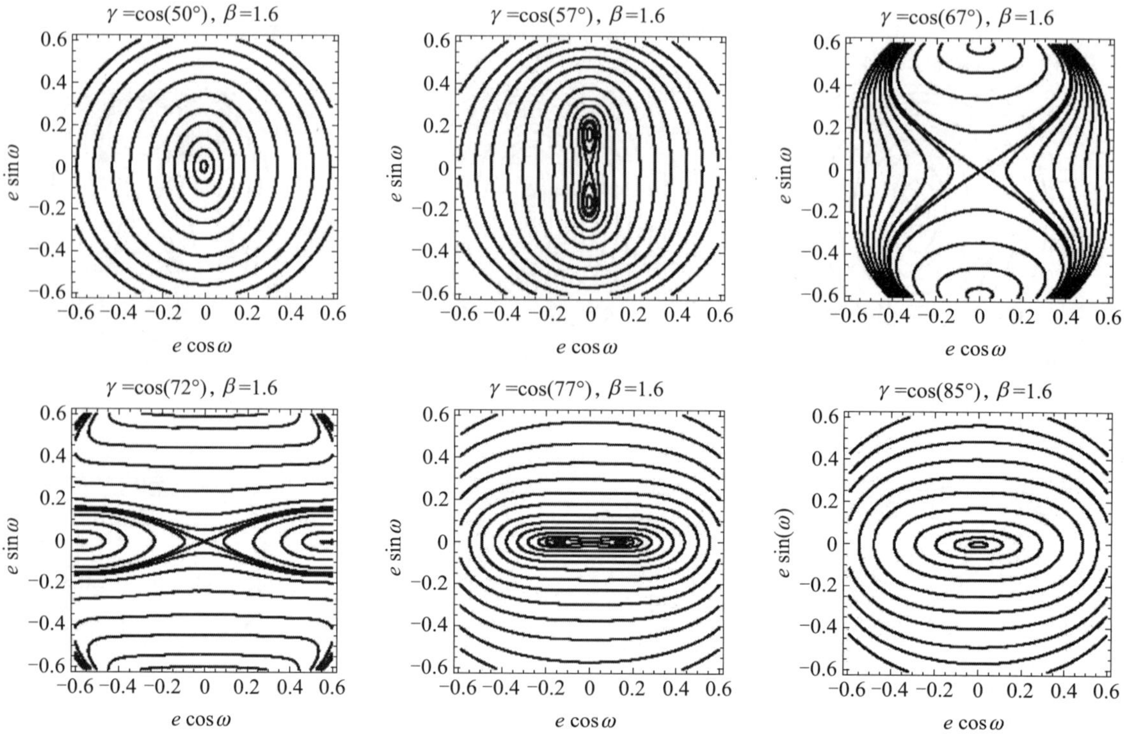

图 11－9　当 $\beta > \sqrt{2}$ 时，图 11－7 所示区域中的典型相空间

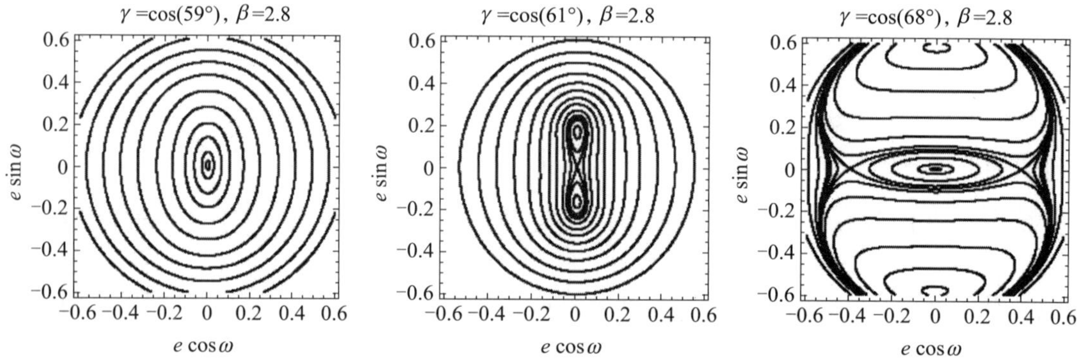

图 11－10　当 $\beta > \sqrt{7}$ 时，图 11－7 所示区域中的典型相空间

11.3.4　参数空间中的三阶效应

当考虑三阶摄动理论时，顺逆行倾斜轨道的对称性被打破。现在，平衡态是根据式（11－32）～式（11－33）计算的，这表明圆形轨道保持平衡，与 $g=\pm\frac{\pi}{2}$ 和 $g=0,\pi$ 的偏心轨道一样。在相应的平衡方程中，通过 $\eta\rightarrow 1$ 得到了后者在圆轨道上的分岔线，我们得到

$$0=4(\beta^2+3)-20(\beta^2+1)\gamma^2-\frac{9}{50}\varepsilon\gamma\left[48\beta^4+5\beta^2+75-5(12\beta^4+5\beta^2-25)\gamma^2\right] \tag{11-40}$$

$$0 = 8 - 4\beta^2 + 20\beta^2\gamma^2 + \frac{9}{50}\varepsilon\gamma\left[48\beta^4 + 155\beta^2 + 200 - 5(12\beta^2 + 35)\beta^2\gamma^2\right] \quad (11-41)$$

这是对式（11－38）中 $\dot{\vartheta}/n$ 阶的修正，涉及 γ 的三次方程。对于鞍节点分岔，通过消除式（11－41）及其对 η 的偏导数，可以计算出式（11－39）中分岔线的三阶改进。

此时，第三体和非中心引力摄动的相对强度不能合并为单一参数，冻结轨道的分岔线变为分岔面 $S(\gamma, \beta, \dot{\vartheta}/n)=0$[433]。对于行星卫星任务设计中所关心的轨道，我们没有发现流中的质量变化。如图 11－11 所示，三阶理论的分岔面在 $0<\dot{\vartheta}/n\leqslant 0.1$ 的范围内。正如 11.2 节中单独讨论的希尔问题高阶项所预期的，当 $\dot{\vartheta}/n$ 的值增加时，分岔面会向更大的倾角方向弯曲。

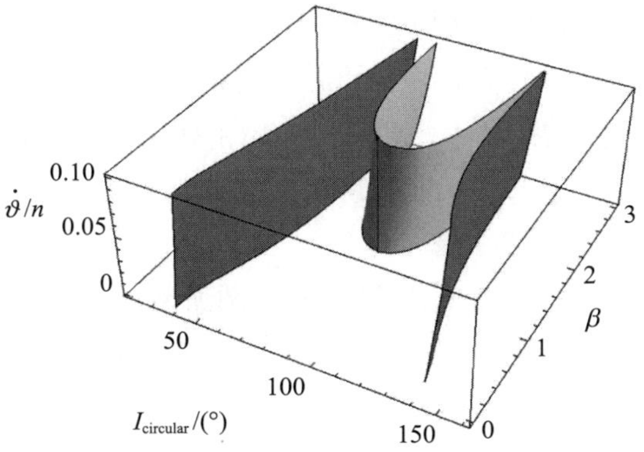

图 11－11　圆轨道的分岔面 $S(\gamma, \beta, \dot{\vartheta}/n)=0$（参见文献［433］）

11.4　应用：科学轨道计算

围绕行星卫星的科学任务通常需要高度低、倾角大的小偏心率轨道，从前面的讨论中可以看出，当第三体摄动占主导地位时，该轨道是不稳定的——当 $\beta=\sqrt{2}$ 时。这一事实如图 11－8 所示，图中显示小偏心率冻结轨道仅在较小倾角时保持稳定（左上图）。由于大倾角小偏心率冻结轨道的不稳定性，小摄动会使科学轨道的偏心率快速增大，导致轨道器在不受控制的情况下，在短时间内撞击行星卫星表面。

对参考冻结轨道的稳定-不稳定流形巡视设计了一种以最小控制实现轨道寿命最大化的常规策略[547]①。下面给出了一个关于木卫二物理特性的示例，即，$\mu=3202.7\ \mathrm{km^3/s^2}$，$R_{\otimes}=1565\ \mathrm{km}$，$J_2=4.355\times10^{-4}$ 以及 $\dot{\vartheta}=2.05\times10^{-5}\mathrm{s^{-1}}$，参见文献［34］。

给定一个标称冻结轨道，其中 $a=a_0$，$e=e_0$，$I=I_0$，$\omega=\omega_0$，该过程从计算动力学参数 $\varepsilon=\dot{\vartheta}/n_0$ 开始，其中 $n_0=(\mu/a_0{}^3)^{1/2}$ 来自式（4－44）和式（4－45），$\gamma=$

① 这类巡视最初是在非平均受限三体问题动力学中设计的[248]。特别地，它们是基于与行星-卫星问题重复地面跟踪轨道相关的稳定及不稳定多种形式有效设计的[247, 427]。

$(1-e_0^2)^{1/2}\cos I_0$ 以及 $\beta=\beta(a_0)$ 来自式（11-25）。接下来，值 $\mathcal{H}(e_0, \omega_0; \varepsilon, \beta, \gamma)=E_0$ 是不稳定冻结轨道及其相关的稳定及不稳定形式的“能量”，由式（11-31）计算得到，其中 $c=\gamma\eta$ 。特别对于标称圆形冻结轨道

$$E_0=(3\gamma^2-1)(2+4\beta^2)+\frac{9}{4}\varepsilon\gamma(1-\gamma^2)\left[1+\left(2+\frac{6}{5}\beta^2\right)\frac{6}{5}\beta^2\right] \tag{11-42}$$

然后，对于从任务要求导出的最大允许偏心率 e_M ，根据式（11-31），通过求解 $\mathcal{H}(e_M, \omega_S; \varepsilon, \beta, \gamma)=E_0$ 表示 ω_S 。这样，从 $(a_0, e_M, I_0, \omega_S)$ 对应的初始条件开始，自然动力学将推动稳定形式的轨道朝着标称冻结轨道移动。轨道将在不稳定平衡位置保持一段时间，直到它最终沿着两个不稳定形式中的一个离开冻结轨道。当偏心率达到 e_M 时，需要进行一次轨道机动，以便回到行程的起始点。

例如，对于木卫二表面上方 100 km 的标称圆轨道（$a_0=1665$ km），我们计算出 $n_0=8.32984\times10^{-4}$ ，其中 $\beta=0.797034$，$\varepsilon=\dot{\vartheta}/n_0=0.0246103$。此外，如果我们选择 $\gamma=\cos 85°$ ，则由式（11-42）得出 $E_0=-4.4227$。非撞击轨道的最大偏心率对应于近地点 $a_0(1-e)=R_{\otimes}$ ，据此保守极限 $e_{\text{impact}}=0.058$ 可以用来评估轨道寿命。此外，我们认为在本例中，最大偏心率 $e_M=0.01$ 是可以接受的。

双平均流的缩减相空间如图 11-12 偏心矢量图所示，其中圆形冻结轨道的稳定和不稳定流形在左图中用粗虚线突出显示。右图侧重于较小的偏心率，用虚线大圆突出显示导致撞击的偏心率 e_{impact} ，用黑色小圆突出显示任务轨道的预期偏心率极限 e_M 。

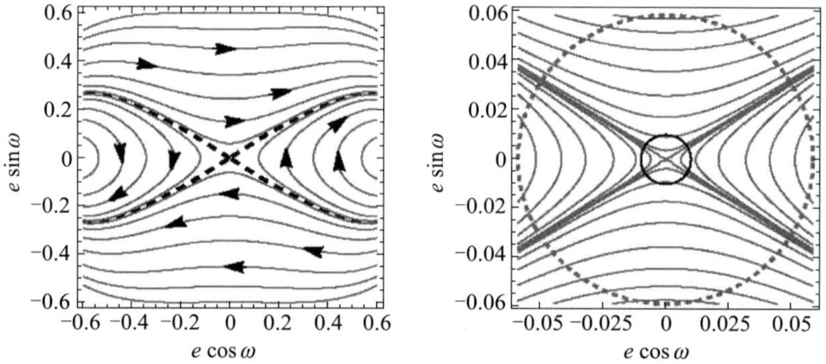

图 11-12　$a=1665$ km，$I_{\text{circular}}=85°$ 参数平面中的平均流

然后将初始偏心率设为 $e_0=e_M=0.01$，并根据式（11-31）求出 $\mathcal{H}=E_0$ 时的近拱点角速度 ω ，得到 $\omega_S=147.744°$ 。旋转坐标系中交点经度和平近点角不属于双平均受摄希尔问题，其初始值仍然是任意的，我们选择两者都在初始时刻为零。然后，在原始的非平均流中传播相应的初始条件。图 11-13 的左图描绘了叠加在双平均流上的瞬时偏心率矢量的演化。它表明轨道首先向小偏心率移动接近稳定的形式，并在此范围内保持一段时间。最终，非稳定流形动力学使偏心率开始不断增大，直到轨道飞行器撞击木卫二表面。从图 11-13 的右图可以看出，撞击发生在约 57 天后，但轨道仅在大约一个月内保持在最大允许偏心率 $e_M=0.01$ 以下。

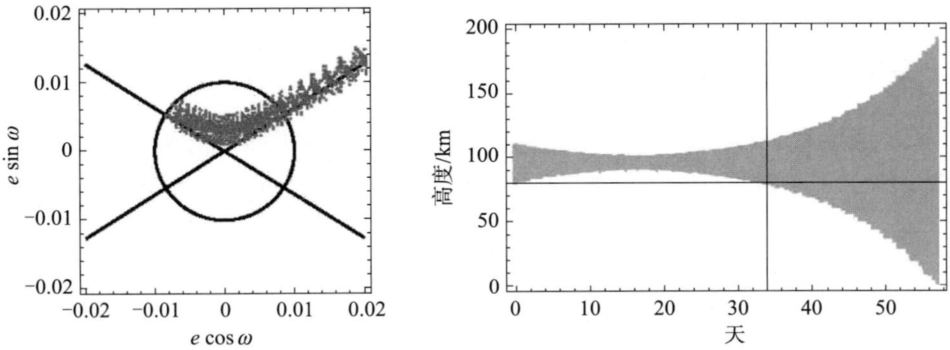

图 11-13　木卫二轨道的偏心率矢量（左图）和高度（右图），$a=1665$ km，$I=85°$，$h_0=0$

另一方面，如果我们任意选择初始交点经度 $h=\frac{\pi}{2}$ 而非 0 进行重复计算，进而轨道将开始一段不同的行程，并且更接近双平均动力学的稳定流形，如图 11-14 中左图所示。图 11-14 的右图显示了与前一种情况相重叠的半径演化，表明轨道寿命延长至大约三个月，并且使预期机动之间的时间增加了一倍。

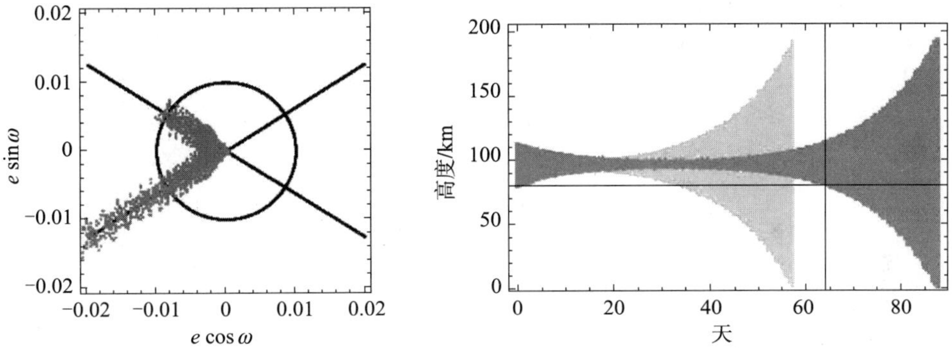

图 11-14　当 $h_0=\frac{\pi}{2}$ 时与图 11-13 相同。木卫二表面高度（深灰色）与 $h_0=0$（浅灰色）相叠加

然而，双平均受摄希尔问题模型中初始交点经度的选择是任意的。重要的寿命差异源于这样一个事实，即我们使用的是平根数，就好像它们是密切的。在这个特殊例子中，当 $h''=\frac{\pi}{2}$ 时，将双撇号近拱点幅角（在冻结轨道稳定流形上运行的更为敏感的变量）转换为密切轨道所需的（被忽略的）周期修正肯定比 $h''=0$ 时要小得多。然而，这可能不是一般情形。

为了保证 h'' 的任意选择可以使其尽可能地接近稳定流形，从而产生一个合理的长寿命周期，在初始条件的计算中，平均变量到瞬变量的转换计算是必须的。另一方面，众所周知，经过归一化处理后得到的不稳定平衡只能被视为某种“位于混乱无序区域中心上方的地标”[168]。因此，即使恢复了在求平均中消除的周期性效应，也很少能够得到接近最大寿命解的结果[547]。

11.4.1　平根数到瞬根数的转换

式（2－17）给出了计算平根数到瞬根数转换的周期修正的常规顺序。首先，我们计算从双撇号变量到单撇号变量的转换。ξ 指代为任意正则变量或非正则变量，其形式为

$$\xi' = \xi'' + (\dot{\vartheta}/n)\Delta\xi'' + \frac{1}{2}(\dot{\vartheta}/n)^2\delta\xi''$$

其中，$(\dot{\vartheta}/n)\Delta\xi''=\{\xi'', \mathcal{V}_1\}$，$(\dot{\vartheta}/n)^2\delta\xi''=\{\xi''; \mathcal{V}_2\}+\{\Delta\xi'', \mathcal{V}_1\}$，生成函数的 $\mathcal{V}_1$ 及 $\mathcal{V}_2$ 项分别由式（11－29）与式（11－30）给出。

对经典轨道根数对应的一阶修正为 $\Delta a''=0$，以及

$$\Delta e'' = \frac{15}{32}e\eta\left[(1+c)^2\cos(2g+2h) - (1-c)^2\cos(2g-2h)\right] \tag{11-43}$$

$$\begin{aligned}\Delta I'' = \frac{15}{32}\frac{s}{\eta}\Big[&(1+c)^2\cos(2g+2h) + (1-c)e^2\cos(2g-2h)\\&+\frac{2}{5}\left(2+3e^2+\frac{12\beta^2}{5\eta^3}\right)\cos 2h\Big]\end{aligned} \tag{11-44}$$

$$\begin{aligned}\Delta h'' = \frac{15}{32}\frac{1}{\eta}\Big[&(1-c)^2e^2\sin(2g-2h) + (1+c)e^2\sin(2g+2h)\\&-\frac{2}{5}c\left(2+3e^2+\frac{12\beta^2}{5\eta^3}\right)\sin 2h\Big]\end{aligned} \tag{11-45}$$

$$\begin{aligned}\Delta g'' = \frac{15}{32\eta}\Big\{&(c-1)(c-\eta^2)\sin(2g-2h) - (1+c)(c+\eta^2)\sin(2g+2h)\\&+\frac{2}{5}\left[3e^2+(5c^2-3)\left(1+\frac{6\beta^2}{5\eta^3}\right)\right]\sin 2h\Big\}\end{aligned} \tag{11-46}$$

$$\begin{aligned}\Delta \ell'' = \frac{15}{32}\Big\{&(1+e^2)\left[(1+c)^2\sin(2g+2h) - (1-c)^2\sin(2g-2h)\right]\\&+\frac{2}{5}\left(7+3e^2+\frac{42\beta^2}{5\eta^3}\right)s^2\sin 2h\Big\}\end{aligned} \tag{11-47}$$

其中，为简洁起见，等式右侧省略了双撇号表示法。二阶修正由更长的序列组成。然而，这些高阶修正与任务设计目的不太相关，我们可以放心地忽略它们。

就其本身而言，从单撇号变量到原始变量的转换采用 $\xi=\xi'+\dfrac{1}{2}(\dot{\vartheta}/n')^2\delta\xi'$ 的形式，其中 $(\dot{\vartheta}/n')^2\delta\xi'=\{\xi', \mathcal{W}_2\}$ 和 $\mathcal{W}_2$ 在式（11－27）中给出。尽管这些修正是二阶的，但我们不能完全忽略它们。事实上，在我们的例子中，对近拱点幅角的短周期修正是一个基本的设计参数，$(\dot{\vartheta}/n')^2\delta g'=\{g', \mathcal{W}_2\}=\partial\mathcal{W}_2/\partial G'$ 的短周期修正涉及偏心率相对于总角动量 $\partial e/\partial G=-\eta^2/(eG)$ 的微分。因此，分母中偏心率的出现放大了近地点幅角的短期修正

效应，其不再被认为是高阶的。

在对平近点角进行短周期修正时也会出现类似的情况，但对于任务设计而言，ℓ 值是否准确并不值得担忧。正因为如此，定义短周期修正序列的三角函数项，所涉及的偏近点角和真近点角，以及旋转坐标系中的近拱点幅角和交点经度等参数可以从根本上被简化。事实上，平近点角不存在从双撇号变量到单撇号变量的修正，所以可以始终假设以 $\ell'=0$ 的方式选择初始值 ℓ''。所以，真近点角和偏近点角也会在单撇号变量中化为零。此外，由于 e_{M} 相对较小，二阶修正 $\delta g'$ 通过用偏心率的幂次展开而进一步简化。我们得到易于处理的形式

$$\delta g' = \sum_{j=-1}^{1} \sum_{k\geqslant 0} \Gamma_{k,j}(\beta,\gamma) e^{k-1} \sin(2g' + 2jh') \tag{11-48}$$

直到 $k=1$

$$\Gamma_{0,\pm1} = \frac{1}{10}(3\beta^2 - 10)(\gamma \pm 1)^2$$

$$\Gamma_{0,0} = (2-\beta^2)(\gamma^2 - 1)$$

$$\Gamma_{1,\pm1} = \frac{3}{80}(\gamma \pm 1)\left[3\beta^2(11\gamma \pm 7) - 10(\gamma \pm 2)\right]$$

$$\Gamma_{1,0} = -\frac{3}{8}\left[\beta^2(11\gamma^2 - 7) - 2\gamma^2 + 4\right]$$

当然，由于偏心率的出现，式（11－48）不再适用于几乎为圆轨道的短周期修正计算。然而，这不是目前的情况，恰恰相反，偏心率的选择是不可忽略的，以启动在圆形冻结轨道的稳定流形上的行程。尽管如此，如果需要的话，非奇异变量的修正计算也是简单明了的[389]。

11.4.2　映射轨道

为了与这些截断相一致，在式（11－43）～式（11－47）中进行了类似的简化，忽略项 $\mathcal{O}(e^2)$，从而使 $\eta=1$。此外，式（11－47）可以完全忽略，正如我们已经对修正项 $\delta\ell'$ 所做的那样，测试可以被限制在 $\ell_0=0$ 的单一情况下。此外，对于映射轨道的大倾角，除了小偏心率外，我们可以假设 $\gamma^2 \sim e \sim \dot{\vartheta}/n$，并进一步简化了对一阶效应的周期修正。同样，就像我们在处理平近点角时所做的那样，我们可以将旋转坐标系中初始交点经度固定为某个特定值。如果我们将该值设为 0，则将得到极其简单的一阶修正[389]。

$$\Delta I = \frac{\dot{\vartheta}}{n}\frac{3}{8}\left(1 + \frac{6}{5}\beta^2\right)\sin I$$

$$\Delta g = -\frac{\dot{\vartheta}}{n}\left[\frac{15}{8}\cos I + \frac{\dot{\vartheta}/n}{e}\left(2 - \frac{4}{5}\beta^2\right)\right]\sin 2g$$

其中，右边的量是双撇号变量的函数。通过从双平均动力学中直接选择一组 $a=a''$，$e=e''$，$I=I''+\Delta I$，$g=g''+\Delta g$ 以及 $h=\ell=0$，即可获得一组通过（不稳定）圆形冻结轨道的稳定流形的很好的初始条件。

当我们将这些修正应用于 $h=0$ 的前一个例子时，我们得到 $\Delta I=0.0162023$ 和 $\Delta g=0.0851895$。也就是说，我们对初始倾角的修正大约为 1°，对初始近拱点幅角的修正几乎为 5°。当传播修正后的初始条件时，我们发现，平均而言，轨道更接近于冻结轨道的稳定流形，寿命延长约五个月，其中四个月的偏心率保持在运行极限内。如图 11-15 所示，其中轨道半径的演化叠加到未应用周期性修正的情况下。

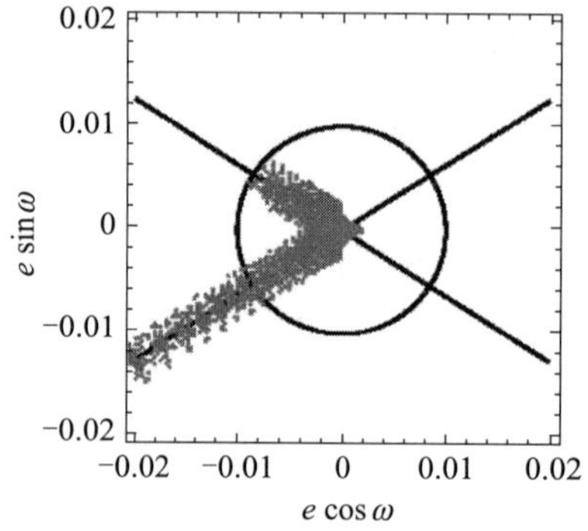

图 11-15 对双平均流初始条件进行周期项修正后，木卫二轨道器的寿命将得到改善

由于动力学的不稳定，在考虑完整表达式的情况下，对周期修正的精化不会带来重大改进，但长期动力学的高阶计算可能会带来重大的改进。另一方面，可以通过对初始平偏心率进行微调来获得更长的寿命。事实上，只需选择 $e''_0=0.0099$，这会对 ω_S 产生 10^{-7} 量级的变化，轨道寿命会延长近一个月。此外，经过几次试验，我们发现选择平偏心率 $e=0.0098738223$ 可以将轨道寿命延长到一年以上，这与基于重复地面跟踪周期轨道设计的类似结果相一致[427]。

图 11-16 总结了所做的不同试验，其中横坐标轴数字表示每个特定情况下预期机动之间的时间。我们注意到，平偏心率的最终数值精化明显不同于其他作者所倡导的瞬近拱点幅角的最终精化，显然更为有效，具体参见 [547]。

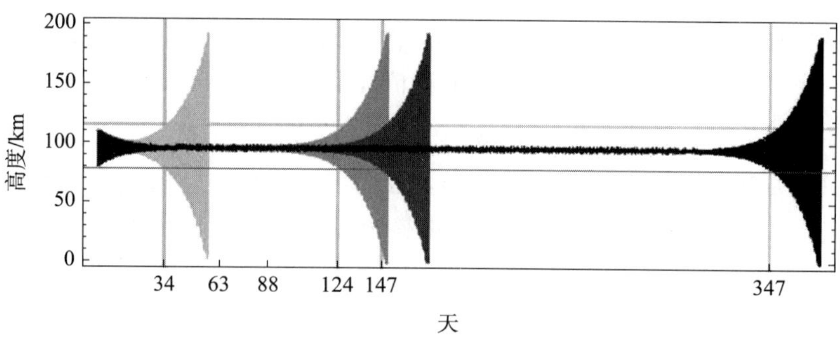

图 11-16 $a=1665$ km 的木卫二轨道在不同平根数修正下的高度演化

第 12 章　平动点运动

希尔问题平动点周期轨道已知存在于 10.2.2 节[515]中讨论的线性动力学之外。作为 10.2.3 节中概述的数值方法的替代方法，可以通过哈密顿摄动来分析确定远离平衡的主要周期轨道族动力学的非线性效应。本章中的摄动解由一系列正则变换构成，这些正则变换将平动点附近的希尔问题动力学简化为一个单自由度哈密顿量[396,424]。

正则变换序列从原点到平动点的平移开始，从而使希尔问题的哈密顿量设置为一种易于摄动处理的形式。接下来，线性变换将哈密顿量的零阶项解耦为一个双曲线项和两个频率相近的谐振子。后者在标准失谐后可以方便地改写为一种摄动椭圆振荡器的形式[283]。

传统的方法是对中心流形进行归约，通过李变换消除运动的双曲线分量。在此之后，可以使用非线性动力学的标准工具（如周期轨道的计算）来实现简化的动力学，而不受任何能级的限制。或者，对于足够接近平动点的能级，可以通过消除短期项的附加李变换，最终将希尔问题哈密顿量降低到一个 1 自由度的哈密顿量。另一方面，中心流形的减少和之后消除的短周期项可以组合成一个在复变量中有效处理的李变换，其在处理摄动谐波运动方面的实用性已在 3.2.7 节中说明。

简化动力学的积分流形被证明是球体，在球体上可以方便地使用霍普夫坐标[300]对流进行描述。归一化哈密顿流的平衡态清楚地揭示了由平动点动力学产生的主要周期轨道族。也就是说，我们有平面和垂直李雅普诺夫轨道族、晕轨道族，以及连接平面和垂直李雅普诺夫轨道族的双车道桥周期轨道。然后，使用德普里特的李萨如变量[160]可以更容易地对这些特定轨道进行分析计算。

12.1　摄动解

已知的希尔问题对称性使我们可以将关于平动点的动力学研究缩小到其中一个点，假设为 $(r_{\mathrm{H}}, 0, 0)$，其中希尔半径 $r_{\mathrm{H}}=3^{-1/3}$ 已在式（10-26）中定义。

为了研究平动点动力学，首先将原点平移到 $(r_{\mathrm{H}}, 0, 0)$，进行变换 $(\boldsymbol{x}', \boldsymbol{X}')\longmapsto(\boldsymbol{x}, \boldsymbol{X})$，其中 $\boldsymbol{x}=(x, y, z)$ 和 $\boldsymbol{X}=(X, Y, Z)$，由下式给出

$$x'=r_{\mathrm{H}}+x,\quad y'=y,\quad z'=z,\quad X'=X,\quad Y'=Y+r_{\mathrm{H}},\quad Z'=Z \tag{12-1}$$

这种变换是正则的，并将式（10-18）转化为新的哈密顿量 $\mathcal{H}'=\mathcal{H}(\boldsymbol{x}(\boldsymbol{x}', \boldsymbol{X}'), \boldsymbol{X}(\boldsymbol{x}', \boldsymbol{X}'))$：

$$\mathcal{H}'=\frac{1}{2}(X'^2+Y'^2+Z'^2)-(x'Y'-y'X')+\frac{1}{2}(y'^2+z'^2)-x'^2-\frac{x'}{r_{\mathrm{H}}^2}-\frac{1}{r} \tag{12-2}$$

此时 $r=[(x'+r_{\mathrm{H}})^2+y'^2+z'^2]^{1/2}$，即

$$r=r_{\mathrm{H}}\sqrt{1-2(r'/r_{\mathrm{H}})\cos\psi+(r'/r_{\mathrm{H}})^2}$$

其中，$\cos\psi=-x'/r'$，$r'=\sqrt{x'^2+y'^2+z'^2}$ 是从平动点到无质量体的距离。

当比值 r'/r_{H} 较小时，式（12－2）中半径的倒数可以用勒让德多项式 $P_n(\cos\psi)$ 中的通常展开式代替，从而得到

$$\mathcal{H}'=\sum_{n\geqslant 0}\frac{\epsilon^n}{n!}\mathcal{H}_n \tag{12-3}$$

其中，ϵ 是一个形式上的小参数，表示比值 r'/r_{H} 的量级，其中零阶项

$$\mathcal{H}_0=\frac{1}{2}(X'^2+Y'^2)-(x'Y'-X'y')+2(y'^2-2x'^2)+\frac{1}{2}(Z'^2+4z'^2) \tag{12-4}$$

由于它的二次型是可积的，对于 $n\geqslant 1$，摄动项为

$$\mathcal{H}_n=-\frac{1}{r_{\mathrm{H}}}\left(\frac{r'}{r_{\mathrm{H}}}\right)^{n+2}P_{n+2}(\cos\psi) \tag{12-5}$$

它是 $n+2$ 次齐次多项式，具有单项式

$$M_{\boldsymbol{K}}=q_{\boldsymbol{K}}x'^{m_1}X'^{m_2}y'^{m_3}Y'^{m_4}z'^{m_5}Z'^{m_6},\quad \boldsymbol{K}=(m_1,m_2,m_3,m_4,m_5,m_6) \tag{12-6}$$

其中 m_i，$i=1$，…，6 为正整数，$q_{\boldsymbol{K}}$ 为数值系数。

12.1.1 中心流形

关于平动点的线性化动力学已在 10.2.1 节中讨论过，其中表明 z 轴方向上的运动与流的其余部分解耦并由频率为 $v=2$ 的谐波振荡组成，由式（10－27）给出。现在可以从式（12－4）中直接观察到这种状态，其中最后的求和项与简单谐振子哈密顿量 $\mathcal{H}_0=\frac{1}{2}(Z^2+v^2z^2)$ 相匹配。简化的线性流表示为

$$(\dot{x}',\dot{y}',\dot{X}',\dot{Y}')^{\mathrm{T}}=\mathbb{M}(x',y',X',Y')^{\mathrm{T}} \tag{12-7}$$

$\mathbb{M}$ 在式（10－30）中给出，T 表示转置，二者保持耦合，并产生分别源自式（10－33）和式（10－34）特征指数的椭圆和双曲线分量。

另一方面，独立变量中的哈密顿量为

$$\mathcal{K}_0=\lambda x_1X_1+\frac{1}{2}(Y_1^2+\omega^2y_1^2)+\frac{1}{2}(Z_1^2+v^2z_1^2) \tag{12-8}$$

其中 λ、ω 和 v 分别由式（10－33）、式（10－34）和式（10－28）给出，在下角标为 1 的变量中享有与式（12－4）相同的动力学状态。不考虑 z 轴方向的振荡，由式（12－8）产生的流为

$$\begin{pmatrix}\dot{x}_1\\ \dot{y}_1\\ \dot{X}_1\\ \dot{Y}_1\end{pmatrix}=\mathbb{M}_1\begin{pmatrix}x_1\\ y_1\\ X_1\\ Y_1\end{pmatrix},\quad \mathbb{M}_1=\begin{pmatrix}\lambda & 0 & 0 & 0\\ 0 & 0 & 0 & 1\\ 0 & 0 & -\lambda & 0\\ 0 & -\omega^2 & 0 & 0\end{pmatrix} \tag{12-9}$$

问题是是否存在一个正则变换（$\boldsymbol{x}'$，$\boldsymbol{X}'$）→（$\boldsymbol{x}_1$，$\boldsymbol{X}_1$）使得它能将 $\mathcal{H}_0$ 转换为 $\mathcal{K}_0$。这个变换无疑是存在的并且是线性的

$$(x',y',X',Y')^{\mathrm{T}}=\mathbb{A}\,(x_1,y_1,X_1,Y_1)^{\mathrm{T}} \tag{12-10}$$

通过将式（12－10）及其时间导数分别替换为式（12－7）的右侧和左侧，从线性系统中求解常系数矩阵 $\mathbb{A}=\mathbb{A}\,(a_{i,j})$。然后将式（12－9）代入式（12－7）左侧，最终得到 $\mathbb{A}\mathbb{M}_1=\mathbb{M}\mathbb{A}$，这是一个欠定线性系统，它产生了依赖于两个参数的解族[424]。

根据不同环境可以使用不同的对角化变换[161,696]，但矩阵 $\mathbb{A}$ 的传统计算是基于 $\mathbb{M}$ 的特征矢量分解[329]。将此分解应用于式（10－30）时得到

$$\mathbb{A}=\begin{pmatrix} 2\lambda/\sigma & 0 & -2\lambda/\sigma & 2/\upsilon \\ (\lambda^2-9)/\sigma & -(\omega^2+9)/\upsilon & (\lambda^2-9)/\sigma & 0 \\ (\lambda^2+9)/\sigma & (9-\omega^2)/\upsilon & (\lambda^2+9)/\sigma & 0 \\ \lambda(\lambda^2-7)/\sigma & 0 & \lambda(7-\lambda^2)/\sigma & -(\omega^2+7)/\upsilon \end{pmatrix} \tag{12-11}$$

其中，$\sigma=4\sqrt{\lambda(2\lambda^2-9)}$，$\upsilon=2\sqrt{2(2\omega^2+9)}$ 。

如 10.2.2 节所述，可以通过简单地选择初始条件，实现在线性化动力学中消除双曲线方向。这在哈密顿量（12－8）中立即引起了注意，它允许积分 $J_x=x_1X_1$，$J_y=Y_1^2+\omega^2y_1^2$ 以及 $J_z=Z_1^2+\upsilon^2z_1^2$，并为每个积分的特定值定义了线性运动的相应不变流形。特别是当运动约束于流形 $J_x=0$ 时，鞍形分量被消除，因此，流形 $J_x=0$ 是“中心×中心”类型，被称为中心流形。

当由式（12－10）～式（12－11）[应用于摄动哈密顿量（12－3）所有项] 定义变换时，我们得到

$$\mathcal{K}=\sum_{n\geqslant 0}\frac{\epsilon^n}{n!}\mathcal{K}_n(\boldsymbol{x}_1,\boldsymbol{X}_1) \tag{12-12}$$

其中，J_x 不再是积分项。然而，我们将看到包含运动不稳定分量的积分的存在，以及伴随的中心流形，可以扩展到变换后的哈密顿量的非线性项（12－12）。

将积分 J_x 扩展到式（12－12）非线性项的过程称为中心流形的约化，它包括寻找一个正则变换（$\boldsymbol{x}_1$，$\boldsymbol{X}_1$）$\longmapsto$（$\boldsymbol{x}_2$，$\boldsymbol{X}_2$），将式（12－12）转换成具有下角标为 2 的变量的标准形式，这样式（12－6）中所有 $m_1\neq m_2$ 的单项式将从哈密顿量[237]中删除，参见文献[250]。

通过李变换可以有效地接近归一化，并且在截断到特定阶 $n=\tilde{n}$ 之后，得到归一化的哈密顿量

$$\mathcal{K}(\boldsymbol{x}_1(\boldsymbol{x}_2,\boldsymbol{X}_2),\boldsymbol{X}_1(\boldsymbol{x}_2,\boldsymbol{X}_2))=\sum_{n\geqslant 0}^{\tilde{n}}\frac{\epsilon^n}{n!}\mathcal{K}_n(y_2,z_2,Y_2,Z_2;J') \tag{12-13}$$

在 $\mathrm{d}J'/\mathrm{d}t=\{J',\mathcal{K}\}=0$ 中检查 $J'=x_2X_2$，其是截断哈密顿量的（形式）积分。哈密顿量（12－13）是所需的标准形式，因此，可以对中心流形 $J'=0$ 进行具体化。

12.1.2　复变量中的同调方程

另一方面，中心流形的结构是从一个标准形式中有效获得的，该标准形式同时捕获了

中心流形上的双曲线动力学和椭圆动力学。由于摄动的多项式性质，归一化最好在复变量中进行处理

$$y_1=\frac{v+\mathrm{i}V}{\sqrt{2\omega}},\quad z_1=\frac{w+\mathrm{i}W}{\sqrt{2v}},\quad Y_1=\sqrt{\frac{\omega}{2}}(V+\mathrm{i}v),\quad Z_1=\sqrt{\frac{v}{2}}(W+\mathrm{i}w) \tag{12-14}$$

我们将式（12-18）转换为$\mathcal{K}_0=\lambda uU+\mathrm{i}\omega vV+\mathrm{i}vwW$的形式，其中$x_1=u$，$X_1=U$，而摄动项在复变量中仍然是式（12-6）类型中的单项式。

李导数（2-49）为

$$\mathcal{L}_0=\lambda\left(u\frac{\mathrm{d}}{\mathrm{d}u}-U\frac{\mathrm{d}}{\mathrm{d}U}\right)+\mathrm{i}\omega\left(v\frac{\mathrm{d}}{\mathrm{d}v}-V\frac{\mathrm{d}}{\mathrm{d}V}\right)+\mathrm{i}v\left(w\frac{\mathrm{d}}{\mathrm{d}w}-W\frac{\mathrm{d}}{\mathrm{d}W}\right) \tag{12-15}$$

为了将式（12-12）复变量中的哈密顿量转化为范式，我们必须消除与核$\mathcal{L}_0(M_{\kappa^*})=0$无关的项。将李导数（12-15）应用于式（12-6）中的一般单项时，得到

$$\mathcal{L}_0(M_\kappa)=[\lambda(m_1-m_4)+\mathrm{i}\omega(m_2-m_5)+\mathrm{i}v(m_3-m_6)]M_\kappa$$

这表明内核的特征是这些单项式M_{κ^*}，例如$m_1=m_4$，$m_2=m_5$，$m_3=m_6$。在由这类单项式构成的哈密顿量中，$J=uU$，$L_1=\mathrm{i}vV$，以及$L_2=\mathrm{i}wW$保持为常量。

然后，对于李导数$M_\kappa\neq M_{\kappa^*}$的像项，通过注意以下内容，在不需要积分的情况下求解复变量中的同调方程

$$\mathcal{L}_0^{-1}(M_\kappa)=\frac{M_\kappa}{\lambda(m_1-m_4)+\mathrm{i}\omega(m_2-m_5)+\mathrm{i}v(m_3-m_6)} \tag{12-16}$$

然而，从式（12-16）得到的母函数推导出的变换仅适用于非共振运动。当$(m_2-m_5)/(m_6-m_3)\approx v/\omega$时，$m_1=m_4$的流形$J$中可能出现的小因子会阻止摄动解在接近共振时收敛，这种情况需要特殊处理。特别令人感兴趣的是1∶1共振，它产生了平动点动力学的相关解，并产生了晕轨道族。与其在非共振情况下使用一种解，1∶1共振情况下使用另一种解[103]，倒不如将这两种情况有效地包含在单个解析解中[396,564]。

12.1.3 受摄椭圆振荡器解调

为了处理1∶1共振动力学，z方向的无摄动振荡频率以$v=\omega\sqrt{1-\delta}$的形式表示，其中，考虑到式（10-28）中的特殊值v和式（10-33）中的ω

$$\delta=\frac{1}{27}(23-8\sqrt{7})\approx 0.068$$

是一个“失谐”参数[283,657]，其值约为希尔半径$r_\mathrm{H}=3^{-1/3}$的十分之一。

然后，通过将$-\frac{1}{2}\delta\omega^2 z_1^2$项移动至摄动部分，使$z$方向的无摄动振荡频率解调。也就是将式（12-12）在形式上重新排列

$$\mathcal{K}=\sum_{n\geqslant 0}\frac{\epsilon^n}{n!}\mathcal{K}_n^* \tag{12-17}$$

其中零阶项为

$$\mathcal{K}_0^* = \lambda x_1 X_1 + \frac{1}{2}(Y_1^2 + \omega^2 y_1^2) + \frac{1}{2}(Z_1^2 + \omega^2 z_1^2) \tag{12-18}$$

除了双曲线部分外，还包括 1∶1 共振的椭圆振荡器的哈密顿量。一阶项为 $\mathcal{K}_1^* = \mathcal{K}_1 - \frac{1}{2}\delta\omega^2 z_1^2$，其余项保持不变，即 $\mathcal{K}_n^* = \mathcal{K}_n (n > 1)$。

复变量的变换是通过将式（12-14）具体化到 $v = \omega$ 的情况。这样，式（12-18）变为

$$\mathcal{K}_0^* = \lambda u U + \mathrm{i}\omega(vV + wW) \tag{12-19}$$

因此，李导数为

$$\mathcal{L}_0 = \lambda\left(u\frac{\mathrm{d}}{\mathrm{d}u} - U\frac{\mathrm{d}}{\mathrm{d}U}\right) + \mathrm{i}\omega\left(v\frac{\mathrm{d}}{\mathrm{d}v} - V\frac{\mathrm{d}}{\mathrm{d}V} + w\frac{\mathrm{d}}{\mathrm{d}w} - W\frac{\mathrm{d}}{\mathrm{d}W}\right) \tag{12-20}$$

源于

$$\mathcal{L}_0(M_\kappa) = [\lambda(m_1 - m_4) + \mathrm{i}\omega(m_2 - m_5 + m_3 - m_6)]M_\kappa \tag{12-21}$$

上式表明，当前属于李导数核的单项式 M_{κ^*} 的特征是 $m_1 = m_4$ 和 $m_2 + m_3 = m_5 + m_6 = \frac{1}{2}\sigma$，其中 $\sigma = m_2 + m_3 + m_5 + m_6$ 是偶数。同调方程的解类似于式（12-16），将其替换为

$$\mathcal{L}_0^{-1}(M_\kappa) = \frac{M_\kappa}{\lambda(m_1 - m_4) + \mathrm{i}\omega(m_2 - m_5 + m_3 - m_6)} \tag{12-22}$$

特别地，单项式 uU，vV，wW，vW 和 wV 属于李导数（12-20）的核。此外，因为 m_2（m_6）或者小于，或者等于，或者大于 m_5（m_3），对于内核的项，我们发现

- $m_2 = m_5: v^{m2} w^{m3} V^{m5} W^{m6} = (vV)^{m2}(wW)^{m3}$
- $m_2 = m_5 + m_0: v^{m2} w^{m3} V^{m5} W^{m6} = (vV)^{m5}(wW)^{m3}(vW)^{m0}$
- $m_5 = m_2 + m_0: v^{m2} w^{m3} V^{m5} W^{m6} = (vV)^{m2}(wW)^{m6}(vW)^{m0}$

因此，李导数（12-20）的核是由这五种单项式精确生成的[136,160]。然而，尽管核的 $J = uU$ 项很容易用双曲线坐标 $\psi = \log\sqrt{u/U}$ 的共轭动量来确定，但复变量中的其他四类单项式不能立即用共轭于某个显式或可忽略的正则变量的动量来确定。

当使用由笛卡儿变量的变换定义的德普里特的李萨如变量（ℓ，g，L，G）的规范集时，事情会变得更加清晰[160]

$$y = s\cos(g + \ell) - d\cos(g - \ell) \tag{12-23}$$

$$z = s\sin(g + \ell) - d\sin(g - \ell) \tag{12-24}$$

$$Y = -\omega\,[s\sin(g + \ell) + d\sin(g - \ell)] \tag{12-25}$$

$$Z = \omega\,[s\cos(g + \ell) + d\cos(g - \ell)] \tag{12-26}$$

其中，$s \equiv s(L, G; \omega)$ 和 $d \equiv d(L, G; \omega)$ 为状态函数。

$$s = \sqrt{\frac{L + G}{2\omega}}, d = \sqrt{\frac{L - G}{2\omega}} \tag{12-27}$$

在给定的时间，德普里特的李萨如变量描述了一对椭圆。关系 $G = \omega ab$，$L =$

$\frac{1}{2}\omega(a^2+b^2)$ 定义了在以原点为中心的 y，$z(Y, Z)$ 平面中，长半轴 a 和短半轴 $|b|$（ωa 和 $\omega|b|$）的椭圆。角度 g 定义了短半轴相对于 y 轴的方向，而角度 ℓ 测量的是从短半轴开始的椭圆近点角[160]。

从式（12-14）可以很容易地得到从德普里特的李萨如变量到复变量的转换，并在式（12-23）～式（12-26）中用 ω 代替 v，因此得到

$$v=\sqrt{\frac{1}{2}\omega}\ [(s-d)\cos g+\mathrm{i}(d+s)\sin g](\cos\ell+\mathrm{i}\sin\ell)$$

$$w=\sqrt{\frac{1}{2}\omega}\ [(s-d)\sin g-\mathrm{i}(d+s)\cos g](\cos\ell+\mathrm{i}\sin\ell)$$

$$\mathrm{i}V=\sqrt{\frac{1}{2}\omega}\ [(s-d)\cos g-\mathrm{i}(d+s)\sin g](\cos\ell-\mathrm{i}\sin\ell)$$

$$\mathrm{i}W=\sqrt{\frac{1}{2}\omega}\ [(s-d)\sin g+\mathrm{i}(d+s)\cos g](\cos\ell-\mathrm{i}\sin\ell)$$

从中我们立即检查确认单项式 vV，wW，vW 和 wV 不受椭圆近点角 ℓ 的影响。因此，李导数的核在这对共轭变量（g，G）中仍保持自由度为 1，然而

$$J\equiv uU,\quad L\equiv \mathrm{i}(vV+wW) \tag{12-28}$$

这两个积分将通过李变换进行归一化，归一化后将对简化流进行参数化，如式（12-19）所示。

此外，归一化后，对于给定的流形 $L=$ 常数，中心流形 $J=0$ 中的简化（g，G）动力学发生在二维球体上[134,373]。当使用霍普夫坐标时[300]，这一事实立即展现出来。

$$I_1=\frac{1}{2}\mathrm{i}(wW-vV),I_2=-\frac{1}{2}\mathrm{i}(vW+wV),I_3=\frac{1}{2}(vW-wV) \tag{12-29}$$

它们由以下约束关联在一起

$$I_0^2=I_1^2+I_2^2+I_3^2=\frac{1}{4}L^2 \tag{12-30}$$

12.1.4 哈密顿量归一化

复变量的归一化是通过单个李变换实现的，因为它只涉及多项式代数，所以构造非常简单。也就是说，在使用式（12-14）及 $v=\omega$ 重写复变量中的解调哈密顿量（12-17）后，我们得到

$$\mathcal{K}=\sum_{n\geqslant 0}\frac{\epsilon^n}{n!}\mathcal{K}_{n,0}^{*}(u,v,w,U,V,W) \tag{12-31}$$

然后基于基本等式（12-21）的性质构造李变换（u，v，w，U，V，W）$\longmapsto$（u'，v'，w'，U'，V'，W'；ϵ），用于将哈密顿量（12-31）归一化到某个截断阶。归一化后，式（12-28）中的量 J 和 L（现在用单撇号变量表示）成为形式积分。

为简洁起见，消除撇号，归一化的哈密顿量的前几项为

$$\mathcal{N}=\sum_{n\geqslant 0}\frac{\epsilon^n}{n!}\mathcal{K}_{0,n}^{*}(v,w,V,W;J) \tag{12-32}$$

参见文献 [424]，即

$$\mathcal{K}_{0,0}^{*}=\mathrm{i}\omega(vV+wW)$$

$$\mathcal{K}_{0,1}^{*}=-\frac{1}{2}\mathrm{i}\omega\delta wW$$

$$\begin{aligned}\mathcal{K}_{0,2}^{*}=&-\frac{1}{4}\mathrm{i}\omega\delta^2 wW+r_{\mathrm{H}}\left[-\mathrm{i}\lambda\omega\left(\frac{2994}{4837}vV+\frac{349\omega^2+3737}{9674}wW\right)J\right.\\&-\frac{4683\omega^2+7263}{38696}J^2+\frac{4683\omega^2+2103}{38696}v^2V^2+\frac{484\omega^2-193}{4146}w^2W^2\\&\left.-\frac{23\omega^2-89}{42}vVwW+\frac{15235\omega^2-41269}{38696}(v^2W^2+V^2w^2)\right]\end{aligned}$$

$$\begin{aligned}\mathcal{K}_{0,3}^{*}=&-\frac{3}{8}\mathrm{i}\delta^3\omega wW+\delta r_{\mathrm{H}}\left[\mathrm{i}\,\frac{331467\omega^2-2387193}{13369468}\lambda\omega JwW\right.\\&-\frac{109\omega^2-619}{84}vVwW+\frac{12286157\omega^2-60125147}{13369468}(v^2W^2+V^2w^2)\\&\left.+\frac{515150\omega^2-1475408}{1432443}w^2W^2\right]\end{aligned}$$

12.2　中心流形简化动力学

通过将运动约束到中心流形 $J=0$ 来消除双曲线动力学。此外，基于从式（12-29）和式（12-30）得到的 $wW=-\mathrm{i}(I_1+I_0)$，$vV=\mathrm{i}(I_1-I_0)$，$vW=\mathrm{i}I_2+I_3$ 以及 $Vw=\mathrm{i}I_2-I_3$ 关系，可以很容易地将式（12-32）用霍普夫变量表示。考虑到 $\{I_1, I_2\}=I_3$，$\{I_2, I_3\}=I_1$，$\{I_3, I_1\}=I_2$，在霍普夫变量中可以很容易地导出约化哈密顿流的变分方程，即

$$\dot{I}_i=\frac{\mathrm{d}I_i}{\mathrm{d}t}=\{I_i;\mathcal{N}\}=\sum_{j=1}^{3}\{I_i;I_j\}\frac{\partial\mathcal{N}}{\partial I_j},\quad i=1,2,3$$

因此，$\mathcal{N}_{0,0}=\omega L$ 为常数，且在一阶

$$\mathcal{N}_{0,1}=-\frac{1}{4}\delta\omega L-\frac{1}{2}\delta\omega I_1 \tag{12-33}$$

因此，$\dot{I}_1=0$，$\dot{I}_2=\frac{1}{2}\delta\omega I_3$，$\dot{I}_3=-\frac{1}{2}\delta\omega I_2$，其解在（$I_2$，$I_3$）平面上产生半径为 $\frac{1}{2}(L^2-4I_1^2)^{1/2}$、频率为 $\frac{1}{2}\delta\omega$ 的圆周运动。即在球体上，简化动力学的轨道经过平行圆（$I_1=$常数），并在极点 $I_1=\pm\frac{1}{2}L$ 处降为稳定平衡。我们将在 12.2.3 节中进一步详细介绍，这些平衡态与 10.2.2 节中描述的小振荡相一致。然而，线性化哈密顿量（12-33）所提供的性质约束于非常接近于平动点能量的能量值。

在二阶我们发现

$$\mathcal{N}_{0,2}=2!\left[\frac{1}{4}\delta\,\mathcal{N}_{0,1}-k_1L^2+k_2LI_1-k_3(I_1^2-I_2^2)+k_4I_3^2\right] \tag{12-34}$$

其中的数值系数为

$$k_1=\frac{1}{12}(1097+110641\omega^2)k_0$$

$$k_2=\frac{2}{3}(11713+497\omega^2)k_0$$

$$k_3=(841-79\omega^2)k_0$$

$$k_4=-(329311-121801\omega^2)k_0$$

其中，$k_0=r_{\mathrm{H}}/154784\approx4.5\times10^{-6}$，为严格的正无理数（$k_1\approx0.18$，$k_2\approx0.041$，$k_3\approx0.002$，$k_4\approx0.87$）。忽略常数项后，由非平凡二阶哈密顿量导出简化流

$$\mathcal{I}=(k_2L-\omega\delta^*)I_1+k_3(I_2^2-I_1^2)+k_4I_3^2 \tag{12-35}$$

其中我们缩写 $\delta^*=\frac{1}{2}\delta+\frac{1}{8}\delta^2\approx0.03454$。显著地是，式（12-35）是描述自由陀螺仪运动的朱可夫斯基-沃尔特拉哈密顿量的一个特例[41,672,700]。

12.2.1 简化流的可视化

球体上的轨道 $O(I_1, I_2, I_3)$ 是球体（12-30）和哈密顿量（12-35）实现的二维曲面相交的结果，无须对这个流的微分方程积分即可得到。实际上，对于形式积分 L 和“能量”的给定值 $\mathcal{I}=E$，通过消除式（12-30）和式（12-35）之间的 I_3（I_2），获得类似 $O(I_1, L, E)$ 的轨道。我们很容易得到

$$I_2^2=-\frac{(k_3+k_4)I_1^2+(\delta^*\omega-k_2L)I_1+E-\frac{1}{4}L^2k_4}{k_4-k_3}$$

$$I_3^2=\frac{2k_3I_1^2+(\delta^*\omega-k_2L)I_1+E-\frac{1}{4}L^2k_3}{k_4-k_3}$$

其中，对于每对 (E, L)，I_1 取值必须约束于闭合区间 $\left[-\frac{1}{2}L, \frac{1}{2}L\right]$ 的子集内，其中 I_2 和 I_3 均取实数。

图 12-1 是以这种方式构建的，它说明了随着动态参数 L 值的增大，该简化流所经历的质的变化。清晰起见，将不同球体的半径归一化为 1。因此，对于较小的 L 值，我们发现在 $I_1=\pm\frac{1}{2}L$ 处有两个椭圆型不动点，并围绕它们进行循环运动（图 12-1 中的第一行）。增大 L 值将使不动点 $\left(-\frac{1}{2}L, 0, 0\right)$ 在分岔过程中变为双曲线，其中两个额外的椭圆型不动点出现在子午线 $I_2=0$ 中（图 12-1 中的第二行）。进一步增大 L 将使椭圆点

$(I_1, 0, \pm I_3)$ 向球体的"北极"和"南极"移动（图 12-1 中的第三行）。最终，不动点 $\left(-\frac{1}{2}L, 0, 0\right)$ 在新的分岔过程中再次变为椭圆，在球体的"赤道" $I_3=0$ 处出现了两个双曲线型不动点（图 12-1 中的第四行）。对于更大的 L 值，这些对称点 $(I_1, \pm I_2, 0)$ 沿赤道移动，直到最终在 $\left(\frac{1}{2}L, 0, 0\right)$ 处塌陷，然后转变为双曲线（图 12-1 中的第五行）。随着 L 值的增大，简化流没有进一步的质的变化。

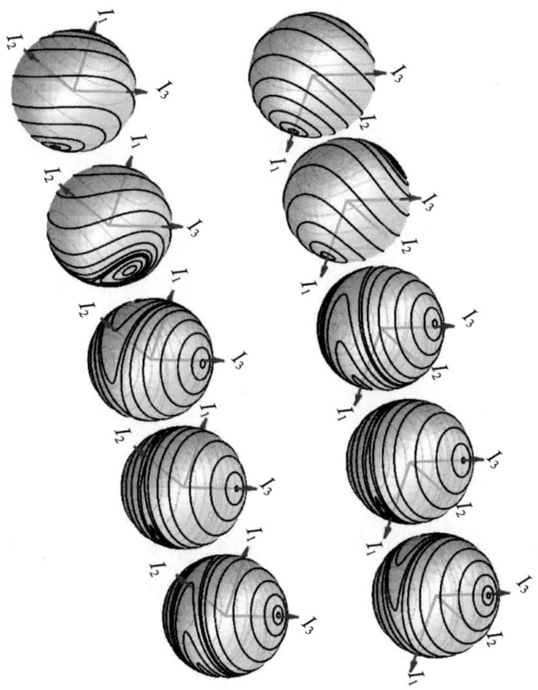

图 12-1　L 值增大的哈密顿流（12-35）分岔序列（经 Springer[396] 许可转载）（见彩插）

12.2.2　平衡与分岔的分析计算

由哈密顿量（12-35）引出的流是从以下积分中获得的

$$\dot{I}_1 = -2(k_4 - k_3) I_2 I_3 \tag{12-36}$$

$$\dot{I}_2 = 2(k_4 + k_3) I_1 I_3 + (\delta^* \omega - k_2 L) I_3 \tag{12-37}$$

$$\dot{I}_3 = 4k_3 I_1 I_2 - (\delta^* \omega - k_2 L) I_2 \tag{12-38}$$

值得注意的是，当 $L=\tilde{L}=\delta^* \omega / k_2$ 时，该微分系统类似于自由刚体旋转的欧拉方程，在这种情况下，可以通过雅可比椭圆函数获得封闭解。我们不追求通解，而是满足于计算先前可视化的平衡以及发生分岔时的参数值。

平衡与描绘流动的预期完全一致。这些点表示为

$$E_{\pm 1} = \left(\pm \frac{1}{2}L, 0, 0\right) \tag{12-39}$$

始终是式（12－36）～式（12－38）在 $I_2=I_3=0$ 时消失后的平衡结果。当 $I_2=0$ 和 $I_3\neq 0$ 时，式（12－36）和式（12－38）完全消为零，但要使式（12－37）为零，需要满足

$$I_1=I_{1,\text{halo}}\equiv\frac{k_2L-\delta^*\omega}{2(k_3+k_4)}\Rightarrow|I_3|=I_{3,\text{halo}}\equiv\frac{1}{2}\sqrt{L^2-4I_{1,\text{halo}}^2}$$

如果 $L>\delta^*\omega/(k_2+k_3+k_4)\approx 0.0768606$，则 $|I_3|>0$ 且两个对称平衡也存在

$$E_{\pm 2}=(I_{1,\text{halo}},0,\pm I_{3,\text{halo}}) \tag{12-40}$$

最后，当 $I_3=0$ 时，式（12－36）和式（12－37）完全为零，但为了使 $I_2\neq 0$ 时式（12－38）为零，我们需要

$$I_1=I_{1,\text{Bridge}}\equiv\frac{k_2L-\delta^*\omega}{4k_3}\Rightarrow|I_2|=I_{2,\text{Bridge}}\equiv\frac{1}{2}\sqrt{L^2-4I_{1,\text{Bridge}}^2}$$

这相应地要求 $\delta^*\omega/(k_2+2k_3)<L<\delta^*\omega/(k_2-2k_3)$，在这种情况下也存在两个对称平衡

$$E_{\pm 3}=(I_{1,\text{Bridge}},\pm I_{2,\text{Bridge}},0) \tag{12-41}$$

很容易看出 $L=\delta^*\omega/(k_2+2k_3)$ 处的分岔来自 E_{-1}，而 $L=\delta^*\omega/(k_2-2k_3)$ 处的分岔来自 E_1。

式（12－36）～式（12－38）中流的通常线性化可用于证明平衡点的稳定性，与上节所示的不动点的椭圆或双曲线特征一致。

12.2.3 中心流形平衡态的合作伙伴轨道

借助于德普里特的李萨如正则变量，可以很容易地识别出约化相空间平衡对应于希尔问题的特定轨道的动力学特征。为此，霍普夫变量被写成在式（12－23）～式（12－27）中定义的李萨如变量的形式，即

$$I_0=\frac{1}{2}L,\quad I_1=\omega sd\cos 2g,\quad I_2=\omega sd\sin 2g,\quad I_3=\frac{1}{2}G \tag{12-42}$$

这为在归一化过程中与椭圆近点角 ℓ 相关的短周期效应的消除提供了其他证据。

因此，在式（12－39）和式（12－41）分别给出的平衡 $E_{\pm 1}$ 和 $E_{\pm 3}$ 的情况下，式（12－42）表明 $G=\omega ab=0$。也就是说，平均而言，李萨如椭圆的半长轴 a 或 $|b|$ 会消失，从而在中心流形上产生直线振荡。由于 E_1 中的 $g=0$，谐波振荡在 z_1 方向，如式（12－23）～式（12－26）所示。与之相反，对于 E_{-1}，$g=\frac{\pi}{2}$，振荡发生在 y_1 方向。在两个平衡 $E_{\pm 3}$ 的情况下，常数值 $g\neq 0$ 由式（12－41）中的分量 I_1 和 I_2 确定，并且振荡发生在（y_1，z_1）平面上。最后，在式（12－40）给出的 $E_{\pm 2}$ 的情况下，由于 $G\neq 0$，两个半轴都有非零值，因此平均而言，在中心流形上产生椭圆运动。椭圆振荡发生在（y_1，z_1）平面上，椭圆面积 $\pi a|b|=\pi|G|/\omega$ 取决于值 $|G|=2I_{3,\text{halo}}$。

为了恢复笛卡儿变量表示的原始动力学，我们需要首先从归一化变量恢复到下角标为 1 的变量，并使用式（12－10）中的线性变换。然后，我们发现球面上的简化动力学平衡态与希尔问题中关于平动点的常见周期轨道相匹配。具体来说，李雅普诺夫平面轨道是

E_{-1} 平衡的伙伴轨道，李雅普诺夫垂直轨道是 E_1 的伙伴轨道。晕轨道的两个分支对应于 $E_{\pm 2}$ 平衡，其中 $E_{\pm 3}$ 对应于李雅普诺夫平面轨道与垂直轨道之间的周期轨道的双车道态。

由于摄动方法的截断阶数，解析解将无法提供希尔问题的精确周期轨道。然而，在微分修正算法的帮助下，摄动解提供的初始条件很容易得到改进，以获得所需的周期轨道。其中一些算法需要输入周期为 T 的近似值，该值可以从偏近点角的变化率 $\mathrm{d}\ell/\mathrm{d}t=2\pi/T$ 的归一化变量中估计得到。在使用式（12－42）将式（12－35）代入德普里特的李萨如变量后，可以从哈密顿方程中计算得到式（12－42）。特别的是，如果我们限制为一阶效应，可以从下式得到 $\mathcal{N}=\omega L-\dfrac{1}{4}\delta\omega(L+2\omega sd\cos 2g)$

$$\frac{\mathrm{d}\ell}{\mathrm{d}t}=\omega-\frac{1}{4}\delta\omega\left(1+\frac{1}{\sqrt{1-G^2/L^2}}\cos 2g\right) \tag{12-43}$$

其中，所需值 g，G 和 L 在用相应平衡点处的值替换霍普夫变量后，根据式（12－42）计算得出。

到目前为止，对于所讨论的解析解的二阶截断，该过程仅适用于接近平动点平衡能量的能量值（L 的小值），因此不包括晕轨道和桥族轨道的计算。摄动解的有效性通过更高阶的直接计算得到了扩展，正如哈密顿量（12－32）$\mathcal{K}_{0,3}^{*}$ 项的显式表示所预期的那样。

12.3　高阶项

将复变量（12－31）中的哈密顿归一化扩展到高阶只是一个机械化操作问题[424]。在霍普夫变量中重新表述后，高阶归一化哈密顿量为以下形式

$$\mathcal{I}=\omega L+\sum_{n\geqslant 1}\frac{1}{n!}\mathcal{I}_n(I_1,I_2,I_3;L) \tag{12-44}$$

该归一化多项式涉及的霍普夫坐标的幂大于 2，因此，无法像 12.2.1 节中之前所做的那样明确求解约化流的轨道。或者，通过绘制 $\mathcal{I}_n(I_1,I_2,I_3;L)=E$ 的等高线图来有效地对流进行可视化。特别地，使用之前图 5－6 中使用的绘制哈密顿量的技术可以实时渲染流。图 12－2 对式（12－44）的七阶截断进行了说明。

另一方面，为了使用解析解计算远离平动点的平动点轨道，需要精确计算不同的平衡态。现在从微分系统获得源自哈密顿量（12－44）的流

$$\dot{I}_1=I_2I_3\sum_{n\geqslant 0}F_{1,n}(I_1,I_2,I_3;L) \tag{12-45}$$

$$\dot{I}_2=I_3\sum_{n\geqslant 0}F_{2,n}(I_1,I_2,I_3;L) \tag{12-46}$$

$$\dot{I}_3=I_2\sum_{n\geqslant 0}F_{3,n}(I_1,I_2,I_3;L) \tag{12-47}$$

对于李雅普诺夫轨道，它仍然提供与式（12－39）相同的解。晕轨道（I_1，0，$\pm I_3$）也存在，但现在由式（12－30）得到的值 I_1 和 $I_3=\dfrac{1}{2}\sqrt{L^2-4I_1^2}$ 与式（12－40）不同，必须由 I_1 的隐式方程数值计算得到

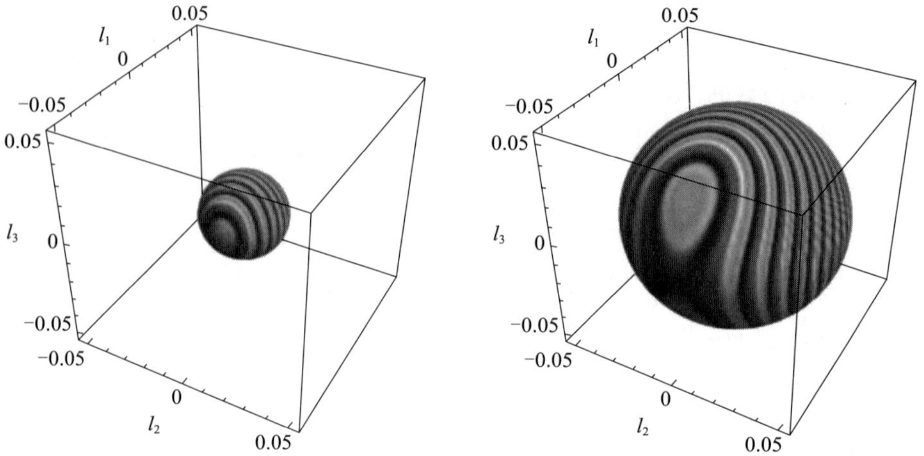

图 12-2　绘制平动点希尔问题的相空间，以显示晕轨道与李雅普诺夫平面轨道的分岔 $\left(-\frac{1}{2}L,\ 0,\ 0\right)$（见彩插）

$$\sum_{n\geqslant 0} F_{2,n}(I_1, 0, I_3(I_1;L);L)=0 \tag{12-48}$$

这使得等式（12-46）消失。晕轨道从点 $\left(-\frac{1}{2}L,\ 0,\ 0\right)$ 分岔的 L 值现在由平方根 $\sum_{n\geqslant 0} F_{2,n}\left(\frac{1}{2}L,\ 0,\ 0;\ L\right)=0$ 给出。最后，通过求解 I_2 的隐式方程来计算式（12-41）中的模拟平衡（I_1，$\pm I_2$，0）

$$\sum_{n\geqslant 0} F_{3,n}(I_1, I_2(I_1;L), 0;L)=0 \tag{12-49}$$

根据式（12-30），$I_2=\frac{1}{2}\sqrt{L^2-4I_1^2}$。通过计算隐式方程 $\sum_{n\geqslant 0} F_{3,n}\left(\frac{1}{2}L,\ 0,\ 0;\ L\right)=0$ 的平方根，可获得连接平面和垂直李雅普诺夫轨道的周期轨道双车道桥的分岔点和终止点。

解的精度通常随摄动理论截断阶数的增加而增加。但是，应该牢记徒劳地提高精确性所固有的风险。事实上，如果使用整数算法计算摄动解，则整数的大小会显著地从一个阶数增加到下一个阶数。例如，在第 11 阶摄动方法中，我们发现要处理的整数可能包含超过 100 位的数字。这一事实使得内存分配成为一个问题，显著地降低了高阶计算的速度，使其计算负担呈指数增长[424]。在实际浮点运算中，计算速度大大加快，但在这种情况下，必须仔细跟踪由于计算机寄存器的物理长度而导致的截断误差的传播[100, 328]。特别地，从复变量到实变量的转换会产生一些复数残差，其量级随着摄动理论阶数的增大而增大，且增长速度比实数项更快。当计算超出 15 阶时，这个速度会显著增大，因此建议将 16 阶作为摄动解的实际适用极限值[424]。

高阶解析解的构造遵循上述步骤。也就是说，对于动力学参数 L（与轨道大小大致相关）的选定值，首先计算所需轨道（李雅普诺夫平面或垂直轨道、晕轨道或与桥有关轨道）的简化相空间中的平衡态。对于晕轨道，可能需要求解式（12-48），对于桥轨道，则需要求解式（12－49）。然后计算相应的李萨如变量，并将其转换为离散值 $\ell \in [0, 2\pi)$ 的复（素数）变量。然后应用归一化的（直接）李变换恢复下角标为 1 的变量的原始作用。最后，应用线性变换（12－10）将提供相对于平动点的笛卡儿坐标中的原始作用。

通过检查由解析解提供的某个点的数值传播所得到的轨道的周期性 $\Delta = \max|\xi_i(T) - \xi_i(0)|$，$\xi_i \in (x, y, z, X, Y, Z)$ 来评估由此计算出的解析摄动解的精度。下面我们借用文献［424］中一些高阶解的不同截断作为示例来说明这个过程。在文献［424］中可以找到一个系统扫描图，显示了在希尔问题平动点附近摄动解的有效性。

12.3.1　李雅普诺夫轨道

对于高于平动点的能量，李雅普诺夫轨道总是存在的。摄动解的低阶截断可以很好地近似中等振幅轨道的实际动力学，当李雅普诺夫轨道尺寸增大时，需要使用高阶截断。

因此，对于 $L = 0.01$，我们发现由四阶截断预测的轨道与其李雅普诺夫垂直伙伴轨道相匹配，但仅在图形精度上，周期性误差为 $\Delta \approx 10^{-6}$（希尔单位）。周期性误差随着摄动解截断阶数的增加而逐渐改善，在第 11 阶时小于 10^{-10} 。对于 $L = 0.01$ 的李雅普诺夫平面轨道也发现了类似的结果，其中第 11 阶截断产生的 $\Delta < 10^{-11}$ 。使用高阶截断时误差略有改善，对于双李雅普诺夫轨道，超过 13 阶后误差改善可以忽略不计。

正如预期的那样，当李雅普诺夫轨道演化到离平动点更远的地方时，需要更高阶的截断。因此，举例来说，当 $L = 0.2$ 时，即比前一示例中大一个数量级以上，需要第 7～9 之间的截断阶数，以使解析摄动解在图形精度上模拟实际轨道行为。解析解的第 15 阶截断精度在两种李雅普诺夫轨道上均为 $\Delta = \mathcal{O}(10^{-6})$，将摄动解推广到更高阶时没有发现相关改进。由 $L = 0.2$ 的解析解提供的李雅普诺夫轨道在图 12－3 中用灰点表示，叠加到它们各自的真实周期伙伴轨道（实线）上。这些图是以希尔单位描绘的，原点是平动点。

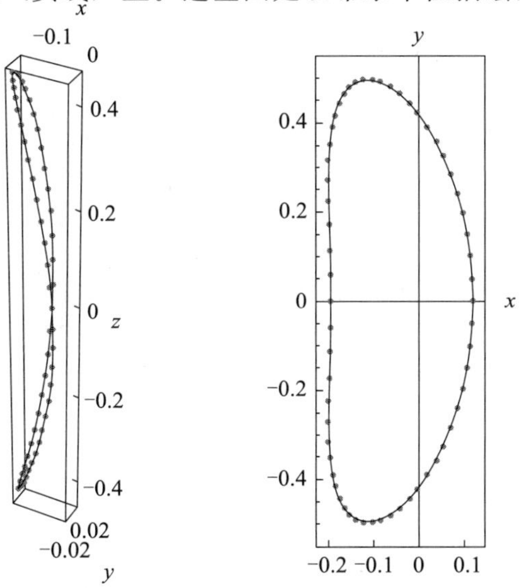

图 12－3　$L = 0.2$（点）的李雅普诺夫解析垂直、平面轨道叠加到其伙伴数值积分周期轨道（实线）上

12.3.2 共振轨道

当 $L=0.0781869$ 时，解析摄动解预测了晕轨道从李雅普诺夫平面轨道分岔。另一方面，由于其尺寸较大，我们需要摄动解的高阶截断来模拟实际动力学。图 12－4 的左图为 $L=0.2$ 的共振晕轨道示例。在这个特殊例子中，解析解的第 9 阶截断会产生千分之一量级的周期性误差。解析解的质量随着高阶截断而逐渐提高，但我们没有发现超过第 17 阶截断的改进，这种情况下的周期性误差为 $\Delta=\mathcal{O}(10^{-7})$。

连接两种李雅普诺夫轨道的双车道桥的周期轨道仅在 L 较大时存在，因此，它们可能会超出式（12－5）中勒让德多项式展开的有效范围。尽管如此，我们已经证明，通过简化动力学的二阶截断可以正确预测它们的存在，但它们的准确性会因所使用的截断而显著变化。例如，虽然第 14 阶截断在 $L=0.834458$ 时出现平面李雅普诺夫轨道的分岔，以及在 $L=1.0632$ 时出现垂直李雅普诺夫轨道的终止，但当使用不同的近似时，这些值会发生不可忽视的变化。我们检查了第 14 阶截断是否正确预测了 $L=0.9$ 时桥族轨道的存在，如图 12－4 的右图所示。尽管如此，周期性误差仍然较大，$\Delta=\mathcal{O}(10^{-2})$，并且不会随着高阶截断而改善。另一方面，解析解所提供的初始条件可以通过微分修正得到改善，从而收敛于真正的周期轨道。

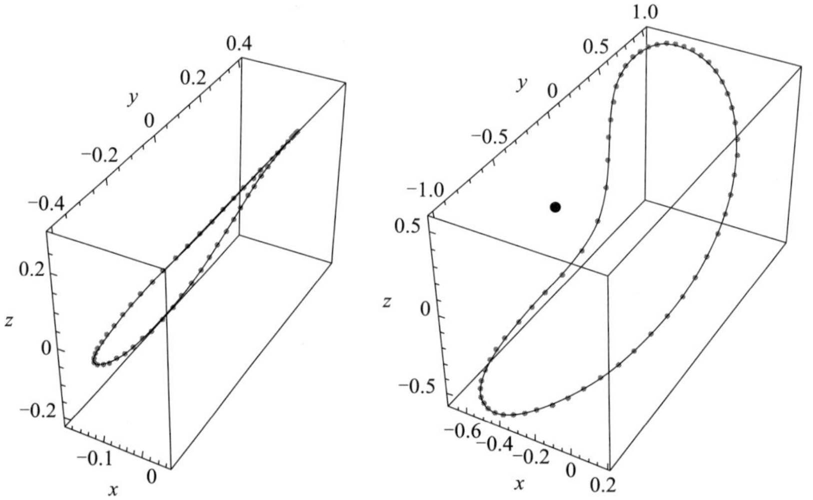

图 12－4 共振解析轨道（灰点）叠加到其伙伴数值积分周期轨道（实线）上。左图：$L=0.2$ 时的晕轨道。右图：$L=0.9$ 时的桥族轨道，其中主星用黑点表示，参见文献［424］

第 13 章　准卫星轨道

希尔问题哈密顿量，是由除了表示较小质量的主星与轨道器之间不可忽略的相互作用之外的二次项组成的，否则它们都将围绕大质量的主星演化成纯粹的开普勒运动。因为二次哈密顿量产生了可积的线性动力学，当最后一项很小时，希尔问题允许自然摄动排列，其中零阶哈密顿量由二次项组成，且将非线性相互作用视为一种摄动。特别地，这种摄动哈密顿量可以代表小质量主星绕大质量主星的轨道飞行器之间的共轨动力学。

正如引言中提到的，共轨运动的显著解决方案是所谓的准卫星轨道，它存在于希尔球体之外，可用于不同的天体动力学应用当中。因此，这里给出了计算解析摄动解的完整描述，但仅限于平面轨道情形。就像前几章中一样，由于对动力学的深入了解，我们正式保留希尔问题的（多余的）质量参数和同向旋转速率，同时因为它们允许对尺寸进行系统检查并作为附加测试，以应用于摄动过程的每一步解析表达式中。

一方面，本章通过对完全哈密顿约化后获得的形式积分得出的轨道设计参数的辨识，清楚地说明了摄动解对人造卫星任务设计的有效性。另一方面，在受限三体模型的平均动力学计算中可能会遇到的困难，通过依赖于特殊函数的非平凡积分清楚地表现出来。后者不仅使闭式解变得困难，而且在这种特殊情况下也不允许使用快速收敛级数表示。

13.1　平面轨道情形——行星坐标系

在 $z=Z=0$ 的平面情形中，式（10－17）中的希尔问题哈密顿量以这样的形式排列

$$\mathcal{H}=\mathcal{H}_0(x,y,X,Y;\dot{\vartheta})-\mu/r \tag{13-1}$$

其中，$r=\sqrt{x^2+y^2}$，而且

$$\mathcal{H}_0=\frac{1}{2}(X+\dot{\vartheta}y)^2+\frac{1}{2}(Y-\dot{\vartheta}x)^2-\frac{3}{2}\dot{\vartheta}^2x^2 \tag{13-2}$$

哈密顿方程 $\mathcal{H}_0$ 产生了一个线性微分系统，它的解很简单[47,113]。另外，在进行从笛卡儿变量到周期变量（x，y，X，Y）$\longmapsto$（ϕ，q，Φ，Q；$\dot{\vartheta}$，k）的转换后①，可以很容易地对源自式（13－2）的哈密顿流进行积分

$$\begin{aligned}
x&=a\xi+b\sin\phi\\
y&=a\eta+a\cos\phi\\
X&=-2B\eta-B\cos\phi\\
Y&=-B\xi-B\sin\phi
\end{aligned} \tag{13-3}$$

---

① 传统意义上，对周期变量的转换源自二次哈密顿量（13－2）的 Hamilton－Jacobi 方程的传统解[257, 336, 529]。

其中

$$a = 2b,\quad b = (2\Phi/\dot{\vartheta})^{1/2} \tag{13-4}$$

具有长度单位。

$$B = \dot{\vartheta} b = (2\dot{\vartheta}\Phi)^{1/2} \tag{13-5}$$

具有长度除以时间单位。

$$\xi = \xi(Q,\Phi) \equiv \frac{1}{2k}\frac{Q}{B},\quad \eta = \eta(q,\Phi) \equiv k\frac{q}{b} \tag{13-6}$$

二者分别是 Q 和 q 的无量纲量，k 为比例因子。

式（13－3）中的前两个方程为轨道（x，y）的每个点指定了一个参考椭圆 $(x-a\xi)^2/b^2+(y-a\eta)^2/a^2=1$，其中 y 轴方向的长半轴 a 与短半轴 b 的比值始终为 2。也就是说，参考椭圆的偏心率为 $e=\sqrt{3/4}$ 。参考椭圆的中心坐标为

$$x_{\text{center}} = a\xi = \frac{1}{k\dot{\vartheta}}Q,\quad y_{\text{center}} = a\eta = 2kq \tag{13-7}$$

轨道是顺时针运行的。同样地，式（13－3）的最后两个方程为矢端曲线（X，Y）的每个点指定了一个圆 $(X+2B\eta)^2+(Y+B\xi)^2=B^2$，圆的半径为 B ，圆心为 $X_{\text{center}}=-2B\eta=-2k\dot{\vartheta}q$，$Y_{\text{center}}=-B\xi=-\frac{1}{2}Q/k$ 。矢端曲线是逆时针方向运动的。

由式（13－3）～式（13－6）给出的变换是正则的，并在周期变量中使哈密顿量（13－2）完全约化。即

$$\mathcal{H}_0 = \mathcal{H}_0(-,-,\Phi,Q) \equiv \dot{\vartheta}\Phi - \frac{3}{8}(Q/k)^2 \tag{13-8}$$

它揭示了 ϕ 和 q 的可忽略性，从而揭示了 Φ 和 Q 是二次哈密顿量（13－2）所需的两个独立积分。

源自 $\mathcal{H}_0$ 的流是由哈密顿方程的平凡积分得到的。即

$$\phi = \phi_0 + \dot{\vartheta}t,\quad q = q_0 - \frac{3}{4k^2}Qt$$

这表明参考椭圆相位 ϕ 在周期性地演化，而其中心坐标在 y 轴方向上无限增大，如式（13－7）所示。通过求解周期变量式（13－3），由初始条件（x_0， y_0， X_0x_0，Y_0y_0）求出常量值 Φ 和 Q ，如下所示

$$\Phi = \frac{1}{2\dot{\vartheta}}[(X_0+\dot{\vartheta}y_0)^2+(2Y_0+\dot{\vartheta}x_0)^2],\quad Q = 2k(Y_0+\dot{\vartheta}x_0)$$

因此，选择 $Y_0=-\dot{\vartheta}x_0$ 这样的初始条件使得 $Q=0$，并因此产生周期运动（轨道的固定椭圆以及矢端曲线的固定圆）。与之相反，当 $Q\neq 0$ 时，q 和式（13－6）中的 η 呈线性增长。即初始条件 $Y_0\neq-\dot{\vartheta}x_0$ 在 y 轴方向上产生漂移椭圆，在 X 轴方向上产生相应的漂移矢端曲线，如式（13－3）所示。

然而，中心体引力产生的可积运动的摄动［由式（13－1）中的 $-\mu/r$ 项给出］会在

求解过程中产生重要的质变。事实上，对于大范围的初始条件，椭圆的漂移变成了其中心围绕原点的缓慢振荡。这种振荡特性产生了所谓的准卫星轨道，其中轨道器在原点处保持相对靠近主轨道，但明显脱离了希尔影响范围[46, 276, 524]。

当对周期变量（13-3）的转换应用于半径时，我们得到

$$r = a\sqrt{\Delta^2 + \xi\sin\phi + 2\eta\cos\phi + \xi^2 + \eta^2} \tag{13-9}$$

其中

$$\Delta = \sqrt{1 - \frac{3}{4}\sin^2\phi} \tag{13-10}$$

可以预见椭圆函数在摄动解中的出现。

最后，将式（13-8）和式（13-9）替换为式（13-1），得到了周期变量中平面希尔问题的哈密顿量，即

$$\mathcal{H} = \dot{\vartheta}\Phi\left(1 - 3\xi^2 - \frac{\gamma}{\sqrt{\Delta^2 + \xi s + 2\eta c + \xi^2 + \eta^2}}\right) \tag{13-11}$$

其中，为了简洁，我们缩写 $c \equiv \cos\phi$ 以及 $s \equiv \sin\phi$，而无量纲函数 $\gamma \equiv \gamma(\Phi)$ 表示为

$$\gamma = \frac{\mu}{a\dot{\vartheta}\Phi} = \frac{\mu\dot{\vartheta}}{B^3} = \frac{\mu\dot{\vartheta}}{(2\dot{\vartheta}\Phi)^{3/2}} \tag{13-12}$$

简单起见，我们将转换为周期变量的比例因子固定为 $k = \sqrt{3/4}$，这使得 $q = q_0 - Qt$ 变成无摄动问题。然后我们利用李变换方法，通过式（13-11）的完全哈密顿约化来计算准卫星轨道问题的摄动解，并达到一定的截断阶次。与通常一样，约化过程首先进行短周期消除，并随之消除长周期项。

13.2　短周期效应消除

首先，式（13-11）以通常摄动哈密顿量（2-30）的形式排列，其中，ϵ 是一个形式上的小参数。然后我们计算李变换 $(\phi, q, \Phi, Q) \longmapsto (\phi', q', \Phi', Q'; \epsilon)$，达到一定的截断阶次后，使得 ϕ 在转换后的哈密顿量（单撇号变量）中循环。

与其选择类似受摄哈密顿量可积部分那样的二次哈密顿量（13-8），我们宁愿选择 $\mathcal{H}_{0,0} = \dot{\vartheta}\Phi$，它是一个频率为 $\dot{\vartheta}$ 的谐振子，参见 2.2.2 节，这种方式隐含地假设了轨道器在参考椭圆中的相位比其中心演化得快得多。那么李导数（2-49）仅表示为 $\mathcal{L}_0 \equiv \{\ ;\ \dot{\vartheta}\Phi\} = \dot{\vartheta}\partial/\partial\phi$，表明李运算的内核是由不含 ϕ 的项组成的。然后通过不定积分求解同调方程（2-48）

$$\mathcal{W}_m = \frac{1}{\dot{\vartheta}}\int(\widetilde{\mathcal{H}}_{0,m} - \mathcal{H}_{0,m})\,\mathrm{d}\phi \tag{13-13}$$

目前缺乏一种计算封闭形式摄动解的方法，在第三体和中心引力施加相同阶数的摄动[401]的假设将摄动项 $-\mu/r$（其积分需要使用复杂的特殊函数[47]）展开。这些假设被具体化为

$$\eta = \mathcal{O}(\epsilon),\quad \xi = \mathcal{O}(\epsilon^2),\quad \gamma = \mathcal{O}(\epsilon^4) \tag{13-14}$$

与式（13－10）中定义的函数 Δ 相关的项的积分依赖于特殊函数的使用。这使得李运算的内核和像的识别变得困难，并且不同阶次的摄动方法的逐渐耦合实际上建立了一个极限，在该极限下可以进行快速角 ϕ 的消除[401]。

根据式（13－14）中的假设，式（13－11）中的摄动项为 $\mathcal{H}_{1,0} = \mathcal{H}_{2,0} = \mathcal{H}_{3,0} = 0$，$\mathcal{H}_{4,0} = 4!\ \frac{1}{2}B^2(-3\xi^2 - \gamma/\Delta)$，直到 ϵ^{10}

$$\mathcal{H}_{i,0} = i!\ \frac{1}{2}B^2\frac{\gamma}{\Delta^{2i-7}}(c\eta)^{i^*}\sum_{j=1}^{i_2} t_{i^*+2j-2,i_2-j}(s)\eta^{2j-2}\xi^{i_2-j} \tag{13-15}$$

其中，$i^* = i \bmod 2$ 和 $i_2 = \left\lfloor \frac{1}{2}(i-2) \right\rfloor$，源自式（6－5），$t_{1,0} = 1$ 以及其余的系数 $t_{k,l}$ 见表13－1。

表 13－1　式（13－15）中的系数 $t_{k,l}$

2,0：$\frac{9}{8}s^2 - 1$	0,3：$-\frac{189}{512}s^9 + \frac{459}{256}s^7 - \frac{207}{64}s^5 + \frac{41}{16}s^3 - \frac{3}{4}s$
0,1：$\frac{1}{2}s - \frac{3}{8}s^3$	2,2：$\frac{297}{64}s^8 - \frac{4761}{256}s^6 + \frac{849}{32}s^4 - \frac{249}{16}s^2 + 3$
3,0：$1 - \frac{11}{8}s^2$	4,1：$-\frac{7965}{1024}s^7 + \frac{6075}{256}s^5 - \frac{375}{16}s^3 + \frac{15}{2}s$
1,1：$\frac{9}{8}s^3 - \frac{3}{2}s$	6,0：$\frac{3309}{1024}s^6 - \frac{909}{128}s^4 + \frac{39}{8}s^2 - 1$
4,0：$-\frac{227}{128}s^4 + \frac{11}{4}s^2 - 1$	1,2：$\frac{27}{16}s^6 - \frac{171}{32}s^4 + \frac{21}{4}s^2 - \frac{3}{2}$
2,1：$\frac{153}{64}s^5 - \frac{87}{16}s^3 + 3s$	3,1：$-\frac{285}{64}s^5 + \frac{155}{16}s^3 - 5s$
0,2：$-\frac{27}{64}s^6 + \frac{45}{32}s^4 - \frac{3}{2}s^2 + \frac{1}{2}$	5,0：$\frac{303}{128}s^4 - \frac{13}{4}s^2 + 1$

13.2.1　低阶项

基于哈密顿排列，我们很容易发现 $\mathcal{H}_{0,1} = \mathcal{H}_{0,2} = \mathcal{H}_{0,3} = 0$，因此 $\mathcal{W}_1 = \mathcal{W}_2 = \mathcal{W}_3 = 0$。另外，由于 $\widetilde{\mathcal{H}}_{0,i} = \mathcal{H}_{i,0}$，$i = 4$，…，7，对应的项 $\mathcal{H}_{0,i}$ 是通过简单地对原始哈密顿量的项 $\mathcal{H}_{i,0}$ 在 ϕ 上进行平均来选定的。即在四阶时

$$\mathcal{H}_{0,4} = \langle \widetilde{\mathcal{H}}_{0,4} \rangle_\phi = -4!\ \frac{1}{2}B^2\left(3\xi^2 + \gamma\frac{1}{2\pi}\int_0^{2\pi}\frac{1}{\Delta}\mathrm{d}\phi\right) = -4!\ B^2\left(\frac{3}{2}\xi^2 + \gamma\widetilde{K}\right)$$

其中，我们使用符号 $\widetilde{K} \equiv K(k^2)/\pi$ 。类似地我们发现

$$\mathcal{H}_{0,5} = 0,\quad \mathcal{H}_{0,6} = 6!\ B^2\ \frac{2}{3}\gamma(\widetilde{E} - \widetilde{K})\eta^2,\quad \mathcal{H}_{0,7} = 0$$

其中，$\widetilde{E} \equiv E(k^2)/\pi$ 。然后由式（13－13）计算生成函数的同调项，得到

$$\mathcal{W}_4 = 4!\ \Phi\gamma F^*$$

$$\mathcal{W}_5 = 5!\ \Phi\frac{1}{\Delta}\gamma\eta s$$

$$\mathcal{W}_6 = 6!\ \Phi\gamma\left\{\frac{2}{3}\left[F^* - E^* - \frac{1}{\Delta}\left(\frac{1}{\Delta^2}+1\right)\frac{3}{4}sc\right]\eta^2 - 2\frac{\xi}{\Delta}c\right\}$$

$$\mathcal{W}_7 = 7!\ \Phi\frac{2}{3}\gamma\eta\left[\frac{\eta^2}{32\Delta^5}(21s^5 - 70s^3 + 48s) - \left(\frac{1}{\Delta^3} - 8\widetilde{E}\right)\xi\right]$$

其中，$F^* \equiv 2\widetilde{K}\phi - F(\phi \mid k^2)$ 和 $E^* \equiv 2\widetilde{E}\phi - E(\phi \mid k^2)$ 是周期为 π 的 ϕ 的周期函数。我们注意到，为了保证 $\mathcal{W}$ 不受短周期效应的影响，在式（13 - 13）的解中加入了一个积分常数，即 $\langle \mathcal{W}_i \rangle_\phi = 0$，$i = 4$，…，7。

短周期的正、逆向修正在前三阶消失。在第四阶为

$$\phi_{0,4} = -4!\ \frac{1}{2}\gamma F^*,\quad q_{0,4} = 0,\quad \Phi_{0,4} = 4!\ \Phi\gamma\left(\frac{1}{\Delta} - 2\widetilde{K}\right),\quad Q_{0,4} = 0$$

在第五阶为

$$\phi_{0,5} = -5!\ \gamma\frac{\eta}{\Delta}s,\quad q_{0,5} = 0,\quad \Phi_{0,5} = -5!\ \Phi\gamma\frac{\eta}{\Delta^3}c,\quad Q_{0,5} = -5!\ B\frac{k}{2}\frac{\gamma}{\Delta}s$$

而第六阶修正为

$$\phi_{0,6} = 6!\ \gamma\left\{\frac{c}{\Delta}\left[\frac{3}{4}\left(\frac{1}{\Delta^2}+1\right)\eta^2 s + 2\xi\right] + \eta^2[E^* - F^*]\right\}$$

$$q_{0,6} = 6!\ b\frac{\gamma}{2k}\frac{1}{\Delta}\cos\phi$$

$$\Phi_{0,6} = 6!\ \Phi\gamma\left\{\frac{4}{3}\eta^2(\widetilde{E} - \widetilde{K}) + \frac{1}{2\Delta^3}\left[\left(3 - \frac{1}{\Delta^2}\right)\eta^2 - \xi s\right]\right\}$$

$$Q_{0,6} = 6!\ B\frac{\gamma}{2k}\eta\left[\frac{3}{4\Delta}\left(\frac{1}{\Delta^2}+1\right)cs + E^* - F^*\right]$$

在第七阶为

$$\phi_{0,7} = 7!\ \gamma\eta\left[\left(\frac{1}{\Delta^3} - 8\widetilde{E}\right)\xi + \frac{1}{9}\frac{s}{\Delta}\left(\frac{3}{\Delta^4} - \frac{7}{\Delta^2} - 14\right)\eta^2\right]$$

$$q_{0,7} = -7!\ b\frac{\gamma}{6k}\eta\left(\frac{1}{\Delta^3} - 8\widetilde{E}\right)$$

$$\Phi_{0,7} = 7!\ \Phi\frac{\gamma\eta}{2\Delta^5}\left[\frac{1}{3}\left(\frac{5}{\Delta^2} - 11\right)\eta^2 + 3\xi s\right]c$$

$$Q_{0,7} = 7!\ B\frac{k}{3}\gamma\left[\left(\frac{1}{\Delta^3} - 8\widetilde{E}\right)\xi + \frac{1}{4}\frac{s}{\Delta}\left(\frac{3}{\Delta^4} - \frac{7}{\Delta^2} - 14\right)\eta^2\right]$$

所有这些量都是用单撇号变量计算的。另一方面，$\mathcal{V}_i = -\mathcal{W}_i$，$i = 4$，…，7，逆修正恰好与正修正相反，所以必须在原始变量中求解。

13.2.2　高阶项

不同哈密顿项的耦合从第八阶开始，其中 $\widetilde{\mathcal{H}}_{0,8} = 35\{\mathcal{H}_{0,4} + \mathcal{H}_{4,0},\ \mathcal{W}_4\} + \mathcal{H}_{8,0}$。选项

$\mathcal{H}_{0,8}=\langle\widetilde{\mathcal{H}}_{0,8}\rangle_\phi$ 产生

$$\mathcal{H}_{0,8}=8!\ B^2\gamma\left[\gamma(1-2\widetilde{K}^2)+\frac{1}{9}(14\widetilde{E}-11\widetilde{K})\eta^4+\frac{\widetilde{K}-4\widetilde{E}}{k^2}\xi^2\right]$$

然后从式（13-13）得到

$$\begin{aligned}\mathcal{W}_8=8!\ \Phi\frac{2}{3}\gamma\Bigg\{&\frac{3}{4}\gamma\left[\left(\widetilde{K}+\frac{1}{2\Delta}\right)F^*-P^*\right]+\frac{1}{12}(11F^*-14E^*)\eta^4\\&+(4E^*-F^*)\xi^2+\frac{1}{\Delta}\left[\frac{1}{16}\left(\frac{5}{\Delta^6}-\frac{8}{\Delta^4}-\frac{11}{\Delta^2}-14\right)\eta^4 s\right.\\&\left.+\frac{1}{2}\left(\frac{3}{\Delta^4}-\frac{1}{\Delta^2}-8\right)\eta^2\xi+\left(\frac{3}{4\Delta^2}+3\right)\xi^2 s\right]c\Bigg\}\end{aligned}$$

其中，$P^*\equiv 2\phi-\Pi\left(\frac{3}{4};\ \phi\mid 0\right)$ 的周期为 π。我们注意到等式

$$\Pi\left(\frac{3}{4};\phi\mid 0\right)=\int_0^\phi\frac{\mathrm{d}\psi}{1-\frac{3}{4}\sin^2\psi}=2\arctan\left(\frac{1}{2}\tan\phi\right)$$

仅在开区间 $\phi\in\left(-\frac{\pi}{2},\ \frac{\pi}{2}\right)$ 中成立。实际上，在 $\phi=\frac{\pi}{2}\left(\text{或 }\phi=-\frac{\pi}{2}\right)$ 处，第三类不完全椭圆积分的计算结果为 π 或 −π 。与之相反，反正切函数在这些值处仍是不确定的。由于 ϕ 可能是无界的，因此，出于求值目的应首选前者，此外，这还避免了使用反正切函数时需要的解调。

正修正的第八阶项为

$$\begin{aligned}\phi_{0,8}=8!\ \gamma\Bigg\{&\gamma\left[P^*-\frac{1}{4}\left(6\widetilde{K}+\frac{1}{\Delta}\right)F^*\right]+\frac{5}{36}(14E^*-11F^*)\eta^4\\&+(F^*-4E^*)\xi^2+\frac{1}{\Delta}\left[\frac{2}{3}\left(8+\frac{1}{\Delta^2}-\frac{3}{\Delta^4}\right)\eta^2\xi-\left(3+\frac{3}{4\Delta^2}\right)\xi^2 s\right.\\&\left.+\frac{5}{48}\left(14+\frac{11}{\Delta^2}+\frac{8}{\Delta^4}-\frac{5}{\Delta^6}\right)\eta^4 s\right]c\Bigg\}\end{aligned}$$

$$q_{0,8}=8!\ b\frac{\gamma}{k}\left\{\frac{4E^*-F^*}{3}\xi+\frac{c}{4\Delta}\left[\left(\frac{1}{\Delta^4}-\frac{1}{3\Delta^2}-\frac{8}{3}\right)\eta^2+\left(\frac{1}{\Delta^2}+4\right)\xi s\right]\right\}$$

$$\begin{aligned}\Phi_{0,8}=8!\ \Phi\gamma\Bigg\{&\gamma\left[1-\frac{1}{2\Delta^2}+\widetilde{K}\left(\frac{1}{\Delta}-2\widetilde{K}\right)-\frac{3}{8\Delta^3}F^* sc\right]\\&+\frac{\eta^4}{9}\left[\frac{1}{8\Delta^5}\left(\frac{35}{\Delta^4}-\frac{190}{\Delta^2}+227\right)+14\widetilde{E}-11\widetilde{K}\right]\\&+\xi^2\left[\frac{1}{\Delta^3}\left(\frac{1}{2\Delta^2}-1\right)+\frac{\widetilde{K}-4\widetilde{E}}{k^2}\right]+\frac{\eta^2\xi}{4\Delta^5}\left(\frac{5}{\Delta^2}-17\right)s\Bigg]\end{aligned}$$

$$\begin{aligned}Q_{0,8}=8!\ B\frac{k}{9}\gamma\Bigg\{&(14E^*-11F^*)\eta^2+\frac{3}{\Delta}\left[\xi\left(8+\frac{1}{\Delta^2}-\frac{3}{\Delta^4}\right)\right.\\&\left.+\eta^2\left(\frac{7}{2}+\frac{11}{4\Delta^2}+\frac{2}{\Delta^4}-\frac{5}{4\Delta^6}\right)s\right]c\Bigg\}\eta\end{aligned}$$

必须在单撇号变量中求解。

尽管反向生成函数的第八阶项仍然与正向生成函数相反，$\mathcal{V}_8=-\mathcal{W}_8$，但与四阶短周期修正的耦合在此阶产生，使得逆短周期修正和正短周期修正不再相同。尽管如此，q 和 Q 的逆修正是 $\widetilde{q}_{0,8}=-q_{0,8}$ 和 $\widetilde{Q}_{0,8}=-Q_{0,8}$，但 $\widetilde{\phi}_{0,8}$ 和 $\widetilde{\Phi}_{0,8}$ 必须用附加项来补充。即

$$\widetilde{\phi}_{0,8}=-\phi_{0,8}+8!\ \gamma^2\left(\frac{1}{2\Delta}-\widetilde{E}\right)$$

$$\widetilde{\Phi}_{0,8}=-\Phi_{0,8}+8!\ \gamma^2\Phi\left[2\widetilde{K}\left(\frac{1}{2\Delta}-\widetilde{K}\right)-\frac{1}{8\Delta^2}\left(4+\frac{3}{\Delta}F^*sc\right)\right]$$

其中，这些等式的右侧用原始变量求解。在第九阶时，德普里特递归（2-15）产生

$$\widetilde{\mathcal{H}}_{0,9}=56\{\mathcal{H}_{0,4},\mathcal{W}_5\}+70\{\mathcal{H}_{4,0},\mathcal{W}_5\}+56\{\mathcal{H}_{5,0},\mathcal{W}_4\}+\mathcal{H}_{9,0}$$

其中，$\mathcal{H}_{0,9}=\langle\widetilde{\mathcal{H}}_{0,9}\rangle_\phi=0$，进而由式（13-13）得到

$$\begin{aligned}\mathcal{W}_9=9!\ \Phi\gamma\Bigg\{&\frac{1}{2\Delta}\left(\frac{7}{36\Delta^8}-\frac{17}{18\Delta^6}+\frac{11}{20\Delta^4}+\frac{11}{15\Delta^2}+\frac{22}{15}\right)\eta^5 s+\frac{2\eta\xi^2}{3\Delta}\\&\times\left(\frac{3}{4\Delta^4}-\frac{1}{\Delta^2}-2\right)s+\left[\frac{\eta^3}{9\Delta^5}\left(\frac{5}{\Delta^2}-19\right)-k\log 8\ (\Delta+kc)^2\right]\xi\\&+\frac{2}{9}\gamma\eta\left[\frac{1}{\Delta}\left(4\widetilde{K}-\frac{7}{8\Delta}\right)s-\frac{F^*}{\Delta^3}c+\frac{9}{4}k\log\frac{1-ks}{1+ks}\right]\Bigg\}\end{aligned}$$

因此

$$\begin{aligned}\phi_{0,9}=9!\ \gamma\Bigg\{&\frac{\gamma\eta}{\Delta}\left[s\left(\frac{11}{8\Delta}-4\widetilde{K}\right)+\frac{cF^*}{2\Delta^2}\right]+\frac{\eta\xi^2}{3\Delta}\left(8+\frac{4}{\Delta^2}-\frac{3}{\Delta^4}\right)s\\&+\xi\left[k\log 8\ (\Delta+kc)^2+\frac{5\eta^3}{18\Delta^5}\left(19-\frac{5}{\Delta^2}\right)\right]+\frac{5}{4}k\gamma\eta\\&\times\log\left(\frac{1+ks}{1-ks}\right)-\frac{\eta^5 s}{4\Delta}\left(\frac{7}{6\Delta^8}-\frac{17}{3\Delta^6}+\frac{33}{10\Delta^4}+\frac{22}{5\Delta^2}+\frac{44}{5}\right)\Bigg\}\end{aligned}$$

$$q_{0,9}=9!\ \frac{b\gamma}{4k}\left\{\frac{\eta^3}{9\Delta^5}\left(\frac{5}{\Delta^2}-19\right)+\frac{\eta\xi s}{3\Delta}\left(\frac{3}{\Delta^4}-\frac{4}{\Delta^2}-8\right)-k\log 8\ (\Delta+kc)^2\right\}$$

$$\begin{aligned}\Phi_{0,9}=9!\ \Phi\gamma\Bigg\{&\frac{3\xi}{4\Delta}\left[\frac{5\eta^3}{9\Delta^6}\left(19-\frac{7}{\Delta^2}\right)c-2\right]s+\frac{\gamma\eta}{2\Delta^2}\left[\left(2-\frac{4\widetilde{K}}{\Delta}+\frac{1}{\Delta^2}\right)c-\frac{F^*}{\Delta}\right.\\&\left.\times\left(\frac{k^2}{\Delta^2}-2\right)s\right]+\frac{c\eta}{\Delta^5}\left[\left(4-\frac{5}{2\Delta^2}\right)\xi^2-\frac{\eta^4}{8\Delta^2}\left(\frac{7}{\Delta^4}-\frac{98}{3\Delta^2}+\frac{101}{3}\right)\right]\Bigg\}\end{aligned}$$

$$\begin{aligned}Q_{0,9}=9!\ B\frac{k}{9}\gamma\Bigg\{&\frac{\gamma}{2\Delta}\left[s\left(\frac{3}{4\Delta}-2\widetilde{K}\right)+\frac{cF^*}{2\Delta^2}\right]+\frac{\xi^2 s}{3\Delta}\left(2-\frac{3}{4\Delta^4}+\frac{1}{\Delta^2}\right)\\&+\frac{\eta^2\xi}{6\Delta^5}\left(19-\frac{5}{\Delta^2}\right)+\frac{k}{4}\gamma\log\frac{1+ks}{1-ks}\\&-\frac{\eta^4 s}{2\Delta}\left(\frac{35}{72\Delta^8}-\frac{85}{36\Delta^6}+\frac{11}{8\Delta^4}+\frac{11}{6\Delta^2}+\frac{11}{3}\right)\Bigg\}\end{aligned}$$

现在，对于第一次选择的摄动排列，$\mathcal{V}_9\neq-\mathcal{W}_9$。更确切地说

$$\mathcal{V}_9=-\mathcal{W}_9-9!\ \Phi\frac{\gamma^2\eta}{18\Delta}\left[\left(\frac{2}{\Delta}-4\widetilde{K}\right)s+\left(1+\frac{3}{4\Delta^2}s^2\right)F^*c\right]$$

逆短周期修正为 $\tilde{q}_{0,9}=-q_{0,9}$ ，而且

$$\tilde{\phi}_{0,9}=-\phi_{0,9}+9!\ \frac{\gamma^2\eta}{36\Delta}\left[74\left(\frac{1}{\Delta}-2\tilde{K}\right)s+\frac{1}{\Delta^2}F^*c\right]$$

$$\tilde{\Phi}_{0,9}=-\Phi_{0,9}+9!\ \frac{\Phi\gamma^2\eta}{18\Delta^2}\left[\left(14-\frac{58}{\Delta}\tilde{K}+\frac{15}{\Delta^2}\right)c+\frac{11}{\Delta}\left(2-\frac{3}{4\Delta^2}\right)F^*s\right]$$

$$\tilde{Q}_{0,9}=-Q_{0,9}+9!\ B\ \frac{11k}{18\Delta}\gamma^2\left[\left(\frac{1}{\Delta}-2\tilde{K}\right)s+\frac{1}{2\Delta^2}F^*c\right]$$

等式右侧用原始变量求解。

13.2.3 附加哈密顿项

在第十阶，德普里特递归（2-15）得到

$$\tilde{\mathcal{H}}_{0,10}=84\{\mathcal{H}_{0,4},\mathcal{W}_6\}+126\{\mathcal{H}_{4,0},\mathcal{W}_6\}+126\{\mathcal{H}_{5,0},\mathcal{W}_5\}$$
$$+126\{\mathcal{H}_{0,6},\mathcal{W}_4\}+84\{\mathcal{H}_{6,0},\mathcal{W}_4\}+\mathcal{H}_{10,0}$$

其中，$\mathcal{H}_{0,10}$ 通过求平均来选定。标准计算得到

$$\mathcal{H}_{0,10}=\frac{10!}{3}B^2\eta^2\gamma\left[3\gamma+8\tilde{K}(\tilde{E}-\tilde{K})\gamma+\frac{71\tilde{E}-50\tilde{K}}{27}\eta^4+(8\tilde{K}-20\tilde{E})\xi^2\right]$$

生成函数第十阶项的计算解决了第一类和第二类不完全椭圆积分的不定积分问题。由于缺乏封闭解，我们仅将短周期修正应用到第九阶。然而，对于所选的特定哈密顿排列，$\mathcal{W}_{10}$ 项在德普里特三角的后三阶的计算中并没有发挥作用，并允许我们得到以下三个哈密顿项[398]

$$\mathcal{H}_{0,11}=-\frac{11!}{4}B^2\gamma^2$$

$$\mathcal{H}_{0,12}=\frac{12!}{2}B^2\gamma\left\{\left[\frac{4}{3}+5(\tilde{K}-\tilde{K}^3-\tilde{E})\right]\gamma^2+\frac{4}{9}(\tilde{K}-16\tilde{E})\xi^4\right.$$
$$+\frac{1}{3}[(9-30\tilde{K}^2-8\tilde{E}^2+44\tilde{E}\tilde{K})\eta^4+8(3+2\tilde{K}^2-8\tilde{E}\tilde{K})\xi^2]\gamma$$
$$\left.+\frac{1}{324}(644\tilde{E}-425\tilde{K})\eta^8-\frac{10}{27}(74\tilde{E}-35\tilde{K})\eta^4\xi^2\right\}$$

$$\mathcal{H}_{0,13}=-13!\ B^2\gamma\eta\left\{\frac{8\gamma^2}{13}+\frac{\gamma}{36}[64\tilde{E}(\tilde{K}-\tilde{E})+15]\eta+\frac{2}{3}(\tilde{K}+26\tilde{E})\eta\xi^2\right\}$$

13.2.4 长周期哈密顿量

当 ϕ 被移除到 $\mathcal{O}(\epsilon^{13})$ ，新的哈密顿量中的各项将用单撇号变量重新表示，我们得到了新的哈密顿量

$$\mathcal{H}=\dot{\vartheta}\Phi'-\frac{1}{2}(Q'^2+\Omega^2q'^2)+\mathcal{P}(-,q',\Phi',Q') \tag{13-16}$$

其中，$\Omega=\Omega(\Phi')$ 是振动频率

$$\Omega=\dot{\vartheta}\sqrt{\tilde{K}-\tilde{E}}\sqrt{\gamma} \tag{13-17}$$

由式（13－12）计算 γ 时是用 Φ' 代替 Φ 得到。注意，由于在式（13－14）中假设 $\gamma=\mathcal{O}(\epsilon^4)$，所以 $\Omega/\dot{\vartheta}=\mathcal{O}(\epsilon^2)$。

哈密顿量（13－16）的扰动项 $\mathcal{P}$ 可以简单地排列成以下形式

$$\mathcal{P}=\dot{\vartheta}\Phi'\sum_{i=0}^{2}\sum_{j=0}^{2-i}\sum_{n=0}^{4-2i-2j}p_{i,j,n}\gamma^{i+1}\xi^{2j}\eta^{2n} \tag{13-18}$$

其中，ξ 和 η 是用 q'、Q' 和 Φ' 替换式（13－6）中的 q、Q 和 Φ 得到。数值系数 $p_{i,j,n}$ 如表 13－2 所示。

表 13－2　式（13－18）中系数 $p_{i,j,n}$（参见文献［403］）

0,0,0：$-2\tilde{K}$	0,1,2：$-\frac{10}{27}(74\tilde{E}-35\tilde{K})$
0,0,1：0	0,2,0：$\frac{4}{9}(\tilde{K}-16\tilde{E})$
0,0,2：$\frac{1}{9}(14\tilde{E}-11\tilde{K})$	1,0,0：$\frac{1}{2}-2\tilde{K}^2$
0,0,3：$\frac{2}{81}(71\tilde{E}-50\tilde{K})$	1,0,1：$\frac{7}{6}+\frac{16}{9}(2\tilde{E}^2-3\tilde{K}^2+\tilde{E}\tilde{K})$
0,0,4：$\frac{1}{324}(644\tilde{E}-425\tilde{K})$	1,1,0：$8+\frac{16}{3}(\tilde{K}-4\tilde{E})\tilde{K}$
0,1,0：$\frac{4}{3}(\tilde{K}-4\tilde{E})$	1,0,2：$3-\frac{2}{3}(4\tilde{E}^2+15\tilde{K}^2-22\tilde{E}\tilde{K})$
0,1,1：$4(\tilde{K}-12\tilde{E})$	2,0,0：$\frac{4}{3}+5(\tilde{K}-\tilde{K}^3-\tilde{E})$

作为求平均的结果，式（13－16）中的 ϕ' 是可忽略的，因此 Φ' 是一个随运动保持恒定的动力学参数。也就是说，平均而言，参考椭圆的中心运动与 ϕ' 运动相解耦。

13.3　长周期项解的性质

准卫星轨道动力学中最相关的定性方面由式（13－16）右侧的前两项给出，它将哈密顿量引入了两个耦合谐振子的形式。事实上，在忽略式（13－16）中的 $\mathcal{P}$ 后，我们得到了简化的哈密顿量

$$\mathcal{H}_0=\dot{\vartheta}\Phi'-\frac{1}{2}(Q'^2+\Omega^2q'^2) \tag{13-19}$$

这表明，参考椭圆的中心相对于较小质量体以（恒定的）频率 Ω 进行简谐运动。另一方面，轨道器在参考椭圆中的相位 ϕ' 随无摄频率 $\dot{\vartheta}$ 演化，然而 Ω 对 Φ' 的依赖性具有调制该相位的效果，该相位由于参考椭圆的中心运动而具有长周期变化。

在应用谐波变换后，参考椭圆中心的非耦合运动可以很容易地求解，我们已经在式（2－40）中使用了谐波变换，即 $(q',Q')\longmapsto(\theta,\Theta;\Omega)$。

$$q'=\sqrt{2\Theta/\Omega}\sin\theta,\quad Q'=\sqrt{2\Omega\Theta}\cos\theta \tag{13-20}$$

将式（13－19）转换为 $\mathcal{H}_0=\dot{\vartheta}\Phi'-\Omega(\Phi')\Theta$ ，由此可见 Θ 和 Φ' 都是简化问题的积分。哈密顿方程的平凡积分表明，平均而言，运动结合了参考椭圆中心相位相对于原点 $\theta=\theta_0-\Omega(\Phi')t$ 的线性演化，以及参考椭圆相位的线性演化 $\phi'=\phi'_0+[\dot{\vartheta}-\Theta\Omega(\Phi')]t$ ，相对于无摄运动以微修的速率增长。利用式（13－20）中的逆变换，从初始条件 q'_0 和 Q'_0 计算初始相位和 Θ 值。即

$$\Theta=\frac{1}{2\Omega}(Q'^2+\Omega^2q'^2) \tag{13-21}$$

$$\sin\theta=\frac{\Omega q'}{\sqrt{Q'^2+\Omega^2q'^2}},\quad \cos\theta=\frac{Q'}{\sqrt{Q'^2+\Omega^2q'^2}} \tag{13-22}$$

通过明确某些长期哈密顿量（13－16）的附加项，可以得到一个封闭可解的高阶近似值。事实上，从式（13－18）中提取附加项得到

$$\mathcal{H}=\dot{\vartheta}^*\Phi'-f_1\left[\frac{1}{2}(Q'^2+w^2q'^2)+\beta^2w^2q'^4\right] \tag{13-23}$$

其中，$\dot{\vartheta}^*=\dot{\vartheta}(1+\sum_{i=0}^{2}p_{i,0,0}\gamma^{i+1})$ ，系数 $p_{i,0,0}$ 如表 13－2 所示，而 β 和 w 是 Φ' 的（常量）函数，定义为

$$\beta^2=\frac{\dot{\vartheta}}{\Phi'}\frac{11\widetilde{K}-14\widetilde{E}}{64(\widetilde{K}-\widetilde{E})},\quad w^2=\frac{\Omega^2}{f_1},\quad f_1=1+\frac{4(10\widetilde{E}-\widetilde{K})}{9(\widetilde{K}-\widetilde{E})}\frac{\Omega^2}{\dot{\vartheta}^2}$$

源自哈密顿量（13－23）的约化（q'，Q'）流立即被识别为在与 f_1 成比例的时间尺度内没有强制项[179, 255, 491]的 Duffing 振子的运动。然而，Duffing 振子的封闭解涉及雅可比椭圆函数，无法得到理想的结果。因此，式（13－19）仍然提供了比式（13－23）更具启发性的可积零阶哈密顿量（13－23）。

另一方面，可以使用 Lindstedt 级数方法来避免使用特殊函数[459,516,526]，此外，该方法允许包含长周期哈密顿量的高阶效应式（13－16）。这类解提供了计算具有大规模振动的准卫星轨道通常采用的半解析积分方法相当精度的结果[401,403,456]。

13.4 完全哈密顿约化

除了文献［403］中的 Lindstedt 级数解之外，还可以通过计算一个新的李变换来逼近高阶摄动解，该变换消除了平根数哈密顿量（13－16）中的长周期项。通过这种方式，新的哈密顿量被完全约化至某个截断阶次，因此可以进行平凡积分。

在构造文献［403］中获得的 Lindstedt 级数高阶解（约束为 ϵ^{10} 阶）时，为了简洁起见消除撇号，则式（13－16）的均值变量哈密顿量表示为

$$\mathcal{H}=\dot{\vartheta}\Phi\left\{1-3\xi^2+\sum_{i=0}^{1}\sum_{j=0}^{1-i}\sum_{n=0}^{3-2i-2j}p^*_{i,j,n}\gamma^{i+1}\xi^{2j}\eta^{2n}\right\} \tag{13-24}$$

除了 $p^*_{0,0,1}=-\frac{4}{3}(4\widetilde{E}-\widetilde{K})$ 外，系数 $p^*_{i,j,n}=p_{i,j,n}$ 如表 13－2 中所列。

13.4.1　扩展谐波变换

从平根数哈密顿量（13-24）中消除长周期项的变换更自然地近似式（13-21）和式（13-22）中给出的调和变量。然而，鉴于式（13-17）和式（13-12）中的振动频率 Ω 不是物理参数，而是取决于 Φ'，然后必须对（ϕ，Φ）进行变换，以使变换在整个相空间中正则化。这是通过扩展谐波变换实现的，其中 Γ 表示 Φ 的任意函数，$\Gamma' \equiv \partial\Gamma/\partial\Phi$ 。

$$\Psi = \Phi \tag{13-25}$$

$$\psi = \phi + \frac{\Gamma'}{2\Gamma} qQ \tag{13-26}$$

$$\Theta = \frac{1}{2\Gamma}(Q^2 + \Gamma^2 q^2) \tag{13-27}$$

$$\sin\theta = \frac{\Gamma q}{\sqrt{Q^2 + \Gamma^2 q^2}}, \quad \cos\theta = \frac{Q}{\sqrt{Q^2 + \Gamma^2 q^2}} \tag{13-28}$$

由式（13-25）～式（13-28）给出的变换是正则的，其是在检查微分形式 $W \equiv \Psi \mathrm{d}\psi + \Theta \mathrm{d}\theta - Q\mathrm{d}q - \Phi \mathrm{d}\phi$ 是一个精确微分后得到保证的（参见文献［243］）。事实上，我们很容易检查 $W \equiv \mathrm{d}\left(\Psi\psi - \Phi\phi - \frac{1}{2}\Theta\sin 2\theta\right)$ ，其逆变换为

$$\Phi = \Psi, \quad \phi = \psi - \frac{1}{2}(\Gamma'/\Gamma)\Theta\sin 2\theta, \quad Q = \sqrt{2\Theta\Gamma}\cos\theta, \quad q = \sqrt{2\Theta/\Gamma}\sin\theta$$

其中，因为 $\Phi = \Psi$ ，现在 $\Gamma \equiv \Gamma(\Psi)$ ，$\Gamma' \equiv \partial\Gamma/\partial\Psi$ 。

在当前情形下，$\Gamma = \Omega(\Phi)$ 由式（13-17）给出。因此，式（13-26）变成 $\psi = \phi - \frac{3}{8}qQ/\Phi$ ，而利用式（13-21）～式（13-22）替换式（13-27）～式（13-28）。此外，逆变换被替换为

$$\Phi = \Psi, \quad \phi = \psi + \frac{3}{8}(\Theta/\Psi)\sin 2\theta, \quad Q = \sqrt{2\Theta\Omega}\cos\theta, \quad q = \sqrt{2\Theta/\Omega}\sin\theta \tag{13-29}$$

在将新的变量变换应用于长周期哈密顿量（13-24）之后，它被重新排列为

$$\mathcal{H} = \dot{\vartheta}\Psi \sum_{m=0}^{2} \frac{\varepsilon^m}{m!} \mathcal{H}_{m,0}(\theta, \Theta; \Psi) \tag{13-30}$$

其中，ε 是一个新的形式小参数，新的哈密顿量各项为

$$\mathcal{H}_{0,0} = 1 + \kappa_{2,0}\frac{\Omega^2}{\dot{\vartheta}^2} + \kappa_{4,0}\frac{\Omega^4}{\dot{\vartheta}^4} + \kappa_{6,0}\frac{\Omega^6}{\dot{\vartheta}^6} + \kappa_{0,1}\frac{\Theta}{\Psi}$$

$$\mathcal{H}_{1,0} = \kappa_{3,1}\frac{\Omega^3}{\dot{\vartheta}^3}\frac{\Theta}{\Psi}\cos^2\theta + \sigma_{3,1}\frac{\Omega^3}{\dot{\vartheta}^3}\frac{\Theta}{\Psi}\sin^2\theta + \sigma_{0,2}\frac{\Theta^2}{\Psi^2}\sin^4\theta$$

$$\mathcal{H}_{2,0} = \kappa_{2,2}\frac{\Omega^2}{\dot{\vartheta}^2}\frac{\Theta^2}{\Psi^2}\sin^2\theta\cos^2\theta + \sigma_{-1,3}\frac{\Theta^3/\Psi^3}{\Omega/\dot{\vartheta}}\sin^6\theta$$

其中，$\Omega = \Omega(\Psi) \equiv \mu^{1/2}(\widetilde{K} - \widetilde{E})^{1/2}\dot{\vartheta}^{3/4}(2\Psi)^{-3/4}$ 源自式（13-12），数值系数 κ 和 σ 见表 13-3。可积项 $\mathcal{H}_{0,0}$ 由与 θ 无关的哈密顿量（13-30）的项组成，而与其小值无关。此外，

在 $\Theta/\Psi=\mathcal{O}(\Omega^3/\dot{\vartheta}^3)$ 的假设下，$\mathcal{H}_{1,0}$ 和 $\mathcal{H}_{2,0}$ 是齐次的，这是与文献［404］排列不同的原因。

表 13-3 哈密顿量（13-30）的数值系数

$\kappa_{2,0}=-\dfrac{2\widetilde{K}}{\widetilde{K}-\widetilde{E}}$	$\kappa_{4,0}=\dfrac{1}{2}\dfrac{1-4\widetilde{K}^2}{(\widetilde{K}-\widetilde{E})^2}$	$\kappa_{6,0}=\dfrac{4+15(\widetilde{K}-\widetilde{K}^3-\widetilde{E})}{3(\widetilde{K}-\widetilde{E})^3}$
$\kappa_{0,1}=-1$	$\kappa_{3,1}=\dfrac{4(\widetilde{K}-4\widetilde{E})}{9(\widetilde{K}-\widetilde{E})}$	$\kappa_{2,2}=2\dfrac{\widetilde{K}-12\widetilde{E}}{\widetilde{K}-\widetilde{E}}$
$\sigma_{-1,3}=\dfrac{71\widetilde{E}-50\widetilde{K}}{48(\widetilde{K}-\widetilde{E})}$	$\sigma_{0,2}=\dfrac{14\widetilde{E}-11\widetilde{K}}{16(\widetilde{K}-\widetilde{E})}$	$\sigma_{3,1}=\dfrac{21-32(\widetilde{K}-\widetilde{E})(3\widetilde{K}+2\widetilde{E})}{24(\widetilde{K}-\widetilde{E})^2}$

13.4.2 长期哈密顿量

应用一种新的从平均值到长周期变量的李变换 $(\psi,\theta,\Psi,\Theta)\longmapsto(\psi',\theta',\Psi',\Theta';\varepsilon)$ 来去除式（13-30）中剩余的长周期影响。由于 Ψ 是周期变量，因此 Ψ 是一个不受变换影响的平根数哈密顿量的积分。即 $\Psi'=\Psi$，因此 Ω 保持不变。此外，李导数可以简化为 $\mathcal{L}_0\equiv\{\ ;\ -\Omega\Theta\}=-\Omega\dfrac{\partial}{\partial\theta}$。然后用不定积分法求解同调方程（2-48）

$$\mathcal{V}_m=\frac{1}{\Omega}\int(\mathcal{H}_{0,m}-\widetilde{\mathcal{H}}_{0,m})\mathrm{d}\theta$$

对 ε 二阶应用标准的李变换方法产生长期哈密顿量

$$\mathcal{H}=\mathcal{H}(-,-,\Psi',\Theta')\equiv\dot{\vartheta}\Psi'\left[1-\sum_{i=0}^{3}\left(\frac{\Theta'/\Psi'}{\Omega/\dot{\vartheta}}\right)^{i}\sum_{j=0}^{3-i}h_{i,j}\left(\frac{\Omega}{\dot{\vartheta}}\right)^{2j+2}\right] \tag{13-31}$$

其中，系数 $h_{i,k}$ 见表 13-4。请注意，$h_{0,2}$ 和 $h_{1,1}$ 与文献［404］中相应的值不同，因为此处的哈密顿量排列略有不同。

表 13-4 式（13-31）中的系数 $h_{i,j}$（$h_{0,3}=0$）

0,0：$\dfrac{2\widetilde{K}}{\widetilde{K}-\widetilde{E}}$	0,1：$\dfrac{4\widetilde{K}^2-1}{2(\widetilde{K}-\widetilde{E})^2}$	0,2：$\dfrac{15(\widetilde{K}^3-\widetilde{K}+\widetilde{E})-4}{3(\widetilde{K}-\widetilde{E})^3}$
1,0：1	1,1：$\dfrac{64(\widetilde{K}-\widetilde{E})(4\widetilde{K}+5\widetilde{E})-63}{144(\widetilde{K}-\widetilde{E})^2}$	1,2：$-\dfrac{1}{2}\left(\dfrac{4}{9}\dfrac{\widetilde{K}-4\widetilde{E}}{\widetilde{K}-\widetilde{E}}+h_{1,1}\right)^2$
2,0：$\dfrac{3}{4}\dfrac{11\widetilde{K}-14\widetilde{E}}{32(\widetilde{K}-\widetilde{E})}$	2,1：$\dfrac{42h_{2,0}-61\widetilde{K}^2+137\widetilde{K}\widetilde{E}-58\widetilde{E}^2}{48(\widetilde{K}-\widetilde{E})^2}$	3,0：$\dfrac{1829\widetilde{K}^2-3652\widetilde{K}\widetilde{E}+1364\widetilde{E}^2}{49152(\widetilde{K}-\widetilde{E})^2}$

哈密顿量（13-31）完全简化为新动量 Ψ' 和 Θ' 的函数，因此，它们是常量，而 ψ' 和 θ' 随时间线性增长，即

$$\psi'=\psi'_0+n_\psi t,\quad \theta'=\theta'_0+n_\theta t \tag{13-32}$$

其中，由于 $\partial\Omega/\partial\Psi'=-k^2\Omega/\Psi'$，恒定的长期频率 $n_\psi=\partial\mathcal{H}/\partial\Psi'$ 和 $n_\theta=\partial\mathcal{H}/\partial\Theta'$ 为

$$n_\theta=-\Omega\sum_{i=1}^{3}i\left(\frac{\Theta'/\Psi'}{\Omega/\dot{\vartheta}}\right)^{i-1}\sum_{j=0}^{3-i}h_{i,j}\left(\frac{\Omega}{\dot{\vartheta}}\right)^{2j} \tag{13-33}$$

$$n_{\psi}=\dot{\vartheta}\left[1+\frac{1}{4}\sum_{i=0}^{3}\left(\frac{\Theta'/\Psi'}{\Omega/\dot{\vartheta}}\right)^{i}\sum_{j=0}^{3-i}(2+i+6j)h_{i,j}\left(\frac{\Omega}{\dot{\vartheta}}\right)^{2j+2}\right]\tag{13-34}$$

13.4.3　长周期修正

得到至 ε 二阶的单撇号变量变换的生成函数 $\mathcal{V}=-\Theta'\sum_{j\geqslant 0}(\varepsilon^j/j!)\mathcal{V}_{j+1}$。在第一阶

$$\mathcal{V}_1=\left[\sqrt{-\frac{1}{2}h_{1,2}}\frac{\Omega^2}{\dot{\vartheta}^2}+\frac{1}{6}h_{2,0}\frac{\Theta/\Psi}{\Omega/\dot{\vartheta}}(4-\cos 2\theta)\right]\sin 2\theta$$

由此我们得到了长周期修正

$$\psi_{0,1}=\frac{\Theta}{\Psi}\left[\frac{1}{24}h_{2,0}\frac{\Theta/\Psi}{\Omega/\dot{\vartheta}}(4-\cos 2\theta)+\frac{3}{2}\chi\frac{\Omega^2}{\dot{\vartheta}^2}\right]\sin 2\theta$$

$$\theta_{0,1}=-\left[\frac{1}{3}h_{2,0}\frac{\Theta/\Psi}{\Omega/\dot{\vartheta}}(4-\cos 2\theta)+\chi\frac{\Omega^2}{\dot{\vartheta}^2}\right]\sin 2\theta$$

$$\Theta_{0,1}=\Theta\left[\frac{1}{3}h_{2,0}\frac{\Theta/\Psi}{\Omega/\dot{\vartheta}}(4\cos 2\theta-\cos 4\theta)+2\chi\frac{\Omega^2}{\dot{\vartheta}^2}\cos 2\theta\right]$$

其中，$\chi\equiv\frac{2}{9}(5\widetilde{K}-\widetilde{E})(\widetilde{K}-\widetilde{E})^{-1}-\frac{7}{32}(\widetilde{K}-\widetilde{E})^{-2}$。通常，等式右项在单撇号变量中进行直接修正来求解，且在原始变量中进行逆修正。

在第二阶

$$\mathcal{V}_2=\left(v_{2,2}\frac{\Omega^4}{\dot{\vartheta}^4}+v_{2,0}\frac{\Theta^2/\Psi^2}{\Omega^2/\dot{\vartheta}^2}+v_{2,1}\frac{\Theta}{\Psi}\frac{\Omega}{\dot{\vartheta}}\right)\sin 2\theta$$
$$+\left(v_{4,1}\frac{\Theta}{\Psi}\frac{\Omega}{\dot{\vartheta}}+v_{4,0}\frac{\Theta^2/\Psi^2}{\Omega^2/\dot{\vartheta}^2}\right)\sin 4\theta+v_{6,0}\frac{\Theta^2/\Psi^2}{\Omega^2/\dot{\vartheta}^2}\sin 6\theta$$

使用表 13-5 中的数值系数 $v_{i,j}$。为达到目标，二阶修正只与理论的长期常数的计算有关。因此，我们仅提供逆修正，即

$$\psi_{0,2}=\frac{\Theta}{\Psi}\kappa_{1,6,0}\frac{\Theta^2/\Psi^2}{\Omega^2/\dot{\vartheta}^2}\sin 6\theta+\frac{\Theta}{\Psi}\left(\kappa_{1,4,0}\frac{\Theta^2/\Psi^2}{\Omega^2/\dot{\vartheta}^2}+\kappa_{1,4,1}\frac{\Theta}{\Psi}\frac{\Omega}{\dot{\vartheta}}\right)\sin 4\theta$$
$$+\frac{\Theta}{\Psi}\left(\kappa_{1,2,0}\frac{\Theta^2/\Psi^2}{\Omega^2/\dot{\vartheta}^2}+\kappa_{1,2,2}\frac{\Omega^4}{\dot{\vartheta}^4}+\kappa_{1,2,1}\frac{\Theta}{\Psi}\frac{\Omega}{\dot{\vartheta}}\right)\sin 2\theta$$

$$\theta_{0,2}=\left(\kappa_{2,2,0}\frac{\Theta^2/\Psi^2}{\Omega^2/\dot{\vartheta}^2}+\kappa_{2,2,1}\frac{\Theta}{\Psi}\frac{\Omega}{\dot{\vartheta}}+\kappa_{2,2,2}\frac{\Omega^4}{\dot{\vartheta}^4}\right)\sin 2\theta$$
$$+\left(\kappa_{2,4,0}\frac{\Theta^2/\Psi^2}{\Omega^2/\dot{\vartheta}^2}+\kappa_{2,4,1}\frac{\Theta}{\Psi}\frac{\Omega}{\dot{\vartheta}}+\kappa_{2,4,2}\frac{\Omega^4}{\dot{\vartheta}^4}\right)\sin 4\theta$$
$$+\left(\kappa_{2,6,1}\frac{\Theta}{\Psi}\frac{\Omega}{\dot{\vartheta}}+\kappa_{2,6,0}\frac{\Theta^2/\Psi^2}{\Omega^2/\dot{\vartheta}^2}\right)\sin 6\theta+\kappa_{2,8,0}\frac{\Theta^2/\Psi^2}{\Omega^2/\dot{\vartheta}^2}\sin 8\theta$$

$$\begin{aligned}\Theta_{0,2}=\Theta\Bigg[&\kappa_{3,0,0}\frac{\Theta^2/\Psi^2}{\Omega^2/\dot{\vartheta}^2}+\kappa_{3,0,2}\frac{\Omega^4}{\dot{\vartheta}^4}+\kappa_{3,0,1}\frac{\Theta}{\Psi}\frac{\Omega}{\dot{\vartheta}}\\&+\left(\kappa_{3,2,2}\frac{\Omega^4}{\dot{\vartheta}^4}+\kappa_{3,2,1}\frac{\Theta}{\Psi}\frac{\Omega}{\dot{\vartheta}}+\kappa_{3,2,0}\frac{\Theta^2/\Psi^2}{\Omega^2/\dot{\vartheta}^2}\right)\cos 2\theta\\&+\left(\kappa_{3,4,1}\frac{\Theta}{\Psi}\frac{\Omega}{\dot{\vartheta}}+\kappa_{3,4,0}\frac{\Theta^2/\Psi^2}{\Omega^2/\dot{\vartheta}^2}\right)\cos 4\theta+\kappa_{3,6,0}\frac{\Theta^2/\Psi^2}{\Omega^2/\dot{\vartheta}^2}\cos 6\theta\Bigg]\end{aligned}$$

必须在原始变量中进行求解，其数值系数 $\kappa_{i,j,k}$ 见表 13－6。

表 13－5　生成函数 $\mathcal{V}_2$ 的系数 $v_{i,j}$

2,0：$\dfrac{7\tilde{K}^2+484\tilde{K}\tilde{E}-788\tilde{E}^2}{16384\,(\tilde{K}-\tilde{E})^2}$	2,1：$h_{2,0}\dfrac{1449-64(\tilde{K}-\tilde{E})+(107\tilde{K}+55\tilde{E})}{864\,(\tilde{E}-\tilde{K})^2}$
4,0：$-\dfrac{548\tilde{E}^2-1012\tilde{K}\tilde{E}+437\tilde{K}^2}{16384\,(\tilde{K}-\tilde{E})^2}$	4,1：$-\dfrac{42h_{2,0}+502\tilde{E}^2-467\tilde{K}\tilde{E}-8\tilde{K}^2}{576\,(\tilde{K}-\tilde{E})^2}$
6,0：$\dfrac{1163\tilde{K}^2-2860\tilde{E}\tilde{K}+1724\tilde{E}^2}{147456\,(\tilde{K}-\tilde{E})^2}$	2,2：$\dfrac{63-64(\tilde{K}-\tilde{E})(4\tilde{K}+5\tilde{E})}{144\,(\tilde{K}-\tilde{E})^2}\sqrt{-2h_{1,2}}$

表 13－6　逆二阶长周期修正系数 $\kappa_{i,j,k}$

1,6,0：$-\dfrac{1724\tilde{E}^2-2860\tilde{E}\tilde{K}+1163\tilde{K}^2}{294912\,(\tilde{E}-\tilde{K})^2}$	1,2,2：$\dfrac{[64(\tilde{E}-\tilde{K})(5\tilde{E}+4\tilde{K})+63]\;[64(\tilde{E}-\tilde{K})(\tilde{E}+5\tilde{K})+63]}{6912\,(\tilde{E}-\tilde{K})^4}$
1,4,0：$\dfrac{548\tilde{E}^2-1012\tilde{E}\tilde{K}+437\tilde{K}^2}{32768\,(\tilde{E}-\tilde{K})^2}$	1,4,1：$\dfrac{1218\tilde{E}^2-893\tilde{E}\tilde{K}-202\tilde{K}^2}{768\,(\tilde{E}-\tilde{K})^2}+\dfrac{119(14\tilde{E}-11\tilde{K})}{16384\,(\tilde{E}-\tilde{K})^3}$
1,2,0：$\dfrac{788\tilde{E}^2-484\tilde{E}\tilde{K}-7\tilde{K}^2}{32768\,(\tilde{E}-\tilde{K})^2}$	1,2,1：$-(14\tilde{E}-11\tilde{K})\dfrac{64(\tilde{E}-\tilde{K})(65\tilde{E}+129\tilde{K})+1743}{24576\,(\tilde{E}-\tilde{K})^3}$
2,2,0：$-\dfrac{1084\tilde{E}^2-572\tilde{E}\tilde{K}-71\tilde{K}^2}{8192\,(\tilde{E}-\tilde{K})^2}$	2,2,1：$\dfrac{(14\tilde{E}-11\tilde{K})}{(\tilde{E}-\tilde{K})}\dfrac{64(\tilde{E}-\tilde{K})(109\tilde{E}+209\tilde{K})+2835}{36864\,(\tilde{E}-\tilde{K})^2}$
2,4,0：$-\dfrac{76\tilde{E}^2-572\tilde{E}\tilde{K}+343\tilde{K}^2}{16384\,(\tilde{E}-\tilde{K})^2}$	2,4,1：$-\dfrac{64(\tilde{E}-\tilde{K})(530\tilde{E}^2-118\tilde{K}^2-349\tilde{E}\tilde{K})+189(14\tilde{E}-11\tilde{K})}{18432\,(\tilde{E}-\tilde{K})^3}$
2,4,2：$\dfrac{(64(\tilde{E}-\tilde{K})(\tilde{E}+5\tilde{K})+63)^2}{82944\,(\tilde{E}-\tilde{K})^4}$	2,2,2：$-\left[\dfrac{4}{9}\dfrac{5\tilde{E}-5\tilde{K}+9\tilde{K}}{\tilde{E}-\tilde{K}}+\dfrac{7}{16\,(\tilde{E}-\tilde{K})^2}\right]\left[\dfrac{4}{9}\dfrac{\tilde{E}-\tilde{K}+6\tilde{K}}{\tilde{E}-\tilde{K}}+\dfrac{7}{16\,(\tilde{E}-\tilde{K})^2}\right]$
2,6,0：$-\dfrac{20\tilde{E}^2+44\tilde{E}\tilde{K}-37\tilde{K}^2}{24576\,(\tilde{E}-\tilde{K})^2}$	2,6,1：$\dfrac{(14\tilde{E}-11\tilde{K})(64(\tilde{E}-\tilde{K})(\tilde{E}+5\tilde{K})+63)}{36864\,(\tilde{E}-\tilde{K})^3}$
2,8,0：$\dfrac{(14\tilde{E}-11\tilde{K})^2}{65536\,(\tilde{E}-\tilde{K})^2}$	3,6,0：$-\dfrac{71\tilde{E}-50\tilde{K}}{1536(\tilde{E}-\tilde{K})}$
3,4,0：$\dfrac{548\tilde{E}^2-1012\tilde{E}\tilde{K}+437\tilde{K}^2}{4096\,(\tilde{E}-\tilde{K})^2}$	3,4,1：$\dfrac{64(\tilde{E}-\tilde{K})(502\tilde{E}^2-8\tilde{K}^2-467\tilde{E}\tilde{K})+63(14\tilde{E}-11\tilde{K})}{9216\,(\tilde{E}-\tilde{K})^3}$
3,2,0：$-\dfrac{122\tilde{E}^2-286\tilde{E}\tilde{K}+137\tilde{K}^2}{1024\,(\tilde{E}-\tilde{K})^2}$	3,2,1：$-(14\tilde{E}-11\tilde{K})\dfrac{64(\tilde{E}-\tilde{K})(13\tilde{E}+23\tilde{K})+315}{4608\,(\tilde{E}-\tilde{K})^3}$

续表

3,0,0：$\dfrac{17(14\widetilde{E}-11\widetilde{K})^2}{8192(\widetilde{E}-\widetilde{K})^2}$	3,0,1：$-(14\widetilde{E}-11\widetilde{K})\dfrac{64(\widetilde{E}-\widetilde{K})(\widetilde{E}+5\widetilde{K})+63}{1536(\widetilde{E}-\widetilde{K})^3}$
3,0,2：$\dfrac{(64(\widetilde{E}-\widetilde{K})(\widetilde{E}+5\widetilde{K})+63)^2}{20736(\widetilde{E}-\widetilde{K})^4}$	3,2,2：$\dfrac{[64(\widetilde{E}-\widetilde{K})(5\widetilde{E}+4\widetilde{K})+63]\ [64(\widetilde{E}-\widetilde{K})(\widetilde{E}+5\widetilde{K})+63]}{10368(\widetilde{E}-\widetilde{K})^4}$

13.4.4　轨道设计参数

形式积分 Ψ' 和 Θ' 分别与参考椭圆的尺寸和该椭圆中心绕原点的振荡幅度有关。因此，这些动力学参数可以控制轨道的大小以及轨道器可以接近原点的距离，并与轨道设计参数一样发挥着重要作用[398,456]。

事实上，当将式（13-29）中后两个等式代入式（13-7）时，新变量中参考椭圆中心的坐标变为

$$x_{\text{center}}=\frac{1}{k}\frac{\Omega}{\dot{\vartheta}}M\cos(\theta'_0+n_\theta t) \tag{13-35}$$

$$y_{\text{center}}=2kM\sin(\theta'_0+n_\theta t) \tag{13-36}$$

其中，Θ'，Ψ'，以及 $\Omega\equiv\Omega(\Psi')$ 为常量。则振幅

$$M=\sqrt{2\Theta'/\Omega} \tag{13-37}$$

以及轨道在 y 轴方向上接近较小质量的主星的最小距离

$$y_{\min}=a-2kM \tag{13-38}$$

这对应于 y_{center} 在该方向上的最大张角，并且每当 $\theta'_0+n_\theta t=(2m-1)\dfrac{\pi}{2}$，$m$ 为整数时都恰好出现。

然后，使用给定的参考椭圆 a 的半长轴（接近原点 a 的最小距离 $y_{\min}$）计算解析轨道，如下所示。首先，从式（13-38）中计算 $M=(a-y_{\min})/(2k)$，接下来根据式（13-4）计算 $\Psi'=\Phi$，根据式（13-17）和式（13-12）计算 $\Omega=[\dot{\vartheta}(\widetilde{K}-\widetilde{E})/(\Psi' a)]^{1/2}$。最后，由式（13-37）得到

$$\Theta'=\frac{1}{2}M^2\Omega \tag{13-39}$$

虽然初始条件 ψ'_0 和 θ'_0 的选择是任意的，但对它们的精心选择可能有助于特定周期轨道的设计，下面将简要说明。

13.4.5　周期轨道

比值 $R=R(\Psi',\Theta')\equiv n_\psi/n_\theta$ 由式（13-33）和式（13-34）计算得到，它提供了另一个在周期轨道设计中有用的设计参数。事实上，对于有理数 R，以长期变量（ψ'，θ'，Ψ'，Θ'）表示的轨道是周期性的。然而，周期性要求通常会与 a 和 $y_{\min}$ 的选定值相矛盾，这将导致 R 是实数而非有理数。尽管如此，通常只需对定义 a 和 $y_{\min}$ 的参数稍加修改就可

以达到所需的周期性。实际上，从式（13-4）得到 $a=a(\Psi')$，从式（13-39）和式（13-38）得到 $\Theta=\Theta(\Psi'; y_{min})$。然后，保持 R（有理数）和 y_{min} 固定不变，通过从隐式方程 $R(\Psi'; \Theta'(\Psi'; y_{min}))-R=0$ 求解 Ψ' 来计算 a 的新值，Ψ' 的新值很容易通过寻根程序获得，反过来又提供了一个新的 a 值，该值现在可以产生所需的通约性。

长期变量轨道的周期性在平变量表示的轨道中产生了一个伴随的周期性。这是因为从长期变量到平变量的转换只取决于长期变量，而这些变量被设计为周期性的。类似地，从平变量到瞬变量的转换只依赖于平根数，正如我们刚所看到的，平根数与长期解的周期相同。然而，由于解析解不可避免地被截断，用这种方法计算的周期轨道初始条件的数值传播将产生一个近似周期的平面希尔问题轨道。通常，通过微分修正的标准计算可以实现对初始条件的改进，以获得具有所需特征的希尔问题的真周期准卫星轨道，该标准计算有效地集成在笛卡儿坐标中[422,426]。

另外值得一提的是，任意选择 ψ' 和 θ' 的初始长期值会影响微分修正过程的收敛性。这是具有闭合轨道的多个周期轨道的情形。的确，当摄动解所预测的初始条件和周期与期望的周期轨道不够接近时，微分修正算法可能会偏离到一个不同的、接近的、稳定特性更强的周期轨道上。另一方面，正如将在 13.5 节中所说明的，尽管脱离了解析解的收敛域，还是可以利用这一事实来计算 1∶1 共振周期轨道。

例如，为简洁起见不考虑单撇号变量，如果选择的初始条件是 $\psi=0$ 和 $\theta=\pi/2$，则应用式（13-29）中的变换可得到式（13-6）中的 $\phi=\psi=0, \Phi=\Psi=\frac{1}{8}\dot{\vartheta}a^2, q=\sqrt{2\Theta/\Omega}=\frac{1}{2k}(a-y_{min})$，$Q=0$，其中 $\eta=\eta_{max}=1-y_{min}/a$，$\xi=0$。然后应用变换（13-3）将得到笛卡儿变量 $x=0$，$y=2a-y_{min}$，$X=-3B+\dot{\vartheta}y_{min}$，$Y=0$，对应于准卫星轨道的外端（轨道和矢端曲线都是如此），在该区域中，解的连续轨迹彼此接近。这一事实可能会导致微分修正难以收敛到正确轨道上。当选择初始条件 $\psi=\pi$，$\theta=-\pi/2$ 时，也会发生同样的情况，从而得到 $x=0$，$y=-2a+y_{min}$，$X=3B-\dot{\vartheta}y_{min}$，$Y=0$。初始条件为 $\psi=0$，$\theta=-\pi/2$ 或 $\psi=\pi$，$\theta=\pi/2$ 时，得到解 $x=0$，$y=\pm y_{min}$，$X=\pm B\mp\dot{\vartheta}y_{min}$，$Y=0$ 的内端，它们会经历完全相同的问题。

另一方面，当相应参考椭圆的中心比轨道的外部或内部更接近原点时，通常会发生准卫星轨道的两个连续轨道沿 y 轴间距变远的情况。这一事实使得从中心靠近原点的参考椭圆中选择初始条件时，微分修正算法能够找到更快收敛到期望周期轨道的有利条件。通常选择 $\psi=0$，$\theta=0$，对应于平面希尔问题 $x=\xi a$，$y=a$，$X=-B$，$Y=-\xi B$ 的笛卡儿变量，其中 $\xi=(\Omega/\dot{\vartheta})(1-y_{min}/a)/(2k^2)\ll 1$，将会产生令人满意的结果，即以微分修正算法理论预测的预期二次速率收敛到所需的周期轨道。

最后，值得注意的是，与轨道飞行器的快速运动相比，摄动解的适用性受到结构的限制，仅适用于参考椭圆的慢振动情况，$\Omega\ll\dot{\vartheta}$，因此排除了 1∶1 周期轨道的可用情况。然而，摄动解在实际应用中仍可用于寻找这种强共振运动。因此，对于设计参数为 $a=y_{min}$

的轨道，其振动幅度将非常小，因此，在准卫星轨道的任何位置，轨道的连续轨迹将非常接近。这一事实使得微分修正算法几乎不可能收敛到设计的多周期轨道上，通常会使其收敛到占主导地位的强稳定的 1∶1 共振轨道上。解析解的实际应用将在下面的例子中加以说明。

13.5 示例

为了说明摄动解如何应用于准卫星轨道的设计，我们提供了两个示例。第一个讨论了涉及具有大振幅的准卫星轨道的挑战性问题。第二个例子展示了如何在 1∶1 共振条件下有效地使用摄动解来设计经典的远距离逆行轨道。

13.5.1 大振幅平动

选取参数 $a=9$ 和 $y_{\min}=2.5$（希尔单位），设计具有大振幅平动的准卫星轨道。然后，根据 13.4.4 节中描述的序列，我们得到了近似值：$M=3.75278$，$\Psi=10.125$，$\Omega=0.0574682$ 以及 $\Theta'=0.404672$。将这些值代入式（13-33）和式（13-34），分别得到长期频率 $n_\theta=-0.0734688$ 以及 $n_\psi=1.009\,71$。这些频率接近于 55∶4 的共振，但并不完全可比，因此设定振动周期与轨道周期之间的比值为 $R_0=13.7434$。

为了得到精确的通约量 $R=14$，即最接近 R_0 的整数值，我们使用割线法依次修改 Ψ 的初始值。即

$$\Psi=\Psi_n+\frac{\Psi_{n+1}-\Psi_n}{R_{n+1}-R_n}(R-R_n) \tag{13-40}$$

经过 5 次迭代后，我们发现值 $\Psi=10.412533967155952$ 产生了计算机数值精度所需的通约量，对应于参考椭圆略长的半长轴，将 Φ 替换为 Ψ，由式（13-4）计算得出，仅比原始值大 1.4%。根据式（13-17）计算出新的平动频率，比原来的平动频率小约 2%。

接下来，根据式（13-39）计算出新值 $\Theta'=0.41188510904143977$，以及新的轨道和平动周期

$$T_{\mathrm{O}}=\frac{2\pi}{n_\psi}=6.22511673870462,\quad T_{\mathrm{L}}=\frac{2\pi}{|n_\theta|}=87.1516343418646 \tag{13-41}$$

分别从式（13-34）和式（13-33）中相应的长期频率计算得出。正如所预期的那样，T_{L} 现在正好是 T_{O} 的 14 倍。对于改进后的值，式（13-32）产生了一个准卫星轨道，该轨道在平动周期之后是周期性的。

14∶1 共振准卫星轨道的笛卡儿坐标由式（13-29）和式（13-3）计算得到。如图 13-1 的左图所示。为了显示计算的轨道与所设计（$a=9.1269$，$y_{\min}=2.5$）的一致性，我们将 x 轴从原点移动到值 $y=2.5$。图 13-1 的右图显示了由半长轴 a［式（13-7）中的无量纲变量 ξ 和 η］缩放的参考椭圆中心的演化。注意，出于可视化目的，ξ 和 η 以不同的比例显示。

13.4.3 节中的长周期修正提供了平根数轨道，该轨道也具有相同的周期性，而短周

期修正也产生了瞬根数中摄动解的周期性准卫星轨道。如图 13 - 2 左图所示，与长期变量的振幅相比，平根数与瞬根数二者的参考椭圆中心的振幅在 y 轴方向上都较短，在 x 轴方向上较长。此外，该轨迹更多地涉及瞬根数，因为它与椭圆相位的耦合而受到轨道周期的调制。如图 13 - 2 右图所示，长周期修正明显地改变了轨道。短周期修正引入了幅度较小的修正，因而未显示出瞬根数的轨道。

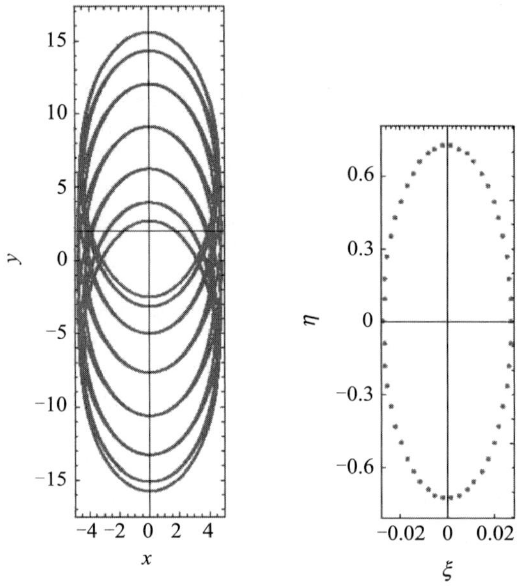

图 13 - 1　旋转 14 圈后的长周期轨道（左图）；参考椭圆的引导中心轨迹（右图）

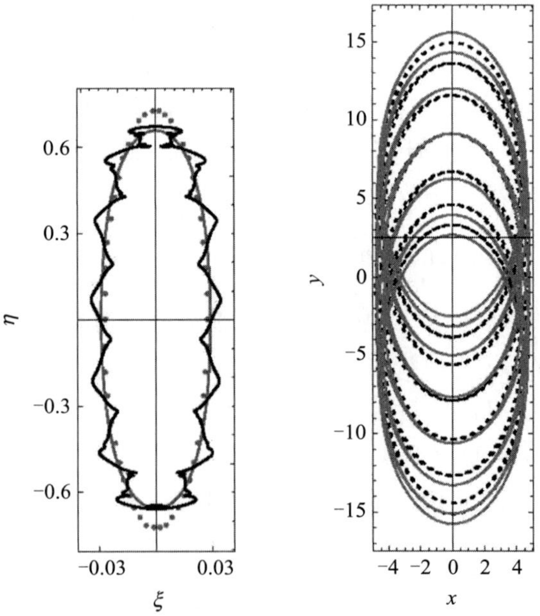

图 13 - 2　瞬根数（黑线）、平根数（灰色曲线）和长期根数（点）中参考椭圆的引导中心（左图）；平根数轨道（黑色虚线）叠加到图 13 - 1 左图（灰色曲线）中的长期轨道中（右图）

另一方面，由于摄动解存在截断，如果我们从摄动解得到的瞬根数中计算初始条件，并将其扩大到原始的平面希尔问题方程中，我们将找不到精确的周期轨道。然而，如 13.4.5 节所述，这些初始条件很容易通过微分修正得到一个与设计参数所针对的特征相似的平面希尔问题的真实周期准卫星轨道。如图 13－3 所示，其中叠加了通过解析预测的瞬根解和使用微分修正计算的改进解。最后我们注意到，通过对长期初始条件和周期的差分修正，收敛到具有期望特征的真周期轨道通常是可行的。这样，就避免了从长期根数到平根数和瞬根数的转换。在最后一种情况下，新的周期轨道可能与从瞬根解得到的轨道略有不同。

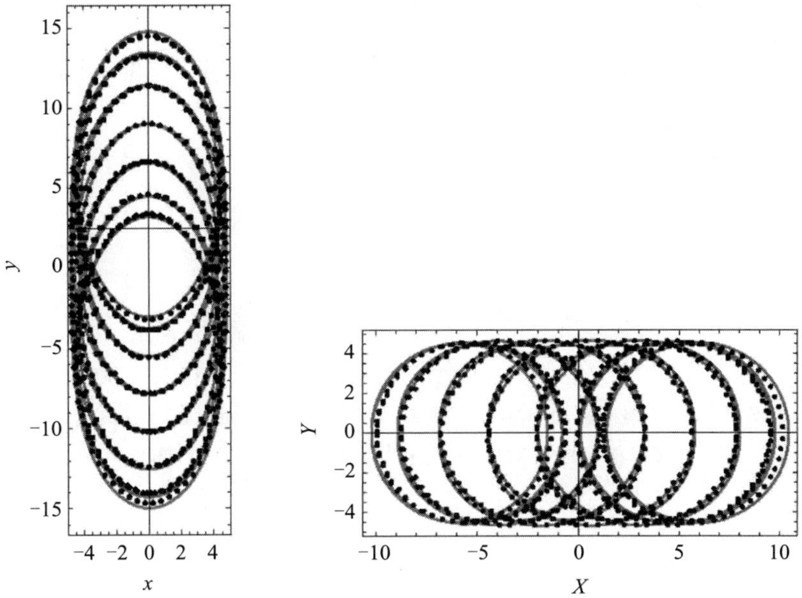

图 13－3　叠加到瞬根数解析周期解（灰色曲线）上的改进的 14∶1 周期轨道和希尔问题（点）速度图

13.5.2　1∶1 共振

同样，我们选择 $a=9$，但我们固定另一个轨道设计参数 $y_{\min}=a$ ，试图获得参考椭圆的最小平动。除 $M=0$ 和 $\Theta'=0$ 之外，新选项产生的值与之前相同。对于式（13－33）～式（13－34）这些特定值采用更简单的形式，并将长期频率的计算转化为缩略公式

$$n_\theta=-\Omega\sum_{j=0}^{2}h_{1,j}\left(\frac{\Omega}{\dot{\vartheta}}\right)^{2j},\quad n_\psi=\dot{\vartheta}\left[1+\frac{1}{2}\sum_{j=0}^{3}(1+3j)h_{0,j}\left(\frac{\Omega}{\dot{\vartheta}}\right)^{2j+2}\right]\qquad(13-42)$$

我们得到 $n_\theta=-0.0578611$，$n_\psi=1.00763$，因此 $R_0=17.4147$。然后，通过对式（13－40）进行迭代（$R=17$），获得精确值 $\Psi=9.805769504452774$。接下来，分别由式（13－39）和式（13－41）得到 $\Theta'=2.0067075011\times10^{-4}$ 和 $T_{\mathrm{O}}=6.233222965910465$。最后，利用式（13－32）计算长周期轨道，通过平动周期 $T_{\mathrm{L}}=17\times T_{\mathrm{O}}$ 进行计算。

这个长期轨道的初始条件在原平面希尔问题中的扩展并没有得到一个真正的周期轨

道。另一方面，我们未能通过微分修正对其进行改进，使其收敛到一个平面希尔问题的真周期 17：1 共振轨道，正如从不同轨迹的接近度所预期的那样。然而，如 13.4.5 节所讨论的，当我们需要用差分修正算法来寻找轨道周期与平动周期相反的周期轨道时，该算法显示出快速收敛到所需的 1：1 共振轨道。分析预测的精度如图 13－4 所示，其中，左图为长期轨道和数值轨道相叠加，右图为参考椭圆中心。

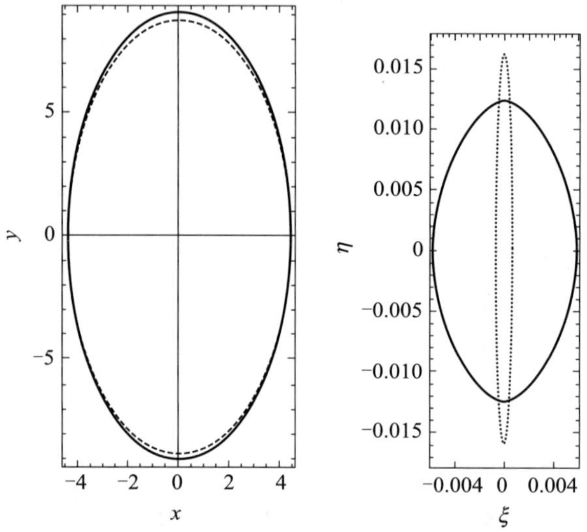

图 13－4　17 圈后的长周期轨道（实线）叠加到真正的 1：1 周期轨道（白点）上（左图）；参考椭圆中心对应的轨迹（点代表长期解）（右图）

参考文献

[1] R. Abraham and J. E. Marsden. Foundations of Mechanics. Addison - Wesley 2nd edition, 1987.

[2] M. K. M. Ahmed. On the normalization of perturbed Keplerian systems. The Astronomical Journal, 107: 1900 - 1903, May 1994.

[3] J. Aiello. Numerical investigation of mapping orbits about Jupiter's icy moons. In B. G. Williams, L. A. D'Amario, K. C. Howell and F. R. Hoots, editors, Astrodynamics 2005, P. O. Box 28130, San Diego, California 92198, volume 123 of Advances in the Astronautical Sciences, pages 1965 - 1980. American Astronautical Society, Univelt, Inc. , 2006.

[4] É. L. Akim and Z. P. Vlasova. Model of the moon's gravitational field based on the motion of the artificial lunar satellites Luna - 10, 12, 14, 19, and 22. Doklady Akademii Nauk SSSR, 235: 38 - 41, July 1977.

[5] Ye. P. Aksenov, Ye. A. Grebenikov, and V. G. Demin. General solution of the problem of the motion of an artificial satellite in the normal field of the earth's attraction. Planetary and Space Science, 9 (8): 491 - 498, August 1962.

[6] K. Aksnes. On the dynamical theory of a near - earth satellite, Ⅰ. Astrophysica Norvegica, 10: 69 - 77, August 1965.

[7] K. Aksnes. A Second - Order Artificial Satellite Theory Based on an Intermediate Orbit. The Astronomical Journal, 75: 1066, November 1970.

[8] K. Aksnes. A note on 'The main problem of satellite theory for small eccentricities, by A. Deprit and A. Rom, 1970' . Celestial Mechanics, 4 (1): 119 - 121, September 1971.

[9] K. Aksnes. On the Use of the Hill Variables in Artificial Satellite Theory. Astronomy and Astrophysics, 17 (1): 70 - 75, February 1972.

[10] K. Aksnes. Short - period and long - period perturbations of a spherical satellite due to direct solar radiation. Celestial Mechanics, 13: 89 - 104, February 1976.

[11] E. M. Alessi, G. Gómez, and J. J. Masdemont. Leaving the moon by means of invariant manifolds of libration point orbits. Communications in Nonlinear Science and Numerical Simulation, 14 (12): 4153 - 4167, 2009.

[12] E. M. Alessi, G. Schettino, A. Rossi, and G. B. Valsecchi. Natural highways for end - of - life solutions in the LEO region. Celestial Mechanics and Dynamical Astronomy, 130 (5): 34, May 2018.

[13] E. M. Alessi, G. Schettino, A. Rossi, and G. B. Valsecchi. Solar radiation pressure resonances in Low Earth Orbits. Monthly Notices of the Royal Astronomical Society, 473 (2): 2407 - 2414, January 2018.

[14] K. T. Alfriend and S. L. Coffey. Elimination of the perigee in the satellite problem. Celestial Mechanics, 32 (2): 163 - 172, February 1984.

[15] K. T. Alfriend, R. Dasenbrock, H. Pickard, and A. Deprit. The extended phase space formulation of the Vinti problem. Celestial Mechanics, 16 (4): 441 - 458, December 1977.

[16] K. T. Alfriend, S. R. Vadali, and H. Schaub. Formation Flying Satellites: Control by an Astrodynamicist. Celestial Mechanics and Dynamical Astronomy, 81: 57 - 62, 2001.

[17] R. R. Allan. Satellite orbit perturbations due to radiation pressure and luni - solar forces. The Quarterly Journal of Mechanics and Applied Mathematics, 15 (3): 283 - 301, August 1962.

[18] R. R. Allan. Perturbations of a geostationary satellite by the longitude - dependent terms in the Earth's gravitational field. Planetary and Space Science, 11: 1325 - 1334, November 1963.

[19] R. R. Allan. Resonance effects due to the longitude dependence of the gravitational field of a rotating primary. Planetary and Space Science, 15: 53 - 76, January 1967.

[20] R. R. Allan and G. E. Cook. The Long - Period Motion of the Plane of a Distant Circular Orbit. Proceedings of the Royal Society of London Series A, 280: 97 - 109, July 1964.

[21] R. R. Allan and G. N. Ward. Planetary equations in terms of vectorial elements. Proceedings of the Cambridge Philosophical Society, 59 (3): 669, January 1963.

[22] E. L. Allgower and K. Georg. Numerical Continuation Methods: An Introduction, volume 13 of Springer Series in Computational Mathematics. Springer - Verlag, Berlin Heidelberg, 1st edition, 1990.

[23] D. Amato, C. Bombardelli, G. Baù, V. Morand, and A. J. Rosengren. Non - averaged regularized formulations as an alternative to semi - analytical orbit propagation methods. Celestial Mechanics and Dynamical Astronomy, 131 (5): 21, May 2019.

[24] M - H. Andoyer. Cours de mécanique céleste. Tome Ⅰ. Gauthier - Villars et cie, Paris, 1923 - 26.

[25] L. Anselmo and C. Pardini. Orbital Evolution of Geosynchronous Objects with High Area - To - Mass Ratios. In D. Danesy, editor, 4th European Conference on Space Debris, volume 587 of ESA Special Publication, pages 279 - 284, August 2005.

[26] L. Anselmo and C. Pardini. Dynamical evolution of high area - to - mass ratio debris released into GPS orbits. Advances in Space Research, 43 (10): 1491 - 1508, 2009.

[27] R. Armellin and J. F. San - Juan. Optimal Earth's reentry disposal of the Galileo constellation. Advances in Space Research, 61: 1097 - 1120, February 2018.

[28] R. Armellin, J. F. San - Juan, and M. Lara. End - of - life disposal of high elliptical orbit missions: The case of INTEGRAL. Advances in Space Research, 56 (3): 479 - 493, 2015. Advances in Asteroid and Space Debris Science and Technology, Part 1.

[29] V. I. Arnol'd. Proof of a theorem of A. N. Kolmogorov on the invariance of quasi - periodic motions under small perturbations of the Hamiltonian. Russian Mathematical Surveys, 18 (5): 9 - 36, October 1963.

[30] V. I. Arnol'd. Mathematical Methods of Classical Mechanics, volume 60 of Graduate Texts in Mathematics. Springer - Verlag, New York, 2nd edition, 1989.

[31] J. L. Arsenault, K. C. Ford, and P. E. Koskela. Orbit determination using analytic partial derivatives of perturbed motion. AIAA Journal, 8: 4 - 12, 1970.

[32] J. A. Atchison and M. A. Peck. A passive, sun - pointing, millimeter - scale solar sail. Acta Astronautica, 67: 108 - 121, July 2010.

[33] M. El - S. Awad. Analytical solution to the perturbed J_2 motion of Artificial Satellite in terms of

Euler parameters. Earth Moon and Planets, 69 (1): 1 - 12, January 1995.

[34] F. Bagenal, T. E. Dowling and W. B. McKinnon, editors. Jupiter: The Planet, Satellites and Magnetosphere, pages xii, 732. Cambridge Planetary Science. Cambridge University Press, Cambridge, United Kingdom, 2004.

[35] N. Baresi, L. Dell'Elce, J. Cardoso dos Santos, and Y. Kawakatsu. Long - term evolution of mid - altitude quasi - satellite orbits. Nonlinear Dynamics, 99: 2743 - 2763, January 2020.

[36] Y. V. Barkin. Unperturbed Chandler Motion and Perturbation Theory of the Rotation Motion of Deformable Celestial Bodies. Astronomical and Astrophysical Transactions, 17 (3): 179 - 219, 1998.

[37] R. B. Barrar. Some remarks on the motion of a satellite of an oblate planet. The Astronomical Journal, 66: 11, February 1961.

[38] R. B. Barrar. Addendum to "Some remarks on the motion of a satellite of an oblate planet". The Astronomical Journal, 67: 105, February 1962.

[39] R. Barrio and J. F. Palacián. Lie Transforms for Ordinary Differential Equations: Taking Advantage of the Hamiltonian Form of Terms of the Perturbation. International Journal for Numerical Methods in Engineering, 40: 2289 - 2300, June 1997.

[40] R. Barrio and J. F. Palacián. High - order averaging of eccentric artificial satellites perturbed by the Earth's potential and air - drag terms. Proceedings of the Royal Society of London Series A, 459: 1517 - 1534, June 2003.

[41] I. Basak. Explicit solution of the Zhukovski - Volterra gyrostat. Regular and Chaotic Dynamics, 14 (2): 223 - 236, April 2009.

[42] R. H. Battin. An Introduction to the Mathematics and Methods of Astrodynamics. American Institute of Aeronautics and Astronautics, Reston, VA, 1999.

[43] V. V. Beletskii. Motion of an Artificial Satellite About Its Center of Mass. Mechanics of Space Flight. Israel Program for Scientific Translations, S. Monson, Jerusalem, 1966. NASA TT F - 429, Translated from Russian by Z. Lerman.

[44] D. Belorizky. Application pratique des méthodes de M. Sundman à un cas particulier du problème des trois corps. Bulletin Astronomique Belgrade, 6: 417 - 434, 1930.

[45] S. Belyanin and P. Gurfil. Semianalytical study of geosynchronous orbits about a precessing oblate earth under lunisolar gravitation and tesseral resonance. Journal of the Astronautical Sciences, 57: 517 - 543, March 2009.

[46] D. Benest. Effects of the Mass Ratio on the Existence of Retrograde Satellites in the Circular Plane Restricted Problem. Astronomy and Astrophysics, 32: 39, April 1974.

[47] D. Benest. Libration effects for retrograde satellites in the restricted three - body problem. I - Circular plane Hill's case. Celestial Mechanics, 13: 203 - 215, March 1976.

[48] A. F. Bertachini de Almeida Prado. Third - Body Perturbation in Orbits Around Natural Satellites. Journal of Guidance Control Dynamics, 26 (1): 33 - 40, January 2003.

[49] J. L. Bertaux and J. E. Blamont. Interpretation of Ogo 5 Lyman alpha measurements in the upper geocorona. Journal of Geophysical Research, 78 (1): 80, March January 1973.

[50] C. Bezrouk and J. S. Parker. Long term evolution of distant retrograde orbits in the Earth - Moon

system. Astrophysics and Space Science, 362: 176, September 2017.

[51] A. D. Biria and R. P. Russell. A satellite relative motion model including J_2 and J_3 via Vinti's intermediary. Celestial Mechanics and Dynamical Astronomy, 130: 23, March 2018.

[52] L. Blitzer, E. M. Boughton, G. Kang, and R. M. Page. Effect of Ellipticity of the Equator on 24 - Hour Nearly Circular Satellite Orbits. Journal of Geophysical Research, 67: 329 - 335, January 1962.

[53] L. Blitzer, G. Kang, and J. B. McGuire. The Perturbed Motion of 24 - Hour Satellites Due to Equatorial Ellipticity. Journal of Geophysical Research, 68: 950 - 952, February 1963.

[54] D. Boccaletti and G. Pucacco. Theory of orbits. Volume 2: Perturbative and geometrical methods. Astronomy and Astrophysics Library. Springer - Verlag, Berlin Heidelberg New York, 1st edition, 2002.

[55] K. Bohlin. Zur Frage der Convergenz der Reihenentwickelungen in der Störungstheorie. Astronomische Nachrichten, 121: 17, March 1889.

[56] F. Boigey. Une transformation canonique de Mathieu dans l'espace des phases du mouvement d'un solide mobile autour d'un point fixe. Comptes rendus de l'Académie des Sciences de Paris, Série A Sciences Mathématiques, 272: 1115 - 1118, 1971.

[57] N. L. Bonavito, S. Watson, and H. Walden. An Accuracy and Speed Comparison of the Vinti and Brouwer Orbit Prediction Methods. Technical Report NASA TN D - 5203, Goddard Space Flight Center, Greenbelt, Maryland, May 1969.

[58] V. R. Bond. An Analytical Singularity - Free Solution to the J_2 Perturbation Problem. Technical Report NASA - TM - 58221; JSC - 13128, NASA Johnson Space Center, July 1979.

[59] N. Borderies and P. - Y. Longaretti. A New Treatment of the Albedo Radiation Pressure in the Case of a Uniform Albedo and of a Spherical Satellite. Celestial Mechanics and Dynamical Astronomy, 49 (1): 69 - 98, March 1990.

[60] G. H. Born, J. L. Mitchell, and G. A. Heyler. Design of the GEOSAT Exact Repeat Mission. Johns Hopkins APL Technical Digest, 8 (2): 260 - 266, 1987.

[61] M. Born. The Mechanics of the Atom. G. Bells and Sons, Ltd, London, 1927.

[62] J. V. Breakwell and J. V. Brown. The 'halo' family of 3 - dimensional periodic orbits in the earth - moon restricted 3 - body problem. Celestial Mechanics, 20: 389 - 404, November 1979.

[63] J. V. Breakwell and J. Vagners. On Error Bounds and Initialization in Satellite Orbit Theories. Celestial Mechanics, 2: 253 - 264, June 1970.

[64] S. Ł. Breiter. Lunisolar Apsidal Resonances at low Satellite Orbits. Celestial Mechanics and Dynamical Astronomy, 74: 253 - 274, August 1999.

[65] S. Ł. Breiter. Lunisolar Resonances Revisited. Celestial Mechanics and Dynamical Astronomy, 81 (1 - 2): 81 - 91, 2001.

[66] S. Ł. Breiter. On the coupling of lunisolar resonances for Earth satellite orbits. Celestial Mechanics and Dynamical Astronomy, 80: 1 - 20, July 2001.

[67] A. J. Brizard. Jacobi zeta function and action - angle coordinates for the pendulum. Communications in Nonlinear Science and Numerical Simulations, 18: 511 - 518, March 2013.

[68] R. A. Broucke. Periodic orbits in the restricted three - body problem with earth - moon masses. NASA Technical Report 32 - 1168, Jet Propulsion Laboratory, Pasadena, February 1968.

[69] R. A. Broucke. How to Assemble a Keplerian Processor. Celestial Mechanics, 2: 9 - 20, March 1970.

[70] R. A. Broucke. Numerical integration of periodic orbits in the main problem of artificial satellite theory. Celestial Mechanics and Dynamical Astronomy, 58 (2): 99 - 123, February 1994.

[71] R. A. Broucke. Long - Term Third - Body Effects via Double Averaging. Journal of Guidance Control Dynamics, 26 (1): 27 - 32, January 2003.

[72] R. A. Broucke and P. J. Cefola. On the Equinoctial Orbit Elements. Celestial Mechanics, 5 (3): 303 - 310, May 1972.

[73] R. A. Broucke and P. J. Cefola. A Note on the Relations between True and Eccentric Anomalies in the Two - Body Problem. Celestial Mechanics, 7: 388 - 389, April 1973.

[74] D. Brouwer. The motion of a particle with negligible mass under the gravitational attraction of a spheroid. The Astronomical Journal, 51: 223 - 231, February 1946.

[75] D. Brouwer. Solution of the problem of artificial satellite theory without drag. The Astronomical Journal, 64: 378 - 397, November 1959.

[76] D. Brouwer. Analytical study of resonance caused by solar radiation pressure. In M. Roy, editor, Dynamics of Satellites/Dynamique des Satellites, IUTAM Symposia (International Union of Theoretical and Applied Mechanics), pages 34 - 39. Springer, Berlin, Heidelberg, 1963.

[77] D. Brouwer. The problem of the Kirkwood gaps in the asteroid belt. The Astronomical Journal, 68: 152 - 158, April 1963.

[78] D. Brouwer and G. M. Clemence. Methods of Celestial Mechanics. Academic Press, New York and London, 1961.

[79] D. Brouwer and G. - I. Hori. Theoretical evaluation of atmospheric drag effects in the motion of an artificial satellite. The Astronomical Journal, 66: 193 - 225, June 1961.

[80] E. W. Brown. An introductory treatise on the lunar theory. The University Press, Cambridge, 1896.

[81] S. Bruinsma, P. Exertier, G. Métris, and J. Bardina. Semi - analytical theory of mean orbital motion: A new tool for computing ephemerides. In T. - D. Guyenne, editor, Space Flight Dynamics, volume 403 of ESA Special Publication, pages 289 - 294, August 1997.

[82] E. Brumberg and T. Fukushima. Expansions of elliptic motion based on elliptic function theory. Celestial Mechanics and Dynamical Astronomy, 60: 69 - 89, September 1994.

[83] V. A. Brumberg. Analytical Techniques of Celestial Mechanics. Springer - Verlag, Berlin Heidelberg, 1st edition, 1995.

[84] A. D. Bruno. The restricted 3 - body problem: Plane periodic orbits, volume 17 of De Gruyter Expositions in Mathematics. Walter de Gruyter, Berlin, New York, 1994. English translation of the original Russian edition (Nauka, Moscow, 1990).

[85] R. W. Bryant. The effect of solar radiation pressure on the motion of an artificial satellite. The Astronomical Journal, 66: 430, October 1961.

[86] J. A. Burns, P. L. Lamy, and S. Soter. Radiation forces on small particles in the solar system. Icarus, 40 (1): 1 - 48, October 1979.

[87] C. Burrau and E. Strömgren. Numerische Untersuchungen über eine Klasse einfach periodischer retrograder Bahnen im problème restreint. Astronomische Nachrichten, 202 (12): 185, March 1916.

[88] M. Burša. Figure and Dynamic Parameters of Synchronously Orbiting Satellites in the Solar System. Bulletin of the Astronomical Institutes of Czechoslovakia, 40: 125 - 130, March 1989.

[89] P. F. Byrd and M. Friedman. Handbook of Elliptic Integrals for Engineers and Physicists. Springer - Verlag, Berlin, Heidelberg and New York, 2nd edition, 1971.

[90] B. J. Cain. Determination of mean elements for Brouwer's satellite theory. The Astronomical Journal, 67: 391, August 1962.

[91] J. A. Campbell and W. H. Jefferys. Equivalence of the Perturbation Theories of Hori and Deprit. Celestial Mechanics, 2 (4): 467 - 473, 1970.

[92] É. Cartan. Leçons sur les invariants intégraux. A. Hermann & fils, Paris, 1922.

[93] J. R. Cary. Lie transforms and their use in Hamiltonian perturbation theory. Report LBL - 6350, Lawrence Berkeley Laboratory, 1 Cyclotron Road, Berkeley CA 94720, June 1978. Also: U. S. Department of Energy Report DOE/ET - 0074, January, 1979.

[94] J. R. Cary. Lie transform perturbation theory for Hamiltonian systems. Physics Reports, 79 (2): 129 - 159, 1981.

[95] D. Casanova, A. Petit, and A. Lemaître. Long - term evolution of space debris under the J_2 effect, the solar radiation pressure and the solar and lunar perturbations. Celestial Mechanics and Dynamical Astronomy, 123 (2): 223 - 238, October 2015.

[96] S. Casotto, S. Padovan, R. P. Russell, and M. Lara. Detecting a Subsurface Ocean From Periodic Orbits at Enceladus. In AGU Fall Meeting Abstracts, volume 2008, pages P23B - 1366, December 2008.

[97] M. Ceccaroni and J. D. Biggs. Analytic perturbative theories in highly inhomogeneous gravitational fields. Icarus, 224: 74 - 85, May 2013.

[98] P. J. Cefola and R. A. Broucke. On the formulation of the gravitational potential in terms of equinoctial variables. In 13th Aerospace Sciences Meeting, Pasadena, California, pages 1 - 25. American Institute of Aeronautics and Astronautics, USA, January 1975. AIAA Paper No. 75 - 9.

[99] P. J. Cefola and D. J. Fonte. Extension of the Naval Space Command Satellite Theory PPT2 to Include a General Tesseral m - daily Model. In Paper AIAA 96 - 3606, Astrodynamics Conference, San Diego, CA, pages 1 - 45. American Institute of Aeronautics and Astronautics, USA, July 1996.

[100] A. Celletti and L. Chierchia. Construction of analytic KAM surfaces and effective stability bounds. Communications in Mathematical Physics, 118: 119 - 161, March 1988.

[101] A. Celletti, C. Galeş, G. Pucacco, and A. J. Rosengren. Analytical development of the lunisolar disturbing function and the critical inclination secular resonance. Celestial Mechanics and Dynamical Astronomy, 127 (3): 259 - 283, March 2017.

[102] A. Celletti and P. Negrini. Non - integrability of the problem of motion around an oblate planet. Celestial Mechanics and Dynamical Astronomy, 61 (3): 253 - 260, March 1995.

[103] A. Celletti, G. Pucacco, and D. Stella. Lissajous and Halo Orbits in the Restricted Three - Body Problem. Journal of NonLinear Science, 25: 343 - 370, April 2015.

[104] J. W. Chamberlain. Depletion of satellite atoms in a collisionless exosphere by radiation pressure. Icarus, 39 (2): 286 - 294, August 1979.

[105] J. W. Chamberlain and J. Bishop. Radiation pressure dynamics in planetary exospheres. Ⅱ - Closed

solutions for the evolution of orbital elements. Icarus, 106: 419 - 427, December 1993.

[106] C. C. Chao. Applied orbit perturbation and maintenance. The Aerospace Press. American Institute of Aeronautics and Astronautics, El Segundo, California, 1998.

[107] C. C. Chao. Analytical Investigation of GEO Debris with High Area - to - Mass Ratio (AIAA 2006 - 6514) . In AIAA/AAS Astrodynamics Specialist Conference and Exhibit, 21 - 24 August 2006, Keystone, Colorado, AIAA Meeting Paper, page 9, American Institute of Aeronautics and Astronautics, August 2006.

[108] C. C. Chao and R. A. Gick. Long - term evolution of navigation satellite orbits: GPS/GLONASS/GALILEO. Advances in Space Research, 34 (5): 1221 - 1226, 2004.

[109] J. Chapront and G. Francou. The lunar theory ELP revisited. Introduction of new planetary perturbations. Astronomy and Astrophysics, 404: 735 - 742, June 2003.

[110] M. Chapront - Touze and J. Chapront. ELP 2000 - 85 - A semi - analytical lunar ephemeris adequate for historical times. Astronomy and Astrophysics, 190: 342 - 352, January 1988.

[111] R. Cid and J. F. Lahulla. Perturbaciones de corto periodo en el movimiento de un satélite artificial, en función de las variables de Hill. Publicaciones de la Revista de la Academia de Ciencias de Zaragoza, 24: 159 - 165, 1969.

[112] C. Circi, E. Condoleo, and E. Ortore. A vectorial approach to determine frozen orbital conditions. Celestial Mechanics and Dynamical Astronomy, 128 (2 - 3): 361 - 382, June 2017.

[113] W. H. Clohessy and R. S. Wiltshire. Terminal Guidance System for Satellite Rendezvous. Journal of the Aerospace Sciences, 27 (9): 653 - 658, September 1960.

[114] S. Coffey and K. T. Alfriend. An analytical orbit prediction program generator. Journal of Guidance, Control and Dynamics, 7 (5): 575 - 581, 1984.

[115] S. Coffey and A. Deprit. Fast evaluation of Fourier series. Astronomy and Astrophysics, 81: 310 - 315, January 1980.

[116] S. Coffey, A. Deprit, E. Deprit, and L. Healy. Painting the Phase Space Portrait of an Integrable Dynamical System. Science, 247 (4944): 833 - 836, February 1990.

[117] S. L. Coffey and K. T. Alfriend. Short Period Elimination for the Tesseral Harmonics. In A. L. Friedlander, P. J. Cefola, B. Kaufman, W. Williamson and G. T. Tseng, editors, Advances in the Astronautical Sciences, P. O. Box 28130, San Diego, California 92198, volume 46 of AAS/AIAA Astrodynamics Conference 1981, pages 87 - 101. American Astronautical Society, Univelt, Inc. , 1982.

[118] S. L. Coffey and A. Deprit. Third - Order Solution to the Main Problem in Satellite Theory. Journal of Guidance, Control and Dynamics, 5 (4): 366 - 371, 1982.

[119] S. L. Coffey, A. Deprit, and E. Deprit. Frozen orbits for satellites close to an earth - like planet. Celestial Mechanics and Dynamical Astronomy, 59 (1): 37 - 72, May 1994.

[120] S. L. Coffey, A. Deprit, and B. R. Miller. The critical inclination in artificial satellite theory. Celestial Mechanics, 39 (4): 365 - 406, December 1986.

[121] S. L. Coffey, H. L. Neal, A. M. Segerman, and J. J. Travisano. An Analytic Orbit Propagation Program for Satellite Catalog Maintenance. In K. T. Alfriend, I. M. Ross, A. K. Misra and C. F. Peters, editors, AAS/AIAA Astrodynamics Conference 1995, P. O. Box 28130, San Diego, California 92198, volume 90 of Advances in the Astronautical Sciences, pages 1869 - 1892. American

Astronautical Society, Univelt, Inc., 1996.

[122] S. K. Collins and P. J. Cefola. Double averaged third body model for prediction of super - synchronous orbits over long time spans. In Paper AAS 79 - 135, American Astronautical Society, June 1979.

[123] C. Colombo. Planetary Orbital Dynamics (PlanODyn) suite for long term propagation in perturbed environment. In Proceedings of the 6th International Conference on Astrodynamics Tools and Techniques, ICATT, pages 1 - 7. ESA, March 2016.

[124] C. Colombo, E. M. Alessi, W. van der Weg, S. Soldini, F. Letizia, M. Vetrisano, M. Vasile, A. Rossi, and M. Landgraf. End - of - life disposal concepts for libration point orbit and highly elliptical orbit missions. Acta Astronautica, 110: 298 - 312, 2015. Dynamics and Control of Space Systems.

[125] C. Colombo, C. Lücking, and C. R. McInnes. Orbital dynamics of high area - to - mass ratio spacecraft with J_2 and solar radiation pressure for novel Earth observation and communication services. Acta Astronautica, 81 (1): 137 - 150, 2012.

[126] C. Colombo and C. R. McInnes. Orbital Dynamics of "Smart - Dust" Devices with Solar Radiation Pressure and Drag. Journal of Guidance Control Dynamics, 34: 1613 - 1631, November 2011.

[127] C. C. Conley. Low energy transit orbits in the restricted three - body problem. SIAM Journal on Applied Mathematics, 16: 732 - 746, 1968.

[128] G. E. Cook. Luni - Solar Perturbations of the Orbit of an Earth Satellite. Geophysical Journal, 6: 271 - 291, April 1962.

[129] G. E. Cook. Satellite drag coefficients. Planetary and Space Science, 13 (10): 929 - 946, October 1965.

[130] G. E. Cook. Perturbations of near - circular orbits by the Earth's gravitational potential. Planetary and Space Science, 14: 433 - 444, May 1966.

[131] G. E. Cook, D. G. King - Hele, and D. M. C. Walker. The Contraction of Satellite Orbits Under the Influence of Air Drag. I. With Spherically Symmetrical Atmosphere. Proceedings of the Royal Society of London Series A, 257 (1289): 224 - 249, September 1960.

[132] R. A. Cook. The long - term behavior of near - circular orbits in a zonal gravity field (AAS 91 - 463). In B. Kaufman, K. T. Alfriend, R. L. Roehrich and R. R. Dasenbrock, editors, Astrodynamics 1991, P. O. Box 28130, San Diego, California 92198, volume 76 of Advances in the Astronautical Sciences, pages 2205 - 2221. American Astronautical Society, Univelt, Inc., 1992.

[133] V. T. Coppola and J. F. Palacián. Elimination of the latitude in artificial satellite theory. The Journal of the Astronautical Sciences, 42: 27 - 34, January 1994.

[134] R. Cushman. Geometry of the Bifurcations of the Normalized Reduced Henon - Heiles Family. Proceedings of the Royal Society of London Series A, 382: 361 - 371, August 1982.

[135] R. Cushman. Reduction, Brouwer's Hamiltonian, and the critical inclination. Celestial Mechanics, 31 (4): 401 - 429, December 1983.

[136] R. Cushman and D. L. Rod. Reduction of the semisimple 1 : 1 resonance. Physica D Nonlinear Phenomena, 6 (1): 105 - 112, October 1982.

[137] E. Cutting, J. C. Frautnick, and G. H. Born. Orbit analysis for Seasat - A. The Journal of the Astronautical Sciences, 26: 315 - 342, December 1978.

[138] J. M. A. Danby. Motion of a Satellite of a Very Oblate Planet. The Astronomical Journal, 73 (10): 1031 - 1038, December 1968.

[139] J. M. A. Danby. Fundamentals of Celestial Mechanics. Willmann - Bell, Richmond VA, 2nd edition, 1992.

[140] J. M. A. Danby, A. Deprit, and A. R. M. Rom. The Symbolic Manipulation of Poisson Series. Mathematical Note No. 432 D1 - 82 - 0481, Boeing Scientific Research Laboratories, Seattle, Washington, 1965.

[141] Z. Dang, J. Luo, P. Shi, and H. Zhang. General Characteristics of the Motion on J_2 - Perturbed Equatorial Orbits. Journal of Guidance Control Dynamics, 42 (10): 2319 - 2324, October 2019.

[142] J. Daquin, I. Gkolias, and A. J. Rosengren. Drift and Its Mediation in Terrestrial Orbits. Frontiers in Applied Mathematics and Statistics, 4 (35): 1 - 17, 2018.

[143] V. Dehant, O. de Viron, O. Karatekin, and T. van Hoolst. Excitation of Mars polar motion. Astronomy & Astrophysics, 446 (1): 345 - 355, 2006.

[144] C. E. Delaunay. La Théorie du Mouvement de la Lune, Premier volume, volume 28 of Mémoires de l'Academie des Sciences de l'Institut Impérial de France. Mallet - Bachellier, Paris, 1860.

[145] F. Deleflie, P. Legendre, P. Exertier, and F. Barlier. Long term evolution of the Galileo constellation due to gravitational forces. Advances in Space Research, 36: 402 - 411, 2005.

[146] F. Deleflie, A. Rossi, C. Portmann, G. Métris, and F. Barlier. Semi - analytical investigations of the long term evolution of the eccentricity of Galileo and GPS - like orbits. Advances in Space Research, 47 (5): 811 - 821, March 2011.

[147] M. Delgado. Classroom Note: The Lagrange - Charpit Method. SIAM Review, 39 (2): 298 - 304, January 1997.

[148] F. Delhaise. Analytical treatment of air drag and earth oblateness effects upon an artificial satellite. Celestial Mechanics and Dynamical Astronomy, 52: 85 - 103, March 1991.

[149] F. Delhaise and J. Henrard. The problem of critical inclination combined with a resonance in mean motion in artificial satellite theory. Celestial Mechanics and Dynamical Astronomy, 55: 261 - 280, March 1993.

[150] A. Deprit. Free Rotation of a Rigid Body Studied in the Phase Space. American Journal of Physics, 35: 424 - 428, 1967.

[151] A. Deprit. Canonical transformations depending on a small parameter. Celestial Mechanics, 1 (1): 12 - 30, 1969.

[152] A. Deprit. Ideal elements for perturbed Keplerian motions. Journal of Research of the National Bureau of Standards, 79: 1 - 15, 1975.

[153] A. Deprit. Celestial Mechanics: Never Say No To A Computer. Journal of Guidance Control Dynamics, 4 (5): 577 - 581, September 1981.

[154] A. Deprit. The elimination of the parallax in satellite theory. Celestial Mechanics, 24 (2): 111 - 153, 1981.

[155] A. Deprit. The Main Problem in the Theory of Artificial Satellites to Order Four. Journal of Guidance Control Dynamics, 4 (2): 201 - 206, March 1981.

[156] A. Deprit. Delaunay normalisations. Celestial Mechanics, 26: 9 - 21, January 1982.

[157] A. Deprit. Elimination of the nodes in problems of N bodies. Celestial Mechanics, 30: 181 - 195, June 1983.

[158] A. Deprit. The reduction to the rotation for planar perturbed Keplerian systems. Celestial Mechanics, 29: 229 - 247, March 1983.

[159] A. Deprit. Dynamics of orbiting dust under radiation pressure. In A. Berger, editor, The Big - Bang and Georges Lemaître, pages 151 - 180. Springer, Dordrecht, 1984.

[160] A. Deprit. The Lissajous transformation. I - Basics. Celestial Mechanics and Dynamical Astronomy, 51: 201 - 225, 1991.

[161] A. Deprit and A. Delie. Trojan orbits. I. d'Alembert Series at L_4. Icarus, 4: 242 - 266, July 1965.

[162] A. Deprit and E. Deprit. Massively Parallel Symbolic Computation. In Proceedings of the ACM - SIGSAM 1989 International Symposium on Symbolic and Algebraic Computation, ISSAC '89, pages 308 - 316. ACM, New York, NY, USA, 1989.

[163] A. Deprit and A. Elipe. The Lissajous transformation. II - Normalization. Celestial Mechanics and Dynamical Astronomy, 51: 227 - 250, September 1991.

[164] A. Deprit and A. Elipe. Complete reduction of the Euler - Poinsot problem. The Journal of the Astronautical Sciences, 41: 603 - 628, October 1993.

[165] A. Deprit and S. Ferrer. Note on Cid's Radial Intermediary and the Method of Averaging. Celestial Mechanics, 40 (3 - 4): 335 - 343, 1987.

[166] A. Deprit and S. Ferrer. Simplifications in the theory of artificial satellites. The Journal of the Astronautical Sciences, 37 (4): 451 - 463, December 1989.

[167] A. Deprit and B. Miller. Simplify or Perish. Celestial Mechanics, 45: 189 - 200, 1989.

[168] A. Deprit and B. R. Miller. Normalization in the Face of Integrability. Annals of the New York Academy of Sciences, 536 (1): 101 - 126, August 1988.

[169] A. Deprit, J. F. Palacián, and E. Deprit. The Relegation Algorithm. Celestial Mechanics and Dynamical Astronomy, 79 (3): 157 - 182, 2001.

[170] A. Deprit and D. L. Richardson. Comments on Aksnes' intermediary. Celestial Mechanics, 28 (3): 253 - 273, 1982.

[171] A. Deprit and A. Rom. The Main Problem of Artificial Satellite Theory for Small and Moderate Eccentricities. Celestial Mechanics, 2 (2): 166 - 206, June 1970.

[172] A. Deprit and A. R. M. Rom. Computerized Expansions in Elliptic Motion. Mathematical Note No. 504 D1 - 82 - 0601, Boeing Scientific Research Laboratories, Seattle, Washington, 1965.

[173] A. Deprit and A. R. M. Rom. Lindstedt's Series on a Computer. The Astronomical Journal, 73: 210 - 213, April 1968.

[174] E. Deprit and A. Deprit. Poincaré's méthode nouvelle by skew composition. Celestial Mechanics and Dynamical Astronomy, 74 (3): 175 - 197, July 1999.

[175] NIST Digital Library of Mathematical Functions. http: //dlmf. nist. gov/, Release 1. 0. 27 of 2020 - 06 - 15. F. W. J. Olver, A. B. Olde Daalhuis, D. W. Lozier, B. I. Schneider, R. F. Boisvert, C. W. Clark, B. R. Miller, B. V. Saunders, H. S. Cohl, and M. A. McClain, eds.

[176] E. J. Doedel, R. C. Paffenroth, H. B. Keller, D. J. Dichmann, J. Galán - Vioque, and A. Vanderbauwhede. Computation of Periodic Solutions of Conservative Systems with Application to the 3 - Body

Problem. International Journal of Bifurcation and Chaos, 13: 1353 - 1381, June 2003.

[177] A. J. Dragt. Lie Methods for Nonlinear Dynamics with Applications to Accelerator Physics. University of Maryland: http: //www. physics. umd. edu/dsat/, 2019. Accessed: 2020 - 11 - 21.

[178] A. J. Dragt and J. M. Finn. Lie series and invariant functions for analytic symplectic maps. Journal of Mathematical Physics, 17: 2215 - 2227, December 1976.

[179] G. Duffing. Erzwungene Schwingungen bei veränderlicher Eigenfrequenz und ihre technische Bedeutung, volume 41/42 of Sammlung Vieweg. F. Vieweg & sohn, Braunschweig, 1918. In German.

[180] P. Dunn. Geopotential resonance in a Landsat orbit. Bulletin Geodesique, 55 (2): 143 - 158, June 1981.

[181] M. C. Eckstein and F. Hechler. A reliable derivation of the perturbations due to any zonal and tesseral harmonics of the geopotential for nearly - circular satellite orbits. Scientific Report ESRO SR - 13, European Space Research Organisation, Darmstadt, Federal Republic of Germany, June 1970.

[182] M. C. Eckstein, Y. Y. Shi, and J. Kevorkian. Satellite motion for arbitrary eccentricity and inclination around the smaller primary in the restricted three - body problem. The Astronomical Journal, 71: 248 - 263, May 1966.

[183] T. A. Ely. Eccentricity Impact on East - West Stationkeeping for Global Positioning System Class Orbits. Journal of Guidance Control Dynamics, 25: 352 - 357, March 2002.

[184] T. A. Ely. Mean Element Propagations Using Numerical Averaging. The Journal of the Astronautical Sciences, 61 (3): 275 - 304, September 2014.

[185] T. A. Ely. Transforming Mean and Osculating Elements Using Numerical Methods. The Journal of the Astronautical Sciences, 62 (1): 21 - 43, March 2015.

[186] T. A. Ely and K. C. Howell. Long - term evolution of artificial satellite orbits due to resonant tesseral harmonics. The Journal of the Astronautical Sciences, 44: 167 - 190, April 1996.

[187] T. A. Ely and K. C. Howell. Dynamics of artificial satellite orbits with tesseral resonances including the effects of luni - solar perturbations. Dynamics and Stability of Systems, 12 (4): 243 - 269, 1997.

[188] T. A. Ely and K. C. Howell. East - west stationkeeping of satellite orbits with resonant tesseral harmonics. Acta Astronautica, 46: 1 - 15, February 2000.

[189] D. Eui Chang and J. E. Marsden. Geometric Derivation of the Delaunay Variables and Geometric Phases. Celestial Mechanics and Dynamical Astronomy, 86 (2): 185 - 208, June 2003.

[190] R. W. Farquhar. The control and use of libration - point satellites. Technical Report R - 346, Goddard Space Flight Center, Greenbelt, Maryland September 1970.

[191] R. W. Farquhar and A. A. Kamel. Quasi - Periodic Orbits about the Translunar Libration Point. Celestial Mechanics, 7: 458 - 473, June 1973.

[192] F. Fassò. Superintegrable hamiltonian systems: Geometry and perturbations. Acta Applicandae Mathematica, 87 (1): 93 - 121, May 2005.

[193] J. M. Ferrandiz. Linearization in special cases of perturbed Keplerian motions. Celestial Mechanics, 39: 23 - 31, May 1986.

[194] J. M. Ferrándiz and L. Floría. Towards a systematic definition of intermediaries in the theory of artificial satellites. Bulletin of the Astronomical Institutes of Czechoslovakia, 42: 401 - 407,

November 1991.

[195] S. Ferraz Mello. Analytical Study of the Earth's Shadowing Effects on Satellite Orbits. Celestial Mechanics, 5: 80 - 101, January 1972.

[196] S. Ferraz - Mello. Elimination of secular terms generated by the coupling of perturbations. Celestial Mechanics, 25: 293 - 296, November 1981.

[197] S. Ferraz - Mello. Do Average Hamiltonians Exist? Celestial Mechanics and Dynamical Astronomy, 73: 243 - 248, January 1999.

[198] S. Ferraz - Mello. Canonical Perturbation Theories - Degenerate Systems and Resonance, volume 345 of Astrophysics and Space Science Library. Springer, New York, January 2007.

[199] S. Ferrer and M. Lara. Families of Canonical Transformations by Hamilton - Jacobi - Poincaré Equation. Application to Rotational and Orbital Motion. Journal of Geometric Mechanics, 2 (3): 223 - 241, 2010.

[200] S. Ferrer and M. Lara. Integration of the Rotation of an Earth - like Body as a Perturbed Spherical Rotor. The Astronomical Journal, 139 (5): 1899 - 1908, 2010.

[201] S. Ferrer, M. Lara, J. F. Palacián, J. F. San Juan, A. Viartola, and P. Yanguas. The Hénon and Heiles Problem in Three Dimensions: I. Periodic Orbits Near the Origin. International Journal of Bifurcation and Chaos, 8: 1199 - 1213, June 1998.

[202] S. Ferrer and B. R. Miller. Coordinates for Perturbed Keplerian Systems with Axial Symmetry. Celestial Mechanics and Dynamical Astronomy, 53 (1): 3 - 10, March 1992.

[203] M. P. Francis, G. S. Gedeon, and B. C. Douglas. Perturbations of repeating groundtrack satellites by tesseral harmonics in the gravitational potential. AIAA Journal, 4: 1281 - 1286, July 1966.

[204] L. Froideval and B. Schutz. Long arc analysis of GPS orbits (AAS 06 - 142). In S. R. Vadali, L. A. Cangahuala, P. W. Schumacher Jr. and J. J. Guzman, editors, Spaceflight Mechanics 2006, P. O. Box 28130, San Diego, California 92198, volume 124 of Advances in the Astronautical Sciences, pages 653 - 664. American Astronautical Society, Univelt, Inc. , 2006.

[205] C. de la Fuente Marcos and R. de la Fuente Marcos. Asteroid 2014 OL_{339}: yet another Earth quasi - satellite. Monthly Notices of the Royal Astronomical Society, 445: 2985 - 2994, December 2014.

[206] T. Fukushima. New Canonical Variables for Orbital and Rotational Motions. In H. Kinoshita and H. Nakai, editors, 25th Symposium on Celestial Mechanics, pages 100 - 122, 1992.

[207] T. Fukushima. New canonical variables for orbital and rotational motions. Celestial Mechanics and Dynamical Astronomy, 60: 57 - 68, September 1994.

[208] T. Fukushima. Efficient integration of torque - free rotation by energy scaling method. In A. Brzeziński, N. Capitaine and B. Kolaczek, editors, Proceedings of the Journées Systèmes de Référence Spatio - Temporels 2005, pages 101 - 104. Space Research Centre PAS, Warsaw, Poland, October 2006.

[209] L. P. Fulcher and B. F. Davis. Theoretical and experimental study of the motion of the simple pendulum. American Journal of Physics, 44: 51 - 55, January 1976.

[210] F. Gachet, A. Celletti, G. Pucacco, and C. Efthymiopoulos. Geostationary secular dynamics revisited: application to high area - to - mass ratio objects. Celestial Mechanics and Dynamical Astronomy, 128: 149 - 181, June 2017.

[211] G. Gaias, J. - S. Ardaens, and O. Montenbruck. Model of J_2 perturbed satellite relative motion with time - varying differential drag. Celestial Mechanics and Dynamical Astronomy, 123: 411 - 433, December 2015.

[212] G. Gaias, C. Colombo, and M. Lara. Analytical Framework for Precise Relative Motion in Low Earth Orbits. Journal of Guidance Control Dynamics, 43 (5): 915 - 927, March 2020.

[213] G. Gaias, M. Lara, and C. Colombo. Accurate Osculating/Mean Orbital Elements Conversions for Spaceborne Formation Flying. In Proceedings of the 27th International Symposium on Space Flight Dynamics, Melbourne, Australia, pages 1 - 14. ISSFD, February 2019.

[214] E. M. Gaposchkin. Calculation of satellite drag coefficients. NASA STI/Recon Technical Report N, MIT Lincoln Laboratory, Lexinton, Massachusetts July 1994.

[215] D. García Yárnoz, D. J. Scheeres, and C. R. McInnes. On the "a" and "g" families of orbits in the Hill problem with solar radiation pressure and their application to asteroid orbiters. Celestial Mechanics and Dynamical Astronomy, 121: 365 - 384, April 2015.

[216] B. Garfinkel. On the motion of a satellite of an oblate planet. The Astronomical Journal, 63 (1257): 88 - 96, March 1958.

[217] B. Garfinkel. The orbit of a satellite of an oblate planet. The Astronomical Journal, 64 (9): 353 - 367, November 1959.

[218] B. Garfinkel. On the motion of a satellite in the vicinity of the critical inclination. The Astronomical Journal, 65: 624 - 627, December 1960.

[219] B. Garfinkel. An improved theory of motion of an artificial satellite. The Astronomical Journal, 69 (3): 223 - 229, April 1964.

[220] B. Garfinkel. Tesseral harmonic perturbations of an artificial satellite. The Astronomical Journal, 70: 784 - 786, December 1965.

[221] B. Garfinkel. The disturbing function for an artificial satellite. The Astronomical Journal, 70: 699 - 704, November 1965.

[222] B. Garfinkel. Formal solution in the problem of small divisors. The Astronomical Journal, 71 (8): 657 - 669, October 1966.

[223] B. Garfinkel. A Theory of Libration. Celestial Mechanics, 13 (2): 229 - 246, March 1976.

[224] B. Garfinkel. Comments on 'About an unsuspected integrable problem' by F. Mignard and M. Henon. Celestial Mechanics, 35 (4): 343 - 344, April 1985.

[225] B. Garfinkel and K. Aksnes. Spherical Coordinate Intermediaries for an Artificial Satellite. The Astronomical Journal, 75 (1): 85 - 91, February 1970.

[226] R. L. Garwin. Solar sailing: a practical method of propulsion within the Solar System. Jet Propulsion, 28: 188 - 190, 1958.

[227] C. F. Gauss. Theoria Motus Corporum Coelestium in Sectionibus Conicis Solem Ambientiun. Frid. Perthes et I. H. Besser, Hamburg, 1809. Reprint: Cambridge University Press, 2001. English translation by C. H. Davis, Boston, 1857, reprinted by Dover Publications, 1963.

[228] G. S. Gedeon. Tesseral Resonance Effects on Satellite Orbits. Celestial Mechanics, 1: 167 - 189, June 1969.

[229] G. E. O. Giacaglia. The influence of high - order zonal harmonics on the motion of an artificial satellite

without drag. The Astronomical Journal, 69: 303 - 308, May 1964.

[230] G. E. O. Giacaglia. Lunar Perturbations of Artificial Satellites of the Earth. Celestial Mechanics, 9: 239 - 267, April 1974.

[231] G. E. O. Giacaglia. A note on Hansen's coefficients in satellite theory. Celestial Mechanics, 14: 515 - 523, December 1976.

[232] G. E. O. Giacaglia. A note on the inclination functions of satellite theory. Celestial Mechanics, 13: 503 - 509, June 1976.

[233] G. E. O. Giacaglia. Transformations of spherical harmonics and applications to geodesy and satellite theory. Studia Geophysica et Geodaetica, 24: 1 - 11, March 1980.

[234] G. E. O. Giacaglia. Hansen Coefficients and Generalized Spherical Harmonics. Publications of the Astronomical Society of Japan, 39: 171 - 178, 1987.

[235] P. J. S. Gil and J. Schwartz. Simulations of Quasi - Satellite Orbits Around Phobos. Journal of Guidance Control Dynamics, 33: 901 - 914, May 2010.

[236] A. Giorgilli. A computer program for integrals of motion. Computer Physics Communications, 16: 331 - 343, 1979.

[237] A. Giorgilli, A. Delshams, E. Fontich, L. Galgani, and C. Simó. Effective stability for a Hamiltonian system near an elliptic equilibrium point, with an application to the restricted three body problem. Journal of Differential Equations, 77: 167 - 198, 1989.

[238] A. Giorgilli and L. Galgani. Formal integrals for an autonomous Hamiltonian system near an equilibrium point. Celestial Mechanics, 17: 267 - 280, April 1978.

[239] A. Giorgilli and L. Galgani. Rigorous estimates for the series expansions of Hamiltonian perturbation theory. Celestial Mechanics, 37: 95 - 112, 1985.

[240] I. Gkolias, J. Daquin, F. Gachet, and A. J. Rosengren. From Order to Chaos in Earth Satellite Orbits. The Astronomical Journal, 152 (5): 119, November 2016.

[241] H. Goldstein. Prehistory of the "Runge - Lenz" vector. American Journal of Physics, 43 (8): 737 - 738, August 1975.

[242] H. Goldstein. More on the prehistory of the Laplace or Runge - Lenz vector. American Journal of Physics, 44 (11): 1123 - 1124, November 1976.

[243] H. Goldstein, C. P. Poole, and J. L. Safko. Classical Mechanics. Addison - Wesley, New York, 3rd edition, 2001.

[244] A. R. Golikov. THEONA—a numerical - analytical theory of motion of artificial satellites of celestial bodies. Cosmic Research, 50 (6): 449 - 458, November 2012.

[245] V. V. Golubev. Lectures on Integration of the Equations of Motion of a Rigid Body about a Fixed Point. Israel Program for Scientific Translations. S. Monson, Jerusalem, 1960.

[246] G. Gómez, A. Jorba, J. Masdemont, and C. Simó. Study Refinement of Semi - Analytical Halo Orbit Theory. Technical Report Contract 8625/89/D/MD (SC), European Space Operations Center, Robert - Bosch - Strasse 5, 64293 Darmstadt, Germany, 1991.

[247] G. Gómez, M. Lara, and R. Russell. A dynamical systems approach to the design of the science orbit around Europa. In Paper ISTS 2006 - d - 02, 19th International Symposium on Space Flight Dynamics, Kanazawa, Japan, June 4 - 11, 2006, pages 1 - 6. ISSFD, February 2006.

[248] G. Gómez, J. Llibre, R. Martínez, and C. Simó. Dynamics and Mission Design Near Libration Points. Vol. Ⅰ Fundamentals: The Case of Collinear Libration Points, volume 2 of World Scientific Monograph Series in Mathematics. World Scientific, Singapore, 2001.

[249] G. Gómez, M. W. Lo, and J. J. Masdemont. Libration Point Orbits and Applications. World Scientific Publishing Co. Pte. Ltd. , 5 Toh Tuck Link, Singapore 596224, 2003.

[250] G. Gómez, M. Marcote, and J. M. Mondelo. The invariant manifold structure of the spatial Hill's problem. Dynamical Systems, 20 (1): 115 - 147, 2005.

[251] R. H. Gooding and C. A. Wagner. On the inclination functions and a rapid stable procedure for their evaluation together with derivatives. Celestial Mechanics and Dynamical Astronomy, 101: 247 - 272, July 2008.

[252] R. A. Gordon, G. D. Mistretta, and J. S. Watson. A Comparison of Classical Analytic Theories for the Motion of Artificial Satellites. Journal of Guidance Control Dynamics, 2 (3): 184 - 189, May 1979.

[253] A. J. Green. Orbit determination and prediction processes for low altitude satellites. PhD thesis, Dept. of Aeronautics and Astronautics, Massachusetts Institute of Technology, 77 Massachusetts Ave, Cambridge, MA February 1980.

[254] W. Gröbner. Die Lie - Reihen und Ihre Anwendungen, volume 3 of Mathematische Monographien. Deutscher Verlag der Wissenschaften, Berlin, 1960.

[255] J. Guckenheimer and P. J. Holmes. Nonlinear Oscillations, Dynamical Systems, and Bifurcations of Vector Fields, volume 42 of Applied Mathematical Sciences. Springer - Verlag, New York, 1983.

[256] J. R. Guinn. Periodic gravitational perturbations for conversion between osculating and mean orbit elements (AAS 91 - 430) . In B. Kaufman, K. T. Alfriend, R. L. Roehrich and R. R. Dasenbrock, editors, AAS/AIAA Astrodynamics Conference 1991, P. O. Box 28130, San Diego, California 92198, volume 76 of Advances in the Astronautical Sciences, pages 1 - 25. American Astronautical Society, Univelt, Inc. , 1991.

[257] P. Gurfil and N. J. Kasdin. Canonical modelling of coorbital motion in Hill's problem using epicyclic orbital elements. Astronomy and Astrophysics, 409: 1135 - 1140, October 2003.

[258] P. Gurfil and M. Lara. Motion near frozen orbits as a means for mitigating satellite relative drift. Celestial Mechanics and Dynamical Astronomy, 116 (3): 213 - 227, July 2013.

[259] P. Gurfil and M. Lara. Satellite onboard orbit propagation using Deprit's radial intermediary. Celestial Mechanics and Dynamical Astronomy, 120 (2): 217 - 232, October 2014.

[260] M. C. Gutzwiller. Moon - Earth - Sun: The oldest three - body problem. Reviews of Modern Physics, 70 (2): 589 - 639, April 1998.

[261] Y. Hagihara. Libration of an Earth Satellite with Critical Inclination. Smithsonian Contributions to Astrophysics, 5 (5): 39 - 51, 1961.

[262] D. P. Hamilton and A. V. Krivov. Circumplanetary Dust Dynamics: Effects of Solar Gravity, Radiation Pressure, Planetary Oblateness, and Electromagnetism. Icarus, 123 (2): 503 - 523, October 1996.

[263] P. A. Hansen. Expansions of the product of a power of the radius vector with the sinus or cosinus of a multiple of the true anomaly in terms of series containing the sinuses or cosinuses of the multiples of the true, eccentric or mean anomaly. Abhandlungen der Koniglich Sachsischen Gesellschaft der

Wissenschaften, 2 (3): 183 - 281, 1855. English translation by J. C. Van der Ha, ESA/ESOC, Darmstadt, Germany, 1977.

[264] R. S. Harrington. Dynamical evolution of triple stars. Astronomical Journal, 73: 190 - 194, April 1968.

[265] I. Harris and W. Priester. Theoretical Models for the Solar - Cycle Variation of the Upper Atmosphere. Journal of Geophysical Research, 67 (12): 4585 - 4591, November 1962.

[266] I. Harris and W. Priester. Time - Dependent Structure of the Upper Atmosphere. Journal of Atmospheric Sciences, 19: 286 - 301, July 1962.

[267] D. Hautesserres. Extrapolation long terme de l'orbite du satellite SimbolX par la methode de Gragg - Bulirsch - Stoer (GBS) . Technical Report DCT/SB/OR/2009 - 2474, Centre National d'Études Spatiales, 18, avenue Edouard Belin - 31401 Toulouse Cedex 9, France, January 2009.

[268] D. Hautesserres and M. Lara. A fast and efficient algorithm for onboard LEO intermediary propagation. In Proceedings of the 6th International Conference on Astrodynamics Tools and Techniques, ICATT ESA, 2016.

[269] D. Hautesserres and M. Lara. Intermediary LEO propagation including higher order zonal harmonics. Celestial Mechanics and Dynamical Astronomy, 127: 505 - 526, April 2017.

[270] L. Healy and E. Deprit. Paint by number: Uncovering phase flows of an integrable dynamical system. Computers in Physics, 5 (5): 491 - 496, 1991.

[271] L. M. Healy. The Main Problem in Satellite Theory Revisited. Celestial Mechanics and Dynamical Astronomy, 76 (2): 79 - 120, 2000.

[272] L. M. Healy and J. J. Travisano. Automatic rendering of astrodynamics expressions for efficient evaluation. Journal of the Astronautical Sciences, 46 (1): 65 - 81, 1998.

[273] M. Hénon. Exploration numérique du problème restreint. Ⅰ. Masses égales , orbites périodiques. Annales d'Astrophysique, February 28: 499 - 511, 1965.

[274] M. Hénon. Exploration numérique du problème restreint. Ⅱ. Masses égales, stabilité des orbites périodiques. Annales d'Astrophysique, 28: 992 - 1007, February 1965.

[275] M. Hénon. Numerical Exploration of the Restricted Problem, Ⅴ. Hill's Case: Periodic Orbits and their Stability. Astronomy and Astrophysics, 1: 223 - 238, February 1969.

[276] M. Hénon. Numerical exploration of the restricted problem. Ⅵ. Hill's case: Non - periodic orbits. Astronomy and Astrophysics, 9: 24 - 36, November 1970.

[277] M. Hénon. Vertical Stability of Periodic Orbits in the Restricted Problem. Ⅱ. Hill's Case. Astronomy and Astrophysics, 30: 317 - 321, January 1974.

[278] M. Hénon. Generating Families in the Restricted Three - Body Problem, volume 52 of Lecture Notes in Physics Monographs. Springer - Verlag, Berlin, Heidelberg, 1st edition, 1997.

[279] M. Hénon. New Families of Periodic Orbits in Hill's Problem of Three Bodies. Celestial Mechanics and Dynamical Astronomy, 85: 223 - 246, March 2003.

[280] M. Hénon and C. Heiles. The applicability of the third integral of motion: Some numerical experiments. The Astronomical Journal, 69: 73 - 79, February 1964.

[281] M. Hénon and J. - M. Petit. Series expansion for encounter - type solutions of Hill's problem. Celestial Mechanics, 38: 67 - 100, January 1986.

[282] J. Henrard. On a perturbation theory using Lie transforms. Celestial Mechanics, 3: 107 - 120, March 1970.

[283] J. Henrard. Periodic Orbits Emanating from a Resonant Equilibrium. Celestial Mechanics, 1: 437 - 466, September 1970.

[284] J. Henrard. Virtual singularities in the artificial satellite theory. Celestial Mechanics, 10 (4): 437 - 449, December 1974.

[285] J. Henrard. Analytical drag theory of an artificial satellite with small eccentricity In K. B. Bhatnagar, editor, Space Dynamics and Celestial Mechanics. Proceedings of the International Workshop held in Delhi, India, 14 - 16 November 1985, volume 127 of Astrophysics and Space Science Library, pages 261 - 272. D. Reidel Publishing Company, P. O. Box 17, 3300 AA Dordrecht, Holland, 1986.

[286] J. Henrard. A survey of Poisson series processors. Celestial Mechanics, 45: 245 - 253, March 1988.

[287] J. Henrard and M. Moons. Hamiltonian Theory of the Libration of the Moon. In V. G. Szebehely, editor, Dynamics of planets and satellites and theories of their motion, volume 72 of Astrophysics and Space Science Library, pages 125 - 135. Proceedings of the International Astronomical Union colloquium no. 41. D. Reidel Publishing Company, Dordrecht: Holland/Boston: U. S. A. , 1978.

[288] J. Henrard and J. Roels. Equivalence for Lie Transforms. Celestial Mechanics, 10: 497 - 512, December 1974.

[289] P. Herget and P. Musen. The calculation of literal expansions. The Astronomical Journal, 64: 11 - 19, February 1959.

[290] S. Herrick. A modification of the "Variation of Constants" method for special perturbations. Publications of the Astronomical Society of the Pacific, 60: 321 - 323, October 1948.

[291] S. Herrick. Icarus and the variation of parameters. The Astronomical Journal, 58: 156 - 164, August 1953.

[292] G. W. Hill. Researches in the Lunar Theory. American Journal of Mathematics, 1: 5 - 26, 1878.

[293] G. W. Hill. Motion of a system of material points under the action of gravitation. The Astronomical Journal, 27: 171 - 182, April 1913.

[294] G. Hintz. Survey of Orbit Element Sets. Journal of Guidance, Control, and Dynamics, 31 (3): 785 - 790, May - June 2008.

[295] D. L. Hitzl and J. V. Breakwell. Resonant and non - resonant gravity - gradient perturbations of a tumbling tri - axial satellite. Celestial Mechanics, 3: 346 - 383, September 1971.

[296] F. R. Hoots. Reformulation of the Brouwer geopotential theory for improved computational efficiency. Celestial Mechanics, 24 (2): 367 - 375, August 1981.

[297] F. R. Hoots and R. G. France. An analytic satellite theory using gravity and a dynamic atmosphere. Celestial Mechanics, 40: 1 - 18, 1987.

[298] F. R. Hoots and R. L. Roehrich. Models for Propagation of the NORAD Element Sets. Project SPACETRACK, Rept. 3, U. S. Air Force Aerospace Defense Command, Colorado Springs, CO, December 1980.

[299] F. R. Hoots, P. W. Schumacher Jr. , and R. A. Glover. History of Analytical Orbit Modeling in the U. S. Space Surveillance System. Journal of Guidance, Control, and Dynamics, 27 (5): 174 - 185, March 2004.

[300] H. Hopf. Über die Abbildungen der dreidimensionalen Sphäre auf die Kugelfläche. Mathematische Annalen，104：637－665，1931.

[301] G. －I. Hori. The motion of an artificial satellite in the vicinity of the critical inclination. The Astronomical Journal，65：291－300，June 1960.

[302] G. －I. Hori. A new approach to the solution of the main problem of the lunar theory. The Astronomical Journal，68：125－146，April 1963.

[303] G. －I. Hori. Theory of General Perturbation with Unspecified Canonical Variables. Publications of the Astronomical Society of Japan，18（4）：287－296，1966.

[304] G. －I. Hori. Theory of General Perturbations for Non－Canonical Systems. Publications of the Astronomical Society of Japan，23：567－587，1971.

[305] M. E. Hough. Sun－synchronous orbits near critical inclination. Celestial Mechanics，25（2）：137－157，October 1981.

[306] S. Hughes. Satellite orbits perturbed by direct solar radiation pressure－General expansion of the disturbing function. Planetary and Space Science，25：809－815，September 1977.

[307] S. Hughes. Earth satellite orbits with resonant lunisolar perturbations. Ⅰ. Resonances dependent only on inclination. Proceedings of the Royal Society of London Series A，372：243－264，August 1749. 1980.

[308] S. Hughes. Earth satellite orbits with resonant lunisolar perturbations. Ⅱ－Some resonances dependent on the semi－major axis，eccentricity and inclination. Proceedings of the Royal Society of London Series A，375：379－396，March 1981.

[309] D. Ineichen，G. Beutler，and U. Hugentobler. Sensitivity of GPS and GLONASS orbits with respect to resonant geopotential parameters. Journal of Geodesy，77（7）：478－486，October 2003.

[310] K. A. Innanen and F. C. House. The Existence of the Third Integral for a Family of High－Velocity Stars. Astrophysics and Space Science，7：139－150，April 1970.

[311] K. A. Innanen，J. Q. Zheng，S. Mikkola，and M. J. Valtonen. The Kozai Mechanism and the Stability of Planetary Orbits in Binary Star Systems. Astronomical Journal，113：1915－1919，May 1997.

[312] M. Irigoyen and C. Simó. Non integrability of the J_2 problem. Celestial Mechanics and Dynamical Astronomy，55（3）：281－287，March 1993.

[313] T. Ito and K. Ohtsuka. The Lidov－Kozai Oscillation and Hugo von Zeipel. Monographs on Environment，Earth and Planets，7（1）：1－113，November 2019.

[314] J. Ivory. On the Figure Requisite to Maintain the Equilibrium of a Homogeneous Fluid Mass That Revolves Upon an Axis. Philosophical Transactions of the Royal Society of London，Series Ⅰ，114：85－150，January 1824.

[315] I. G. Izsak. A Theory of Satellite Motion about an Oblate Planet. Ⅰ. A Second－Order Solution of Vinti's Dynamical Problem. SAO Special Report，52，November 1960. Reprinted in：Smithsonian Contributions to Astrophysics，vol. 6，1963，pp. 81－107.

[316] I. G. Izsak. On the Critical Inclination in Satellite Theory. SAO Special Report，90，March 1962.

[317] I. G. Izsak. A note on perturbation theory. The Astronomical Journal，68（8）：559－561，October 1963.

[318] L. G. Jacchia. Revised Static Models of the Thermosphere and Exosphere with Empirical Temperature

Profiles. SAO Special Report, 332, May 1971.

[319] J. Jackson. Retrograde satellite orbits. Monthly Notices of the Royal Astronomical Society, 74: 62 - 82, December 1913.

[320] C. G. J. Jacobi. Ueber eine besondere Gattung algebraischer Functionen, die aus der Entwicklung der Function $(1-2xz+z^2)^{1/2}$ entstehen. Journal für die reine und angewandte Mathematik (Crelles Journal), 1827 (2): 223 - 226, January 1827.

[321] C. G. J. Jacobi. Sur l'élimination des noeuds dans le problème des trois corps. Astronomische Nachrichten, 20: 81 - 98, December 1842.

[322] C. G. J. Jacobi. Sur la rotation d'un corps. Comptes Rendus de l'Académie des Sciences, 24: 97 - 106, 1849.

[323] W. H. Jefferys. A FORTRAN - based list processor for Poisson series. Celestial Mechanics, 2 (4): 474 - 480, December 1970.

[324] W. H. Jefferys. Automated Closed Form Integration of Formulas in Elliptic Motion. Celestial Mechanics, 3: 390 - 394, September 1971.

[325] W. H. Jefferys. New treatment of the critical argument in resonance problems. The Astronomical Journal, 81: 132 - 134, February 1976.

[326] D. J. Jezewski. A noncanonical analytic solution to the J_2 perturbed two - body problem. Celestial Mechanics, 30 (4): 343 - 361, August 1983.

[327] D. J. Jezewski. An analytic solution for the J_2 perturbed equatorial orbit. Celestial Mechanics, 30 (4): 363 - 371, August 1983.

[328] À. Jorba. A methodology for the numerical computation of normal forms, centre manifolds and first integrals of Hamiltonian systems. Experimental Mathematics, 8 (2): 155 - 195, 1999.

[329] À. Jorba and J. J. Masdemont. Dynamics in the center manifold of the collinear points of the restricted three body problem. Physica D Nonlinear Phenomena, 132: 189 - 213, July 1999.

[330] A. H. Jupp. The problem of the critical inclination revisited. Celestial Mechanics, 11 (3): 361 - 378, May 1975.

[331] A. H. Jupp. The critical inclination problem - 30 years of progress. Celestial Mechanics, 43 (1 - 4): 127 - 138, 1988.

[332] W. Kahan. Lecture Notes on the Status of IEEE Standard 754 for Binary Floating - Point Arithmetic. Technical report, Electrical Engineering and Computer Science, University of California, Berkeley, CA, October 1997.

[333] A. A. Kamel. Perturbation Method in the Theory of Nonlinear Oscillations. Celestial Mechanics, 3: 90 - 106, March 1970.

[334] A. A. Kamel, D. Ekman, and R. Tibbitts. East - West Stationkeeping Requirements of nearly Synchronous Satellites Due to Earth's Triaxiality and Luni - Solar Effects. Celestial Mechanics, 8: 129 - 148, August 1973.

[335] J - P. R. Kaniecki. Short periodic variations in the first - order semianalytical satellite theory. Master thesis, Department of Aeronautics and Astronautics, Massachusetts Institute of Technology, 77 Massachusetts Ave, Cambridge, MA, September 1979.

[336] N. J. Kasdin, P. Gurfil, and E. Kolemen. Canonical Modelling of Relative Spacecraft Motion Via

Epicyclic Orbital Elements. Celestial Mechanics and Dynamical Astronomy, 92: 337 - 370, August 2005.

[337] B. Kaufman. First order semianalytic satellite theory with recovery of the short period terms due to third body and zonal perturbations. Acta Astronautica, 8 (5 - 6): 611 - 623, 1981.

[338] B. Kaufman and R. Dasenbrock. Higher Order Theory for Long - Term Behavior of Earth and Lunar Orbiters. Technical Report AD - 754 738, Naval Research Laboratory, Washington, D. C., Mathematics and Information Sciences Division, December 1972.

[339] W. M. Kaula. Analysis of Gravitational and Geometric Aspects of Geodetic Utilization of Satellites. Geophysical Journal, 5: 104 - 133, July 1961.

[340] W. M. Kaula. Development of the lunar and solar disturbing functions for a close satellite. The Astronomical Journal, 67: 300 - 303, June 1962.

[341] W. M. Kaula. Theory of satellite geodesy. Applications of satellites to geodesy. Blaisdell, Waltham, Massachusetts, 1966. Reprint: Dover, Mineola, New York, 2000.

[342] T. S. Kelly. A note on first - order normalizations of perturbed Keplerian systems. Celestial Mechanics and Dynamical Astronomy, 46: 19 - 25, March 1989.

[343] J. Kevorkian. Uniformly valid asymptotic representation for all times of the motion of a satellite in the vicinity of the smaller body in the restricted three - body problem. The Astronomical Journal, 67: 204 - 211, May 1962.

[344] D. King - Hele. Theory of Satellite Orbits in an Atmosphere. Butterworths Mathematical Texts. Butterworths, London, 1964.

[345] H. Kinoshita. First - Order Perturbations of the Two Finite Body Problem. Publications of the Astronomical Society of Japan, 24: 423 - 457, July 1972.

[346] H. Kinoshita. Third - Order Solution of an Artificial - Satellite Theory. SAO Special Report, 379, July 1977.

[347] H. Kinoshita. Analytical expansions of torque - free motions for short and long axis modes. Celestial Mechanics and Dynamical Astronomy, 53 (4): 365 - 375, December 1992.

[348] H. Kinoshita, G. Hori, and H. Nakai. Modified Jacobi polynomial and its application to expansions of disturbing functions. Annals of the Tokyo Astronomical Observatory, 14: 14 - 35, January 1974.

[349] H. Kinoshita and H. Nakai. Analytical Solution of the Kozai Resonance and its Application. Celestial Mechanics and Dynamical Astronomy, 75 (2): 125 - 147, October 1999.

[350] H. Kinoshita and H. Nakai. General solution of the Kozai mechanism. Celestial Mechanics and Dynamical Astronomy, 98 (1): 67 - 74, May 2007.

[351] Z. Kneževićand A. Milani. Orbit maintenance of a lunar polar orbiter. Planetary and Space Science, 46 (11 - 12): 1605 - 1611, December 1998.

[352] A. Y. Kogan. Distant satellite orbits in the restricted circular three - body problem. Cosmic Research, 26: 705 - 710, May 1989.

[353] N. A. Kolmogorov. On the conservation of quasi - periodic motions for a small change in the Hamiltonian function. Doklady Akademii Nauk SSSR, 98: 527 - 530, 1954. (in Russian).

[354] A. S. Konopliv. A Perturbation Method and Some Applications. Celestial Mechanics and Dynamical Astronomy, 47: 305 - 320, 1990.

[355] A. S. Konopliv. A Third Order of J_2 Solution with a Transformed Time. Interoffice Memorandum IOF 314. 3 - 970, Jet Propulsion Laboratory, 4800 Oak Grove Dr, Pasadena, CA 91109, USA, March 1991.

[356] P. - V. Koseleff. Comparison Between Deprit and Dragt - Finn Perturbation Methods. Celestial Mechanics and Dynamical Astronomy, 58: 17 - 36, January 1994.

[357] J. Kovalevsky. Sur la théorie du mouvement d'un satellite *à* fortes inclinaison et excentricité. In G. I. Kontopoulos, editor, The Theory of Orbits in the Solar System and in Stellar Systems, volume 25 of IAU Symposium, pages 326 - 344, January 1966.

[358] J. Kovalevsky. Introduction to celestial mechanics, volume 7 of Astrophysics and Space Science Library. Springer Netherlands, Dordrecht, Holland, 1967.

[359] Y. Kozai. On the Effects of the Sun and the Moon upon the Motion of a Close Earth Satellite. SAO Special Report, 22, March 1959.

[360] Y. Kozai. The motion of a close earth satellite. The Astronomical Journal, 64: 367 - 377, November 1959.

[361] Y. Kozai. Effects of Solar Radiation Pressure on the Motion of an Artificial Satellite. SAO Special Report, 56: 25 - 34, January 1961.

[362] Y. Kozai. Mean values of cosine functions in elliptic motion. The Astronomical Journal, 67: 311 - 312, June 1962.

[363] Y. Kozai. Second - order solution of artificial satellite theory without air drag. The Astronomical Journal, 67: 446 - 461, September 1962.

[364] Y. Kozai. Secular perturbations of asteroids with high inclination and eccentricity. The Astronomical Journal, 67: 591 - 598, November 1962.

[365] Y. Kozai. Motion of a Lunar Orbiter. Publications of the Astronomical Society of Japan, 15: 301 - 312, 1963.

[366] Y. Kozai. Lunisolar Perturbations with Short Periods. SAO Special Report, 235, December 1966.

[367] Y. Kozai. A New Method to Compute Lunisolar Perturbations in Satellite Motions. SAO Special Report, 349, February 1973.

[368] H. A. Kramers. Über den Einfluß eines elektrischen Feldes auf die Feinstruktur der Wasserstofflinien. Zeitschrift für Physik, 3 (4): 199 - 223, July 1920.

[369] A. V. Krivov and J. Getino. Orbital evolution of high - altitude balloon satellites. Astronomy and Astrophysics, 318: 308 - 314, February 1997.

[370] A. V. Krivov, L. L. Sokolov, and V. V. Dikarev. Dynamics of Mars - Orbitting Dust: Effects of Light Pressure and Planetary Oblateness. Celestial Mechanics and Dynamical Astronomy, 63: 313 - 339, January 1996.

[371] V. W. Kudielka. Balanced Earth Satellite Orbits. Celestial Mechanics and Dynamical Astronomy, 60 (4): 455 - 470, December 1994.

[372] V. W. Kudielka. Equilibria Bifurcations of Satellite Orbits. In R. Dvorak and J. Henrard, editors, The Dynamical Behaviour of our Planetary System, page 243 - 255, 1997.

[373] M. Kummer. On resonant non linearly coupled oscillators with two equal frequencies. Communications in Mathematical Physics, 48: 53 - 79, February 1976. Erratum: Communications in Mathematical

Physics 60: 192, 1978.

[374] A. L. Kutuzov. Application of symbolic computer operations for solving the main problem in the theory of satellite motion. Soviet Astronomy Letters, 1: 42 - 44, February 1975.

[375] P. Lála and L. Sehnal. The Earth's shadowing effects in the short - periodic perturbations of satellite orbits. Bulletin of the Astronomical Institutes of Czechoslovakia, 20: 327 - 330, January 1969.

[376] T. Lam and G. J. Whiffen. Exploration of Distant Retrograde Orbits Around Europa (AAS 05 - 110). In D. A. Vallado, M. J. Gabor and P. N. Desai, editors, AAS/AIAA Spaceflight Mechanics Meeting 2005, P. O. Box 28130, San Diego, California 92198, Jan. 23 - 27, 2005, volume 120 of Advances in the Astronautical Sciences, pages 135 - 153. American Astronautical Society, Univelt, Inc. , 2005.

[377] L. D. Landau and E. M. Lifshitz. Mechanics. Butterworth - Heinemann, Oxford, UK, and Burlington, MA, USA, 3rd edition, 1976.

[378] M. H. Lane. The development of an artificial satellite theory using a power - law atmospheric density representation. In Proceedings of the 2nd Aerospace Sciences Meeting, pages 1 - 16. American Institute of Aeronautics and Astronautics, January 1965.

[379] M. H. Lane and K. Cranford. An improved analytical drag theory for the artificial satellite problem. In AIAA/AAS Astrodynamics Conference, Princeton, New Jersey, pages 1 - 12. American Institute of Aeronautics and Astronautics, USA, August 1989. AIAA Paper No. 69 - 925.

[380] M. H. Lane and F. R. Hoots. General perturbations theories derived from the 1965 Lane drag theory. Special Astrodynamic Report SPACETRACK REPORT NO. 2, Aerospace Defense Command, US Air Force, Peterson AFB, CO, 80914, December 1979.

[381] M. T. Lane. An Analytical Treatment of Resonance Effects on Satellite Orbits. Celestial Mechanics, 42: 3 - 38, March 1987.

[382] M. T. Lane. On Analytic Modeling of Lunar Perturbations of Artificial Satellites of the Earth. Celestial Mechanics and Dynamical Astronomy, 46 (4): 287 - 305, December 1989.

[383] D. Lantukh, R. P. Russell, and S. Broschart. Heliotropic orbits at oblate asteroids: balancing solar radiation pressure and J_2 perturbations. Celestial Mechanics and Dynamical Astronomy, 121: 171 - 190, February 2015.

[384] P. S. Laplace. Traité de Mécanique Céleste, volume 4. Chez Courcier, Paris, 1805. Livre viii, § 37.

[385] M. Lara. On numerical continuation of families of periodic orbits in a parametric potential. Mechanics Research Communications, 23 (3): 291 - 298, 1996.

[386] M. Lara. SADSaM: A Software Assistant for Designing SAtellite Missions. Technical Report DTS/MPI/MS/MN/99 - 053, Centre National d'Études Spatiales, 18, avenue Edouard Belin - 31401 Toulouse Cedex 9, France, May 1999.

[387] M. Lara. Searching for Repeating Ground Track Orbits: A Systematic Approach. The Journal of the Astronautical Sciences, 47 (3 - 4): 177 - 188, 1999.

[388] M. Lara. Repeat Ground Track Orbits of the Earth Tesseral Problem as Bifurcations of the Equatorial Family of Periodic Orbits. Celestial Mechanics and Dynamical Astronomy, 86 (2): 143 - 162, June 2003.

[389] M. Lara. Simplified Equations for Computing Science Orbits Around Planetary Satellites. Journal of Guidance Control Dynamics, 31 (1): 172 - 181, January 2008.

[390] M. Lara. Design of long - lifetime lunar orbits: A hybrid approach. Acta Astronautica, 69 (3 - 4): 186 - 199, August 2011.

[391] M. Lara. Short - axis - mode rotation of a free rigid body by perturbation series. Celestial Mechanics and Dynamical Astronomy, 118 (3): 221 - 234, 2014.

[392] M. Lara. Efficient Formulation of the Periodic Corrections in Brouwer's Gravity Solution. Mathematical Problems in Engineering, 2015: 980652, 2015.

[393] M. Lara. LEO intermediary propagation as a feasible alternative to Brouwer's gravity solution. Advances in Space Research, 56 (3): 367 - 376, August 2015.

[394] M. Lara. On inclination resonances in Artificial Satellite Theory. Acta Astronautica, 110: 239 - 246, May 2015.

[395] M. Lara. Analytical and Semianalytical Propagation of Space Orbits: The Role of Polar - Nodal Variables. In G. Gómez and J. J. Masdemont, editors, Astrodynamics Network AstroNet - Ⅱ: The Final Conference, volume 44 of Astrophysics and Space Science Proceedings, pages 151 - 166. Springer, Cham, 2016.

[396] M. Lara. A Hopf variables view on the libration points dynamics. Celestial Mechanics and Dynamical Astronomy, 129 (3): 285 - 306, November 2017.

[397] M. Lara. Note on the ideal frame formulation. Celestial Mechanics and Dynamical Astronomy, 129: 137 - 151, September 2017.

[398] M. Lara. A fast an efficient algorithm for the computation of distant retrograde orbits. In G. Ortega et al., editors, Proceedings of the 7th International Conference on Astrodynamics Tools and Techniques, ICATT, pages 1 - 10. ESA, November 2018.

[399] M. Lara. Complex variables approach to the short - axis - mode rotation of a rigid body. Applied Mathematics and Nonlinear Sciences, 3 (2): 537 - 552, 2018.

[400] M. Lara. Exploring Sensitivity of Orbital Dynamics with Respect to Model Truncation: The Frozen Orbits Approach. In M. Vasile, E. Minisci, L. Summerer and P. McGinty, editors, Stardust Final Conference, volume 52 of Astrophysics and Space Science Proceedings, pages 69 - 83. Springer, Cham, 2018.

[401] M. Lara. Nonlinear librations of distant retrograde orbits: a perturbative approach—the Hill problem case. Nonlinear Dynamics, 93 (4): 2019 - 2038, April 2018.

[402] M. Lara. A new radial, natural, higher - order intermediary of the main problem four decades after the elimination of the parallax. Celestial Mechanics and Dynamical Astronomy, 131 (9): 42, September 2019.

[403] M. Lara. Design of distant retrograde orbits based on a higher order analytical solution. Acta Astronautica, 161: 562 - 578, August 2019.

[404] M. Lara. Design of quasi - satellite orbits: Analytical alternatives. In Proceedings of the 27th International Symposium on Space Flight Dynamics, Melbourne, Australia, pages 1 - 12. ISSFD, February 2019.

[405] M. Lara. Review of analytical solutions for low earth orbit propagation and study of the precision improvement in the conversion of osculating to mean elements. Technical Report CM 2019/SER0023, Universidad de La Rioja, Logroño, La Rioja, September 2019.

[406] M. Lara. A perturbation solution to Vinti's dynamical problem. Romanian Journal of Technical Sciences - Applied Mechanics, 65 (3): 163 - 180, 2020.

[407] M. Lara. Brouwer's satellite solution redux. arXiv, eprint 2009.10665 [math. DS]: 1 - 20, September 2020.

[408] M. Lara. Solution to the main problem of the artificial satellite by reverse normalization. Nonlinear Dynamics, 101 (2): 1501 - 1524, August 2020.

[409] M. Lara, A. Deprit, and A. Elipe. Numerical Continuation of Families of Frozen Orbits in the Zonal Problem of Artificial Satellite Theory. Celestial Mechanics and Dynamical Astronomy, 62 (2): 167 - 181, 1995.

[410] M. Lara and S. Ferrer. Computing Long Lifetime Orbits for the Europa Observation Mission. In International Symposium on Space Technology and Science, ISTS 2006, P. O. Box 28130, San Diego, California 92198, USA, volume 19 of International Symposium on Space Flight Dynamics, pages 1983 - 2002, 2006. ISTS.

[411] M. Lara and S. Ferrer. Computing long - lifetime science orbits around natural satellites. Discrete and Continuous Dynamical Systems, Series S, 1 (2): 293 - 302, 2008.

[412] M. Lara and S. Ferrer. Closed form perturbation solution of a fast rotating triaxial satellite under gravity - gradient torque. Cosmic Research, 51 (4): 289 - 303, July 2013.

[413] M. Lara and S. Ferrer. Expanding the simple pendulum's rotation solution in action - angle variables. European Journal of Physics, 36 (5): 055040, September 2015.

[414] M. Lara and S. Ferrer. Expanding the simple pendulum's rotation solution in action - angle variables. ArXiv e - prints, eprint 1503.03358 [nlin. SI], March 2015.

[415] M. Lara, T. Fukushima, and S. Ferrer. Ceres' rotation solution under the gravitational torque of the Sun. Monthly Notices of the Royal Astronomical Society, 415 (1): 461 - 469, July 2011.

[416] M. Lara and P. Gurfil. Integrable approximation of J_2 - perturbed relative orbits. Celestial Mechanics and Dynamical Astronomy, 114 (3): 229 - 254, November 2012.

[417] M. Lara, R. López, I. Pérez, and J. F. San - Juan. Exploring the long - term dynamics of perturbed Keplerian motion in high degree potential fields. Communications in Nonlinear Science and Numerical Simulation, 82: 105053, 2020.

[418] M. Lara and J. F. Palacián. Hill Problem Analytical Theory to the Order Four: Application to the Computation of Frozen Orbits around Planetary Satellites. Mathematical Problems in Engineering, 2009 (Article ID, 753653: 1 - 18, 2009.

[419] M. Lara, J. F. Palacián, and R. P. Russell. Mission design through averaging of perturbed Keplerian systems: the paradigm of an Enceladus orbiter. Celestial Mechanics and Dynamical Astronomy, 108 (1): 1 - 22, 2010.

[420] M. Lara, J. F. Palacián, P. Yanguas, and C. Corral. Long - Term Behavior of a Mercury Orbiter Perturbed by the Elliptic Motion of the Sun (AAS 08 - 236) . In J. H. Seago, B. Neta, T. J. Eller andF. J. Pelletier, editors, Spaceflight Mechanics 2008, P. O. Box 28130, San Diego, California 92198, USA, volume 130 of Advances in the Astronautical Sciences, pages 1937 - 1951. American Astronautical Society, Univelt, Inc. , 2008.

[421] M. Lara, J. F. Palacián, P. Yanguas, and C. Corral. Analytical theory for spacecraft motion about

Mercury. Acta Astronautica, 66 (7-8): 1022-1038, April 2010.

[422] M. Lara and J. Peláez. On the numerical continuation of periodic orbits. An intrinsic, 3-dimensional, differential, predictor-corrector algorithm. Astronomy and Astrophysics, 389: 692-701, July 2002.

[423] M. Lara, J. Peláez, and H. Urrutxua. Modifying the atlas of low lunar orbits using inert tethers. Acta Astronautica, 79: 52-60, October 2012.

[424] M. Lara, I. Pérez, and R. López. Higher Order Approximation to the Hill Problem Dynamics about the Libration Points. Communications in Nonlinear Science and Numerical Simulation, 59: 612-628, June 2018.

[425] M. Lara, A. J. Rosengren, and E. Fantino. Non-singular recursion formulas for third-body perturbations in mean vectorial elements. Astronomy and Astrophysics, 634: A61, February 2020.

[426] M. Lara and R. P. Russell. On the family "g" of the restricted three-body problem. Monografías de la Real Academia de Ciencias de Zaragoza, 30: 51-66, 2006.

[427] M. Lara and R. P. Russell. Computation of a Science Orbit About Europa. Journal of Guidance, Control, and Dynamics, 30 (1): 259-263, 2007.

[428] M. Lara and R. P. Russell. Fast Design of Repeat Ground Track Orbits in High-Fidelity Geopotentials. The Journal of the Astronautical Sciences, 56 (3): 311-324, 2008.

[429] M. Lara, R. P. Russell, and B. F. Villac. Classification of the Distant Stability Regions at Europa. Journal of Guidance Control Dynamics, 30: 409-418, March 2007.

[430] M. Lara, R. P. Russell, and B. F. Villac. Fast estimation of stable regions in real models. Meccanica, 42 (5): 511-515, October 2007.

[431] M. Lara, B. de Saedeleer, and S. Ferrer. Preliminary design of low lunar orbits. In Proceedings of the 21st International Symposium on Space Flight Dynamics, Toulouse, France, pages 1-15. ISSFD, October 2009.

[432] M. Lara and J. F. San-Juan. Dynamic Behavior of an Orbiter Around Europa. Journal of Guidance, Control and Dynamics, 28 (2): 291-297, March-April 2005.

[433] M. Lara, J. F. San-Juan, and S. Ferrer. Secular motion around synchronously orbiting planetary satellites. Chaos: An Interdisciplinary Journal of Nonlinear Science, 15 (4): 043101, 2005.

[434] M. Lara, J. F. San-Juan, Z. J. Folcik, and P. J. Cefola. Deep Resonant GPS-Dynamics Due to the Geopotential. The Journal of the Astronautical Sciences, 58 (4): 661-676, October 2011.

[435] M. Lara, J. F. San-Juan, and D. Hautesserres. Semi-analytical propagator of high eccentricity orbits. Technical Report R-S15/BS-0005-024, Centre National d'Études Spatiales, 18, avenue Edouard Belin-31401 Toulouse Cedex 9, France, January 2016.

[436] M. Lara, J. F. San-Juan, and D. Hautesserres. HEOSAT: a mean elements orbit propagator program for highly elliptical orbits. CEAS Space Journal, 10: 3-23, March 2018.

[437] M. Lara, J. F. San-Juan, L. M. López, and P. J. Cefola. On the third-body perturbations of high-altitude orbits. Celestial Mechanics and Dynamical Astronomy, 113: 435-452, August 2012.

[438] M. Lara, J. F. San-Juan, and L. M. López-Ochoa. Averaging Tesseral Effects: Closed Form Relegation versus Expansions of Elliptic Motion. Mathematical Problems in Engineering, 2013: 570127, 2013.

[439] M. Lara, J. F. San-Juan, and L. M. López-Ochoa. Precise analytical computation of frozen-

eccentricity, low Earth orbits in a tesseral potential, Mathematical Problems in Engineering, 2013: 191384, 2013.

[440] M. Lara, J. F. San - Juan, and L. M. López - Ochoa. Delaunay variables approach to the elimination of the perigee in Artificial Satellite Theory. Celestial Mechanics and Dynamical Astronomy, 120 (1): 39 - 56, September 2014.

[441] M. Lara, J. F. San - Juan, and L. M. López - Ochoa. Efficient semi - analytic integration of GNSS orbits under tesseral effects. Acta Astronautica, 102 (0): 355 - 366, 2014.

[442] M. Lara, J. F. San - Juan, and L. M. López - Ochoa. Proper Averaging Via Parallax Elimination (AAS 13 - 722) . In S. B. Broschart, J. D. Turner, K. C. Howell and F. R. Hoots, editors, Astrodynamics 2013, P. O. Box 28130, San Diego, California 92198, USA, January 2014, volume 150 of Advances in the Astronautical Sciences, pages 315 - 331. American Astronautical Society, Univelt, Inc. , 2014.

[443] M. Lara, J. F. San - Juan, L. M. López - Ochoa, and P. J. Cefola. Long - term evolution of Galileo operational orbits by canonical perturbation theory. Acta Astronautica, 94 (2): 646 - 655, 2014.

[444] M. Lara, R. Vilhena de Moraes, D. M. Sanchez, and A. F. Bertachini de Almeida Prado. Efficient computation of short - period analytical corrections due to third - body effects (AAS 15 - 295) . In R. Furfaro, S. Casotto, A. Trask and S. Zimmer, editors, AAS/AIAA Spaceflight Mechanics Meeting 2015, P. O. Box 28130, San Diego, California 92198, USA, volume 155 of Advances in the Astronautical Sciences, pages 437 - 455. American Astronautical Society, Univelt, Inc. , 2015.

[445] W. Larson and J. R. Wertz, editors. In Space Mission Analysis and Design, volume 2 of Space Technology Library, Springer Netherlands, Dordrecht, Holland, 1st edition, 1991.

[446] D. F. Lawden. Fundamentals of space navigation. Journal of the British Interplanetary Society, 13 (2): 87 - 101, March 1954.

[447] D. F. Lawden. Elliptic Functions and Applications, volume 80 of Applied Mathematical Sciences. Springer - Verlag, New York, 1st edition, 1989.

[448] C. Leubner. Correcting a widespread error concerning the angular velocity of a rotating rigid body. American Journal of Physics, 49: 232 - 234, March 1981.

[449] A. Lichtenberg and M. Lieberman. Regular and Chaotic Dynamics, volume 38 of Applied Mathematical Sciences. Springer - Verlag, New York, 2nd edition, 1992.

[450] M. L. Lidov. The evolution of orbits of artificial satellites of planets under the action of gravitational perturbations of external bodies. Planetary and Space Science, 9: 719 - 759, October 1962.

[451] M. L. Lidov. On the approximated analysis of the orbit evolution of artificial satellites. In M. Roy, editor, Dynamics of Satellites/Dynamique des Satellites, volume 62 of IAU Symposium, pages 168 - 179. Springer, Berlin, Heidelberg, 1963.

[452] M. L. Lidov. Integrable cases of satellite problem with the third body and the oblate planet. In Y. Kozai, editor, Stability of the Solar System and of Small Stellar Systems, volume 62 of IAU Symposium, pages 117 - 124, 1974.

[453] M. L. Lidov. Semianalytical methods for calculating satellite motion. TRUDY Institut Teoreticheskoi Astronomii, Akademiia Nauk SSSR, 17: 54 - 61, 1978. In Russian.

[454] M. L. Lidov and M. A. Vashkov'yak. Perturbation theory and analysis of the evolution of quasi - satellite orbits in the restricted three - body problem. Cosmic Research, 31: 187 - 207,

September 1993.

[455] M. L. Lidov and M. A. Vashkov'yak. On quasi - satellite orbits for experiments on refinement of the gravitation constant. Astronomy Letters, 20: 188 - 198, March 1994.

[456] M. L. Lidov and M. A. Vashkov'yak. On quasi - satellite orbits in a restricted elliptic three - body problem. Astronomy Letters, 20: 676 - 690, September 1994.

[457] M. L. Lidov and M. V. Yarskaya. Integrable Cases in the Problem of the Evolution of a Satellite Orbit under the Joint Effect of an Outside Body and of the Noncentrality of the Planetary Field. Cosmic Research, 12: 139 - 152, March 1974.

[458] S. Lie. Theorie der Transformationsgruppen Ⅰ. Mathematische Annalen, 16: 441 - 528, 1880.

[459] A. Lindstedt. Über die allgemeine Form der Integrale des Dreikörperproblems. Astronomische Nachrichten, 105: 97, April 1883.

[460] J. C. Liou and J. K. Weaver. Orbital Dynamics of High Area - To - Mass Ratio Debris and Their Distribution in the Geosynchronous Region. In D. Danesy, editor, 4th European Conference on Space Debris, volume 587 of ESA Special Publication, pages 285 - 290, August 2005.

[461] J. J. F. Liu. Satellite motion about an oblate earth. AIAA Journal, 12: 1511 - 1516, January 1974.

[462] J. J. F. Liu and R. L. Alford. Semianalytic Theory for a Close - Earth Artificial Satellite. Journal of Guidance Control Dynamics, 4: 576, September 1981.

[463] H. S. London. Some Exact Solutions of the Equations of Motion of a Solar Sail With Constant Sail Setting. ARS Journal, 30 (2): 198 - 200, 1960.

[464] A. C. Long, J. O. Cappellari, C. E. Velez, and A. J. Fluchs. Goddard Trajectory Determination System (GTDS). Mathematical Theory. Revision I. Technical Report FDD/552 - 89/001, National Aeronautics and Space Administration, Goddard Space Flight Center, Greenbelt, MD., July 1989.

[465] D. W. Lozier. NIST Digital Library of Mathematical Functions. Annals of Mathematics and Artificial Intelligence, 38 (1 - 3): 105 - 119, May 2003.

[466] L. G. Lukyanov, N. V. Emeljanov, and G. I. Shirmin. Generalized Problem of Two Fixed Centers or the Darboux - Gredeaks Problem. Cosmic Research, 43 (3): 186 - 191, May 2005.

[467] D. Lutzky and C. Uphoff. Short - periodic variations and second - order numerical averaging. In AIAA, 13th Aerospace Sciences Meeting, January 20 - 22, 1975, volume 11 of Aerospace Sciences Meeting, pages 31 - 38, American Institute of Aeronautics and Astronautics, Reston, VA, January 1975. AIAA Paper 75 - 11.

[468] R. H. Lyddane. Small eccentricities or inclinations in the Brouwer theory of the artificial satellite. Astronomical Journal, 68 (8): 555 - 558, October 1963.

[469] R. H. Lyddane and C. J. Cohen. Numerical comparison between Brouwer's theory and solution by Cowell's method for the orbit of an artificial satellite. The Astronomical Journal, 67: 176 - 177, April 1962.

[470] M. Macdonald and C. R. McInnes. Solar sail science mission applications and advancement. Advances in Space Research, 48 (11): 1702 - 1716, December 2011.

[471] B. Mahajan, S. R. Vadali, and K. T. Alfriend. Exact Delaunay normalization of the perturbed Keplerian Hamiltonian with tesseral harmonics. Celestial Mechanics and Dynamical Astronomy, 130: 25, March 2018.

[472] A. Marchesiello and G. Pucacco. Bifurcation Sequences in the Symmetric 1 ∶ 1 Hamiltonian Resonance. International Journal of Bifurcation and Chaos，26：1630011，2016.

[473] L. Markley and J. Crassidis. Fundamentals of Spacecraft Attitude Determination and Control，volume 33 of Space Technology Library. Springer - Verlag，New York，2014.

[474] J. E. Marsden and T. Ratiu. Introduction to Mechanics and Symmetry，volume 17 of Texts in Applied Mathematics. Springer - Verlag，New York，2nd edition，1999.

[475] V. Martinusi，L. Dell'Elce，and G. Kerschen. Analytic propagation of near - circular satellite orbits in the atmosphere of an oblate planet. Celestial Mechanics and Dynamical Astronomy，123 (1)：85 - 103，September 2015.

[476] V. Martinusi，L. Dell'Elce，and G. Kerschen. First - order analytic propagation of satellites in the exponential atmosphere of an oblate planet. Celestial Mechanics and Dynamical Astronomy，127：451 - 476，April 2017.

[477] J. J. Masdemont. High - order expansions of invariant manifolds of libration point orbits with applications to mission design. Dynamical Systems，20 (1)：59 - 113，2005.

[478] W. D. McClain. A Recursively Formulated First - Order Semianalytic Artificial Satellite Theory Based on the Generalized Method of Averaging，Volume 1：The Generalized Method of Averaging Applied to the Artificial Satellite Problem. NASA CR - 156782. NASA，Greenbelt，Maryland，2nd edition，1977. Provided by the NASA Technical Reports Server (NTRS).

[479] C. R. McInnes. Solar sailing. Technology，dynamics and mission applications. Astronomy and Planetary Sciences. Springer，London (UK)，1st edition，1999.

[480] J - C. van der Meer and R. H. Cushman. Orbiting dust under radiation pressure. In H. B. Doebner and J. D. Hennig，editors，Proceedings of the XV th International Conference on Differential Geometric Methods in Theoretical Physics，Clausthal - Zellerfeld，Germany，1986，pages 403 - 414. World Scientific，Singapore，1987.

[481] J. Meeus. Mathematical astronomy morsels. Willmann - Bell，Richmond，VA，1997.

[482] J. Meeus. Astronomical algorithms. Willmann - Bell，Richmond，VA，2nd edition，1998.

[483] P. M. Mehta，A. Walker，E. Lawrence，R. Linares，D. Higdon，and J. Koller. Modeling satellite drag coefficients with response surfaces. Advances in Space Research，54 (8)：1590 - 1607，October 2014.

[484] G. Mengali and A. A. Quarta. Heliocentric trajectory analysis of Sun - pointing smart dust with electrochromic control. Advances in Space Research，57：991 - 1001，February 2016.

[485] D. Merritt. Dynamics and Evolution of Galactic Nuclei. Princeton Series in Astrophysics. Princeton University Press，Princeton，New Jersey，08540.

[486] W. A. Mersman. Explicit recursive algorithms for the construction of equivalent canonical transformations. Celestial Mechanics，3：384 - 389，September 1971.

[487] G. Metris. Mean values of particular functions in the elliptic motion. Celestial Mechanics and Dynamical Astronomy，52：79 - 84，March 1991.

[488] G. Metris and P. Exertier. Semi - analytical theory of the mean orbital motion. Astronomy and Astrophysics，294：278 - 286，February 1995.

[489] G. Metris，P. Exertier，Y. Boudon，and F. Barlier. Long period variations of the motion of a satellite due to non - resonant tesseral harmonics of a gravity potential. Celestial Mechanics and Dynamical

Astronomy, 57: 175 - 188, October 1993.

[490] K. R. Meyer. Lie Transform Tutorial - Ⅱ. In K. R. Meyer and D. S. Schmidt, editors, Computer Aided Proofs in Analysis, volume 28 of The IMA Volumes in Mathematics and Its Applications. Springer, New York, NY, 1991.

[491] K. R. Meyer, G. R. Hall, and D. Offin. Introduction to Hamiltonian Dynamical Systems and the N - Body Problem, volume 90 of Applied Mathematical Sciences. Springer, New York, 2nd edition, 2009.

[492] M. Michalodimitrakis. Hill's problem - Families of three - dimensional periodic orbits. I. Astrophysics and Space Science, 68: 253 - 268, March 1980.

[493] F. Mignard. Radiation pressure and dust particle dynamics. Icarus, 49 (3): 347 - 366, March 1982.

[494] F. Mignard. Effects of radiation forces on dust particles in planetary rings. In R. Greenberg and A. Brahic, editors, IAU Colloq. 75: Planetary Rings, pages 333 - 366, 1984.

[495] F. Mignard and M. Hénon. About an Unsuspected Integrable Problem. Celestial Mechanics, 33 (3): 239 - 250, July 1984.

[496] A. Milani, A. M. Nobili, and P. Farinella. Non - gravitational perturbations and satellite geodesy. Adam Hilger Ltd. , Bristol, UK, 1987.

[497] M. Milankovitch. Kanon der Erdbestrahlung und seine Anwendung auf das Eiszeitenproblem. Mechanics of Space Flight. Königlich Serbische Akademie, Belgrade, 1941. English translation: Canon of Insolation and the Ice - age Problem. Israel Program for Scientific Translations, Jerusalem, 1969.

[498] B. R. Miller. The Lissajous transformation. Ⅲ - Parametric bifurcations. Celestial Mechanics and Dynamical Astronomy, 51: 251 - 270, September 1991.

[499] X. Ming and X. Shijie. Exploration of distant retrograde orbits around Moon. Acta Astronautica, 65: 853 - 860, September 2009.

[500] H. D. Mittelmann. A Pseudo - Arclength Continuation Method for Nonlinear Eigenvalue Problems. SIAM Journal on Numerical Analysis, 23 (5): 1007 - 1016, October 1986.

[501] K. Moe and M. M. Moe. Gas surface interactions and satellite drag coefficients. Planetary and Space Science, 53 (8): 793 - 801, July 2005.

[502] M. M. Moe. Solar - Lunar Perturbations of the Orbit of an Earth Satellite. ARS Journal, 30 (5): 485 - 487, 1960.

[503] M. M. Moe, S. D. Wallace, and K. Moe. Recommended drag coefficients for aeronomic satellites. Geophysical Monograph Series, 87: 349 - 356, 1995.

[504] N. D. Moiseev. On some simplified models of celestial mechanics based on the restricted circular three -body problem. 1, The plane circular problem. Publications of the Sternberg State Astronomical Institute, 15 (1): 75 - 99, January 1945. In Russian.

[505] N. D. Moiseev. On some simplified models of celestial mechanics based on the restricted circular three -body problem. 2, Averaged versions of the bounded spatial circular problem. Publications of the Sternberg State Astronomical Institute, 15 (1): 100 - 117, January 1945. In Russian.

[506] O. Montenbruck and E. Gill. Satellite Orbits. Models, Methods and Applications. Physics and Astronomy. Springer - Verlag, Berlin, Heidelberg, New York, 2001.

[507] P. Moore. A resonance problem of two degrees of freedom. Celestial Mechanics, 30: 31 - 47,

May 1983.

[508] P. Moore. A problem of libration with two degrees of freedom. Celestial Mechanics, 33: 49 - 69, May 1984.

[509] B. Morando. Orbites de Résonance des Satellites de 24 H. Bulletin Astronomique, 24: 47 - 67, 1963.

[510] A. Morbidelli. Modern Celestial Mechanics: Aspects of Solar System Dynamics. Advances in Astronomy and Astrophysics. Taylor & Francis, London, 2002.

[511] J. A. Morrison. Generalized Method of Averaging and the Von Zeipel Method. In R. L. Duncombe and V. G. Szebehely, editors, Methods in Astrodynamics and Celestial Mechanics, volume 17 of Progress in Astronautics and Rocketry, pages 117 - 138. Elsevier, 1966.

[512] J. Moser. Regularization of Kepler's problem and the averaging method on a manifold. Communications in Pure Applied Mathematics, 23: 609 - 636, January 1970.

[513] D. Mostaza Prieto, B. P. Graziano, and P. C. E. Roberts. Spacecraft drag modelling. Progress in Aerospace Sciences, 64: 56 - 65, January 2014.

[514] F. R. Moulton. An Introduction to Celestial Mechanics. The MacMillan Company, New York, 2nd edition, 1914. Also, Dover Books on Astronomy, Dover Publications Inc. , 1984.

[515] F. R. Moulton, D. Buchanan, T. Buck, F. L. Griffin, W. R. Longley, and W. D. MacMillan. Periodic orbits, volume 161. Publications of the Carnegie Institution of Washington, Washington, D. C. , 1920.

[516] J. A. Murdock. Perturbations: Theory and Methods, volume 27 of Classics in Applied Mathematics. SIAM - Society for Industrial and Applied Mathematics, Philadelphia, 1999.

[517] C. D. Murray and S. F. Dermott. Solar system dynamics. Cambridge University Press, New York, 1999.

[518] P. Musen. Special perturbations of the vectorial elements. The Astronomical Journal, 59: 262 - 267, August 1954.

[519] P. Musen. Contributions to the theory of satellite orbits. In H. K. Bijl, editor, Space Research, pages 434 - 447. North - Holland, New York, 1960.

[520] P. Musen. The Influence of the Solar Radiation Pressure on the Motion of an Artificial Satellite. Journal of Geophysical Research, 65: 1391 - 1396, May 1960.

[521] P. Musen, A. Bailie, and E. Upton. Development of the Lunar and Solar Perturbations in the Motion of an Artificial Satellite. NASA Special Publication, 54: 24, 1965. First published: NASA - TN - D - 494, 1961.

[522] P. Musen and A. E. Bailie. On the Motion of a 24 - Hour Satellite. Journal of Geophysical Research, 67 (3): 1123 - 1132, March 1962.

[523] P. Musen, R. Bryant, and A. Bailie. Perturbations in Perigee Height of Vanguard I. Science, 131: 935 - 936, March 1960.

[524] F. Namouni. Secular Interactions of Coorbiting Objects. Icarus, 137: 293 - 314, February 1999.

[525] S. Naoz. The Eccentric Kozai - Lidov Effect and Its Applications. Annual Reviews of Astronomy and Astrophysics, 54: 441 - 489, September 2016.

[526] A. H. Nayfeh. Perturbation Methods. Wiley - VCH Verlag GmbH & Co. KGaA, Weinheim, Germany, 2004.

[527] X. X. Newhall and J. G. Williams. Estimation of the Lunar Physical Librations. Celestial Mechanics and Dynamical Astronomy, 66 (1): 21 - 30, March 1996.

[528] L. Niccolai, M. Bassetto, A. A. Quarta, and G. Mengali. A review of Smart Dust architecture, dynamics, and mission applications. Progress in Aerospace Sciences, 106: 1 - 14, April 2019.

[529] M. Nicoli. First Order Analytical Solution for Distant Retrograde Orbits in the Circular Restricted Three - Body Problem. Master thesis, School of Industrial and Information Engineering, Department of Aerospace Sciences and Technologies, Politecnico di Milano, Via La Masa 34, 20156 Milano, Italy, April 2019.

[530] J. Oberst, K. Willner, and K. Wickhusen. DePhine - The Deimos and Phobos Interior Explorer - A Proposal to ESA's Cosmic Vision Program. In European Planetary Science Congress, EPSC2017 - 539, September 2017.

[531] P. Oberti. The main problem of geosynchronous satellite theory around an equilibrium position. Astronomy and Astrophysics, 284: 281 - 284, April 1994.

[532] P. Oberti. A simple intermediary orbit for the J_2 problem. Astronomy & Astrophysics, 437: 333 - 338, July 2005.

[533] K. Ochs. A comprehensive analytical solution of the nonlinear pendulum. European Journal of Physics, 32: 479 - 490, March 2011.

[534] E. J. Öpik. Interplanetary encounters: close - range gravitational interactions. Developments in solar system and space science. Elsevier, Amsterdam, 1976.

[535] A. A. Orlov. Second - order short - period solar perturbations in the motion of the satellites of planets. Byulleten' Instituta Teoreticheskoj Astronomii (Leningrad), 12: 302 - 309, January 1970.

[536] C. Osácar and J. F. Palacián. Decomposition of functions for elliptical orbits. Celestial Mechanics and Dynamical Astronomy, 60 (2): 207 - 223, October 1994.

[537] C. Osácar, J. F. Palacián, and M. Palacios. Numerical Evaluation of the Dilogarithm of Complex Argument. Celestial Mechanics and Dynamical Astronomy, 62: 93 - 98, May 1995.

[538] J. F. Palacián. Teoría del satélite artificial: armónicos teserales y su relegación mediante simplificaciones algebraicas. PhD thesis, Dept. Física de la Tierra y el Cosmos, Universidad de Zaragoza, Pedro Cerbuna 12, Zaragoza, Spain, May 1992.

[539] J. F. Palacián. An Analytical Solution for Artificial Satellites at Low Altitudes. In K. Kurzyńska, F. Barlier, P. K. Seidelmann and I. Wytrzyszczak, editors, Dynamics and Astrometry of Natural and Artificial Celestial Bodies, Proceedings of the Conference on Astrometry and Celestial Mechanics held in Poznań, Poland, September 13 - 17, 1993, pages 365 - 370. Astronomical Observatory of A. Mickiewicz University, Poznan, Poland, 1994.

[540] J. F. Palacián. Normal forms for perturbed Keplerian systems. Journal of Differential Equations, 180 (2): 471 - 519, 2002.

[541] J. F. Palacián, J. F. San - Juan, and P. Yanguas. Analytical Theory for the Spot Satellite. In K. C. Howell, D. A. Cicci, J. E. Cochran Jr. and T. S. Kelso, editors, AAS/AIAA Spaceflight Mechanics Meeting 1997, P. O. Box 28130, San Diego, California 92198, USA, volume 95 of Advances in the Astronautical Sciences, pages 375 - 382. American Astronautical Society, Univelt, Inc., 1997.

[542] J. F. Palacián, J. Vanegas, and P. Yanguas. Compact normalisations in the elliptic restricted three body problem. Astrophysics and Space Science, 362: 215, November 2017.

[543] M. E. Parke, R. H. Stewart, D. L. Farless, and D. E. Cartwright. On the choice of orbits for an altimetric satellite to study ocean circulation and tides. Journal of Geophysical Research: Oceans, 92 (C11): 11693 - 11707, 1987.

[544] D. L. Parker. An Analytic Derivation of the Relationship between the Angular Velocity Vector and the Euler Angles and their Time Derivatives. American Journal of Physics, 37 (9): 925 - 927, 1969.

[545] R. W. Parkinson, H. M. Jones, and I. I. Shapiro. Effects of Solar Radiation Pressure on Earth Satellite Orbits. Science, 131 (3404): 920 - 921, 1960.

[546] P. Pascua, J. L. Rubio, A. Viartola, and S. Ferrer. Visualizing relative equilibria and bifurcations by painting Hamiltonians on personal computers. International Journal of Bifurcation and Chaos, 06 (08): 1411 - 1424, 1996.

[547] M. E. Paskowitz and D. J. Scheeres. Design of Science Orbits About Planetary Satellites: Application to Europa. Journal of Guidance Control Dynamics, 29: 1147 - 1158, September 2006.

[548] M. E. Paskowitz and D. J. Scheeres. Control of Science Orbits About Planetary Satellites. Journal of Guidance Control Dynamics, 32 (1): 223 - 231, 2009.

[549] S. J. Peale. Dust belt of the Earth. Journal of Geophysical Research, 71 (3): 911 - 933, February 1966.

[550] J. Peláez and M. Lara. Dynamics of fast - rotating tethered satellites. Monografías de la Real Academia de Ciencias de Zaragoza, 32: 75 - 83, 2009.

[551] J. Peláez, M. Lara, C. Bombardelli, F. R. Lucas, M. Sanjurjo - Rivo, D. Curreli, E. C. Lorenzini, and D. J. Scheeres. Periodic Orbits of a Hill - Tether Problem Originated from Collinear Points. Journal of guidance, control, and dynamics, 35 (1): 222 - 233, 2012.

[552] I. C. Percival and D. Richards. Introduction to Dynamics. Cambridge University Press, Cambridge, UK, January 1983.

[553] S. Persson, B. Jacobsson, and E. Gill. PRISMA - Demonstration Mission for Advanced Rendezvous and Formation Flying Technologies and Sensors (paper IAC - 05 - B56B07). In Proceedings of the 56th International Astronautical Congress (IAC), October 17 - 21 2005, Fukuoka, Japan, pages 1 - 10. International Astronautical Federation, IAF, October 2005.

[554] J. - M. Petit and M. Hénon. Satellite encounters. Icarus, 66: 536 - 555, June 1986.

[555] C. M. Petty and J. V. Breakwell. Satellite orbits about a planet with rotational symmetry. Journal of the Franklin Institute, 270 (4): 259 - 282, 1960.

[556] H. C. Plummer. On the Possible Effects of Radiation on the Motion of Comets, with special reference to Encke's Comet. Monthly Notices of the Royal Astronomical Society, 65: 229 - 238, January 1905.

[557] H. C. K. Plummer. An introductory treatise on dynamical astronomy. Cambridge, University press, 1918.

[558] H. Poincaré. Les méthodes nouvelles de la mécanique céleste. Paris, Gauthier - Villars et fils, 1892 - 1899.

[559] H. Poincaré. Sur les planètes du type d'Hécube. Bulletin Astronomique, Serie I, 19: 289 - 310, January 1902.

[560] A. Pousse, P. Robutel, and A. Vienne. On the co-orbital motion in the planar restricted three-body problem: the quasi-satellite motion revisited. Celestial Mechanics and Dynamical Astronomy, 128: 383-407, August 2017.

[561] J. H. Poynting. Radiation in the Solar System: its Effect on Temperature and its Pressure on Small Bodies. Philosophical Transactions A, 202: 525-552, June 1903. Also, Collected Scientific Papers, Cambridge, 1920, pp. 304-330.

[562] R. J. Proulx and W. D. McClain. Series representations and rational approximations for Hansen coefficients. Journal of Guidance Control Dynamics, 11: 313-319, July 1988.

[563] R. J. Proulx, W. D. McClain, L. W. Early, and P. J. Cefola. A theory for the short-periodic motion due to the tesseral harmonic gravity field. In AAS/AIAA, Astrodynamics Specialist Conference. American Astronautical Society, August 1981.

[564] G. Pucacco. Structure of the centre manifold of the L_1, L_2 collinear libration points in the restricted three-body problem. Celestial Mechanics and Dynamical Astronomy, 131 (10): 44, September 2019.

[565] P. Puig Adam. Curso teórico práctico de ecuaciones diferenciales aplicado a la Física y Técnica. Nuevas Gráficas, S. A., Madrid, 10th edition, 1967. In Spanish.

[566] D. L. Richardson. Analytic construction of periodic orbits about the collinear points. Celestial Mechanics, 22: 241-253, October 1980.

[567] C. E. Roberts Jr.. An Analytic Model for Upper Atmosphere Densities Based Upon Jacchia's 1970 Models. Celestial Mechanics, 4 (3-4): 368-377, December 1971.

[568] H. P. Robertson. Dynamical Effects of Radiation in the Solar System. Monthly Notices of the Royal Astronomical Society, 97: 423-437, April 1937.

[569] O. Rodrigues. Mémoire sur l'attraction des sphéroïdes. Correspondence Sur l'École Impériale Polytechnique, 3 (3): 361-385, January 1816. Thesis for the Faculty of Science of the University of Paris.

[570] A. Rom. Mechanized Algebraic Operations (MAO). Celestial Mechanics, 1: 301-319, September 1970.

[571] M. Romano. Concise form of the dynamic and kinematic solutions of the Euler-Poinsot problem (IAA-AAS-DyCoSS1-01-05-AAS 12-304). In A. D. Guerman, P. M. Bainum and J.-M. Contant, editors, Dynamics and Control of Space Systems DyCoSS'2012, P. O. Box 28130, San Diego, California 92198, volume 145 of Advances in the Astronautical Sciences, pages 55-68. American Astronautical Society, Univelt, Inc., 2012.

[572] B. A. Romanowicz. On The Tesseral-Harmonics Resonance Problem in Artificial-Satellite Theory. SAO Special Report, 365, March 1975.

[573] B. A. Romanowicz. On the Tesseral-Harmonics Resonance Problem in Artificial-Satellite Theory. Part II. SAO Special Report, 373, March 1976.

[574] G. W. Rosborough and C. Ocampo. Influence of Higher Degree Zonals on the Frozen Orbit Geometry (AAS 91-428). In B. Kaufman, K. T. Alfriend, R. L. Roehrich and R. R. Dasenbrock, editors, Astrodynamics 1991, P. O. Box 28130, San Diego, California 92198, volume 76 of Advances in the Astronautical Sciences, pages 1291-1304. American Astronautical Society, Univelt, Inc., 1992.

[575] A. J. Rosengren, H. Namazyfard, and G. E. O. Giacaglia. Effects of higher-order multipoles of the

lunar disturbing potential on elongated orbits in cislunar space. European Physical Journal Special Topics, 229 (8): 1545 - 1555, May 2020.

[576] A. J. Rosengren and D. J. Scheeres. Long - term dynamics of high area - to - mass ratio objects in high -Earth orbit. Advances in Space Research, 52 (8): 1545 - 1560, October 2013.

[577] A. J. Rosengren and D. J. Scheeres. On the Milankovitch orbital elements for perturbed Keplerian motion. Celestial Mechanics and Dynamical Astronomy, 118: 197 - 220, March 2014.

[578] A. J. Rosengren, D. J. Scheeres, and J. W. McMahon. The classical Laplace plane as a stable disposal orbit for geostationary satellites. Advances in Space Research, 53 (8): 1219 - 1228, April 2014.

[579] S. D. Ross and D. J. Scheeres. Multiple Gravity Assists, Capture, and Escape in the Restricted Three - Body Problem. SIAM Journal on Applied Dynamical Systems, 6 (3): 576 - 596, January 2007.

[580] A. Rossi. Resonant dynamics of Medium Earth Orbits: space debris issues. Celestial Mechanics and Dynamical Astronomy, 100 (4): 267 - 286, April 2008.

[581] A. E. Roy. Luni - Solar Perturbations of an Earth Satellite. Astrophysics and Space Science, 4: 375 - 386, August 1969.

[582] A. E. Roy. Orbital motion. Institute of Physics Publishing, Bristol (UK), 4th edition, 2005.

[583] A. E. Roy and P. E. Moran. Studies in the Application of Recurrence Relations to Special Perturbation Methods. Ⅲ. Non - Singular Differential Equations for Special Perturbations. Celestial Mechanics, 7: 236 - 255, February 1973.

[584] D. P. Rubincam and N. S. Weiss. Earth Albedo and the Orbit of LAGEOS. Celestial Mechanics, 38 (3): 233 - 296, March 1986.

[585] R. P. Russell and M. Lara. On the design of an Enceladus science orbit. Acta Astronautica, 65 (1 - 2): 27 - 39, 2009.

[586] R. P. Russell and M. Lara. Long - Lifetime Lunar Repeat Ground Track Orbits. Journal of Guidance, Control, and Dynamics, 30 (4): 982 - 993, July - August 2007.

[587] Yu. A. Sadov. The Action - Angles Variables in the Euler - Poinsot Problem. PMM - Journal of Applied Mathematics and Mechanics, 34 (5): 922 - 925, 1970.

[588] Yu. A. Sadov. The Action - Angles Variables in the Euler - Poinsot Problem. Preprint No. 22 KIAM Russian Academy of Sciences Moscow (in Russian), 1970.

[589] B. de Saedeleer. Complete Zonal Problem of the Artificial Satellite: Generic Compact Analytic First Order in Closed Form. Celestial Mechanics and Dynamical Astronomy, 91: 239 - 268, March 2005.

[590] J. F. San - Juan. ATESAT: Automatization of theories and ephemeris in the artificial satellite problem. Technical Report CT/TI/MS/MN/94 - 250, Centre National d'Études Spatiales, 18, avenue Edouard Belin - 31401 Toulouse Cedex 9, France, May 1994.

[591] J. F. San - Juan, A. Abad, M. Lara, and D. J. Scheeres. First - Order Analytical Solution for Spacecraft Motion About (433) Eros. Journal of Guidance Control Dynamics, 27: 290 - 293, March 2004.

[592] J. F. San - Juan, M. Lara, and S. Ferrer. Phase Space Structure Around Oblate Planetary Satellites. Journal of Guidance Control Dynamics, 29: 113 - 120, January 2006.

[593] J. F. San - Juan, D. Ortigosa, L. M. López - Ochoa, and R. López. Deprit's Elimination of the Parallax

Revisited. The Journal of the Astronautical Sciences, 60: 137 - 148, June 2015.

[594] J. A. Sanders, F. Verhulst, and J. Murdock. Averaging Methods in Nonlinear Dynamical Systems, volume 59 of Applied Mathematical Sciences. Springer, New York, 2nd edition, 2007.

[595] M. Sansottera and M. Ceccaroni. Rigorous estimates for the relegation algorithm. Celestial Mechanics and Dynamical Astronomy, 127: 1 - 18, January 2017.

[596] D. J. Scheeres. Satellite Dynamics about small bodies: Averaged Solar Radiation Pressure Effects. The Journal of the Astronautical Sciences, 41 (1): 25 - 46, 1999.

[597] D. J. Scheeres. Orbital Motion in Strongly Perturbed Environments. Astronautical Engineering. Springer - Verlag, Berlin, 2012.

[598] D. J. Scheeres, M. D. Guman, and B. F. Villac. Stability Analysis of Planetary Satellite Orbiters: Application to the Europa Orbiter. Journal of Guidance Control Dynamics, 24 (4): 778 - 787, July 2001.

[599] G. Scheifele and O. Graf. Analytical satellite theories based on a new set of canonical elements. In Mechanics and Control of Flight Conference, pages 1 - 20. American Institute of Aeronautics and Astronautics, Reston, Virigina, February 1974.

[600] J. Schubart. Long - Period Effects in Nearly Commensurable Cases of the Restricted Three - Body Problem. SAO Special Report, 149, April 1964.

[601] B. Schutz and D. Craig. GPS orbit evolution - 1998 - 2000 (Paper AIAA - 2000 - 4237) . In Astrodynamics Specialist Conference, pages 1 - 11, 2000.

[602] A. M. Segerman and S. L. Coffey. An analytical theory for tesseral gravitational harmonics. Celestial Mechanics and Dynamical Astronomy, 76 (3): 139 - 156, 2001.

[603] H. Sellamuthu and R. K. Sharma. Hybrid Orbit Propagator for Small Spacecraft Using Kustaanheimo - Stiefel Elements. Journal of Spacecraft and Rockets, 55: 1282 - 1288, September 2018.

[604] B. E. Shapiro. Phase Plane Analysis and Observed Frozen Orbit for the Topex/ Poseidon Mission. In P. M. Bainum, G. L. May, Y. Ohkami, K. Uesugi, Q. Faren and L. Furong, editors, 6th AAS/JRS/ CSA Symposium, International Space Conference of Pacific - Basin Societies, Strengthening Cooperation in the 21st Century, P. O. Box 28130, San Diego, California 92198, volume 91 of Advances in the Astronautical Sciences, pages 853 - 872. American Astronautical Society, Univelt, Inc. , 1996.

[605] I. I. Shapiro. The prediction of satellite orbits. In M. Roy, editor, Dynamics of Satellites/Dynamique des Satellites, pages 257 - 312. Springer, Berlin, Heidelberg, 1963.

[606] R. K. Sharma. Analytical integration of K - S element equations with J_2 for short - term orbit predictions. Planetary and Space Science, 45 (11): 1481 - 1486, November 1997.

[607] I. I. Shevchenko. The Lidov - Kozai Effect - Applications in Exoplanet Research and Dynamical Astronomy, volume 441 of Astrophysics and Space Science Library. Springer, Cham, Switzerland, 2017.

[608] V. V. Sidorenko, A. I. Neishtadt, A. V. Artemyev, and L. M. Zelenyi. Quasi - satellite orbits in the general context of dynamics in the 1 : 1 mean motion resonance: perturbative treatment. Celestial Mechanics and Dynamical Astronomy, 120: 131 - 162, October 2014.

[609] C. L. Siegel and J. Moser. Lectures on celestial mechanics. Classics in Mathematics. Springer -

Verlag, Berlin Heidelberg, 1st edition, 1971. Reprint of the 1971 Edition (Grundlehren der mathematischen Wissenschaften, Vol. 187), translated by C. I. Kalme.

[610] C. Simo. On the Analytical and Numerical Approximation of Invariant Manifolds. In D. Benest and C. Froeschle, editors, Modern Methods in Celestial Mechanics, page 285, January 1990.

[611] C. Simó and T. J. Stuchi. Central stable/unstable manifolds and the destruction of KAM tori in the planar Hill problem. Physica D Nonlinear Phenomena, 140: 1 - 32, June 2000.

[612] A. S. Sochilina. On the motion of a satellite in resonance with its rotating planet. Celestial Mechanics, 26: 337 - 352, April 1982.

[613] E. M. Soop. Handbook of Geostationary Orbits, volume 3 of Space Technology Library. Springer, Netherlands, 1st edition, 1994.

[614] J. Souchay, M. Folgueira, and S. Bouquillon. Effects of the Triaxiality on the Rotation of Celestial Bodies: Application to the Earth, Mars and Eros. Earth Moon and Planets, 93 (2): 107 - 144, October 2003.

[615] J. Souchay, H. Kinoshita, H. Nakai, and S. Roux. A precise modeling of Eros 433 rotation. Icarus, 166 (2): 285 - 296, October 2003.

[616] F. Spirig and J. Waldvogel. The Three - Body Problem With Two Small Masses: A Singular - Perturbation Approach to the Problem of Saturn's Coorbiting Satellites. In V. G. Szebehely, editor, Stability of the Solar System and Its Minor Natural and Artificial Bodies, volume 154 of NATO Advanced Science Institutes (ASI) Series C, pages 53 - 63. Springer Netherlands, Dordrecht, January 1985.

[617] R. Sridharan and W. P. Seniw. An intermediate - averaged theory for high altitude orbits. Technical Note 1979 - 25, MIT Lincoln Laboratory, Lexington, MA 02173, June 1979.

[618] D. Steichen. An averaging method to study the motion of lunar artificial satellites Ⅱ: Averaging and Applications. Celestial Mechanics and Dynamical Astronomy, 68 (3): 225 - 247, July 1998.

[619] S. Steinberg. Lie series, Lie transformations, and their applications. In J. Sánchez Mondragón and K. B. Wolf, editors, Lie Methods in Optics, volume 250 of Lecture Notes in Physics, page 45. Springer - Verlag, Berlin, 1986.

[620] T. E. Sterne. The gravitational orbit of a satellite of an oblate planet. The Astronomical Journal, 63: 28 - 40, January 1958.

[621] E. L. Stiefel and G. Scheifele. Linear and Regular Celestial Mechanics, volume 174 of Grundlehren der mathematischen Wissenschaften. Springer - Verlag, Berlin Heidelberg, 1st edition, 1971.

[622] M. Stramacchia, C. Colombo, and F. Bernelli - Zazzera. Distant Retrograde Orbits for space - based Near Earth Objects detection. Advances in Space Research, 58: 967 - 988, September 2016.

[623] B. Strömgren. Formeln zur genaeherten Stoerungsrechnung in Bahnelementen. Angewandt auf die Planeten 633 Zelima, 956 [1921 IW], 979 Ilsewa, 1035 Amata und 1049 [1925RB]. Publikationer og mindre Meddeler fra Kobenhavns Observatorium, 65: 1 - 26, January 1929.

[624] E. Strömgren. Connaisance actuelle des orbites dans le problème des trois corps. Bulletin Astronomique, 9: 87 - 130, January 1933.

[625] R. A. Struble. The geometry of the orbits of artificial satellites. Archive for Rational Mechanics and Analysis, 7 (1): 87 - 104, January 1961.

[626] K. F. Sundman. Mémoire sur le problème des trois corps. Acta Mathematica, 36 (1): 105 - 179, December 1913.

[627] G. J. Sussman and J. Wisdom. Structure and interpretation of classical mechanics. MIT Press, Cambridge, Massachusetts, 1st edition, 2001.

[628] V. Szebehely. Theory of Orbits. The Restricted Problem of Three Bodies. Academic Press Inc. , New York and London, 1967.

[629] J. L. Tabor and J. D. Vedder. Long - Term Evolution of Uncontrolled Geosynchronous Orbits: Orbital Debris Implications. The Journal of the Astronautical Sciences, 40 (3): 407 - 418, July - September 1992.

[630] B. Tapley, J. Ries, S. Bettadpur, D. Chambers, M. Cheng, F. Condi, B. Gunter, Z. Kang, P. Nagel, R. Pastor, T. Pekker, S. Poole, and F. Wang. GGM02 An improved Earth gravity field model from GRACE. Journal of Geodesy, 79: 467 - 478, November 2005.

[631] F. Tisserand. Traité de mécanique céleste. Tome Ⅰ: Perturbations des planètes d'aprés la méthode de la variation des constantes arbitraries. Gauthier - Villars et fils, Quai des Grands - Augustins, 55, Paris, 1889.

[632] F. Tisserand. Traité de mécanique céleste. Tome Ⅳ: Théories des satellites de Jupiter et de Saturne. Perturbations des petit planetes. Gauthier - Villars et fils, Quai des Grands - Augustins, 55, Paris, 1896. Chapter vi.

[633] F. Tong and L - d. Wu. Perturbation equations of the elements of Vinti's intermediate orbit. Chinese Astronomy and Astrophysics, 5: 282 - 294, September 1981.

[634] T. C. Tsu. Interplanetary Travel by Solar Sail. ARS Journal, 29 (6): 422 - 427, 1959.

[635] C. Uphoff. Numerical averaging in orbit prediction. AIAA Journal, 11: 1512 - 1516, 1973.

[636] H. Urrutxua, M. Sanjurjo - Rivo, and J. Peláez. DROMO propagator revisited. Celestial Mechanics and Dynamical Astronomy, 124: 1 - 31, January 2016.

[637] B. A. Ustinov. Motion of Satellites in Small - Eccentricity Orbits in the Noncentral Gravitational Field of the Earth. Cosmic Research, 5: 159 - 168, March 1967.

[638] J. Vagners. Modified long - period behavior due to tesseral harmonics. AIAA Journal, 6 (7): 1229 - 1234, July 1968.

[639] S. Valk, A. Lemaître, and L. Anselmo. Analytical and semi - analytical investigations of geosynchronous space debris with high area - to - mass ratios. Advances in Space Research, 41: 1077 - 1090, 2008.

[640] S. Valk, A. Lemaître, and F. Deleflie. Semi - analytical theory of mean orbital motion for geosynchronous space debris under gravitational influence. Advances in Space Research, 43 (7): 1070 - 1082, April 2009.

[641] D. A. Vallado, P. Crawford, R. Hujsak, and T. S. Kelso. Revisiting Spacetrack Report # 3 (AIAA 2006 - 6753) . In AIAA/AAS Astrodynamics Specialist Conference and Exhibit, USA, August 2006, Guidance, Navigation, and Control and Co - located Conferences, pages 1 - 88. American Institute of Aeronautics and Astronautics, 2006.

[642] G. B. Valsecchi. In Geometric Conditions for Quasi - Collisions in Öpik's Theory, volume 682, pages 145 - 158. Springer, Berlin, Heidelberg, 2006.

[643] G. B. Valsecchi, E. M. Alessi, and A. Rossi. An analytical solution for the swing - by problem. Celestial Mechanics and Dynamical Astronomy, 123 (2): 151 - 166, October 2015.

[644] G. B. Valsecchi, T. J. Jopek, and C. Froeschlé. Meteoroid stream identification: a new approach - I. Theory. Monthly Notices of the Royal Astronomical Society, 304: 743 - 750, April 1999.

[645] G. B. Valsecchi, A. Milani, G. F. Gronchi, and S. R. Chesley. Resonant returns to close approaches: Analytical theory. Astronomy and Astrophysics, 408: 1179 - 1196, September 2003.

[646] M. Valtonen and H. Karttunen. The Three - Body Problem. Cambridge University Press, Cambridge, UK, 2006.

[647] J. C. van der Ha. Non - singular and non - conventional orbit perturbation equations. Zeitschrift für Flugwissenschaften und Weltraumforschung, 9: 217 - 224, August 1985.

[648] J. C. van der Ha and V. J. Modi. Long - term evaluation of three - dimensional heliocentric solar sail trajectories with arbitrary fixed sail setting. Celestial Mechanics, 19: 113 - 138, February 1979.

[649] M. A. Vashkov'yak. Stability of Circular Satellite Orbits for Combined Action of Perturbations from an External Body and from the Noncentrality of the Planetary Gravitational Field. Cosmic Research, 12: 757 - 769, November 1974.

[650] M. A. Vashkov'yak. On the special particular solutions of a double - averaged Hill's problem with allowance for flattening of the central planet. Astronomy Letters, 22: 207 - 216, March 1996.

[651] M. A. Vashkov'Yak. On the development of M. L. Lidov's techniques on the evolution of satellite orbits. In Celestial Mechanics, volume 8 of IAA Transactions, pages 174 - 177, 2002.

[652] M. A. Vashkov'Yak. A Numerical - Analytical Method for Studying the Orbital Evolution of Distant Planetary Satellites. Astronomy Letters, 31 (1): 64 - 72, January 2005.

[653] M. A. Vashkov'Yak. Particular Solutions of the Singly Averaged Hill Problem. Astronomy Letters, 31 (7): 487 - 493, July 2005.

[654] M. A. Vashkov'Yak. Periodic solutions of the singly averaged Hill problem. Astronomy Letters, 32 (10): 707 - 715, October 2006.

[655] M. A. Vashkov'yak and N. M. Teslenko. On the Stability of Particular Solutions of the Singly Averaged Hill Problem. Astronomy Letters, 31 (12): 844 - 852, December 2005.

[656] M. A. Vashkov'yak and N. M. Teslenko. Refined model for the evolution of distant satellite orbits. Astronomy Letters, 35 (12): 850 - 865, December 2009. Erratum: Astronomy Letters, 36 (4): 307, April 2010.

[657] F. Verhulst. Discrete Symmetric Dynamical Systems at the Main Resonances with Applications to Axi -Symmetric Galaxies. Philosophical Transactions of the Royal Society of London Series A, 290 (1375): 435 - 465, January 1979.

[658] R. Vilhena de Moraes. Combined solar radiation pressure and drag effects on the orbits of artificial satellites. Celestial Mechanics, 25: 281 - 292, May November 1981.

[659] R. Vilhena de Moraes. Non - gravitational disturbing forces. Advances in Space Research, 14, May 1994.

[660] B. F. Villac and D. J. Scheeres. Escaping Trajectories in the Hill Three - Body Problem and Applications. Journal of Guidance Control Dynamics, 26: 224 - 232, March 2003.

[661] N. X. Vinh. Recurrence Formulae for the Hansen's Developments. Celestial Mechanics, 2: 64 - 76,

March 1970.

[662] J. P. Vinti. New Method of Solution for Unretarded Satellite Orbits. Journal of Research of the National Bureau of Standards, 62B (2): 105 - 162, October - December 1959.

[663] J. P. Vinti. Theory of an Accurate Intermediary Orbit for Satellite Astronomy. Journal of Research of the National Bureau of Standards, 65B (3): 169 - 201, July - September 1961.

[664] J. P. Vinti. Inclusion of the third zonal harmonic in an accurate reference orbit of an artificial satellite. Journal of Research of the National Bureau of Standards, 70B (1): 17 - 46, January - March 1966.

[665] J. P. Vinti. Invariant Properties of the Spheroidal Potential of an Oblate Planet. Journal of Research of the National Bureau of Standards, 70B (1): 1 - 16, January - March 1966.

[666] J. P. Vinti. Improvement of the Spheroidal Method for Artificial Satellites. Astronomical Journal, 74: 25 - 34, February 1969.

[667] J. P. Vinti. In G. J. Der and N. L. Bonavito, editors, Orbital and Celestial Mechanics, volume 177 of Progress in Astronautics and Aeronautics. American Institute of Aeronautics and Astronautics, Reston, Virginia, 1998.

[668] D. Vokrouhlicky, P. Farinella, and F. Mignard. Solar radiation pressure perturbations for Earth satellites. Ⅰ: A complete theory including penumbra transitions. Astronomy and Astrophysics, 280: 295 - 312, December 1993.

[669] D. Vokrouhlicky, P. Farinella, and F. Mignard. Solar radiation pressure perturbations for Earth satellites Ⅱ. An approximate method to model penumbra transitions and their long - term orbital effects on LAGEOS. Astronomy and Astrophysics, 285: 333 - 343, May 1994.

[670] D. Vokrouhlicky, P. Farinella, and F. Mignard. Solar radiation pressure perturbations for Earth satellites. Ⅲ. Global atmospheric phenomena and the albedo effect. Astronomy and Astrophysics, 290: 324 - 334, October 1994.

[671] D. Vokrouhlicky and L. Sehnal. On some aspects of the albedo effect application to the ERS - 1 satellite. Celestial Mechanics and Dynamical Astronomy, 56 (3): 471 - 490, July 1993.

[672] V. Volterra. Sur la théorie des variations des latitudes. Acta Mathematica, 22: 201 - 357, 1899.

[673] G. Voyatzis and K. I. Antoniadou. On quasi - satellite periodic motion in asteroid and planetary dynamics. Celestial Mechanics and Dynamical Astronomy, 130 (9): 59, September 2018.

[674] C. A. Wagner, B. C. Douglas, and R. G. Williamson. The ROAD program. Technical Report NASA - TM - X - 70676, Goddard Space Flight Center, Greenbelt, Maryland, January 1974.

[675] H. G. Walter. Conversion of osculating orbital elements into mean elements. The Astronomical Journal, 72: 994 - 997, October 1967.

[676] Y. Wang and P. Gurfil. Dynamical modeling and lifetime analysis of geostationary transfer orbits. Acta Astronautica, 128: 262 - 276, November 2016.

[677] J. R. Wertz, editor. In Spacecraft Attitude Determination and Control, volume 73 of Astrophysics and Space Science Library. Springer Netherlands, Dordrecht, Holland, 1st edition, 1978.

[678] A. D. Wheelon. Free Flight of a Ballistic Missile. ARS Journal, 29 (12): 915 - 926, December 1959.

[679] E. T. Whittaker. A Treatise on the Analytical Dynamics of Particles and Rigid Bodies. Cambridge University Press, Cambridge, UK, 1st edition, February 1904.

[680] E. T. Whittaker. A Treatise on the Analytical Dynamics of Particles and Rigid Bodies. Cambridge University Press, Cambridge, UK, 2nd edition, February 1917.

[681] W. E. Wiesel. Numerical Solution to Vinti's Problem. Journal of Guidance Control Dynamics, 38 (9): 1757 - 1764, September 2015.

[682] J. M. Wilkes. Rotations as solutions of a matrix differential equation. American Journal of Physics, 46 (6): 685 - 687, 1978.

[683] R. R. Williams and J. Lorell. The Theory of Long - Term Behavior of Artificial Satellite Orbits Due to Third - Body Perturbations. Report NASA TR - 32 - 916, Jet Propulsion Laboratory, Pasadena, CA, February 1966.

[684] A. Wintner. The analytical foundations of celestial mechanics, volume 5 of Princeton Mathematical Series. Princeton University Press, Princeton, N. J. , 1947.

[685] E. Wnuk. Tesseral Harmonic Perturbations for High Order and Degree Harmonics. Celestial Mechanics, 44: 179 - 191, March 1988.

[686] E. Wnuk and T. Jopek. Satellite orbit calculations using geopotential coefficients up to high degree and order. Advances in Space Research, 14 (5): 35 - 42, May 1994.

[687] E. Wnuk and S. Ł. Breiter. The motion of natural and artificial satellites in Mars gravity field. Advances in Space Research, 11 (6): 183 - 188, 1991.

[688] S. Wright. Orbit Determination Using Vinti's Solution. PhD thesis, Air Force Institute of Technology, Wright - Patterson Air Force Base, Ohio, September 2016.

[689] L - d. Wu and F. Tong. A third - order solution of Vinti's problem with explicit expressions for the poisson brackets. Chinese Astronomy and Astrophysics, 5: 192 - 201, June 1981.

[690] S. P. Wyatt and F. L. Whipple. The Poynting - Robertson effect on meteor orbits. The Astrophysical Journal, 111: 134 - 141, January 1950.

[691] H. Yan, S. R. Vadali, and K. T. Alfriend. A Recursive Formulation of the Satellite Perturbed Relative Motion Problem. In AIAA/AAS Astrodynamics Specialist Conference, San Diego, CA, pages 1 - 14, August 2014.

[692] V. Yurasov. Universal Semianalytic Satellite Motion Propagation Method. In Proceedings of the U. S. - Russian Second Space Surveillance Workshop, pages 198 - 211. Adam Mickiewicz University, Poznan, July 1996.

[693] C. Zagouras and V. V. Markellos. Three - dimensional periodic solutions around equilibrium points in Hill's problem. Celestial Mechanics, 35: 257 - 267, March 1985.

[694] M. Zamaro and J. D. Biggs. Natural motion around the Martian moon Phobos: the dynamical substitutes of the Libration Point Orbits in an elliptic three - body problem with gravity harmonics. Celestial Mechanics and Dynamical Astronomy, 122 (3): 263 - 302, July 2015.

[695] M. Zamaro and J. D. Biggs. Identification of new orbits to enable future mission opportunities for the human exploration of the Martian moon Phobos. Acta Astronautica, 119: 160 - 182, February 2016.

[696] T. de Zeeuw and D. Merritt. Stellar orbits in a triaxial galaxy. I - Orbits in the plane of rotation. The Astrophysical Journal, 267: 571 - 595, April 1983.

[697] H. von Zeipel. Sur l'application des séries de M. Lindstedt à l'étude du mouvement des comètes périodiques. Astronomische Nachrichten, 183 (22): 345, March 1910.

[698] H. von Zeipel. Research on the Motion of Minor Planets. NASA TT F - 9445, 1965. (NASA Translation of: Recherches sur le mouvement des petites planètes, Arkiv för matematik, astronomi och fysik, vol. 11, 1916, vol. 12, 1917, vol. 13, 1918).

[699] Y. Zhao, P. Gurfil, and S. Zhang. Long - Term Orbital Dynamics of Smart Dust. Journal of Spacecraft and Rockets, 55: 125 - 142, January 2018.

[700] N. Y. Zhukovsky. On the motion of a rigid body having cavities filled with a homogeneous liquid drop. Russian Journal of the Physical Chemical Society, 17: 31 - 152, 1885. Also, Collected Works, vol. 1, Moscow - Leningrad: Gostekhisdat, 1949 (in Russian).

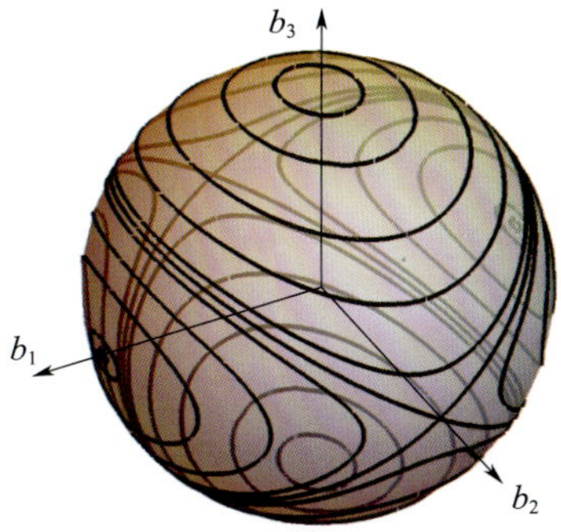

图 3-2　类月球形的自由刚体在体坐标系下的角动量矢量轨迹（$A/C=0.9994$，$B/C=0.9996$[208]）（P40）

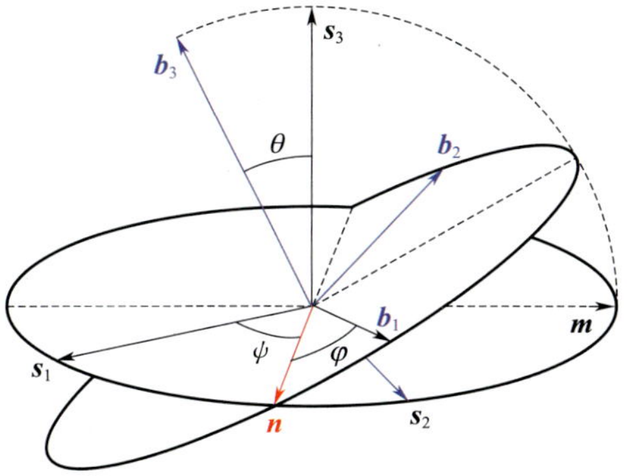

图 3-3　体坐标系和空间坐标系之间的欧拉角（P41）

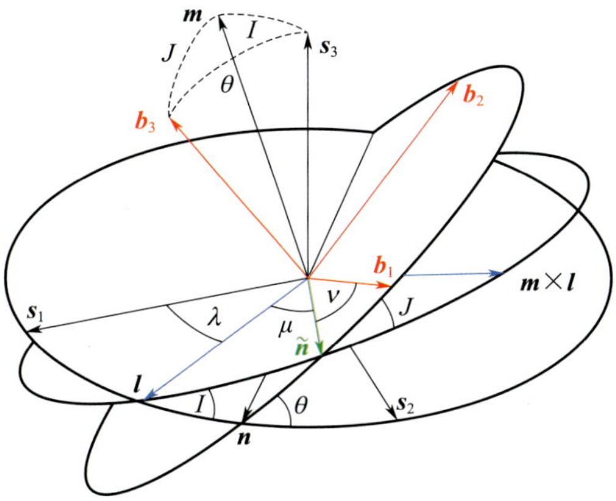

图 3-4　不变平面 $\boldsymbol{m}$ 作为中间参考（P43）

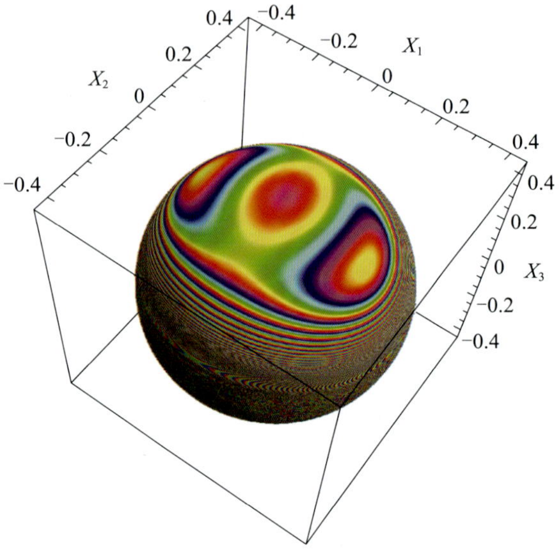

图 5－6　主要摄动项相空间的上色图（P93）

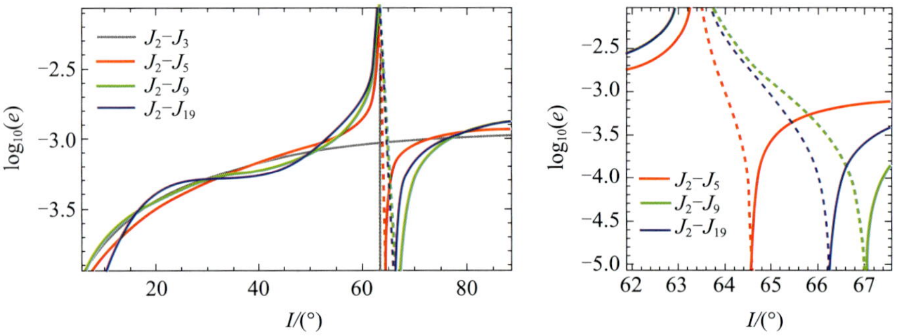

图 6－2　非撞击冻结轨道的倾角-偏心率图（$a = 1.1R_{\oplus}$）

实线表示 $\omega = 90°$，虚线表示 $\omega = 270°$，参见文献［400］（P103）

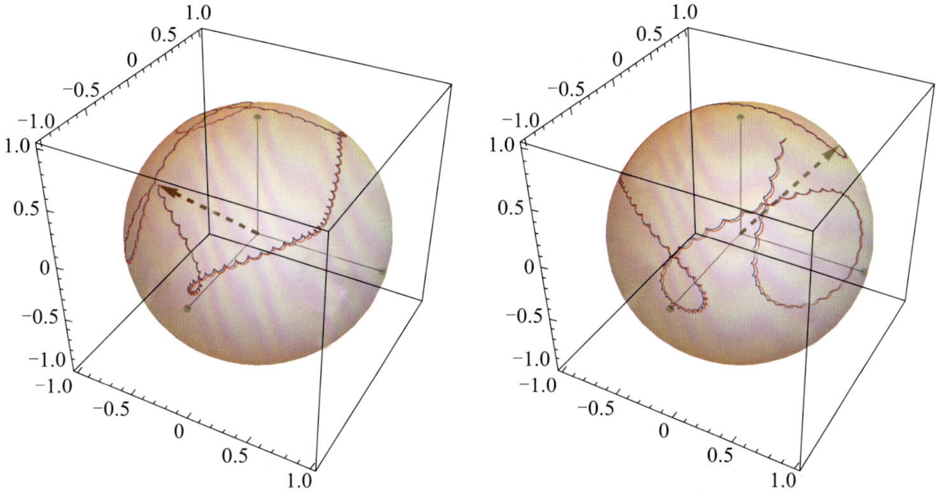

图 8－2　Simbol－X 卫星在单位球面上的 Moser 元素 $\boldsymbol{f}$（左），$\boldsymbol{g}$（右）（P170）

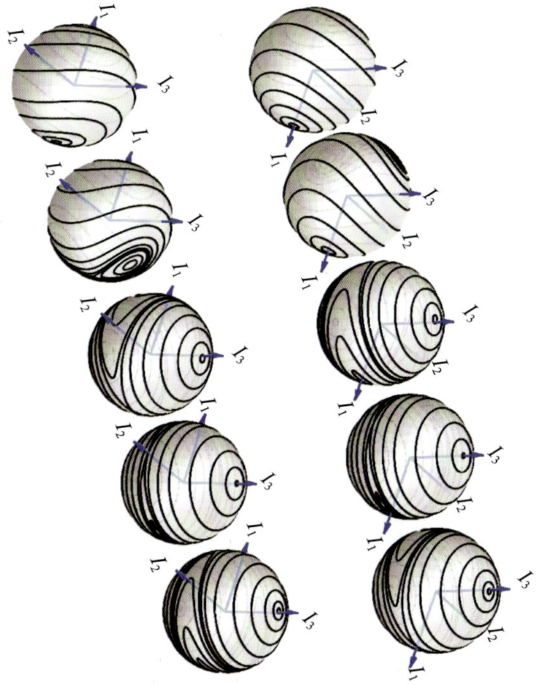

图 12－1　L 值增大的哈密顿流（12－35）分岔序列（经 Springer[396] 许可转载）（P247）

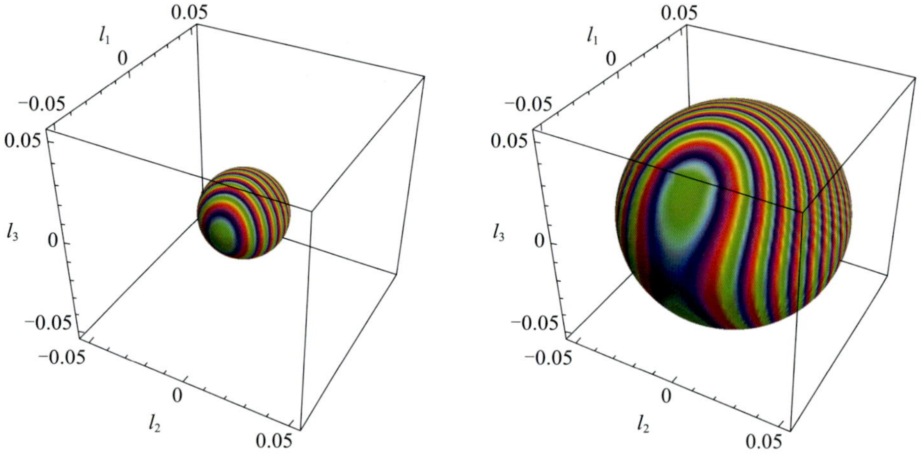

图 12-2　绘制平动点希尔问题的相空间，以显示晕轨道与李雅普诺夫平面轨道的分岔 $\left(-\frac{1}{2}L,\ 0,\ 0\right)$（P250）